国家职业技能鉴定培训用书

# 维 修 电 工

## （中级）

主　编　邱勇进
参　编　姚　彬　杨　枫　陈莲莲

机 械 工 业 出 版 社

本书采用项目编排的形式，依据《维修电工职业标准》和《维修电工国家职业技能鉴定标准》，以维修电工中级职业技能鉴定所必需的技能为主线，并结合广大电工人员的实际需要编写而成。全书共分八个项目，主要内容包括电工基本操作、常用电工仪表的使用、室内电气线路操作技能、变压器的使用与维修、电动机的使用与维修、低压电器的识别与选用、电动机典型控制线路的安装与维修、机床电气控制线路的安装与检修。为便于教学，本书备有电子课件供用本书作为教材的教师使用，可登录 www. cmpedu. com 网站注册、免费下载。

本书适合维修电工初学者及其他电工从业人员阅读。同时，也可作为大中专、高职院校及各种短期培训班，以及农民工、再就业工程培训的教材或教学参考书。

**图书在版编目（CIP）数据**

维修电工：中级/邱勇进主编. —北京：机械工业出版社，2017. 3（2026. 1 重印）

国家职业技能鉴定培训用书

ISBN 978-7-111-55780-7

Ⅰ. ①维…　Ⅱ. ①邱…　Ⅲ. ①电工-维修-中等专业学校-教材　Ⅳ. ①TM07

中国版本图书馆 CIP 数据核字(2016)第 313763 号

机械工业出版社（北京市百万庄大街 22 号　邮政编码 100037）
策划编辑：齐志刚　　责任编辑：齐志刚　王　荣
责任校对：潘　蕊　肖　琳　封面设计：路恩中
责任印制：刘　媛
北京建宏印刷有限公司印刷
2026 年 1 月第 1 版第 10 次印刷
184mm×260mm · 15. 5 印张 · 378 千字
标准书号：ISBN 978-7-111-55780-7
定价：45. 00 元

电话服务　　网络服务
客服电话：010-88361066　机　工　官　网：www. cmpbook. com
010-88379833　机　工　官　博：weibo. com/cmp1952
010-68326294　金　书　网：www. golden-book. com
**封底无防伪标均为盗版**　机工教育服务网：www. cmpedu. com

# 前　言

本书采用项目编排的形式，依据《维修电工职业标准》和《维修电工国家职业技能鉴定标准》，以维修电工中级职业技能鉴定所必需的技能为主线，并结合广大电工人员的实际需要编写而成。在编写过程中，注重以任务驱动展开，将理论与实践、理论知识与技能有机地融于一体，以能力为本位，重视操作技能的培养，突出电气设备的使用维护、安装与调试、故障判断和维修。

全书从应用的角度出发，共分八个项目，主要内容包括电工基本操作、常用电工仪表的使用、室内电气线路操作技能、变压器的使用与维修、电动机的使用与维修、低压电器的识别与选用、电动机典型控制线路的安装与维修、机床电气控制线路的安装与检修。本书内容联系实际，以易懂好学的方式讲解了维修电工应知应会的基础知识、基本操作技能以及常用电器的维修技巧，通过技能训练让读者在实践中培养操作技能。

在本书的编写过程中，力求体现职业教育的性质、任务和培养目标，坚持以就业为导向、以能力培养为本位的原则，突出实用性、适用性和先进性，具体表现在以下几个方面。

1. 在内容编排上，立足于初学者的实际需要，旨在帮助读者快速提高职业技能，结合职业技能鉴定和职业院校双证书的需求，精简整合理论课程，注重实训教学，强化上岗前培训。

2. 内容统筹规划，合理安排知识点、技能点，避免重复。内容突出基础知识与基本操作技能，强调实用性，注重实践，轻松直观入门，力求使读者阅读后，能很快应用到实际工作当中，从而达到花最少的时间学最实用的技术的目的。

3. 突出职业技能培训特色，注重内容的实用性，强调动手实践能力的培养。让读者在掌握电工技能的同时，在技能训练过程中加深对专业知识、技能的理解和应用，培养读者的综合职业能力。

4. 突出了实用性和可操作性。本书在编写中突出了工艺要领与操作技能，注意新技术、新知识、新工艺和新标准的应用，具有很强的实用性和针对性，加深了对知识的学习和巩固。

5. 书中尽量选择工业现场一些典型的控制线路和实例进行分析讲解，突出内容的实用性；尽量以图片、表格的形式展现知识点，可读性强。

本书由具有丰富教学经验和生产实践经验的“双师型”教师团队参与编写，该团队教师多次指导学生获得国家、省、市级职业院校技能大赛一等奖。本书由邱勇进担任主编，姚彬、杨枫、陈莲莲参编。本书经中国职教学会教学工作委员会电工与电子专业研究会审阅。在此对关心本书出版、热心提出建议和提供资料的单位和个人一并表示衷心的感谢。

由于编者水平有限，书中难免存在错误及不当之处，敬请广大读者批评指正，并给予谅解。

编　者

# 目　录

# 项目一　电工基本操作

【项目情境】

随着科学技术的不断进步和发展，“电”越来越多地渗透到生产、生活的各个领域。作为一名电气专业人员，应该学会处理电气意外、学会识别常用电工材料、熟悉线材和导线的基本操作、学会使用常用电工工具。

【知识目标】

1. 通过学习，了解并掌握安全用电常识，触电的急救方法，电工常用工具的特性、使用方法，常见通信线材的种类，电烙铁焊接的相关知识。

2. 掌握触电的急救、电工常用工具、锡焊焊接等操作要领。

3. 理解与掌握使用电烙铁、线材材料的注意事项。

4. 掌握漏电保护器的选型、安装与检测方法。

【技能目标】

1. 掌握触电者的救护方法和电气设备的灭火方法。

2. 熟练掌握电工常用工具的识别与使用方法。

3. 熟练掌握导线材料的识别与线径的测量方法。

4. 熟练掌握电烙铁焊接的方法与技巧。

## 任务一　电工安全常识

【任务分析】

掌握电的基本知识，懂得安全用电常识，避免触电事故，以保护人身和设备的安全。对模拟人进行口对口人工呼吸法和胸外心脏按压法的模拟训练。

【任务实施】

**技能训练1　触电急救**

1. 切断电源及操作要点

1）模拟触电者站在凳子、桌子或梯子上，两手同时触及裸导线的两根相线或一根地线一根相线，模拟触电的现场。

2）让同学们根据现场实际情况选择使触电者脱离电源的办法及应注意的问题。可以敷设专门的实训线路，两人一组，一人模拟触电者，一人根据安全操作技术，使触电者脱离电源获救。

2. 触电急救措施

1）若触电者神志清醒，只是感觉心慌、四肢麻木、乏力，或虽一度昏迷，但未失去知觉，此时只需将触电者安放在通风处安静平躺休息，让其慢慢恢复正常即可。但在恢复过程中，要注意观察其呼吸和脉搏的变化，切不可让触电者站立或行走，以减轻心脏负担。

2）若触电者神志不清，首先应使其就地平躺，确保呼吸通畅，呼叫其名字并轻拍肩部，观察反应，以判定触电者是否丧失意识。但要注意，切勿用摇动其头部的办法呼叫。

3）若触电者神志丧失，应及时采取看、听、试等方法来判断触电者的呼吸及心跳情况。看，即看胸腹有无起伏动作；听，即用耳朵贴近其口鼻处，听其有无呼气声；试，即用手指轻试一侧喉结旁凹陷处的颈动脉有无搏动，以判断心跳情况。

4）若触电者已丧失意识，且呼吸停止，但心脏或脉搏仍在跳动，应采用口对口的人工呼吸法予以抢救。

5）若触电者尚有呼吸，但心脏和脉搏均已停止跳动，应采取胸外心脏按压法抢救。

6）若触电者呼吸和心跳均已停止，视为假死，应立即采取心肺复苏法的 3 项基本措施（通畅气道、口对口人工呼吸、胸外心脏按压）就地进行抢救，以支持生命。

还应注意，在进行抢救的同时，应尽快通知医务人员赶至现场急救，同时做好送往医院的准备工作。

3. 口对口（或鼻）人工呼吸法触电急救技术

当触电者出现有心跳但无呼吸的现象时，应采取人工呼吸的方法进行施救，其中口对口人工呼吸法较为常见，实施步骤如图 1-1 所示。

a) 头部后仰　b) 捏鼻掰嘴　c) 贴紧吹气　d) 放松排气

图 1-1　口对口人工呼吸法四步骤

1）使触电者（模拟复苏人）仰卧，解开衣服，颈部伸直，头部尽量后仰，然后撬开其口腔。

2）施救者位于触电者头部一侧，用其近头部的一只手捏住触电者的鼻子，并用这只手的外缘压住触电者额部，将颈上抬，使其头部自然后仰。

3）施救者深呼吸以后，用嘴紧贴触电者的嘴（中间可用医用纱布隔开）吹气。

4）吹气至触电者要换气时，应迅速离开触电者的嘴，同时放开捏紧的鼻子，让其自动向外呼气。

口对口人工呼吸法的要诀是：病人仰卧平地上，鼻孔朝天颈后仰；首先清理口鼻腔，然后松扣解衣裳；捏鼻吹气要适量，排气应让口鼻畅；吹两秒来停三秒，五秒一次最恰当。

4. 人工胸外心脏按压法触电急救技术

当触电者有呼吸但无心跳时，应采用胸外心脏按压法进行救护，实施步骤如图 1-2 所示。

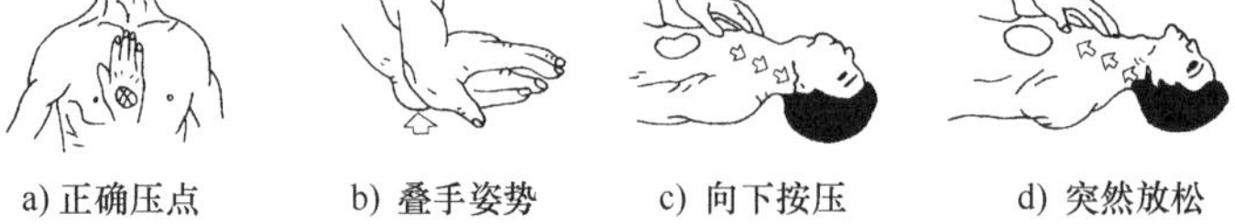

a) 正确压点　b) 叠手姿势　c) 向下按压　d) 突然放松

图 1-2　人工胸外心脏按压法

胸外心脏按压法的要诀是：病人仰卧硬地上，松开领扣解衣裳；当胸放掌不鲁莽，中指应该对凹膛；掌根用力向下按，压下一寸至寸半；压力轻重要适当，过分用力会压伤。

急救者跪跨在触电者臂部位置，右手掌放在触电者的胸上，左手掌压在右手掌上，向下按压3～4cm后，突然放松。按压和放松动作要有节奏，以每秒1次（儿童每2秒3次）为宜，按压用力要适当，用力过猛会造成触电者受内伤，用力过小则无效，必须连续进行到触电者苏醒为止。

5. 对心跳与呼吸都停止的触电者的急救

触电者呼吸和心跳都停止时，可交替使用或同时使用“口对口人工呼吸法”和“胸外心脏按压法”，如图1-3所示。可单人操作，也可双人操作。双人救护时，每5s吹气1次，每1s按压1次，两人同时进行操作。单人救护时，可先吹气2～3次，再按压10～15次，交替进行。

a) 口对口人工呼吸法　b) 胸外心脏按压法　c) 呼吸法和按压法同时进行

图1-3　触电急救

在对触电者进行施救的过程中，要做到“迅速、就地、准确、坚持”，即使在送往医院的途中也不可中断救护，更不可盲目给假死者注射强心针。

6. 填实训报告

将触电事故各种断电措施的操作要领和适用场合填入表1-1所示实训报告中。

**表1-1　触电事故的断电操作实训报告**

| 断电操作措施 | 操作要领 | 适用场合 |
|---|---|---|
| 断开刀开关 | | |
| 割断电源线 | | |
| 拉开触电者 | | |
| 挑开电源线 | | |
| 金属裸线短路 | | |

**技能训练2　消防训练**

1. 使用水枪扑救电气火灾

1）断开模拟电源。

2）穿好绝缘靴，戴好绝缘手套。

3）打开消防栓门，正确驳接消防栓、水带和水枪。

4）正确使用水枪灭火。

2. 使用各种类型灭火器扑救电气火灾

1）点燃模拟火场。

2）在确认断电的情况下，正确使用各类手持灭火器对明火进行扑救。

3. 填实训报告

将消防实训的操作要领和适用场合填入表1-2所示实训报告中。

表 1-2　消防实训报告

| 消防实训措施 | 操作要领 | 适用场合 |
| --- | --- | --- |
| 使用消防栓、水枪灭火 | | |
| 使用灭火器灭火 | | |
| 其他 | | |

【相关知识】

## 一、电气安全操作技术

### 1. 人体触电及其影响因素

（1）电击和电伤　电流对人体的伤害是多方面的，但根据人体触电的严重程度，大致可以分为电击和电伤两类。电击是指电流通过人体内部器官，使其受到伤害。当电流作用于人体中枢神经，使心脏和呼吸器官的正常功能受到破坏，血液循环减弱，人体发生抽搐、痉挛、失去知觉甚至假死时，若救护不及时，会造成死亡。

电伤是指电流的热效应、化学效应和机械效应对人体外部器官造成的局部伤害，包括电弧引起的灼伤，电流长时间作用于人体，由其化学效应及机械效应在接触电流的皮肤表面形成肿块、电烙印及在电弧的高温作用下熔化的金属渗入皮肤表层，造成皮肤金属化等。电伤是人体触电事故中危害较轻的一种。

（2）电流对人体的伤害　电流对人体的伤害程度与电流的强弱、流经的途径、电流的频率、触电的持续时间、触电者健康状况及人体的电阻等因素有关，见表 1-3。

表 1-3　电流对人体的伤害

| 项　目 | 成年男性 | 成年女性 |
| --- | --- | --- |
| 感知电流 | 1. 1mA | 0. 7mA |
| 摆脱电流 | 9 ~ 16mA | 6 ~ 10mA |
| 致命电流 | 直流 30 ~ 300mA、交流 30mA 左右 | 直流 30 ~ 200mA、交流小于 30mA |
| 危及生命的触电持续时间 | 1s | 0. 7s |
| 人体电阻 | 皮肤在干燥、洁净、无破损的情况下电阻可达数十千欧，潮湿破损的皮肤可降至 1kΩ 以下 | |

### 2. 人体触电的方式

人体触及带电体引起触电分为 4 种不同情况：单相触电、两相触电、跨步电压触电和接触电压触电。

（1）单相触电　单相触电是指人体站在地面或其他接地体上，人体的某一部位触及电气装置的任一相所引起的触电，这时电流通过人体流入大地而造成单相触电事故，如图 1-4 所示。

（2）两相触电　两相触电是指人体同时触及两相电源或两相带电体，电流由一相经人体流入另一相时加在人体上的最大电压为线电压，其危险性最大。两相触电如图 1-5 所示。

（3）跨步电压触电　跨步电压触电是指对于外壳接地的电气设备，当绝缘损坏而使外壳带电，或导线断落发生单相接地故障时，电流由设备外壳经接地线、接地体（或由断落

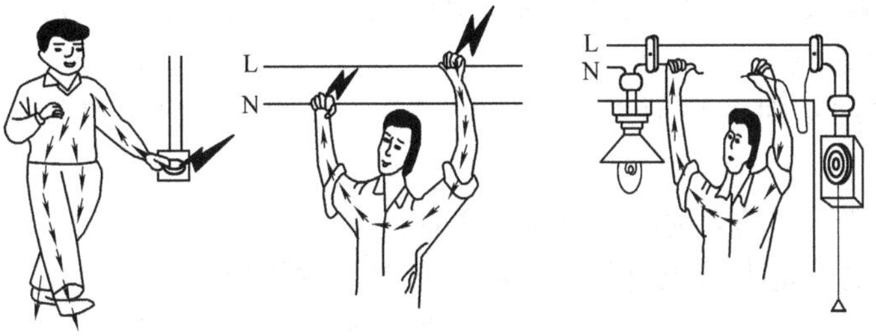


图 1-4　接地系统中的单相触电

导线经接地点）流入大地，向四周扩散。如果此时人站立在设备附近地面上，两脚之间也会承受一定的电压，称为跨步电压。跨步电压的大小与接地电流、土壤电阻率、设备接地电阻及人体位置有关。当接地电流较大时，跨步电压会超过允许值，发生人身触电事故。特别是在发生高压接地故障或雷击时，会产生很高的跨步电压，如图 1-6 所示。跨步电压触电也是危险性较大的一种触电方式。

图 1-5　两相触电

图 1-6　跨步电压触电

注意：发生跨步电压触电时，应单腿或并步蹦着离开高压线触地点，千万注意不可跌倒。

（4）接触电压触电　接触电压触电是指运行中的电气设备由于绝缘损坏或其他原因造成漏电，当人触及漏电设备时，电流通过人体和大地形成回路，造成触电事故，称为接触电压触电。

除上述触电方式外，高压电场、电磁感应电压、高频电磁场、静电、雷电等对人体也有伤害，并可能造成触电危险。

3. 电工安全操作规程

1）工作前必须检查工具、测量仪表和防护用具是否完好。

2）任何电气设备未经检测证明确实没有带电时，一律视为带电，不准用手触摸。

3）必须在设备停止运转后，切断电源、取下熔断器，挂出“禁止合闸，有人工作”的警示牌，并在验明设备不带电后，方可进行设备的搬移、拆卸和检查修理。

4）工作临时中断后或每班开始工作前，都必须重新检测设备的电源是否确实断开，只有验明确实未带电后，方可继续工作。

5）在总配电盘及母线上进行工作时，在验明无电后，应挂上临时接地线。拆装接地线都必须由值班电工进行。

6）由专门检修人员修理电气设备时，值班电工必须进行登记，完工后要求做好交代，共同检查后，方可送电。

7）每次维修结束时，必须清点所带的工具、零配件，以防遗留在设备内部而造成事故。

8）禁止带负载操作动力配电箱中的刀开关。

9）在低压配电设备上带电进行操作时，必须经过领导批准，并有专人监护。操作时，必须站在绝缘物上进行，头戴安全帽，身穿长袖衣服，手戴绝缘手套，使用绝缘工具。邻相带电部分和接地金属部分用绝缘板隔开后方可操作，严禁使用有裸露金属部分的器具进行操作。

10）熔断器的容量要与电气设备、线路的容量相适应。

11）带电装卸熔断器时，必须站在绝缘垫上，戴防护眼镜、绝缘手套方可操作，必要时还要使用绝缘夹钳。

12）拆除电气线路或设备后，对可能继续供电的裸露线头必须用绝缘胶布包扎好。

13）电气设备的外壳必须可靠接地，接地线要符合国家标准。

14）对临时安装的电气设备，必须将金属外壳接地，严禁将电动工具的外壳接地线和工作中性线拧在一起接入插座。必须使用两线接地的三孔插座，或者将外壳单独接在接地保护干线上，以防止因接触不良而引起外壳带电，用橡胶软电缆线给移动设备供电时，专供保护接零的芯线中不允许有工作电流通过。

15）安装白炽灯的灯头开关时，开关务必控制相线，灯头（座）的螺纹端必须接在工作中性线上。

16）使用梯子时，梯子与地面间的夹角为60°左右，在水泥地面上使用梯子时，要有防滑措施。使用人字梯时拉绳必须牢固，使用没有搭钩的梯子时，在工作中要有人扶稳。

17）动力配电盘、配电箱（柜）、开关及变压器等各电气设备附近，不准堆放各种易燃、易爆、潮湿或其他影响操作的物品。

18）电气设备发生火灾时，要立即设法切断电源，并使用1211（二氟一氯溴甲烷）灭火器或 $CO_2$ 灭火器灭火，严禁使用水性泡沫灭火器灭火。

19）使用各类电动工具时，人要站在绝缘垫上，并戴绝缘手套操作，供电线路应装漏电保护器或安全隔离变压器。

20）使用喷灯时，油量不得超过容器容积的3/4，打气要适当，不得使用漏油或漏气的喷灯，不得在易燃易爆品附近点燃喷灯。

## 二、触电急救技术

人触电以后，不能自行摆脱电源。触电急救最关键的因素是根据患者的现象首先能判断出发生了触电事故，然后按照适当的方法进行及时抢救。施救时，应先断开电源开关、拔掉电源插头或熔断器，千万不要用手直接去拉触电者，防止造成群伤触电事故。

### 1. 使触电者脱离电源

（1）对于低压触电事故　可以采用下列方法使触电者脱离电源，如图1-7所示。

1）立即拔掉电源插头或断开触电地点附近的开关。

2）电源开关远离触电地点，可用有绝缘柄的电工钳或干燥木柄的斧头分相切断电线

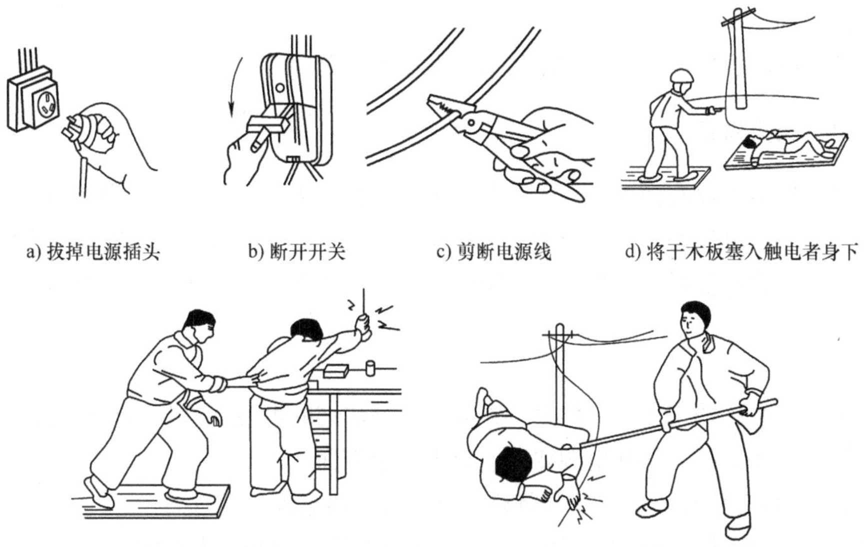

a) 拔掉电源插头　b) 断开开关　c) 剪断电源线　d) 将干木板塞入触电者身下

e) 将触电者拉离电源　f) 挑开触电者身上的电线

图 1-7　使触电者脱离电源的方法

（不可同时剪两根线，以免造成短路）；或将干木板等绝缘物塞入触电者身下，以隔断电流。

3）电线搭落在触电者身上或被压在身下时，可用干燥的衣服、手套、绳索、木板、木棒等绝缘物作为工具，拉开触电者或挑开电线，使触电者脱离电源。

（2）对于高压触电事故　可以采用下列方法使触电者脱离电源。

1）当发现有人在高压带电设备上触电时，救护人员应戴上绝缘手套、穿上绝缘靴，拉开电源开关，或用相应电压等级的绝缘工具拉开高压跌落熔断器，以切断电源。在操作过程中，救护人员必须保持自身与周围带电体的安全距离。

2）当有人在架空线路上触电时，救护人员应尽快用电话通知当地电力部门迅速停电，以利抢救。若不能迅速与变电站联系，可采用应急措施，即抛掷足够截面积、适当长度的金属软导线，使电源线短路，迫使保护装置动作，断开电源开关。抛掷导线前，应先将导线一端牢牢固定在铁塔或接地引线上，另一端系上重物。抛掷时，应防止电弧伤人或断线危及他人安全。抛掷点应距离触电现场尽可能远一些。

3）若触电者触及落在地面的高压导线，当尚未确认断落导线无电时，在未采取安全措施前，救护人员不得接近断线点 8 ~ 10m 的范围，以防跨步电压伤人。此时，救护人员必须戴好绝缘手套、穿好绝缘靴后，用与触电电压相符的绝缘杆挑开电线。

（3）脱离电源后的注意事项

1）救护人员不可以直接用手或其他金属及潮湿的物件作为救护工具，必须采用适当的绝缘工具且单手操作，以防止自身触电。

2）防止触电者脱离电源后可能造成的摔伤。

3）如果触电事故发生在夜间，应当迅速解决临时照明问题，以利于抢救，并避免扩大事故。

2. 现场急救

现场急救的内容在前文已有详细讲解，此处不再赘述。

## 三、电气灭火常识

电气设备发生火灾有两大特点：一是当电气设备着火或发生火灾后没有与电源断开，设备仍然带电；二是电气设备本身充油（如电力变压器、油断路器等），发生火灾时，可能喷油甚至爆炸，使火势蔓延，有扩大火灾范围的危险。因此，电气灭火必须根据实际情况，采取相应的措施。

1. 切断电源

当发生火灾时，若现场尚未停电，首先应想办法切断电源，这是防止火灾范围扩大和避免触电事故的重要措施。切断电源要注意以下 5 个方面。

1）若线路带有负载，应先断开负载，再切断火场电源。

2）切断电源的地点选择要合适，防止切断电源后，影响灭火工作。

3）切断电源时，必须应用可靠的绝缘工具，防止操作时发生触电事故。

4）剪断导线时，非同相导线应在不同部位剪断，以免造成人为短路。

5）剪断电源线时，剪断位置应选在电源方向的瓷绝缘子附近，以免造成断线头下落时发生接地短路或触电伤人事故。

2. 带电灭火的注意事项

1）人应与带电体保持一定的安全距离。

2）带电导线断落地面时，为防止跨步电压伤人，要划出一定的警戒区。

3）对架空线路等高空设备灭火时，人体位置与带电体间的仰角不得超过 45°，以防止导线断落时危及灭火人员的安全。

4）当用水枪灭火时，宜采用喷雾水枪，因为这种水枪通过水柱的泄漏电流比较小，带电灭火比较安全。用水枪灭火时，水枪嘴与带电体间的距离是：110kV 以下电压，应大于 3m；220kV 以上电压者，应大于 5m。用 1211 灭火器等不导电灭火器灭火时，距离应大于 2m。

5）泡沫灭火器的泡沫既可能损害电气设备绝缘，又具有一定的导电性，故不能用于带电灭火。

3. 充油电气设备的灭火

1）若充油设备外部着火，可用 $CO_2$ 灭火器、1211 灭火器、干粉灭火器等灭火；若火势较大，务必立即切断电源，用水灭火。

2）若充油设备内部着火，除应立即切断电源外，有事故储油坑的应设法放入储油坑，灭火可用喷雾水枪，也可用砂子、泥土等。地上流出的油可用泡沫灭火器灭火。

3）电动机、发电机等旋转电机着火时，可让其慢慢转动，以防止轴和轴承变形，用喷雾水枪灭火，并帮助其冷却，也可以用 $CO_2$、$CCl_4$、1211 和蒸汽等灭火，但不宜用干粉、砂子、泥土等灭火，以免损坏电机内的绝缘部分。

## 四、漏电电流保护器

1. 漏电电流保护器的选择

漏电电流保护器的类型很多，按工作原理不同可分为电压动作型和电流动作型（零序电流型、漏电电流型、交流脉冲型等）。目前，普遍使用的是电流动作型漏电电流保护器，称为漏电电流动作保护器。其主要形式有漏电开关、漏电继电器和漏电保护插座等。漏电电流保护器的主要参数是动作电流和动作时间。

2. 漏电电流保护器的安装要求

1）组合式漏电电流保护器外部连接的控制回路，应使用铜导线，其截面积不得小于1.5$mm^2$。

2）安装带有保护的漏电电流保护器时，必须保证在电弧喷出方向有足够的飞弧距离，其大小按生产厂家的规定确定。

3）当漏电电流保护器标有电源侧和负载侧时，应按规定安装，不得接反。

4）安装漏电电流保护器后，不能撤掉低压供电线路和电气设备的接地保护措施，但要按有关技术规程进行检查、整合。

5）安装时必须严格区分中性线和保护线，三相四线或四极式漏电电流保护器的中性线，应接入对应的端口，且中性线不得作为保护地线或接设备外露的可导电部分，保护线不得接入漏电保护装置。

6）漏电电流保护器安装完毕后要用试验按钮操作3次，不得产生误动作；还要带负载分合开关3次，均不得产生误动作。

# 任务二 电工常用工具的使用

【任务分析】

电工要能安全操作，必须会正确使用工具，才能发挥工作效能。电工工具的使用是电工的基本技能，每一个学习电工技术的人都应该熟练掌握常用电工工具的使用方法。本任务主要介绍电工常用工具的结构、工作原理、规格及使用方法与技巧。

【任务实施】

**技能训练1 低压验电笔的使用**

学会用低压验电笔检测电源的通断和电源的特点。

1. 检测项目

1）判断低压用电设备是否完好（分别用验电笔和万用表判断）。

2）区别相线与中性线。

3）识别三相四线制电源两导线间是同相还是异相。

4）区别直流电的正负极性。

2. 测试情况记录表

测试情况记录表见表1-4。

**表 1-4　测试情况记录表**

| 序　号 | 项　　目 | 内　容 |
|---|---|---|
| 1 | 写出低压验电笔拆解后各部件的名称 | |
| 2 | 区别相线与零线的测试过程 | |
| 3 | 区别导线间是同相还是异相的测试过程 | |
| 4 | 区别直流电的正负极性 | |

**技能训练 2　电工刀的使用**

用电工刀削剥塑料硬导线（线芯截面积大于 $4mm^2$）绝缘层，步骤如下：

1）按所需线头长度用电工刀以 45°左右倾斜切入塑料绝缘层，不可切入线芯，如图 1-8a 所示。

2）使电工刀与线芯保持 15°左右夹角均匀用力向线端推削，且忌割伤线芯，如图 1-8b 所示。

3）削去一部分塑料层，如图 1-8c 所示。

4）把剩余部分塑料层翻下，如图 1-8d 所示。

5）用电工刀在下翻部分的根部切去塑料层，如图 1-8e 所示。

6）削去绝缘层，露出线芯的塑料绝缘，如图 1-8f 所示。

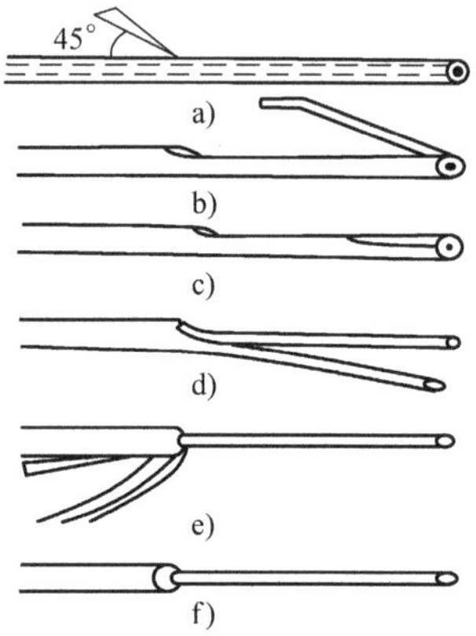


图 1-8　塑料硬线绝缘层的削剥

**技能训练 3　钢丝钳的使用**

图 1-9 所示为钢丝钳的操作方法。

1）用钳口弯绞或钳夹导线线头，如图 1-9a 所示。

2）用齿口紧固或起松螺母，如图 1-9b 所示。

3）用刀口剪切导线，如图 1-9c 所示。

4）用铡口铡切导线线芯、钢丝等金属，如图 1-9d 所示。

5）用刀口剥削软导线绝缘层，如图 1-9e 所示。

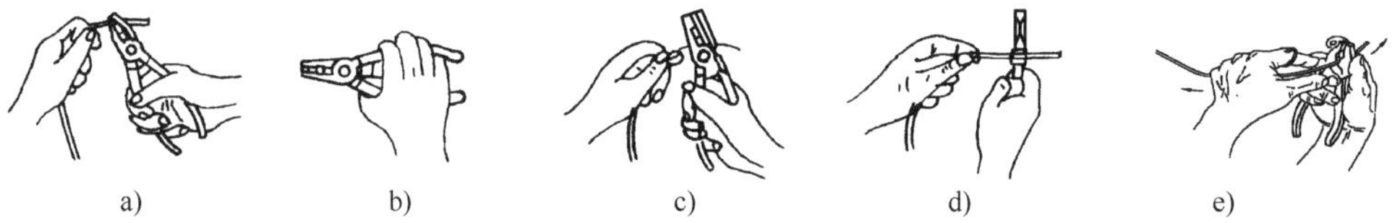


图 1-9　钢丝钳的操作方法

【相关知识】

常用电工工具是指专业电工都要使用到的常用工具，包括验电笔、螺钉旋具、钢丝钳、尖嘴钳、斜口钳、剥线钳、活扳手、电烙铁、电工刀等。常用的电工工具一般装在工具包或工具箱中，便于随身携带，如图 1-10 所示。

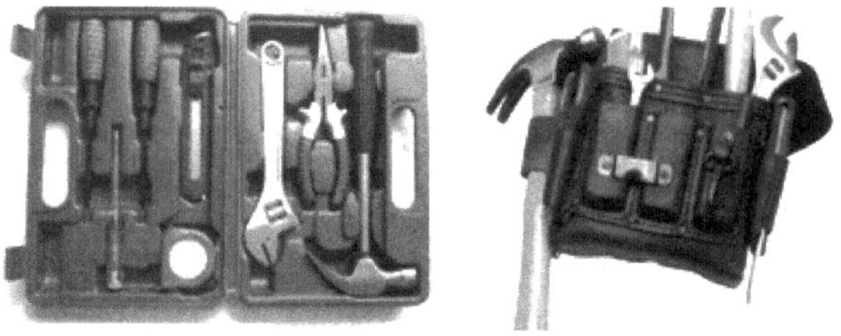

图 1-10　常用电工工具

1. 验电笔

（1）选用　验电笔也称测电笔，简称电笔，是一种用来检验导线、电器和电气设备的金属外壳是否带电的电工工具。验电笔具有体积小、质量轻、携带方便、使用方法简单等优点，是电工必备的工具之一。

目前，常用的验电笔有钢笔式验电笔、螺钉旋具式验电笔和数字显示式验电笔，如图1-11所示。

（2）钢笔式和螺钉旋具式验电笔的使用方法　使用钢笔式和螺钉旋具式验电笔时，按图1-12所示的正确方法握好验电笔，以食指触及笔尾的金属体，笔尖触及被测物体，使氖管小窗体背光朝向测试者。

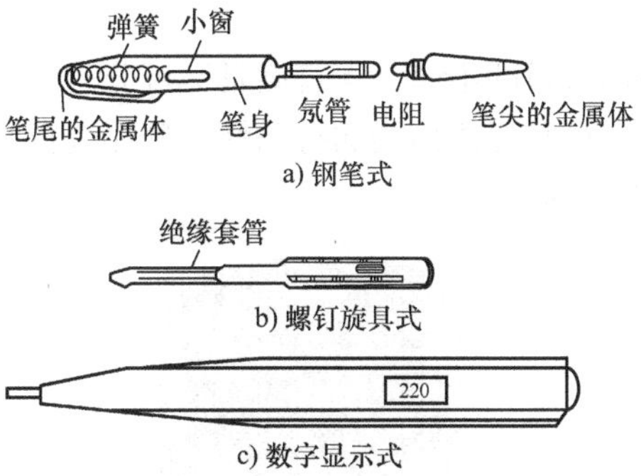


图1-11　验电笔

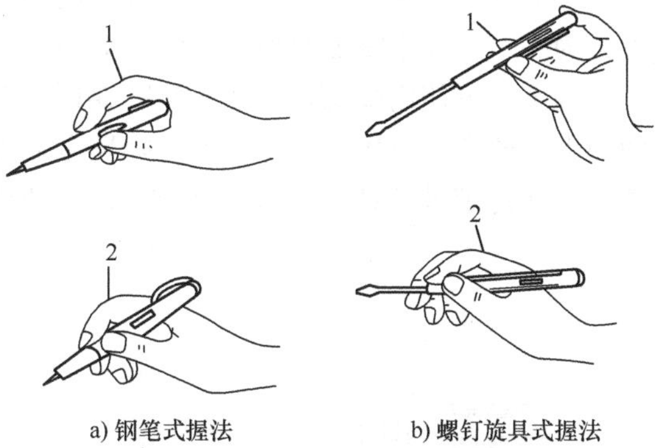


图1-12　验电笔的使用方法
1—正确握法　2—错误握法

如图1-13所示，使用验电笔测带电物体时，电流经带电体、验电笔、人体到大地构成通电回路。只要带电体与大地之间的电位差超过60V，验电笔中的氖管就发光，电压高则发光强，电压低则发光弱。

（3）数字显示式验电笔的使用方法　用数字显示式测电笔验电，其握笔方法与氖管指示式相同，手触直测钮，用笔头测带电体，有数字显示者为相线（L线），反之为中性线（N线），或保护接地线（PE线），如图1-14所示。带电体与大地间的电位差为2～500V，验电笔都能显示出来。由此可见，使用数字显示式验电笔，除了能知道线路或电气设备是否带电外，还能够知道带电体电压的具体数值。

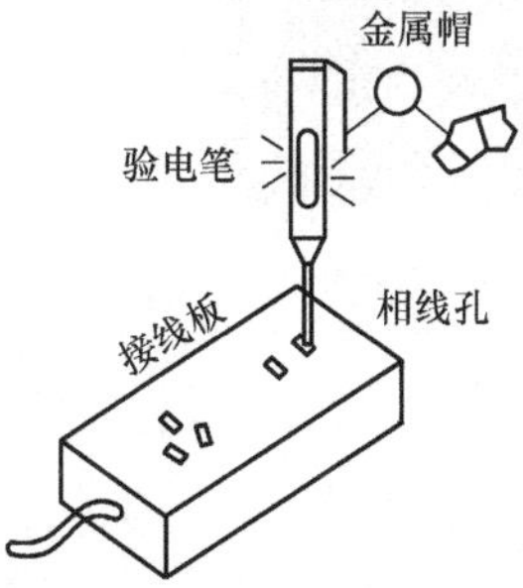


图1-13　观察氖管的发光情况

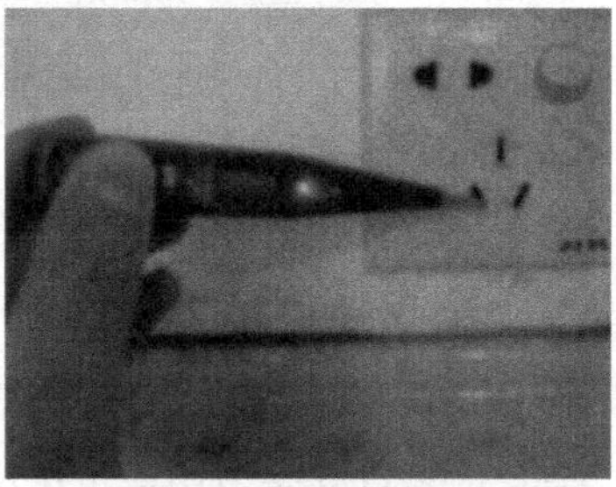

图1-14　交流电测量

（4）使用注意事项

1）使用验电笔以前应先检查验电笔内是否有安全电阻，然后检查验电笔是否损坏，有无受潮或有水现象，检查合格后方可使用。

2）一般用右手握住验电笔，左手背在背后。

3）人体的任何部位切勿触及与笔尖相连的金属部分。

4）防止笔尖同时搭在两根电线上。

5）验电前，先将验电笔在确实有电处试测一下，只有氖管发光，才可使用。

6）在明亮光线下不易看清氖管是否发光，应注意避光。

2. 螺钉旋具

（1）选用　螺钉旋具是一种紧固和拆卸螺钉的工具，俗称起子。按其头部形状不同，可分为一字形和十字形两种，如图 1-15 所示。

电工不可使用金属直通柄的螺钉旋具，因此按握柄材料的不同，螺钉旋具又可分为塑料柄和木柄两类。市场上有一些螺钉旋具为了使用方便，在其刀体顶端加有磁性。现在流行一种组合螺钉旋具工具，如图 1-16 所示，可根据需要进行选用。

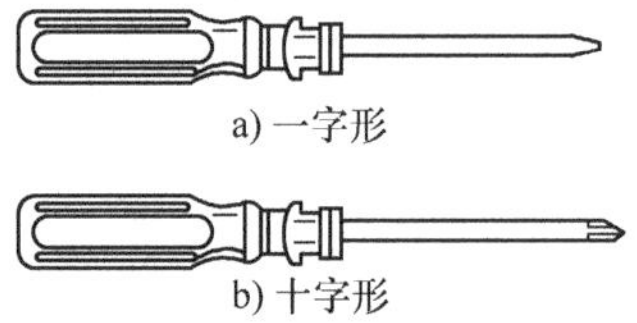


图 1-15　螺钉旋具

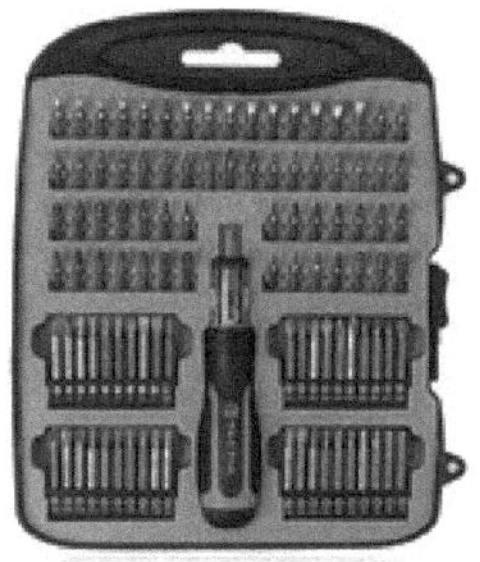

图 1-16　组合螺钉旋具工具

（2）使用方法　螺钉旋具有两种握法，如图 1-17 所示。使用螺钉旋具时，应将螺钉旋具头部放至螺钉槽口中，并用力推压螺钉，平稳旋转旋具，特别要注意用力均匀，不要在槽口中蹭动，以免磨毛槽口。

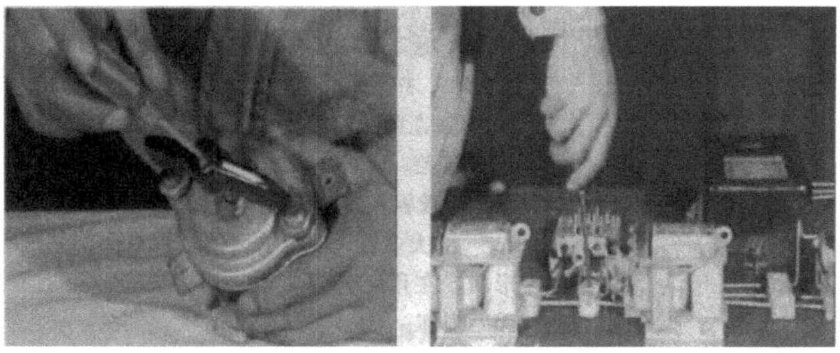

图 1-17　螺钉旋具的两种握法

（3）使用注意事项

1）应根据螺钉的规格选用不同规格的螺钉旋具。

2）不要把螺钉旋具当作錾子使用，以免损坏螺钉旋具。

3）电工带电作业时，最好使用塑料柄或木柄的螺钉旋具，且应注意检查绝缘手柄是否完好。绝缘手柄已经损坏的螺钉旋具，不能用于带电作业。

3. 钢丝钳

（1）选用　市场上钢丝钳一般可分为中档和高档两个档次，这两种档次的钢丝钳在价格上相差较大。钢丝钳的常用规格有160mm、180mm、200mm和250mm四种。

电工所用的钢丝钳，在钳柄处应套有耐压为500V以上的绝缘管。电工严禁选用钳柄没有绝缘管的钢丝钳。

（2）使用方法　钢丝钳是钳夹和剪切的常用钳类工具，其外形结构如图1-18所示。它由钳头和钳柄组成。其中钳头包括钳口、齿口、刀口、铡口四部分；钳柄上装有绝缘套。

操作时，刀口朝向自己面部，以便于控制钳切部位，用小指伸在两钳柄中间以抵住钳柄，张开钳头，使分开钳柄灵活。

钢丝钳的使用方法如图1-19所示，用齿口旋动螺钉、螺母，用刀口剪导线、起铁钉或剥导线绝缘层等，用铡口铡断较硬的金属材料。

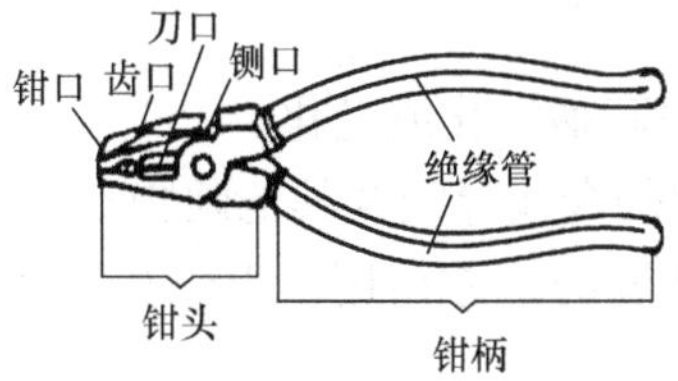


图1-18　钢丝钳

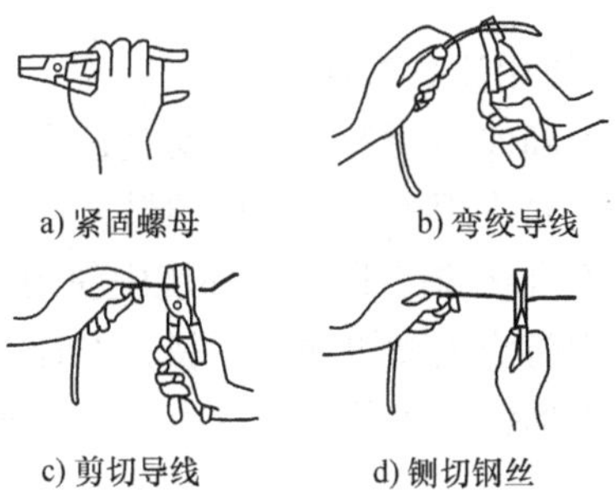


图1-19　钢丝钳的使用方法

（3）使用注意事项

1）使用前，必须检查其绝缘柄，确定绝缘状况良好，否则不得带电操作，以免发生触电事故。

2）用钢丝钳剪切带电导线时，必须单根进行，不得用刀口同时剪切相线和中性线或两根相线，以免造成短路事故。

3）使用钢丝钳时，刀口朝向内侧，以便于控制剪切部位。

4）不能用钳头代替锤子作为敲打工具，以免变形。

4. 尖嘴钳

（1）选用　尖嘴钳不带刃口者只能进行夹捏工作，带刃口者能剪切细小部件，它是电工装配及修理操作常用的工具之一。尖嘴钳由钳口、刀口和钳柄组成，如图1-20所示。

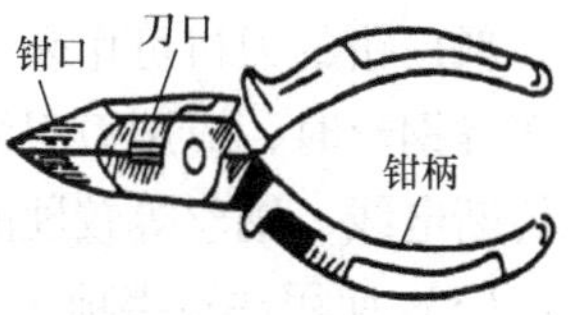


图1-20　尖嘴钳

尖嘴钳按手柄不同分裸柄和绝缘柄两种，电工应用绝缘柄尖嘴钳，其耐压为500V以上。尖嘴钳的常用规格有130mm、160mm、180mm和200mm四种。

（2）使用方法　尖嘴钳的头部尖细，主要用来剪切线径较细的单股与多股线，以及给单股导线接头弯圈、剥塑料绝缘层等，例如在狭小的空间夹持较小的螺钉、垫圈、导线及将单股导线接头弯圈，剥削塑料电线绝缘层，也可用来带电操作低压电气设备。

尖嘴钳的握法有平握法和立握法，如图 1-21 所示。

尖嘴钳使用灵活方便，适用于电气仪器仪表制作或维修操作，又可以作为家庭日常修理工具。其使用方法举例如图 1-22 所示。

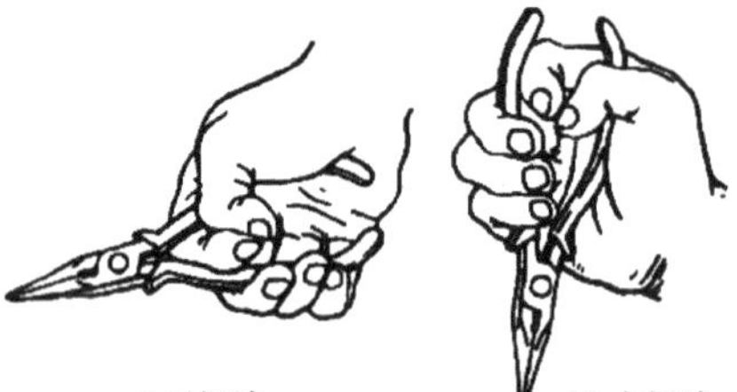

a) 平握法　　b) 立握法

图 1-21　尖嘴钳的握法

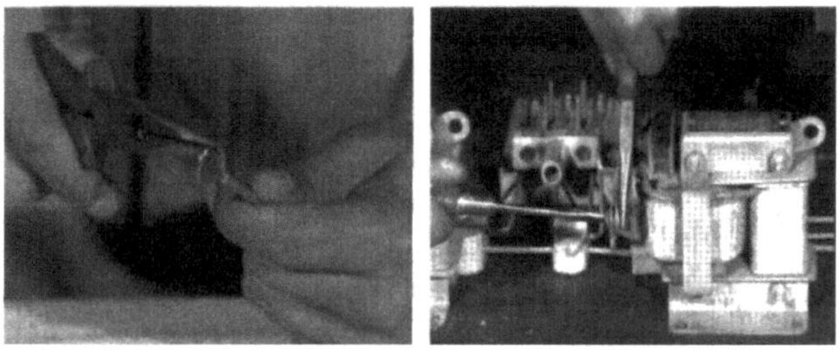

a) 制作接线鼻　　b) 辅助拆卸螺钉

图 1-22　尖嘴钳使用方法举例

（3）使用注意事项

1）为确保使用者的人身安全，严禁使用塑料套破损、开裂的尖嘴钳带电操作。

2）不允许用尖嘴钳装拆螺母、敲击它物。

3）不宜在 80℃ 以上的环境中使用尖嘴钳，以防止塑料套柄熔化或老化。

4）为防止尖嘴钳端头断裂，不宜用它夹持较硬、较粗的金属导线及其他硬物。

5）尖嘴钳的头部是经过淬火处理的，不要在锡锅或高温的地方使用，以保持钳头部分的硬度。

5. 斜口钳

（1）选用　斜口钳主要用于剪切导线以及元器件多余的引线，还常用来代替一般剪刀剪切绝缘套管、尼龙扎线卡等，如图 1-23 所示。

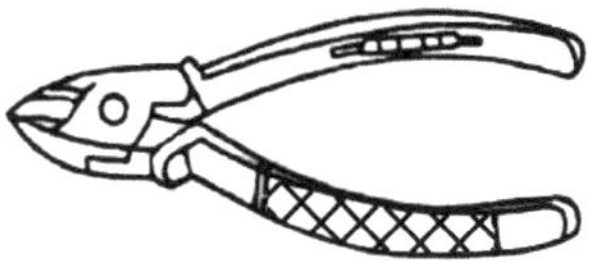

图 1-23　斜口钳

斜口钳按手柄不同分铁柄、管柄和绝缘柄三种，电工应用绝缘柄断线钳，其耐压为 1000V 以上。斜口钳的常用规格有 130mm、160mm、180mm 和 200mm 四种。

（2）使用方法　使用斜口钳时用右手操作。将钳口朝内侧，便于控制钳切部位，用小指伸在两钳柄中间以抵住钳柄，张开钳头，使分开钳柄灵活。

斜口钳专用于剪断较粗的金属丝、线材及电线电缆等。

斜口钳的刀口可用来剥削软电线的橡皮或塑料绝缘层，也可用来切剪电线、钢丝。剪 8 号镀锌钢丝时，应用刀刃绕表面来回割几下，然后只需轻轻一扳，钢丝即断。铡口也可以用来切断电线、钢丝等较硬的金属线。

（3）使用注意事项

1）斜口凹槽朝外，防止断线碰伤眼睛。

2）剪线时头应朝下，以免线头剪断时，伤及身体。

3）不可以用斜口钳来剪较粗或较硬的物体，以免伤及刀口。

4）不可用于捶打物件。

6. 剥线钳

（1）选用　剥线钳是剥削小直径导线接头绝缘层的专用工具。剥线钳手柄是绝缘的，耐压为500V，其规格有130mm、160mm、180mm和200mm四种。剥线钳的外形结构如图1-24所示。

（2）使用方法　使用时，将要剥削的导线绝缘层长度用标尺定好，右手握住钳柄，用左手将导线放入相应的刃口槽中（比导线直径稍大，以免损伤导线），用右手将钳柄向内一握，导线的绝缘层即被割破拉开自动弹出，如图1-25所示。

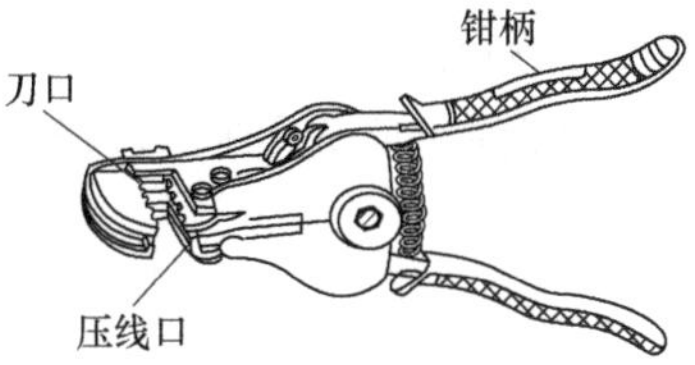


图1-24　剥线钳的外形结构

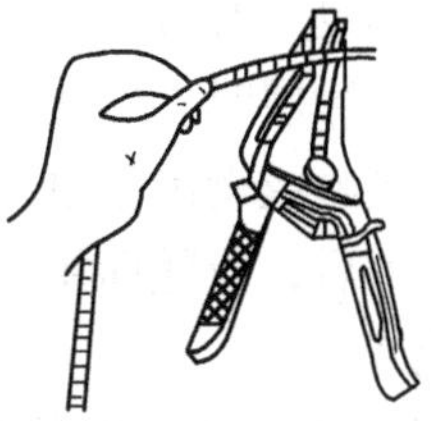

图1-25　剥线钳的使用方法

（3）使用注意事项　使用剥线钳时，选择的切口直径必须大于线芯直径，即导线必须放在大于其线芯直径的切口上剥削，否则会切伤芯线。

7. 活扳手

（1）选用　电工常用的扳手有活扳手、呆扳手和套筒扳手，这些都是用于紧固和拆卸螺母的工具。电工最常用的是活扳手，其结构如图1-26所示，它的扳口大小可以调节。常用活扳手的规格有200mm、250mm、300mm三种，使用时应根据螺母的大小来选配。

图1-26　活扳手的结构

电工还经常用到呆扳手（也称开口扳手），它有单头和双头两种，其开口与螺钉头、螺母尺寸相适应，并根据标准尺寸做成一套，以便于根据需要选用，如图1-27所示。

（2）使用方法

1）使用时，右手握手柄，手越靠后，扳动起来越省力，如图1-28所示。

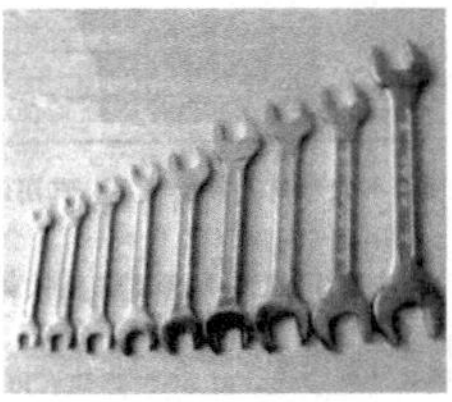

图1-27　呆扳手

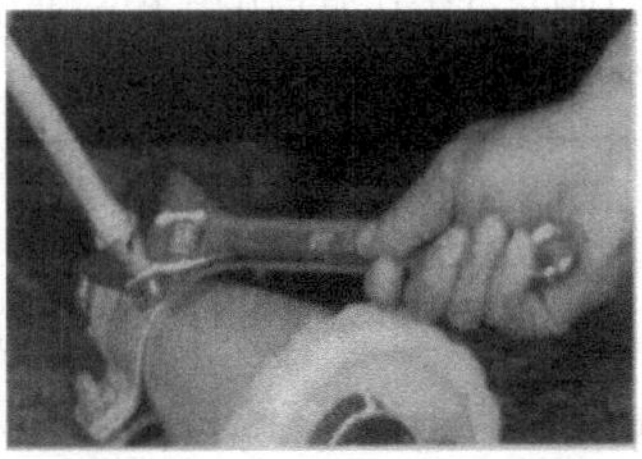

图1-28　活扳手的使用

2）扳动小螺母时，因需要不断地转动蜗轮来调节扳口的大小，所以手要握在靠近呆扳唇处，并用大拇指调制蜗轮，以适应螺母的大小。

（3）使用注意事项

1）用活扳手的扳口夹持螺母时，呆扳唇在上、活扳唇在下，切不可反过来使用。

2）在扳动生锈的螺母时，可在螺母上滴几滴机油，这样就好拧动了。切不可用钢管套在活扳手的手柄上来增加拧紧力矩，因为这样极易损伤活扳唇。

3）不得把活扳手当锤子用。

8. 电工刀

（1）选用　电工刀是剥削和切割电工材料的常用工具。电工刀在电气操作中主要用于剖削导线绝缘层、削制木棒、切割木台缺口等。其形状如图 1-29 所示。

图 1-29　电工刀的形状

（2）使用方法　使用电工刀时，刀口应朝外部切削，切忌面向人体切削，如图 1-30 所示。剥削导线绝缘层时，应使刀面与导线成较小的锐角，以避免割伤线芯。电工刀刀柄无绝缘保护，不能接触或剥削带电导线及器件。新电工刀刀口较钝，应先开启刀口然后再使用。电工刀使用结束后，应随即将刀身折进刀柄，避免伤手。

9. 冲击电钻

（1）选用　冲击电钻常用于在配电板（盘）、建筑物或其他金属材料、非金属材料上钻孔，其外形与手电钻相似，如图 1-31 所示。冲击电钻上有锤、钻调节开关，可分别当普通电钻和电锤使用。

图 1-30　电工刀的使用方法

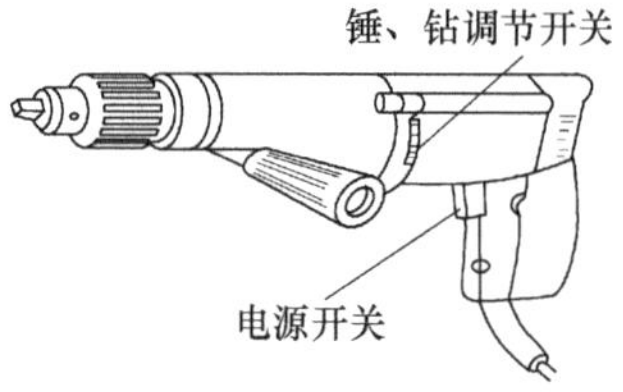


图 1-31　冲击电钻

（2）使用方法　把调节开关置于“钻”的位置，钻头只旋转而没有前后的冲击动作，可作为普通电钻使用。若调到“锤”的位置，通电后钻头边旋转、边前后冲击，便于钻削混凝土或砖结构建筑物上的孔，如膨胀螺栓孔、穿墙孔等。

（3）注意事项

1）长期搁置不用的冲击电钻，使用前必须用 500V 绝缘电阻表测定对地绝缘电阻，其值应不小于 0.5MΩ。

2）使用有金属外壳的电钻时，必须戴绝缘手套，并穿绝缘胶鞋或站在绝缘板上，以确保操作人员的人身安全。

3）在钻孔时遇到坚硬物体不能加过大压力，以防钻头退火或手电钻因过载而损坏。

4）在钻孔过程中，应经常把钻头从钻孔中抽出，以便排除钻屑。

10. 电烙铁

（1）选用　电烙铁是钎焊（也称锡焊）的热源，其规格有 15W、25W、45W、75W、100W、300W 等多种。功率在 45W 以上的电烙铁，通常用于强电元器件的焊接，弱电元器件的焊接一般使用功率为 15W、25W 的电烙铁。

电烙铁有外热式和内热式两种，如图 1-32 所示。内热式电烙铁的发热元件在烙铁头的内部，其热效率较高；外热式电烙铁的发热元件在外层，烙铁头置于中央的孔中，其热效率较低。

电烙铁的功率应选用适当，功率过大不但浪费电能，而且会烧坏弱电元器件；功率过小，则会因热量不够而影响焊接质量（出现虚焊、假焊）。

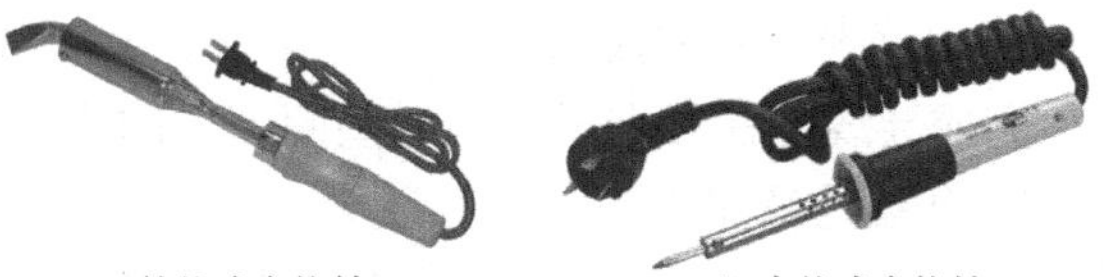
a) 外热式电烙铁　b) 内热式电烙铁

图 1-32　电烙铁

（2）使用方法　手工焊接时，要拿稳对准电烙铁，可根据电烙铁的大小、形状和被焊件的要求等不同情况决定电烙铁的握法。电烙铁的握法通常有 3 种，为反推法、正握法和握笔法，分别如图 1-33 所示。

1）反握法。反握法是用五指把电烙铁柄握在手掌内。使用这种握法焊接时动作稳定，长时间操作不易疲劳，适用于大功率的电烙铁和焊接热容量大的被焊件。

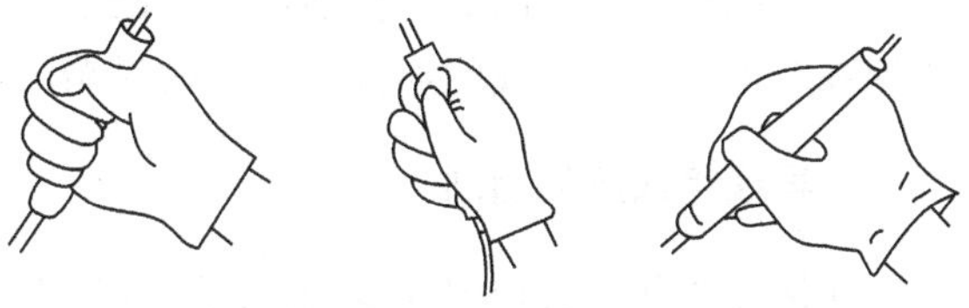
a) 反握法　b) 正握法　c) 握笔法

图 1-33　电烙铁的握法

2）正握法。正握法是用五指把电烙铁柄握在手掌外，适用于中功率的电烙铁或烙铁头弯的电烙铁。

3）握笔法。这种握法类似于写字时手拿笔一样，易于掌握，但长时间操作易疲劳，烙铁头会出现抖动现象，因此适用于小功率的电烙铁和焊接热容量小的被焊件。

# 任务三　导线的电气连接

**【任务分析】**

在电气安装与线路维护工作中，通常因导线长度不够或线路有分支，需要把一根导线与另一根导线做成固定电连接，在电线终端要与配电箱或用电设备做电连接，这些固定电连接处称为接头。做导线的电连接是电工工作的一道重要工序，每个电工都必须熟练掌握这一操作工艺。

**【任务实施】**

**技能训练　导线绝缘层的剥削及连接**

完成单股和多股铜芯导线的剥削，并进行一字形、T 字形、十字形等连接。

1. 导线剥削

分别使用剥线钳、钢丝钳和电工刀剥离不同规格导线的绝缘层，剥离导线绝缘层的操作步骤如下。

1）用剥线钳分别剥离截面积为 $1.5mm^2$、$2.5mm^2$、$4.0mm^2$ 规格的塑料单股铜芯线。

2）用钢丝钳分别剥离截面积为 $1.5mm^2$、$2.5mm^2$、$4.0mm^2$ 规格的塑料单股铜芯线。

3）用电工刀剥削线芯截面积大于 $4mm^2$ 的塑料单股铜芯线和护套线。

2. 导线直线连接

完成单股和 7 股铜芯线的一字形和十字形连接。

3. 导线 T 形连接

完成单股和 7 股铜芯线的 T 字形和人字形连接。

4. 导线与接线桩连接

完成导线与柱形端子、瓦形垫圈端子的连接。

5. 包缠绝缘布带

正反向各缠一层橡胶带或黄蜡布带，然后缠两层黑胶布带，要求不紧不松，厚度和原绝缘层一样。

【相关知识】

导线连接是维修电工必须掌握的一项重要的基本功，也是线路安装及维修过程中经常用到的操作技能。导线的连接方法很多，有绞接、焊接、压接、紧固螺钉压接等，各种连接方法适用于不同导线及不同的工作地点。无论采用哪种导线的连接方法，都不外乎四个步骤：导线绝缘层的剥削、导线的连接、导线的封端、导线绝缘层的恢复。

## 一、导线绝缘层的剥削

在连接导线前，必须把导线端部的绝缘层剥去，要求剥削后的芯线长度必须适合连接需要，不应过长或过短，且不应损伤芯线。

1. 塑料硬线绝缘层的剥削

线芯截面积为 $4mm^2$ 以下的塑料硬线，一般用钢丝钳进行剥削，如图 1-34 所示。剥削方法是：用左手握住导线，根据线头所需长度用钢丝钳刀口切割绝缘层，但不可切入线芯，然后用右手握住钢丝钳头部用力向外勒出绝缘层。剥削出的芯线应保持完整无损，若损伤较大，应重新剥削。

对于芯线截面积大于 $4mm^2$ 的塑料导线，可用电工刀来剥削绝缘层，如图 1-35 所示。剥削方法是：根据所需的长度用电工刀以倾斜 45°角切入塑料层；刀面与芯线保持 25°角左右，用力向线段推削，不可切入芯线，削去上面一层塑料绝缘层；将下面塑料绝缘层向后扳翻，最后用电工刀齐根切去。剥削过程如图 1-36 所示。

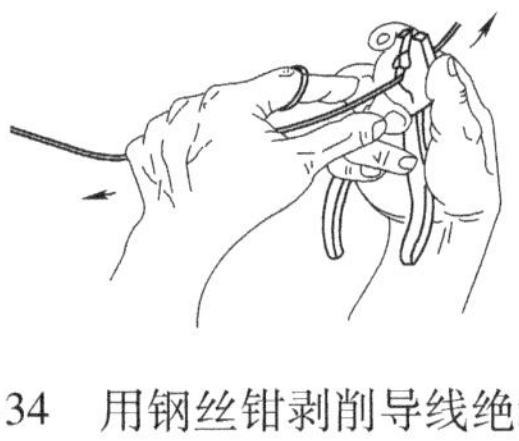

图 1-34　用钢丝钳剥削导线绝缘层

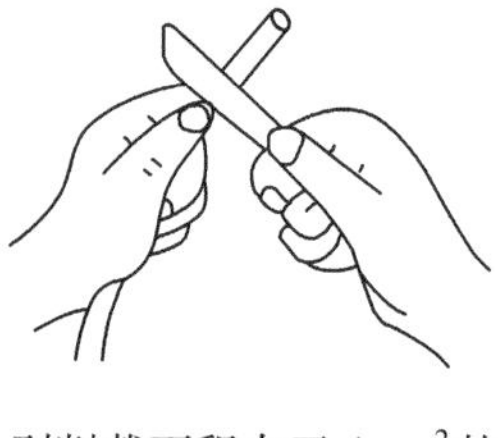

图 1-35　剥削截面积大于 $4mm^2$ 的塑料导线

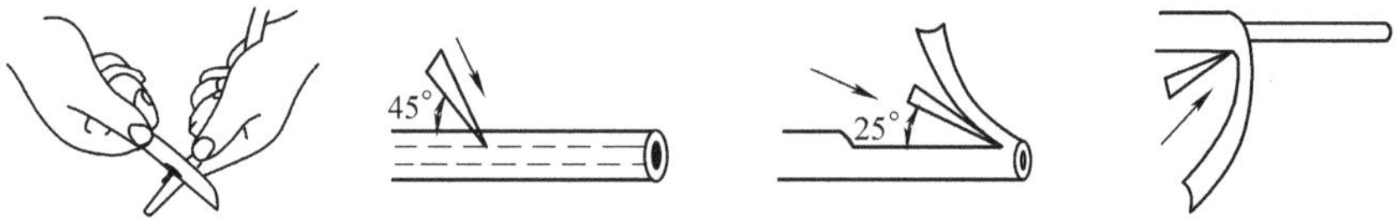


a) 切入　b) 刀以45°角倾斜切入　c) 刀以25°角倾斜推削　d) 翻下余下绝缘层

图 1-36　用电工刀剥削塑料绝缘层的过程

2. 塑料软线绝缘层的剥削

塑料软线绝缘层只能用剥线钳或钢丝钳剥削，不可用电工刀剥削。用钢丝钳剥削绝缘层的方法如图 1-37 所示。剥削方法是：用左手捏住线头，按连接所需长度，用钳头刀口轻切绝缘层，轻切时不可用力过大，只要切破绝缘层即可，因软线每股芯线较细，极易被切断。迅速移动握位，从柄部移至头部，在移动过程中不可松动已切破绝缘层的钳头。同时，左手食指应绕上一圈导线，然后握拳捏导线，再两手反向同时用力，右手抽、左手勒，即可把端部绝缘层剥离。剥离绝缘层时右手用力要大于左手。

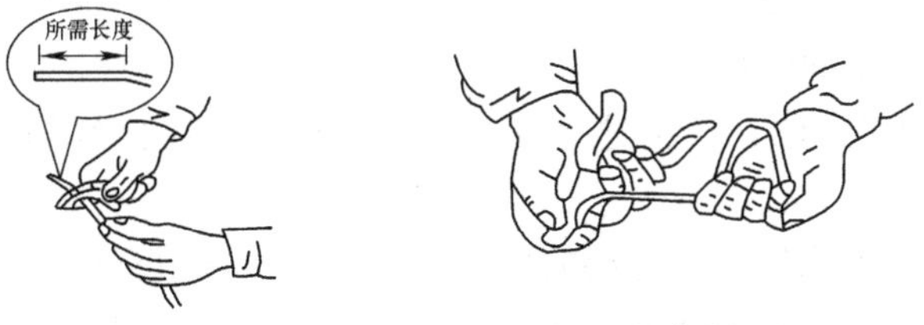


a) 轻切绝缘层　b) 剥离芯线

图 1-37　用钢丝钳剥削塑料软线绝缘层

3. 塑料护套线绝缘层的剥削

塑料护套线绝缘层必须用电工刀来剥削，如图 1-38 所示。剥削方法是：按所需长度用刀尖对准芯线缝隙划开护套层，向后扳翻护套层，用刀齐根切去。在距离护套层 5 ~ 10mm 处，用电工刀以 45°倾斜角切入绝缘层。

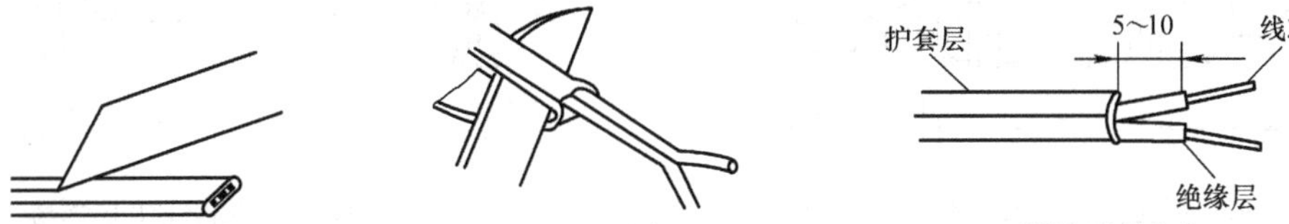


a) 用刀尖在线芯缝隙处划开护套层　b) 扳翻护套层并齐根切去　c) 剥削好的护套线

图 1-38　塑料护套线绝缘层的剥削

## 二、导线的连接

1. 导线连接的基本要求

1）接触紧密，接头电阻小，稳定性好。接头与同长度、同截面积导线的电阻比应不大于 1。

2）接头的强度应不小于导线强度的 80%。

3）耐腐蚀。对于铝与铝的连接，如采用熔焊法，应主要防止残余焊剂或熔渣的化学腐蚀；对于铝与铜的连接，应主要防止电化腐蚀。在接头前后，要采取措施，避免这类腐蚀的存在。

4）接头的绝缘层强度应与导线的绝缘层强度一样。

2. 铜芯导线的连接

（1）单股铜芯线的连接　单股芯线有绞接和缠绕两种方法。绞接法适用于截面积较小的导线，缠绕法适用于截面积较大的导线。

绞接法是先剥去线端绝缘层约芯线直径 40 倍长，勒直芯线后，再按以下步骤进行。

1）两根线头在离芯线根部的 1/3 处呈“×”状交叉，如图 1-39a 所示。

2）把两线头如麻花状互相紧绞合 2～3 圈，如图 1-39b 所示。

3）把一根线头扳起与另一根处于下边的线头保持垂直，如图 1-39c所示。

4）把扳起的线头按顺时针方向在另一根线头上紧缠 6～8 圈，圈间不应有缝隙，且应垂直排绕。缠毕切去芯线余端，并钳平切口，不准留有切口毛刺，如图 1-39d 所示。

5）另一端头的加工方法，按上述第 3）、4）步操作。连接好的导线如图 1-39e 所示。

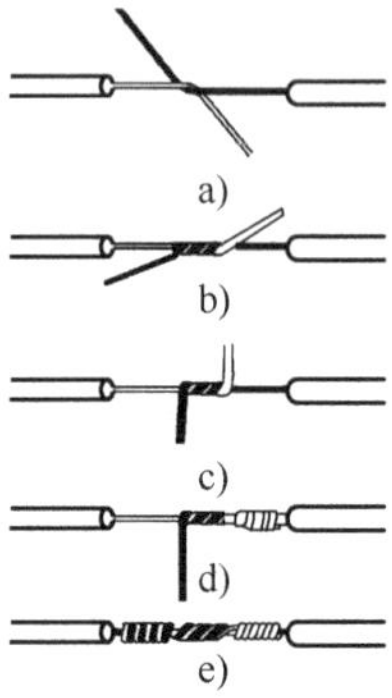


图 1-39　单股铜芯线的绞接法连接

缠绕法是将已去除绝缘层和氧化层的线头相对交叠，再用直径为 1.6mm 的裸铜线作为缠绕线在其上进行缠绕，如图 1-40 所示。其中，直径在 5mm 及以下的线头，缠绕长度为 6cm；直径大于 5mm 的，缠绕长度为 9cm。

（2）单股铜芯线的 T 形连接　单股芯线 T 形连接时仍可用绞接法和缠绕法。绞接法是先使除去绝缘层和氧化层的支路芯线与干路芯线剥削处的芯线十字相交，注意在支路芯线根部留出 3～5mm 裸线，接着顺时针方向将支路芯线在干路芯线上紧密缠绕 6～8 圈，如图 1-41所示，再剪去多余线头，修整掉毛刺。

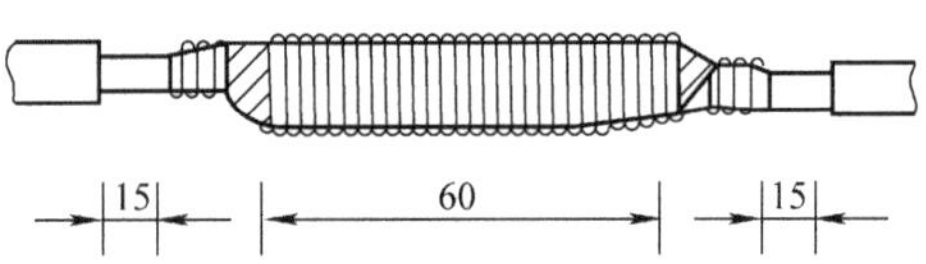


图 1-40　用缠绕法直线连接单股芯线

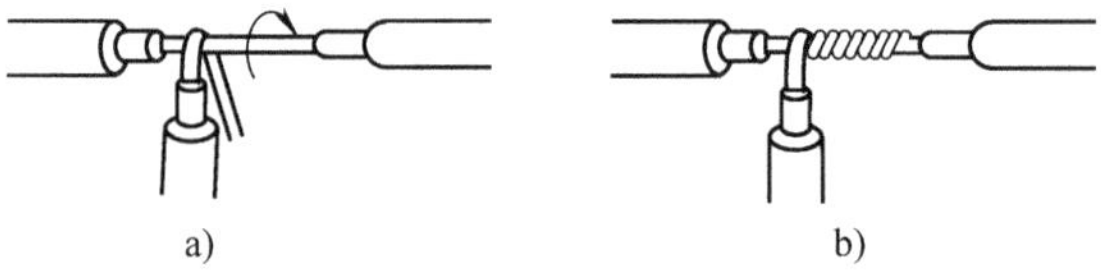


图 1-41　单股芯线 T 形连接

（3）单股铜芯线与多股铜芯线的分支连接　先按单股铜芯线直径约 20 倍的长度剥除多股线连接处的中间绝缘层，并按多股线的单股芯线直径的 100 倍左右剥去单股线的线端绝缘层，勒直芯线后，再按以下步骤进行。

1）在离多股线的左端绝缘层切口 3～5mm 处的芯线上，用一字螺钉旋具把多股芯线分成较均匀的组（如 7 股线的芯线以 3 股、4 股分），如图 1-42a 所示。

2）将单股铜芯线插入多股铜芯线的两芯线中间，但单股铜芯线不可插到底，应使绝缘层切口离多股铜芯线 3mm 左右。同时，应尽可能使单股铜芯线向多股铜芯线的左端靠近，以达到距多股铜芯线绝缘层的切口不大于 5mm。按着用钢丝钳把多股铜芯线的插缝钳平、钳紧，如图 1-42b 所示。

3）将单股铜芯线按顺时针方向紧缠在多股铜芯线上，务必要使每圈直径垂直于多股铜芯线轴心，并应使各圈紧挨密排，绕足 10 圈，然后切断余端，钳平切口毛刺，如图 1-42c 所示。

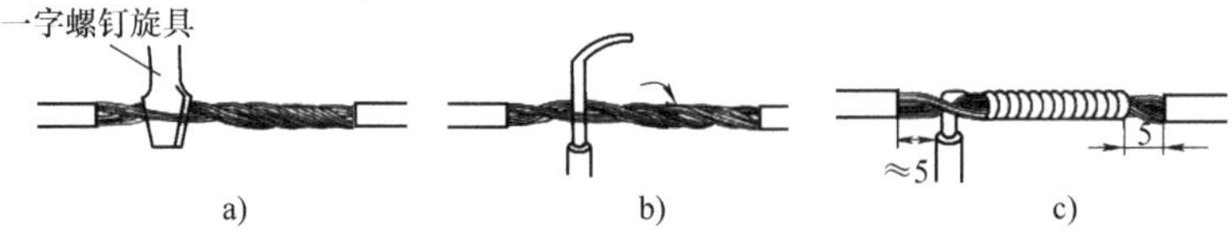


图 1-42　单股铜芯线与多股铜芯线的分支连接

（4）多股铜芯线的直接连接　多股铜芯线的直接连接按以下步骤进行（以 7 股芯线为例）。

1）将剥去绝缘层的芯线头拉直，接着把芯线头全长的 1/3 根部进一步绞紧，然后把余下的 2/3 根部芯线头按图 1-43a 所示方法分散成伞骨状，并将每股芯线拉直。

2）把两导线的伞骨状线头隔股对叉，然后捏平两端每股线，如图 1-43b、c 所示。

3）先把一端的 7 股芯线按 2、2、3 股分成三组，接着把第一组芯线扳起，垂直于芯线，如图 1-43d 所示，然后按顺时针方向紧贴并缠绕两圈，再扳成与芯线平行的直角，如图 1-43e所示。

4）按照与上一步骤相同的方法继续紧紧缠绕第二组和第三组芯线，如图 1-43f、g 所示，但第三组芯线应紧缠三圈，如图 1-43h 所示。每组多余的芯线端应剪去，并钳平切口毛刺。

导线另一端的连接方法与此相同。

（5）多股铜芯线的分支连接　先将干线在连接处按支线的单股铜芯线直径约 60 倍长度处剥去绝缘层。支线线头绝缘层的剥离长度约为干线单股铜芯线直径的 80 倍左右，再按以下步骤进行。

1）把支线线头离绝缘层切口根部约 1/10 的一段芯线进一步绞紧，并把余下的 9/10 芯线头松散，并逐根勒直后分均匀且排成并列的两组（如 7 股线按 3、4 股分），如图 1-44a 所示。

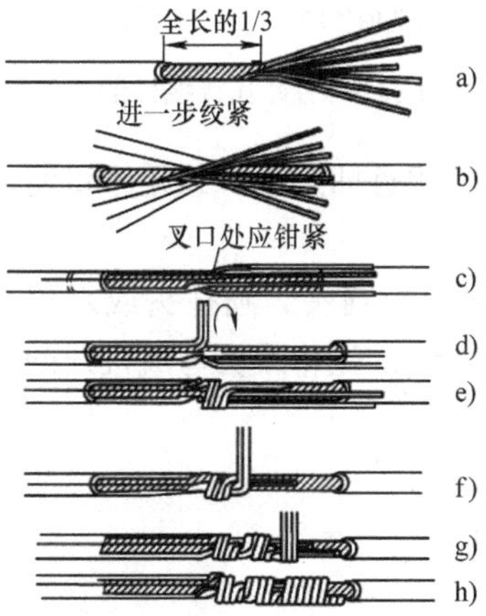


图 1-43　7 股铜芯导线的直接连接

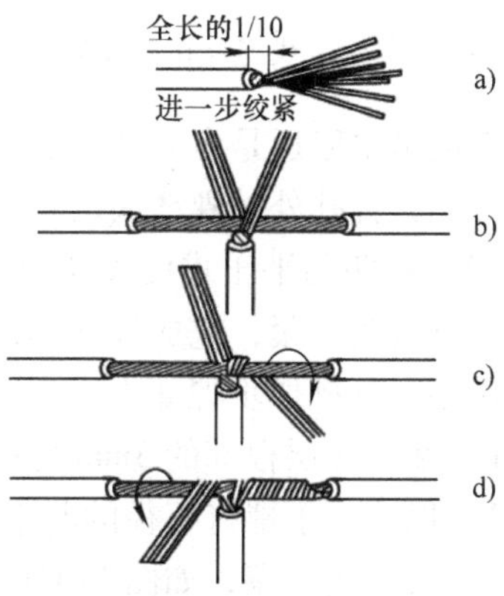


图 1-44　多股铜芯线的分支连接

2）在干线芯线中间略偏一端部位，用一字螺钉旋具插入芯线股间，分成较均匀的两组。接着把支路略多的一组芯线头插入干线芯线的缝隙中，同时移动位置，使干线芯线分为约 2/5 和 3/5 的两端，即 2/5 一段供支线 3 股芯线缠绕，3/5 一段供 4 股芯线缠绕，如图 1-44b所示。

3）先钳紧干线芯线插口处，接着把支线 3 股芯线在干线芯线上按顺时针方向垂直地紧紧排缠三圈，剪去多余的线头，钳平端头，修去毛刺，如图 1-44c 所示。

4）按前一步方法缠绕 4 股支线芯线头，但要缠足四圈，芯线端口也应不留毛刺，如图 1-44d 所示。

3. 导线与针孔接线柱的连接

（1）线头与针孔接线柱的连接　端子板、某些熔断器、电工仪表等的接线部位多是利用针孔附有压接螺钉压住线头完成连接的。若电路容量小，可用一只螺钉压接；若电路容量较大，或接头要求较高时，应该用两只螺钉压接。

1）单股芯线与接线柱连接时，最好按要求的长度将线头折成双股并排插入针孔，使压接螺钉顶紧双股芯线的中间。如果线头较粗，双股插不进针孔，也可直接用单股，但在芯线插入针孔前，应稍微朝着针孔上方弯曲芯线，以防压紧螺钉稍松时线头脱出，如图 1-45 所示。

2）针孔接线柱上连接多股芯线时，应该用钢丝钳将多股芯线进一步绞紧，以保证压紧螺钉顶压时不致松散。注意针孔和线头的大小应尽可能配合，如图 1-46a 所示。如果针孔过大，可选一根直径大小相宜的铝导线做绑扎线，在已绞紧的线头上紧密缠绕一层，使线头大小与针孔合适后再进行压接，如图 1-46b 所示。如线头过大，插不进针孔时，可将线头散开，适量减去中间几股。通常 7 股可剪去 1 ~ 2 股，19 股可剪去 1 ~ 7 股，然后将线头绞紧，进行压接，如图 1-46c 所示。

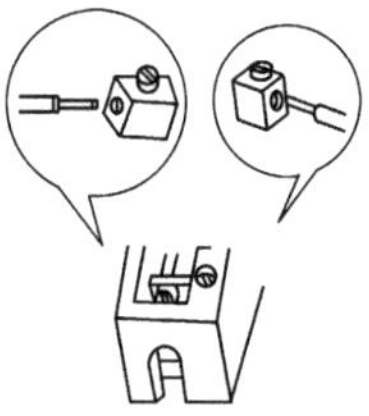

图 1-45　单股芯线与针孔接线的压接法

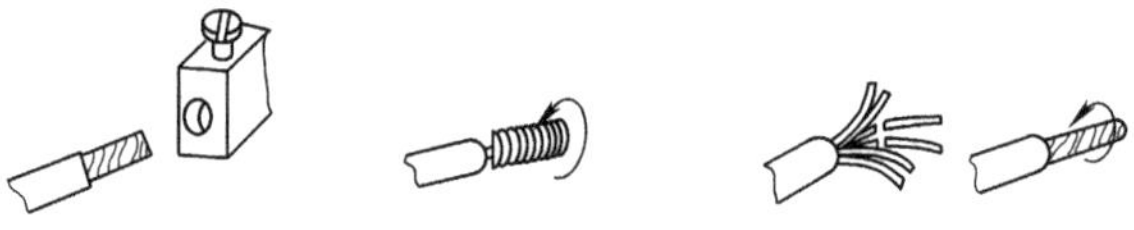

a) 针孔合适的连接　b) 针孔过大时线头的处理　c) 线头过大时线头的处理

图 1-46　多股芯线与针孔接线柱的连接

无论是单股还是多股芯线的线头，在插入针孔时，一是注意插到底；二是不得使绝缘层进入针孔，针孔外的裸线头的长度也不得超过 3mm。

（2）线头与平压式接线柱的连接　平压式接线柱是利用半圆头、圆柱头或六角头螺钉加垫圈将线头压紧，完成导线的连接。对载流量小的单股芯线，先将线头弯成接线圈，再用螺钉压接。其操作步骤如下：

1）在绝缘层根部的 3mm 处向外侧折角，如图 1-47a 所示。

2）以略大于螺钉直径的曲率弯曲圆弧，如图 1-47b 所示。

3）去芯线余端，如图 1-47c 所示。

4）整圆圈，如图 1-47d 所示。

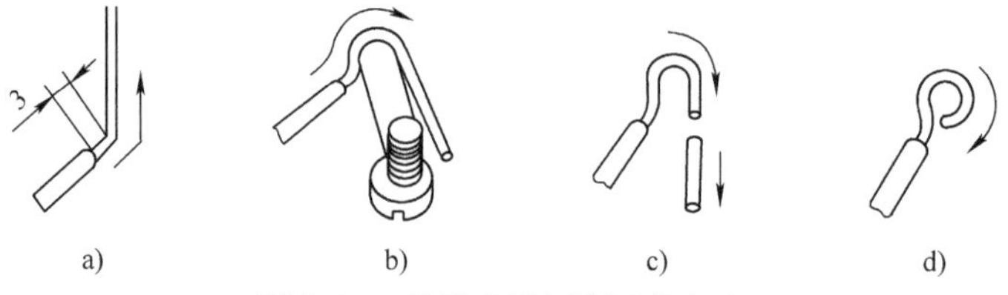


a)　b)　c)　d)

图 1-47　单股芯线压接圈的弯法

对于横截面积不超过 10mm$^2$、股数为 7 股及以下的多股芯线，应按图 1-48 所示的步骤制作压接圈。对于载流量较大、横截面积超过 10mm$^2$、股数多于 7 股的导线端头，应安装接线耳。

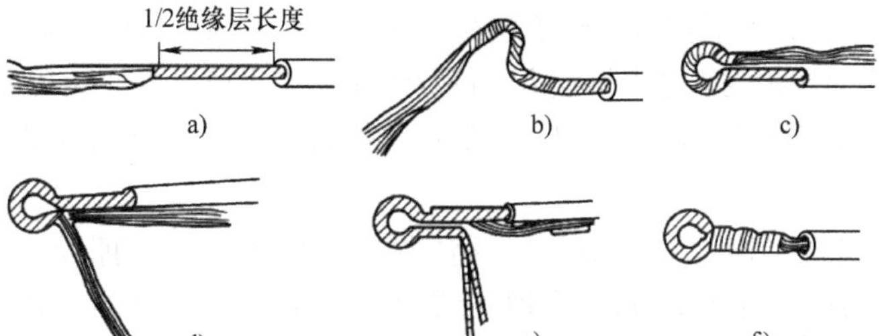


图1-48　7股芯线压接圈的弯法

软线线头的连接也可用平压式接线柱，其工艺要求与上述多股芯线的压接相同。

4. 线头与瓦形接线柱的连接

瓦形接线柱的垫圈为瓦形，为了使线头不致从瓦形接线柱内滑出，压接前应先将已去除氧化层和污物的线头弯曲成U形，再卡入瓦形接线柱压接，如图1-49a所示。如果在接线柱上有两个线头连接，应将弯成U形的两个线头反方向重叠，再卡入接线柱瓦形垫圈下方压紧，如图1-49b所示。

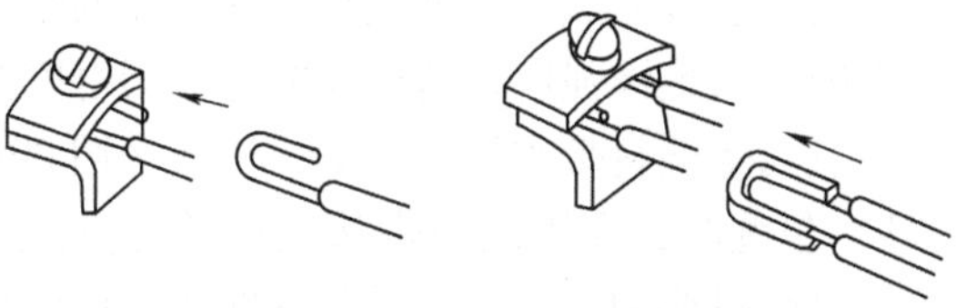


图1-49　线头与瓦形接线柱的连接

5. 铝芯线的连接

铝芯线的连接有以下几种方法。

（1）小规格铝芯线的连接方法

1）截面积在$4mm^2$以下的铝芯线，允许直接与接线柱连接，但连接前必须经过清除氧化铝薄膜的技术处理。方法是，在芯线端头上涂抹一层中性凡士林，然后用细钢丝刷或铜丝刷擦芯线表面，再用清洁的棉纱或破布抹去含有氧化铝膜屑的凡士林，但不要彻底擦干净表面的凡士林。

2）各种形状接点的弯制和连接方法，均与小规格铜质导线的各种连接方法相同，均可参照应用。

3）铝芯线质地很软，压紧螺钉虽能紧压住线头，但为使其不能松动，也应避免一味拧紧螺钉而把铝芯线压扁或压断。

（2）铜芯线与铝芯线的连接　由于铜与铝在一起时，日久会产生电化学腐蚀，因此对于承受较大负载的铜芯线与铝芯线连接应采用铜铝过渡连接管。使用时，连接管的铜端插入铜导线，铝端插入铝导线，利用局部压接法压接。

## 三、导线的封端

安装好的配线最终要与电气设备相连，为了保证导线线头与电气设备接触良好并具有较强的力学性能，对于多股铝线和截面积大于$2.5mm^2$的多股铜线，都必须在导线终端焊接或压接一个接线端子，再与设备相连。这种工艺过程叫作导线的封端。

（1）铜导线的封端　铜导线的封端有以下两种方法。

1）锡焊法。锡焊前，先将导线表面和接线端子孔用砂布擦干净，涂上一层无酸焊锡膏，将线芯搪上一层锡，然后把接线端子放在喷灯火焰上加热，当接线端子烧热后，把焊锡熔化在端子孔内，并将搪好锡的线芯慢慢插入，待焊锡完全渗透到线芯缝隙中后，即可停止加热。

2）压接法。将表面清洁且已加工好的线头直接插入内表面已清洁的接线端子线孔，用压接钳压接。

（2）铝导线的封端　铝导线一般用压接法封端。压接前，剥掉导线端部的绝缘层，其长度为接线端子孔的深度加上5mm，除掉导线表面和端子孔内壁的氧化膜，涂上中性凡士林，再将线芯插入接线端子内，用压接钳进行压接。当铝导线出线端与设备铜端子连接时，由于存在电化学腐蚀问题，因此应采用预制好的铜铝过渡接线端子，压接方法同前所述。

### 四、导线绝缘层的恢复

在线头连接完成后，连接导线前破坏的绝缘层必须恢复，且恢复后的绝缘强度一般不应低于剥削前的绝缘强度，这样才能保证用电安全。在低压电路中，常用的恢复材料有黄蜡布带、聚氯乙烯塑料带和黑胶布等。一般采用20mm的规格，其包缠方法如下：

1）包缠时，先用绝缘带从左侧的完好绝缘层上开始包缠，应包入绝缘层30～40mm，包缠绝缘带时要用力拉紧，带与导线之间应保持约45°倾斜，如图1-50a所示。

2）进行每圈斜叠缠包，后一圈必须压叠住前一圈的1/2带宽，如图1-50b所示。

3）包至另一端也必须包入与始端同样长度的绝缘带，然后接上黑胶布，并应使黑胶布包出绝缘带层至少半根带宽，即必须使黑胶布完全包住绝缘带，如图1-50c所示。

4）胶布也必须进行1/2叠包，包到另一端也必须完全包住绝缘带，收尾后应用双手的大拇指和食指紧捏黑胶布两端口，进行一正一反方向拧旋，利用黑胶布的黏性，将两端口充分密封起来，尽可能不让空气流通，如图1-50d所示。这是一道关键的操作步骤，决定着加工质量的优劣。

在实际应用中，为了保证使经恢复的导线绝缘层的绝缘性能达到或超过原有标准，一般均包两层绝缘带后再包一层黑胶布。

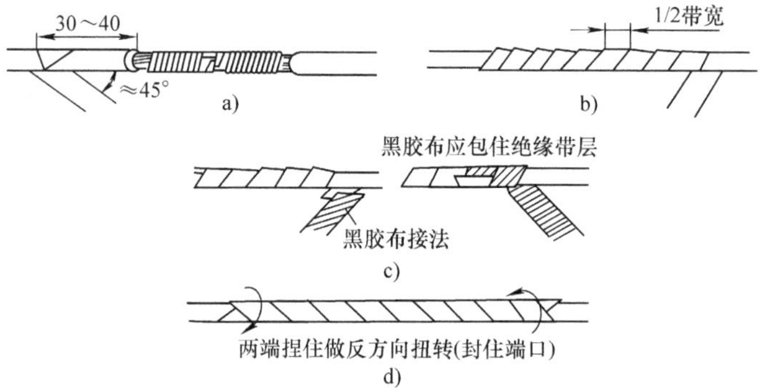


图1-50　对接接点绝缘层的恢复

## 任务四　电烙铁焊接

【任务分析】

在电气安装与线路维护工作中，经常遇到导线及各种元器件的焊接以及集成电路的焊接。每个从事电工操作的人员都必须熟练掌握这一操作工艺。

【任务实施】

**技能训练　焊接技术**

1. 空心铆钉板焊接

1）清除空心铆钉板上铆钉表面的氧化层，然后给空心铆钉镀锡，焊上焊点，不少于10个。

2）清除空心铆钉板上铆钉表面和导线表面的氧化层，然后分别进行镀锡，在空心铆钉上焊接铜芯导线，不少于10个。

2. 印制电路板的焊接

1）保持印制电路板表面干净，清除导线表面的氧化层。

2）对导线镀锡，并在印制电路板上焊接，不少于10个。

3. 导线焊接

1）选若干单股短导线，剥去导线端子绝缘层，练习导线与导线之间的焊接。

2）用单股及多股导线和焊接片练习导线与端子之间的绕焊、钩焊与搭焊方法。

【相关知识】

## 一、焊接工具

（1）电烙铁的种类　常用的电烙铁主要有以下几种。

1）外热式电烙铁。常用的外热式电烙铁有25W、45W、75W和100W几种规格，其温度与烙铁头的体积、开关、长短等都有一定的关系。为适应不同焊接物体的要求，烙铁头的形状也有所不同。

2）内热式电烙铁。内热式电烙铁具有升温快、耗电少、体积小、热效率高的特点，应用非常普遍。

3）吸锡电烙铁。吸锡电烙铁是将活塞式吸锡器与电烙铁融为一体的拆焊工具。它具有使用方便、灵活、适用范围宽等特点，但不足之处是每次只能对一个焊点进行拆焊。

4）恒温电烙铁。在焊接集成电路、晶体管器件时，常用到恒温电烙铁，因为半导体器件的焊接温度不能太高，焊接时间不能过长，否则会因过热而损坏器件。焊接较大的元器件时，如控制变压器、扼流圈等，因焊点较大，可选用60～100W的电烙铁。在金属框架上焊接，选用300W的电烙铁较合适。

（2）电烙铁的选用　选用电烙铁时，应考虑以下几个方面。

1）焊接集成电路、晶体管及其他受热易损元器件时，应选用20W内热式或25W外热式电烙铁。

2）焊接导线及同轴电缆时，应选用45～75W外热式电烙铁（或50W内热式电烙铁）。

3）焊接较大的元器件时，如大电解电容器的引线脚、金属底盘接地焊片等，应选用100W或以上的电烙铁。

## 二、焊接工艺

1. 手工焊接要求

通常可以看到这样一种焊接操作法，即先用烙铁头沾上一些焊锡，然后将电烙铁放到焊点上停留，等待加热后焊锡润湿焊件。应注意，这不是正确的操作方法。虽然这样也可以将焊件焊起来，但却不能保证质量。

当把焊锡熔化到烙铁头上时，焊锡丝中的焊剂附在钎料表面，由于烙铁头温度一般都在250～350℃，在电烙铁放到焊点上之前，松香焊剂不断挥发，而当电烙铁放到焊点上时，由于焊件温度低，加热还需一段时间，在此期间焊剂很可能挥发大半甚至完全挥发，因而在润湿过程中会由于缺少焊剂而润湿不良。

同时，由于钎料和焊件温度差得多，结合层不容易形成，很容易虚焊，而且由于焊剂的保护作用丧失后钎料容易氧化，焊接质量也得不到保证。

（1）焊接点要保证良好的导电性能　虚焊是指钎料与被焊物表面没有形成合金结构，只是简单地依附在被焊金属的表面上，如图1-51所示。为使焊点具有良好的导电性能，必须防止虚焊。

虚焊用仪表测量很难发现，但却会使产品质量大打折扣，以致出现产品质量问题，因此在焊接时应杜绝产生虚焊。

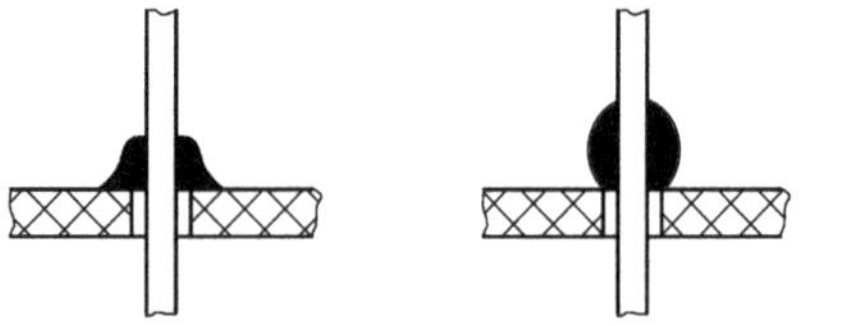


图1-51　虚焊

（2）焊接点要有足够的强度　焊点要有足够的强度，以保证被焊件在受到振动或冲击时不至于脱落、松动。为使焊点有足够的强度，一般可采用把被焊元器件的引线端子打弯后再焊接的方法。

为提高焊接强度，引线穿过焊盘后可进行相应的处理，一般采用3种方式，如图1-52所示。其中图1-52a所示为直插式，这种处理方式的强度较小，但拆焊方便；图1-52b所示为打弯处理方式，所弯角度为45°左右，其焊点具有一定的强度；图1-52c所示为完全打弯处理方式，所弯角度为90°左右，这种形式的焊点具有很高的强度，但拆焊比较困难。

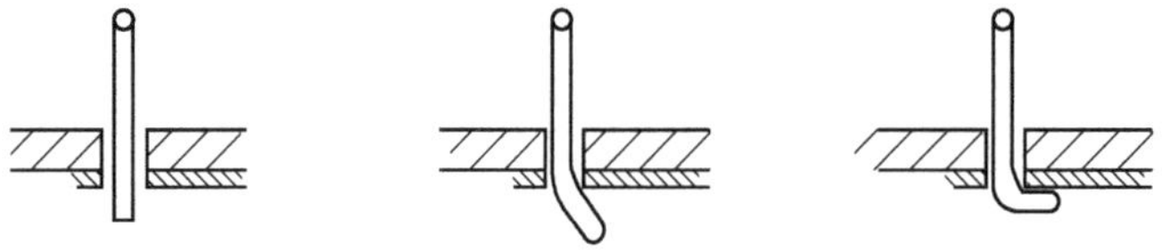


图1-52　引线穿过焊盘后的处理方式

（3）焊点表面要光滑、清洁　为使焊点表面光滑、清洁、整齐，不但要有熟练的焊接技能，而且还要选择合适的钎料和焊剂。焊点不光洁表现为焊点出现粗糙、拉尖、棱角等现象。

（4）焊点不能出现搭接、短路现象　如果两个焊点很近，很容易造成搭接、短路的现象，因此在焊接和检查时，应特别注意这些地方。

2. 手工焊接操作

对于一个初学者来说，一开始就掌握正确的手工焊接方法并养成良好的操作习惯是非常重要的。手工焊接的五步操作法如图1-53所示。

（1）准备施焊　将焊接所需材料、工具准备好，如焊锡丝、松香焊剂、电烙铁及其支架等。焊前要对烙铁头进行检查，查看其是否能正常“吃锡”。如果吃锡不好，就要将其锉干净，再通电加热并用松香和焊锡将其镀锡，即预上锡，如图1-53a所示。

（2）加热焊件 加热焊件就是将预上锡的电烙铁放在被焊点上，如图1-53b所示，使被焊件的温度上升。烙铁头放在焊点上时应注意，其位置应能同时加热被焊件与铜箔，并要尽可能加大与被焊件的接触面，以缩短加热时间，保护铜箔不被烫坏。

（3）熔化钎料 待被焊件加热到一定温度后，将焊锡丝放到被焊件和铜箔的交界面上（注意不要放到烙铁头上），使焊锡丝熔化并浸湿焊点，如图1-53c所示。

（4）移开焊锡 当焊点上的焊锡已将焊点浸湿时，要及时撤离焊锡丝，以保证焊锡不至过多，焊点不出现堆锡现象，从而获得较好的焊点，如图1-53d所示。

（5）移开电烙铁 移开焊锡后，待焊锡全部润湿焊点，并且松香焊剂还未完全挥发时，就要及时、迅速地移开电烙铁，移开的方向以45°角最为适宜，如图1-53e所示。如果移开的时机、方向、速度掌握不好，则会影响焊点的质量和外观。

完成这五步后，钎料尚未完全凝固以前，不能改变被焊件之间的位置，因为钎料未凝固时，如果相对位置被改变，就会产生假焊现象。

上述过程对一般焊点而言，大约需要两三秒钟。对于热容量较小的焊点，例如印制电路板上的小焊盘，有时用三步法概括操作方法，即将上述步骤（2）、（3）合为一步，（4）、（5）合为一步。实际上细微区分还是五步，所以五步法有普遍性，是掌握手工焊接的基本方法。

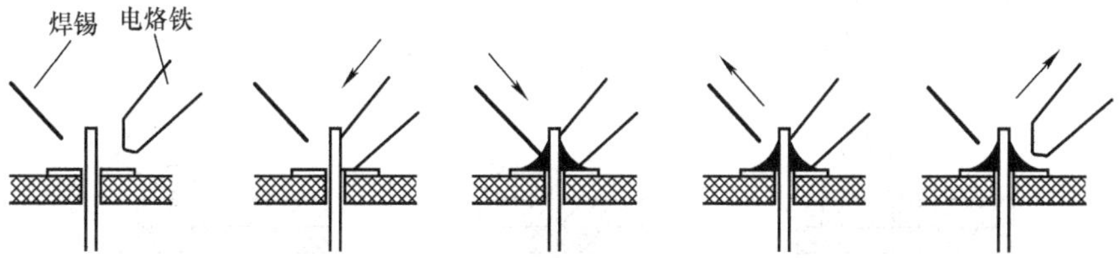


a) 准备施焊　b) 加热焊件　c) 熔化钎料　d) 移开焊锡　e) 移开电烙铁

图1-53 手工焊接五步操作法

提示：各步骤之间停留的时间对保证焊接质量至关重要，只有通过实践才能逐步掌握。

3. 焊接操作要领

（1）焊前准备

1）视被焊件的大小，准备好电烙铁、镊子、剪刀、斜口钳、尖嘴钳、焊剂等工具。

2）焊前要将元器件引线刮净，最好是先挂锡再焊。要将被焊件表面的氧化物、锈斑、油污、灰尘、杂质等清理干净。

（2）焊剂要适量 使用焊剂的量要根据被焊面积的大小和表面状态适量施用。用量过少会影响焊接质量，过多会造成焊后焊点周围出现残渣，使印制电路板的绝缘性能下降，同时还可能造成对元器件和印制电路板的腐蚀。焊剂量合适的标准是既能润湿被焊物的引线和焊盘，又不让焊剂流到引线插孔中和焊点的周围。

（3）焊接的温度和时间要掌握好 在焊接时，为使被焊件达到适当的温度，并使固体焊料迅速熔化润湿，就要有足够的热量和温度。如果温度过低，焊锡流动性差，很容易凝固，形成虚焊；如果温度过高，将使焊锡流淌，焊点不易存锡，焊剂分解速度加快，使金属表面加速氧化，并导致印制电路板上的焊盘脱落。

特别值得注意的是，当使用天然松香焊剂且锡焊温度过高时，很容易使锡焊的时间随被焊件的形状、大小不同而有所差别，但总的原则是看被焊件是否完全被焊料所润湿（钎料的扩散范围达到要求）。通常情况下，烙铁头与焊点的接触时间以使焊点光亮、圆滑为宜。如果焊点不亮并形成粗糙面，说明温度不够，时间太短，此时需要提高焊接温度，只要将烙铁头继续放在焊点上多停留些时间即可。

（4）钎料的施加方法　钎料的施加方法可根据焊点的大小及被焊件的多少而定，如图 1-54 所示。

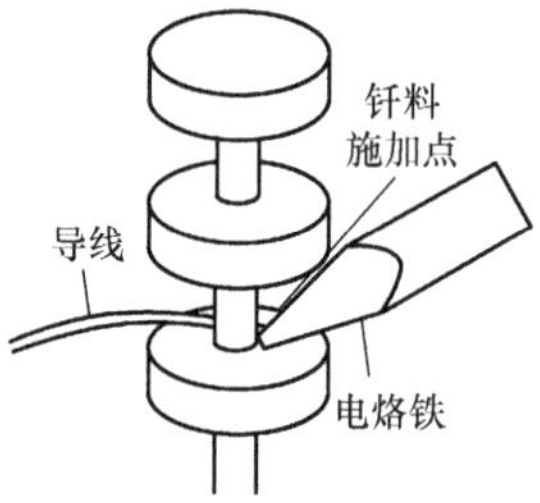


图 1-54　施加钎料

当引线焊接于接线柱上时，首先将烙铁头放在接线端子和引线上，当被焊件经过加热达到一定温度时，先给烙铁头位置少量钎料，使烙铁头的热量尽快传到焊件上。当所有的被焊件温度都达到了钎料熔化温度时，应立即将钎料从烙铁头向其他需焊接的部位延伸，直到距电烙铁加热部位最远的地方，并等到钎料润湿整个焊点，一旦润湿达到要求，要立即撤掉焊锡丝，以避免造成堆焊。

如果焊点较小，最好使用焊锡丝，应先将烙铁头放在焊盘与元器件引脚的交界面上，同时对二者加热。当达到一定温度时，将焊锡丝点到焊盘与引脚上，使焊锡熔化并润湿焊盘与引脚。当刚好润湿整个焊点时，及时撤离焊锡丝和电烙铁，焊出光洁的焊点。焊接时应注意电烙铁的位置，如图 1-55 所示。

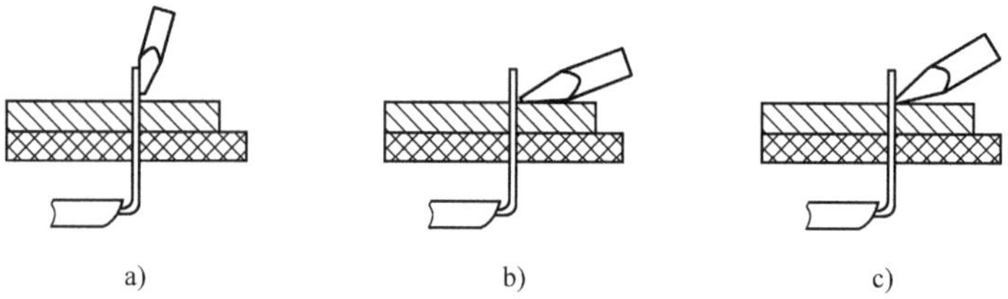


图 1-55　焊接时电烙铁的位置

如果没有焊锡丝，且焊点较小，可用烙铁头沾适量钎料，再沾松香后，直接放于焊点处，待焊点着锡并润湿后便可将电烙铁撤走。撤电烙铁时，要从下面向上提拉，以使焊点光亮、饱满。要注意把握时间，如时间稍长，焊剂就会分解，钎料就会被氧化，将使焊接质量下降。

如果电烙铁的温度较高，所沾的焊剂很容易分解挥发，就会造成焊接焊点时焊剂不足。解决的办法是将印制电路板的焊接面朝上放在桌面上，用镊子夹一小粒松香焊剂（一般为芝麻粒大小即可）放到焊盘上，再用烙铁头沾上钎料进行焊接，就比较容易焊出高质量的焊点。

（5）焊接时要扶稳被焊件　在焊接过程中，特别是在焊锡凝固过程中不能晃动被焊元器件引线，否则将造成虚焊。

（6）撤离电烙铁的方法　掌握好电烙铁的撤离方向，可带走多余的钎料，从而能控制焊点的形成。为此，合理地利用电烙铁的撤离方向，可以提高焊点的质量。

（7）焊点的重焊　当焊点一次焊接不成功或上锡量不够时，要重新焊接。重新焊接时，必须等上次的焊锡一同熔化并融为一体时，才能把电烙铁移开。

（8）焊接后的处理　在焊接结束后，应将焊点周围的焊剂清洗干净，并检查电路有无漏焊、错焊、虚焊等现象。用镊子将每个元器件拉一拉，看有无松动现象。

## 三、导线焊接技术

导线与接线端子、导线与导线之间的焊接有三种基本形式：绕焊、钩焊和搭焊。

1. 导线与接线端子的焊接

（1）绕焊　把经过镀锡的导线端头在接线端子上缠一圈，用钳子拉紧缠牢后进行焊接，这种焊接可靠性最好。

（2）钩焊　将导线端子弯成钩形，勾在接线端子上并用钳子夹紧后再焊接，这种焊接操作简便，但强度低于绕焊。

（3）搭焊　把镀锡的导线端搭到接线端子上施焊。这种焊接最简便，但强度可靠性最差，仅用于临时连接等。

2. 导线与导线的焊接

导线之间的焊接以绕焊为主，主要有以下几个步骤。

1）去掉一定长度的绝缘外层。

2）端头上锡，并套上合适的绝缘套管。

3）绞合导线，施焊。

4）趁热套上套管，冷却后套管固定在接头处。

此外，对调试或维修中的临时线，也可采用搭焊的办法。

## 四、集成电路的焊接

集成电路由于输入阻抗很高，稍有不慎可能使内部击穿而失效。同时，内部集成度高，焊接温度不能超过200℃。因此，焊接时必须注意以下事项。

1）集成电路引线一般是经镀金或镀银处理的，不需要用刀刮，只需用酒精擦洗或用橡皮擦干净即可。

2）如果引线有短路环，焊接前不要拿掉。

3）最好用20W内热式电烙铁，并要有可靠的接地措施，或者用余热进行焊接。

4）焊接时间不宜过长，每个焊点的焊接时间在2s以内，连续焊接时间不超过10s。

5）使用低熔点焊剂，一般不要超过150℃。

6）工作台面上如果铺有橡胶、塑料等易于积累静电的材料，电路芯片及印制电路板不宜放在台面上。

7）集成电路的安全焊接顺序为地端→输出端→电源端→输入端。

8）引脚必须和电路板插孔一一对应，还要防止焊点之间的短路。焊接完毕，用棉纱蘸适量酒精擦净焊接处残留的焊剂。

**【项目评价】**

评价标准见表1-5。

**表 1-5　项目检测与分析**

| 检测任务 | 评分标准 | 分值 | 学生自评 | 教师评估 |
|---|---|---|---|---|
| 电工安全规范 | 工具、器件是否摆放整齐；是否违反安全操作规程 | 20 | | |
| 电工常用工具的使用 | 是否正确使用电工工具 | 20 | | |
| 导线的电气连接 | 是否损伤导线绝缘层；导线是否平直；导线长短选择是否恰当 | 20 | | |
| 电烙铁焊接 | 是否正确使用电烙铁；焊接工艺是否规范 | 20 | | |
| 安全文明生产（包括归拢收集所用材料） | 违反安全文明生产规程扣 20 分 | 20 | | |
| 总评 | 各项目的最高扣分不应超过配分 | | | |

## 【思考与练习】

### 一、填空题

1. 电流对人体的伤害称为________。

2. 当发现有人因触电而昏倒时，应立即________，并对其进行________和________法抢救。

3. 常见触电原因有________、________、和________。

4. 我国规定安全电压一般为________V，在潮湿及罐塔设备容器内的安全电压为________V。

5. 人体触电的方式可分为________、________和________。

6. 低压验电笔是检验____________和________是否带电的安全用具。

7. 螺钉旋具又称改锥或起子，是________，适合电工使用的有________和________两种。

8. 钢丝钳主要的用途是________。

9. 剥线钳是用来________的专用工具。它的手柄带有绝缘套，耐压________。

10. 断线钳是____________的工具。

11. 电工刀是电工在安装和维修工作中用来________的专用工具。

12. 使用螺钉旋具时应顶在螺钉的头部，一边顶压着一边转动螺钉旋具。

13. 常用的电烙铁有____________和____________。

14. 在使用电工刀时应将刀口朝________剥削。

15. 铜导线的封端有________和________两种方法。

### 二、判断题

1. 电击触电对人体造成的危险性最大。　　（　　）

2. 两相触电时，只要人站在绝缘体上就不会有触电的危险。　　（　　）

3. 可以用手拉导线拔出插头。　　（　　）

4. 电气设备的金属外壳接地属于工作接地。　　（　　）

5. 在非安全电压下作业时，应尽可能单手操作。　　（　　）

6. 不能用泡沫灭火器进行电火灾的扑灭。　　（　　）

7. 钎焊弱电元器件应使用45W及以下的电烙铁。（　）
8. 在使用活扳手时应注意不能当撬棒和锤子使用。（　）
9. 电工所用的带绝缘手柄的断线钳，其耐压为1000V。（　）
10. 在使用螺钉旋具时为避免触电，应在金属杆上穿套绝缘管。（　）
11. 对软线的绝缘层不能使用钢丝钳剥离导线。（　）
12. 可在带电体上使用电工刀操作。（　）
13. 发现有人触电应立即将其拉开。（　）
14. 低压验电笔的电压测量范围是220～380V。（　）
15. 用电工刀剥削导线绝缘层时，应让刀面与导线成45°角。（　）

# 项目二　常用电工仪表的使用

【项目情境】

在电气线路、用电设备的安装、使用与维修过程中，电工仪表在整个电气系统的检测、监视和控制中都有极为重要的应用。本项目主要介绍万用表的正确使用方法，并使读者通过训练能较熟练地操作万用表；其次介绍钳形电流表、绝缘电阻表的测量原理和使用方法。

【知识目标】

1. 通过学习，了解并掌握电工常用测量仪器仪表，如万用表、钳形电流表、绝缘电阻表、电能表及电桥的工作原理、使用方法。

2. 掌握电工常用测量仪器仪表的正确使用、操作要领。

3. 理解与掌握电工常用仪表的使用注意事项，并通过操作使动手能力得到提高。

【技能目标】

1. 熟练掌握电工常用测量仪器、仪表的使用方法。

2. 熟练掌握电工常用测量仪器、仪表的使用技巧。

## 任务一　指针式万用表的使用

【任务分析】

电气线路测量是每个电工从业人员必须掌握的技能，也是最基本的技能。要正确测量电压、电流、电阻等基本电参数，就必须了解万用表的结构、工作原理，正确掌握万用表的使用方法，并能正确测量。本任务就从这些要求出发，介绍指针式万用表的相关知识，以求达到正确使用万用表的目的。

【任务实施】

**技能训练 1　指针式万用表的测量**

1. 测量直流电压

将发光二极管和电阻、电位器接成图 2-1 所示的电路，旋转电位器使发光二极管正常发光。发光二极管是一种特殊的二极管，通入一定电流时，它的透明管壳就会发光。发光二极管有多种颜色，常在电路中做指示灯。我们将利用这个电路练习用万用表测量电压。

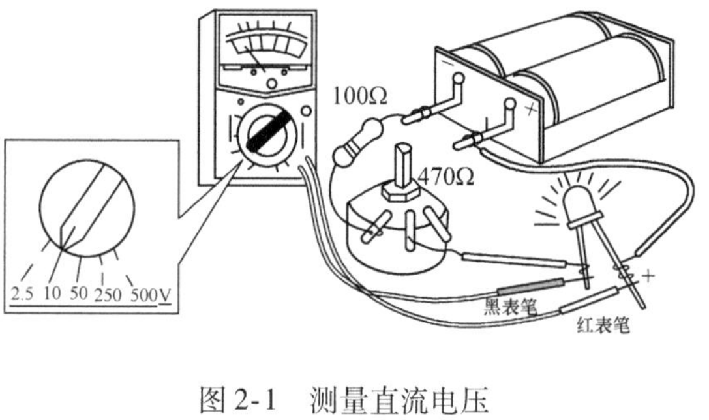


图 2-1　测量直流电压

1）按图 2-1 连接电路，电路不做焊接。可采用图 2-2 所示方法将导线两端绝缘皮剥去，缠绕在元器件接点或引线上。注意相邻接点间引线不可相碰。

2）检查电路无误后接通电源，旋转电位器，发光二极管亮度将发生变化，使发光二极管亮度适中。

3）按前面讲的使用前应做到的要求准备好万用表，并将选择开关置于直流 10V 档。

4）手持表笔绝缘杆，用红、黑表笔分别接触电池盒正、负两极引出焊片，测量电源电压。正确读出电压数值。

记录：电源电压为________V。

5）用万用表红、黑表笔按图 2-1 所示接触发光二极管两个引脚，测量发光二极管两极间的电压，正确读出电压数值。

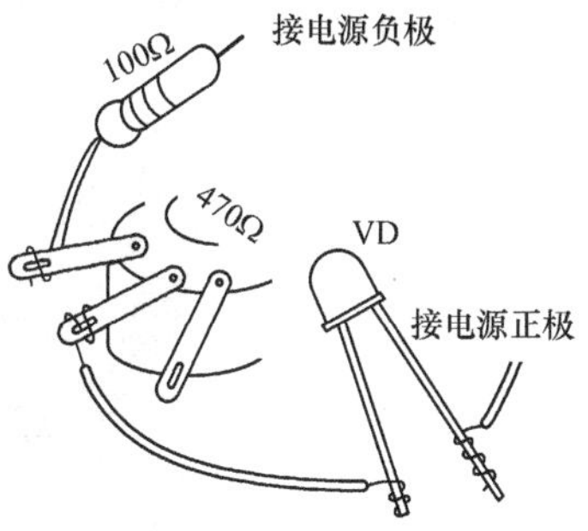


图 2-2　连接电路

记录：发光二极管两极间电压为________V。

6）用万用表测量固定电阻器两端电压。首先判断红、黑表笔应接触的位置，然后测量。

记录：固定电阻器两端电压为________V。

在以上三步的测量中，哪一项电压值若小于 2.5V，可将万用表选择开关换为直流 2.5V 档再测量一次，比较两次测量结果（换量程后应注意刻度线的读数）。

7）测量完毕，断开电路电源。按前面讲的万用表使用后应做到的要求收好万用表。

2. 测量直流电流

1）按图 2-1 所示连接电路，使发光二极管正常发光。

2）将万用表选择开关置于直流（DC）100mA 量程。

3）如图 2-3 所示，断开电位器中间接点和发光二极管负极间引线，形成“断点”。这时，发光二极管熄灭。

4）将万用表串联在断点处，红表笔接发光二极管负极，黑表笔接电位器中间接点引线。这时，发光二极管重新发光，万用表指针所指刻度值即为通过发光二极管的电流值。

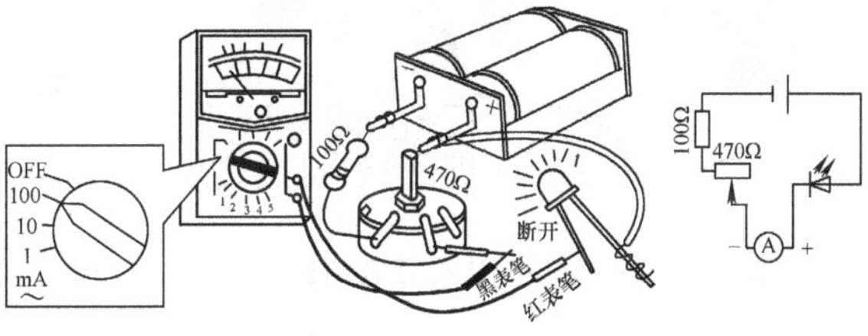


图 2-3　测量直流电流

5）正确读出通过发光二极管的电流值。

记录：通过发光二极管的电流为________mA。

6）旋转电位器转柄，观察万用表指针的变化情况和发光二极管的亮度变化，可以看出：________________。

记录：通过发光二极管的最大电流是________mA，最小电流是________mA。

通过以上操作，可以进一步体会电阻器在电路中的作用。

7）测量完毕，断开电源，按要求收好万用表。

**技能训练 2　绝缘电阻表的操作使用**

1. 用绝缘电阻表检测电动机的绝缘电阻

在对电动机进行测定或检修时，经常使用绝缘电阻表检测电动机的对地电阻，以判断电动机绝缘性能的好坏，以及电动机是否损坏。

1）将高压电动机放置在地面上，并连接绝缘电阻表与测试线，如图 2-4 所示。

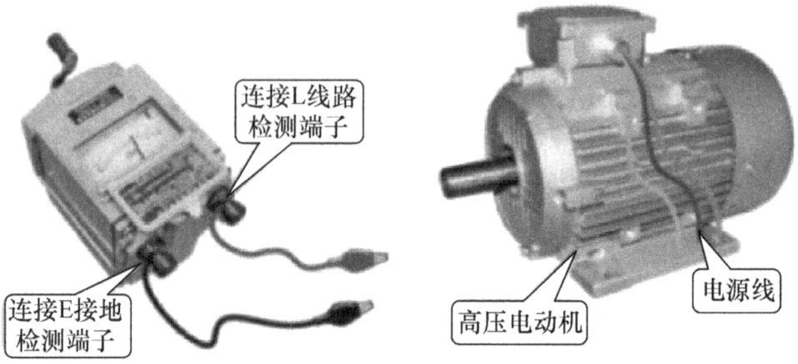


图 2-4　连接绝缘电阻表与测试线

2）使绝缘电阻表的红色测试线与电动机的一根电源线连接，黑色测试线与电动机的外壳（接地线）连接，如图 2-5 所示。

3）用力按住绝缘电阻表，顺时针方向由慢渐快地摇动摇杆，如图 2-6 所示。即可检测出高压电动机的绝缘电阻值为 500MΩ 左右。若测得电动机的阻抗远小于 500MΩ，则表明该电动机已经损坏，需要及时进行检测或更换。

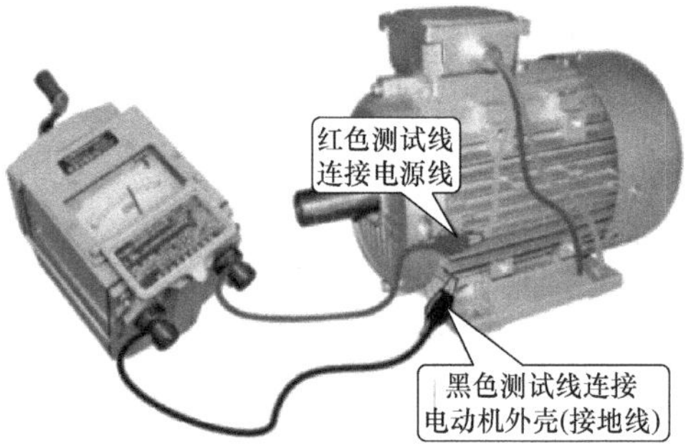


图 2-5　连接绝缘电阻表与电动机

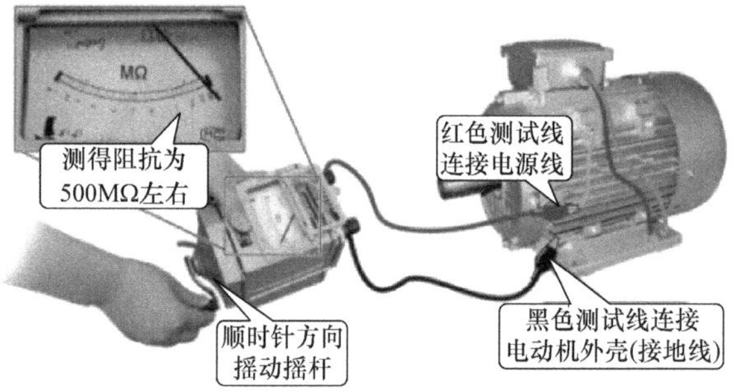


图 2-6　检测电动机绝缘电阻

2. 用绝缘电阻表检测变压器的绝缘电阻

用绝缘电阻表检测变压器的绝缘电阻，如图 2-7 所示。

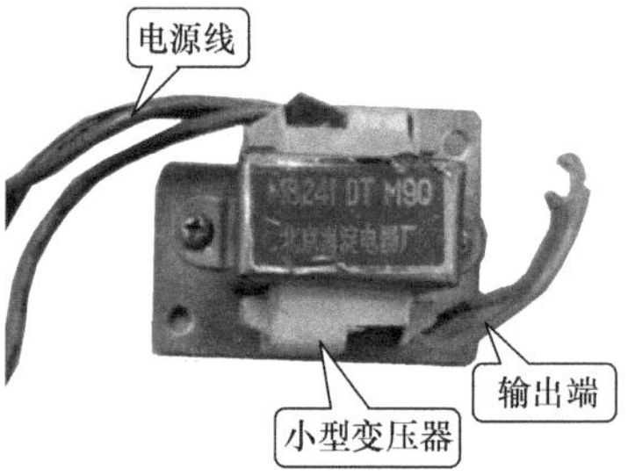


图 2-7　小型变压器

1）将绝缘电阻表与测试线连接完成后，用绝缘电阻表的红色测试线连接变压器电源线的其中一根导线，黑色测试线连接变压器的外壳（接地线），如图 2-8 所示。

2）按住绝缘电阻表，顺时针方向由慢渐快地摇动绝缘电阻表的摇杆，如图 2-9 所示。若检测出变压器的绝缘电阻趋于无穷大，表明该变压器的绝缘性能良好；若检测出绝缘电阻值接近零，则表明该变压器已经损坏，需要更换。

3. 用绝缘电阻表检测电器设备的绝缘电阻

图 2-10 所示为检测常见的洗衣机的绝缘电阻。检测电力/电器设备（如三相电动机、

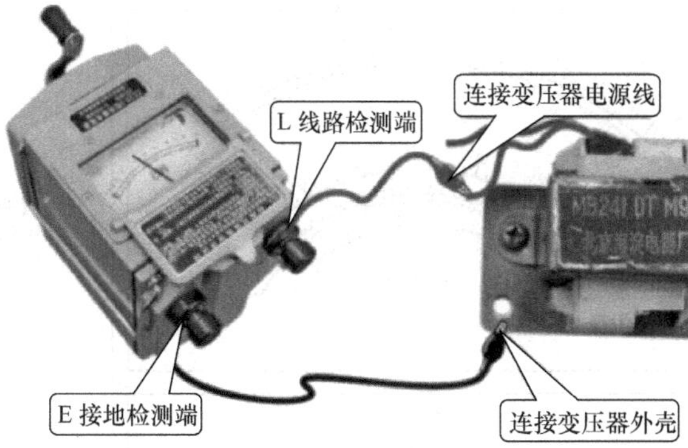


图 2-8　连接绝缘电阻表与变压器

洗衣机、电冰箱等）的绝缘电阻时，使红色测试线连接待测设备的电源线，黑色测试线连接待测设备的外壳（接地）线。

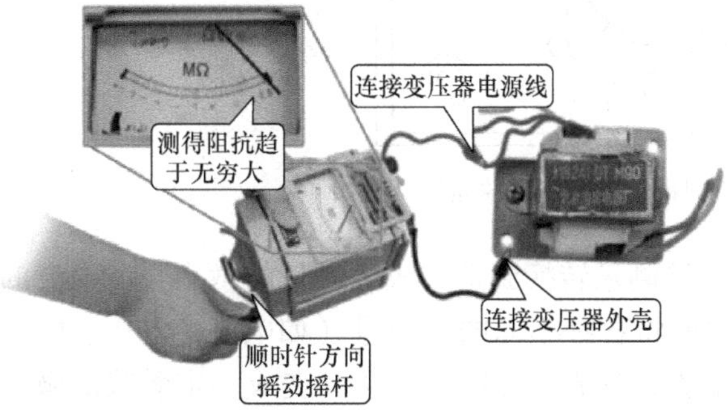


图 2-9　检测变压器绝缘电阻

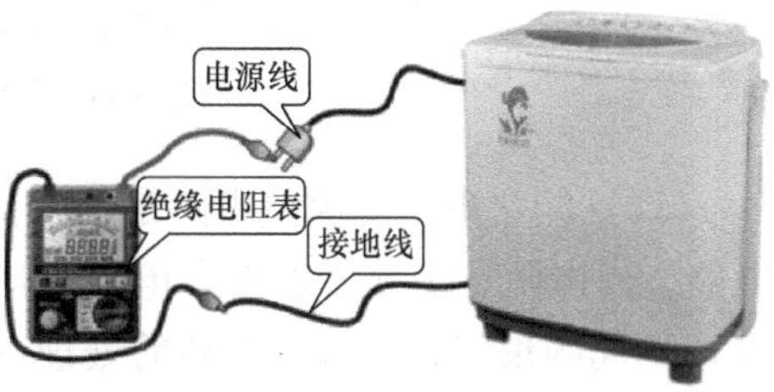


图 2-10　检测电器设备

【相关知识】

万用表是万用电表的简称，是电子制作中一个必不可少的工具。万用表能测量电流、电压、电阻，有的还可以测量晶体管的放大倍数、频率、电容值、逻辑电位、分贝值等。

## 一、MF－47 型指针式万用表的结构

### 1. 万用表面板

MF－47 型指针式万用表的面板如图 2-11 所示。

指针式万用表由表头、测量电路及转换开关 3 个主要部分组成。

（1）表头　MF－47 型指针式万用表是一只高灵敏度的磁电式直流电流表，其主要性能指标基本上取决于表头的性能。表头的灵敏度是指表头指针满刻度偏转时流过表头的直流电流值。这个值越小，表头的灵敏度越高。测电压时的内阻越大，其性能就越好。表盘上印有多条刻度线，其中右端标有“Ω”的是电阻刻度线，其右端为零，左端为∞，刻度值分布是不均匀的。符号“－”或“DC”表示直流，“~”或“AC”表示交流，“≃”表示交流和直流共用的刻度线。刻度线下的几行数字是与选择开关的不同档位相对应的刻度值。另外，表盘上还有一些表示表头参数的符号，如 DC 20kΩ/V、AC 9kΩ/V 等。

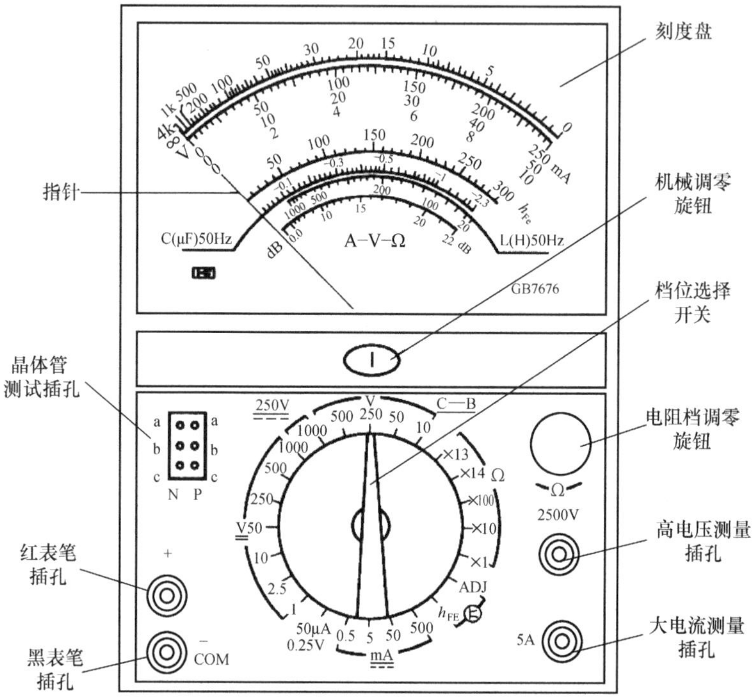


图 2-11　MF-47 型指针式万用表的面板

（2）测量电路　测量电路是用来把各种被测量转换到适合表头测量的微小直流电流的电路，由电阻、半导体器件和电池组成。它能将各种不同的被测量（如电流、电压、电阻等）不同的量程，经过一系列的处理（如整流、分流、分压等）统一变成一定量限的微小直流电流送入表头进行测量。

（3）转换开关　转换开关用来选择各种不同的测量线路，以满足不同种类和不同量程的测量要求。

2. 万用表符号含义

1）≃表示交直流。

2）V-2.5kV 4000Ω/V 表示对于交流电压及 2.5kV 的直流电压档，其灵敏度为 4000Ω/V。

3）A-V-Ω 表示可测量电流、电压及电阻。

4）2000Ω/V DC 表示直流档的灵敏度为 2000Ω/V。

## 二、MF-47 型指针式万用表的使用方法

1. 测量电阻

将万用表的红、黑表笔分别接在电阻的两侧，根据万用表的电阻档位和指针在欧姆刻度线上的指示数确定电阻值。

（1）选择档位　将万用表的功能旋钮调整至电阻档，如图 2-12 所示。

（2）电阻档调零（俗称欧姆调零）　选好合适的电阻档后，将红、黑表笔短接，指针自左向右偏转，这时表针应指向 0Ω（表盘的右侧，电阻刻度的 0 值）。如果不在 0Ω 处，就需要调整零电阻档校正钮使万用表指针指向 0Ω 刻度，如图 2-13 所示。

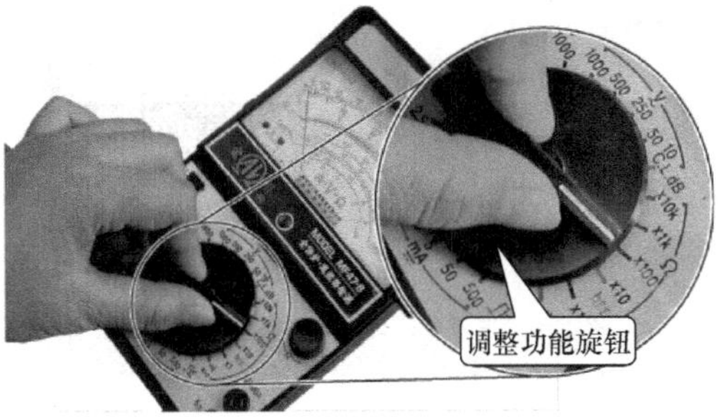


图 2-12　调整万用表的功能旋钮

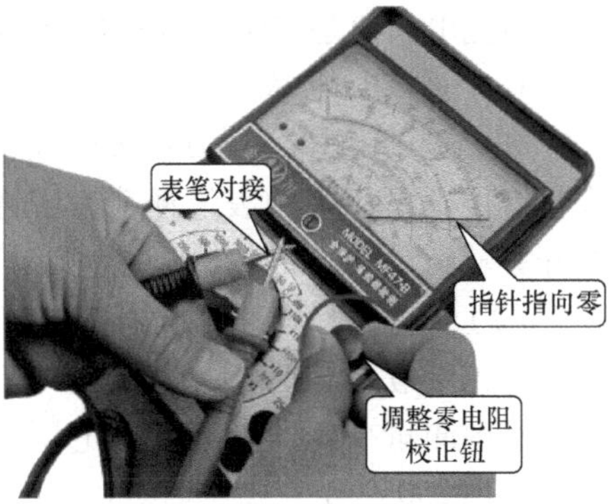


图 2-13　零电阻校正

注意：每次更换量程前，必须重新进行电阻档调零。

（3）测量　将红、黑表笔分别接在被测电阻的两端，万用表指针在电阻刻度线上的示数乘以该电阻档位的倍率，即为被测电阻值，如图 2-14 所示。

被测电阻的阻值为表盘的指针指示数乘以电阻档位，即被测电阻值 = 刻度示值 × 倍率（单位：欧姆），这里选用 R×100 档测量，万用表指针指示 13，则被测电阻值为 13×100Ω = 1300Ω = 1.3kΩ。

2. 测量直流电压

（1）选择档位　将万用表的红、黑表笔连接到万用表的表笔插孔中，并将功能旋钮调整至直流电压最高档位，估算被测量电压大小并选择量程，如图 2-15 所示。

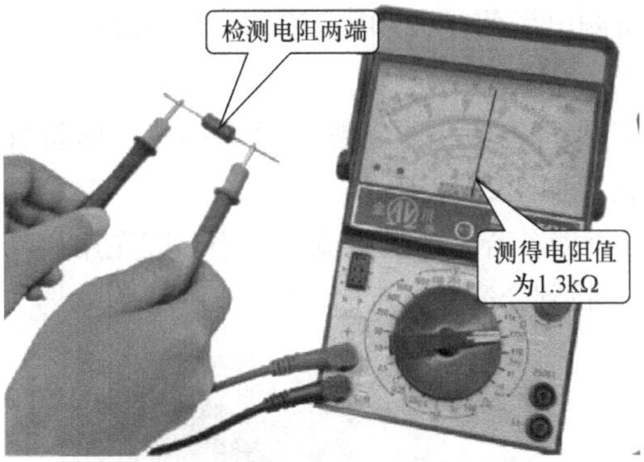


图 2-14　检测电阻

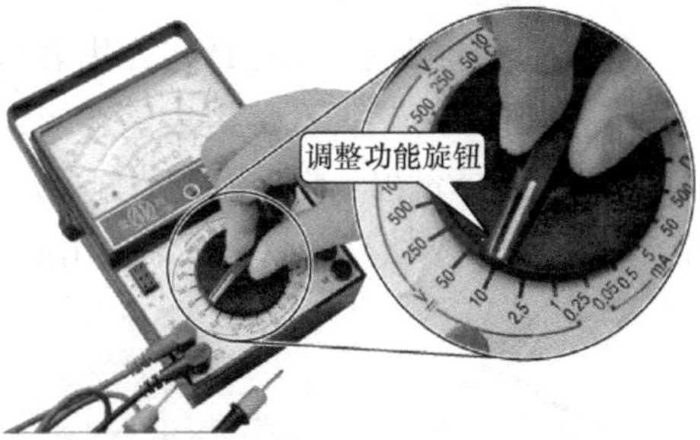


图 2-15　调整万用表功能旋钮

（2）选择量程　若不清楚电压大小，应先用最高电压档测量，逐渐换用低电压档（注意：在改变电压测量档位之前，必须将万用表的两个测量端与被测电路分离）。图 2-16 所示电路中电源电压只有 9V，所以选用直流 10V 档。

（3）测量　测量电压时万用表应与被测电路并联。如图 2-16 所示，测量电阻 $R_2$ 两端电压时，红表笔接开关 S3 左端，黑表笔接电阻 $R_2$ 左端。

（4）读数　仔细观察表盘，直流电压档刻度线是第二条刻度线，用 10V 档时，可用刻度线下第三行数字直接读出被测电压值。注意读数时，视线应正对指针，根据示数大小及所选量程读出所测电压值大小。本次测量所选量程是 10V，示数是 6.8（用 0～10 标度尺），则该所测电压值是 10V/10×6.8 =6.8V。

3. 测量交流电压

（1）选择档位　将万用表的红、黑表笔连接到万用表的表笔插孔中，将转换开关转到对应的交流电压最高档位。

（2）选择量程　若不清楚电压大小，应先用最高电压档测量，图 2-17 所示电路中测量变压器输入市电电压，所以应选用 250V 档。

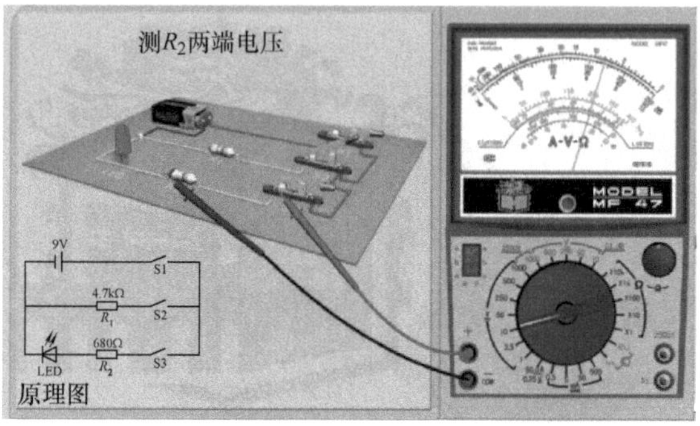


图 2-16　检测直流电压

（3）测量　用万用表测电压时应使万用表与被测电路并联，打开电源开关，然后使红、黑表笔连接变压器输入端 1、2 测试点，测量交流电压，如图 2-17 所示。

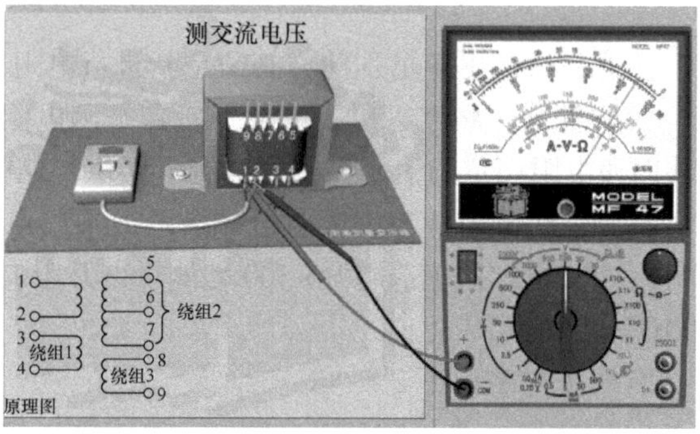


图 2-17　检测交流电压

（4）读数　仔细观察表盘，交流电压档刻度线是第二条刻度线，用 250V 档时，可用刻度线下第一行数字直接读出被测电压值。注意读数时，视线应正对指针。根据示数大小及所选量程读出所测电压值大小。本次测量所选量程是交流 250V，示数是 218（用 0～250 标度尺），则该所测电压值是(250V/250)×218≈220V。

4. 测量直流电流

（1）选择档位　用指针式万用表检测电流前，要将电流量程调整至最大档位，即将红表笔连接到“5A”插孔，黑表笔连接到负极性插孔，如图 2-18 所示。

（2）选择量程　将功能调整开关调整至直流电流档，若不清楚电流的大小，应先用最高电流档（500mA 档）测量，逐渐换用低电流档，直至找到合适的电流档，如图 2-19 所示。

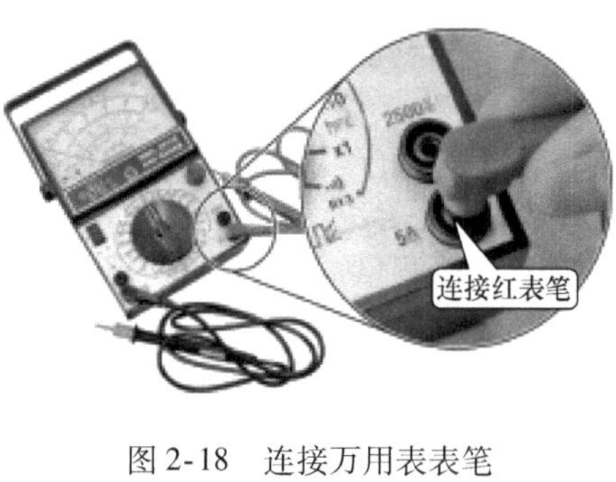


图 2-18　连接万用表表笔

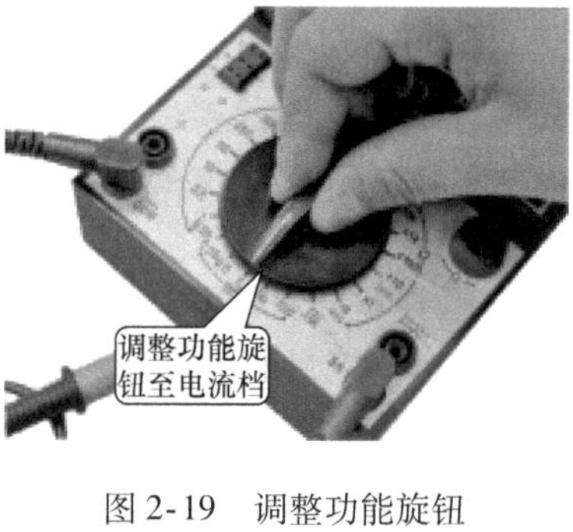


图 2-19　调整功能旋钮

（3）测量　将万用表串联在待测电路中进行电流的检测，并且在检测直流电流时，要注意正、负极性的连接。测量时，应断开被测支路，红表笔连接电路的正极端，黑表笔连接电路的负极端，如图 2-20 所示。

（4）读数　仔细观察表盘，直流电流档刻度线是第二条刻度线，用 50mA 档时，可用刻度线下第二行数字直接读出被测电流值。注意读数时，视线应正对指针。根据示数大小及所选量程读出所测电流值大小。本次测量所选量程是直流 50mA，示数是 10（用 0 ~ 50 标度尺），则该所测电流值是 (50mA/50) × 10 = 10mA。

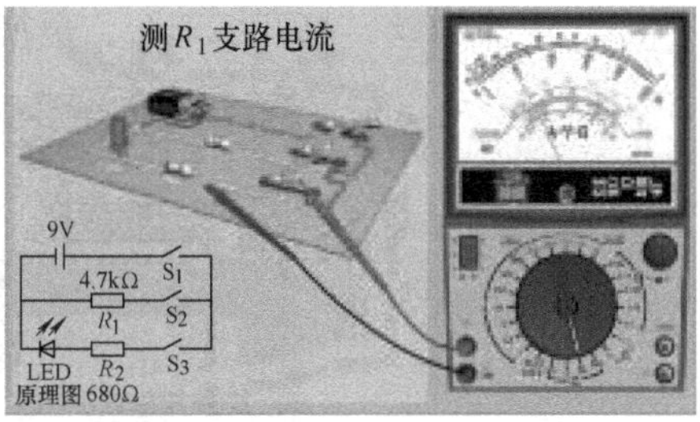


图 2-20　检测直流电流

5. 检测晶体管

晶体管有 NPN 型和 PNP 型两种类型，晶体管的放大倍数可以用万用表进行检测。

（1）选择档位　将万用表的功能旋钮调整至“hFE”档，如图 2-21 所示，然后调节欧姆校零旋钮，让指针指到标有“hFE”刻度线的最大刻度“300”处，实际上指针此时也指在欧姆刻度线“0”刻度处。

（2）测量　根据晶体管的类型和引脚的极性将检测晶体管插入相应的测量插孔，NPN 型晶体管插入标有“N”字样的插孔，PNP 型晶体管插入标有“P”字样的插孔，如图 2-22 所示，即可检测出该晶体管的放大倍数为 30 倍左右。

图 2-21　调整万用表功能旋钮

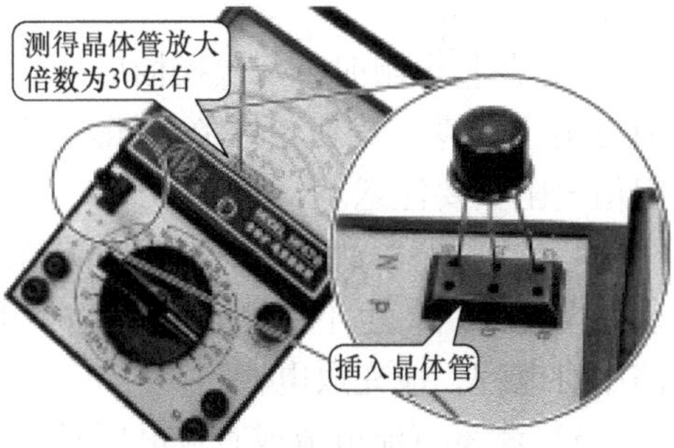


图 2-22　检测晶体管放大倍数

## 三、MF－47 型指针式万用表的维护

（1）节能意识　万用表使用完之后要将转换开关拨到 OFF 档位。

（2）更换电池　更换万用表电池，如图 2-23 所示，顺着 OPEN 的箭头方向，打开万用表的电池盒，可看到有两块电池，一块是圆形的 1.5V 电池，一块是方形的 9V 电池，如图 2-24 所示。

图 2-23　更换电池图

图 2-24　万用表的电池

（3）更换熔丝　打开熔丝盒，更换同一型号的熔丝即可，如图 2-25 所示。

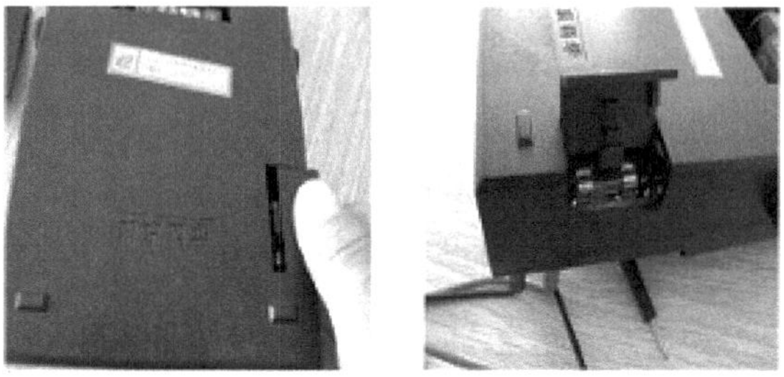

图 2-25　更换万用表的熔丝

### 四、万用表的使用注意事项

1）在测量电阻时，人的两只手不要同时和表笔一起搭在电阻的两端，以避免人体电阻的并入。

2）当使用 R×1 档测量电阻时，应尽量缩短万用表使用时间，以减少万用表内电池的电能消耗。

3）测量电阻时，每次换档后都要调节零点，若不能调零，则必须更换新电池。切勿用力再旋“调零”旋钮，以免损坏。此外，不要双手同时接触两支表笔的金属部分，测量高阻值电阻更要注意。

4）在电路中测量某一电阻的阻值时，应切断电源，并将电阻的一端断开。不能用万用表测电源内阻，也不能测允许流通的额定电流很小的装置（如灵敏电流计的内阻等）。若电路中有电容，应先放电。

5）测量直流电流或直流电压时，红表笔应接入电路中高电位一端（或电流总是从红表笔流入万用表）。

6）测量电流时，万用表必须与待测对象串联；测量电压时，它必须与待测对象并联。

7）测量电流或电压时，手不要接触表笔金属部分，以免触电。

8）绝对不允许用电流档或电阻档去测量电压！在测量中，如果需要改变测量档位，必须先将万用表的两个测量端与被测电路分离。

9）试测时应用跃接法，即在表笔接触测试点的同时，注视指针偏转情况，并随时准备在出现意外（指针超过满刻度、指针反偏等）时，迅速使表笔脱离测试点。

10）测量完毕，务必将“转换开关”拨离电阻档，应拨到空档或最大交流电压档，以免他人误用，造成仪表损坏，也可避免由于将量程拨至电阻档，而当表笔碰在一起时致使表内电池长时间放电。

## 任务二　数字式万用表的使用

**【任务描述】**

用数字式万用表测量交流电压、直流电压、直流电流、电阻阻值、二极管的极性等参数。

【任务分析】

了解电压、电流、电阻等基本电参数，正确掌握万用表的使用方法，并能正确测量。本任务就从这些要求出发，介绍数字式万用表的相关知识，以求达到正确使用万用表的目的。

【任务实施】

（1）测量交流电压　测量前，先在实训室总电源处接一个调压器，用来改变工作台上插座盒的交流电压，以供测量使用，由教师调节测量电压。

（2）测量直流电压　按图2-26所示电路，把电阻连接成串、并联网络，a、b两端接在可调直流稳压电源的输出端上，输出电压酌情确定。用万用表直流电压档测量串、并联网络中两点间的直流电压。

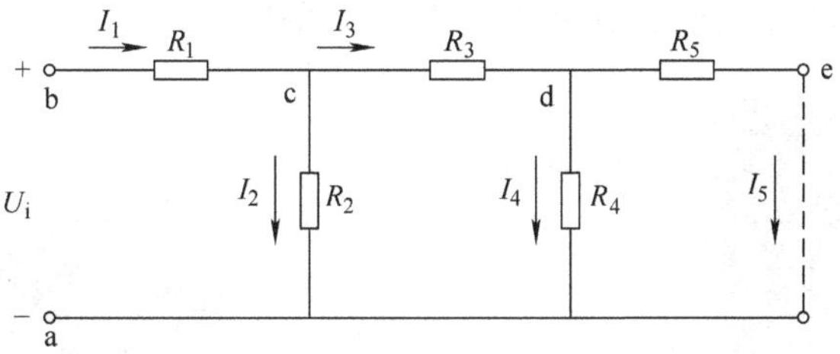


图2-26　实测电路

（3）测量直流电流　在串、并联电阻网络各支路中串入万用表的直流电流档，测量各支路的直流电流。

（4）测量直流电阻　使用万用表电阻档测量，并正确选择电阻档的倍率。先测量单个电阻的阻值，然后再测量串、并联电阻网络中两点间的电阻值。

（5）注意事项

1）通电工作要经指导教师检查无误且在场的情况下进行。

2）要注意人身与带电体保持安全距离，手不得触及带电部分。

【相关知识】

## 一、DT9205型数字式万用表的结构

DT9205型数字式万用表面板如图2-27所示。

数字式万用表的面板主要由液晶显示屏、按键、档位选择开关和各种插孔组成。

（1）液晶显示屏　在测量时，数字式万用表是依靠液晶显示屏（简称显示屏）显示数字来表明被测对象的量值大小的。图2-27中的液晶显示屏可以显示3位数字和一个小数点，选择不同档位时，小数点的位置会改变。

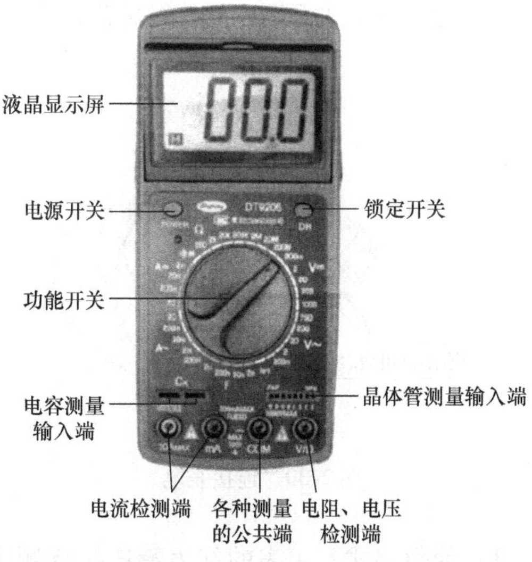


图2-27　DT9205型数字式万用表面板

（2）按键　DT9205型数字式万用表面

板上有两个按键，左边标“POWER”的为电源开关键，按下时内部电源启动，万用表可以开始测量；弹起时关闭电源，万用表无法进行测量。右边标“DH”的为锁定开关键，当显示屏显示的数字变化时，可以按下该键，显示的数字保持稳定不变。

（3）档位选择开关　在测量不同的量时，档位选择开关要置于相应的档位。档位选择开关如图 2-28 所示，档位有直流电压档、交流电压档、交流电流档、直流电流档、温度测量档、容量测量档、二极管测量档和电阻档及晶体管测量档。

（4）插孔　数字式万用表面板上的插孔如图 2-29 所示：标“V/Ω”的为红表笔插孔，在测电压和电阻时，红表笔应插入该插孔；标“COM”的为黑表笔插孔；标“mA”的为小电流插孔，当测量 0～200mA 电流时，红表笔应插入该插孔；标“10AMAX”的为大电流插孔，当测量 200mA～10A 电流时，红表笔应插入该插孔。

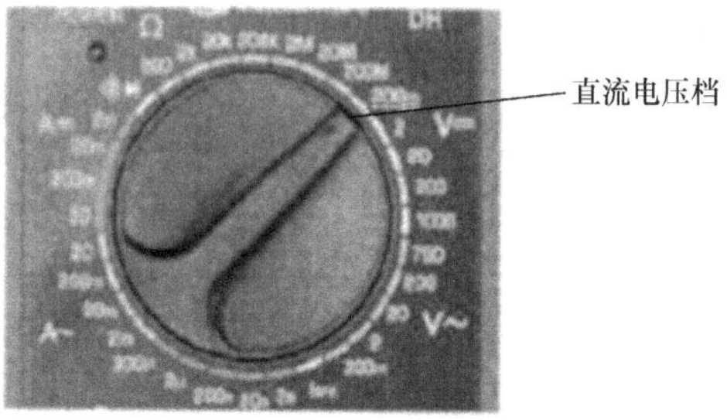

图 2-28　档位选择开关及各种档位

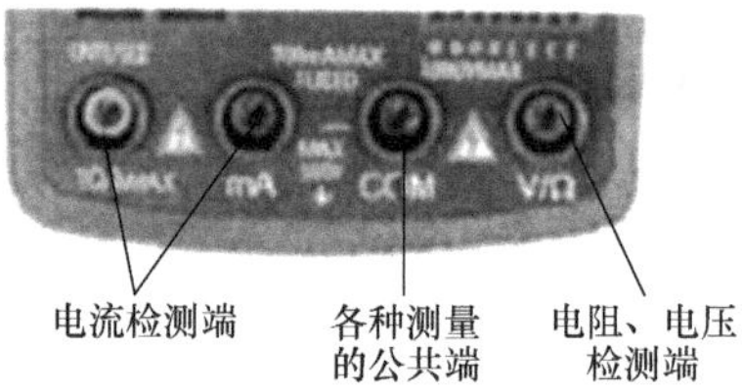

图 2-29　面板上的插孔

## 二、DT9205 型数字式万用表的使用

1. 测量电压

1）打开数字式万用表的开关后，将红、黑表笔分别插入数字式万用表的电压检测端“V/Ω”插孔与公共端“COM”插孔，如图 2-30 所示。

2）旋转数字式万用表的功能旋钮，将其调整至直流电压检测区域的 20V 档，如图 2-31 所示。

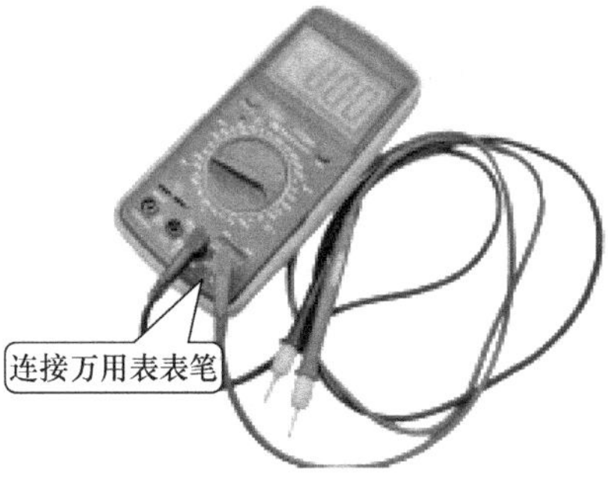

图 2-30　连接表笔

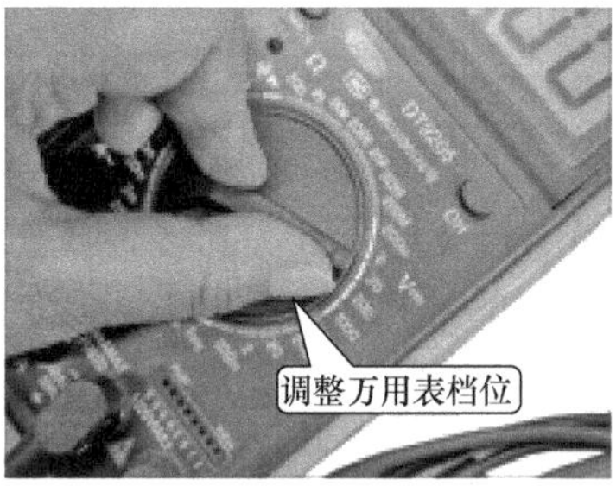

图 2-31　调整功能旋钮至电压档

3）使数字式万用表的红表笔连接待测电路的正极，黑表笔连接待测电路的负极，如图 2-32所示，即可检测出待测电路的电压为 3V。

2. 测量电流

1）打开数字式万用表的电源开关，如图 2-33 所示。

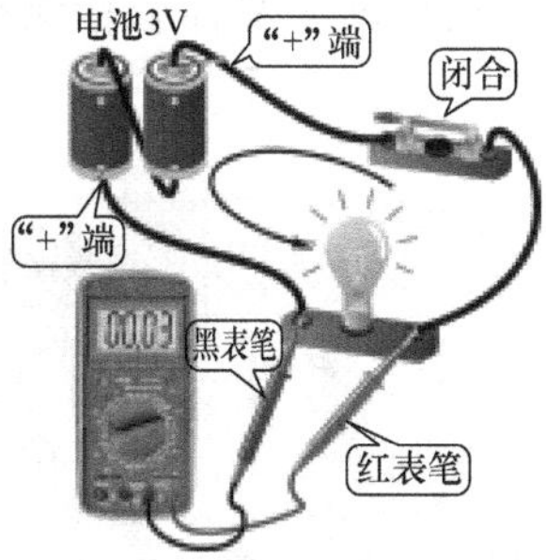


图 2-32　检测电压

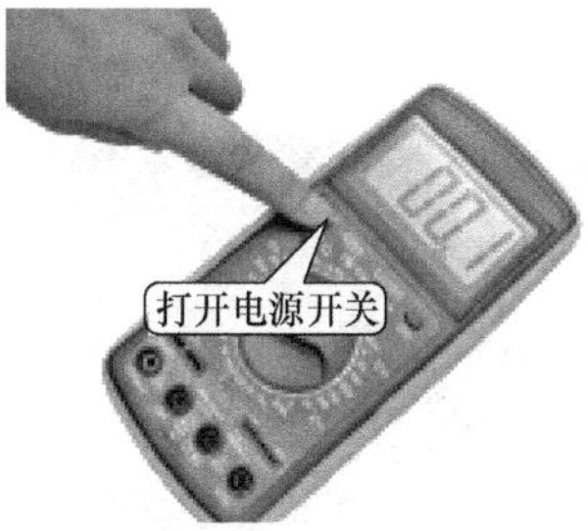


图 2-33　打开电源开关

2）将数字式万用表的红、黑表笔分别连接到数字式万用表的负极性表笔连接插孔和“10AMAX”表笔插孔，如图 2-34 所示，以防止电流过大无法检测数值。

3）将数字式万用表功能旋钮调整至直流电流档最大量程处，如图 2-35 所示。

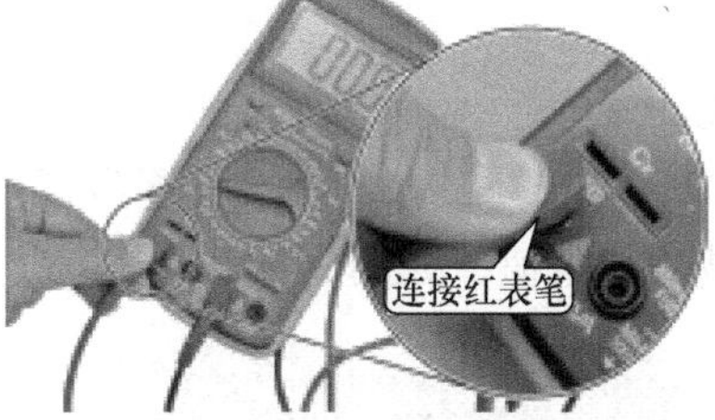


图 2-34　连接表笔

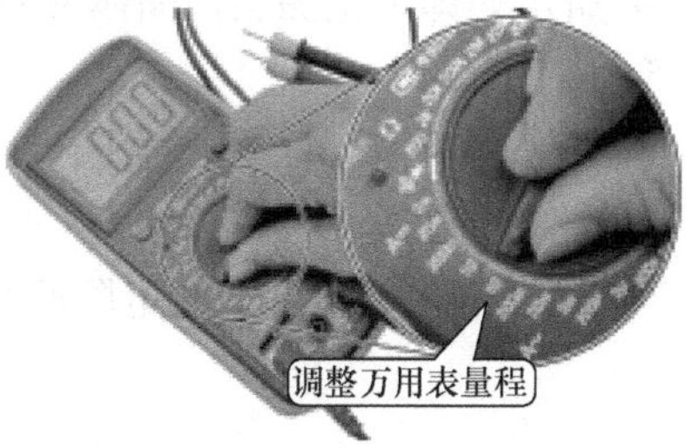


图 2-35　调整数字式万用表量程

4）将数字式万用表串联接入待测电路中，红表笔连接待测电路的正极，黑表笔连接待测电路的负极，如图 2-36 所示，即可检测出待测电路的电流值为 0.15A。

3. 测量电容器

1）打开数字式万用表的电源开关后，将数字式万用表的功能旋钮旋转至电容检测档，如图 2-37 所示。

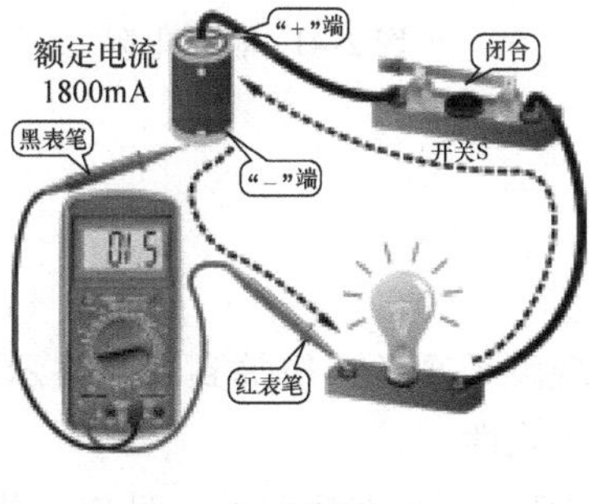


图 2-36　检测电流

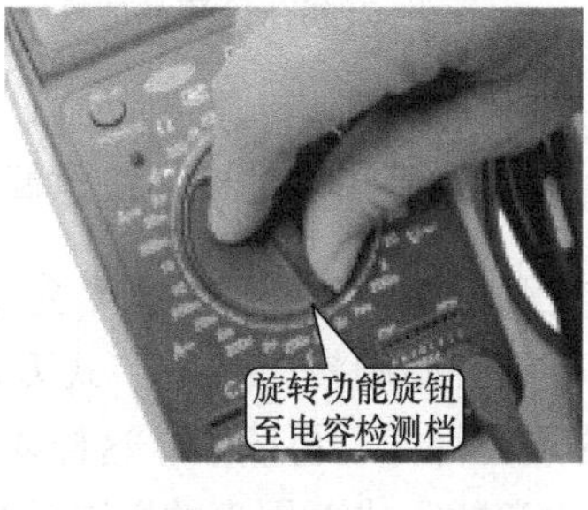


图 2-37　调整至电容检测档

2）将待测电容器的两个引脚插入数字式万用表的电容检测插孔，如图 2-38 所示，即可检测出该电容器的容量值。

4. 测量晶体管

1）将数字式万用表的电源开关打开，并将功能旋钮旋转至晶体管检测档，如图 2-39 所示。

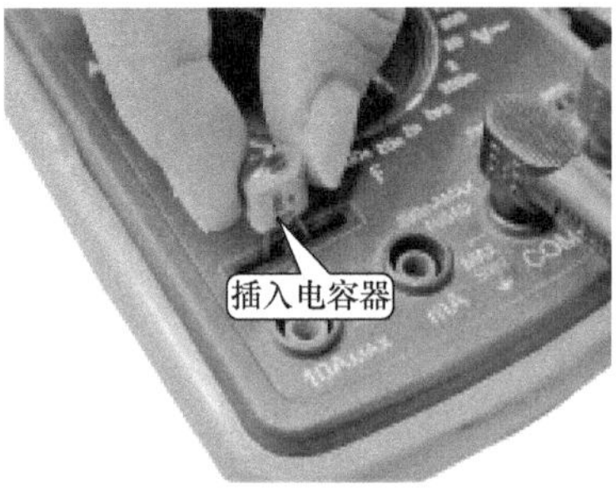

图 2-38　检测电容器

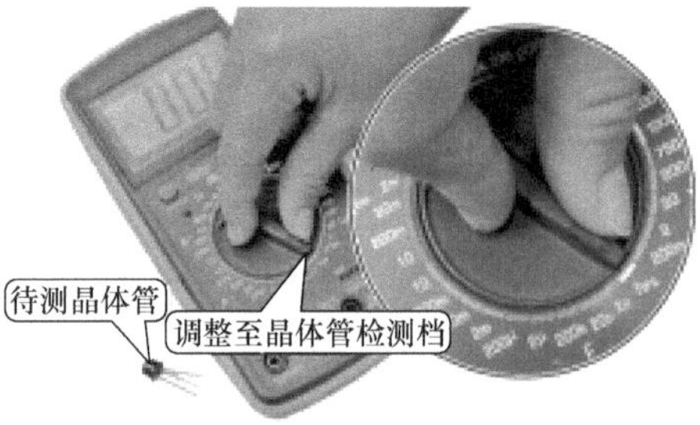

图 2-39　功能开关调整至晶体管检测档

2）根据晶体管检测插孔的标识将已知的待测晶体管插入到晶体管检测插孔中，如图 2-40所示，即可检测出该晶体管的放大倍数。

5. 测量电阻

1）将黑表笔插入 COM 插孔，红表笔插入 V/Ω 插孔。

2）将功能开关置于 Ω 量程，如果被测电阻大小未知，应选择最大量程，再逐步减小。

3）将两表笔跨接在被测电阻两端，显示屏即显示被测电阻值，如图 2-41 所示。

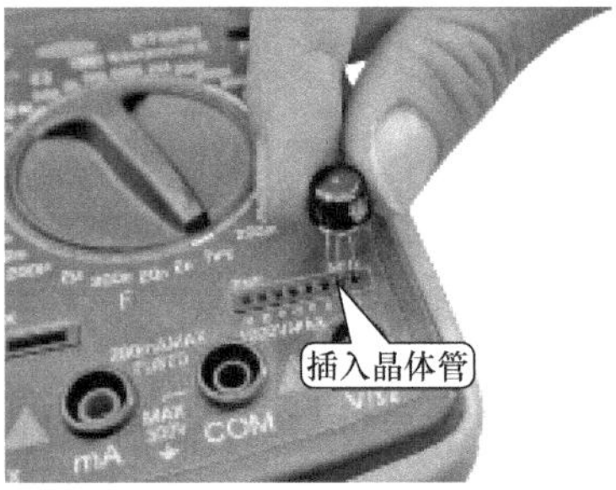

图 2-40　检测晶体管

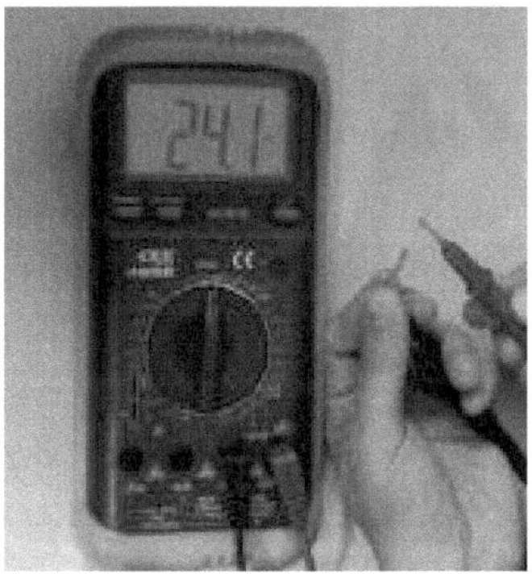
图 2-41　测量电阻

## 三、数字式万用表的使用注意事项

1）在测量电阻时，应注意一定不要带电测量。

2）在刚开始测量时，数字式万用表可能会出现跳数现象，应等到液晶显示屏（LCD）所显示的数值稳定后再读数，这样才能确保读数的正确性。

3）注意数字式万用表的极限参数。掌握出现过载显示、极限显示、低电压指示以及其他声光报警的特征。

4）在更换电池或熔丝前，应将表笔从测试点移开，再关闭电源开关。

5）严禁在测量的同时拨动量程开关，特别是在高电压、大电流的情况下，以防产生电弧，将转换开关的触点烧毁。

6）在测量高压时要注意安全，当被测电压超过几百伏时应选择单手操作，即先将黑表笔固定在被测电路的公共端，再用一只手持红表笔去接触测试点。

7）在没有装好电池和没安装电池后盖时，不要进行测试操作。

8）换功能和量程时，表笔应离开测试点。

## 任务三　钳形电流表的使用

【任务分析】

会识读钳形电流表各功能键的名称和作用，了解钳形电流表的功能、种类，并能够使用钳形电流表完成检测操作。

【任务实施】

**技能训练　钳形电流表的使用**

1）按电动机铭牌规定，接好接线盒内的连接片。

2）按规定接入三相交流电路，并通电运行。

3）用钳形电流表检测起动瞬时起动电流和转速达到额定值后的空载电流，并记录有关测量数据。

4）导线在钳口绕两匝后，测空载电流，并记录有关测量数据。

5）在电动机空载运行时，人为断开一相电源，如取下某一相熔断器，用钳形电流表检测断相运行电流（检测时间尽量短），测量完毕立即关断电源，并记录有关测量数据。

6）填写实训报告。

实训报告见表 2-1。

**表 2-1　测量数值**

| 钳形电流表型号： | | 电动机型号： | |
|---|---|---|---|
| 正常工作状态电流/A | U | V | W |
| | | | |
| 断相运行状态电流/A | | | |
| 简述钳形电流表的基本操作方法： | | | |

【相关知识】

电工常用的钳形电流表简称钳形表，是一种用于测量正在运行的电气线路电流大小的仪表，可在不断电的情况下测量电流。

## 一、钳形电流表的组成与性能指标

### 1. 钳形电流表的种类

钳形电流表根据其不同的结构形式可分为模拟式钳形电流表和数字式钳形电流表两种；根据其功能不同可分为通用型钳形电流表和交直流两用型钳形电流表两种；根据其测量的范围不同又分为高压钳形电流表和漏电电流钳形电流表两种。

常用模拟式钳形电流表和数字式钳形电流表的外形如图 2-42 所示。

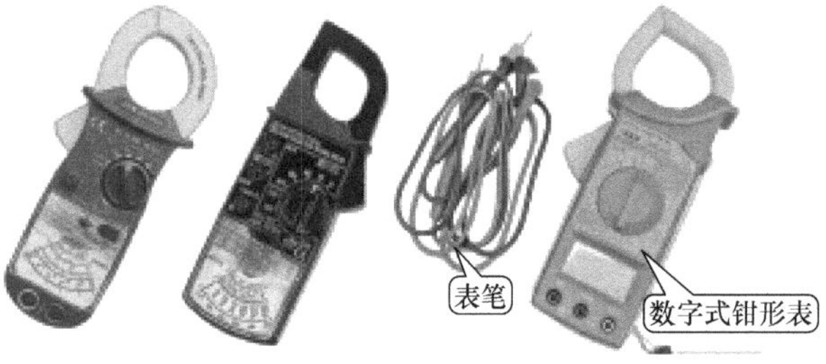


a) 模拟式钳形电流表　　b) 数字式钳形电流表

图 2-42　钳形电流表

### 2. 钳形电流表的工作原理

握紧钳形电流表的把手时，铁心张开，将通有被测电流的导线放入钳口中。松开把手后铁心闭合，被测载流导线相当于电流互感器的一次绕组，绕在钳形电流表铁心上的线圈相当于电流互感器的二次绕组。于是二次绕组便感应出电流，送入整流系电流表，使指针偏转，指示出被测电流值。钳形电流表结构示意图如图 2-43 所示。

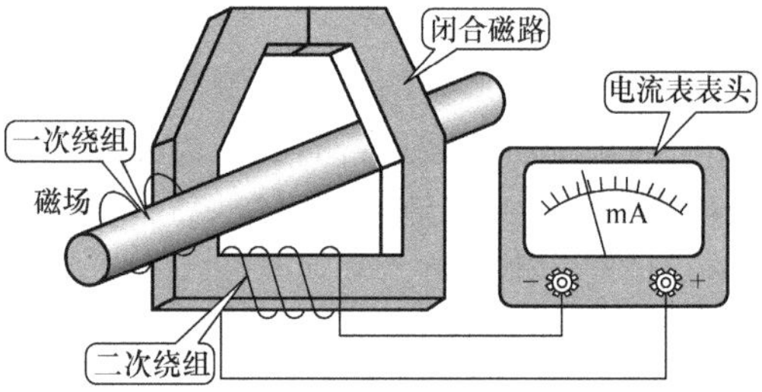


图 2-43　钳形电流表结构示意图

### 3. 钳形电流表的按键功能

通用型钳形电流表外形如图 2-44 所示。

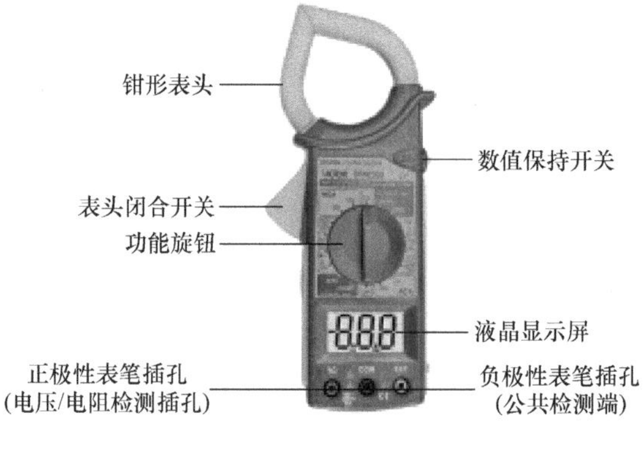


图 2-44　钳形电流表

（1）钳形电流表表头　钳形电流表表头在其内部缠有线圈，通过缠绕的线圈组成一个闭合磁路，按下表头闭合开关可以看到钳形表头的连接处缠有线圈，如图2-45所示。

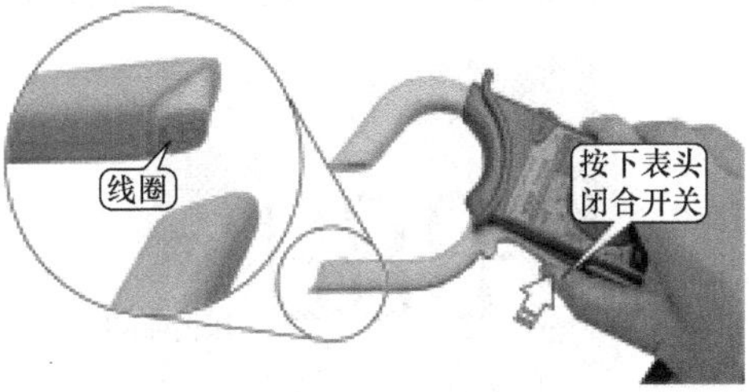

图2-45　钳形表头

（2）数值保持开关　在测量数值时，对于一直闪烁变换的数值，可以按下数值保持开关，通过查看数值的不同，判断所测量的电子设备是否正常。

（3）功能旋钮　钳形电流表的功能旋钮位于操作面板的主体位置，在其四周都有量程刻度盘，主要包括电流、电压、电阻等，如图2-46所示。在功能旋钮四周的刻度盘以“OFF”为标志，刻度盘分成相对应的测量范围。

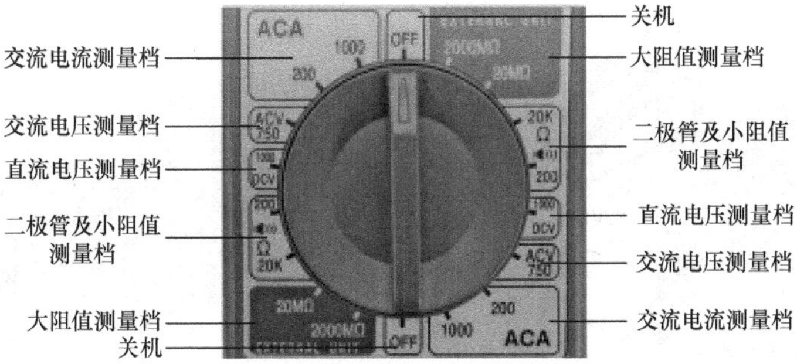

图2-46　钳形电流表的功能面板

在对电子产品进行测量时，旋动中间的功能旋钮，使其指示到相应的档位及量程刻度，即可进行相应的测量，同时会在液晶显示屏上显示出所测的数值。

（4）液晶显示屏　液晶显示屏主要用来显示当前的测量状态和测量数值，如图2-47所示。如果在测量时所选择的测量功能为交流电，根据所选择交流电流档位的不同，液晶显示屏显示也不相同，如果选择“200”档位，在液晶显示屏的下部会显示有小数点及“200”。而若选择电压档，则会在显示屏的右方显示字符“V”，表示电压测量。

在进行检测时，若出现“－1”的显示，则表明所选择的量程不正确，需要重新调整钳形电流表的量程进行检测。

（5）表笔插孔　钳形电流表的操作面板下主要有3个插孔，用来与表笔进行连接。钳形电流表的每支表笔插孔都用文字或符号进行标识，如图2-48所示。其中，使用红色表示的为正极性表笔连接端，也标识为“VΩ”；负极性表笔使用黑色表示为负极性表笔连接端，也标识为“COM”；绝缘测试附件接口端则使用“EXT”标识。

## 二、钳形电流表的操作方法

在使用钳形电流表进行检测时，通过调整钳形电流表的不同量程调整钳形电流表的功能旋钮，进行电阻、电流、电压等的测量。

### 1. 测量电阻

1）测量电阻前，将钳形电流表的表笔分别插入表笔插孔中，如图2-49所示，使红表笔连接正极性插孔，黑表笔连接负极性插孔。

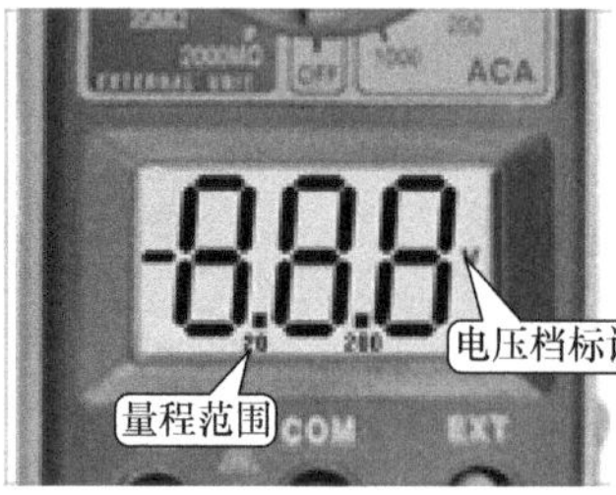


图 2-47　液晶显示屏

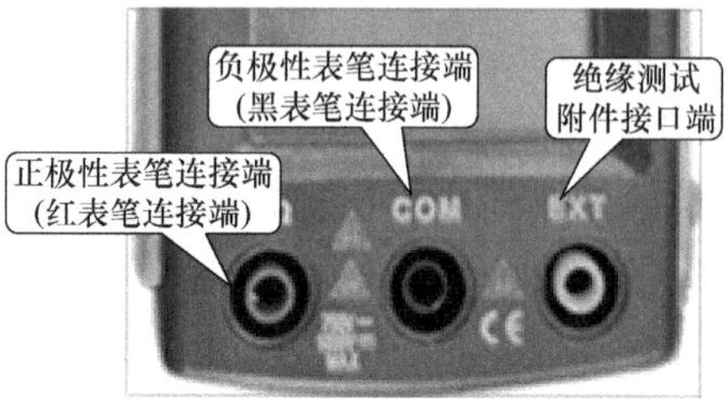


图 2-48　表笔插孔

2）将钳形电流表的量程调整至测量电阻档，如图 2-50 所示。

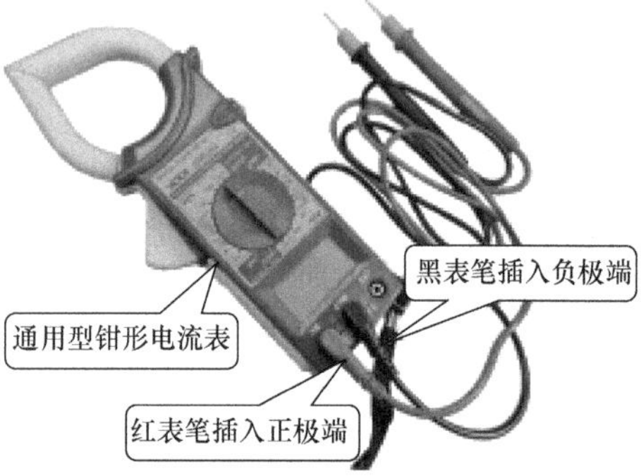


图 2-49　插入钳形电流表表笔

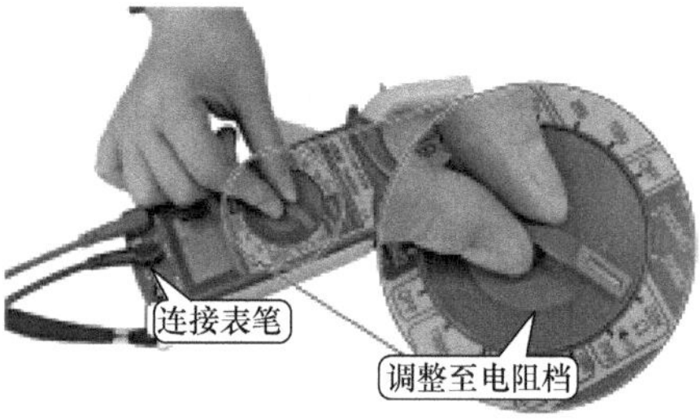


图 2-50　调整钳形电流表量程

3）将钳形电流表的红、黑表笔分别连接在电阻器的两端，如图 2-51 所示，此时即可检测该电阻器的电阻值。在读取电阻值时，根据液晶显示屏的显示数值读数，图 2-51 中所测得的电阻值为 6.66kΩ。

2. 测量电流

用钳形电流表检测工作电流为 10A 的插座电流。

1）剥开外接插座的一段电源线，使其外露出内部的中性线、相线和地线，如图 2-52 所示。

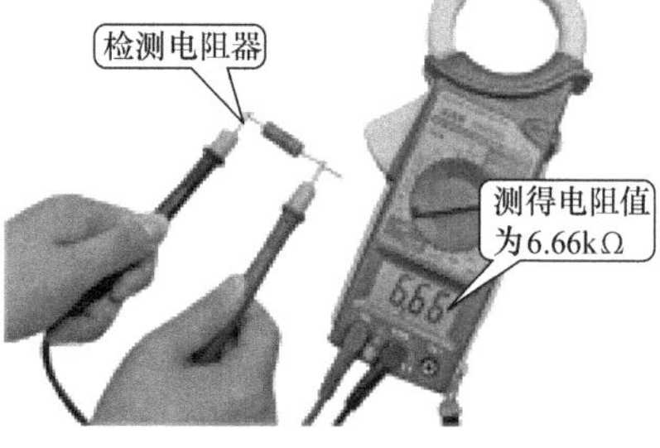


图 2-51　检测电阻器

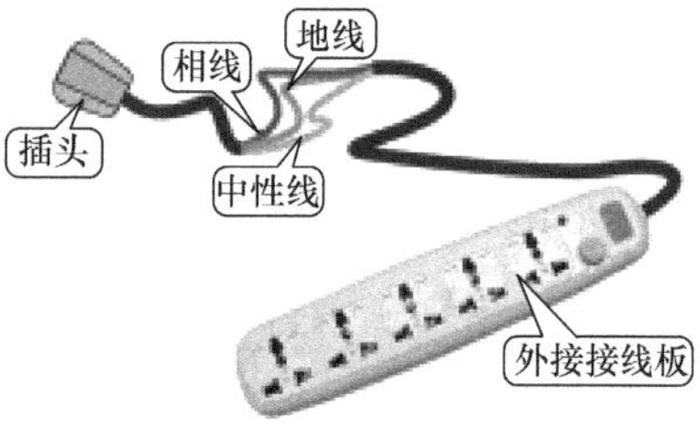


图 2-52　剥开电源线

2）将外接插座与市电连接，打开插座的电源开关，如图2-53所示。

3）使用钳形电流表检测电源线上流过的电流时，不能同时测量电源线的地线、中性线和相线，只能使电源线中的相线（或中性线）单独钳住钳形电流表的钳口内，方可检测出电源线上流过的电流，如图2-54所示。

4）在检测接线板的电流时，需要在接线板上连接正在工作的设备，按下钳形电流表的表头闭合开关，使其钳住电源线的相线（或中性线），如图2-55所示。此时，即可检测出该插座的电流值为10A左右。

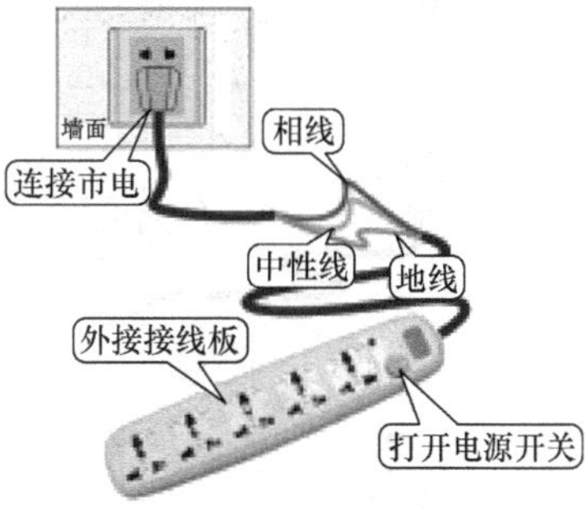

图2-53　连接市电

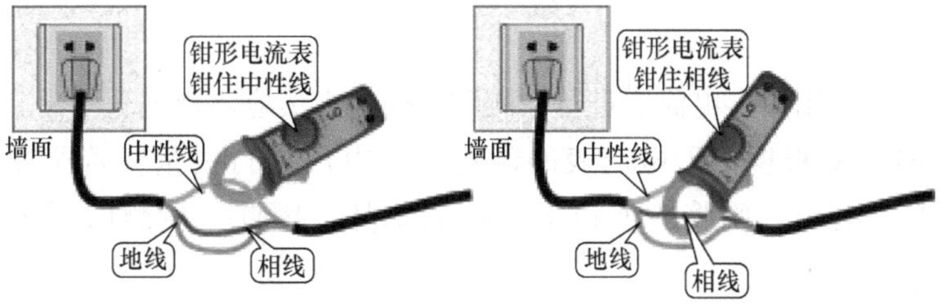

图2-54　用钳形电流表检测电流

3. 测量电压

钳形电流表可以检测交流和直流电压，通过调整钳形电流表的功能旋钮，可选择不同的电压检测范围。

（1）检测交流电压

1）使用钳形电流表检测交流电压时，先将表笔连接到钳形电流表的电压检测插孔，并将钳形电流表调整至交流电压检测档，如图2-56所示。

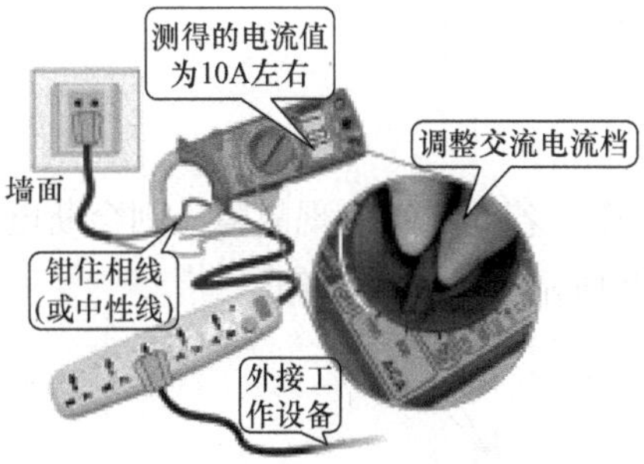

图2-55　检测插座电流

图2-56　调整至交流电压档

2）使用钳形电流表检测电压时，其方法与普通数字式万用表相同，将钳形电流表并联接入被测电路中，并且在检测交流电压时，不用区分正、负极，如图2-57所示。

（2）检测直流电压　在使用钳形电流表检测直流电压时，将钳形电流表的量程调整至直流电压档，如图2-58所示，并且在检测时需要考虑正、负极，即红表笔（正极）连接电路中的正极端，黑表笔（负极）连接负极端。

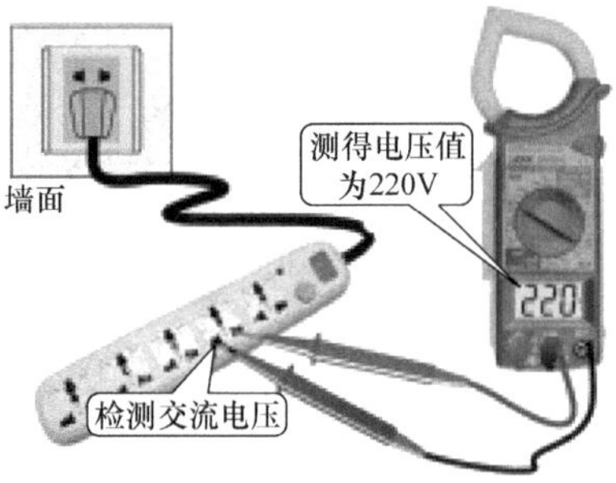


图 2-57　检测交流电压

图 2-58　调整至直流电压档

4. 使用注意事项

1）在高压环境使用钳形电流表进行检测时，操作人员应佩戴绝缘手套。

2）在测量时，要根据钳形电流表的额定工作电压进行测量，若所测量的电压超过钳形电流表的工作电压，则将会使钳形电流表烧坏。因此，检测前要选择合适的钳形电流表。

3）在使用钳形电流表进行测量前，要根据测量要求设置测量功能，如检测交/直流电流、交/直流电压、电阻等。

4）根据设置的测量功能（如交/直流电流、交/直流电压、电阻），再进一步调整检测的量程。

5）测量完毕，钳形电流表不用时，应将量程选择开关旋至最高量程档。

6）严禁在测量过程中切换钳形电流表的档位；若需要换档，应先将被测导线从钳口退出。

7）由于钳形电流表要接触被测线路，所以测量前一定要检查表的绝缘性能是否良好，即外壳应无破损，手柄应清洁干燥。

## 三、钳形电流表的应用实例

在家庭电路中，配电箱主要用于电路的分配工作，若配电箱出现故障，则会断电，因此配电箱是家庭电路中必不可少的电气设备。图 2-59 所示为室内配电箱。

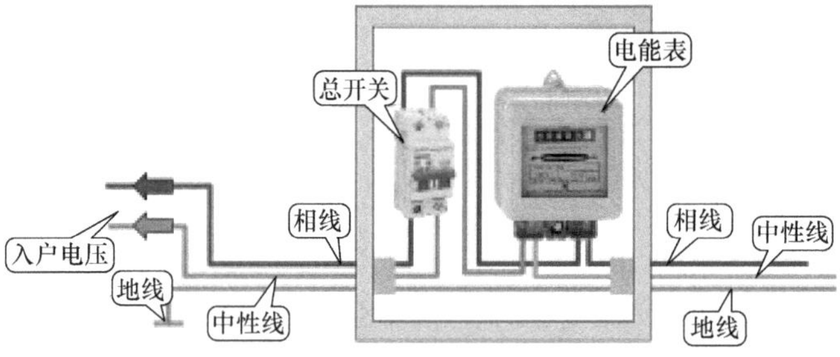


配电箱(一户一表)

图 2-59　室内配电箱

检测配电箱时，将钳形电流表调整至交流电压档，将红、黑表笔分别插入钳形电流表的表笔插孔，检测总开关的输出电压。由于室内电路为交流电，因此在检测电压时不需要区分正、负极即可检测室内电路的交流电压，如图2-60所示。若检测的电压值为220V，表明室内电源供电电路正常；若检测的电压值低于220V，则表明室内电源供电电路出现问题，需要对室内电源供电电路进行进一步的检测。

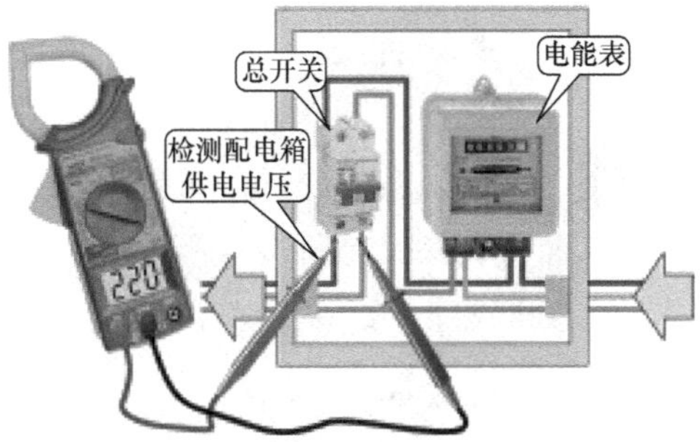

图2-60　检测配电箱

# 任务四　绝缘电阻表的使用

【任务分析】

用绝缘电阻表分别测量线路间的绝缘电阻、线路对地的绝缘电阻、电动机定子绕组与机壳间的绝缘电阻、电缆缆心与缆壳间的绝缘电阻。

【任务实施】

**技能训练　绝缘电阻表的使用**

使用绝缘电阻表检测电动机、电器设备，保证在使用过程中的安全及稳定性。具体操作参见项目二任务一“任务实施”部分的“技能训练2”。

【相关知识】

绝缘电阻表又称为兆欧表，是测量电气设备绝缘电阻的常用仪表。绝缘电阻表可以测量所有导电型、抗静电型及静电泄放型表面的阻抗或电阻值，并且绝缘电阻表自身带有高压电源，能够反映出绝缘体在高压条件下工作的真正电阻值。

## 一、绝缘电阻表的组成与性能指标

### 1. 绝缘电阻表的种类及功能特点

根据绝缘电阻表的结构、特点、检测范围等，有许多的分类方式，按照其结构形式可以将其分为模拟式绝缘电阻表和数字式绝缘电阻表。

（1）模拟式绝缘电阻表　模拟式绝缘电阻表又称为指针式绝缘电阻表，按照其不同的供电方式又分为手摇式绝缘电阻表和电子式绝缘电阻表两种。

1）手摇式绝缘电阻表。图2-61所示为常用手摇式绝缘电阻表。这种绝缘电阻表中装有一个手摇式发电机，俗称摇表。

手摇式绝缘电阻表在测量时通过发电机产生高压，以便借助高压产生的漏电电流，实现阻抗的检测。

手摇式绝缘电阻表主要由直流发电机、磁电系比率表和测量线路组成，图2-62所示为其结构示意图。发电机是绝缘电阻表的电源，磁电系比率表是绝缘电阻表的测量机构，由固定的永久磁铁和可在磁场中转动的两个线圈组成。当用手摇动发电机时，两个线圈中同时有电流通过，在两个线圈上产生方向相反的转矩，指针就随这两个转矩的合成转矩的大小而偏转。

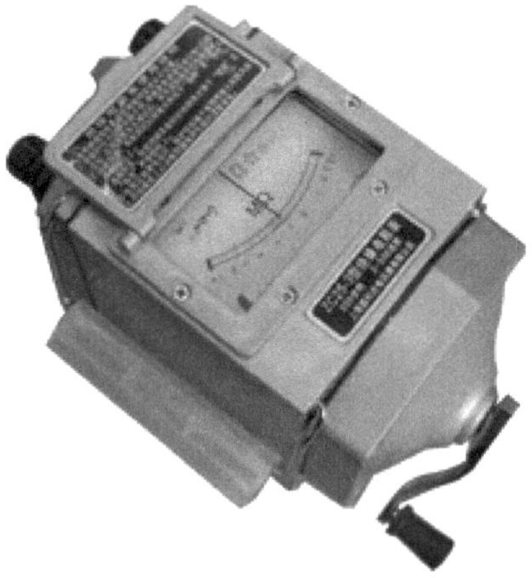

图 2-61　常用手摇式绝缘电阻表

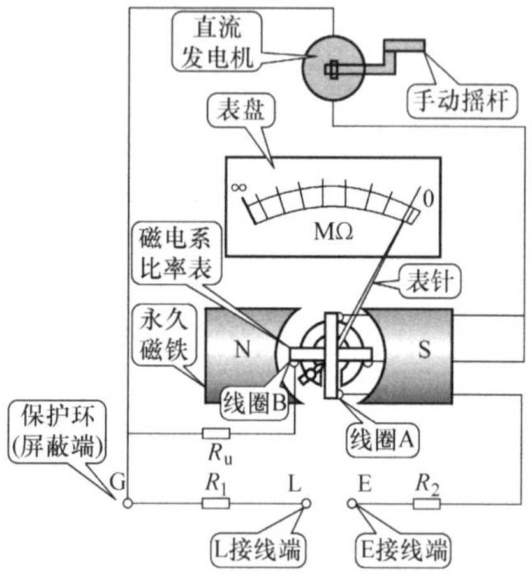


图 2-62　手摇式绝缘电阻表的结构示意图

2）电子式绝缘电阻表。电子式绝缘电阻表又称为电池式绝缘电阻表或智能绝缘电阻表，主要采用电池供电的方式为绝缘电阻表提供工作电压。

随着电子技术的不断发展，传统的手摇式绝缘电阻表正逐渐被电子式绝缘电阻表所取代。电子式绝缘电阻表又称为智能绝缘电阻表，图 2-63 所示为常见的电子式绝缘电阻表。

（2）数字式绝缘电阻表　数字式绝缘电阻表又称为智能化绝缘电阻表，是主要通过液晶显示屏将所测量的结果直接以数字形式显示出来的仪表，图 2-64 所示为常见的数字式绝缘电阻表。

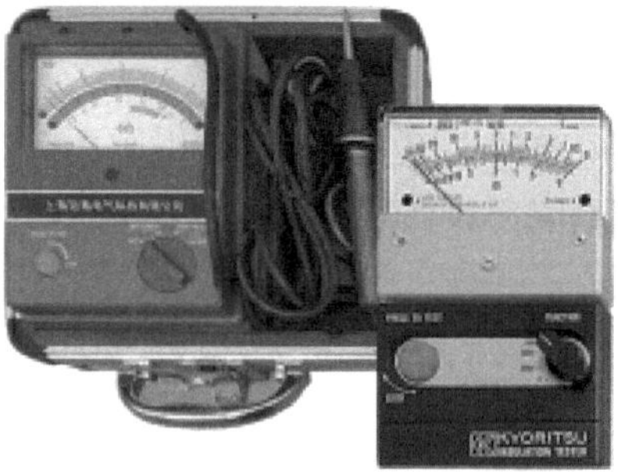


图 2-63　电子式绝缘电阻表

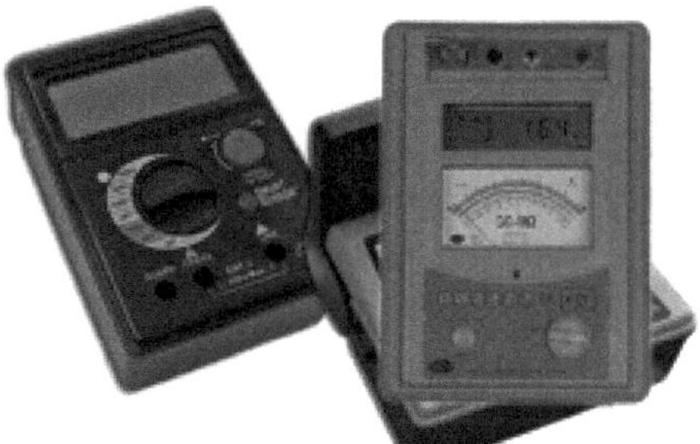

图 2-64　常见数字式绝缘电阻表

2. 绝缘电阻表的结构

图 2-65 所示为典型的普通绝缘电阻表外部结构图，由刻度盘、指针、使用说明、手动摇杆、检测端子和测试线等组成。

1）手动摇杆。普通绝缘电阻表主要通过手动摇杆摇动绝缘电阻表内的自动发电机发电，为绝缘电阻表提供工作电压。

2）刻度盘。可调量程检测用电压表的刻度盘主要由几条弧线及不同的量程标识组成。普通绝缘电阻表的刻度盘主要由几条弧度线及固定量程标识所组成，如图 2-66 所示。

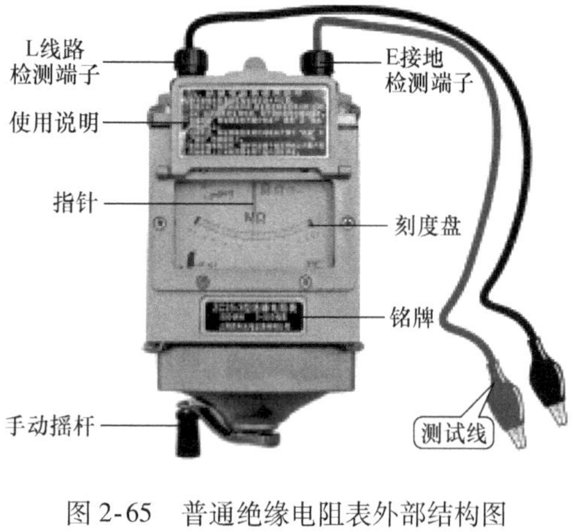


图 2-65　普通绝缘电阻表外部结构图

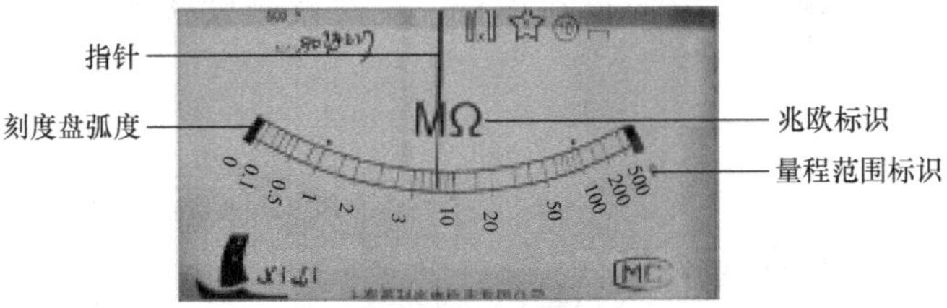

图 2-66　绝缘电阻表的刻度盘

3）检测端子。绝缘电阻表的检测端子主要分为 L 线路检测端子和 E 接地检测端子，如图 2-67 所示。L 线路检测端子的下方还与保护环相连接。保护环在电路中的标识为 G。

4）测试线。绝缘电阻表有两条测试线，分别用红色和黑色表示，用于与待测设备之间的连接，如图 2-68 所示。其中，测试线的连接端子主要用于与绝缘电阻表进行连接，而鳄鱼夹则主要与待测设备进行连接。

图 2-67　检测端子

## 二、绝缘电阻表的操作方法

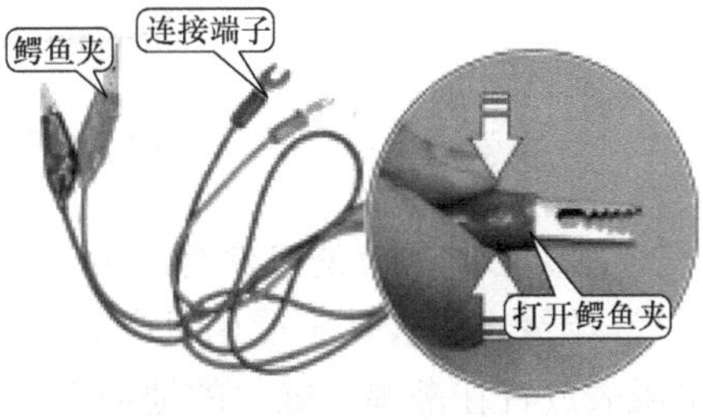

图 2-68　测试线

测量前要先切断被测设备的电源，并将设备的导电部分与大地接通，进行充分放电，以保证安全，然后检查绝缘电阻表是否完好。

1. 绝缘电阻表的使用方法

1）拧松绝缘电阻表的 L 线路检测端子和 E 接地检测端子，如图 2-69 所示。

2）将绝缘电阻表测试线的连接端子分别连接到绝缘电阻表的两个检测端子上，即黑色测试线连接 E 接地检测端子，红色测试线连接 L 线路检测端子，如图 2-70 所示，并拧紧绝缘电阻表的检测端子。

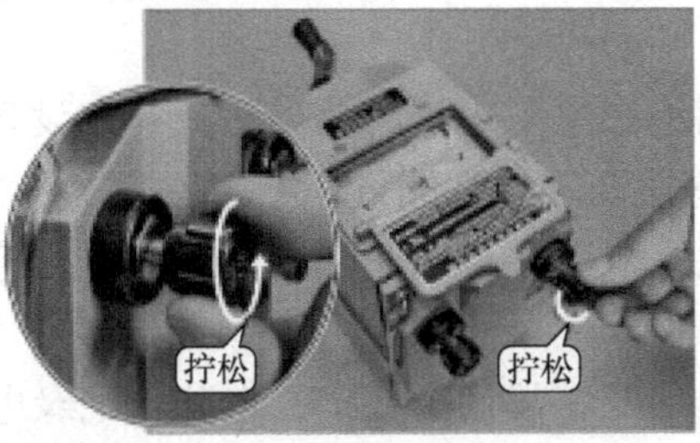

图 2-69　拧松绝缘电阻表的检测端子

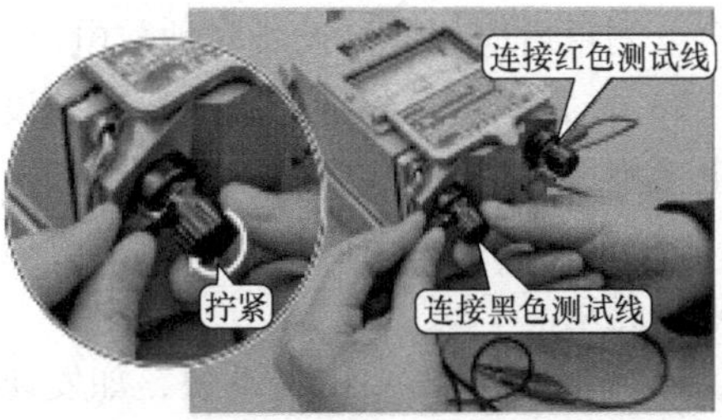

图 2-70　连接绝缘电阻表与测试线

3）连接被测设备，顺时针方向摇动摇杆，观察被测设备的绝缘电阻值，如图 2-71 所示。

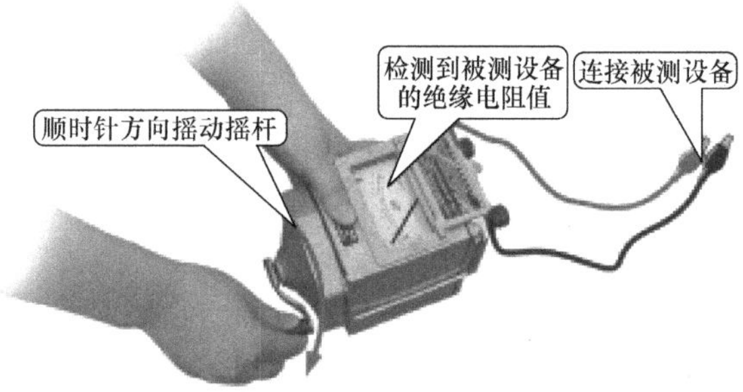


图 2-71　观察设备的绝缘电阻

4）检测干燥并且干净的电缆或线路的绝缘电阻时，不区分 L 线路、E 接地检测端子，红、黑色测试线可以任意连接电缆线芯及电缆外皮，如图 2-72 所示。

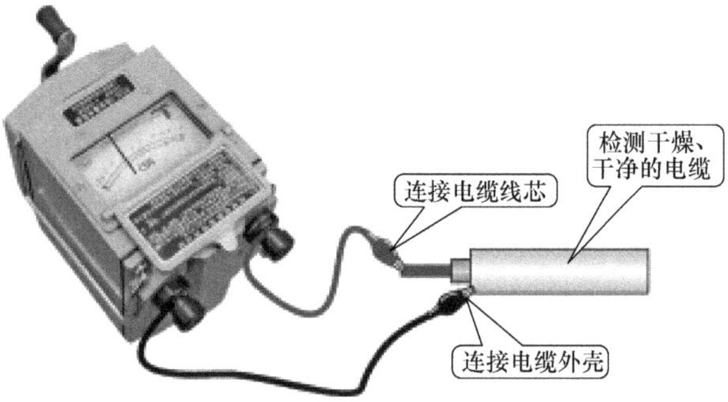


图 2-72　检测干燥并且干净的电缆

2. 绝缘电阻表的使用注意事项

1）绝缘电阻表在不使用时应放置于固定的地点，环境气温不宜太高或太低。切忌将绝缘电阻表放置在潮湿、脏污的地面上，并避免将其置于含有害气体（如酸碱等蒸气）的空气中。

2）应尽量避免剧烈、长期的振动，防止表头轴尖受损，影响仪表的准确度。

3）连接接线柱与被测量物体的导线不能用绞线，应分开单独连接，以防止因绞线绝缘不良而影响读数。

4）用绝缘电阻表测量含有较大电容的设备，测量前应先进行放电，以保障设备及人身安全，测量后应使被测设备对地放电。

5）在雷电区及临近带高压导电的设备时，禁止用绝缘电阻表进行测量，只有在设备不带电又不可能受其他电源感应而带电时，才能使用绝缘电阻表进行测量。

6）在使用绝缘电阻表进行测量时，应用力安装绝缘电阻表，以防止在摇动摇杆时绝缘电阻表晃动。

7）转动手柄时要由慢渐快，如发现指针指零时，不要继续用力摇动，以防止绝缘电阻表内部线圈损坏。

8）测量设备的绝缘电阻时，必须先切断设备的电源。

9）测量时，切忌将两根测试线绞在一起，以免造成测量数据的不准确。

10）测量完成后应立即对被测设备进行放电，并且绝缘电阻表的摇杆未停止转动和被测设备未放电前，不可用手去触及被测物的测量部分或拆除导线，以防止触电。

## 三、绝缘电阻表的应用实例

用绝缘电阻表检测干燥和潮湿的电缆。

1）拧松绝缘电阻表的L线路检测端子和E接地检测端子，如图2-69所示。

2）将绝缘电阻表的测试线的连接端子分别连接到绝缘电阻表的两个检测端子上，即黑色测试线连接E接地检测端子，红色测试线连接L线路检测端子，如图2-70所示，并拧紧绝缘电阻表的检测端子。

3）检测电器设备绝缘电阻，使红色测试线连接待测设备的电源线，黑色测试线连接待测设备的外壳（接地），如图2-72和图2-73所示。

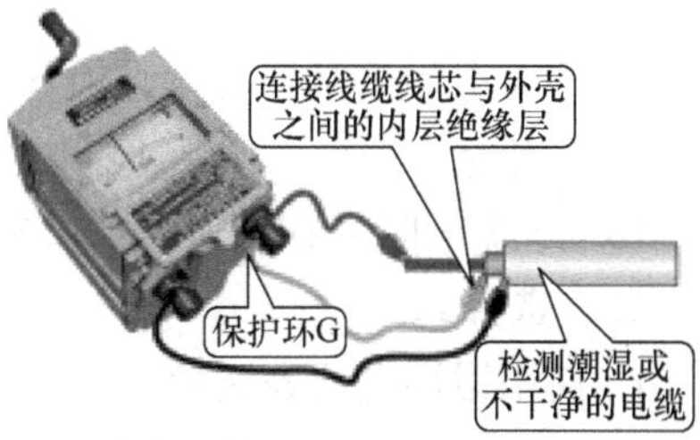


图2-73　检测潮湿的电缆

**【项目评价】**

电工常用仪表的使用评价标准见表2-2。

**表2-2　项目检测与分析**

| 检测任务 | 评分标准 | 分值 | 学生自评 | 教师评估 |
|---|---|---|---|---|
| 指针式万用表的使用 | 能否正确使用指针式万用表；测量是否规范；读数是否正确 | 20 | | |
| 数字式万用表的使用 | 能否正确使用数字式万用表；测量是否规范；读数是否正确 | 20 | | |
| 钳形电流表的使用 | 能否正确使用钳形电流表；测量是否规范；读数是否正确 | 20 | | |
| 绝缘电阻表的使用 | 能否正确使用绝缘电阻表；测量是否规范；读数是否正确 | 20 | | |
| 安全文明生产（包括归拢收集所用材料） | 违反安全文明生产规程扣20分 | 20 | | |
| 总评 | 各项目的最高扣分不应超过配分 | | | |

**【思考与练习】**

## 一、填空题

1. 用万用表测量直流电压时，两表笔应________接在被测电路两端，且________表笔接高电位端，______表笔接低电位端。

2. 常用的钳形电流表由______________和______________组成。

3. 数字电压表由____、____和____三大部分组成，直流数字电压表的核心是____。

4. 模拟万用表由____________、____________、____________、__________等构成。

5. 绝缘电阻表在结构上由____________、____________ 和__________ 三个主要部分组成。

6. 测量电压时，应将电压表____ 联接入被测电路；测量电流时，应将电流表____ 联接入被测电路。

7. 被测电流过小，为了得到较准确的读数，若条件允许，可对被测导线进行测量。此时，钳形电流表读数除以钳口内的导线根数，即为____________。

8. 测量电动机的对地绝缘电阻和相间绝缘电阻，常使用________表，而不宜使用________表。

9. 绝缘电阻表的额定电压有500V、1000V 和2500V 三种，测量运行中的电动机的绝缘电阻应选用的________ 绝缘电阻表。

10. 绝缘电阻表在使用前，必须进行________________ 试验。

**二、选择题**

1. 使用钳形电流表测量三相电动机的一相电流为10A，同时测量两相电流值为（　　）。

A. 20A　B. 30A　C. 0A　D. 10A

2. 由电流互感器和电流表组成的钳形电流表，其测量机构属于（　　）测量机构。

A. 磁电系　B. 磁电整流系　C. 电磁系　D. 电动系

3. 绝缘电阻表的手摇发电机输出的电压是（　　）电压。

A. 交流　B. 直流　C. 高频　D. 脉冲

4. 用钳形电流表10A 档测量小电流，将被测电线在钳口内穿过4 次，如指示为8A，则导线内的实际电流是（　　）A。

A. 10A　B. 8A　C. 2. 5A　D. 2A

5. 绝缘电阻表是专用仪表，用来测量电气设备供电线路的（　　）。

A. 耐压　B. 接地电阻　C. 绝缘电阻　D. 电流

6. 钳形电流表由（　　）等部分组成。

A. 电流表　B. 电流互感器　C. 钳形手柄　D. 计数器

7. 尚未转动绝缘电阻表摇柄时，水平放置完好的绝缘电阻表的指针应当指在（　　）。

A. 刻度盘最左端　B. 刻度盘最右端　C. 刻度盘正中央　D. 随机位置

8. 在用钳形电流表测量三相三线电能表的电流时，假定三相平衡，若将两根相线同时放入测量的读数为20A，则实际相电流不正确的是（　　）。

A. 40A　B. 20A　C. 30A　D. 10A

9. 摇测低压电力电缆的绝缘电阻应选用额定电压为（　　）V 的绝缘电阻表。

A. 250　B. 500　C. 1000　D. 2500

10. 测量绝缘电阻使用的仪表是（　　）。

A. 接地电阻测试仪　B. 绝缘电阻表

C. 万用表　D. 功率表

# 项目三　室内电气线路操作技能

【项目情境】

室内电气线路是人们最熟悉的电路，它为人们的生活带来了光明，让人们能够使用各种各样的电器。那么，作为维修电工，应该怎么安装室内电气线路？如果它出现了故障，又该如何检修呢？

通过本项目的理论学习和实践操作，将学会安装配电装置、敷设室内电气线路，学会正确处理电气线路的故障。

【知识目标】

1. 了解电能表的基本原理。
2. 了解荧光灯照明电路的工作原理。
3. 了解三相负载的特点。
4. 学习应用双联开关在两地控制一盏灯的电路。
5. 了解照明、动力混合电路的特点。

【技能目标】

1. 学会安装一般照明电路。
2. 掌握双联开关的接线方法。
3. 掌握荧光灯照明电路的配线方式。
4. 掌握三相有功电能表的配线方式。
5. 掌握照明、动力混合电路的配线方式。

## 任务一　单相电能表与简单照明电路配线

【任务分析】

在电气安装与维修中，照明电路的安装与维修占有十分重要的地位。单相电能表的连接以及照明电路的配线是学习电气安装和维修所必须掌握的基本技能。本任务以简单照明电路为例，从原理和技能两方面提出了相应的学习要求。

【任务实施】

1. 安装步骤

1）按任务要求配齐所用电气元器件并检查质量。

2）根据实训电路（图 3-3 和图 3-4），在木制配电板上分配安放刀开关、单相电能表、开关和灯座的位置，并用螺钉固定。

3）按照电路图用钢丝钳截取合适长度的单股铜导线，用电工刀剥除导线绝缘层后布线，布线时要遵循以下要求。

① 刀开关必须安装在电能表的出线端，且使闸刀向上推时为闭合状态，不可倒装。

② 单控开关必须与相线串联，螺口灯头的螺旋套必须与中性线连接。灯头接线时，裸

铜线不能外露，以防短路和触电。

③ 双联开关必须与相线串联，螺口灯头的螺旋套必须与中性线连接。灯头接线时，裸铜线不能外露，以防短路和触电。

④ 电能表的进线端用插头接线，接线时注意不要使连接插头的两根导线的裸露部分相互接触，否则会发生短路现象。

⑤ 经检查无误后，在刀开关上接好功率相匹配的熔丝（熔丝的规格应选择电路负载额定电流的1.5～2倍），装上灯泡后将电源插头插入实验室电源插座内，将刀开关合上，按动单控开关，看灯泡是否发光。

⑥ 用验电笔测试电能表相线进线端（电能表1号接线端）是否接在相线上，如果没有，可将电源插头调向。

2. 工艺要求

1）各元器件的安装位置应整齐、匀称，间距合理，便于元器件的更换。

2）紧固各元器件时要用力适度　在紧固熔断器、接触器等易碎裂元器件时，应用手按住元器件，一边轻轻摇动，一边用旋具轮换旋紧对角线上的螺钉，直到手摇不动后再适当旋紧些即可。

3）布线时的工艺要求如下。

① 布线通道尽可能少，并行导线按主、控电路分类集中，单层密排，紧贴板面布线。

② 同一平面的导线应高低一致或前后一致，不能交叉。非交叉不可时，该根导线应在电器的接线端子引出时，水平架空跨越，但必须走线合理。图3-1所示为合理的布线。

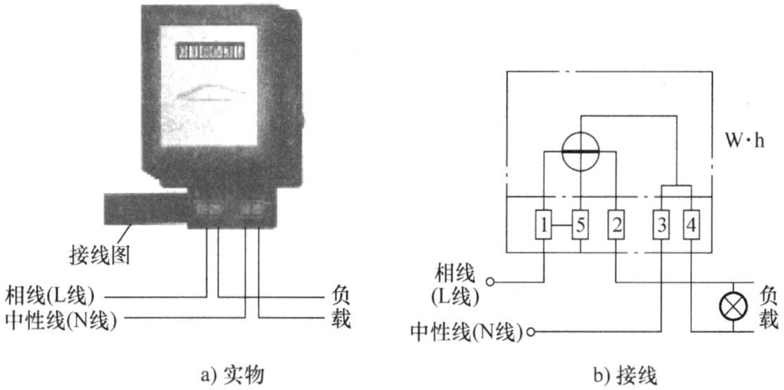


图3-1　一种合理的布线实例

③ 布线应横平竖直，分布均匀。变换走向时应互相垂直，线路较长时须用压线夹固定，以防线路晃动。

④ 布线时导线剥皮长短要合适，不要使铜导线裸露过长，严禁损伤线芯和导线绝缘层。

⑤ 导线与接线端子或接线桩连接时，不得压绝缘层，不反圈，露铜不能过长。

⑥ 同一元器件、同一回路的不同接点的导线间距离应保持一致。

3. 注意事项

1）学生安装电路完毕后，必须经教师检查方能接通电源。

2）出现异常情况应立即拉闸断电，拔掉电源插头。

3）开关必须安装在相线上。

4）电能表应垂直于地面安装。

5）在导线接头处，必须用绝缘胶布把裸露的导线包扎好，不能用其他胶布代替绝缘胶布。

6）在拆除电路时，应首先将总电源断开，方能动手拆除电路。

7）严禁带电操作，以防发生触电事故。

【相关知识】

1. 电能表的工作原理

如图 3-2 所示，当电能表接入电路中，电流通入检测电压的并联线圈与检测电流的串联线圈时产生交变磁场。当交变磁场穿过铝制圆盘时，铝制圆盘上感应出涡流。涡流在两个通电线圈的磁场中受到电磁力的作用，致使铝制圆盘受到一转动力矩的作用而转动，从而带动计数器转动，得到消耗的电能数值。

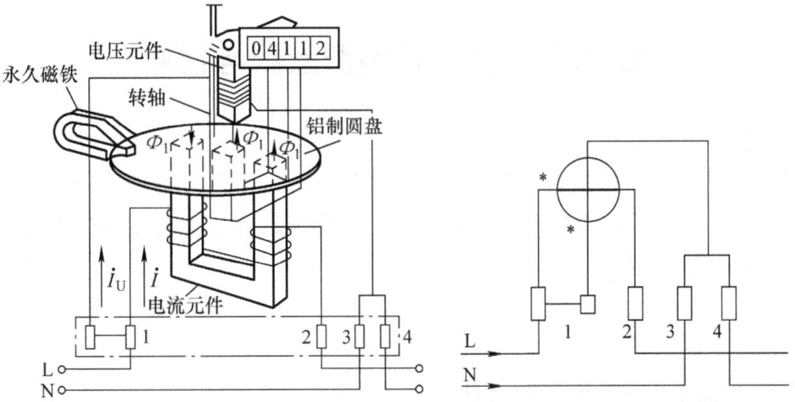


图 3-2　单相电能表的内部结构及原理

2. 电路的工作原理

（1）电路工作原理　如图 3-3 所示，220V 工频交流电经过插头引入电路，接入单相电能表的 1 端和 3 端，其中 1 端为电能表相线进线端，3 端为中性线进线端，从 2 端和 4 端出来的相线和中性线接入刀开关，经过两个熔丝后出线，其中相线端接入单控开关后和灯串联，最后接入电能表的 4 端，组成一个简单的照明电路。

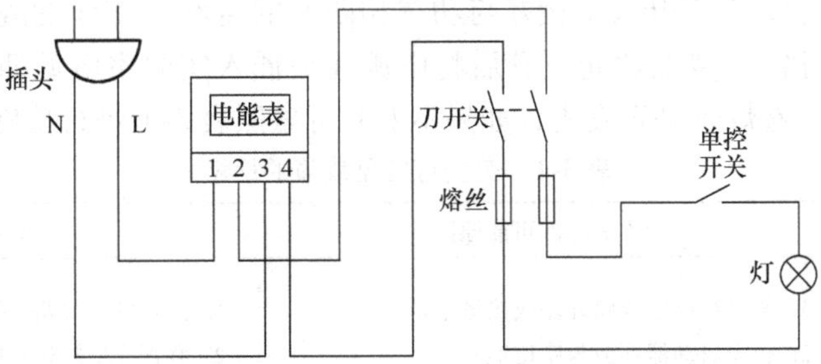


图 3-3　单相电能表与简单照明电路配线接线

（2）双联开关两地控制一盏灯的电路原理　用两只双联开关在两个地方控制一盏灯，

常用于楼梯和走廊上的照明控制，如图 3-4 所示。在电路中，两个开关通过并行的两根导线相连接，不管开关处在什么位置，总有一根线连接于两只开关之间。如果灯现在处于熄灭状态，转动任一个双联开关即可使灯点亮；如果灯现在处于点亮状态，转动任一个开关，均可使灯熄灭，从而实现“一灯两控”。

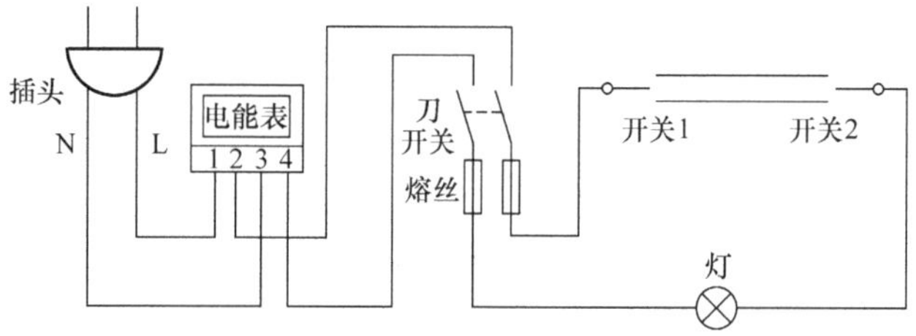


图 3-4　用两只双联开关控制一盏灯的电路接线

## 任务二　荧光灯电路配线与检修

**【任务分析】**

在日常生活和生产中，最常见的电光源就是荧光灯，所以学好荧光灯电路的配线和检修这项技能，就显得尤为重要。本任务从原理分析、安装步骤、工艺要求、故障分析等方面提出了相应的学习要求和目标。

**【任务实施】**

1. 安装步骤

1）按任务要求配齐所用电气元器件并检查质量。

2）根据电路图在木制配电板上分配安放刀开关、单相电能表、开关和荧光灯灯架的位置，并用螺钉固定。

3）按照电路图截取合适长度的单股铜导线布线，布线时要遵循以下要求。

① 荧光灯电路的布线方法。连接时，单控开关必须与相线串联，镇流器的两个接线端子一个接单控开关，另一个与荧光灯灯座串联，用于控制荧光灯电流，该灯座的另一个接线柱接辉光启动器座上的一个接线端，从辉光启动器另一接线端的出线，接到对面灯座的一个接线柱，从另一接线柱出来接到电能表中性线出线端，组成回路。

② 经检查无误后，在刀开关上接好与功率相匹配的熔丝（熔丝的规格应选择电路负载额定电流的 1.5～2 倍），装上荧光灯管后将电源插头插入实验室电源插座内，将刀开关合上，按动单控开关，看灯管是否发光，如果不发光可参照表 3-1 进行检修。

**表 3-1　荧光灯常见故障的检修**

| 故障现象 | 产生故障的可能原因 | 检修方法 |
|---|---|---|
| 接通电源，灯管完全不发光 | 1. 荧光灯供电线路开路或接触不良<br>2. 辉光启动器坏或与座接触不良<br>3. 灯丝断开或灯管漏气<br>4. 灯脚与灯座接触不良<br>5. 镇流器线圈开路或与灯管不配套 | 1. 检修供电线路，排除故障点<br>2. 换新或检修辉光启动器<br>3. 调换新灯管<br>4. 检修灯座，去除灯脚氧化层<br>5. 更换合适的镇流器 |

（续）

| 故障现象 | 产生故障的可能原因 | 检修方法 |
| --- | --- | --- |
| 灯管两端发红但不启辉 | 1. 辉光启动器内电容击穿或氖泡内动、静触点粘连<br>2. 电源电压太低或线路压降太大<br>3. 灯管老化 | 1. 换合适的辉光启动器<br>2. 用交流稳压器稳压<br>3. 换新灯管 |
| 灯管启辉困难，两端不断闪烁，中间不启辉 | 1. 电源电压太低<br>2. 镇流器与灯管不配套，启辉电流小<br>3. 灯管陈旧 | 1. 配交流稳压器<br>2. 换配套的镇流器<br>3. 换新灯管 |
| 灯管发光后立即熄灭 | 1. 接线错误，烧断灯丝<br>2. 镇流器内部短路，灯管两端电压偏高而烧断灯丝 | 1. 改正接线后，换新灯管<br>2. 换合格镇流器后再换新灯管 |
| 灯管点亮后有交流“嗡嗡”声或其他杂声 | 1. 镇流器硅钢片松动<br>2. 电源电压太高<br>3. 镇流器过载或内部短路<br>4. 镇流器温升过高 | 1. 换合格镇流器或紧固硅钢片<br>2. 加交流稳压器<br>3. 换合格镇流器<br>4. 换合格镇流器 |
| 镇流器过热 | 1. 电源电压偏高<br>2. 镇流器质量不佳 | 1. 接入交流稳压器<br>2. 换合格的镇流器 |

③ 用验电笔测试开关是否接在相线上，如果没有，可将电源插头调向。

④ 取下插头，拆除电路。

2. 工艺要求

参照本项目的任务一。

3. 注意事项

1）镇流器、辉光启动器和荧光灯管的规格应相配套，不同功率不能互相混用，否则会缩短灯管的使用寿命，而且也造成启动困难。

2）使用荧光灯管必须按规定接线，否则将烧坏灯管或使灯管不亮。

3）接线时应使相线通过开关，经镇流器到灯管。

4）在拆除电路时，应首先将总电源断开，方能动手拆除电路。

5）严禁带电操作，以防发生触电事故。

【相关知识】

荧光灯电路接线如图 3-5 所示，它由荧光灯管、镇流器和辉光启动器三部分组成。当电源接通时，电压全部加到辉光启动器上，引起辉光启动器放电而发热，使动触点受热膨胀与静触点接触，电路接通。此时灯丝通过电流加热而发射出电子，使灯丝附近水银开始游离，并逐渐汽化。与此同时，辉光启动器的两触点接触后，辉光放电停止，使动触点冷却而缩回，触点断开，在此瞬间，因电路突然断开，镇流器上产生一个很高的脉冲电压，加在灯管两端的灯丝之间。由于灯丝间电压突然增高，迫使灯管放电而发光。灯管点燃后，因镇流器上有较大的电压降，辉光启动器的动、静触点间电压较低，不足以放电，所以电压总是加在灯管两端，维持放电状态，持续发光。

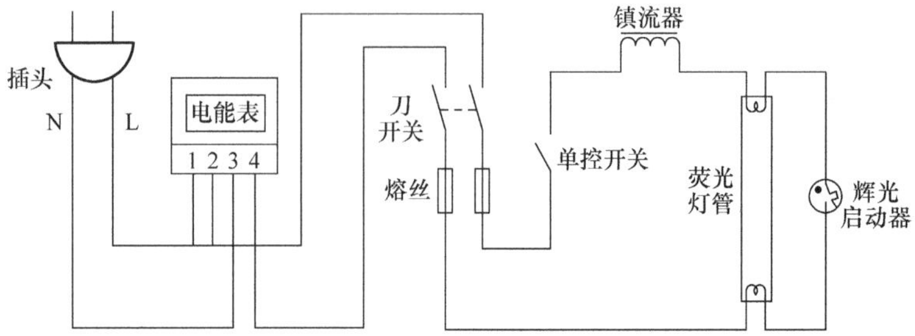


图 3-5　荧光灯电路接线

# 任务三　三相电能表配线

【任务分析】

电能表是用来计量消耗的电能的，由于在工业生产中大量配备三相电源和三相电能表，所以本任务从三相电能表的原理和结构着手，详细介绍了三相电能表配线的各个环节及工艺要求，这是一项重要的电工专业技能。

【任务实施】

1. 安装步骤

1）按任务要求配齐所用电气元器件并检查质量。

2）根据实训电路图在木制配电板上分配安放刀开关、三相电能表、开关和电动机（或灯座）的位置，并用螺钉固定。

3）按照实训电路图 3-6 所示的三相三线制电能表负载接入接线图、图 3-7 所示的三相四线制电能表负载接入接线图进行布线，布线时要遵循以下要求。

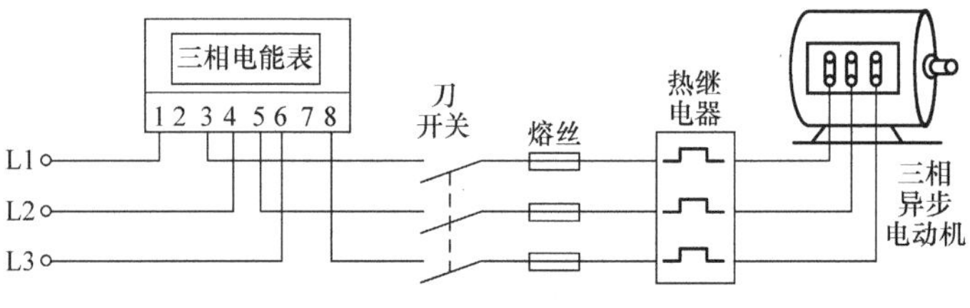


图 3-6　三相三线制电能表负载接入接线图

① 负载端线路的接线方法。当采用图 3-6 所示的三相三线制电路时，电动机选取△联结，注意电动机接线盒的接线端子的联结方式，先把 3 个绕组用连接铜片组成△联结形式后再接入配线。当采用图 3-7 所示的三相四线制电路时，负载为 3 盏 220V 的电灯泡，联结方式为Y联结，首先要把中性线连接好，注意检查中性线的连接是否可靠，然后接入 3 根相线。

② 电能表的接线方法。电能表的接线注意进出线的位置，对于三相三线仪表 1、4 和 6 端为相线进线端，接入三相相线（插头），3、5 和 8 端为相线出线端；对于三相四线仪表 1、4 和 7 端为相线进线端，接入三相相线（插头），3、6 和 9 端为相线出线端，10 和 11 端

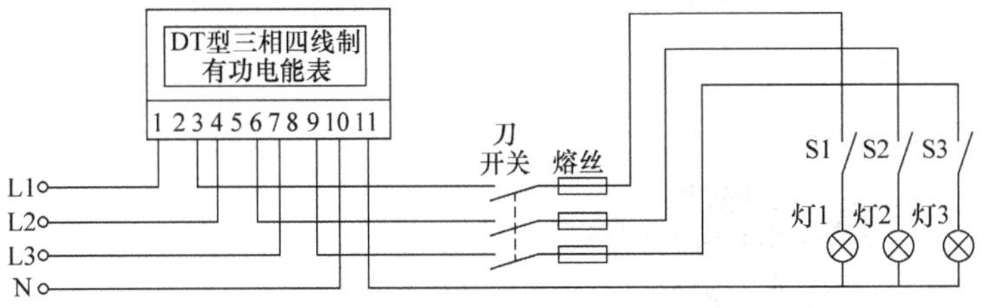


图 3-7 三相四线制电能表负载接入接线图

为中性线进出线端，注意此端不可把两根中性线插入同一孔中，这样容易造成计量不准。

③ 安装刀开关必须使闸刀向上推时为闭合状态，不可倒装。

④ 经检查无误后，在刀开关上接好与功率相匹配的熔丝（熔丝的规格应选择电路负载额定电流的 1.5 ~ 2 倍），将插头插上，合上刀开关，观察负载的运行情况。

⑤ 如电动机不转或灯不亮，先断电，按照从电源到负载的顺序依次检查线路连接和设备的完好情况，排除故障后可重新加电运行。

⑥ 对于电动机负载，改变任忘两相线的接入顺序，观察电动机的转动方向。对于电灯负载，通过 S1 ~ S3 分别控制 3 盏灯的亮灭，观察电能表的转动情况。

2. 工艺要求

参照本项目的任务一。

3. 注意事项

1）学生安装电路完毕后，必须经教师检查方能接通电源。

2）出现异常情况，应立即拉闸断电。

3）电动机负载如出现只振动而不转动的情况，应断电检查导线的连接和熔丝是否完好，如出现既不能转动又无振动的情况，应检查电源是否有电等。

4）在拆除电路时，应首先将总电源断开，方能动手拆除电路。

5）严禁带电操作，以防发生触电事故。

【相关知识】

用三相电能表测量三相电路的电能，三相电能表根据线路形式可分为三相三线电能表和三相四线电能表，根据负载的阻抗特性又可分为有功电能测量电能表和无功电能测量电能表，这样就有 4 种形式的组合，又因接入的方法不同，分为直接接入（直入式）式电能表和经互感器间接接入式电能表。因此，需要根据不同的应用环境和负载特性选用适合的电能表，比如测量小功率负载的电能消耗可选用直入式电能表。而有时又需要配合使用，如工厂中多用电动机、变压器等感性负载，这些设备产生的无功分量使得电能在输变电和使用中会造成附加损耗，为了了解和掌握系统的运行情况，测量系统的无功电能与有功电能同样重要。

下面以小功率电能测量的常见的直入式 DS 型三相三线有功电能表和 DT 型三相四线有功电能表为例，简要说明其工作原理。DS 型三相三线有功电能表如图 3-8 所示，它是按两表法测量功率的原理工作的，其结构相当于两只单相电能表的组合，一般为双盘结构，负载工作时，两盘片产生的驱动力共同作用于累积装置，形成计量结果，常用于三相三线制对称电路负载的有功电能的测量。DT 型三相四线有功电能表如图 3-9 所示，它是按三表法测量功率的原理工作的，结构相当于 3 只单相电能表驱动元件与制动元件的组合，为三盘结构，可用于三相四线制不对称负载的有功电能的测量。

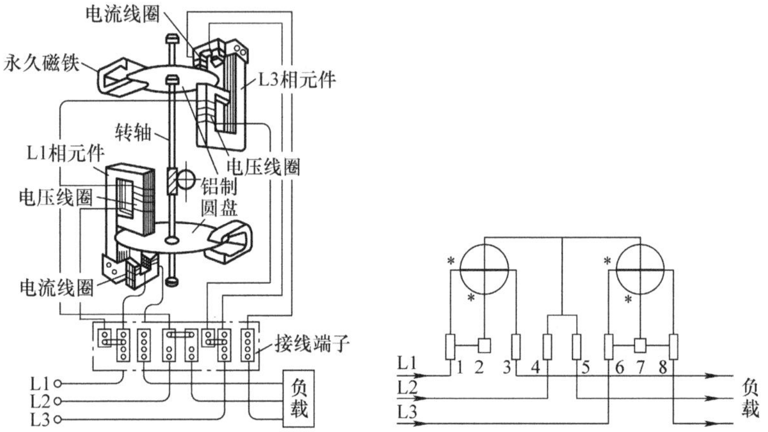


a) 结构　　b)电路示意图

图 3-8　三相三线有功电能表（DS 型）的结构

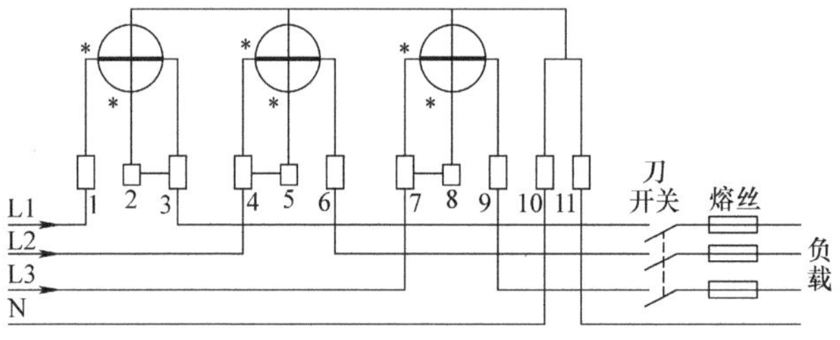


图 3-9　三相四线有功电能表（DT 型）的结构

# 任务四　照明、动力混合电路配线

**【任务分析】**

室内照明线路的安装和维修是电工必须掌握的常规技术，要求正规、合理、整齐、牢固，既要掌握室内照明线路的类型、结构与原理，又要掌握典型室内照明线路的安装和维修技能，以保证室内照明线路的技术要求与安全用电。

**【任务实施】**

1. 安装步骤

1）按任务要求配齐所用电气元器件并检查质量。

2）按图 3-10 所示的照明、动力混合配线图在木制配电板上分配安放刀开关、三相电能表、开关和灯座（或电动机接线端子）的位置，并用螺钉固定。

3）按照电路图截取合适长度的单股铜导线并布线，布线时要遵循以下要求。

① 负载端线路的接线方法。动力部分采用三相三线制电路连接，电动机选取△联结，

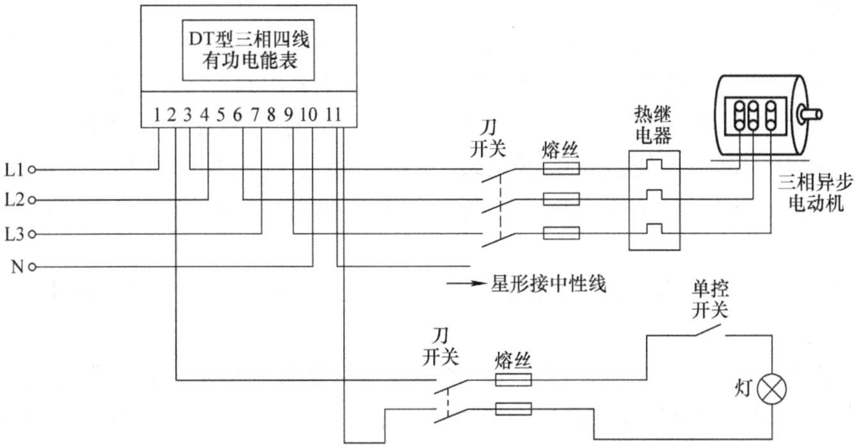


图 3-10　照明、动力混合配线图

如果采用Y联结，中性线要接入电动机 3 绕组的公共接线端，不可断开。

照明部分为一盏白炽灯，为负载不对称接法，相线接入电能表 L1 相，如果线路不美观或压线困难，可采用贯通式接线端子在电能表出线端进行支路分配。在负载分支较多时，连接施工简单牢靠，而且接线美观，维护方便。

② 经检查无误后，在刀开关上接好功率相配的熔丝（熔丝的规格应选择电路负载额定电流的 1.5 ~2 倍），将插头插上，合上刀开关，观察负载的运行情况。

③ 如电动机不转或灯不亮，先断电，按照从电源到负载的顺序依次检查线路连接和设备的完好情况，排除故障后可重新加电运行。

④ 对于电动机负载，改变任意两相线的接入顺序，观察电动机的转动方向。对于电灯负载，可以再增加 L2 相、L3 相照明回路，分别通过开关控制 3 盏灯的亮灭，并观察电能表的转动情况。

2. 工艺要求

参照本项目的任务一。

**【项目评价】**

室内电气线路操作技能评价标准见表 3-2。

**表 3-2　项目检测与分析**

| 检测任务 | 评分标准 | 分值 | 学生自评 | 教师评估 |
|---|---|---|---|---|
| 照明装置的安装 | 能否正确安装照明装置 | 20 | | |
| 照明配电箱的安装 | 能否正确安装照明配电箱 | 20 | | |
| 认识与使用单相电能表 | 能否正确使用单相电能表 | 20 | | |
| 安装三相电能表 | 能否正确安装三相电能表 | 20 | | |
| 安全文明生产（包括归拢收集所用材料） | 违反安全文明生产规程扣 20 分 | 20 | | |
| 总评 | 各项目的最高扣分不应超过配分 | | | |

【相关知识】

照明电路多为单相负载，而动力设备多为三相负载。如果照明设备配置不当，大量的照明设备集中于一相，使线路三相负载不对称，将造成中性点电位偏移、中性线电流过大。中性点电位偏移将引起三相电压的不对称，严重时会影响变压器和电动机的工作，也会造成某相电压过高，使该相电器烧毁。另外，由于中性线长期通过大电流，而一般情况下中性线截面积小于相线截面积，还易使中性线断线。所以照明、混合动力的配线应遵循以下原则。

1）中性线必须保证有足够的截面积和强度，从而保证通过较强电流时中性线不断线，严禁无中性线运行。

2）合理配置单相照明负载，将全部照明负载尽可能等分接于三相，避免发生中性点电位过大的偏移。同时，对相线截面积的选择必须保证一定的容量，选择导线截面积时，应保证电压损耗小于5%。

3）采用DYN11联结组别的变压器供电，以降低三相负载不平衡运行带来的中性点漂移。动力线路尽量直接取自变压器输出端，以降低动力设备起停造成的线路电压下降对照明设备的影响，对于功率大于30kW的动力设备，建议采用专门的变压器供电。

【思考与练习】

**一、选择题**

1. 白炽灯的工作原理是（　　）。

A. 电磁感应原理　　B. 电流的热效应　　C. 电流的磁效应　　D. 化学效应

2. 白炽灯正常工作时，白炽灯的额定电压应（　　）供电电压。

A. 大于　　B. 小于　　C. 等于　　D. 略低于

3. 安装白炽灯的关键是灯座、开关要（　　）联，（　　）线要进开关，（　　）线要进灯座。

A. 并、相、中性　　B. 并、中性、相

C. 串、中性、相　　D. 串、相、中性

4. 三相负载的联结方式有（　　）种。

A. 4　　B. 3　　C. 2　　D. 1

5. 某用电器一天（24h）用电12kW·h，此电器功率为（　　）。

A. 4.8kW　　B. 0.5kW　　C. 2kW　　D. 2.4kW

6. 安装螺口白炽灯时，相线必须经开关接到螺口座的（　　）上。

A. 螺口接线端　　B. 中心接线端

C. 螺口接线端或中心接线端　　D. 螺口接线端和中心接线端

7. 荧光灯镇流器的主要作用是（　　）。

A. 整流、限流　　B. 整流、产生脉冲电动势

C. 产生脉冲电动势、消除无线设备干扰　　D. 限流、产生脉冲电动势

**二、判断题**

1. 开关箱内必须装设隔离开关和漏电保护器。（　　）

2. 无论是测直流电还是测交流电，验电笔的氖管发光情况是一样的。（　　）

3. 安全电压是指会使人发生电击危险的电压。（　　）

4. 电气设备停电后，在没有断开电源开关和采取安全措施以前，不得触及设备或进入设备的遮栏内，以免发生人身触电事故。　(　　)

5. 在市内进行配电线路导线连接时不允许采用爆压。　(　　)

6. 三相四线制照明线路的中性线不准装熔断器。　(　　)

7. 接地线应采用多股铜线。　(　　)

# 项目四　变压器的使用与维修

【项目情境】

本项目主要介绍变压器的一些基本知识，包括变压器的构造与分类、小型变压器的简单检测和典型故障的处理方法、小型变压器绕组绕制与铁心装配等。

【知识目标】

1. 熟悉变压器的结构和工作原理。
2. 学会小型变压器的检测方法。
3. 掌握小型变压器的故障分析和处理方法。

【技能目标】

1. 会正确检测小型变压器。
2. 能正确绕制小型变压器绕组并进行铁心装配。
3. 会处理小型变压器的简单故障。

## 任务一　变压器的性能检测及故障维修

【任务分析】

检测变压器，首先必须学会识别变压器，本任务要求掌握变压器的选择与使用、变压器的性能测试及变压器的故障处理方法。

【任务实施】

**技能训练　变压器的性能检测**

（1）绝缘电阻的测量　用500V绝缘电阻表测量变压器一次绕组对二次绕组以及各绕组对铁心的绝缘电阻，将测量数据填入表4-1中。

（2）直流电阻的测量　用QJ103直流双臂电桥测量变压器一次绕组和二次绕组的直流电阻值，将测量数据填入表4-1中。

表4-1　绝缘电阻和直流电阻测量值

| 测量项目 | 绝缘电阻/MΩ | | | 直流电阻/Ω | |
|---|---|---|---|---|---|
| 测量对象 | 一次绕组对二次绕组 | 一次绕组对铁心 | 二次绕组对铁心 | 一次绕组 | 二次绕组 |
| 测量读数值 | | | | | |

（3）空载特性测试　按图4-5所示接线，在变压器一次绕组上加额定电压，二次绕组开路，由交流电压表和交流电流表上读出一次空载电流和二次空载电压，将空载特性测量数据填入表4-2中。

（4）短路特性测试　按图4-7所示接线，先将调压器输出电压调至零，加电后缓慢增加电压，直至二次电流达到额定值，在交流电压表上读出一次电压值，将短路特性测量数据填入表4-2中。

**表 4-2 变压器基本特性测试数值**

| 测量项目 | 空载特性 | | | 短路特性 | |
|---|---|---|---|---|---|
| 测量对象 | 额定电压/V | 空载电流/mA | 空载电压/V | 额定电流/mA | 短路电压/V |
| 测量读数值 | | | | | |
| 负载电流 | $I_1$ | $I_2$ | $I_3$ | $I_4$ | $I_5$ |
| 电流数值/mA | | | | | |
| 二次电压/V | | | | | |

(5) 负载特性测试 按图 4-6 所示接线，在变压器一次绕组上加额定电压，二次绕组接滑线电阻器，调节滑线电阻器阻值，改变负载电流，在交流电压表上读出相应的二次电压值。将负载特性测量数据填入表 4-2 中，并在图 4-1 上绘出负载特性曲线。

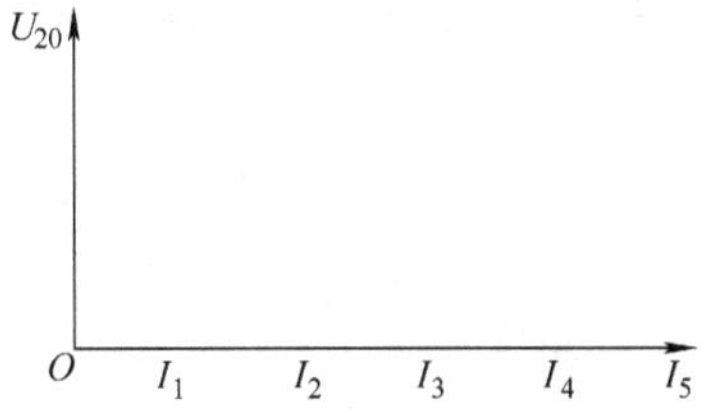


图 4-1 变压器的负载特性曲线

**【相关知识】**

变压器不但可以变换电压，还可以变换电流、阻抗和传递信号。由于变压器具有多种功能，因此在电力工程和电子工程中都得到了广泛的应用。常用的变压器有电力变压器、控制变压器、电源变压器、自耦变压器、调压变压器和耦合变压器等。

## 一、变压器的结构

变压器主要是由铁磁材料构成的铁心和绕在铁心上的两个或几个线圈组成的，其中与输入交流电源相接的线圈叫作一次绕组，与负载相接的线圈叫作二次绕组。变压器在电路中的符号如图 4-2 所示。

变压器是以电磁感应定律为基础工作的，其工作原理可用图 4-3 来说明。当一次绕组加上交流电压 $u_1$ 后，在铁心中产生交变磁场，由于铁心的磁耦合作用，二次绕组中会产生感应电压 $u_2$，在负载中就有电流 $i_2$ 通过。

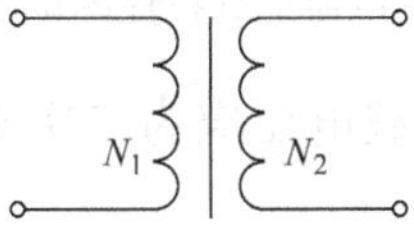


图 4-2 变压器在电路中的符号

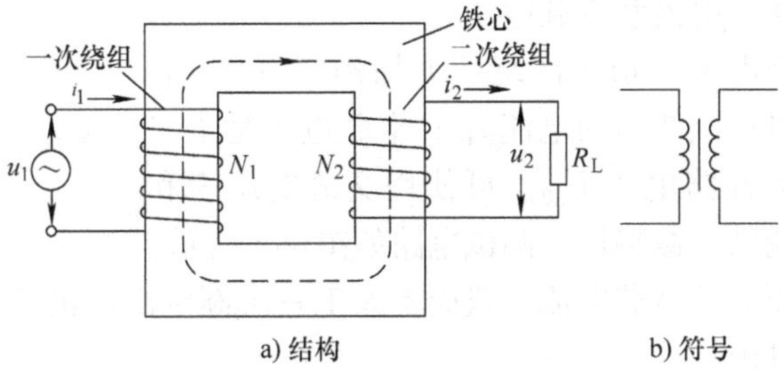


图 4-3 变压器工作原理示意图

变压器的铁心通常用硅钢片叠成，硅钢片的表面涂有绝缘漆，以避免在铁心中产生较大的涡流损耗。小型变压器的常用铁心主要有两种：E 形和 C 形，如图 4-4 所示。E 形铁心是将硅钢片冲裁成 E 形片叠加而成的，C 形铁心是将硅钢片剪裁成带状，然后绕制成环形，再从中间切断而形成的。

## 二、变压器的额定值

为了安全和经济地使用变压器，在设计和制造时规定了变压器的额定值，即变压器的铭牌数据，它是使用变压器的重要依据。

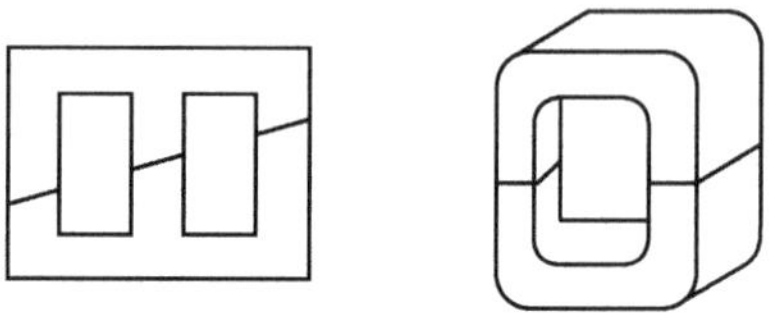

图 4-4　小型变压器的常用铁心

1. 额定电压

额定电压是指变压器正常运行时的工作电压，一次额定电压是正常工作时外加电源电压。二次额定电压是指给一次绕组施加额定电压，二次绕组通过额定电流时的电压。

2. 额定电流

额定电流是指变压器一次电压为额定值时，一次和二次绕组允许通过的最大电流。在此电流下变压器可以长期工作。

3. 额定频率

额定频率是指变压器一次侧的外施电源频率，变压器是按此频率设计的，我国电力变压器的额定频率都是 50Hz。

4. 额定容量

额定容量是指在额定频率、额定电压和额定电流的情况下，变压器所能传输的视在功率，单位为 V · A 或 kV · A。

5. 额定温升

额定温升是指变压器满载运行 4h 后绕组和铁心温度高于环境温度的值，我国规定标准环境温度为 40℃，对于 E 级绝缘材料，变压器的温升不应超过 75℃。

## 三、变压器的性能检测

1. 变压器的空载特性测试

变压器的空载特性是指在一次绕组上加额定电压，二次绕组不接负载时的特性。空载特性包括空载电流和空载电压。

空载电流是指一次绕组上加额定电压 $U_{1N}$ 时，通过一次绕组的电流 $I_{10}$；空载电压是指二次绕组的开路电压 $U_{20}$。可使用交流电压表和电流表测试空载特性，测试电路如图 4-5 所示。

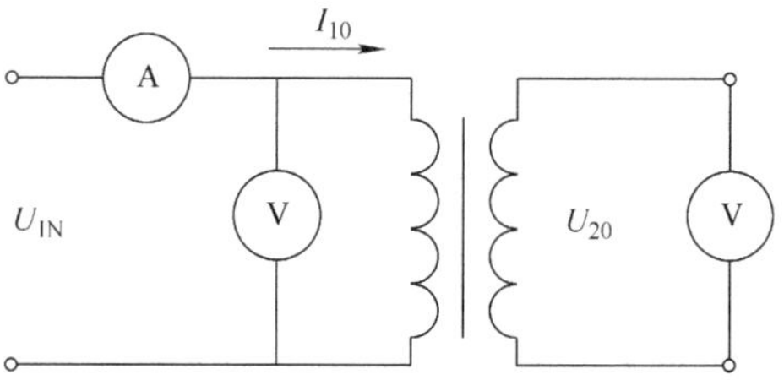

图 4-5　变压器空载特性测试电路

变压器的空载电流一般应不大于一次额定电流的 10%，空载电压应为二次额定电压的 105% ~110%。

变压器空载时，在理想情况下，一次电压与二次电压之比等于一次绕组与二次绕组的匝数比，这就是变压器变换电压的关键所在。当 $N_2 < N_1$ 时，$U_2 < U_1 < 1$，称为降压变压器；当 $N_2 > N_1$ 时，$U_2 > U_1 > 1$，称为升压变压器。

2. 变压器的负载特性测试

变压器的负载特性是指在一次绕组上加额定电压 $U_{1N}$，二次绕组接额定负载时，二次电压 $U_2$ 随二次电流 $I_2$ 的变化特性，又称电压调整率，其测试电路如图 4-6 所示。

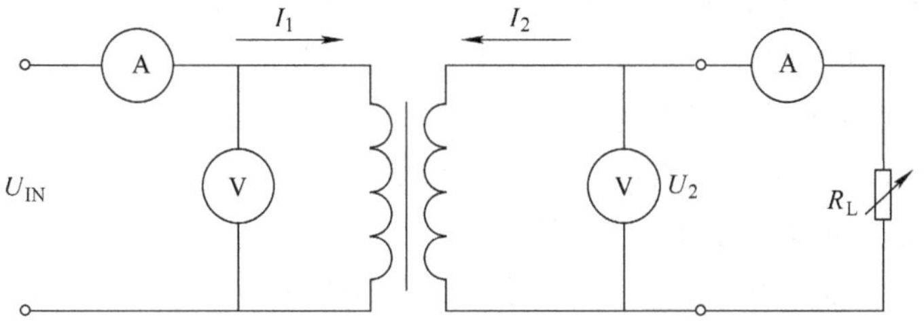


图 4-6　变压器负载特性测试电路

3. 变压器的阻抗电压测试

阻抗电压是指使变压器二次绕组短路，一次侧和二次侧均流过额定电流时，施加在一次绕组上的电压 $U_k$。

它是反映变压器内部阻抗大小的量，是负载变化时计算变压器二次电压变化和发生短路时计算短路电流的依据。短路电压测试电路如图 4-7 所示，图中 T 为调压器，测试时用来调整一次侧所加电压。短路电压应不大于额定电压的 10%。

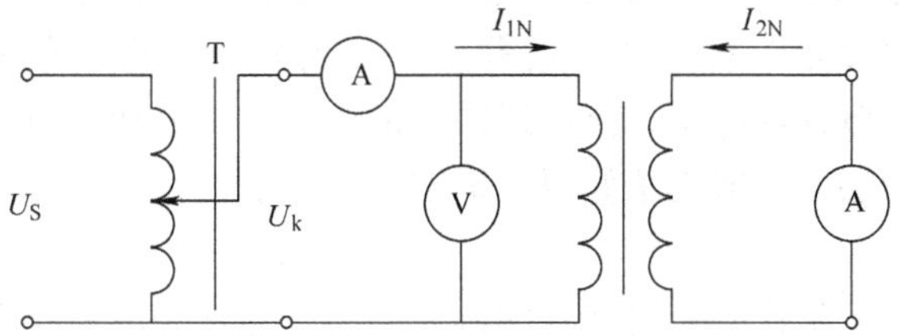


图 4-7　变压器短路电压测试电路

4. 变压器绕组直流电阻的测量

变压器绕组是由漆包铜导线绕制而成的，具有一定的直流电阻，它可作为判别绕组是否正常的参考数据。测量绕组的直流电阻可使用直流电桥或万用表电阻档。

5. 变压器的绝缘电阻的测量

变压器绕组之间以及各绕组与铁心之间都有绝缘性能要求，其绝缘电阻值应符合规定。测量绝缘电阻可使用绝缘电阻表。变压器的绝缘电阻值一般应不低于 150MΩ。

6. 变压器的温升测量

测量变压器的温升，可采用测量线圈直流电阻的方法。先用直流电桥测出一次绕组的冷态电阻 $R_0$，然后加上额定负载，接通电源运行数小时，待温度稳定后切断电源，再测出其热态电阻 $R_T$。

## 四、变压器常见故障及维修

1. 电源变压器匝间短路性故障

电源变压器发生短路性故障后的主要现象是发热严重，二次绕组输出电压失常。通常，线圈内部匝间短路点越多，短路电流就越大，变压器发热就越严重。

如果短路发生在线圈的最外层，可掀去绝缘层后，在短路处局部加热（对浸过漆的线圈，可用电吹风加热），待漆膜软化后，用薄竹片轻轻挑起绝缘已破坏的导线，若线芯没损伤，可插入绝缘纸，裹住后掀平；若线芯已损伤，应剪断，去除已短路的一匝或多匝导线，两端焊接后垫妥绝缘纸，掀平。用以上两种方法修复后均应涂上绝缘漆，吹干，再包上外层绝缘。如果故障发生在无骨架线圈两边沿口的上、下层之间，一般也可按上述方法修复。若故障发生在线圈内部，一般无法修理，需拆开重绕。

2. 变压器线圈与铁心之间的短路故障

发生这种故障的铁心会带电，一般是绝缘裹垫不佳或遭到剧烈跌碰等所造成的。这种故障通常出现在无骨架线圈两边的沿口处或线圈最内层的四角处。在有骨架的线圈上很少出现这种故障，在线圈的最外层则极少出现这种故障。其修理方法与匝间短路的修理方法相似。

3. 运行中响声过大

运行中有响声通常是由于设计时铁心磁通密度选用得过高、变压器过载、存在漏电、铁心没有压紧等造成的，可换用质量较佳的同规格硅钢片，或减轻负载，排除漏电故障，压紧铁心。

4. 引出线端头断裂

如果一次回路有电压而无电流，一般是一次绕组的端头断裂；若一次回路有较小的电流而二次回路既无电流也无电压，一般是二次绕组的端头断裂。这通常是由于线头折弯次数过多、线头遭到猛拉、焊接处霉断（焊剂残留过多）或引出线过细等造成的。若断裂线端头处在线圈的最外层，可掀开绝缘层，挑出线圈上的断头，焊上新的引接线，包好绝缘层；若断裂线端头处在线圈内层，一般无法修复，需要拆开重绕。

5. 线圈漏电

这一故障的基本特征是铁心带电和线圈温升增高，通常是由于线圈受潮或绝缘老化所引起的。若是受潮，只要烘干后即可排除故障；若是绝缘老化，严重的一般较难排除，轻度的可拆去外层包缠的绝缘层，烘干后重新浸漆。

6. 温度过高

线圈温度过高通常是由于过载、漏电或设计不佳所致。若是局部过热，则是由于匝间短路所造成的。铁心过热通常是由于过载、设计不佳、硅钢片质量不佳或重新装配硅钢片时少插入片数等造成的。

7. 输出侧电压下降

输出侧电压下降通常是由于一次侧输入的电源电压不足（未达到额定值）、二次绕组存在匝间短路、铁心短路、漏电或过载等造成的。

## 任务二　小型变压器的制作

**【任务分析】**

变压器在使用过程中经常会出现绕组断路、绕组局部短路等故障。本任务要求掌握小型变压器故障的检查方法，学会小型变压器的重绕制作技能。

**【任务实施】**

**技能训练　变压器的重绕制作**

（1）拆开变压器并记录数据　拆卸变压器，取出已损坏的绕组，在拆开绕组时，将变压器上标注的一次与二次额定电压值、所拆线圈的匝数、测得的漆包铜线直径、铁心规格等数据填入表4-3中。

**表4-3　变压器拆卸数据记录**

| 项目 | 一次绕组 | | | 二次绕组 | | | 铁心 | |
|---|---|---|---|---|---|---|---|---|
| | 额定电压/V | 漆包铜线直径/mm | 线圈匝数/匝 | 额定电压/V | 漆包铜线直径/mm | 线圈匝数/匝 | 规格 | 功率/W |
| 数据 | | | | | | | | |

（2）绕制线圈并装接引出线　选择与原线圈相同的漆包铜线在原骨架上绕制线圈，垫绝缘纸层绕，并按要求装接引出线。绕好的线圈应与原线圈结构尺寸相同，将绕制线圈的步骤和有关数据填入表4-4中。

**表4-4　变压器线圈绕制数据记录**

| 项目 | 一次绕组 | | | 二次绕组 | | | 绝缘纸 | |
|---|---|---|---|---|---|---|---|---|
| | 漆包铜线直径/mm | 线圈匝数/匝 | 绕制层数/层 | 漆包铜线直径/mm | 线圈匝数/匝 | 绕制层数/层 | 类型 | 厚度/mm |
| 数据 | | | | | | | | |
| 操作步骤 | | | | 引出端标示图 | | | | |

（3）装配铁心和初步检测　按要求装配铁心，装配好的变压器应与原变压器完全相同。先进行外观检查，再用仪表测量变压器的绝缘电阻、绕组的直流电阻，然后进行空载特性和负载特性（或短路特性）测试，将初步检测数据填入表4-5中，并在表4-4中画出绕组的引出端标示图。

**表4-5　变压器初测和复测数据记录**

| 测量项目 | 绝缘电阻/MΩ | | | 直流电阻/Ω | |
|---|---|---|---|---|---|
| 测量对象 | 一次绕组对二次绕组 | 一次绕组对铁心 | 二次绕组对铁心 | 一次绕组 | 二次绕组 |
| 初测读数值 | | | | | |
| 复测读数值 | | | | | |
| 测量项目 | 空载特性 | | | 短路特性 | |
| 测量对象 | 额定电压/V | 空载电流/mA | 空载电压/V | 额定电流/mA | 短路电压/V |
| 初测读数值 | | | | | |
| 复测读数值 | | | | | |

（4）浸漆处理和复测　按要求进行浸漆处理，烘干后进行复测，复测项目与初测相同。将浸漆处理的步骤和有关数据填入表4-6中，将复测数据填入表4-5中。

**表4-6　变压器浸漆处理数据记录**

| 项目 | 绝缘漆类型 | 浸漆时间/h | 滴漆时间/h | 烘干温度/℃ | 烘干时间/h |
|---|---|---|---|---|---|
| 数据 | | | | | |
| 操作步骤 | | | 操作要领 | | |

【相关知识】

1000W以下的小型变压器应用很广泛，在各个用电领域中都有。在日常使用过程中，小型变压器会发生如线圈烧毁等许多故障，为了应急，应掌握自行绕制变压器的方法。

## 一、绕制前的准备工作

### 1. 拆卸铁心的注意事项

在拆卸前应先观察一下，若有未破损或绝缘未老化的线圈骨架，拆卸时应使骨架保持完好，使其能继续使用。无骨架的或骨架已损坏的线圈，应先测量一下铁心的叠厚，以备制作绕线架或骨架时所需。拆卸的硅钢片不可散失，应保管好，如果少了几片，会影响修复后变压器的质量。

### 2. 选择导线、绝缘材料

变压器绕制的主要数据是导线的直径和匝数。导线直径可用螺旋测微器或游标卡尺测量原线圈导线获得，绕组匝数可用绕线机退圈计数，也可数一下每层的匝数和总层数，大致计算出总匝数。

### 3. 制作木心

为了便于绕线，通常用杨木或杉木做一个长方体木心，用来套在绕线机转轴上支撑线圈骨架。木心的宽度和长度要比硅钢片的舌宽和长度略大（一般约大0.2mm），高度则比硅钢片窗口的高度高2mm。木心四个相邻的周边必须互相垂直，表面要光滑，木心的边角用砂纸磨成略带圆角。木心的中间有供绕线机轴穿过的孔，孔直径要与绕线机轴径相配合。孔必须钻得正中和平直，要打在正中心，不能偏斜，否则会由于偏心造成绕线不平稳而影响线包的质量。

### 4. 制作骨架

一般人们在自行绕制变压器时制作一简易骨架即可，用青壳纸或反白纸在木心上绕上几圈，用胶水粘牢，待其干燥以后就可使用。在绕制这种简易骨架时要十分小心，线圈绕到两端时，层数较多时容易散塌，造成返工。

## 二、绕组的绕制

开始绕线前，用木心将骨架固定在绕线机轴上，如图4-8所示。若采用无框骨架，起绕时在导线引线头压入一条绝缘带的折条，以便抽紧起始线头，如图4-9所示。导线起绕点不可过于靠近骨架边缘，以免绕线时导线滑出。若采用有框骨架，导线要紧靠边框，不必留出空间。

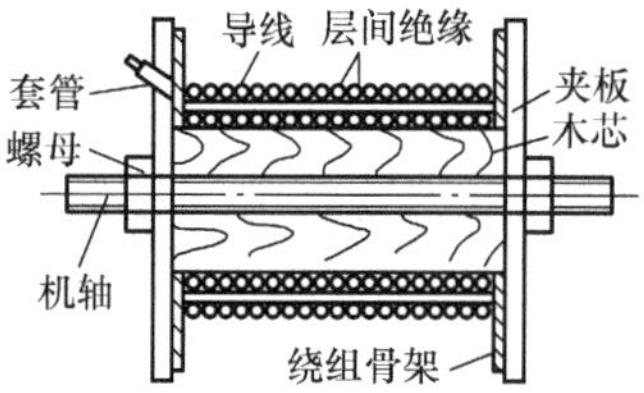


图4-8　绕线心子的安装

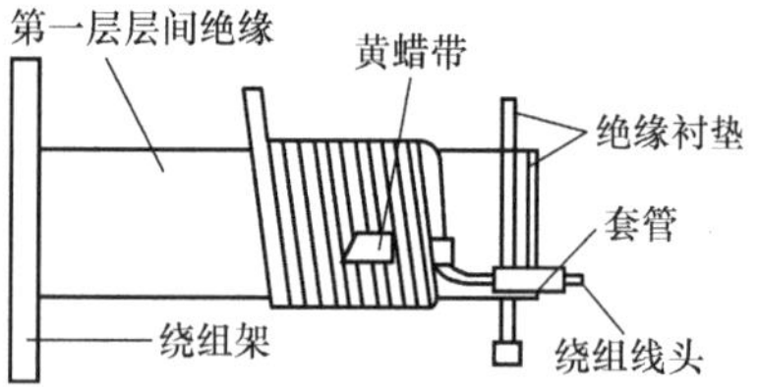


图4-9　绕组线头的固紧

导线要求绕得紧密、整齐，不允许有叠线现象。绕线的要领是绕线时将导线稍微拉向绕线前进的相反方向约5°，如图4-10所示，拉线的手顺绕线前进的方向而移动，拉力大小要适当，这样导线就容易排齐。绕线的顺序按一次绕组、静电屏蔽、二次高压绕组、低压绕组依次叠绕。每绕完一组绕组后，要衬垫绕组间绝缘材料。

当二次绕组匝数较多时，每绕一组后，用万用表测量是否通路，检查有无断线，最后将整个绕组包好对铁心绝缘，用胶水粘牢。当一组绕组的绕制接近结束时，要垫上一条绝缘带的折条，继续绕线至结束，将线尾插入绝缘带的折缝中，抽紧绝缘带，线尾便固定了。

有些用于电子设备中的电源变压器，需在一次、二次绕组间放置静电屏蔽层。屏蔽层可用厚约0.1mm的铜箔或其他金属箔制成，其宽度比骨架长度短1～3mm，长度比一次绕组的周长短5mm左右。必须注意：衬垫在屏蔽层上下的绝缘必须可靠，耐压应足够；屏蔽层不能碰到导线或自行短路。可用0.12～0.15mm的漆包线密绕一层，一端埋在绝缘层内，另一端引出作为接地引出线，接地引出线必须置于线圈的另一侧，不可与线圈引出线混在一起。

当线径大于0.2mm时，绕组的引线可利用原线，按图4-11所示的方法绞合后引出即可。线径小于0.2mm时，应采用多股软线焊接后引出，焊剂应采用松香焊剂。引出线的套管应按耐压等级选用。线包绕好后，外层用青壳纸绕2～3层，用胶水粘牢作为外层绝缘。

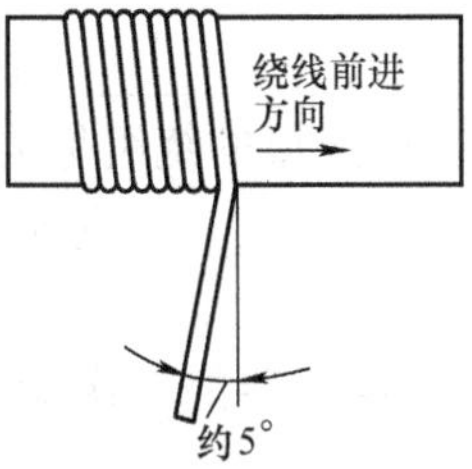


图4-10　绕线中的持线方法

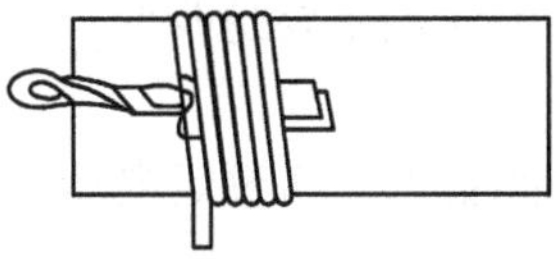

图4-11　利用原线做引线

## 三、浸漆、绝缘处理

将绕好的线圈放在电烘箱内加温70～80℃，预热3～5h，驱除内部潮气，取出立即浸入绝缘清漆中0.5～1h，取出浸完漆的变压器放在通风处滴漆2～3h，然后再进烘箱加温到80℃，烘12h即可。

若无烘箱，可在绕制绕组的过程中，每绕完一层，就涂刷一层薄的1260漆等绝缘清漆，然后垫上绝缘，继续绕下一层，线圈绕好后，通电烘干。通电烘干的办法是用一个500V·A的自耦变压器及交流电流表与欲烘干的变压器的高压绕组串联（低压绕组短路），逐渐增大自耦变压器的输出电压，使电流达到高压绕组额定电流的2～3倍（0.5h后，摸线圈时应感觉烫手，此时温度为70～80℃），线圈通电干燥12h后即可。

## 四、安装铁心

安装铁心要求紧密、整齐，切忌划伤导线。不紧密会使铁心截面积达不到计算要求，造成磁通密度增大，在运行时硅钢片会发热，并产生振动噪声。划伤导线会造成断路或短路。

安装时，先两片两片地交叉对镶，镶到快要结束时较紧，难插，则一片一片地交叉对镶，最后要用螺栓或夹板将铁心紧固。

### 五、成品测试

绕制好的变压器投入使用之前，先进行一些简单的测试，测试合格的变压器才可投入使用。

【项目评价】

变压器的使用与维修评价标准见表4-7。

**表4-7 项目检测与分析**

| 检测任务 | 评分标准 | 分值 | 学生自评 | 教师评估 |
|---|---|---|---|---|
| 变压器的性能检测 | 能否正确检测变压器 | 20 | | |
| 变压器的故障维修 | 能否判断变压器故障 | 20 | | |
| 小型变压器的制作 | 能否制作小型变压器 | 20 | | |
| 变压器成品测试 | 能否检测变压器的好坏 | 20 | | |
| 安全文明生产（包括归拢收集所用材料） | 违反安全文明生产规程扣20分 | 20 | | |
| 总评 | 各项目的最高扣分不应超过配分 | | | |

【思考与练习】

### 一、填空题

1. 各种变压器的构造基本相同，主要由__________和__________两部分组成。
2. 变压器工作时与电源连接的绕组称为________，与负载连接的绕组称为________。
3. 变压器的作用主要是改变________，还可以改变________，变换阻抗及改变相位等。
4. 电压互感器的二次额定电压一般为________ V，电流互感器的二次额定电流一般为________ A。
5. 运行中的电压互感器二次绕组不许________，电流互感器二次绕组不许________。
6. 变压器常采用的三种冷却方式是________、________、________。
7. 变压器铜损的大小，一般可通过________试验确定。
8. 测量变压器的温升，可采用________________的方法。
9. 常用的变压器有________、________、________、________、________和________等。
10. 电源变压器发生短路性故障后的主要现象是__________和__________。

### 二、判断题

1. 变压器能改变直流电压和直流电流。 （ ）
2. 使用电流互感器时一定要注意极性。 （ ）
3. 电压互感器外壳必须进行接地保护。 （ ）
4. 变压器可以改变直流电压。 （ ）
5. 变压器油在变压器中起散热和绝缘的双重作用。 （ ）
6. 三相变压器并联运行，不要求并联运行的变压器有相同的联结组别。 （ ）
7. 变压器工作时，电压较高的绕组通过的电流较小。 （ ）
8. 变压器降压使用时，可以输出较大的电流。 （ ）
9. 变压器高、低压绕组必须有可靠的绝缘性能。 （ ）
10. 变压器二次额定电压是变压器额定运行时的二次电压。 （ ）

# 项目五 电动机的使用与维修

【项目情境】

为了保证电动机安全可靠地运行，必须定期对其进行维护与修理，电工从业人员还需要掌握电动机异常状态的判断、故障原因鉴别和故障维修的技能。本项目主要进行三相异步电动机的选型与使用、拆卸与装配、故障处理、性能检测、故障维修等操作技能训练。

【知识目标】

1. 熟悉三相异步电动机的结构与工作原理。
2. 学会常见异步电动机的拆卸与组装方法。
3. 掌握三相异步电动机的接线方式与通电步骤。

【技能目标】

1. 会正确安装和维护常见异步电动机。
2. 能正确判断三相异步电动机的首尾端并进行通电运行。
3. 会处理三相异步电动机的简单故障。

## 任务一 三相异步电动机的拆装与检测

【任务分析】

维护和维修电动机前，首先必须学会拆装和检测。本任务要求掌握三相笼型异步电动机的结构、拆装方法、接线盒与电动机出线端的连接方法，掌握三相笼型异步电动机的一般检测项目及电工仪表的综合应用方法。

【任务实施】

在检查、清洗、修理电动机内部或换润滑油、拆换轴承时，经常要把电动机拆开。如果拆卸不得法，不是拆坏就是把零部件及装配位置弄错，给装配造成困难，甚至为今后的使用留下隐患。所以在电动机检修中，首先应较熟练地掌握拆卸与装配技术。

1. 拆卸前的准备工作

1）准备好拆卸场地及拆卸电动机的常用工具，在电动机接线头、端盖等处做好标记和记录，以便使装配后的电动机恢复到原来的状态。熟悉被拆电动机的结构特点、拆装要领及所存在的缺陷，做好标记。

2）拆卸前还应标出电源线在接线盒中的相序，标出联轴器或带轮与轴台的距离，标出机座在基础上的准确位置，标注绕组引出线在机座上的出口方向。

3）拆卸前还要拆除电源线和保护地线，并做好绝缘措施，拆下地脚螺母，将电动机拆离基础并运至解体现场。

2. 电动机的拆卸步骤与方法

1）切断电源，拆卸电动机与电源的连接线，并对电源线头做好绝缘处理。

2）卸下传动带和地脚螺栓，将各螺母、垫片等小零件用一个小盒装好，以免丢失。

3）卸下带轮或联轴器。

① 用粉笔标好带轮的正、反面，以免安装时装反。

② 在带轮（或联轴器）的轴伸端做好标记，如图5-1和图5-2所示。

③ 在螺钉孔内或轴销外注入煤油或柴油，以利于带轮拆卸。

④ 按图5-2所示的方法装好拉具，拉具螺杆的中心线要对准电动机轴的中心线，转动丝杠，掌握力度，把带轮或联轴器慢慢拉出，切忌硬拆。对带轮或联轴器较紧的电动机，按此法拉出仍有困难时，可用喷灯等急火在带轮外侧轴套四周加热（掌握好温度，以防变形），使其膨胀就可拉出。在拆卸过程中，严禁用锤子直接敲出带轮，避免造成带轮或联轴器碎裂，使轴变形、端盖受损。

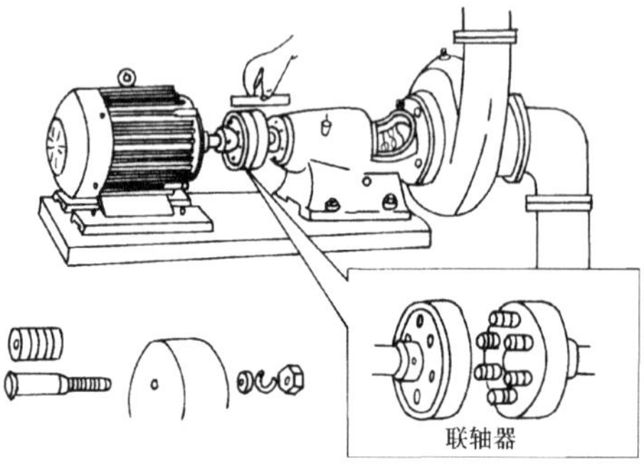


图5-1　联轴器的拆卸

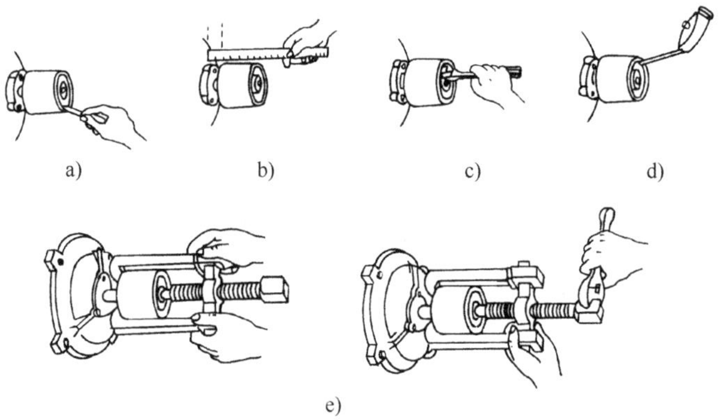


图5-2　带轮的拆卸

4）拆卸风扇罩和风扇叶。带轮或联轴器拆除后，就可以把风扇罩的螺栓松脱，取下风扇罩，再将转子轴尾端风扇上的定位销或螺栓拆下或松开。用锤子在风扇四周轻轻敲打，慢慢将扇叶拉下。小型电动机的风扇在后轴承不需要加油更换时可随转子一起抽出，即不必拆卸下风扇。若风扇是塑料制成的，可用热水加热，使塑料风扇膨胀后再将其旋下。

5）拆卸轴承盖和端盖。

① 在端盖与机座体之间做好标记（前、后端盖的标记应有区别），便于装配时复位。

② 松开端盖上的紧固螺栓，用一个大小适宜的旋凿插入螺钉孔的根部，将端盖按对角线一先一后地向外扳撬或用纯铜棒均匀敲打端盖上有脐的部位，把端盖取下，如图5-3所示。因大型电动机端盖较重，应先用起重设备把端盖吊住，以免拆卸时端盖跌碎或碰伤绕组。

6）抽出或吊出转子。如图5-4所示，中、小型电动机的转子可以由一人或两人用手取出，大型电动机的转子须用起重设备吊出。

对于配合较紧的新的小型异步电动机，为了防止损坏电动机表面的油漆和端盖，可按图

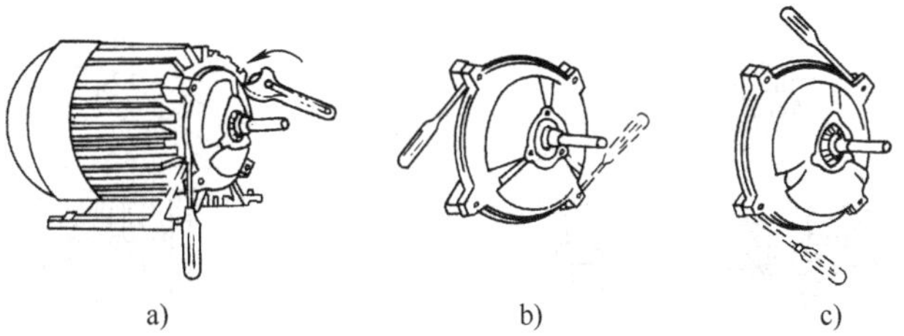


图 5-3　端盖的拆卸

5-5 所示的步骤进行拆卸。对于较大的电动机，因转子太重，不可采用该方法。

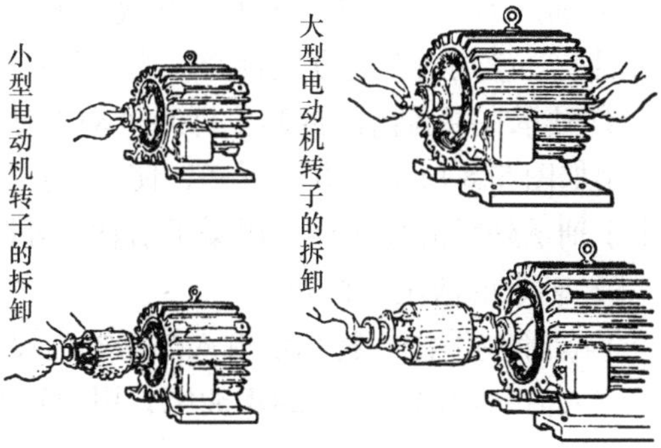


图 5-4　电动机转子的拆卸

7）轴承的拆卸。电动机解体后，轴承应对认真进行检查：了解其型号、结构特点、类型、内外尺寸及轴承的好坏。如果轴承磨损过度，或有裂纹、变形、缺损，或内、外环配合松动等，须对轴承进行更换。由于在拆卸轴承时轴颈、轴承内环配合度会受到不同程度的削弱，因此一般情况下不随意拆卸轴承，只有在轴承须更换时才拆卸。拆卸轴承主要有以下几种方法。

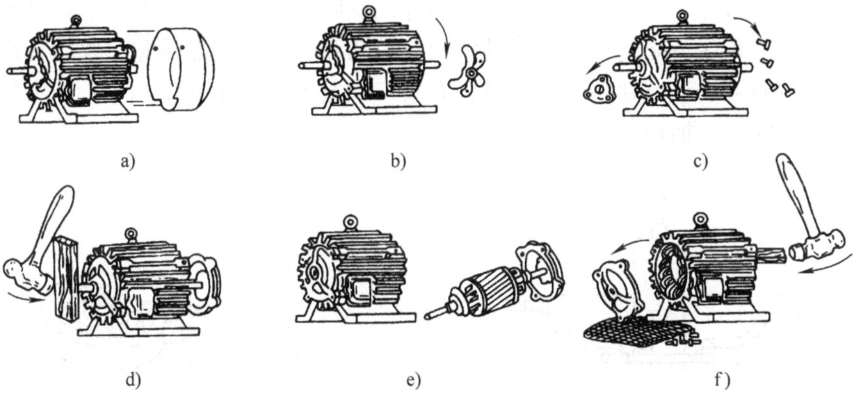


图 5-5　配合较紧的小型异步电动机的拆卸步骤

① 拉具拆卸。根据轴承的大小，选择适当的拉具，按图 5-6 所示的方法夹住轴承，拉具的脚爪应紧扣在轴承内圈上，拉具的丝杠顶点要对准转子轴的中心，缓慢匀速地扳动丝杠。

② 搁在圆桶上拆卸。将轴的内圆下面用两块铁板夹住，搁在一只内径略大于转子的圆桶上面，在轴的端面垫上铜块，用锤子轻轻敲打，着力点对准轴的中心，如图 5-7 所示。圆桶内放一些棉纱头，以防轴承脱下时摔坏转子。当轴承逐渐松动时，用力要减弱。

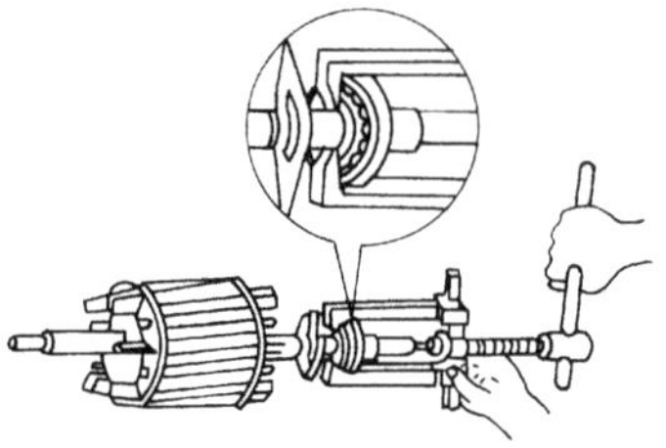

图 5-6　用拉具拆卸电动机的轴承

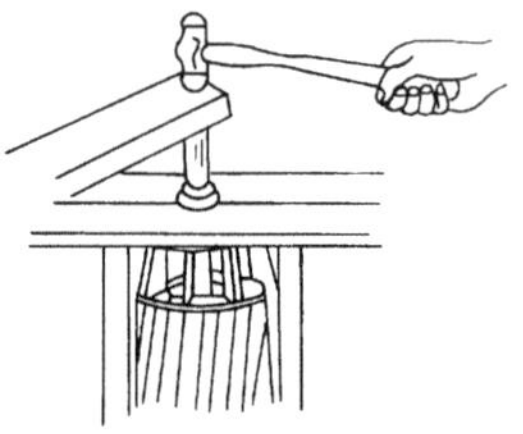

图 5-7　搁在圆桶上拆卸轴承

③ 加热拆卸。因轴承装配过紧或轴承氧化锈蚀不易拆卸时，可将 100℃的机油淋浇在轴承内圈上，趁热用上述方法拆卸。为了防止热量过快扩散，可先将轴承用布包好再行拆卸。

④ 轴承在端盖内的拆卸。拆卸电动机时，有时会遇到轴承留在端盖的轴承孔内的情况，可采用如图 5-8 所示的方法拆卸，使端盖止口面朝上，平滑地搁在两块铁板上，垫上一段直径小于轴承外径的金属棒，用锤子沿轴承外圈敲打金属棒，将轴承敲出。

8）轴承的清洗与检查。

① 轴承的清洗。将轴承放入煤油桶内浸泡 4 ~ 10min，待轴承上油膏落入煤油中，再将轴承放入另一桶比较洁净的煤油中，用细软毛刷边转边洗轴承，最后在汽油中洗一次，用布擦干即可。

② 轴承的检查。检查轴承有无裂纹、滚道内有无生锈等，再用手转动轴承外圈，观察其转动是否灵活、均匀，是否有卡位或过松的现象。小型轴承可用左手的大拇指和食指捏住轴承内圈并摆平，用另一只手轻轻地用力推动外钢圈旋转，如图 5-9 所示。如轴承良好，外钢圈应转动平稳，并逐渐减速至停，转动中没有振动和明显的停滞现象，停止转动后的钢圈没有倒退现象。如果轴承有缺陷，转动时会有杂声和振动，停止时像刹车一样突然，严重的还会倒退反转。这样的轴承应及时更换。

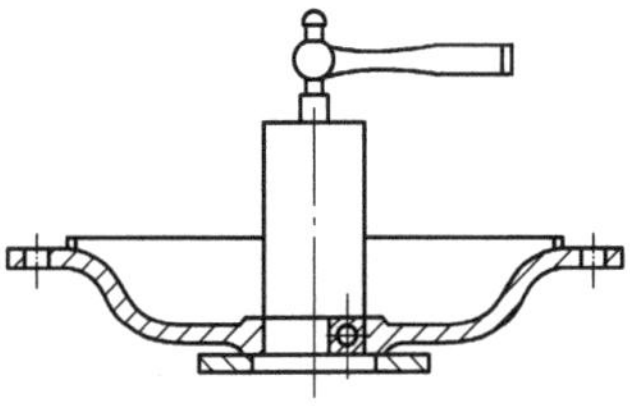

图 5-8　轴承在端盖内的拆卸

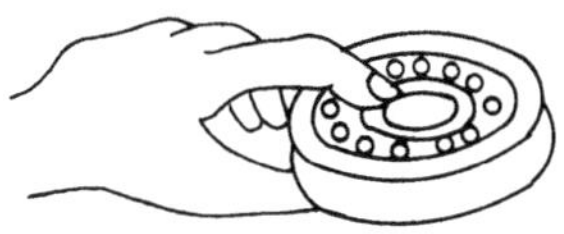

图 5-9　轴承的检查方法

3. 电动机的装配

电动机的装配顺序与拆卸顺序是相反的，即先拆卸的部件后装，后拆卸的部件先装。

（1）轴承的安装

1）敲打法。在干净的轴颈上抹一层薄薄的机油，把轴承套上，按如图 5-10a 所示的方法用一根内径略大于轴颈直径、外径略大于轴承内径的铁管，将铁管的一端顶在轴承的内圈上，用锤子敲打铁管的另一端，将轴承敲进去。最好是用压床压入。

2）热装法。如轴承配合较紧，为了避免把轴承内环胀裂或损伤配合面，可采用此法。将轴承放在油锅（或油槽）里加热，油的温度保持在 100℃左右，轴承必须浸没在油中，又不能与锅底接触，可用钢丝将轴承吊起架空，如图5-10b所示，加热要均匀，浸泡30～40min后，把轴承取出，趁热迅速将轴承一直推到轴颈处。

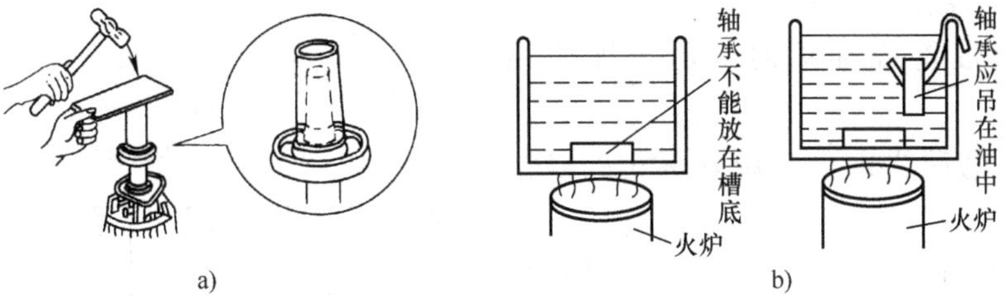


图5-10 轴承的装配

3）涂润滑脂。在轴承内、外圈和轴承盖中涂的润滑脂应洁净，涂抹要均匀，一般2极电动机装满1/3 ～1/2的空间容积，4极及其以上的电动机装满2/3空间容积。轴承外盖的润滑脂一般为盖内容积的1/3～1/2 。

（2）转子的安装 安装转子时要对准定子的中心，小心往里送放，端盖要对准机座标记，旋上后盖的螺栓，但不要拧紧。对于有轴承内盖的电动机，可先装配好轴承内盖，再装转子。

（3）端盖的安装

1）将端盖洗净、吹干，铲去端盖口和机座口的脏物。

2）使前端盖对准机座标记，用木槌轻轻敲击端盖四周，套上螺栓，按对角线一前一后把螺栓拧紧，切不可有松有紧，以免损坏端盖。

（4）装前轴承内、外盖 因轴承内盖在端盖内，端盖装上后，无法看到轴承内盖的螺孔，轴承内外盖的固定就很难了。其装配方法如下：在装前端盖之前，先用较细的铜导线（或细钢丝）通过轴承内盖的两个螺孔穿入端盖对应的孔中，拉紧铜导线，则内、外端盖的3个螺孔就能较好地对准。在未穿铜导线的螺孔中拧上螺栓，抽出铜导线，旋上另两个螺栓即可。

（5）安装风扇叶、风罩 安装风扇叶要轻轻敲打到位，风扇的定位螺钉要拧到位，不松动。

（6）带轮或联轴器的安装

1）将抛光布卷在圆木上，把带轮或联轴器的轴孔打磨光滑。

2）用抛光布把转轴的表面打磨光滑。

3）对准键槽把带轮或联轴器套在转轴上。

4）调整好带轮或联轴器与键槽的位置后，将木板垫在键的一端，轻轻敲打，使键慢慢进入槽内。

（7）装配后的检验 检查电动机的转子转动是否轻便、灵活、均匀，无停滞或偏重现象。如转子转动比较沉重，可用纯铜棒轻敲端盖，同时调整端盖紧固螺栓的松紧程度，使之转动灵活。

（8）定子绕组的连接 定子三相绕组的结构完全对称，一般有6个出线端头（Ul、U2、V1、V2、W1、W2）置于机座外部的接线盒内，根据需要接成星形（Y）或三角形（△）联结，电动机出厂时已在铭牌上标注了连接方武，如图5-11所示。也可将6个出线端头接入控制电路中，实现星形与三角形的起动转换联结。

4. 电动机拆装的注意事项

1）拆卸带轮或轴承时，要正确使用拉具。

2）拆卸电动机前，要做好标记，以便组装。

3）不能用锤子直接敲打电动机的任何部位，只能用纯铜棒在垫好木块后再敲击。

4）抽出转子或安装转子时，动作要小心，一边送一边接，不可擦伤定子绕组。

5）清洗轴承时，一定要把旧的润滑脂排出洗净，再适量加入牌号合适的新润滑脂。

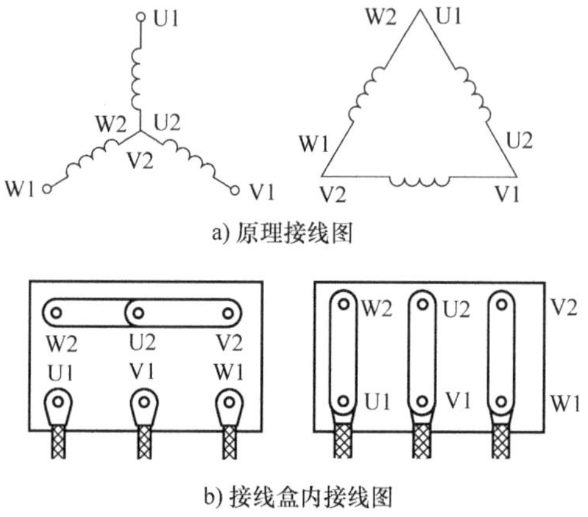


图 5-11 三相笼型异步电动机出线端接线

6）电动机装配后，要检查转子转动是否灵活，有无卡阻现象。

5. 三相笼型异步电动机的检测

长期未使用的电动机或检修后的电动机在正式投入使用前，应进行必要的检查和试验，合格后才能投入使用，以免发生不必要的事故。检查和试验的内容主要有：外表及机械部分的检查；定子绕组直流电阻的测量；定子绕组相间及其对地绝缘电阻的测量；空载电流的测量。有条件时，也可测量一下电动机的最大起动电流及空载转速。

（1）机械部分的检查 将电动机的外壳清扫干净，看电动机的端盖、轴承盖、风扇等安装是否合乎要求，紧固部分是否牢固可靠，转动部分应轻便灵活，转动时应没有摩擦声和异常声响。

（2）直流电阻的测量 将三相定子绕组出线端的连接点拆开，用万用表电阻档测量定子三相绕组的通、断情况，以判断三相定子绕组有无断路现象。如三相绕组正常，则测出的电阻值应基本一致，有条件时可以万用表测得的电阻为参考，用单臂电桥精确测量三相定子绕组的直流电阻值，记录于表 5-1 中。

**表 5-1 三相异步电动机定子绕组的直流电阻** （单位：Ω）

| 直流电阻 $R$ | 三相定子绕组相别 | | |
|---|---|---|---|
| | U 相 | V 相 | W 相 |
| | | | |

（3）用绝缘电阻表测量定子绕组的对地绝缘电阻和相间绝缘电阻值 将三相定子绕组出线端的连接点拆开，测出相间绝缘电阻和各相绕组对地的绝缘电阻。

将测量值分别记录于表 5-2 中。如果测得的绝缘电阻在 0.5 MΩ 及以上，说明该电动机绝缘尚好，可继续使用；如果绝缘电阻在 0.5MΩ 以下，说明该电动机绕组已受潮，或绕组绝缘很差，需进行烘干处理，或需重新进行浸漆处理；如果测得相间绝缘电阻为零，说明相间绝缘被击穿，有短路现象，须找到故障点进行恢复处理；如果测得对地绝缘电阻为零，并伴有放电声或微弱的放电现象，则表明绕组已接地；如有时指针摇摆不定，说明绝缘已被击穿。

表5-2　三相定子绕组的绝缘电阻　（单位：MΩ）

| 相间绝缘电阻 | | | 对地绝缘电阻 | | |
|---|---|---|---|---|---|
| UV 相 | UW 相 | VW 相 | U 相对地 | V 相对地 | W 相对地 |
| | | | | | |

（4）空载电流的测量　上述几项检测合格后，可确定电动机三相绕组基本正常，此时可按照铭牌的标注恢复三相绕组出线端的接线（Y联结或△联结），检查、恢复电动机外壳上安装的接地线，准备通电试验测试电动机的空载电流。通电时，操作人员应站在电源控制开关旁，发现异常则立即切断电源。通电一段时间观察电动机的运转情况，如转速是否正常、是否有不正常的声音或振动较大、是否有异味等。如果电动机运转正常，则可用钳形电流表分别测量三相的空载电流，并记录于表5-3中。各相空载电流值的偏差一般不应大于10%。

表5-3　电动机三相空载电流　（单位：A）

| U 相 | V 相 | W 相 | 三相空载电流平均值 |
|---|---|---|---|
| | | | |

（5）起动电流的测量　将钳形电流表量程置于较大的档位（电动机额定电流的7～10倍），电动机静止时用钳口卡住一根电源线，通电使电动机起动，观察电动机起动瞬间的起动电流。多测量几次取平均值并记录。

三相异步电动机起动电流 $I_{st}\approx$ ________A。

（6）空载转速的测量　在使用转速表进行转速测量时应注意：手持转速表要拿平，与电动机转轴接触时不能用力过猛，否则有可能损坏转速表。在测量前还应根据电动机铭牌上标出的转速，将转速表刻度盘转到相应的测量范围内。待电动机转动正常后，用转速表测量电动机的空载转速并记录。

三相异步电动机空载转速 $n_0=$ ________r/min。

（7）检测电动机的温升　让电动机空转运行0.5h后，检测机壳和轴承处的温度，用手背去感知，空转时一般只有温热感，不会烫手，否则有问题，应停下来进行检查。

**【相关知识】**

1. 三相异步电动机的结构组成

三相笼型异步电动机的结构如图5-12所示。其主要有两个基本组成部分，即定子（固定部分）和转子（转动部分）。

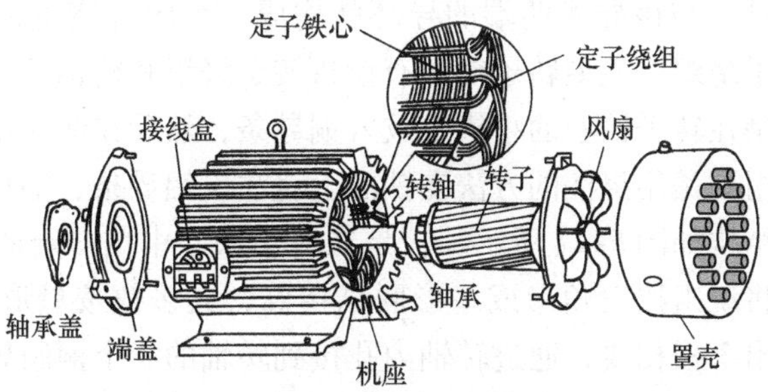


图5-12　三相笼型异步电动机结构图

定子和转子彼此由气隙隔开，为了增强磁场中的磁通量，气隙应尽可能小，一般为0.3～1.5mm。电动机容量越大，气隙就越大。

（1）定子　定子是用来产生旋转磁场的部分。三相异步电动机的定子主要由机座、铁心、绕组三部分组成。机座由铸铁或铸钢制成，主要用来容纳定子铁心和绕组。

1）定子铁心。定子铁心通常由很多圆环状的硅钢片叠合在一起组成，这些硅钢片中间开有很多小槽，用于嵌入定子绕组（也称定子线圈）。硅钢片上涂有绝缘层，使叠片之间绝缘。

2）定子绕组。它通常由涂有绝缘漆的铜线绕制而成，再将绕制好的铜线按一定的规律嵌入定子铁心的小槽内。绕组嵌入小槽后，按一定的方法将槽内的绕组连接起来，使整个铁心内的绕组构成U、V、W三相绕组，再将三相绕组的首、末端引出来，接到接线盒的U1、U2、V1、V2、W1、W2接线柱上。接线盒如图5-13所示，接线盒各接线柱与电动机内部绕组的连接关系如图5-14所示。

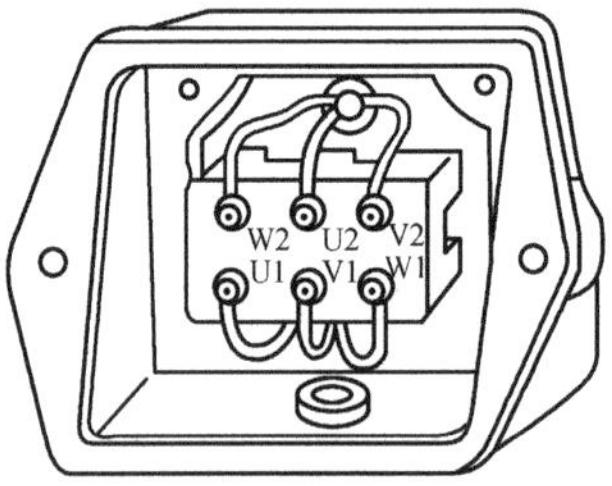


图5-13　电动机的接线盒

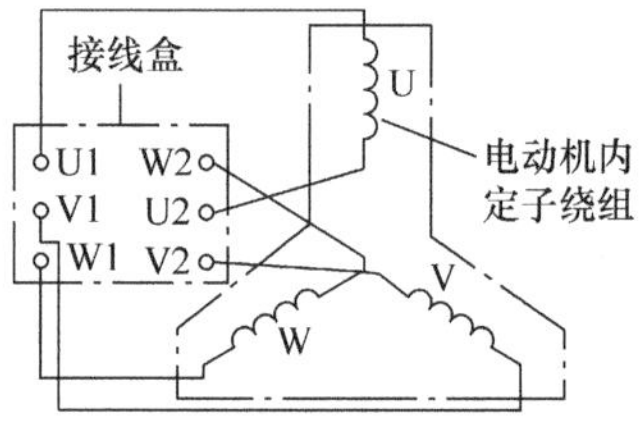


图5-14　接线盒各接线柱与电动机内部绕组的连接关系

3）机座。机座是电动机用于支撑定子铁心和固定端盖的。中小型异步电动机一般采用铸铁机座，大型电动机机座都采用钢板卷筒焊成。

（2）转子　转子是电动机的旋转部分，其作用是输出机械转矩。转子由转子铁心、转子绕组和转轴三部分组成。

1）转子铁心。如图5-15所示，转子铁心是由很多外圆开有小槽的硅钢片叠在一起构成的，小槽用来放置转子绕组。

2）转子绕组。转子绕组嵌在转子铁心的小槽中，可分为笼型转子绕组和线绕转子绕组。

笼型转子绕组是在转子铁心的小槽中放入金属导条，再在铁心两端用导环将各导条连接起来，这样任意一根导条与该导条两端的导环就构成一个闭合绕组，由于这种绕组形似笼子，因此称为笼型转子绕组。笼型转子绕组有铜条转子绕组和铸铝转子绕组两种，如图5-16所示。铜条转子绕组是在转子铁心的小槽中放入铜导条，然后在两端用金属端环将它们焊接起来；而铸铝转子绕组则是用浇注的方法在铁心上浇注出铝导条、端环和风叶。

线绕转子绕组的结构如图5-17所示。它是在转子铁心中按一定的规律嵌入用绝缘导线绕制好的绕组，然后将绕组按三角形或星形联结接好，大多数按星形联结接线，如图5-18所示。绕组接好后引出3根相线，通过转轴内孔接到转轴的3个铜制集电环上，集电环随转轴一起运转，集电环与固定不动的电刷摩擦接触，而电刷通过导线与变阻器连接，这样转子绕组产生的电流通过集电环、电刷、变阻器构成回路。调节变阻器可以改变转子绕组回路的电阻，以此来改变绕组的电流，从而调节转子的转速。

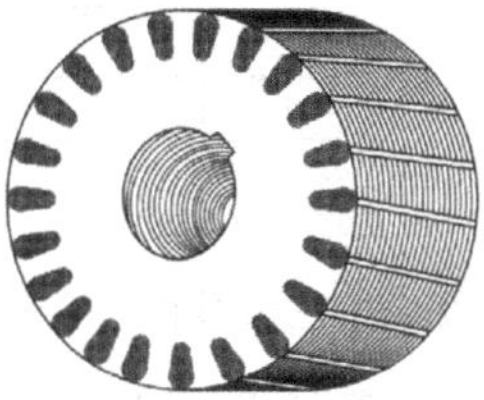

图 5-15　由硅钢片叠成的转子铁心

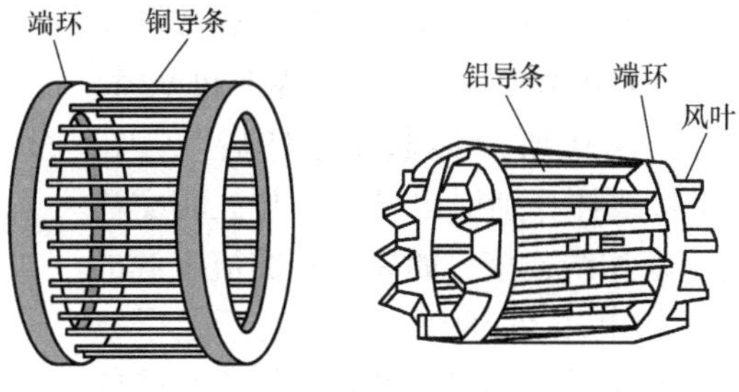


a) 铜条转子绕组　　b) 铸铝转子绕组

图 5-16　两种笼型转子绕组

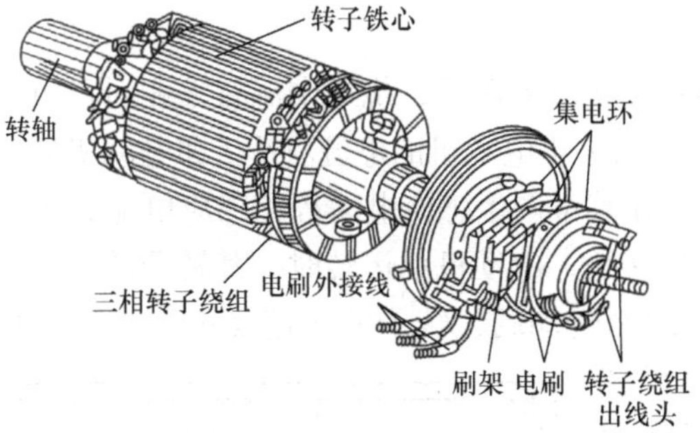


图 5-17　线绕转子绕组

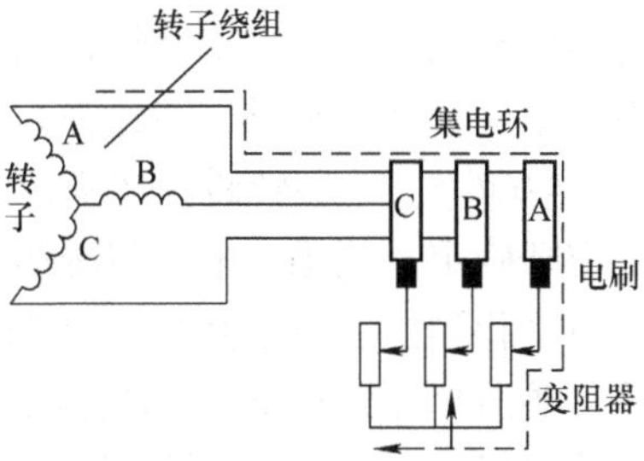


图 5-18　按星形联结的线绕转子绕组

3）转轴。转轴嵌套在转子铁心的中心。当定子绕组通三相交流电后会产生旋转磁场，转子绕组受旋转磁场作用而旋转，从而通过转子铁心带动转轴转动，将动力从转轴传递出来。

2. 三相异步电动机定子绕组的接线方式

三相异步电动机的定子绕组由 U、V、W 三相绕组组成，这三相绕组有 6 个接线端，它们与接线盒的 6 个接线柱连接。接线盒如图 5-13 所示。在接线盒上，可以通过将不同的接线柱短接，来将定子绕组接成星形联结或三角形联结。

（1）星形联结　要将定子绕组接成星形联结，可按图 5-19a 所示的方法接线。接线时，用短路线把接线盒中的 W2、U2、V2 接线柱短接起来，这样就将电动机内部的绕组接成了星形，如图 5-19b 所示。

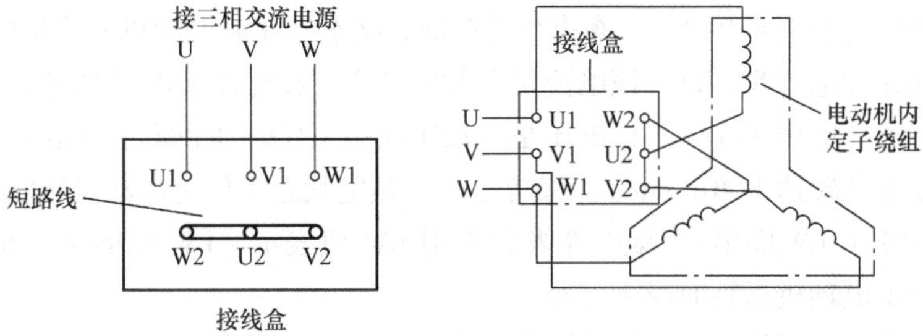


a)　　b)

图 5-19　定子绕组按星形联结接线

（2）三角形联结　要将电动机内部的三相绕组接成三角形联结，可用短路线将接线盒中的 U1 和 W2、V1 和 U2、W1 和 V2 接线柱按图 5-20 所示接起来，然后从 U1、V1、W1 接线柱分别引出导线，与三相交流电源的 3 根相线连接。如果三相交流电源的相线之间的电压是 380V，那么对于定子绕组按星形联结的电动机，其每相绕组承受的电压为 220V；对于定子绕组按三角形联结的电动机，其每相绕组承受的电压为 380V。所以三角形联结的电动机在工作时，其定子绕组将承受更高的电压。

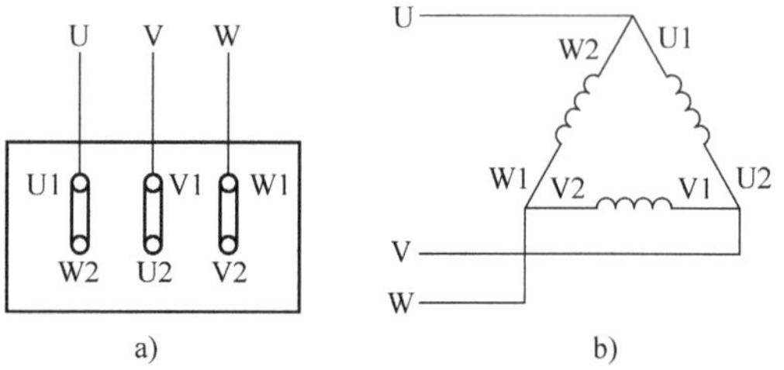


图 5-20　定子绕组按三角形联结接线

3. 三相异步电动机的工作原理

电动机有三相对称定子绕组，接通三相对称交流电源后，绕组中流有三相对称电流，在气隙中产生一个旋转磁场，转速为 $n_0$，其大小取决于电动机的电源频率 $f$ 和电动机的极对数 $p$，即 $n_0 = 60f/p$。此旋转磁场切割转子导体，在其中产生感应电动势和感应电流，其方向可用右手定则确定。此感应电流与磁场作用产生转矩，电动机在运转时，其转子的转向与旋转磁场方向是相同的，转子是由旋转磁场的作用而转动的，转子的转速要小于旋转磁场的转速，并且要滞后于旋转磁场的转速，也就是说转子与旋转磁场的转速是不同步的。这种转子转速与旋转磁场转速不同步的电动机称为异步电动机。

图 5-21　三相异步电动机的铭牌

4. 铭牌的识别

三相异步电动机一般会在外壳上安装一个铭牌，铭牌就相当于简单的说明书，它标注了电动机的型号和主要技术参数等信息。下面以图 5-21 所示的铭牌为例，说明铭牌上各项内容的含义。

1）型号（Y112M－4）。型号通常由字母和数字组成，其含义说明如下：

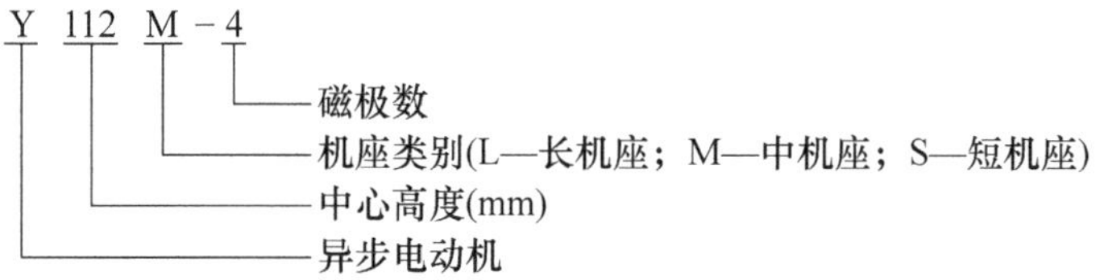


2）额定功率（功率 4.0kW）。该功率是在额定状态工作时电动机所输出的机械功率。

3）额定电流（电流 8.8A）。该电流是在额定状态工作时流入电动机定子绕组的电流。

4）额定电压（电压 380V）。该电压是在额定状态工作时加到定子绕组上的线电压。

5）额定转速（转速 1440r/min）。该转速是在额定状态工作时电动机转轴的转速。

6）噪声等级（LW82dB）。噪声等级通常用 LW 值表示，LW 值的单位是 dB（分贝）。LW 值越小，表示电动机运转时噪声越小。

7）联结方式（△联结）。该联结方式是指在额定电压下定子绕组采用的联结方式，联结方式有三角形（△）联结和星形（Y）联结两种。在电动机工作前，要在接线盒中将定子绕组接成铭牌要求的联结方式。如果联结方式错误，轻则电动机工作效率降低，重则损坏电动机。例如，若将要求按星形联结的绕组接成三角形联结，那么绕组承受的电压会很高，流过的电流会增大，从而易烧坏绕组；若将要求按三角形联结的绕组接成星形联结，那么绕组上的电压会降低，流过绕组的电流减小，从而使电动机功率下降。一般功率小于或等于3kW 的电动机，其定子绕组应按星形联结；功率为4kW 及以上的电动机，定子绕组应采用三角形联结。

8）防护等级（IP44）。防护等级表示电动机外壳采用的防护方式。IP11 是开启式，IP22、IP33 是防护式，而 IP44 是封闭式。

9）工作频率（50Hz）。工作频率表示电动机所接交流电源的频率。

10）工作制（S1）。它是指电动机的运行方式，一般有3种：S1（连续运行）、S2（短时运行）和 S3（断续运行）。连续运行是指电动机在额定条件下（即铭牌要求的条件下）可长时间连续运行；短时运行是指在额定条件下只能在规定的短时间内运行，运行时间通常有10min、30min、60min 和 90min 4 种；断续运行是指在额定条件下运行一段时间再停止一段时间，按一定的周期反复进行，一般一个周期为10min，负载持续率有15%、25%、40%和60% 4 种，如对于负载持续率为60% 的电动机，要求运行6min、停止4min。

11）绝缘等级（B 级）。它是指电动机在正常情况下工作时，绕组绝缘允许的最高温度值，通常分为7个等级，见表5-4。

**表5-4 电动机绝缘等级**

| 绝缘等级 | Y | A | E | B | F | H | C |
|---|---|---|---|---|---|---|---|
| 极限工作温度/℃ | 90 | 105 | 120 | 130 | 155 | 180 | 180 以上 |

# 任务二 三相异步电动机常见故障的分析与排除

**【任务分析】**

本任务要求掌握三相笼型异步电动机常见故障的分析与排除方法。首先准备三相故障电动机一台、绝缘电阻表、电工工具、电烙铁、绝缘材料等相关设备和工具。认真学习相关知识，会分析一般故障，观察教师示范的电动机故障排除方法与步骤，按项目要求完成电动机的故障分析与排除。

**【任务实施】**

1. 定子绕组接地故障的检修

（1）检测步骤

1）拆开接线盒内的绕组连接片。

2）将三相异步电动机解体，取出端盖及转子。

3）用绝缘电阻表分别测量各相绕组与机壳之间的绝缘电阻，若测出某相对地绝缘电阻为零，则说明该相为故障相。

4）将定子绕组加热，使绝缘软化。

5）将接地相绕组分成两半，用绝缘电阻表测试，逐步缩小故障范围，直至找出故障点。

6）修复接地故障点，如撬动接地线圈的接地点，垫上绝缘材料，涂上少量绝缘漆。

7）用绝缘电阻表测量绝缘电阻，如合格，即可恢复接线及打上槽楔。

8）对定子绕组进行浸漆、烘干处理。

（2）注意事项

1）用绝缘板或划线板撬动绕组端部时，注意不能损坏绕组绝缘层，且要沿铁心齿部撬动。

2）用木槌和木棒敲击槽口端面齿片时，要轻轻敲击，不能使齿片划损绝缘层。

3）要仔细观察和操作，正确找出故障点。

2. 定子绕组端部断路故障的检修

（1）检修步骤

1）拆开电动机，将出线盒内的接线片拆下。

2）用万用表查出断路的一相绕组。

3）逐步缩小断路故障范围，找出故障所在的线圈。

4）将定子绕组放在烘箱内加热，使线圈的绝缘软化，再设法找出故障点，断路故障一般发生在线圈之间的连接线处或铁心槽口处。

5）视故障实际情况进行处理。如断路点发生在端部，则可将断路处恢复加焊后再进行绝缘处理；如断路点发生在槽口处或槽内，则一般可拆除故障线圈，用穿绕修补法进行修理或者重新绕制。

6）将绕组及电动机复原。

（2）注意事项

1）在找到故障点后，应观察故障现象，分析故障原因，然后再行修复。

2）进行锡焊时，应注意锡焊点处不得有毛刺等尖突部位，焊锡不能掉入绕组内。

3. 定子绕组端部相间短路故障的检修

1）拆开电动机接线盒内的连接片，将电动机解体，取出端盖及转子。

2）用绝缘电阻表查出相间短路的两相绕组。

3）将定子绕组烘热至绝缘软化，拆开一相绕组各线圈的连接处，用淘汰法查找出与另一相绕组短路的线圈，并用万用表或绝缘电阻表进一步确诊故障点。

4）用划线板轻轻拨动故障线圈的前、后端部，在故障点处垫入复合青壳纸做相间绝缘材料。

5）用绝缘电阻表测量故障部位的绝缘电阻，应大于0.5MΩ。

6）将各接点恢复，端部包扎并整形。

7）在故障处涂或浇注绝缘漆后烘干。

8）检查绝缘电阻并对电动机进行装配。

**【相关知识】**

1. 电动机常见故障分析与检查

三相异步电动机的故障是多种多样的，产生的原因也较复杂。检查电动机时，一般按先外后里、先机（械）后电（气）、先听后检的顺序。也就是先检查电动机的外部是否有故障，后检查电动机内部；先检查机械方面，再检查电气方面；先听使用者介绍使用情况和故障发生时的情况，再动手检查。这样才能正确、迅速地找出故障原因。在对电动机外观、绝缘电阻、电动机外部接线等项目进行详细检查时，如未发现异常情况，可对电动机做进一步的通电试验：将三相低电压（ $30\%U_N$ ）通入电动机三相绕组并逐步升高，当发现声音不正常、有异味或转不动时，立即断电检查。如起动未发现问题，可测量三相电流是否平衡，电流大的一相可能是绕组短路，电流小的一相可能是多路并联绕组中的支路断路。若三相电流平衡，可使电动机继续运行1～2h，随时用手检查铁心部位及轴承端盖，如发现烫手，立即停车检查。如线圈过热，则是绕组短路；如铁心过热，则是绕组匝数不够或铁心硅钢片间的绝缘损坏。以上检查均在电动机空载下进行。

通过上述检查，确认电动机内部有问题，可拆开电动机做进一步检查。

（1）检查绕组部分　查看绕组端部有无积尘和油垢，检查绕组绝缘、接线及引出线有无损伤或烧伤。一般而言，烧伤处的颜色呈暗黑色或烧焦状，有的有焦臭味。如果一个线圈中的几匝线圈烧坏，可能是匝间短路造成的；如果几个线圈烧坏，多半是相间或连接线（跨接线）的绝缘损坏所引起的；若三相全部烧坏，大都由于长期过载，或起动时卡住引起的，也可能是绕组接线错误引起的，可查看导线是否烧断和绕组的焊接处有无脱焊、虚焊现象。线圈烧坏必须重修。

（2）检查铁心部分　查看转子、定子表面有无擦伤的痕迹。若转子表面只有一处擦伤，而定子表面全是擦伤，这主要是由于转子弯曲或转子不平衡造成的；若转子表面一周全都有擦伤的痕迹，定子表面只有一处伤痕，是由于定子、转子不同心造成的，造成不同心的原因是机座或端盖止口变形或轴承严重磨损使转子下落；若定子、转子表面均有局部擦伤痕迹，则是由上述两种原因共同引起的。

（3）检查轴承部分　查看轴承的内、外套与轴颈和轴承室配合是否合适，同时也要检查轴承的磨损情况。

（4）检查其他部分　查看风叶是否损坏或变形，转子端环有无裂痕或断裂，用导条通电法检查转子导条有无断裂。

2. 定子绕组故障的排除

定子绕组是电动机的核心部位，也是最容易损坏而造成故障的部件。常见的定子绕组故障有绕组断路、绕组接地、绕组短路及绕组接错、嵌反等。

（1）绕组接地的检查与修理　电动机定子绕组与铁心或机壳间因绝缘损坏而相碰，称为接地故障。出现这种故障后，会使机壳带电，引起触电事故并易烧坏绕组。造成这种故障的原因有受潮、雷击、过热、机械损伤、腐蚀、绝缘老化、铁心松动、有尖刺及绕组制造工艺不良等。

1）检查方法。用绝缘电阻表检查，参照用绝缘电阻表检查电动机绕组的方法。

2）修理。如果接地点在槽口或槽底线圈出口处，可用绝缘材料垫入线圈的接地处，再检查故障是否已经排除，如已排除则可在该处涂上绝缘漆。如果接地点在端部明显处，则可用绝缘带包扎后涂上绝缘漆，再进行烘干处理。如果接地点在槽内，则须更换绕组或用穿绕修补法进行修复。

用穿绕修补法修复故障线圈的过程如下：先将定子绕组在烘箱内加热到80～100℃，使线圈外部绝缘软化，再打出故障线圈的槽楔，将该线圈两端用剪线钳剪断，并将此线圈的上、下层从槽内一根一根地抽出。原来的槽绝缘是否更换可视实际情况而定。用原来规格的导线，量得与原线圈相当的长度（或稍长些），在槽内来回穿绕到原来的匝数。一般而言，穿到最后几匝时很困难，此时可用比导线稍粗的竹签（如结毛线所用的竹针）做引线棒进行穿绕，一直到无法再穿绕为止，比原线圈稍少几匝也可以。穿绕修补后，再进行接线和烘干、浸漆等绝缘处理。穿绕修补法主要用于个别线圈损坏的修补，且导线不能太粗或太细。

（2）绕组绝缘电阻很低的检修　如果用绝缘电阻表测得的定子绕组对地绝缘电阻小于0.5MΩ，但又没有到零（此时若用万用表电阻档R×100或R×1k档测量有一定的读数），则说明电动机定子绕组已严重受潮或被油污、灰尘等侵入。此时可以先将绕组表面擦抹及吹刷干净，然后放在烘箱内慢慢烘干，当烘到绝缘电阻阻值上升到0.5MΩ以上后，再给绕组浇一次绝缘漆，并重新烘干，以防回潮。

（3）绕组断路的检查与修理　电动机定子绕组内部连接线、引出线等断开或接头松脱所造成的故障称为绕组断路故障，这类故障大多发生在绕组端部的槽口处，检查时可先查看各绕组的连接线处和引出头处有无烧损、焊点松脱和熔化等现象。

1）检查方法。

① 用万用表检查。将万用表置于R×1或R×10档上，分别测量三相绕组的直流电阻值。对于单线绕制的定子绕组而言，如电阻值为无穷大或接近无穷大，说明该相绕组断路。在无法判定断路点时，可将该相绕组中间一半的连接点处的绝缘层剖开，进行分段测试，如此逐步缩小故障范围，最后找出故障点。

② 用电桥检查。如电动机功率稍大，则其定子绕组由多路并绕而成，当其中一路发生断路故障时，用万用表难以判断，此时需用电桥分别测量各相绕组的直流电阻。多路并绕断路相绕组的直流电阻明显大于其他相，再参照上面的办法逐步缩小故障范围，最后找出故障点。

③ 伏安法。对于多路并绕的电动机，如果没有电桥，则可用此法。伏安法是分别给每相绕组加上一个数值很小的直流电压$U$，再测量流过该绕组中的电流，则该绕组的直流电阻$R=U/I$。对故障相而言，其电阻$R$较正常相为大，因此在相同电压$U$的作用下，直流电流较小。所以，从电流表的读数即可判断出读数小的一相为故障相。

2）修理。对于引出线或接线头扭断、脱焊等引起的断路故障，在找到故障点后只须重焊和包扎即可；如果断路发生在槽口处或槽内难以焊接时，则可用穿绕修补法更换个别线圈；如故障严重难以修补时，则须重新绕线。

（4）绕组短路的检查与修理

1）绕组短路的原因。一般是由于电源电压过高、电动机拖动的负载过重、电动机使用过久或受潮、受污等造成定子绕组绝缘老化与损坏，从而产生绕组短路故障。定子绕组的短路故障按发生的故障点划分，可分为绕组对地短路、绕组匝间短路和绕组相与相之间短路

（称为相间短路）三种，其中对地短路故障的检修前面已做介绍。这里只介绍匝间短路和相间短路的检修。

2）绕组短路的检查。

① 直观检查。使电动机空载运行一段时间（一般为10～30min），然后拆开电动机端盖，抽出转子，用手触摸定子绕组。如果有一个或几个线圈过热，则这部分线圈可能有匝间或相间短路故障。对生产中已出故障的电动机可用肉眼观察线圈外部绝缘有无变色或烧焦，或用鼻闻有无焦臭气味，如果有，则该线圈可能短路。

②用绝缘电阻表（或万用表电阻档）检查相间短路。拆开定子绕组接线盒中的连接片，分别测量任意两相绕组之间的绝缘电阻，若绝缘电阻值为零或很小，说明该两相绕组相间短路。

③ 用钳形电流表测量三相绕组的空载电流，检查匝间短路，空载电流明显偏大的一相有匝间短路故障。

④ 用电桥检查匝间短路。分别测量各个绕组的直流电阻，阻值较小的一相可能有匝间短路。

3）绕组短路的修理。绕组匝间短路故障，一般事先不易发现，往往是在绕组烧损后才知道，遇到这类故障往往需视故障情况，全部或部分更换绕组。

绕组相间短路故障如发现得早，未造成定子绕组烧损事故时，可以找出故障点，用竹楔插入两线圈的故障处（如插入有困难时可先将线圈加热），把短路部分分开，再垫上绝缘材料，并加绝缘漆使绝缘恢复。如已造成绕组烧损，则应更换部分或全部绕组。

（5）绕组接线错误或嵌反的检查与处理　绕组接线错误或某一线圈嵌反时会引起电动机振动，发出较大的噪声，电动机转速降低甚至不转，同时会造成电动机三相电流严重不平衡，使电动机过热，从而导致熔丝熔断或绕组烧损。

绕组接线错误或嵌反故障通常分两种情况：一种是外部接线错误；另一种是某一极相组接错或某几个线圈嵌反。这种情况往往发生在初学者身上，最简单而又最直接的方法是认真检查外部接线、极相组及线圈连接线的接线，找出是接线错误还是线圈嵌反，如是线圈嵌反，可剪断连接线重新按极相组接线即可。

### 3. 转子绕组故障的排除

笼型转子故障的检查与排除：笼型转子常见故障是断条，断条后的电动机一般能空载运行，但加上负载后，电动机转速将降低，甚至停转。若用钳形电流表测量三相定子绕组电流时，电流表指针会来回摆动。

检查断条最简单的方法是导条通电法。在转子导条的端环两端加上一个几伏的低压交流电，再在转子表面撒上铁粉或用断锯条沿转子各导条依次测试。当某一导条处不吸铁粉或锯条时，则说明该处导条已断裂。

转子导条断裂故障一般较难修理，通常是更换转子。

### 4. 三相笼型异步电动机的常见故障

三相笼型异步电动机常见故障及检修方法见表5-5。

**表 5-5　三相笼型异步电动机常见故障及检修方法**

| 故障现象 | 可能原因 | 检修方法 |
|---|---|---|
| 电源接通后，电动机不能起动或有异常声音 | 1. 定、转子绕组有断路（一相断线）或电源一相失电<br>2. 绕组引出线始末端接错或绕组内部接反<br>3. 电源回路接点松动，接触电阻大<br>4. 电动机负载过大或转子卡住<br>5. 电源电压过低<br>6. 小型电动机装配太紧或轴承内油脂过硬<br>7. 轴承卡住 | 1. 查明断点予以修复<br>2. 检查绕组极性，判断绕组末端是否正确<br>3. 紧固松动的接线螺钉，用万用表判断各接头是否假接，予以修复<br>4. 减载或查出并消除机械故障<br>5. 检查是否把规定的△联结误接为Y联结；是否由于电源导线过细使压降过大，并予以纠正<br>6. 重新装配使之灵活；更换合格油脂<br>7. 修复轴承 |
| 轴承过热 | 1. 滑脂过多或过少<br>2. 油质不好含有杂质<br>3. 轴承与轴颈或端盖配合不当（过松或过紧<br>4. 轴承内孔偏心，与轴相擦<br>5. 电动机端盖或轴承盖未装平<br>6. 电动机与负载间联轴器未校正，或传动带过紧<br>7. 轴承间隙过大或过小<br>8. 电动机轴弯曲 | 1. 按规定加润滑脂（容积的 1/3 ~ 2/3）<br>2. 更换清洁的润滑油脂<br>3. 过松可用黏结剂修复，过紧应车、磨轴颈或端盖内孔，使之适合<br>4. 修理轴承盖，消除擦点<br>5. 重新装配<br>6. 重新校正，调整传动带张力<br>7. 更换新轴承<br>8. 校正电动机轴或更换转子 |
| 电动机过热甚至冒烟 | 1. 电源电压过高，使铁心发热大大增加<br>2. 电源电压过低，电动机又带额定负载运行，电流过大使绕组发热<br>3. 修理拆除绕组时，采用热拆法不当，烧伤铁心<br>4. 定、转子铁心相擦<br>5. 电动机过载或频繁起动<br>6. 笼型转子断条<br>7. 电动机断相，两相运行<br>8. 重绕后定子绕组浸漆不充分<br>9. 环境温度高，电动机表面污垢多，或通风道堵塞<br>10. 电动机风扇故障，通风不良；定子绕组故障（相间、匝间短路；定子绕组内部连接错误 | 1. 降低电源电压（如调整供电变压器分接头），若是由电动机Y、△联结错误引起，则应改正联结方式<br>2. 提高电源电压或换粗供电导线<br>3. 检修铁心，排除故障<br>4. 消除擦点（调整气隙或锉削、车削转子<br>5. 减载；按规定次数控制起动<br>6. 检查并消除转子绕组故障<br>7. 恢复三相运行<br>8. 采用二次浸漆及真空浸漆工艺<br>9. 清洗电动机，改善环境温度，采用降温措施<br>10. 检查并修复风扇，必要时更换；检修定子绕组，消除故障 |

## 【项目评价】

电动机的使用与维修评价标准见表 5-6。

**表 5-6　项目检测与分析**

| 检测任务 | 评分标准 | 分值 | 学生自评 | 教师评估 |
|---|---|---|---|---|
| 三相异步电动机的拆装 | 能否正确拆装三相异步电动机 | 20 | | |
| 三相异步电动机的检测 | 能否正确检测三相异步电动机 | 20 | | |

（续）

| 检测任务 | 评分标准 | 分值 | 学生自评 | 教师评估 |
| --- | --- | --- | --- | --- |
| 单相异步电动机常见故障排除 | 能否排除单相异步电动机故障 | 20 | | |
| 三相异步电动机常见故障排除 | 能否排除三相异步电动机故障 | 20 | | |
| 安全文明生产（包括归拢收集所用材料） | 违反安全文明生产规程扣20分 | 20 | | |
| 总评 | 各项目的最高扣分不应超过配分 | | | |

## 【思考与练习】

### 一、填空题

1. 三相异步电动机的转子根据绕组构造不同，分为________和________两种。

2. 已知三相交流电源的线电压为380V，若三相电动机每相绕组的额定电压是380V，则应接成________形；若三相电动机每相绕组的额定电压是220V，则应接成________形。

3. 对额定电压为380V、功率3kW及以上的电动机做耐压试验时，试验电压应取________V。

4. 异步电动机在运行中发生一相断线，此时电动机的________。

5. 三相笼型异步电动机主要由________、______、________和________组成。

6. 定子绕组的短路故障按发生的故障点划分，可分为________、________和________三种。

7. 常见的定子绕组故障有________、________、________和________等。

### 二、判断题

1. 三相负载有两种接线方法。（　　）

2. 三相负载星形联结时，可以不接中性线。（　　）

3. 电动机每相绕组的额定电压为220V，在接入线电压为380V的三相电路中时，必须是三角形联结。（　　）

4. 用灯泡检查法检查三相异步电动机定子绕组引出线首尾端，若灯亮则说明两相绕组为正串联。（　　）

5. 交流电动机的额定电流指电动机在额定工作状况下运行时，电源输入电动机绕组的线电流。（　　）

6. 在测量绝缘电阻前，必须将被测设备对地放电，测量中禁止他人接近设备。（　　）

7. 检查电动机时，一般按先外后里、先机后电、先听后检的顺序。（　　）

# 项目六　低压电器的识别与选用

【项目情境】

了解常用低压电器元件的种类与用途，掌握其结构与原理；学会低压电器元件的识别方法；掌握低压控制电器的检测与维修方法；熟记常用低压电器的图形、文字符号；掌握常用低压电器的选择及应用方法。

本项目主要进行刀开关、熔断器、低压断路器、交流接触器、热继电器、时间继电器、主令电器等常用低压电器的识别、选用、更换、检测、调整与维修等操作技能训练。

【知识目标】

1. 了解常用低压电器的种类与用途。
2. 掌握相关低压电器的图形与文字符号。
3. 明确相关低压电器的选择与应用方法。

【技能目标】

1. 能根据需要选用和安装常见低压电器。
2. 会用万用表对常见低压电器进行检测。
3. 能排除低压电器的常见故障。

## 任务一　低压配电电器的识别与选用

【任务分析】

低压配电电器是指能根据指令，自动或手动通、断电路，实现对电路或非电对象的切换、控制、保护、检测、变换和调节的电器，它是电力拖动自动控制系统的基本组成元件。作为维修电工，应学会操作低压配电电器。

【任务实施】

**技能训练**　低压配电电器的识别与检修

1. 识别给定的各种低压配电电器

识别一组常用的低压配电电器，将相关内容填入表6-1。

**表6-1　常用低压配电电器的识别**

| 序号 | 名称 | 型号 | 图形符号 | 文字型号 | 主要参数 | 备注 |
|---|---|---|---|---|---|---|
| 1 | | | | | | |
| 2 | | | | | | |
| 3 | | | | | | |
| 4 | | | | | | |
| 5 | | | | | | |
| 6 | | | | | | |
| 7 | | | | | | |
| 8 | | | | | | |

2. 常用低压配电电器的拆装和检测

（1）低压熔断器的拆装和检测　认真观察其结构，检测 RC1A 系列低压熔断器，并更换其熔体。根据检测操作填写表 6-2 所列内容。

**表 6-2　低压熔断器的检测**

| 序号 | 步骤 | 工具仪表 | 操作评价 |
| --- | --- | --- | --- |
| 1 | 检查熔体 | | |
| 2 | 更换熔体 | | |
| 3 | 检测熔断器 | | |

（2）刀开关的拆装与检测　认真观察刀开关的结构，按结构拆卸，再按拆卸的逆序装配；将封闭式负荷开关的手柄扳到合闸位置，用万用表的电阻档测量各对触点的接触情况，再用绝缘电阻表测量每两相触点间的绝缘电阻并仔细观察其结构，将主要部件的名称及作用填入表 6-3 中。

**表 6-3　封闭式负荷开关的检测**

| 检测内容 | | 工具/仪表 | 结论 | 主要部件 | |
| --- | --- | --- | --- | --- | --- |
| | | | | 名称 | 作用 |
| 触点间接触情况 | L1 相 | | | | |
| | L2 相 | | | | |
| | L3 相 | | | | |
| 相间绝缘电阻 | L1 – L2 | | | | |
| | L2 – L3 | | | | |
| | L1 – L3 | | | | |

（3）低压断路器的拆装与检测　将一只 DZ5 – 20 型塑壳式低压断路器的外壳拆开，再按拆卸的逆序装配，将主要部件的作用和有关参数填入表 6-4 中。

**表 6-4　低压断路器的检测**

| 主要部件 | 作用 | 主要参数 | 备注 |
| --- | --- | --- | --- |
| 电磁脱扣器 | | | |
| 热脱扣器 | | | |
| 按钮 | | | |
| 储能弹簧 | | | |

**【相关知识】**

低压配电电器主要用于低压配电系统和动力回路，具有工作可靠、热稳定性好、电动力稳定性好，能承受一定电动力作用等优点。常用低压配电电器包括刀开关、熔断器、低压断路器等。

## 一、刀开关

刀开关又称为开启式负荷开关、瓷底胶盖闸刀开关，它结构简单、价格低廉、应用维修方便，常用作照明电路的电源开关，也可用于5.5kW以下电动机的不频繁起动和停止控制。因其无专门的灭弧装置，故不宜频繁分、合电路。

1. 刀开关的结构

刀开关由瓷质手柄、动触点、出线座、瓷底座、静触点、熔丝、进线座和胶盖等部分组成，带有短路保护功能。刀开关的外形与结构如图6-1所示。

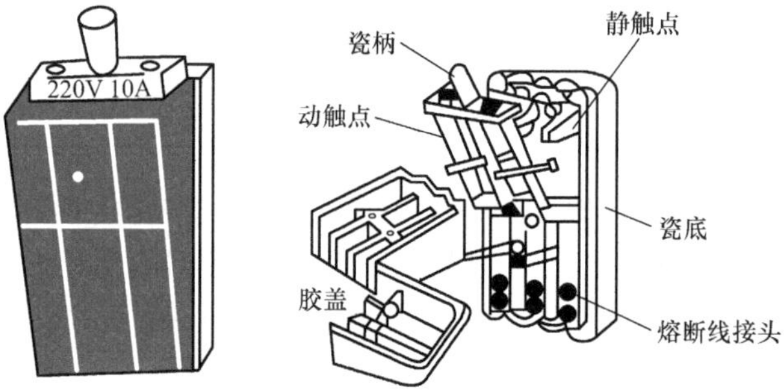


图6-1　刀开关的外形与结构

2. 刀开关的表示方式

（1）型号　刀开关的型号组成及其含义如下：

HK2 — □
开启式负荷开关（HK）
设计序号（2）
额定电流（A）（□）

（2）电气符号　刀开关的图形及文字符号如图6-2所示。

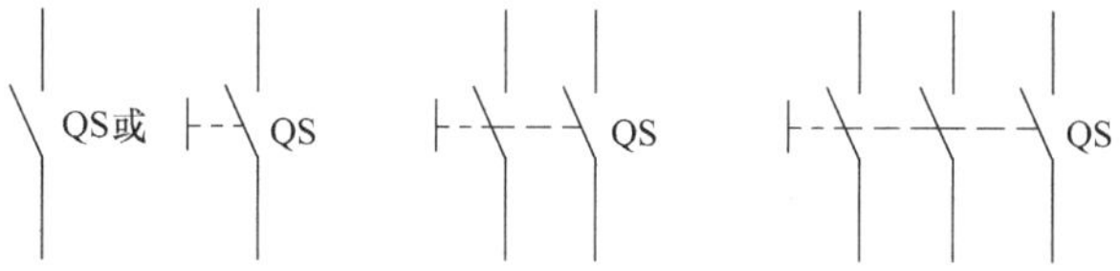


a) 单极　　b) 双极　　c) 三极

图6-2　刀开关的图形及文字符号

3. 刀开关的主要技术参数

刀开关的技术参数有额定电压、额定电流、通断能力、动稳定电流、热稳定电流等。表6-5列出了HK系列刀开关的主要技术参数。

**表6-5　HK系列刀开关的主要技术参数**

| 型号 | 极数 | 额定电流/A | 额定电压/V | 可控制电动机功率/kW | 最大分断电流/A | 熔丝线径 φ/mm |
|---|---|---|---|---|---|---|
| HK1－15 | 2 | 15 | 220 | 1.1 | 500 | 1.45～1.59 |
| HK1－30 | | 30 | | 1.5 | 1000 | 2.3～2.52 |
| HK1－60 | | 60 | | 3.0 | 1500 | 3.36～4 |

（续）

| 型号 | 极数 | 额定电流/A | 额定电压/V | 可控制电动机功率/kW | 最大分断电流/A | 熔丝线径 φ/mm |
|---|---|---|---|---|---|---|
| HK1－15 | 3 | 15 | 380 | 2.2 | 500 | 1.45～1.59 |
| HK1－30 | | 30 | | 4.0 | 1000 | 2.3～2.52 |
| HK1－60 | | 60 | | 5.5 | 1500 | 3.36～4 |
| HK1－10 | 2 | 10 | 220 | 1.1 | 500 | 0.25 |
| KH1－15 | | 15 | | 1.5 | 500 | 0.41 |
| KH1－30 | | 30 | | 3.0 | 1000 | 0.56 |
| KH1－60 | | 60 | | 4.5 | 1500 | 0.65 |
| HK1－15 | 3 | 15 | 380 | 2.2 | 500 | 0.45 |
| HK1－30 | | 30 | | 4.0 | 1000 | 0.71 |
| HK1－60 | | 60 | | 5.5 | 1500 | 1.12 |

4. 刀开关的选用

1）实际应用中，用于普通照明电路的隔离或负载开关，一般选择开关的额定电压大于或等于220V、额定电流大于或等于电路最大工作电流的两极开关。

2）用于电动机控制时，如果电动机功率小于5.5kW，可直接用于电动机的起动、停止控制；如果电动机功率大于5.5kW，则只能作为隔离开关使用。选用时，应选择开关的额定电压大于或等于380V、额定电流大于电动机额定电流3倍的三极开关。

5. 刀开关的检测

（1）目测检测　检查外壳有无破损；动触点和静触点接触是否歪扭。

（2）手动检测　扳动刀开关手柄，看转动是否灵活。

（3）万用表检测　用万用表检测各相是否正常。

1）万用表调零。将万用表转换开关拨到电阻档的R×10档，将红、黑表笔短接，通过刻度盘右下方的调零旋钮将指针调整到电阻档的零刻度，如图6-3所示。

2）手柄向下断开刀开关，将万用表红、黑表笔分别放到刀开关一相的进线端和出线端时，万用表指针指向“∞”，如图6-4a所示；表笔不动，向上合上手柄，万用表指针由“∞”指向“0”，如图6-4b所示，则此相正常。

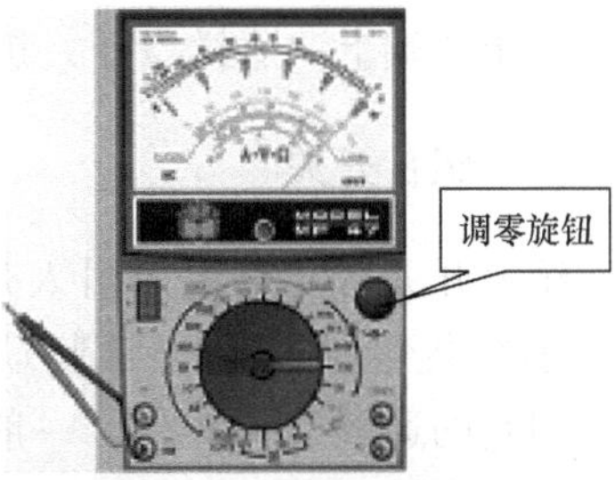

图6-3　万用表调零

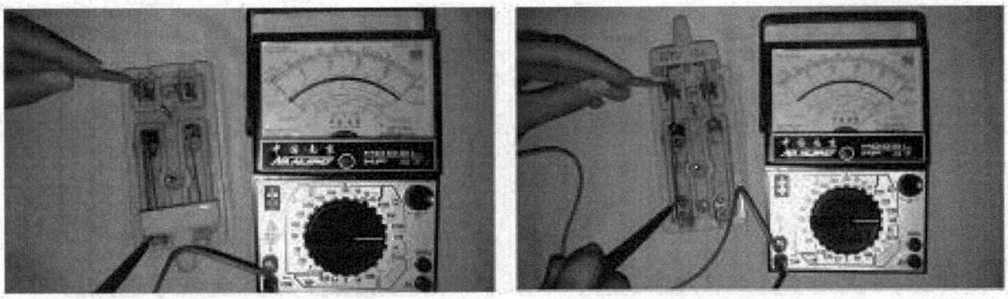
a）手柄断开时刀开关性能检测　b）手柄合上时刀开关性能检测

图6-4　刀开关性能检测

3）用同样的方法检测刀开关其他相的性能。

6. 刀开关的故障处理

在使用过程中刀开关会出现各种各样的问题，其常见故障及其检修方法见表 6-6。

**表 6-6　刀开关的常见故障及检修方法**

| 故障现象 | 产生原因 | 检修方法 |
| --- | --- | --- |
| 合闸后一相或两相没电 | 1. 插座弹性消失或开口过大<br>2. 熔丝熔断或接触不良<br>3. 插座、触点氧化或有污垢<br>4. 电源进线或出线头氧化 | 1. 更换插座<br>2. 更换熔丝<br>3. 清洁插座或触点<br>4. 检查进出线头 |
| 触刀和插座过热或烧坏 | 1. 开关容量太小<br>2. 分、合闸时动作太慢造成电弧过大，烧坏触点<br>3. 夹座表面烧毛<br>4. 触刀与插座压力不足<br>5. 负载过大 | 1. 更换较大容量的开关<br>2. 改进操作方法<br>3. 用细锉刀修整<br>4. 调整插座压力<br>5. 减轻负载或调换较大容量的开关 |
| 封闭式负荷开关的操作手柄带电 | 1. 外壳接地线接触不良<br>2. 电源线绝缘损坏碰壳 | 1. 检查接地线<br>2. 更换导线 |

7. 刀开关的注意事项

在安装、维修和使用刀开关时要注意以下几个问题。

1）安装刀开关时，与地面垂直，手柄向上，不得倒装或平装。倒装时手柄可能因自重落下而引起误合闸，危及人身和设备安全。

2）接线时，电源线接在上端，负载接在下端。

3）在接通和断开操作时，应动作迅速，使电弧尽快熄灭。

4）在安装开启式负荷开关时，应注意将电源进线装在静触座上，将用电负荷接在刀开关的下出线端上。这样当开关断开时，闸刀和熔丝均不带电，保证更换熔丝安全。

## 二、组合开关

组合开关常用作电源引入开关，也可用作小容量电动机不经常起动停止的控制。但它的通断能力较低，一般不可用来分断故障电流。

1. 组合开关的结构

组合开关又称为转换开关，是由多组相同结构的触点组件叠装而成的多回路控制电器。组合开关靠旋转手柄来实现线路的转换。

组合开关由动触片、静触片、方形转轴、手柄、定位机构及外壳组成，其外形与结构如图 6-5 所示。动触片分别叠装在

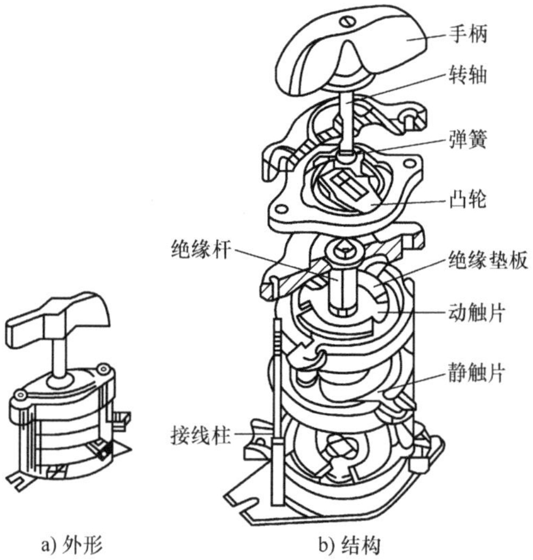


图 6-5　组合开关的外形与结构图

数层绝缘座内，转动手柄，每层的动触片随着方形手柄转动，并使静触片插入对应的动触片内，接通电路。

2. 组合开关的功能

1）在电气控制线路中，常被作为电源引入的开关。

2）用来直接起动或停止 5.5kW 以下小功率电动机或使电动机正/反转。

3）控制局部照明电路。

3. 组合开关的表示方式

（1）型号　常用的组合开关有 HZ5、HZ10 和 HZ15 系列。

HZ5 系列组合开关适用于交流 50Hz（或 60Hz）、电压 380V 及以下、电流至 60A 的电气控制线路中，作为电源引入开关或异步电动机控制开关使用。HZ10 系列组合开关用于不频繁地接通或分断电气控制线路。HZ15 系列组合开关是在 HZ10 系列基础上的改型产品。

下面以 HZ10 系列组合开关为例，说明组合开关型号的组成及其含义。

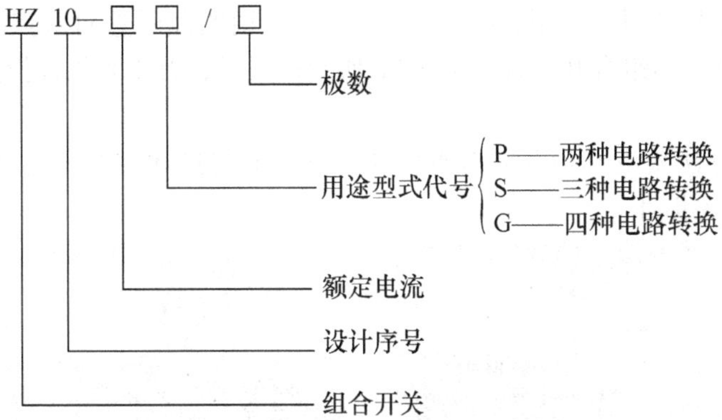


（2）电气符号　组合开关的图形及文字符号如图 6-6 所示。

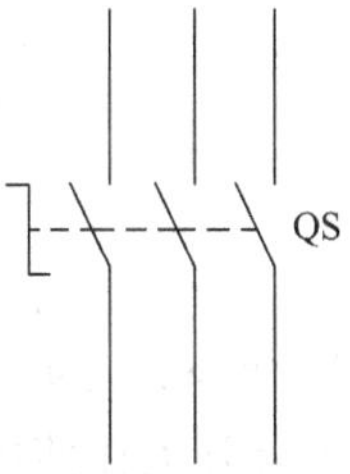


图 6-6　组合开关的图形及文字符号

4. 组合开关的技术参数

组合开关的主要技术参数有额定电压、额定电流、通断能力、机械寿命、电寿命等。HZ10 系列组合开关的主要技术数据见表 6-7。

5. 组合开关的选用

选用组合开关时，应根据电源类型、用电设备的耐压等级、负载容量、所需触点数、接线方式等综合考虑。

**表 6-7　HZ10 系列组合开关的主要技术数据**

| 型号 | 额定电压/V | 额定电流/A | 极数 | 极限操作电流/A | | 可控制电动机最大容量和额定电流 | | 在额定电压、电流下通断次数 交流 | |
|---|---|---|---|---|---|---|---|---|---|
| | | | | 接通 | 分断 | 最大容量/kW | 额定电流/A | ≥0.8A | ≥0.3A |
| HZ10－10 | 交流380 | 6 | 单极 | 94 | 62 | 3 | 7 | 20000 | 10000 |
| | | 10 | 3 | 155 | 108 | | | 10000 | 5000 |
| HZ10－25 | | 25 | | | | | | | |
| HZ10－60 | | 60 | | | | 5.5 | 12 | | |
| HZ10－100 | | 100 | | | | | | | |

1）用于控制照明或电器设备时，其额定电流应大于或等于被控制电路中各负载电流之和。

2）用于控制电动机时，额定电流一般取电动机额定电流的1.5～2.5倍。

3）当组合开关控制的用电设备功率因数较低时，应按容量等级降低使用，以利于延长其使用寿命。

6. 组合开关的检测

（1）目测外观　检查开关外壳有无破损，触片是否歪扭。

（2）手动检测　转动组合开关手柄，看动作是否灵活。

（3）万用表检测　用万用表检测组合开关的触片工作是否正常。

1）万用表调零。将万用表拨到电阻档的R×10档，将红、黑表笔短接，通过刻度盘右下方的调零旋钮将指针调整到电阻档的零刻度。

2）触点检测。将万用表红、黑表笔分别放到组合开关同一层的两个触点上，当组合开关置于图6-7a所示档位时，万用表指针指向“∞”，说明此时这对触点是断开的；转换档位（手柄旋转90°），当组合开关置于图6-7b所示档位时，万用表指针指向“0”，说明此时这对触点是接通的。

3）用相同的办法检测其他几对触点，如检测现象与描述相符，说明触点良好，否则，说明触点或组合开关损坏。

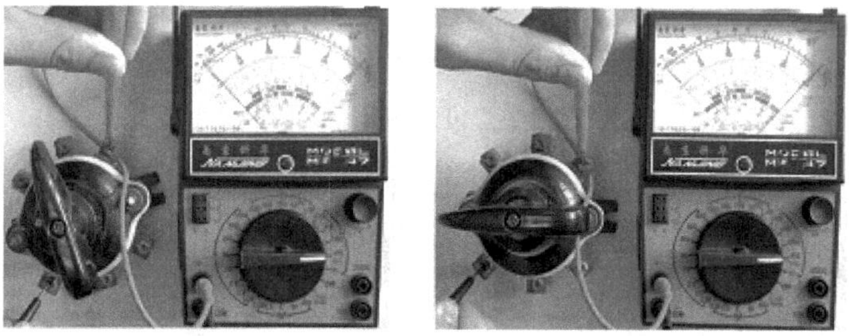

a)　　　b)

图6-7　组合开关触点的检测

7. 组合开关的故障处理

组合开关在使用过程中会出现各种各样的问题，其常见故障及检修方法见表6-8。

**表6-8　组合开关故障及检修方法**

| 故障现象 | 可能的原因 | 检修方法 |
| --- | --- | --- |
| 手柄转动后，内部触点未动 | 1. 手柄上的轴孔磨损变形<br>2. 绝缘杆变形（由方形磨为圆形）<br>3. 手柄与轴，或轴与绝缘杆配合松动<br>4. 操作机构损坏 | 1. 更换手柄<br>2. 更换绝缘杆<br>3. 紧固松动部件<br>4. 修理更换 |
| 手柄转动后，动、静触片不能按要求动作 | 1. 组合开关型号选用不正确<br>2. 触片角度装配不正确<br>3. 触片失去弹性或接触不良 | 1. 更换开关<br>2. 重新装配<br>3. 更换触片或清除氧化层或尘污 |
| 接线柱间短路 | 因铁屑或油污附着在接线间，形成导电层，将胶木烧焦，损坏绝缘层而形成短路 | 更换开关 |

## 三、熔断器

熔断器是低压电路及电动机控制线路中一种最简单的过载和短路保护电器。熔断器内装有一个低熔点的熔体，它串联在电路中，正常工作时相当于导体，保证电路接通。当电路发生过载或短路时，熔体熔断，电路随之自动断开，从而保护了线路和设备。熔断器作为一种保护电器，具有结构简单、价格低、使用维护方便、体积小、质量轻等优点，所以得到了广泛应用。

1. 熔断器的结构

熔断器一般由熔体和安装熔体的熔管或熔座两部分组成。常用的低压熔断器有瓷插式、螺旋式、无填料封闭管式、有填料封闭管式等几种。常用熔断器的外形与结构如图6-8所示。

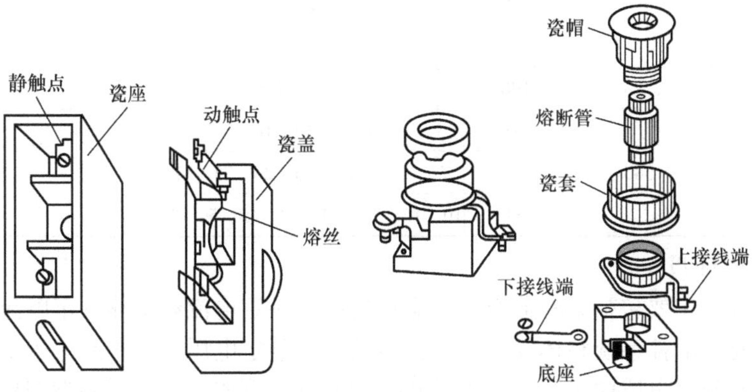


a) 瓷插式熔断器　　b) 螺旋式熔断器

图6-8　熔断器的外形与结构

2. 熔断器的表示方式

（1）型号　熔断器的型号组成及其含义如下：

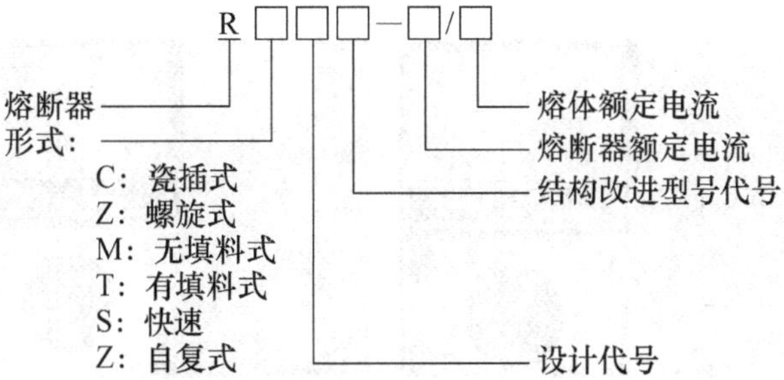


（2）电气符号　熔断器的图形及文字符号如图6-9所示。

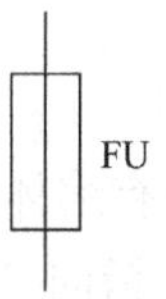


图6-9　熔断器的图形及文字符号

3. 熔断器的技术参数

熔断器的主要技术参数有额定电压、额定电流和极限分断能力，见表6-9。

**表 6-9　熔断器的主要技术参数**

| 型　号 | 额定电压（交流）/V | 额定电流/A | | 分断能力/kA |
|---|---|---|---|---|
| | | 熔断器 | 熔　体 | |
| RL6－25 | 500 | 25 | 2，4，6，10，20，25 | 50 |
| RL6－63 | | 63 | 35，50，63 | |
| RL6－100 | | 100 | 80，100 | |
| RL6－200 | | 200 | 125，160，200 | |
| RLS2－30 | 500 | 30 | 16，20，25，30 | 50 |
| RLS2－63 | | 63 | 32，40，50，63 | 80 |
| RLS2－100 | | 100 | 63，80，100 | |
| RT12－20 | 415 | 20 | 2，4，6，10，15，20 | 80 |
| RT12－32 | | 32 | 20，25，32 | |
| RT12－63 | | 63 | 32，40，50，63 | |
| RT12－100 | | 100 | 63，80，100 | |
| RT14－20 | 380 | 20 | 2，4，6，10，16，20 | 100 |
| RT14－32 | | 32 | 2，4，6，10，16，20，25，32 | |
| RT14－63 | | 63 | 10，16，20，25，32，40，50，63 | |

4. 熔断器的选用

熔断器的选择主要包括熔断器类型、额定电压、额定电流和熔体额定电流等的确定。熔断器的类型主要由电控系统整体设计确定，熔断器的额定电压应大于或等于实际电路的工作电压；熔断器的额定电流应大于或等于所装熔体的额定电流。熔断器的类型根据线路要求和安装条件而定。

5. 熔断器的检测

（1）外观检测　熔断器应完整无损，并应有额定电压、电流值的标志。

（2）万用表检测　对没有装熔体的熔体座，打开与合上时，万用表指针都指向“∞”，如图 6-10 所示。

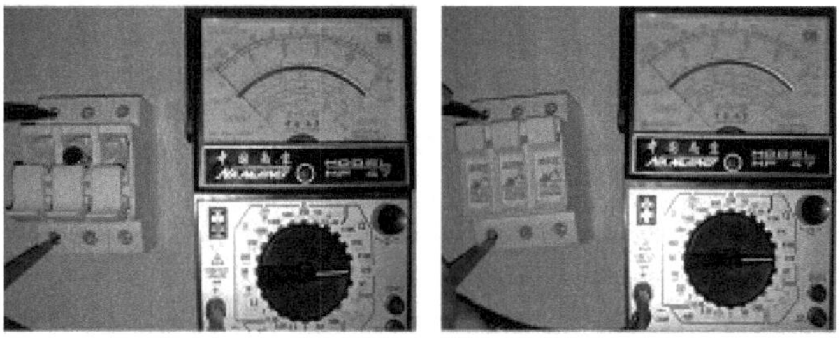

图 6-10　无熔体检测

对于有熔体的熔体座，打开时，万用表指针指向“∞”，当合上熔体座时，万用表指针由“∞”指向“0”，如图 6-11 所示。

在检测安上熔体的熔断器时，合上熔断器万用表指针没有指向“0”，则可能是熔体

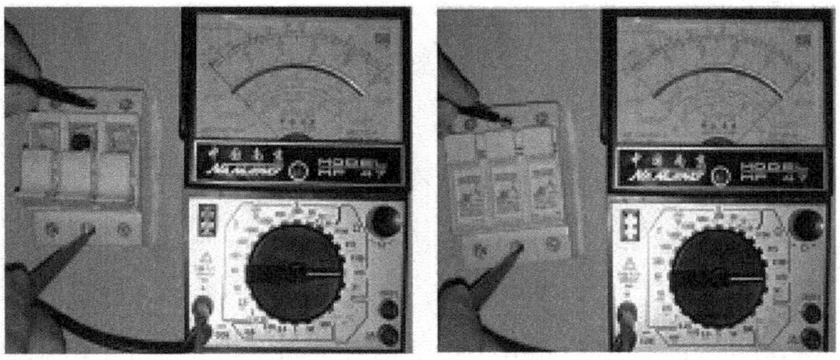

图 6-11 有熔体检测

损坏。

（3）熔体的检测 将万用表的转换开关拨到电阻档的 R×10 档上，红、黑表笔对接调零。将万用表的红、黑两表笔分别放在熔体的两端，如图 6-12 所示。若万用表读数近似为“0”，则说明熔体正常；若万用表读数为“∞”，则说明熔体损坏。

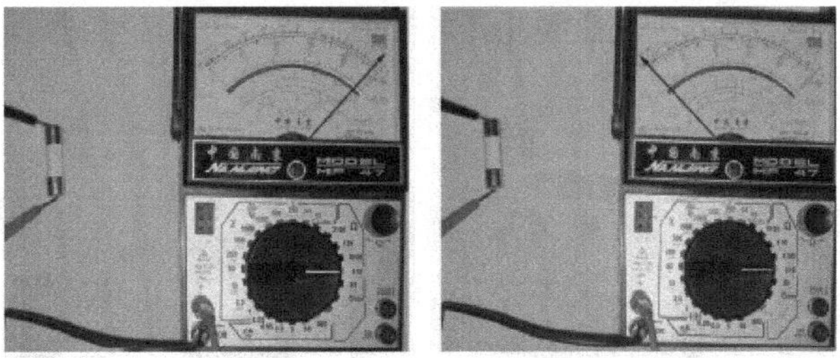

a) 熔体正常 b) 熔体损坏

图 6-12 熔体检测

6. 熔断器的故障处理

熔断器在使用过程中会出现各种各样的问题，其常见故障及其检修方法见表 6-10 所示。

**表 6-10 熔断器的常见故障及其检修方法**

| 故障现象 | 产生原因 | 检修方法 |
|---|---|---|
| 电动机起动瞬间熔体即熔断 | 1. 熔体规格选择太小<br>2. 负载侧短路或接地<br>3. 安装时熔体损伤 | 1. 更换适当的熔体<br>2. 检查短路或接地故障<br>3. 更换熔体 |
| 熔丝未熔断但电路不通 | 1. 熔体两端或接线端接触不良<br>2. 熔断器的螺母盖未旋紧 | 1. 清扫并旋紧接线端<br>2. 旋紧螺母盖 |

7. 熔断器的使用注意事项

1）熔断器的插座与插片的接触要保持良好。若发现插口处过热或触点变色，则说明插口处接触不良，应及时修复。

2）熔体烧断后，应首先查明原因，排除故障。一般在过载电流下熔断时，响声不大，熔体仅在一两处熔断，管子内壁没有烧焦的现象，也没有大量的熔体蒸发物附在管壁上；若在分段极限电流时熔断，则与上述情况相反。

3）更换熔体或熔管时须断电，尤其不允许在负载未断开时带电更换，以免发生电弧烧伤。

4）安装熔体时不要将其碰伤，也不要将螺钉拧得太紧，使熔体轧伤。若连接螺钉损坏而拧不紧，则应更换新螺钉。

5）安装熔丝时，应顺时针方向弯一圈，不要多弯。

## 四、低压断路器

低压断路器俗称自动空气开关，在电气线路中起接通、分断和承载额定工作电流的作用，并能在线路和电动机发生过载、短路、欠电压的情况下进行可靠的保护。它的功能相当于刀开关、过电流继电器、欠电压继电器、热继电器及漏电保护器等电器部分或全部的功能总和，是低压配电网中一种重要的保护电器。

1. 低压断路器的结构

常用的低压断路器有 DZ 系列、DW 系列和 DWX 系列。图 6-13 所示为常用低压断路器的外形。低压断路器的结构示意图如图 6-14 所示，它主要由触点、灭弧系统、各种脱扣器和操作机构等组成。脱扣器分为电磁脱扣器、热脱扣器、复式脱扣器、欠电压脱扣器和分励脱扣器五种。

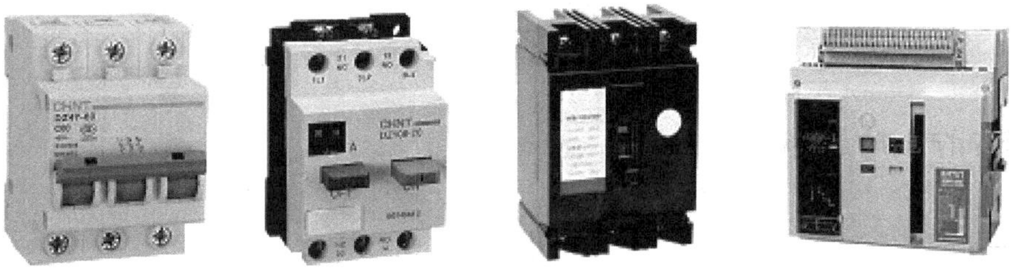

DZ47系列三相断路器　DZ108系列塑壳式断路器　DZ20系列断路器　DW45系列万能式断路器

图 6-13　常用低压断路器的外形

图 6-14 所示断路器处于闭合状态，3 个主触点通过传动杆与锁扣保持闭合，锁扣可绕轴 5 转动。断路器的自动分断是由电磁脱扣器 6、欠电压脱扣器 11 和双金属片 12 使锁扣 4 被杠杆 7 顶开而完成的。正常工作中，各脱扣器均不动作，而当电路发生短路、欠电压或过载故障时，分别通过各自的脱扣器使锁扣被杠杆顶开，实现保护作用。

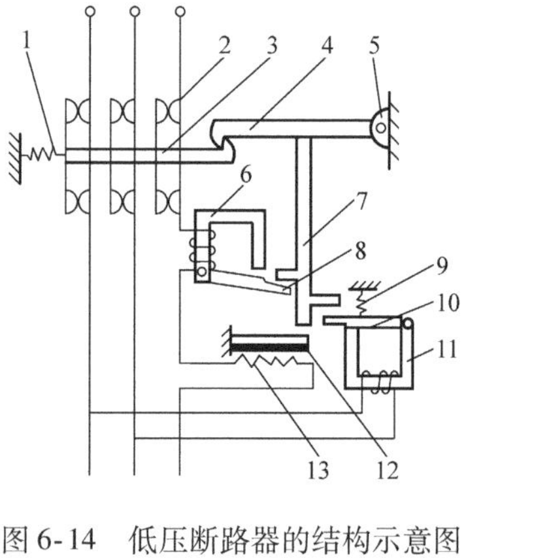


图 6-14　低压断路器的结构示意图

1—弹簧　2—主触点　3—传动杆　4—锁扣　5—轴　6—电磁脱扣器　7—杠杆　8、10—衔铁　9—弹簧　11—欠电压脱扣器　12—双金属片　13—发热元件

2. 低压断路器的表示方式

（1）型号　低压断路器的型号组成及其含义如下：

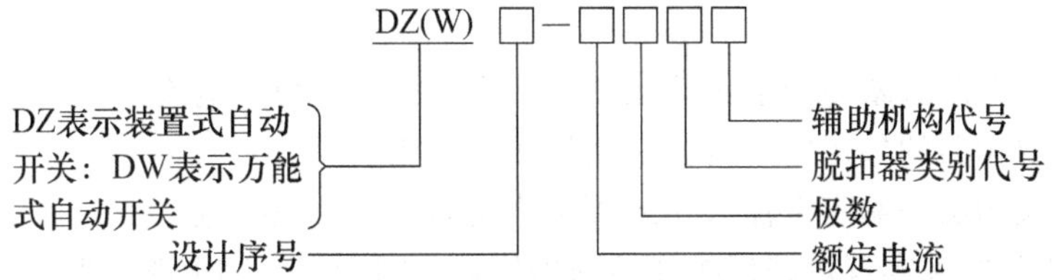


（2）电气符号　低压断路器的图形及文字符号如图6-15所示。

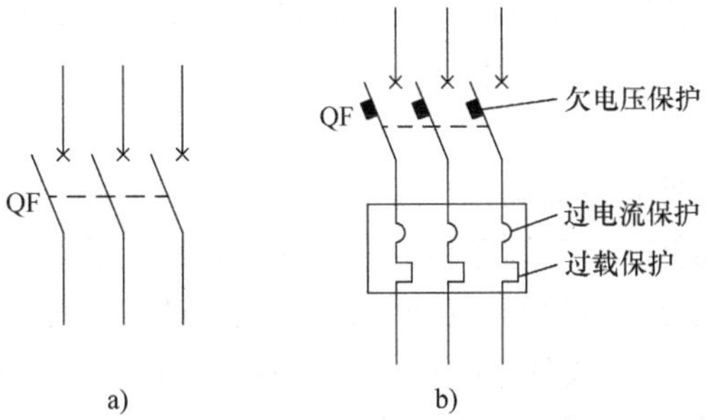


图6-15　低压断路器的图形及文字符号

不同断路器的保护方式是不同的，使用时应根据需要选用。在图形符号中也可以标注其保护方式，如图6-15b所示，断路器图形符号中标注了失电压、过电流、过载三种保护方式。

3. 低压断路器的技术参数

低压断路器的主要技术参数有额定电压、额定电流、通断能力和分断时间等。

通断能力是指断路器在规定的电压、频率以及规定的线路参数（交流电路为功率因数，直流电路为时间常数）下，能够分断的最大短路电流值。

分断时间是指断路器切断故障电流所需的时间。

DZ20系列低压断路器的主要技术参数见表6-11。

**表6-11　DZ20系列低压断路器的主要技术参数**

| 型号 | 额定电流/A | 机械寿命/次 | 电气寿命/次 | 过电流脱扣器电流/A | 短路通断能力 | | | |
|---|---|---|---|---|---|---|---|---|
| | | | | | 交流 | | 直流 | |
| | | | | | 电压/V | 电流/kA | 电压/V | 电流/kA |
| DZ20Y－100 | 100 | 8000 | 4000 | 16、20、32、40、50、63、80、100 | 380 | 18 | 220 | 10 |
| DZ20Y－200 | 200 | 8000 | 2000 | 100、125、160、180、200 | 380 | 25 | 220 | 25 |
| DZ20Y－400 | 400 | 5000 | 1000 | 200、225、315、350、400 | 380 | 30 | 380 | 25 |
| DZ20Y－630 | 630 | 5000 | 1000 | 500、630 | 380 | 30 | 380 | 25 |
| DZ20Y－800 | 800 | 3000 | 500 | 500、600、700、800 | 380 | 42 | 380 | 25 |
| DZ20Y－1250 | 1250 | 3000 | 500 | 800、1000、1250 | 380 | 50 | 380 | 30 |

4. 低压断路器的选用

选择低压断路器应注意以下几点。

1）低压断路器的额定电流和额定电压应大于或等于线路、设备的正常工作电压和工作电流。

2）低压断路器的极限通断能力应大于或等于电路最大短路电流。

3）欠电压脱扣器的额定电压等于线路的额定电压。

4）过电流脱扣器的额定电流大于或等于线路的最大负载电流。

使用低压断路器来实现短路保护比熔断器优越，因为当三相电路短路时，很可能只有一相的熔断器熔断，造成断相运行。对于低压断路器来说，只要造成短路都会使开关跳闸，将三相同时切断，同时还有其他自动保护作用。但其结构复杂、操作频率低、价格较高，因此适用于要求较高的场合，如电源总配电盘。

5. 低压断路器的检测

（1）目测外观　检查外壳有无破损。

（2）手动检测　扳动低压断路器手柄，看其动作是否灵活。

（3）万用表检测　用万用表检测低压断路器一相的进、出线端工作是否正常。

1）万用表调零。将万用表拨到电阻档的 R×10 档，将红、黑表笔短接，通过刻度盘右下方的调零旋钮将指针调整到电阻档的零刻度。

2）将万用表红、黑表笔分别放到低压断路器一相的进线端和出线端时，万用表指针指向“∞”，如图 6-16a 所示；向上合上手柄，万用表指针由“∞”指向“0”，如图 6-16b 所示，则此相正常，否则损坏。

a)

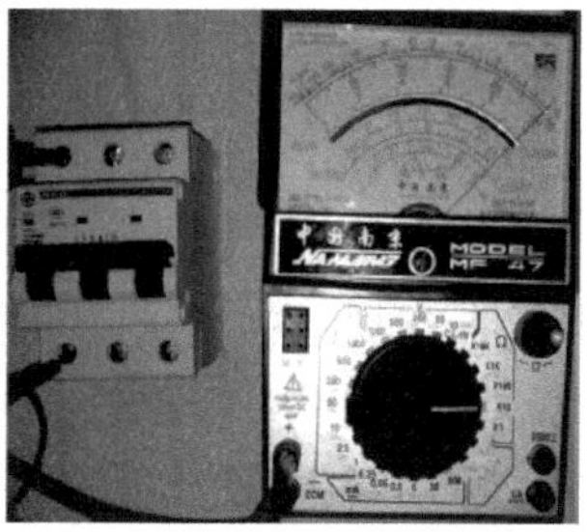


b)

图 6-16　三相断路器检测

3）用同样的方法检测低压断路器的其他两相。

6. 低压断路器故障的处理

低压断路器在使用过程中会出现各种各样的问题，其常见故障及其处理方法见表 6-12。

**表 6-12　低压断路器常见故障及其处理方法**

| 故障现象 | 产生原因 | 处理方法 |
| --- | --- | --- |
| 手动操作断路器不能闭合 | 1. 电源电压太低<br>2. 热脱扣器的双金属片尚未冷却复原<br>3. 欠电压脱扣器无电压或线圈损坏<br>4. 储能弹簧变形，导致闭合力减小<br>5. 反作用弹簧力过大 | 1. 检查线路并调高电源电压<br>2. 待双金属片冷却后再合闸<br>3. 检查线路，施加电压或调换线圈<br>4. 更换储能弹簧<br>5. 重新调整弹簧反力 |
| 电动操作断路器不能闭合 | 1. 电源电压不符<br>2. 电源容量不够<br>3. 电磁铁拉杆行程不够<br>4. 电动机操作定位开关变位 | 1. 更换电源<br>2. 增大电源容量<br>3. 调整或更换拉杆<br>4. 调整定位开关 |

（续）

| 故障现象 | 产生原因 | 处理方法 |
| --- | --- | --- |
| 电动机起动时断路器立即分断 | 1. 过电流脱扣器瞬时整定值太小<br>2. 脱扣器某些零件损坏<br>3. 脱扣器反力弹簧断裂或落下 | 1. 调整瞬时整定值<br>2. 更换脱扣器或损坏的零部件<br>3. 更换弹簧或重新装好弹簧 |
| 分励脱扣器不能使断路器分断 | 1. 线圈短路<br>2. 电源电压太低 | 1. 更换线圈<br>2. 检修线路，调整电源电压 |
| 欠电压脱扣器噪声大 | 1. 反作用弹簧力太大<br>2. 铁心工作面有油污<br>3. 短路环断裂 | 1. 调整反作用弹簧<br>2. 清除铁心油污<br>3. 更换铁心 |
| 欠电压脱扣器不能使断路器分断 | 1. 反力弹簧弹力变小<br>2. 储能弹簧断裂或弹力变小<br>3. 机构生锈卡死 | 1. 调整弹簧<br>2. 更换或调整储能弹簧<br>3. 清除锈污 |

## 任务二 低压控制电器的识别与选用

**【任务分析】**

低压控制电器是指能根据指令，自动或手动通、断电路，实现对电路或非电对象的切换、控制、保护、检测、变换和调节的电器，它是电力拖动自动控制系统的基本组成元件。作为维修电工，应学会操作低压控制电器。

**【任务实施】**

技能训练 交流接触器的拆装与检修

1. 拆装接触器

1）拧下灭弧罩上的紧固螺钉，取下灭弧罩。

2）拉紧主触点的定位弹簧夹，取下主触点及主触点的压力弹簧片。拉出主触点时，必须将主触点侧转45°后才能取下。

3）旋松辅助常开静触点的线桩螺钉，取下常开静触点。

4）旋松接触器底部盖板的紧固螺钉，取下盖板。在松盖板螺钉时，要用手按住螺钉并慢慢放松。

5）取下静铁心缓冲绝缘纸片、静铁心、静铁心支架及缓冲弹簧。

6）拔出线圈接线端的弹簧夹片，取下线圈和反作用弹簧。

7）抽出动铁心和支架。在支架上拨出动铁心的定位销。

8）取下动铁心及其缓冲绝缘纸片。

9）拆卸完各部件后，仔细观察各零部件，检查触点有无磨损痕迹、主触点的压力弹簧和反作用弹簧是否变形或弹力不足、灭弧罩是否有破损现象，若有以上现象，则应修理或更换。

10）检查修理结束后，按与拆卸相反的顺序组装接触器。

2. 接触器的检测

1）检查灭弧罩有无破裂或烧损，清除灭弧罩内的金属飞溅物和颗粒。

2）检查触点的磨损程度，磨损严重时应更换触点。若不需要更换，则清除触点表面上烧毛的颗粒。

3）清除铁心端面的油垢，检查铁心有无变形及端面接触是否平整。

4）检查触点压力弹簧及反作用弹簧是否变形或弹力不足。如有需要应更换弹簧。

5）检查电磁线圈是否有短路、断路及发热变色现象。

6）用万用表电阻档检查线圈及各触点是否良好。

7）用绝缘电阻表测量各触点间及主触点对地电阻是否符合要求。

8）用手按动主触点检查运动部分是否灵活，以防产生接触不良、振动和噪声。

3. 填写记录表

拆卸、组装和简单检测某一型号的交流接触器，将交流接触器的拆装和检测情况记入表6-13中。

**表 6-13　交流接触器的拆装和检测情况记录表**

<table>
<tr><td>型号</td><td colspan="3">容　量</td><td>拆装步骤</td><td colspan="2">主要零部件</td></tr>
<tr><td></td><td colspan="3"></td><td rowspan="11"></td><td>名称</td><td>作用</td></tr>
<tr><td colspan="4">触点对数</td><td rowspan="10"></td><td rowspan="10"></td></tr>
<tr><td>主触点</td><td>辅助触点</td><td>常开触点</td><td>常闭触点</td></tr>
<tr><td></td><td></td><td></td><td></td></tr>
<tr><td colspan="4">触点电阻</td></tr>
<tr><td colspan="2">常开</td><td colspan="2">常闭</td></tr>
<tr><td>动作前</td><td>动作后</td><td>动作前</td><td>动作后</td></tr>
<tr><td></td><td></td><td></td><td></td></tr>
<tr><td colspan="4">电感线圈</td></tr>
<tr><td>线径</td><td>匝数</td><td>工作电压</td><td>直流电阻</td></tr>
<tr><td></td><td></td><td></td><td></td></tr>
</table>

【相关知识】

低压控制电器主要用于电力传输系统中，具有工作准确可靠、操作效率高、寿命长、体积小等优点。常用控制电器包括接触器、继电器、起动器、主令电器、控制器、电磁铁等。

## 一、接触器

接触器是一种用来接通或切断交、直流主电路和控制电路，并且能够实现远距离控制的电器。大多数情况下其控制对象是电动机，也可用于其他电力负载。接触器不仅能自动地接通和断开电路，还具有控制容量大、欠电压释放保护、零电压保护、频繁操作、工作可靠、寿命长等优点。因此，在电力拖动和自动控制系统中，接触器是运用最广泛的控制电器之一。

1. 交流接触器的结构

交流接触器的结构主要由触点系统、电磁系统、灭弧装置三大部分组成，另外还有反作用力弹簧、缓冲弹簧、触点压力弹簧和传动机构等部分。按控制电流性质不同，接触器分为交流接触器和直流接触器两大类。图 6-17 所示为常用交流接触器的外形。

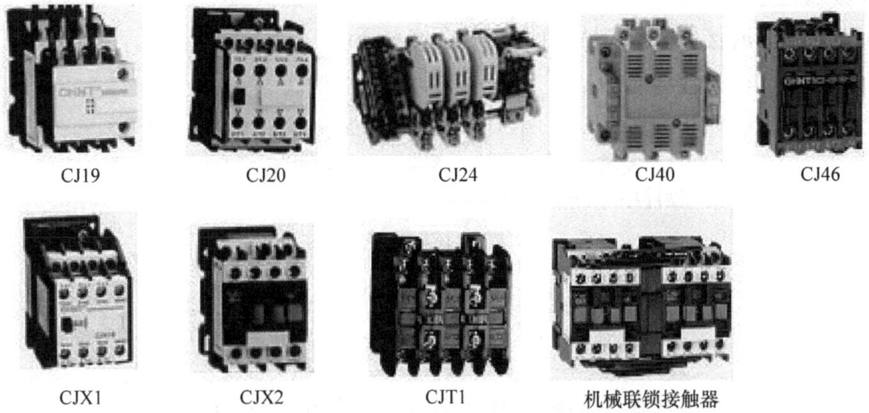


图 6-17　常用交流接触器的外形

交流接触器常用于远距离、频繁地接通和分断额定电压至 1140V、电流至 630A 的交流电路。图 6-18 所示为交流接触器的结构示意图，它主要由触点系统、电磁系统、灭弧装置置和其他部件组成。

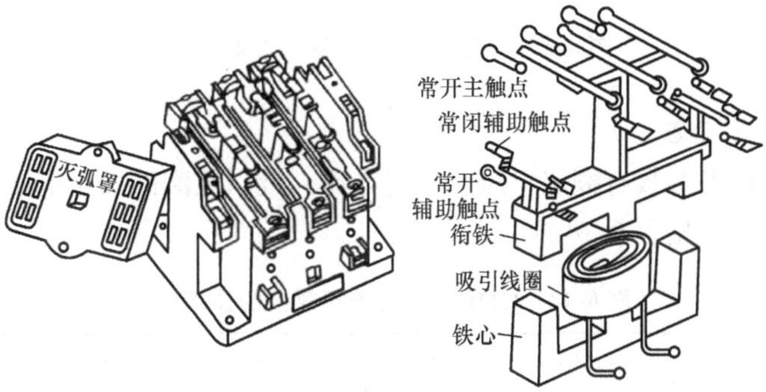


图 6-18　交流接触器的结构示意图

当交流接触器的电磁线圈接通电源时，线圈产生磁场，使静铁心产生足以克服弹簧反作用力的吸力，将动铁心向下吸合，使常开主触点和常开辅助触点闭合，常闭辅助触点断开。主触点将主电路接通，辅助触点则接通或分断与之相连的控制电路。当接触器线圈断电时，静铁心吸力消失，动铁心在反作用弹簧力的作用下复位，各触点也随之复位。

交流接触器的铁心和衔铁由 E 形硅钢片叠压而成，为防止涡流和过热，铁心上还装有短路环防止振动和噪声。接触器的触点分主触点和辅助触点，主触点通常有三对，用于通断主电路，辅助触点通常两开两闭，用来在控制电路中起电气自锁和互锁等作用。当接触器的动、静触点分开时，会产生空气放电，即“电弧”，由于电弧的温度高达 3000℃或更高，会导致触点被严重烧灼，缩短了电器的寿命，给电气设备的运行安全和人身安全等都造成了极大的威胁。因此，必须采取有效方法，尽可能消灭电弧。

常用的交流接触器有 CJ10 系列，可取代 CJ0、CJ8 等老产品；CJ12、CJ12B 系列，可取代 CJ1、CJ2、CJ3 等老产品，其中 CJ10 是统一设计产品。

2. 接触器的表示方式

（1）型号　交流接触器的型号组成及其含义如下：

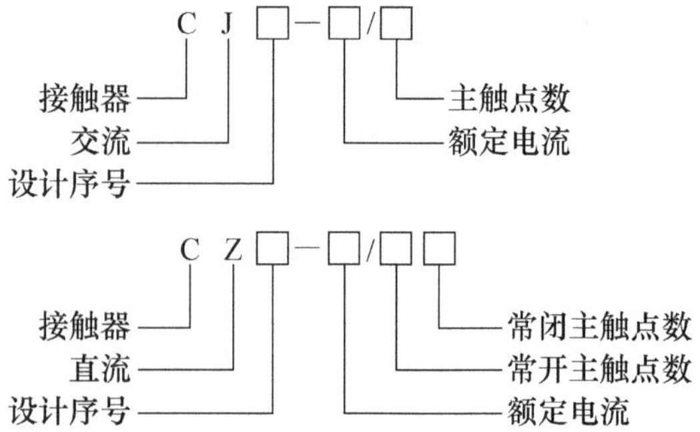


（2）电气符号　交流接触器的图形及文字符号如图 6-19 所示。

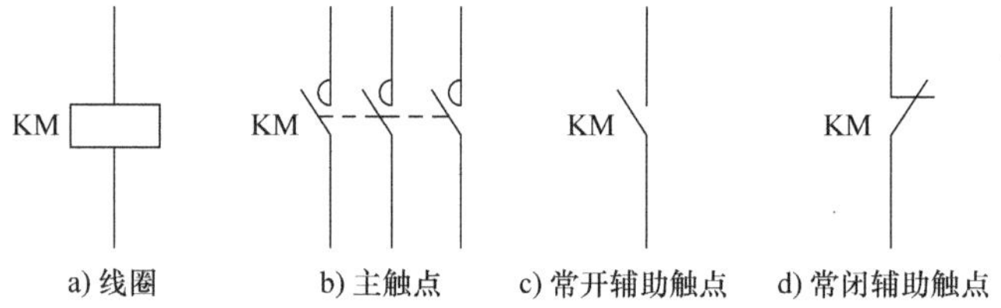


图 6-19　交流接触器的图形及文字符号

3. 接触器的技术参数

接触器的主要技术参数有额定电压、额定电流、吸引线圈的额定电压、电气寿命、机械寿命和额定操作频率，见表 6-14。

**表 6-14　CJ10 系列交流接触器的技术参数**

| 型　号 | 额定电压/V | 额定电流/A | 可控制的三相异步电动机的最大功率/kW | | | 额定操作频率/(次/h) | 线圈消耗功率/V·A | | 机械寿命/万次 | 电气寿命/万次 |
|---|---|---|---|---|---|---|---|---|---|---|
| | | | 220V | 380V | 550V | | 起动 | 吸持 | | |
| CJ10－5 | 380<br>500 | 5 | 1.2 | 2.2 | 2.2 | 600 | 35 | 6 | 300 | 60 |
| CJ10－10 | | 10 | 2.2 | 4 | 4 | | 65 | 11 | | |
| CJ10－20 | | 20 | 5.5 | 10 | 10 | | 140 | 22 | | |
| CJ10－40 | | 40 | 11 | 20 | 20 | | 230 | 32 | | |
| CJ10－60 | | 60 | 17 | 30 | 30 | | 485 | 95 | | |
| CJ10－100 | | 100 | 30 | 50 | 50 | | 760 | 105 | | |
| CJ10－150 | | 150 | 43 | 75 | 75 | | 950 | 110 | | |

接触器铭牌上的额定电压是指主触点的额定电压，交流有 127V、220V、380V、500V 等档；直流有 110V、220V、440V 等档。

接触器铭牌上的额定电流是指主触点的额定电流，有 5A、10A、20A、40A、60A、

100A、150A、250A、400A 和 600A 等档。

接触器吸引线圈的额定电压交流有 36V、110V、127V、220V、380V 等档；直流有 24V、48V、220V、440V 等档。

接触器的电气寿命用其在不同使用条件下无须修理或更换零件的负载操作次数来表示。接触器的机械寿命用其在需要正常维修或更换机械零件（包括更换触点）前，所能承受的无载操作循环次数来表示。

额定操作频率是指接触器的每小时操作次数。

4. 交流接触器的选用

选择交流接触器主要考虑以下几个方面。

（1）接触器的类型　根据接触器所控制的负载性质，选择直流接触器或交流接触器。

（2）额定电压　接触器的额定电压应大于或等于所控制线路的电压。

（3）额定电流　接触器的额定电流应大于或等于所控制线路的额定电流。对于电动机负载，可按下列经验公式计算

$$I_c = \frac{P_N}{KU_N}$$

式中　$I_c$——接触器主触点电流（A）；

$P_N$——电动机的额定功率（kW）；

$U_N$——电动机的额定电压（V）；

$K$——经验系数，一般取 1～1.4。

5. 交流接触器的检测

在使用交流接触器之前，应进行必要的检测。

检测的内容包括电磁线圈是否完好；对结构不甚熟悉的交流接触器，还应区分出电磁线圈、常闭触点和常开触点的位置及质量好坏。

检测步骤如下：

（1）万用表调零　如图 6-20 所示，将万用表拨到电阻档的 R×100 档，然后将红、黑表笔短接，通过刻度盘左下方的调零旋钮将指针调整到电阻档的零刻度。

（2）线圈的检测　将红、黑表笔分别放在 A1 和 A2 两接线柱上，测量电磁线圈电阻，此时万用表指针应指示交流接触器线圈的电阻值（几十欧至几千欧），如图 6-21 所示。若电阻为“0”，则说明线圈短路；若电阻为“∞”，则说明线圈断路。

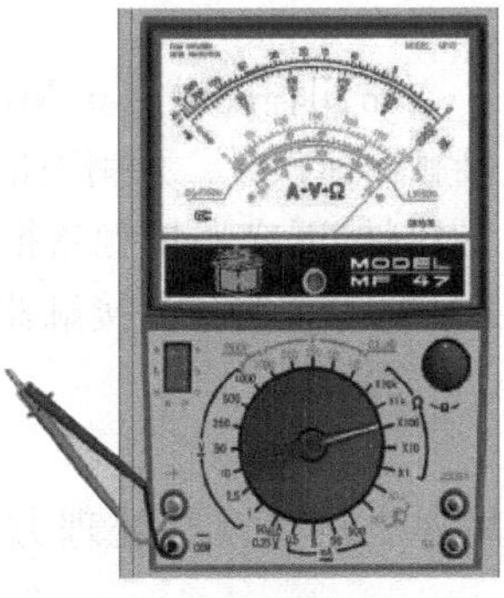


图 6-20　万用表调零

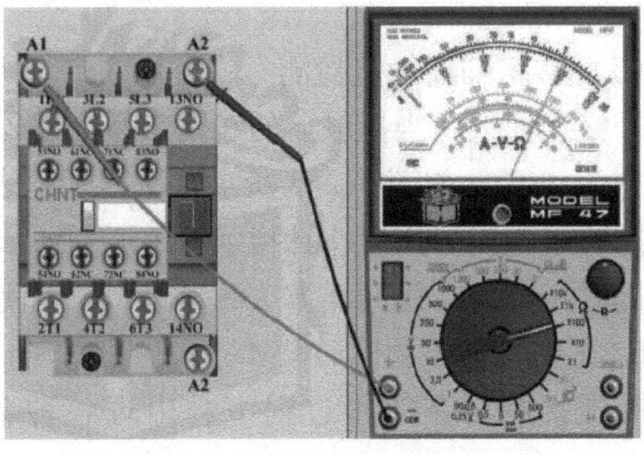


图 6-21　交流接触器线圈的检测

（3）主触点检测　将万用表的两表笔分别放在 L1，T1 接线柱上，万用表指针指向电阻“∞”，如图 6-22a 所示；强制按下交流接触器衔铁或给其线圈通电，则万用表指针由“∞”指向“0”，如图 6-22b 所示。说明此对主触点完好。

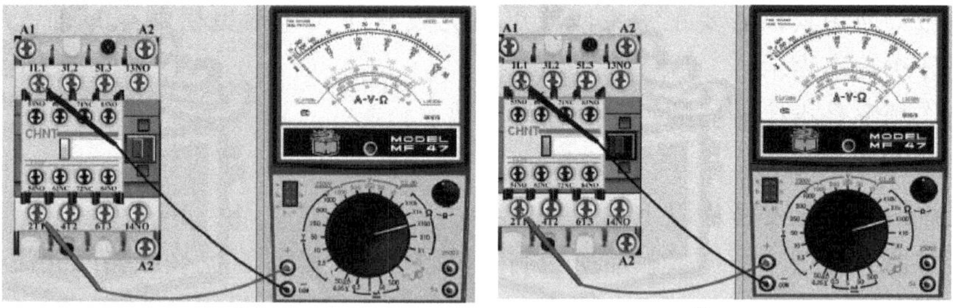


a)　　b)

图 6-22　交流接触器主触点的检测

用同样的方法检测交流接触器其他两对主触点 L2、T2 和 L3、T3。

（4）常开辅助触点的检测　将万用表两表笔分别放在一对常开辅助触点 53NO－54NO 或 83NO－84NO 的两个接线柱上，当接触器的线圈不通电或没有强制按下交流接触器衔铁时，万用表指针指示电阻应为“∞”，如图 6-23a 所示；万用表两表笔不动，强制交流接触器动作或给其线圈通电，则万用表指针指示电阻应为“0”，如图 6-23b 所示。说明此对触点正常，否则有故障。

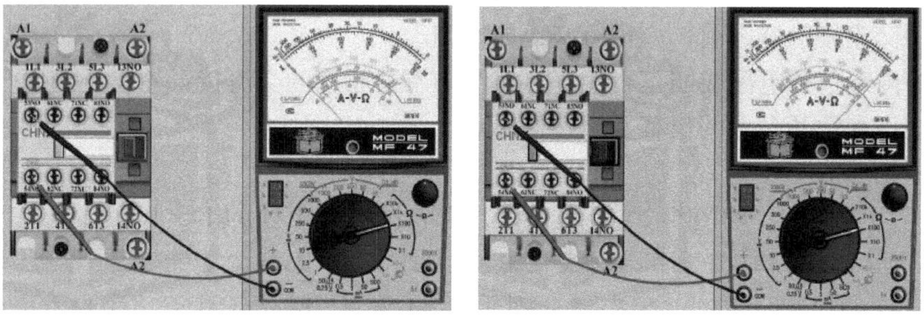


a)　　b)

图 6-23　交流接触器常开辅助触点的检测

（5）常闭辅助触点检测　将万用表红、黑表笔分别放在一对常闭辅助触点 61NC－62NC 的两个接线柱上，当接触器的线圈未通电或未强制按下交流接触器衔铁时，万用表指针指示电阻应为“0”，如图 6-24a 所示；保持万用表两表笔不动，强制按下交流接触器衔铁或给其线圈通电，则万用表指针指示电阻应为“∞”，如图 6-24b 所示。说明交流接触器此对常闭辅助触点正常。用同样方法测量另一对常闭辅助触点 71NC－72NC。

6. 交流接触器故障的处理

交流接触器在使用过程中会出现各种各样的问题，其常见故障及其处理方法见表 6-15。

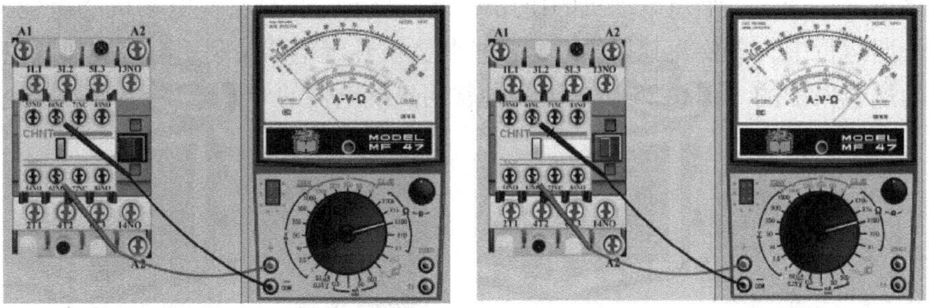


a)　　b)

图 6-24　交流接触器常闭辅助触点的检测

**表 6-15　交流接触器常见故障及其处理方法**

| 故障现象 | 产生原因 | 处理方法 |
|---|---|---|
| 接触器不吸合或吸不牢 | 1. 电源电压过低<br>2. 线圈断路<br>3. 线圈技术参数与使用条件不符<br>4. 铁心机械卡阻 | 1. 调高电源电压<br>2. 更换线圈<br>3. 更换线圈<br>4. 排除卡阻物 |
| 线圈断电，接触器不释放或释放缓慢 | 1. 触点熔焊<br>2. 铁心表面有油污<br>3. 触点弹簧压力过小或复位弹簧损坏<br>4. 机械卡阻 | 1. 排除熔焊故障，修理或更换触点<br>2. 清理铁心表面<br>3. 调整触点弹簧力或更换复位弹簧<br>4. 排除卡阻物 |
| 触点熔焊 | 1. 操作频率过高或过负载使用<br>2. 负载侧短路<br>3. 触点弹簧压力过小<br>4. 触点表面有电弧灼伤<br>5. 机械卡阻 | 1. 更换合适的接触器或减小负载<br>2. 排除短路故障，更换触点<br>3. 调整触点弹簧压力<br>4. 清理触点表面<br>5. 排除卡阻物 |
| 铁心噪声过大 | 1. 电源电压过低<br>2. 短路环断裂<br>3. 铁心机械卡阻<br>4. 铁心极面有油垢或磨损不平<br>5. 触点弹簧压力过大 | 1. 检查线路并提高电源电压<br>2. 更换铁心或短路环<br>3. 排除卡阻物<br>4. 用汽油清洗极面或更换铁心<br>5. 调整触点弹簧压力 |
| 线圈过热或烧毁 | 1. 线圈匝间短路<br>2. 操作频率过高<br>3. 线圈参数与实际使用条件不符<br>4. 铁心机械卡阻 | 1. 更换线圈并找出故障原因<br>2. 更换合适的接触器<br>3. 更换线圈或接触器<br>4. 排除卡阻物 |

## 二、热继电器

热继电器是一种利用流过继电器的电流所产生的热效应而反时限动作的保护电器，主要用作电动机的过载保护、断相保护、电流不平衡运行及其他电气设备发热状态的控制。

### 1. 热继电器的作用及保护特性

电动机在运行过程中若过载时间长、过载电流大，电动机绕组的温升就会超过允许值，使电动机绕组绝缘老化，缩短电动机的使用寿命，严重时甚至会使电动机绕组烧毁。因此，在电动机长期运行中，需要为其提供过载保护装置。热继电器是利用电流的热效应原理来实现电动机的过载保护的。图 6-25 所示为几种常用热继电器的外形。

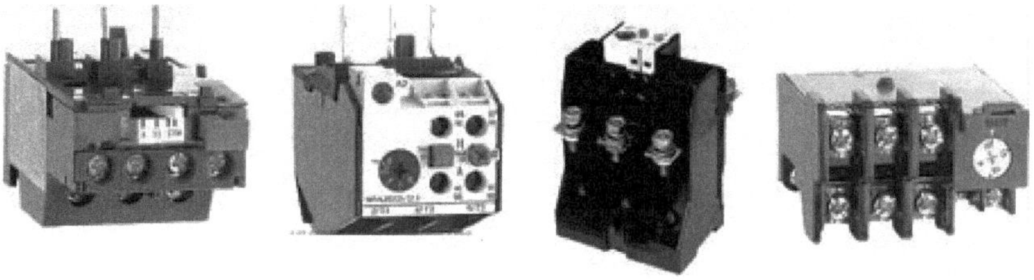

a) JRS1系列　b) JRS2系列　c) JR16系列　d) JRS5系列

图 6-25　常用热继电器的外形

热继电器具有反时限保护特性，即过载电流大，动作时间短；过载电流小，动作时间长。当电动机的工作电流为额定电流时，热继电器应长期不动作。其保护特性见表 6-16。

**表 6-16　热继电器的保护特性**

| 序　　号 | 整定电流倍数 | 动 作 时 间 | 试 验 条 件 |
|---|---|---|---|
| 1 | 1.05 | >2h | 冷态 |
| 2 | 1.2 | <2h | 热态 |
| 3 | 1.6 | <2min | 热态 |
| 4 | 6 | >5s | 冷态 |

2. 热继电器的结构

热继电器主要由热元件、双金属片和触点三部分组成。双金属片是热继电器的感测元件，由两种线膨胀系数不同的金属片用机械碾压而成。线膨胀系数大的称为主动层，小的称为被动层。图 6-26a 所示为热继电器的结构示意图，热元件串联在电动机定子绕组中。电动机正常工作时，热元件产生的热量虽然能使双金属片弯曲，但还不能使继电器动作。当电动机过载时，流过热元件的电流增大，经过一定时间后，双金属片推动导板使继电器触点动作，切断电动机的控制电路。

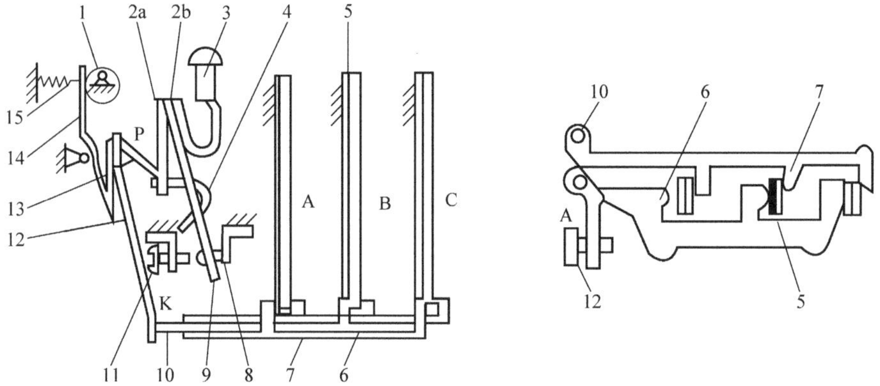


a) 结构示意图　b) 差动式断相保护示意图

图 6-26　JR16 系列热继电器结构示意图

1—电流调节凸轮　2a、2b—簧片　3—手动复位按钮　4—弓簧　5—双金属片　6—外导板　7—内导板　8—常闭静触点　9—动触点　10—杠杆　11—调节螺钉　12—补偿双金属片　13—推杆　14—连杆　15—压簧

电动机断相运行是电动机烧毁的主要原因之一，因此要求热继电器还应具备断相保护功能。如图 6-26b 所示，热继电器的导板采用差动机构，在断相工作时，其中两相电流增大，一相逐渐冷却，这样可使热继电器的动作时间缩短，从而更有效地保护电动机。

3. 热继电器的表示方式

（1）型号　常用的热继电器有 JRS1、JR20、JR16、JR15、JR14 等系列，引进产品有 T、3UP、LR1 - D 等系列。

热继电器的型号组成及其含义如下：

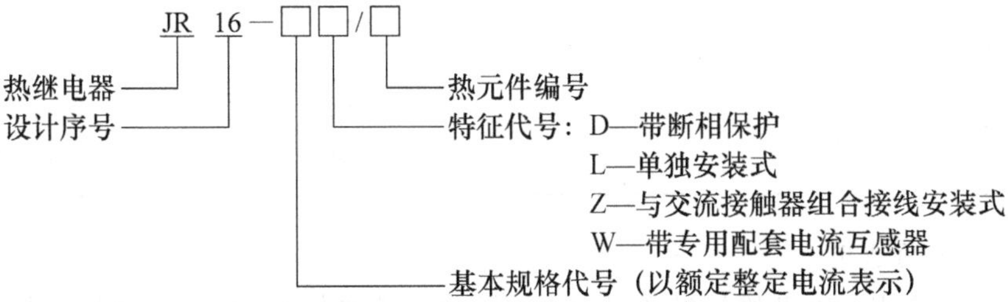


（2）电气符号　热继电器的图形及文字符号如图 6-27 所示。

a) 热继电器的驱动器件　　b) 常闭触点

图 6-27　热继电器的图形及文字符号

4. 热继电器的主要技术参数

热继电器的主要技术参数包括额定电压、额定电流、相数、热元件编号及整定电流调节范围等。

热继电器的整定电流是指热继电器的热元件允许长期通过又不致引起继电器动作的最大电流值。对于某一热元件，可通过调节其电流调节旋钮，在一定范围内调节其整定电流。

JR16 系列热继电器的主要技术参数见表 6-17。

**表 6-17　JR16 系列热继电器的主要技术参数**

| 型号 | 额定电流/A | 热元件规格 | |
|---|---|---|---|
| | | 额定电流/A | 电流调节范围/A |
| JR16 - 20/3<br>JR16 - 20/3D | 20 | 0.35 | 0.25 ~ 0.35 |
| | | 0.5 | 0.32 ~ 0.5 |
| | | 0.72 | 0.45 ~ 0.72 |
| | | 1.1 | 0.68 ~ 1.1 |
| | | 1.6 | 1.0 ~ 1.6 |
| | | 2.4 | 1.5 ~ 2.4 |
| | | 3.5 | 2.2 ~ 3.5 |
| | | 5 | 3.5 ~ 5.0 |
| | | 7.2 | 6.8 ~ 11 |
| | | 11 | 10.0 ~ 16 |
| | | 16 | 14 ~ 22 |
| | | 22 | |

（续）

| 型号 | 额定电流/A | 热元件规格 | |
|---|---|---|---|
| | | 额定电流/A | 电流调节范围/A |
| JR16－60/3<br>JR16－60/3D | 60<br>100 | 22<br>32<br>45<br>63 | 14～22<br>20～32<br>28～45<br>45～63 |
| JR16－150/3<br>JR16－150/3D | 150 | 63<br>85<br>120<br>160 | 40～63<br>53～85<br>75～120<br>100～160 |

5. 热继电器的选用

热继电器主要用于电动机的过载保护，使用中应考虑电动机的工作环境、起动情况、负载性质等因素，具体应按以下几个方面来选择。

1）热继电器结构形式的选择：Y联结的电动机可选用两相或三相结构热继电器；△联结的电动机应选用带断相保护装置的三相结构热继电器。

2）根据被保护电动机的实际起动时间选取6倍额定电流下具有相应可返回时间的热继电器。一般热继电器的可返回时间大约为6倍额定电流下动作时间的50%～70%。

3）热元件的额定电流一般可按下式确定

$$I_N = (0.95 \sim 1.05) I_{MN}$$

式中　$I_N$——热元件的额定电流；

$I_{MN}$——电动机的额定电流。

对于工作环境恶劣、起动频繁的电动机，则按下式确定

$$I_N = (1.15 \sim 1.5) I_{MN}$$

热元件选好后，还需用电动机的额定电流来调整它的整定值。

4）对于重复短时工作的电动机（如起重机电动机），由于电动机不断重复升温，热继电器双金属片的温升跟不上电动机绕组的温升，电动机将得不到可靠的过载保护，因此不宜选用双金属片热继电器，而应选用过电流继电器或能反映绕组实际温度的温度继电器来进行保护。

6. 热继电器的检测

在使用热继电器之前应进行必要的检测。检测的内容包括区分出热元件主接线柱位置及其是否完好，区分出常闭触点和常开触点的位置及其是否完好。检测步骤如下。

（1）万用表调零　将万用表拨到电阻档的R×10档，将红、黑表笔短接，通过刻度盘右下方的调零旋钮，将指针调整到电阻档的零刻度。

（2）热继电器主接线柱（热元件）的检测　将红、黑表笔分别放在热继电器任意两主接线柱上，由于热元件的电阻值较小，几乎为零，所以若测得电阻为“0”，说明所测两点为热元件的一对主接线柱，且热元件完好，如图6-28a所示，L1－T1是一对完好的主接线柱；若阻值为“∞”，说明这两点不是热元件的一对主接线柱或热元件损坏，如图6-28b所

示，T1 - T3 不是一对主接线柱。

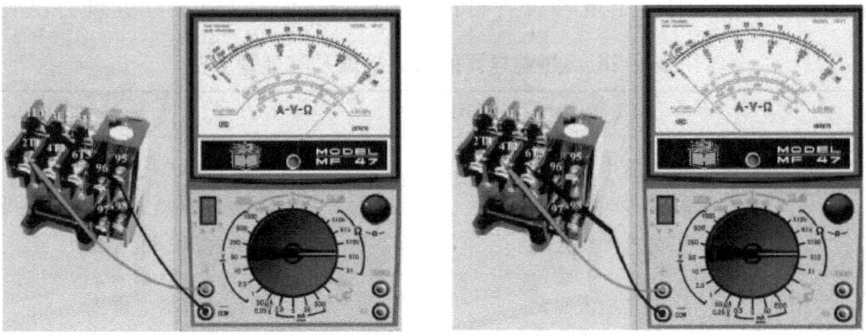


a)　　b)

图 6-28　热继电器主接线柱的检测

（3）常闭常开触点的检测　将万用表红、黑表笔放在任意两个触点上。若万用表所测阻值为“0”，说明这是一对常闭触点。如图 6-29a 所示，拨动热继电器的机械按钮，指针从“0”指向了“∞”，如图 6-29b 所示，可确定 97 - 98 是一对常闭触点。

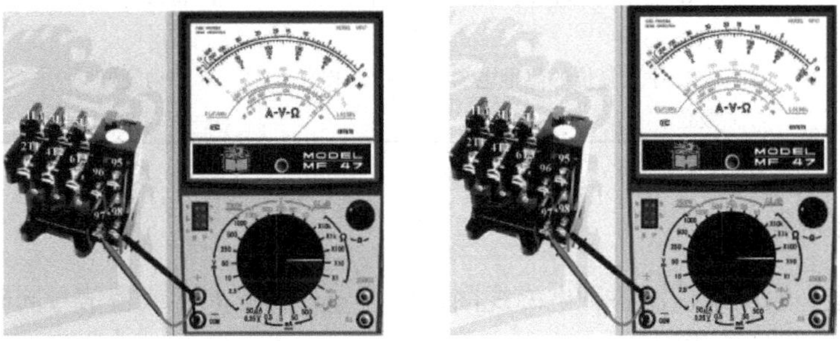


a)　　b)

图 6-29　热继电器常闭触点的检测

若所测阻值为“∞”，则此对触点可能是一对常开触点。如图 6-30a 所示，95 - 96 可能是一对常开触点。拨动热继电器的机械按钮，指针从“∞”指向了“0”，如图 6-30b 所示，可确定 95 - 96 是一对常开触点。

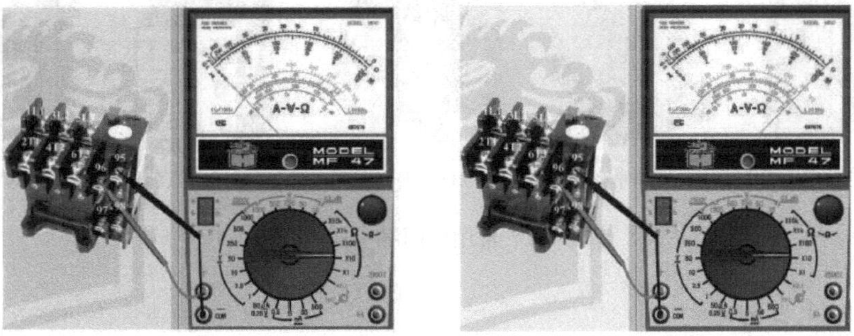


a)　　b)

图 6-30　热继电器常开触点的检测

7. 热继电器的故障处理

热继电器在使用过程中会出现各种各样的问题，其常见故障及其处理方法见表 6-18。

**表 6-18　热继电器的常见故障及其处理方法**

| 故障现象 | 产生原因 | 处理方法 |
| --- | --- | --- |
| 热继电器误动作或动作太快 | 1. 整定电流偏小<br>2. 操作频率过高<br>3. 连接导线太细 | 1. 调大整定电流<br>2. 更换热继电器或限定操作频率<br>3. 选用标准导线 |
| 热继电器不动作 | 1. 整定电流偏大<br>2. 热元件烧断或脱焊<br>3. 导板脱出 | 1. 调小整定电流<br>2. 更换热元件或热继电器<br>3. 重新放置导板并试验动作灵活性 |
| 热元件烧断 | 1. 负载侧电流过大<br>2. 操作频率过高 | 1. 排除故障，更换热继电器<br>2. 限定操作频率或更换合适的热继电器 |
| 主电路不通 | 1. 热元件烧毁<br>2. 接线螺钉未旋紧 | 1. 更换热元件或热继电器<br>2. 旋紧接线螺钉 |
| 控制电路不通 | 1. 热继电器常闭触点接触不良或弹性消失<br>2. 手动复位的热继电器动作后，未手动复位 | 1. 检修常闭触点<br>2. 手动复位 |

## 三、中间继电器

中间继电器一般用来控制各种电磁线圈，使信号得到放大，或将信号同时传给几个控制元件。

1. 中间继电器的作用

中间继电器实质上是一种电压继电器，但它的触点数量较多、容量较小，是作为控制开关使用的接触器。它在电路中的作用主要是扩展控制触点数和增加触点容量。其输入信号是线圈的通电和断电信号，输出信号是触点的动作。常用中间继电器的外形如图 6-31 所示。

a) JZ7系列　b) JZ14系列　c) JZ15系列　d) JZC1系列　e) JZC4系列

图 6-31　常用中间继电器的外形

2. 中间继电器的结构

中间继电器的结构与交流接触器基本相同，如图 6-32 所示。

3. 中间继电器的表示方式

（1）型号　常用的中间继电器型号有 JZ7、JZ14 等。

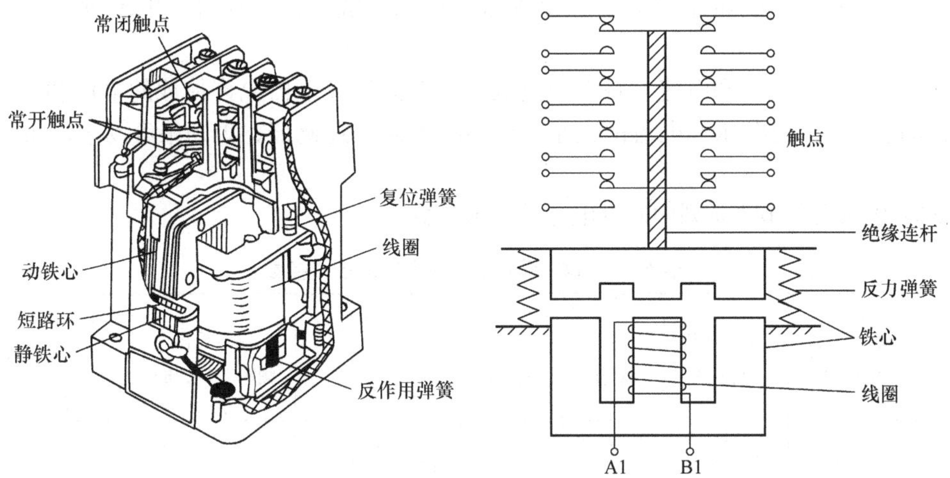


a) JZ7系列中间继电器的结构　　b) 中间继电器结构示意图

图 6-32　中间继电器结构图

JZ7 系列中间继电器的型号组成及其含义如下：

JZ　7－□□

中间继电器——JZ

设计序号——7

辅助规格代号：J—交流操作
Z—直流操作

基本规格代号：第一位数—常开触点数
第二位数—常闭触点数

（2）电气符号　中间继电器的图形及文字符号如图 6-33 所示。电流继电器的文字符号为 KI，电压继电器的文字符号为 KV，中间继电器的文字符号为 KA。

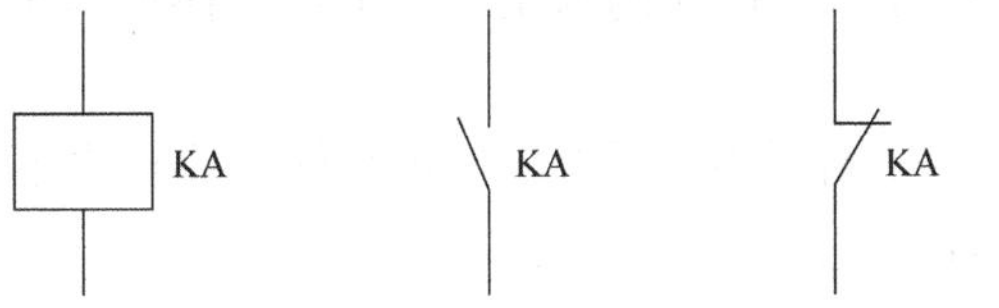


a) 线圈　　b) 常开触点　　c) 常闭触点

图 6-33　中间继电器的图形及文字符号

4. 中间继电器的技术参数

中间继电器的主要技术参数有额定工作电压、吸合电流、释放电流、触点切换电压和电流。

（1）额定工作电压　额定工作电压指继电器正常工作时线圈所需要的电压。根据继电器的型号不同，它可以是交流电压，也可以是直流电压。

（2）吸合电流　吸合电流指继电器能够产生吸合动作的最小电流。在正常使用时，给定的电流必须略大于吸合电流，这样继电器才能稳定地工作。而对于线圈所加的工作电压，一般不要超过额定工作电压的 1.5 倍，否则会产生较大的电流而把线圈烧毁。

（3）释放电流　释放电流指继电器产生释放动作的最大电流。当继电器吸合状态的电流减小到一定程度时，继电器就会恢复到未通电的释放状态，这时的电流远远小于吸合电流。

（4）触点切换电压和电流　触点切换电压和电流指继电器允许加载的电压和电流。它决定了继电器能控制电压和电流的大小，使用时不能超过此值，否则很容易损坏继电器的触点。

表6-19列出了JZ7系列中间继电器的技术参数。

**表6-19　JZ7系列中间继电器的技术参数**

| 型　号 | 触点额定电压/V | 触点额定电流/A | 触点对数 | | 吸引线圈电压/V（交流50Hz） | 额定操作频率/（次/h） | 线圈消耗功率/V·A | |
|---|---|---|---|---|---|---|---|---|
| | | | 常 开 | 常 闭 | | | 起动 | 吸持 |
| JZ7－44 | 500 | 5 | 4 | 4 | 12，36，127，220，380 | 1200 | 75 | 12 |
| JZ7－62 | 500 | 5 | 6 | 2 | | | 75 | 12 |
| JZ7－80 | 500 | 5 | 8 | 0 | | | 75 | 12 |

5. 中间继电器的选用

继电器是组成各种控制系统的基础元件，选用时应综合考虑继电器的适用性、功能特点、使用环境、工作制、额定工作电压及额定工作电流等因素，做到合理选择，具体应从以下几方面考虑。

1）类型和系列的选用。

2）使用环境的选用。

3）使用类别的选用。中间继电器的典型用途是控制交、直流电磁铁，常用型号有AC－11、DC－11。

4）额定工作电压、额定工作电流的选用。继电器线圈的电流种类和额定电压，应与系统一致。

5）工作制的选用。工作制不同对继电器的过载能力要求也不同。

6. 中间继电器的检测

在使用中间继电器之前，应进行必要的检测。检测的内容包括电磁线圈是否完好；对结构不甚熟悉的中间继电器，应区分出电磁线圈、常闭触点和常开触点的位置及状况。检测步骤如下。

（1）万用表调零　将万用表拨到电阻档的R×10档，然后将红、黑表笔短接，通过刻度盘左下方的调零旋钮将指针调整到电阻档的零刻度。

（2）线圈的检测　将红、黑表笔分别放在A1和A2两接线柱上，万用表示数为几十欧至几千欧，如图6-34所示。若电阻为“0”或者“∞”，说明线圈出现短路或断路故障。

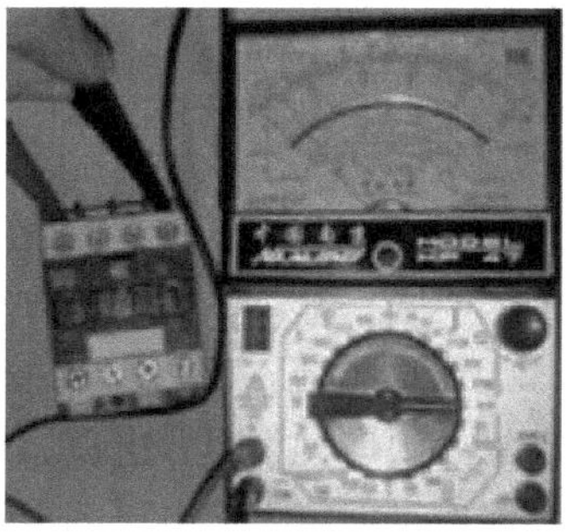

图6-34　中间继电器线圈的检测

（3）触点的检测　将万用表红、黑表笔放在任意两个触点上。若万用表所测阻值为“0”，说明这是一对常闭触点，如图6-35a所示。强制按下中间继电器的衔铁，指针从“0”指向“∞”，如图6-35b所示，可确定这是一对常闭触点。

a)　　b)

图6-35　中间继电器常闭触点的检测

若所测阻值为“∞”，则可能是一对常开触点，如图6-36a所示。强制按下中间继电器的衔铁，指针从“∞”指向了“0”，如图6-36b所示，可确定这是一对常开触点。

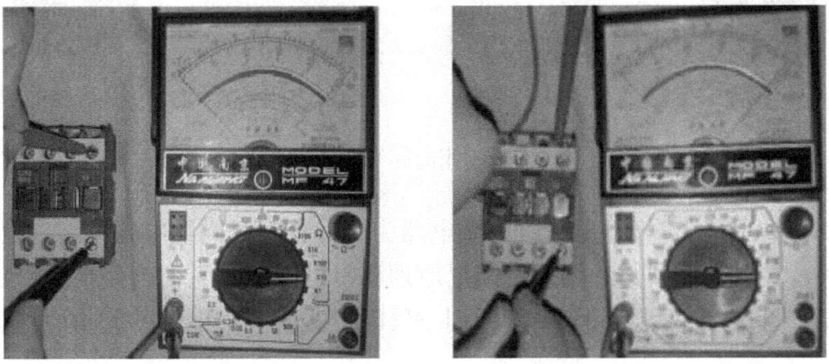


a)　　b)

图6-36　中间继电器常开触点的检测

7. 中间继电器的常见故障及检修方法

中间继电器的常见故障及检修方法与接触器类似，此处不再赘述。

## 四、时间继电器

在自动控制系统中，需要有瞬时动作的继电器，也需要延时动作的继电器。时间继电器就是利用某种原理实现触点延时动作的自动电器，经常用于通过时间控制原则进行控制的场合。

1. 时间继电器的作用及延时方式

(1) 时间继电器的作用　时间继电器是一种利用电磁原理或机械动作原理实现触点延时接通或断开的自动控制电器，它能够按照设定的时间间隔，接通或断开被控制的电路，以协调和控制生产机械的各种动作。因此，时间继电器是按整定时间长短进行动作的控制电器。

(2) 时间继电器的延时方式　时间继电器的延时方式有通电延时和断电延时两种。

1) 通电延时。接收输入信号后延迟一定的时间，输出信号才发生变化。当输入信号消失后，输出瞬时复原。

2）断电延时。接收输入信号时，瞬时产生相应的输出信号。当输入信号消失后，延迟一定的时间，输出才复原。

2. 时间继电器的结构及工作原理

常用时间继电器的外形如图6-37所示。

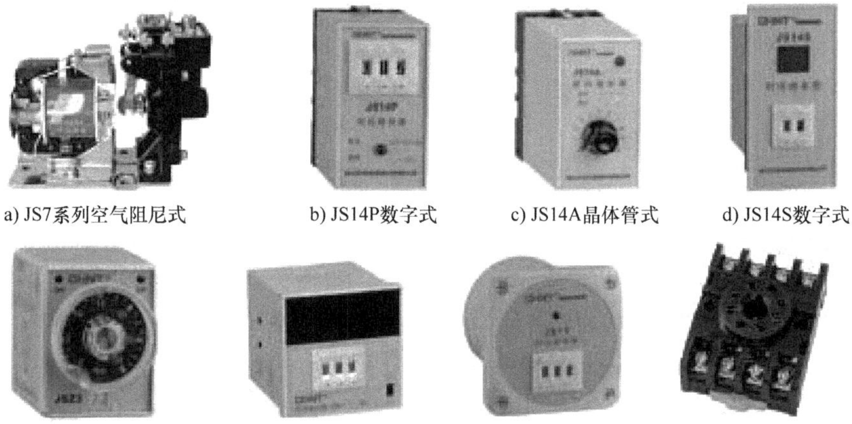

a) JS7系列空气阻尼式　b) JS14P数字式　c) JS14A晶体管式　d) JS14S数字式

e) JSZ3系列　f) JSS1数字式　g) JS11系列电动机式　h) 时间继电器底座

图6-37　常用时间继电器的外形

下面以JS7－A系列空气阻尼式时间继电器为例，介绍时间继电器的结构及工作原理。

空气阻尼式时间继电器是利用空气阻尼原理获得延时的，它由电磁系统、延时机构和触点三部分组成。图6-38所示为JS7－A系列空气阻尼式时间继电器的结构原理图。

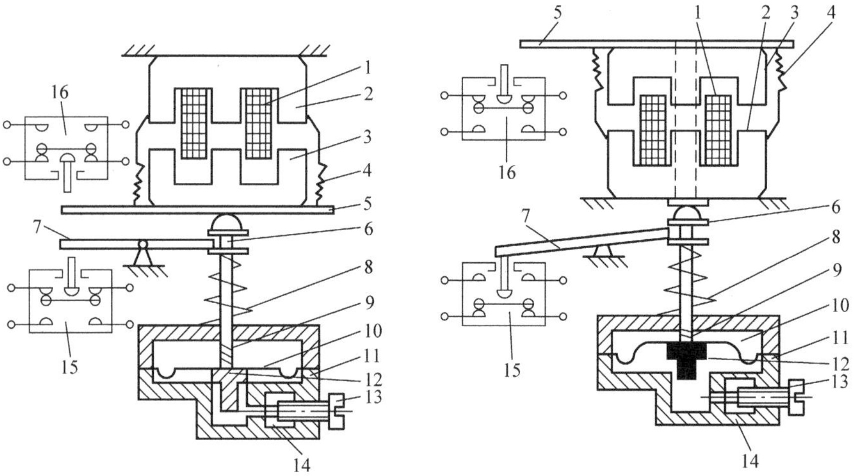

a) 通电延时型　b) 断电延时型

图6-38　JS7－A系列空气阻尼式时间继电器的结构原理图

1—线圈　2—铁心　3—衔铁　4—反力弹簧　5—推板　6—活塞杆　7—杠杆　8—塔形弹簧　9—弱弹簧　10—橡胶膜　11—空气室壁　12—活塞　13—调节螺钉　14—进气孔　15、16—微动开关空气阻尼式时间继电器的电磁机构可以是直流的，也可以是交流的；既有通电延时型，也有断电延时型。只要改变电磁机构的安装方向，便可实现不同的延时方式：当衔铁位于铁心和延时机构之间时为通电延时型，如图 6-38a 所示；当铁心位于衔铁和延时机构之间时为断电延时型，如图 6-38b 所示。

空气阻尼式时间继电器的特点是延时范围较大（0.4～180s）、结构简单、寿命长、价格低。但其延时误差较大，无调节刻度指示，难以确定整定延时值。在对延时精度要求较高的场合，不宜使用这种时间继电器。

直流电磁式时间继电器是利用电磁阻尼原理产生延时的，由电磁感应定律可知，在继电器线圈通断电过程中，铜套内将产生感应电动势，并流过感应电流，此电流产生的磁通总是反对原磁通变化。继电器通电时，延时不显著（一般忽略不计），继电器断电时起到延时作用。因此，这种继电器仅用作断电延时，且延时较短。JT3 系列最长延时不超过 5s，而且准确度较低，一般只用于要求不高的场合。

电子式时间继电器采用晶体管、集成电路和电子器件等构成。目前已有采用单片机控制的时间继电器。电子式时间继电器具有延时范围广、精度高、体积小、耐冲击和耐振动、调节方便及寿命长等优点，所以发展很快，应用广泛，在时间继电器中已成为主流产品。

3. 时间继电器的表示方式

（1）型号　时间继电器的型号组成及其含义如下：

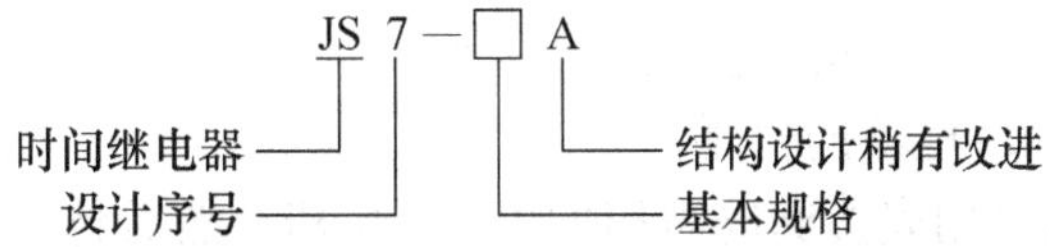


（2）电气符号　时间继电器的图形及文字符号如图 6-39 所示。

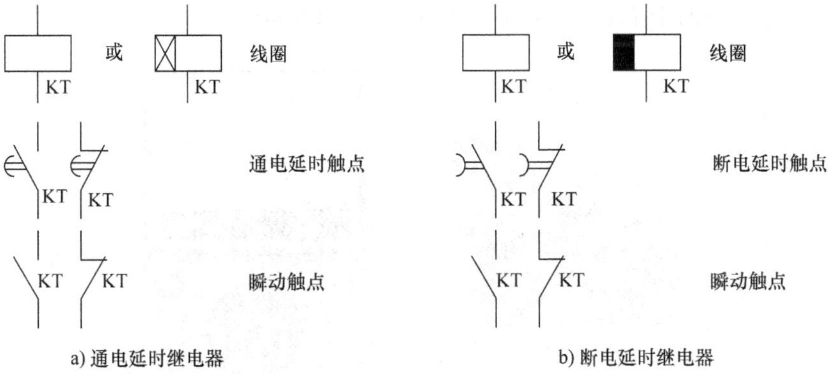


图 6-39　时间继电器的图形及文字符号

4. 时间继电器的技术参数

时间继电器的主要技术参数有额定工作电压、额定发热电流、额定控制容量、吸引线圈电压、延时范围、环境温度、延时误差和操作频率。常用的 JS7－A 系列时间继电器的技术参数见表 6-20。

表 6-20　JS7－A 系列时间继电器的技术参数

| 型　号 | 吸引线圈电压/V | 触点额定电压/V | 触点额定电流/A | 延时范围/s | 延时触点 | | | | 瞬动触点 | |
|---|---|---|---|---|---|---|---|---|---|---|
| | | | | | 通电延时 | | 断电延时 | | 常开 | 常闭 |
| | | | | | 常开 | 常闭 | 常开 | 常闭 | | |
| JS7－1A | 24，36，110，127，220，380，420 | 380 | 5 | 0.4～60 及 0.4～180 | 1 | 1 | — | — | — | — |
| JS7－2A | | | | | 1 | 1 | — | — | 1 | 1 |
| JS7－3A | | | | | — | — | 1 | 1 | — | — |
| JS7－4A | | | | | — | — | 1 | 1 | 1 | 1 |

5. 时间继电器的选用

时间继电器形式多样、各具特点，选择时应从以下几方面考虑。

1）根据控制电路对延时触点的要求选择延时方式，即通电延时或断电延时。

2）根据延时范围和精度要求选择继电器类型。

3）根据使用场合、工作环境选择时间继电器的类型。如电源电压波动大的场合可选空气阻尼式或电动式时间继电器，电源频率不稳定的场合不宜选用电动式时间继电器；环境温度变化大的场合不宜选用空气阻尼式和电子式时间继电器。

6. 时间继电器的检测

在使用时间继电器之前，应进行必要的检测。检测的内容包括线圈是否完好；区分出延时闭合触点对和延时断开触点对的位置及是否完好。

（1）JS7－1A 型时间继电器的检测

1）万用表调零。将万用表拨到电阻档的 R×100 档，然后将红、黑表笔短接，通过刻度盘左下方的调零旋钮将指针调整到电阻档的零刻度。

2）线圈的检测。将红、黑表笔放在线圈两端 A1 和 A2 接线柱上，此时万用表指针应指示时间继电器线圈的电阻值（几十欧至几千欧），如图 6-40 所示。

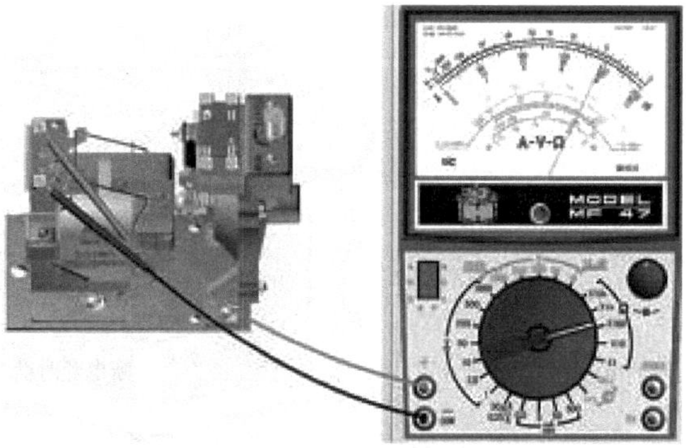


图 6-40　时间继电器线圈的检测

3）触点检测。将红、黑两表笔接在任意两个触点上，手动推动衔铁，模拟时间继电器动作，延时时间到了以后，若指针从“∞”指向“0”，说明这对触点是延时闭合的常开触点对，如图 6-41 所示；若指针从“0”指向“∞”，说明这对触点是延时断开的触点对，如图 6-42 所示；若指针不动，说明这两点不是一对触点。

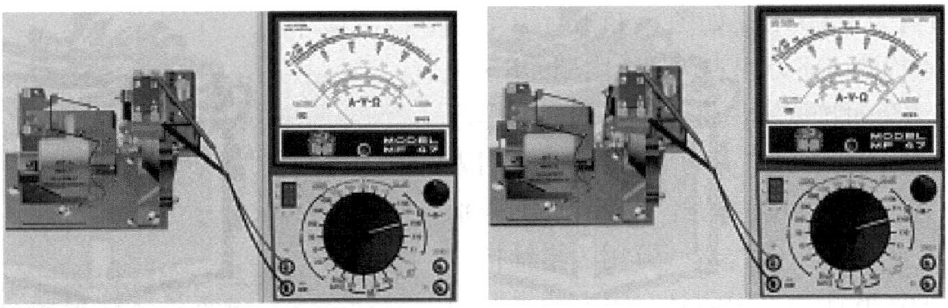


图 6-41　时间继电器常开触点的检测

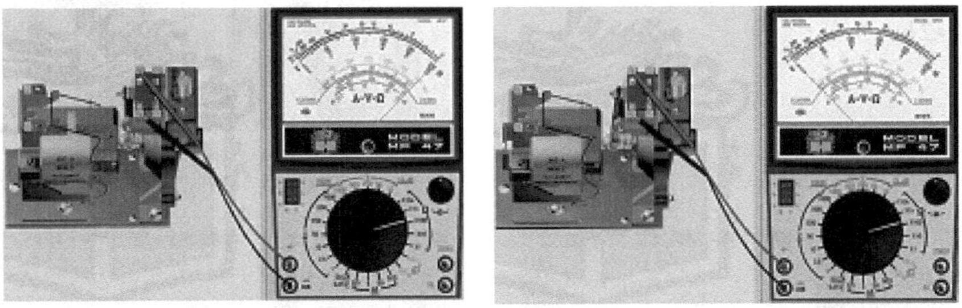


图 6-42　时间继电器常闭触点的检测

（2）ST3P 系列时间继电器的检测

1）外观检测。观察时间继电器底座，如图 6-43 所示，并对照时间继电器的铭牌标示，如图 6-44 所示，找出时间继电器的线圈和延时闭合及延时断开的触点数字标号：

线圈：2 – 7；

延时闭合的常开触点：1 – 3 和 6 – 8；

延时断开的常闭触点：1 – 4 和 5 – 8。

图 6-43　时间继电器线圈底座

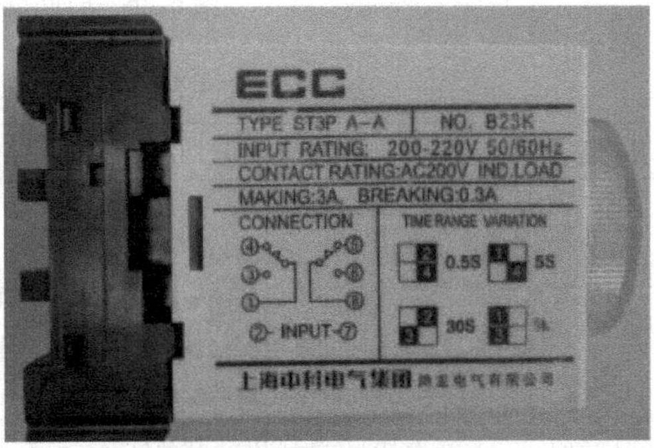


图 6-44　时间继电器铭牌

2）线圈的检测。将万用表拨到电阻档的 R × 10k 档，并进行欧姆调零。将时间继电器主体可靠插入到底座上，将红、黑两表笔放在线圈两触点 2－7 接线端子上，万用表指针显示线圈阻值约为 1000kΩ，如图 6-45 所示。否则，线圈损坏。

3）触点检测。将万用表调到电阻档的R×10 档，红、黑表笔对接调零。将万用表的红、黑两表笔分别放在 5－8（或 1－4）接线端，万用表指针指向“0”；将万用表的红、黑两表笔分别放在 6－8（或 1－3）接线端，万用表指针指向“∞”，如图 6-46 所示，说明延时闭合的常开触点和延时断开的常闭触点完好。

7. 时间继电器的故障处理

空气阻尼式时间继电器常见故障及其处理方法见表 6-21。

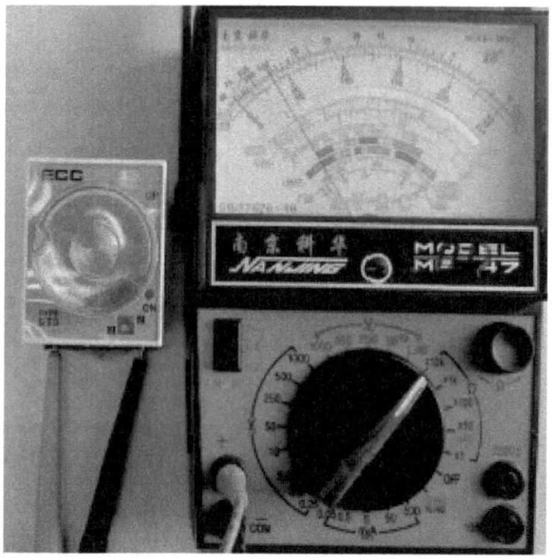

图 6-45　时间继电器线圈的检测

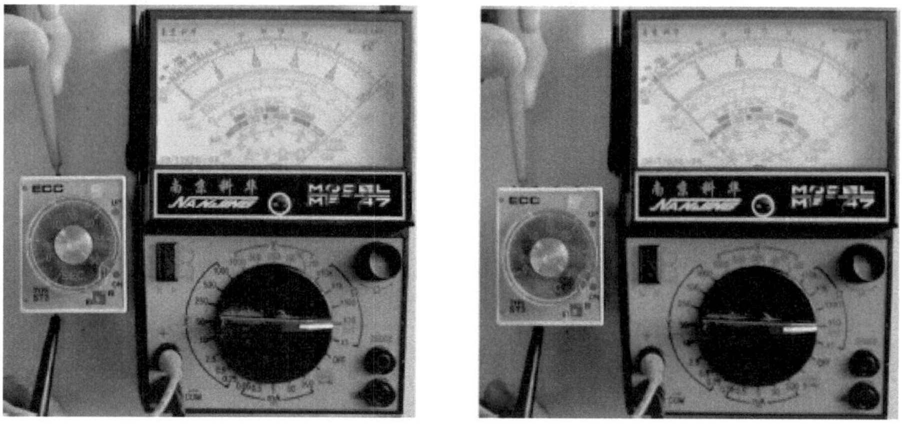

图 6-46　时间继电器触点的检测

**表 6-21　空气阻尼式时间继电器常见故障及其处理方法**

| 故障现象 | 产生原因 | 处理方法 |
|---|---|---|
| 延时触点不动作 | 1. 电磁铁线圈断线<br>2. 电源电压低于线圈额定电压很多<br>3. 电动式时间继电器的同步电动机线圈断线<br>4. 电动式时间继电器的棘爪无弹性，不能使棘齿制动<br>5. 电动式时间继电器游丝断裂 | 1. 更换线圈<br>2. 更换线圈或调高电源电压<br>3. 更换同步电动机<br>4. 更换棘爪<br>5. 更换游丝 |
| 延时时间缩短 | 1. 空气阻尼式时间继电器的气室装配不严，漏气<br>2. 空气阻尼式时间继电器的气室内橡胶薄膜损坏 | 1. 修理或更换气室<br>2. 更换橡胶薄膜 |
| 延时时间变长 | 1. 空气阻尼式时间继电器的气室内有灰尘，使气道阻塞<br>2. 电动式时间继电器的传动机构缺润滑油 | 1. 清除气室内灰尘，使气道畅通<br>2. 加入适量的润滑油 |

## 五、速度继电器

速度继电器是用来反映转速与转向变化的继电器。它可以按照被控电动机转速的大小使控制电路接通或断开。速度继电器主要用于三相异步电动机反接制动的控制电路中，故也称其为反接制动继电器。

1. 速度继电器的结构

速度继电器是用来反映转速与转向变化的继电器。它可以按照被控电动机转速的大小使控制电路接通或断开。速度继电器通常与接触器配合，实现对电动机的反接制动。常用速度继电器的外形如图6-47所示。

a) JY-1型速度继电器　b) CT-822速度继电器　c) JMP-S速度继电器　d) FKJ-CB速度控制继电器

e) JMP-SD(S1)双功能速度继电器　f) DSK-F电子速度继电器　g) SKJ-C电子速度继电器

图6-47　常用速度继电器的外形

速度继电器主要由转子、定子及触点三部分组成。速度继电器的结构如图6-48所示。

速度继电器的转轴和电动机的主轴通过联轴器相连。当电动机转动时，速度继电器的转子随之转动，定子内的绕组便切割磁感线，产生感应电动势，而后产生感应电流，此电流与转子磁场作用产生转矩，使定子开始转动。电动机转速达到某一值时，产生的转矩能使定子转到一定角度，从而使摆杆推动常闭触点动作。当电动机转速低于某一值或停转时，定子产生的转矩会减小或消失，触点在弹簧的作用下复位。

速度继电器有两组触点（每组各有一对常开触点和常闭触点），可分别控制电动机正、反转的反接制动。

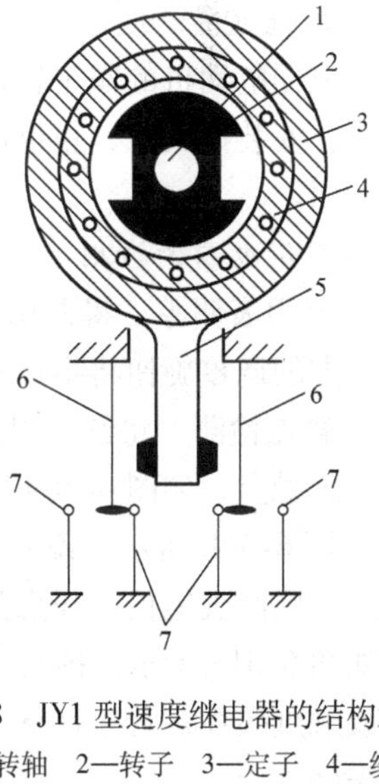


图6-48　JY1型速度继电器的结构示意图
1—转轴　2—转子　3—定子　4—绕组
5—胶木摆杆　6—动触点　7—静触点

2. 速度继电器的表示方式

（1）型号　常用的速度继电器有JY1型和JFZ0型，一般速度继电器的动作速度为120r/min，触点的复位速度为100r/min。在连续工作制中，能可靠地工作在1000～3600r/min，允许操作频率每小时不超过

30 次。速度继电器的型号组成及其含义如下：

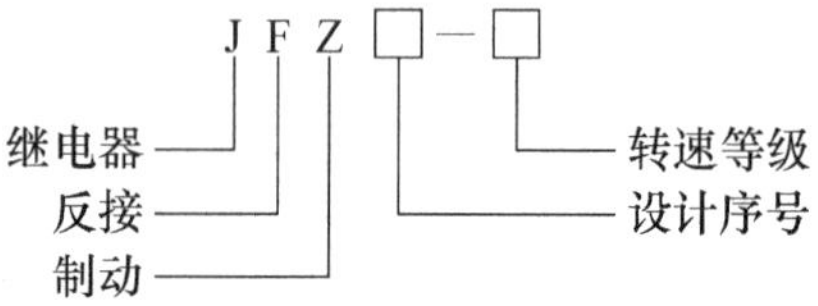


（2）电气符号　速度继电器的图形及文字符号如图 6-49 所示。

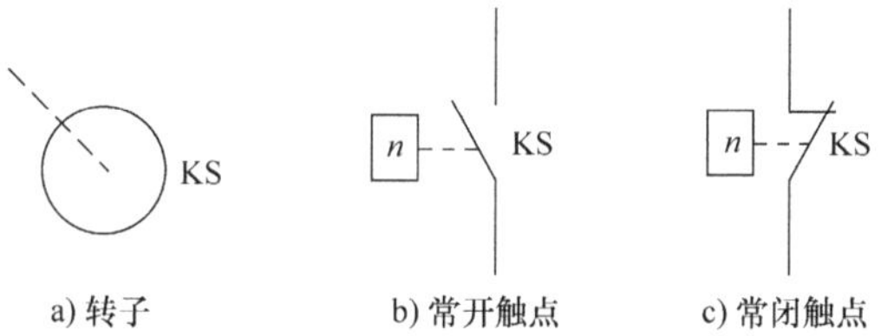


图 6-49　速度继电器的图形及文字符号

3. 速度继电器的技术参数

JY1、JFZ0 系列速度继电器的主要参数见表 6-22。

**表 6-22　JY1、JFZ0 系列速度继电器的主要参数**

| 型　号 | 触点额定电压/V | 触点额定电流/A | 触点数量 | | 额定工作转速/（r/min） | 允许操作频率/（次/h） |
|---|---|---|---|---|---|---|
| | | | 正转时动作 | 反转时动作 | | |
| JY1<br>JFZ0 | 380 | 2 | 1 常开<br>0 常闭 | 1 常开<br>0 常闭 | 100 ~ 3600<br>300 ~ 3600 | <30 |

4. 速度继电器的选用

主要根据电动机的额定转速来选择速度继电器。使用时，速度继电器的转轴应与电动机同轴连接；安装接线时，正反向的触点不能接错，否则不能起到反接制动时接通和断开反向电源的作用。

5. 速度继电器的检测

（1）万用表调零　将万用表拨到电阻档的 R × 10 档，然后将红、黑表笔短接，通过刻度盘左下方的调零旋钮将指针调整到电阻档的零刻度。

（2）触点检测　将红、黑两表笔接在任意两个触点上，万用表指针指向“0”，说明这是一对常闭触点，如图 6-50a 所示。推动衔铁，模拟速度继电器动作，若指针从“0”指向“∞”，如图 6-50b 所示，说明这对触点完好，否则说明触点损坏。

将红、黑两表笔接在任意两个触点上，万用表指针指向“∞”，说明这可能是一对常开触点，如图 6-51a 所示。推动衔铁，模拟速度继电器动作，若指针无变化，说明这不是一对触点，或触点损坏；若指针从“∞”指向“0”，如图 6-51b 所示，说明这是一对常开触点，且触点完好。

6. 速度继电器的故障处理

速度继电器在使用过程中会出现各种各样的问题，其常见故障及其处理方法见表 6-23。

a)　b)

图 6-50　速度继电器常闭触点的检测

a)　b)

图 6-51　速度继电器常开触点的检测

**表 6-23　速度继电器的常见故障及其处理方法**

| 故障现象 | 产生原因 | 处理方法 |
| --- | --- | --- |
| 制动时速度继电器失效，电动机不能制动 | 1. 速度继电器胶木摆杆断裂<br>2. 速度继电器常开触点接触不良<br>3. 弹性动触片断裂或失去弹性 | 1. 更换胶木摆杆<br>2. 清洗触点表面油污<br>3. 更换弹性动触片 |

# 任务三　低压主令电器的识别与选用

**【任务分析】**

低压主令电器是指能根据指令，自动或手动通、断电路，实现对电路或非电对象的切换、控制、保护、检测、变换和调节的电器，它是电力拖动自动控制系统的基本组成元件。作为维修电工，应学会操作低压主令电器。

**【任务实施】**

**能训练　低压主令电器的识别与检修**

1. 识别给定的各种低压主令电器

识别一组给定的常用低压主令电器，将相关内容填入表 6-24。

表 6-24 常用低压主令电器的识别

| 序号 | 名称 | 型号 | 图形符号 | 文字符号 | 主要参数 | 备注 |
|---|---|---|---|---|---|---|
| 1 | | | | | | |
| 2 | | | | | | |
| 3 | | | | | | |
| 4 | | | | | | |
| 5 | | | | | | |
| 6 | | | | | | |
| 7 | | | | | | |
| 8 | | | | | | |

2. 常用低压主令电器的拆装和检测

（1）按钮的拆装和检测 认真观察按钮结构，按结构拆卸，再按拆卸的逆序装配。用万用表的电阻档测量各对触点的接触情况，根据检测操作填写表 6-25。

表 6-25 按钮的检测

| 序号 | 步骤 | 工具/仪表 | 操作评价 |
|---|---|---|---|
| 1 | 常闭触点 | | |
| 2 | 常开触点 | | |

（2）行程开关的拆装与检测 认真观察行程开关的结构，按结构拆卸，再按拆卸的逆序装配。用万用表的电阻档测量各对触点的接触情况，根据检测操作填写表 6-26。

表 6-26 行程开关的检测

| 序号 | 步骤 | 工具/仪表 | 操作评价 |
|---|---|---|---|
| 1 | 常闭触点 | | |
| 2 | 常开触点 | | |

## 【相关知识】

### 一、按钮

按钮是一种手按下即动作、手释放即复位的短时接通的小电流开关电器。它适用于交流电压 500V 或直流电压 440V，电流为 5A 及以下的电路中。一般情况下，它不直接操纵主电路的通断，而是在控制电路中发出“指令”，通过接触器、继电器等电器去控制主电路。它也可用于电气联锁等线路中。

1. 按钮的结构

按钮由按钮帽、复位弹簧、常开触点、常闭触点、接线桩、外壳等组成，按照用途和触点的结构不同分为停止按钮（常闭按钮）、起动按钮（常开按钮）及复合按钮（常开常闭组合按钮）。按钮的种类很多，常用按钮的外形如图 6-52 所示。

实用中，为了避免误操作，通常在按钮上做出不同标记或涂以不同的颜色加以区分，有红、黄、蓝、白、绿、黑等。一般红色表示停止按钮；绿色表示起动按钮；红色蘑菇按钮表

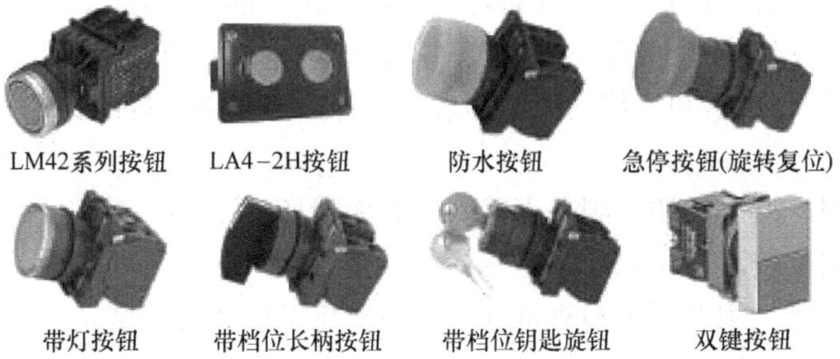


图 6-52　常用按钮的外形

示急停按钮。

2. 按钮的表示方式

（1）型号　按钮的型号组成及其含义如下：

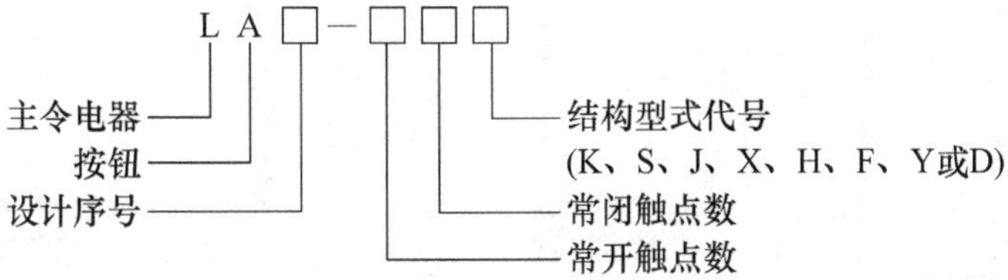


其中，结构型式代号的含义为：K 为开启式，S 为防水式，J 为紧急式，X 为旋钮式，H 为保护式，F 为防腐式，Y 为钥匙式，D 为带灯按钮。

（2）电气符号　按钮的图形及文字符号如图 6-53 所示。

3. 按钮的技术参数

按钮的主要技术参数有额定绝缘电压 $U_i$、额定工作电压 $U_N$、额定工作电流 $I_N$ 等，见表 6-27。

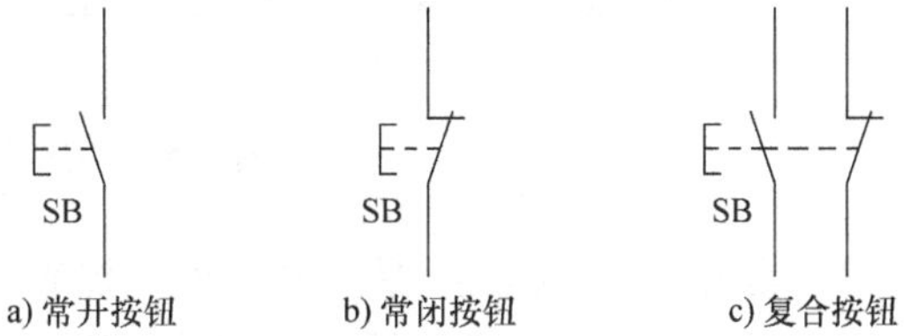


图 6-53　按钮的图形及文字符号

**表 6-27　LA19 系列按钮的技术参数**

| 型号规格 | 额定工作电压/V | | 约定发热电流/A | 额定工作电流 | | 信号灯 | | 触点对数 | | 结构型式 |
|---|---|---|---|---|---|---|---|---|---|---|
| | 交流 | 直流 | | 交流 | 直流 | 电压/V | 功率/W | 常开 | 常闭 | |
| LA19-11 | 380 | 220 | 5 | 380V/0.8A | 220V/0.3A | | | 1 | 1 | 一般式 |
| LA19-11D | 380 | 220 | 5 | | | 6 | 1 | 1 | 1 | 带指示灯式 |
| LA19-11J | 380 | 220 | 5 | 220V/1.4A | 110V/0.6A | | | 1 | 1 | 蘑菇式 |
| LA19-11DJ | 380 | 220 | 5 | | | 6 | 1 | 1 | 1 | 蘑菇带灯式 |

4. 按钮的选用

按钮主要根据使用场合、用途、控制需要及工作状况等进行选择。

1）根据使用场合选择控制按钮的种类，如开启式、防水式、防腐式等。

2）根据用途选用合适的型式，如钥匙式、紧急式、带灯式等。

3）根据控制回路的需要确定不同的按钮数，如单钮、双钮、三钮、多钮等。

4）根据工作状态指示和工作情况的要求，选择按钮及指示灯的颜色。

5. 按钮的检测

（1）目测外观　检查按钮外观是否完好，有无损坏。

（2）手动检测　按动按钮看动作是否灵活，有无卡阻。

（3）万用表检测　用万用表检查常开、常闭触点工作是否正常。

1）万用表调零。将万用表拨到电阻档的 R×10 档，将红、黑表笔短接，通过刻度盘右下方的调零旋钮将指针调整到电阻档的零刻度。

2）常闭触点的检测。将万用表红、黑表笔分别放在按钮一对触点的两端，万用表指针指向“0”，如图 6-54a 所示；按下按钮，万用表指针由“0”指向“∞”，如图 6-54b 所示，则常闭触点完好，否则触点损坏。

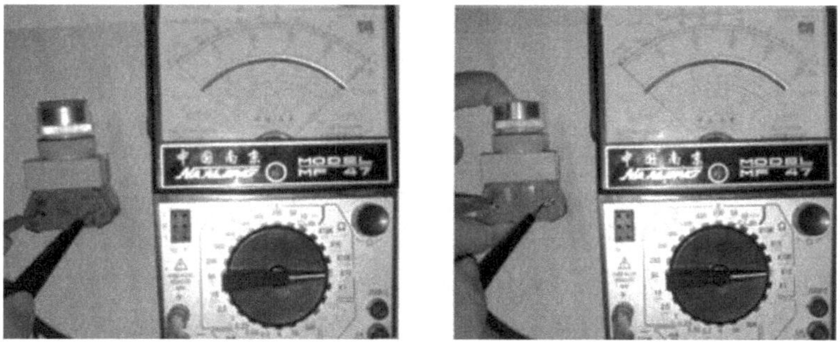


a)　　b)

图 6-54　按钮常闭触点的检测

3）常开触点的检测。将万用表红、黑表笔分别放在按钮另一对触点的两端，万用表指针指向“∞”，如图 6-55a 所示；按下按钮，万用表指针由“∞”指向“0”，如图 6-55b 所示。则常开触点完好，否则触点损坏。

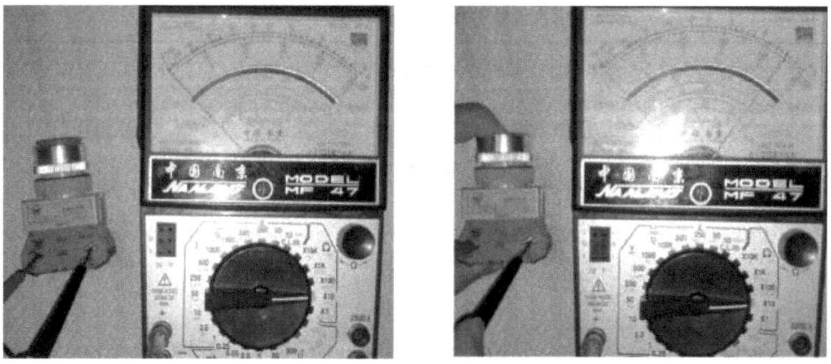


a)　　b)

图 6-55　按钮常开触点的检测

6. 按钮的故障处理

按钮在使用过程中会出现各种各样的问题，其常见故障及其处理方法见表 6-28。

表 6-28　按钮常见故障及其处理方法

| 故障现象 | 可能原因 | 处理方法 |
|---|---|---|
| 触点接触不良 | 1. 触点烧损<br>2. 触点表面有尘垢<br>3. 触点弹簧失效 | 1. 修理触点或更换产品<br>2. 清洁触点表面<br>3. 重绕弹簧或更换产品 |
| 触点间短路 | 1. 塑料受热变形导致接线螺钉相碰短路<br>2. 杂物或油污在触点间形成通路 | 1. 查明发热原因并排除，或更换产品<br>2. 清洁按钮内部 |

## 二、行程开关

行程开关又称限位开关或位置开关，是一种利用生产机械的某些运动部件的碰撞来发出控制指令的主令电器，用于控制生产机械的运动方向、行程大小进行位置保护等。

1. 行程开关的结构

行程开关的种类很多，常用的有直动式、单滚轮式、双滚轮式和微动式等，它们的外形如图 6-56 所示。

a) 直动式　b) 单滚轮式　c) 双滚轮式　d) 微动式

图 6-56　常用行程开关的外形

各系列行程开关的基本结构大体相同，都是由操作头、触点系统和外壳组成的，其结构示意图如图 6-57 ~ 图 6-59 所示。

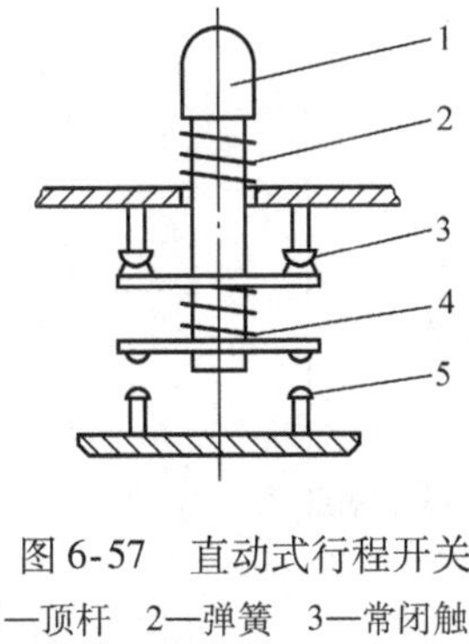


图 6-57　直动式行程开关

1—顶杆　2—弹簧　3—常闭触点
4—触点弹簧　5—常开触点

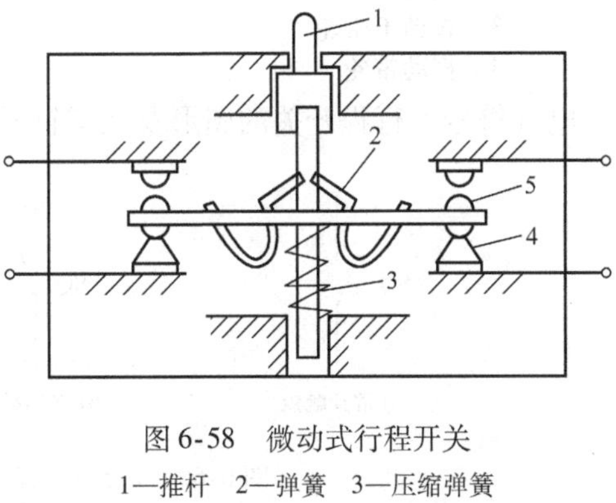


图 6-58　微动式行程开关

1—推杆　2—弹簧　3—压缩弹簧
4—常闭触点　5—常开触点

2. 行程开关的动作原理

（1）直动式行程开关　其动作原理与控制按钮类似，所不同的是按钮是手动，行程开关则由运动部件的撞块碰撞。当外界运动部件上的撞块碰压行程开关的推杆使其触点动作时，运动部件离开后，在弹簧的作用下，其触点自动复位。直动式行程开关的优点是结构简单，成本较低；缺点是触点的分合速度取决于生产机械的运行速度，不宜用于速度低于 0.4m/min 的场所。若撞块移动太慢，则触点就不能瞬时切断电路，使电弧在触点上停留时间过长，易于烧蚀触点。

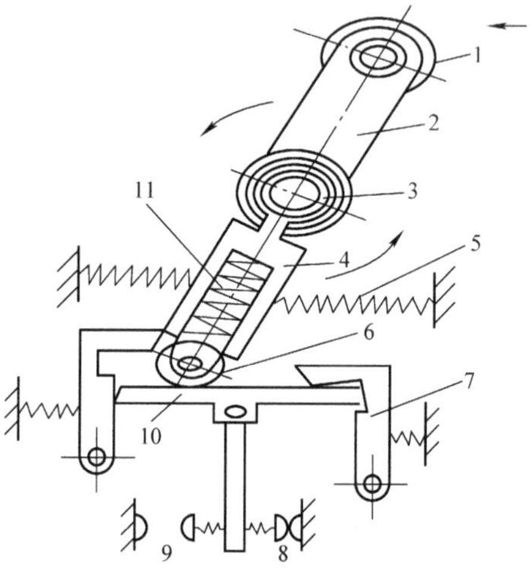


图 6-59　滚轮式行程开关

1—滚轮　2—上传臂　3—滑轮　4—套架　5、11—弹簧　6—滚轮　7—压板　8、9—触点　10—横板

（2）滚轮式行程开关　当运动机械上的挡铁（撞块）压到行程开关的滚轮上时，传动杠杆连同转轴一同转动，使凸轮推动撞块，当撞块碰压到一定位置时，推动微动开关快速动作。当滚轮上的挡铁移开后，复位弹簧就使行程开关复位。这是单轮自动复位式行程开关的工作原理，而双轮旋转式行程开关不能自动复位，它依靠运动机械反向移动时挡铁碰撞另一滚轮而复位。

3. 行程开关的表达方式

（1）型号　行程开关的型号组成及其含义如下：

LX□-□□□

- L：主令电器
- X：行程开关
- 第一个□：设计符号
- 第二个□：基本类型（1：单轮；2：双轮；3：直动不带轮；4：直动带轮）
- 第三个□：0：仅径向传动杆；1：滚动轮装在传动杆内侧；2：滚动轮装在传动杆外侧；3：滚动轮装在传动杆凹槽内侧
- 第四个□：1：自动复位；2：非自动复位

（2）电气符号　行程开关的图形及文字符号如图 6-60 所示。

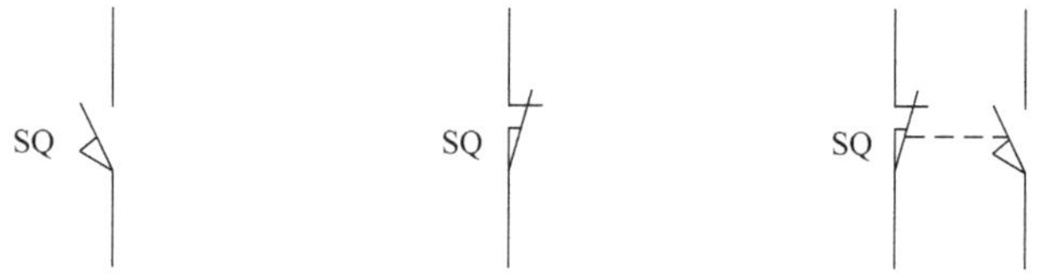


a) 常开触点　b) 常闭触点　c) 复合触点

图 6-60　行程开关的图形及文字符号

4. 行程开关的技术参数

行程开关的主要技术参数有额定电压、额定电流、触点数量、工作行程、超行程等，见

表6-29。

**表6-29 常用行程开关的主要技术参数**

| 型号 | 额定电压（交流）/V | 额定电流/A | 结构型式 | 常开触头对数 | 常闭触点对数 | 工作行程 | 超行程 |
|---|---|---|---|---|---|---|---|
| LX19K | 380<br>220 | 5 | 元件 | 1 | 1 | 3mm | 1mm |
| LX19－001 | 380<br>220 | 5 | 无滚轮，仅用传动杆，能自动复位 | 1 | 1 | <4mm | >3mm |
| LX19K－111 | 380<br>220 | 5 | 单轮，滚轮装在传动杆内侧，能自动复位 | 1 | 1 | ≈30° | ≈20° |
| LX19－121 | 380<br>220 | 5 | 单轮，滚轮装在传动杆外侧，能自动复位 | 1 | 1 | ≈30° | ≈20° |
| LX19－131 | 380<br>220 | 5 | 单轮，滚轮装在传动杆凹槽内 | 1 | 1 | ≈30° | ≈20° |
| LX19－212 | 380<br>220 | 5 | 双轮，滚轮装在U形传动杆内侧，不能自动复位 | 1 | 1 | ≈30° | ≈15° |
| LX19－222 | 380<br>220 | 5 | 双轮，滚轮装在U形传动杆外侧，不能自动复位 | 1 | 1 | ≈30° | ≈15° |
| LX19－232 | 380<br>220 | 5 | 双轮，滚轮装在U形传动杆内外侧各一，不能自动复位 | 1 | 1 | ≈30° | ≈15° |
| JLXK1－111 | 500 | 5 | 单轮防护式 | 1 | 1 | 12°～15° | ≤30° |
| JLXK1－211 | 500 | 5 | 双轮防护式 | 1 | 1 | ≈45° | ≤45° |
| JLXK1－311 | 500 | 5 | 直动防护式 | 1 | 1 | 1～3mm | 2～4mm |
| JLXK1－411 | 500 | 5 | 直动滚轮防护式 | 1 | 1 | 1～3mm | 2～4mm |

5. 行程开关的选用

在选用行程开关时，应根据不同的使用场合，满足额定电压、额定电流、复位方式和触点数量等方面的要求。

1）根据应用场合及控制对象选择种类。

2）根据控制要求确定触点的数量和复位方式。

3）根据控制回路的额定电压和电流选择系列。

4）根据安装环境确定开关的防护型式，如开启式或保护式。

6. 行程开关的检测

（1）目测外观　检查行程开关外观是否完好。

（2）手动检测　按动行程开关的顶杆，看动作是否灵活，并观察行程开关的触点，尝试区分常开和常闭触点。

（3）万用表检测　用万用表检查行程开关的常开和常闭触点工作是否正常。

1）万用表调零。把万用表拨在电阻档的R×10档上，红、黑表笔对接调零。

2）常闭触点的检测。将万用表红、黑两表笔分别放在行程开关一对触点的两接线端，万用表指针指向“0”，如图 6-61a 所示；按下顶杆时，万用表指针由“0”指向“∞”，如图 6-61b 所示，说明此对触点为常闭触点。

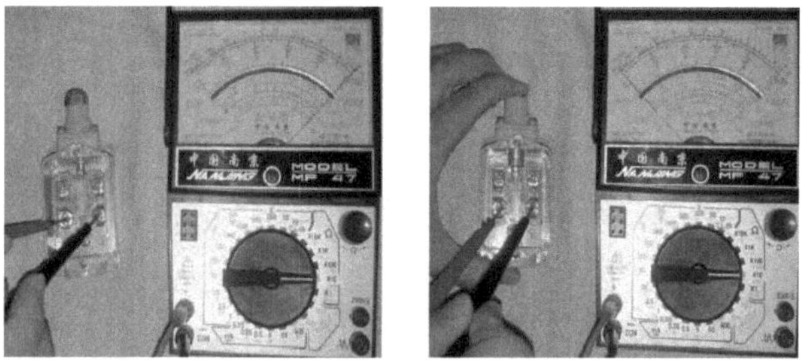


a)　　b)

图 6-61　行程开关常闭触点的检测

3）常开触点的检测。将万用表红、黑两表笔分别放在行程开关的另一对触点的两接线端，万用表指针指向“∞”，如图 6-62a 所示；按下顶杆时，万用表指针由“∞”指向“0”，如图 6-62b 所示，说明此对触点为常开触点。

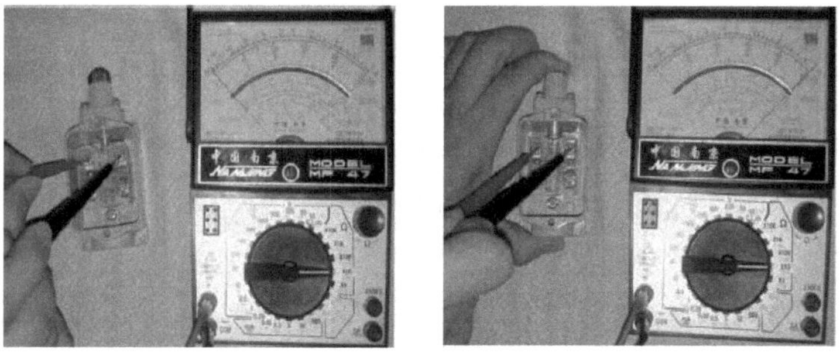


a)　　b)

图 6-62　行程开关常开触点的检测

7. 行程开关的故障处理

行程开关在使用过程中会出现各种各样的问题，其常见故障及其处理方法见表 6-30。

**表 6-30　行程开关常见故障及其处理方法**

| 故障现象 | 可能原因 | 处理方法 |
|---|---|---|
| 挡铁碰撞开关后触点不动作 | 1. 开关位置安装不合适<br>2. 触点接触不良<br>3. 触点连接线脱落 | 1. 调整开关位置<br>2. 清洁触点<br>3. 紧固连接线 |
| 行程开关复位后，常闭触点不能闭合 | 1. 触杆被杂物卡住<br>2. 动触点脱落<br>3. 弹簧弹力减退或被卡住<br>4. 触点偏斜 | 1. 清扫开关<br>2. 重新调整动触点<br>3. 更换弹簧<br>4. 更换触点 |
| 杠杆偏转后触点未动 | 1. 行程开关位置太低<br>2. 机械卡阻 | 1. 将开关向上调到合适位置<br>2. 打开后盖清扫开关 |

【项目评价】

评价标准见表 6-31。

**表 6-31 项目检测与分析**

| 检测任务 | 评分标准 | 分值 | 学生自评 | 教师评估 |
|---|---|---|---|---|
| 低压电器识别 | 能否正确识别低压电器 | 20 | | |
| 低压电器选用 | 能否正确选用低压电器 | 20 | | |
| 低压电器拆装 | 能否正确拆装低压电器 | 20 | | |
| 低压电器检测 | 能否正确检测低压电器 | 20 | | |
| 安全文明生产（包括归拢收集所用材料） | 违反安全文明生产规程扣 20 分 | 20 | | |
| 总评 | 各项目的最高扣分不应超过配分 | | | |

【思考与练习】

## 一、填空题

1. 刀开关由瓷质________、________、________、________、________、________和________等部分组成，带有________保护功能。

2. 熔断器主要由__________、__________和__________三部分组成。

3. 使用交流接触器的过程中，触点磨损有________、________两种。

4. 热继电器主要由________、________和________三部分组成。

5. 按钮按照用途和触点的结构不同分为________、________及________。

6. 常用的行程开关有__________、__________、________。

7. 交流接触器的结构主要由________、________、________三大部分组成。

8. 常用的低压熔断器有________、________、________、________等几种。

9. 熔断器是低压电路及电动机控制电路中一种最简单的________和________保护电器。

10. DZ 型断路器又称___________断路器，可用作配电线路的保护开关，还可用作________、________及电热电路的电源开关。

## 二、判断题

1. 三相异步电动机正反转控制电路采用接触器联锁最可靠。 （ ）

2. 接触器的银和合金触点在分断电弧时生成黑色的氧化膜电阻，会造成触点接触不良，因此必须锉掉。 （ ）

3. 安装刀开关时，刀开关在合闸状态下手柄应该向上，不能倒装和平装，以防止闸刀松动落下时误合闸。 （ ）

4. 热继电器误动作是因为其电流整定值太大造成的。 （ ）

5. 在装接使用时螺旋式熔断器，电源线应接在上接线端，负载线应接在下接线端。（ ）

6. 低压开关、接触器、继电器、主令电器、电磁铁等都属于低压控制电器。（ ）

7. 熔断器允许在熔体额定电流超过熔断器额定电流下使用。（ ）

8. 接触器除通断电路外，还具备短路和过载保护作用。（ ）

9. 热继电器的主双金属片作为温度补偿元件的双金属片，其弯曲方向相反。（ ）

10. 中间继电器的输入信号为触点的通电和断电。（ ）

# 项目七　电动机典型控制线路的安装与维修

【项目情境】

在电气线路、用电设备的安装，使用与维修过程中，电工仪表对整个电气系统的检测、监视和控制都起着极为重要的作用。

工矿企业中大部分生产机械都是由三相笼型异步电动机拖动的，这些生产机械的控制都是由一些典型电气控制环节组成的。那么，作为维修电工，如何正确安装和测试三相笼型异步电动机典型电气控制线路呢？本项目主要讲解电动机典型控制线路的安装与维修方法。

【知识目标】

1. 了解电动机控制线路的电气原理图、平面布置图、安装接线图的规范标准及要求。
2. 掌握电动机直接单向起动的实现方式、电路组成及工作原理。
3. 掌握电动机直接起动单向运转控制线路的检测方法。

【技能目标】

1. 能够根据原理图选择、检测和安装低压电器。
2. 能够根据电动机直接起动单向运转电气原理图绘制元器件布置图和安装接线图。
3. 能够根据原理图和电气安装接线图，按照工艺要求，安装电动机直接起动单向运转控制线路。
4. 会使用万用表对电动机直接起动单向运转控制线路进行静态检测。

## 任务一　连续运行与点动控制线路的安装与维修

【任务分析】

三相异步电动机点动控制是指需要电动机短时断续工作时，只要按下按钮电动机就转动，松开按钮电动机就停止动作的控制。它是用按钮、接触器来控制电动机运转的最简单的正转控制线路，如工厂中使用的电动葫芦和机床快速移动装置等。

三相异步电动机的连续控制是指当按下电动机起动按钮，再松开起动按钮 SB 时，控制电路仍保持接通，电动机仍继续运转。连续控制也称自锁，如 CA6140 型卧式车床的主轴电动机等常采用连续控制。

【任务实施】

1. 配齐需要的工具、仪表和合适的导线

根据线路的安装要求配齐工具（如尖嘴钳、一字螺钉旋具、十字螺钉旋具、剥线钳、验电笔等）、仪表（如万用表等）。根据控制对象选择合适的导线，主电路采用 BV 1.5mm$^2$（红色、绿色、黄色）；控制电路采用 BV 0.75mm$^2$（黑色）；按钮线采用 BVR 0.75mm$^2$（红色）；接地线采用 BVR 1.5mm$^2$（黄绿双色）。

2. 阅读分析电气原理图

读懂电动机连续运行与点动控制线路电气原理图，如图 7-1 所示，明确所用器件及作用，并根据原理图画出布局合理的平面布置图和电气接线图。

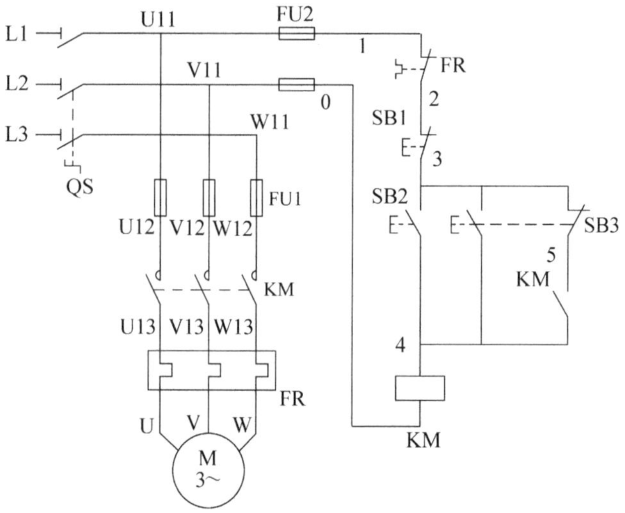


图 7-1　电动机连续运行与点动控制线路电气原理图

3. 元器件选择

根据原理图正确选择安装线路所需要的低压电器元器件，并明确其型号规格、个数及用途，见表 7-1。

**表 7-1　元器件明细表**

| 符号 | 名称 | 型号与规格 | 数量 | 用途 |
|---|---|---|---|---|
| QS | 组合开关 | HZ10－25/3 | 1 个 | 三相交流电源引入 |
| M | 电动机 | YS－5024W | 1 台 | |
| SB1 | 停止按钮 | LAY7 | 1 个 | 停止 |
| SB2 | 长动起动按钮 | LAY7 | 1 个 | 点动 |
| SB3 | 点动起动按钮 | LAY7 | 1 个 | 长动 |
| FU1 | 主电路熔断器 | RT17－1－32，5A | 3 只 | 主电路短路保护 |
| FU2 | 控制电路熔断器 | RT17－1－32，5A | 2 只 | 控制电路短路保护 |
| KM | 交流接触器 | *CJX1－1210 | 1 个 | 控制电动机运行 |
| FR | 热继电器 | JRS1 整定：2.5～4A | 1 个 | 过载保护 |
| | 导线 | BV 1.5$mm^2$ | | 主电路接线 |
| | 导线 | BVR 0.75$mm^2$ 1.5$mm^2$ | | 控制电路接线，接地线 |
| XT | 端子排 | 主电路 TB－2512L | 1 个 | |
| XT | 端子排 | 控制电路 TB－1512L | 1 个 | |

4. 元器件检测固定

使用万用表对所选低压电器进行检测后，根据元器件布置图安装固定电器元器件，如图 7-2 所示。

5. 电动机连续运行与点动控制线路连接

根据电气原理图和图 7-3 所示的电气接线图完成控制线路的连接。

(1) 主电路连接　将三相交流电源的三条相线接在转换开关 QS 的三个进线端上，QS 的出线端分别接在三只熔断器 FU1 的进线端，FU1 的出线端分别接在交流接触器 KM 的三对主触点的进线端，KM 主触点的出线端分别与热继电器 FR 的发热元件的进线端相连，FR 发热元件的出线端通过端子排与电动机接线端子 U11、V11、W11 相连。

(2) 控制电路连接　按从上至下、从左至右的原则，采用等电位法，逐一点清，以防漏线。

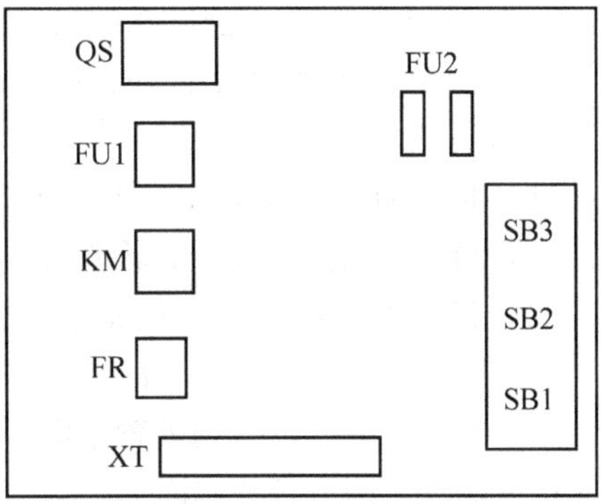


图 7-2　电动机连续运行与点动控制线路元器件布置图

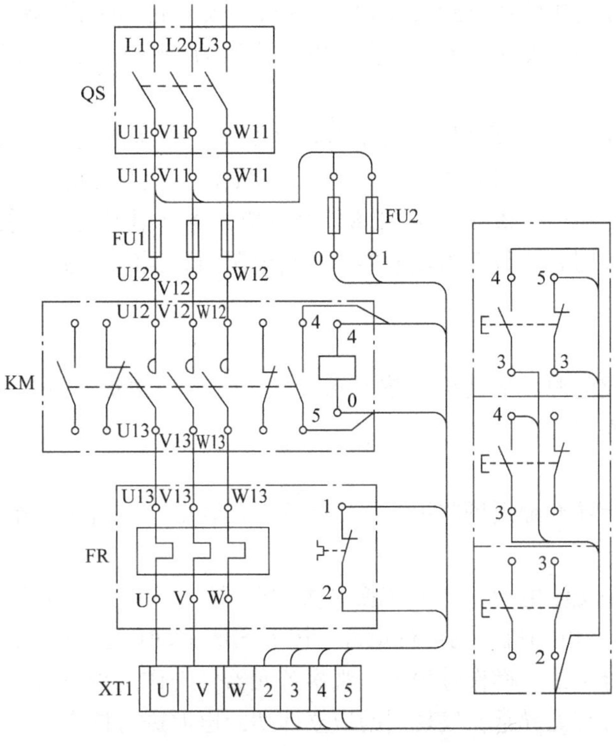


图 7-3　电动机连续运行与点动控制线路电气接线图

具体接线：任取两个主电路短路保护熔断器，出线端接在两只熔断器 FU2 的进线端。

1 点：任取一只熔断器，将其出线端与热继电器 FR 常闭触点的进线端相连。

2 点：热继电器 FR 常闭触点的出线端通过端子排与停止按钮 SB1 常闭触点的进线端相连。

3 点：停止按钮 SB1 常闭触点的出线端与点动按钮 SB3 和长动按钮 SB2 的常开触点的进线端及 SB3 常闭触点的进线端在按钮内部连接。

4 点：KM 辅助常开触点的出线端与其线圈的进线端相连后，通过端子排与 SB2 和 SB3 常开触点的出线端相连。

5 点：SB3 常开触点的进线端通过端子排与 KM 辅助常开触点的进线端相连。

0 点：KM 线圈的出线端与熔断器 FU2 的出线端相连。

6. 静态检测

（1）根据原理图和电气接线图从电源端开始　逐点核对接线及接线端子处连接是否正确，有无漏接、错接之处，并检查导线接点是否符合要求，压接是否牢固。

（2）进行主电路和控制电路通断的检测

1）主电路检测。接线完毕，反复检查确认无误后，在不通电的状态下对主电路进行检查。按下 KM 主触点，万用表置于电阻档，若测得各相电阻基本相等且近似为“0”；而放开 KM 主触点，测得各相电阻为“∞”，则接线正确。

2）控制电路检测。选择万用表的 R×1 档，红、黑表笔对接调零。

① 检查点动控制电路通断：断开主电路，按下点动按钮 SB3，万用表读数应为接触器线圈的直流电阻值（如 CJX2 线圈直流电阻值约为 15Ω），松开 SB3，万用表读数为“∞”。

② 检查连续运转控制电路的通断：断开主电路，按下起动按钮 SB2，万用表读数应为接触器线圈的直流电阻值（如 CJX2 线圈直流电阻值约为 15Ω），松开 SB2 或按下 SB1，万用表读数为“∞”。

③ 检查控制电路自锁：松开 SB3，按下 KM 触点架，使其自锁触点闭合，将万用表红、黑表笔分别放在图 7-3 中的 1 点和 0 点上，万用表读数应为接触器的直流电阻值。

④ 停车控制检查：按下 SB2 或 SB3 或 KM 触点架，将万用表红、黑表笔分别放在图 7-3 中的 1 点和 0 点上，万用表读数应为接触器的直流电阻值；同时再按下停止按钮 SB1，万用表读数变为“∞”。

7. 安装电动机

安装电动机并完成电源、电动机（按要求接成星形或三角形）和电动机保护接地线等控制面板外部的线路连接。

8. 通电试车

通电试车必须在指导教师现场监护下严格按安全规程的有关规定操作，以防止安全事故的发生。

通电时先接通三相交流电源，合上转换开关 QS。按下 SB2，电动机应连续运转。按下 SB1，电动机停止运转，电动机长动运行正常。按下 SB3 电动机运转，松开 SB3 电动机停止运转，电动机点动运行正常。操作过程中，观察各元器件动作是否灵活、有无卡阻及噪声过大等现象、电动机运行有无异常，发现问题应立即切断电源进行检查。

**【相关知识】**

## 一、电动机点动控制

在实际生产中，在进行试车和调整时，通常要求点动控制，如工厂中使用的电动葫芦和机床快速移动装置，龙门刨床横梁的上、下移动，摇臂钻床立柱的夹紧与放松，桥式起重机吊钩、大车运行的操作控制等都需要单向点动控制。

用按钮、接触器来控制电动机运转的最简单的单向运转的控制线路中，电动机的运行时间由按钮按下的时间决定，只要按下按钮电动机就转动，松开按钮电动机就停止动作的控制就是点动控制。

如图 7-4 和图 7-5 所示，点动控制的主要原理是按下按钮 SB 时，交流接触器 KM 的线圈得电，从而使接触器的主触点闭合，使三相交流电进入电动机的绕组，驱动电动机转动。松开 SB 时，交流接触器的线圈失电，使接触器的主触点断开，电动机的绕组断电而停止转动。

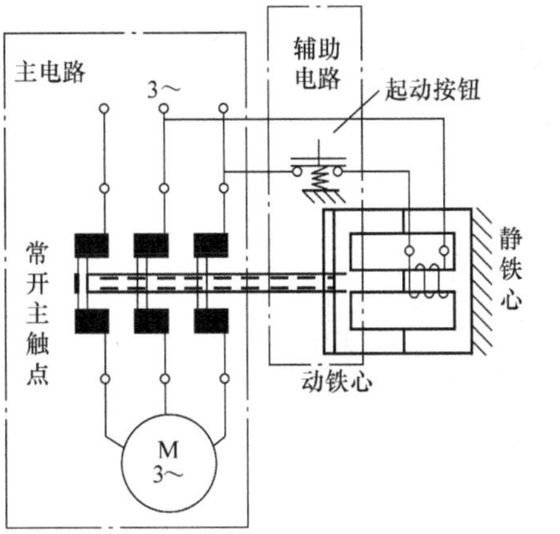


图 7-4　点动控制结构示意图

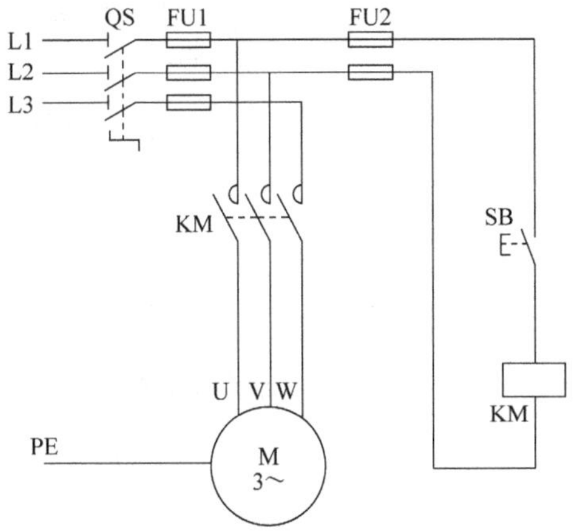


图 7-5　电动机点动控制线路电气原理图

## 二、电动机连续运行与点动控制电路的工作过程

先合上电源开关 QS，引入三相交流电。

（1）点动控制　按下点动起动按钮 SB3，SB3 常闭触点先分断，切断 KM 辅助触点电路；SB3 常开触点再闭合，KM 线圈得电，KM 主触点闭合，电动机 M 起动运转。同时，KM 辅助常开触点闭合，但因 SB3 常闭触点已分断，不能实现自保。

松开按钮 SB3，KM 线圈失电，KM 主触点断开（KM 辅助触点也断开）后，SB3 常闭触点再恢复闭合，电动机 M 停止运转，实现点动控制。

（2）连续运转控制　按下长动起动按钮 SB2，KM 线圈得电，KM 主触点闭合，同时 KM 辅助触点也闭合，实现自保，电动机 M 起动并连续运行，实现长动控制。

（3）停止　按下停止按钮 SB1，KM 线圈失电，KM 主触点分断，电动机 M 停止运转。

## 三、电动机连续运行与点动控制电路方式

在生产实践过程中，机床设备正常工作需要电动机连续运行，而试车和调整刀具与工件的相对位置时，又要求点动控制。为此，生产加工工艺要求控制电路既能实现点动控制，又能实现连续运行工作，以用于试车、检修以及机床主轴的调整和连续运转等。

电动机连续运行与点动控制方式，除了上述使用复合按钮的控制方法外，还有两种常用的控制方法：使用开关控制，如图 7-6a 所示；使用中间继电器控制，如图 7-6b 所示。

## 四、常见故障分析

电动机单向点动与连续混合控制电路故障发生率比较高，其常见故障主要是由以下几方面原因引起的。

1）接通电源后，按起动按钮（SB2 或 SB3），接触器吸合，但电动机不转且发出“嗡嗡”声响；或者电动机虽能起动，但转速很慢。

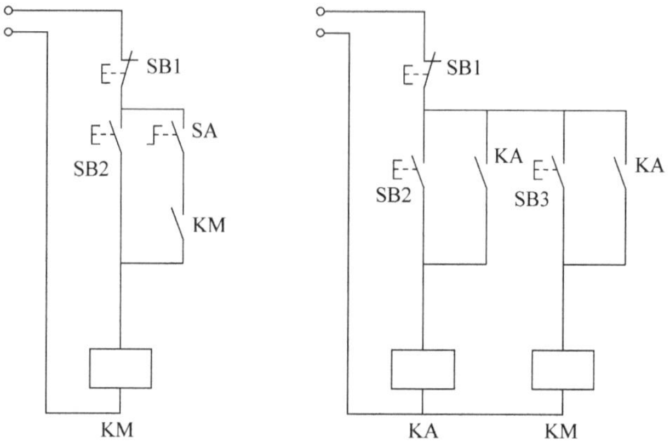


a) 使用开关控制　　b) 使用中间继电器控制

图 7-6　连续运行与点动控制电路原理图

分析：这种故障大多数是主回路一相断线或电源断相。

2）按下按钮 SB2，控制电路时通时断。

分析：自锁触点错接成常闭触点。

3）接通电源后按下起动按钮，电路不动作。

分析：KM 线圈未接入控制回路。

## 任务二　三相异步电动机正反转控制线路的安装与维修

**【任务分析】**

生产中许多机械设备往往要求运动部件能向正、反两个方向运动，如机床工作台的前进与后退；万能铣床主轴的正转与反转；起重机的上升与下降等，它们都是由电动机的正、反转拖动来实现的。三相异步电动机正反转控制线路是指采用某一方式使电动机实现正、反转向调换的控制。在电气控制中，通常通过改变接入三相异步电动机绕组的电源相序来实现正、反转控制。

三相异步电动机正反转控制线路的类型有许多，如接触器联锁正反转控制线路、按钮联锁正反转控制线路、接触器按钮双重联锁正反转控制线路等。

**【任务实施】**

1. 配齐需要的工具、仪表和合适的导线

根据线路的安装要求配齐工具（如尖嘴钳、一字螺钉旋具、十字螺钉旋具、剥线钳、验电笔等）、仪表（如万用表等）。根据控制对象选择合适的导线，主电路采用 BV 1.5mm$^2$（红色、绿色、黄色）；控制电路采用 BV 0.75mm$^2$（黑色）；按钮线采用 BVR 0.75mm$^2$（红色）；接地线采用 BVR 1.5mm$^2$（黄绿双色）。

2. 阅读分析电气原理图

读懂电动机双重互锁正反转控制电路的电气原理图，如图 7-7 所示，明确安装所用元器件及作用，并根据原理图画出布局合理的平面布置图和电气接线图。

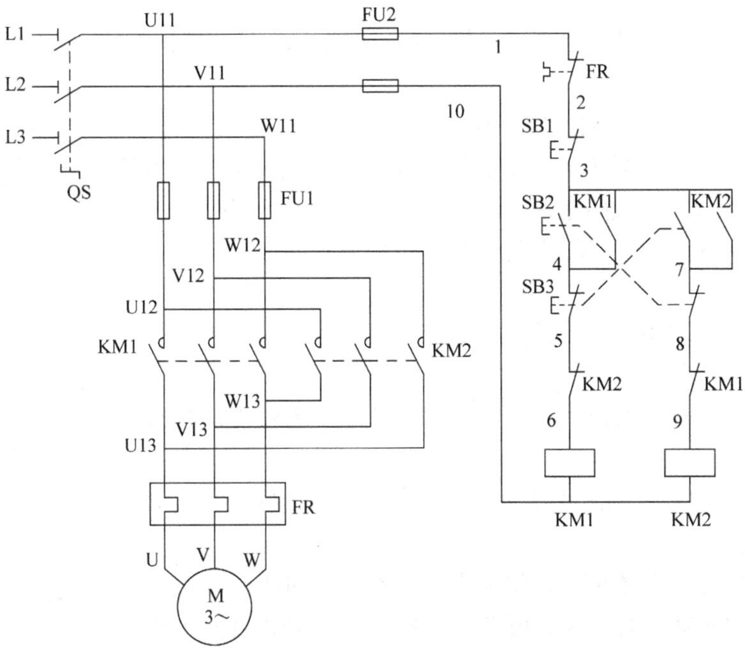


图 7-7　双重互锁正反转控制电路电气原理图

3. 元器件选择

根据原理图正确选择线路安装所需要的低压电器元器件，并明确其型号规格、个数及用途，见表 7-2。

**表 7-2　元器件明细表**

| 符号 | 名称 | 型号及规格 | 数量 | 用途 |
|---|---|---|---|---|
| M | 交流电动机 | YS－5024W | 1 台 | |
| QS | 组合开关 | HZ10－25/3 | 1 个 | 三相交流电源引入 |
| SB1 | 停止按钮 | LAY7 | 1 个 | 停止 |
| SB2 | 正转按钮 | LAY7 | 1 个 | 正转 |
| SB3 | 反转按钮 | LAY7 | 1 个 | 反转 |
| FU1 | 主电路熔断器 | RT17－1－32，5A | 3 只 | 主电路短路保护 |
| FU2 | 控制电路熔断器 | RT17－1－32，1A | 2 只 | 控制电路短路保护 |
| KM1 | 交流接触器 | CJX1－1210 | 1 个 | 控制 M 正转 |
| KM2 | 交流接触器 | CJX1－1210 | 1 个 | 控制 M 反转 |
| FR | 热继电器 | JRS1— 09308 | 1 个 | M 过载保护 |
| | 导线 | BV 1.5$mm^2$ | | 主电路接线 |
| | 导线 | BVR 0.75$mm^2$，1.5$mm^2$ | | 控制电路接线，接地线 |
| XT | 端子排 | 主电路 TB－2512L | 1 个 | |
| XT | 端子排 | 控制电路 TB－1512L | 1 个 | |

4. 低压电器的检测与安装

使用万用表对所选低压电器进行检测后，根据元器件布置图安装固定电器元器件，如图 7-8 所示。

5. 双重互锁正反转控制线路连接

根据电气原理图和图 7-9 所示电气接线图，完成电动机接触器联锁正反转控制线路的线路连接。

（1）控制线路连接　按从上至下、从左至右的原则，逐一点清，以防漏线。

具体接线：任取组合开关的两组触点，其出线端接在两只熔断器 FU2 的进线端。

1 点：将一只 FU2 的出线端与热继电器 FR 常闭触点的进线端相连。

2 点：FR 常闭触点的出线端通过端子排接在停止按钮 SB1 常闭触点的进线端。

3 点：在按钮内部将 SB1 常闭触点的出线端、SB2 常开触点的进线端、SB3 常开触点的进线端相连。将 KM1 常开辅助触点的进线端、KM2 常开辅助触点的进线端相连，然后再通过端子排与按钮相连。

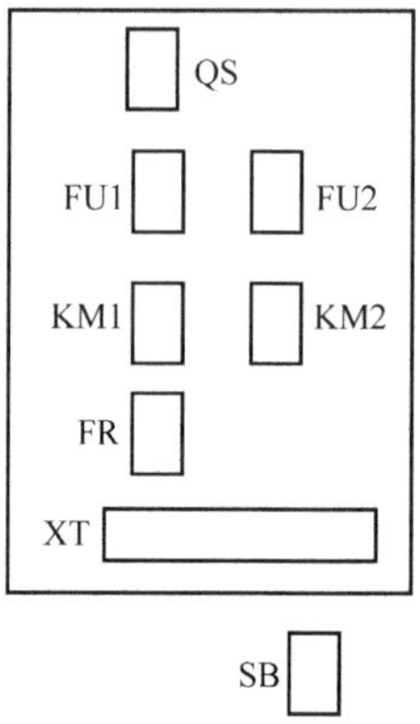


图 7-8　双重互锁正反转控制线路元器件布置图

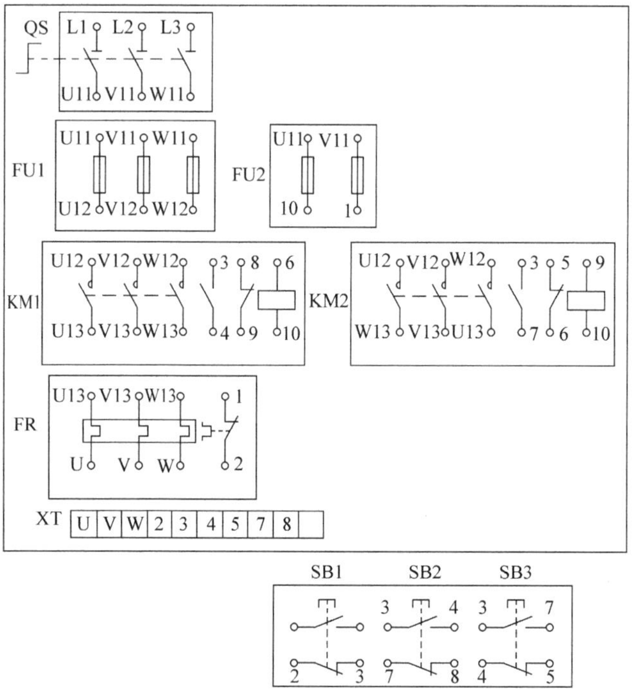


图 7-9　接触器联锁正反转控制线路电气接线图

4 点：SB2 常开触点的出线端与 SB3 常闭触点的进线端相连，然后通过端子排与 KM1 常开辅助触点的出线端相连。

5 点：SB3 常闭触点的出线端通过端子排与 KM2 常闭辅助触点的进线端相连。

6 点：KM2 常闭辅助触点的出线端与 KM1 线圈的进线端相连。

7 点：SB3 常开触点的出线端与 SB2 常闭触点的进线端相连，再通过端子排与 KM2 常开辅助触点的出线端相连。

8 点：SB2 常闭触点的出线端通过端子排与 KM1 常闭辅助触点的进线端相连。

9 点：KM1 常闭辅助触点的出线端与 KM2 线圈的进线端相连。

10 点：将其中一只 FU2 的出线端接在 KM1、KM2 线圈的出线端。

（2）主电路接线　将三相交流电源分别接到转换开关的进线端，从转换开关的出线端接到主电路熔断器 FU1 的进线端；将 KM1、KM2 主触点的进线端对应相连后再与 FU1 的出线端相连；KM1、KM2 主触点的出线端换相连接后与 FR 发热元件的进线端相连；FR 发热元件的出线端通过端子排分别接电动机接线盒中的 U1、V1、W1 接线柱。

6. 安装电动机

安装电动机并完成电源、电动机（按要求接成星形或三角形）和电动机保护接地线等控制面板外部的线路连接。

7. 静态检测

（1）根据原理图和电气接线图从电源端开始　逐点核对接线及接线端子处连接是否正确，有无漏接、错接之处，检查导线接点是否符合要求，压接是否牢固。

（2）主电路和控制电路通断的检测

1）主电路检测。接线完毕，反复检查确认无误后，在不通电的状态下对主电路进行检查。分别按下 KM1（KM2）的主触点，万用表置于电阻档，若测得各相电阻基本相等且近似为 0，而放开 KM1（KM2）的主触点测得各相电阻为“∞”，则接线正确。

2）控制电路检测。选择万用表的 R×1 档，红、黑表笔对接调零。

① 检查控制电路通断。断开主电路，按下正转起动按钮 SB2（或反转起动按钮 SB3），万用表读数应为接触器线圈的直流电阻值（如 CJX2 线圈直流电阻值约为 15Ω），松开 SB2 或 SB3，万用表读数为“∞”。

② 检查控制电路自锁。松开 SB2 或 SB3，分别按下 KM1 或 KM2 触点架，使其自锁触点闭合，将万用表的红、黑表笔分别放在图 7-9 中的 1～10 点上，万用表读数应为接触器的直流电阻值。

③ 接触器联锁检查。同时按下触点架，KM1 和 KM2 的联锁触点分断，万用表的读数为“∞”。

④ 按钮联锁检查。同时按下 SB2 和 SB3，SB2 和 SB3 的联锁触点分断对方的控制电路，万用表读数为“∞”。

⑤ 停车控制检查。按下 SB2（SB3）或 KM1（KM2）触点架，将万用表红、黑表笔分别放在图 7-9 中的 1～10 点上，万用表读数应为接触器的直流电阻值；再同时按下停止按钮 SB1，万用表读数变为“∞”。

8. 通电试车

通电试车必须在指导教师现场监护下严格按安全规程的有关规定操作，以防止安全事故的发生。

接通三相交流电源，合上转换开关 QS，按下 SB2，电动机应正转；按下 SB3，电动机反转；然后再按下 SB1，电动机停止运转。同时，还要观察各元器件动作是否灵活、有无卡阻及噪声过大等现象，并检查电动机运行是否正常。若有异常，应立即切断电源，停车检查。

9. 常见故障分析

1）接通电源后，按起动按钮（SB2 或 SB3），接触器吸合，但电动机不转且发出“嗡嗡”声响；或者虽能起动，但转速很慢。

分析：这种故障大多数是主回路一相断线或电源断相。

2）控制电路时通时断，不起联锁作用。

分析：联锁触点接错，在正反转控制回路中均用自身接触器的常闭触点做联锁触点。

3）按下起动按钮，电路不动作。

分析：联锁触点用的是接触器常开辅助触点。

4）电动机只能进行点动正转控制。

分析：自锁触点用的是另一接触器的常开辅助触点。

5）按下 SB2，KM1 剧烈振动，起动时接触器发出“吧嗒”声就不吸合了。

分析：联锁触点接到自身线圈的回路中，接触器吸合后常闭触点断开，接触器线圈断电释放，释放常闭触点又接通，接触器又吸合，触点又断开，所以会发出“吧嗒”声，接触器不吸合。

6）在电动机正转或反转时，按下 SB1 不能停车。

分析：原因可能是 SB1 失效。

7）合上 QS 后，熔断器 FU2 马上熔断。

分析：原因可能是 KM1 或 KM2 线圈、触点短路。

8）合上 QS 后，熔断器 FU1 马上熔断。

分析：原因可能是 KM1 或 KM2 短路，或电动机相间短路，或正反转主电路换相线接错。

9）按下 SB2 后电动机正常运行，再按下 SB3，FU1 马上熔断。

分析：原因是正反转主电路换相线接错或 KM1、KM2 常闭辅助触点联锁不起作用。

**【相关知识】**

## 一、接触器互锁的正反转控制线路

控制电动机正反两个方向运转的两个交流接触器不能同时闭合，否则主电路中将发生两相短路事故。因此，利用两个接触器进行相互制约，使它们在同一时间里只有一个工作，这种控制作用称为互锁或联锁。接触器互锁又称为电气互锁，接触器互锁正反转控制电路如图 7-10 所示。

该电路的工作过程如下：合上电源开关 QS。

（1）正转控制　按下正转起动按钮 SB2→KM1 线圈得电→KM1 主触点和自锁触点闭合（KM1 常闭互锁触点断开）→电动机 M 起动连续正转。

（2）反转控制　先按下停车按钮 SB1→KM1 线圈失电→KM1 主触点分断（互锁触点闭合）→电动机 M 失电停转→再按下反转起动按钮 SB3→KM2 线圈得电→KM2 主触点和自锁触点闭合→电动机 M 起动连续反转。

（3）停止　按停止按钮 SB1→控制电路失电→KM1（或 KM2）主触点分断→电动机 M 失电停转。

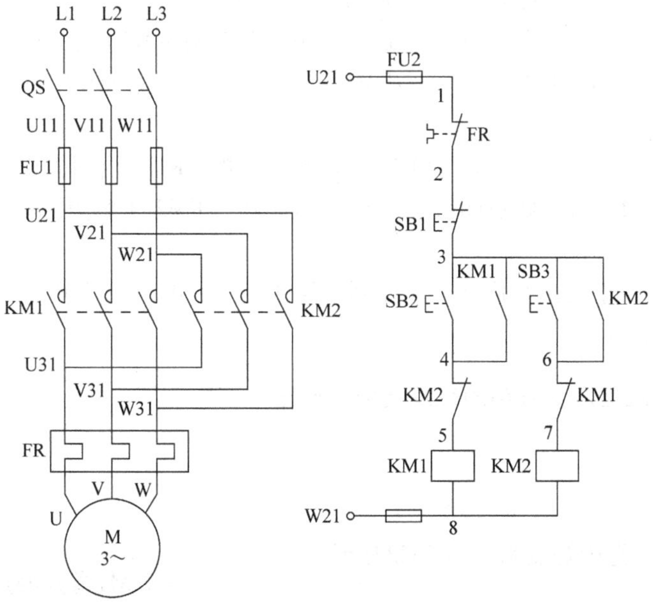


图 7-10　接触器互锁的正反转控制电路

注意：电动机从正转变为反转时，必须先按下停止按钮，才能按反转起动按钮，否则由于接触器的联锁作用，不能实现反转。

## 二、按钮互锁正反转控制电路

将正转起动按钮的常闭触点串接在反转控制电路中，将反转起动按钮的常闭触点串接在正转控制电路中，称为按钮互锁。按钮互锁又称机械联锁。

电动机按钮互锁正反转控制电路如图 7-11 所示。

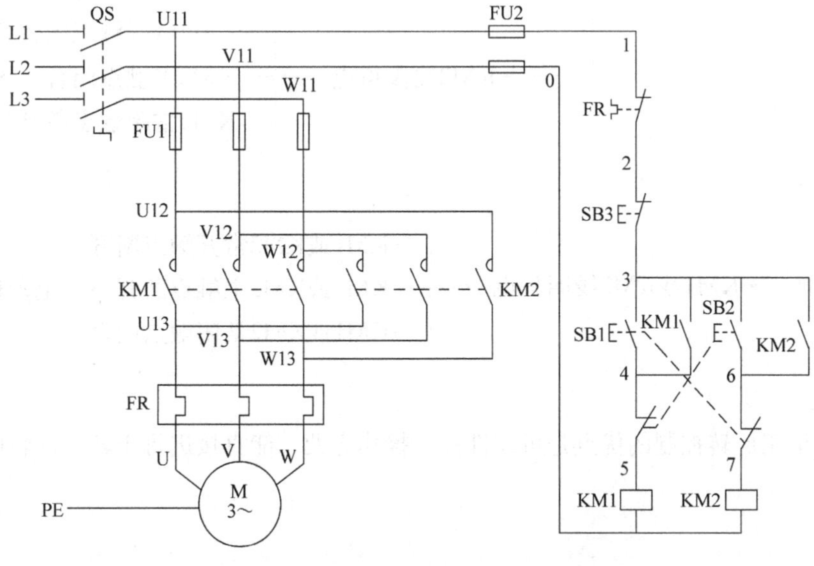


图 7-11　电动机按钮互锁正反转控制电路

按钮互锁正反转动作过程如下：闭合电源开关 QS。

（1）正转控制　按下按钮 SB1→SB1 常闭触点分断对 KM2 联锁（切断反转控制电路）→SB1 常开触点闭合→KM1 线圈得电→KM1 主触点和辅助触点闭合→电动机 M 起动连续正转。

（2）反转控制　按下按钮 SB2→SB2 常闭触点分断→KM1 线圈失电→KM1 主触点分断→电动机 M 失电→SB2 常开触点闭合→KM2 线圈得电→KM2 主触点和辅助触点闭合→电动机 M 起动连续反转。

（3）停止　按停止按钮 SB3→整个控制电路失电→KM1（或 KM2）主触点和辅助触点分断→电动机 M 失电停转。

### 三、按钮、接触器双重互锁的正反转控制电路

1. 过程分析

正转如下：

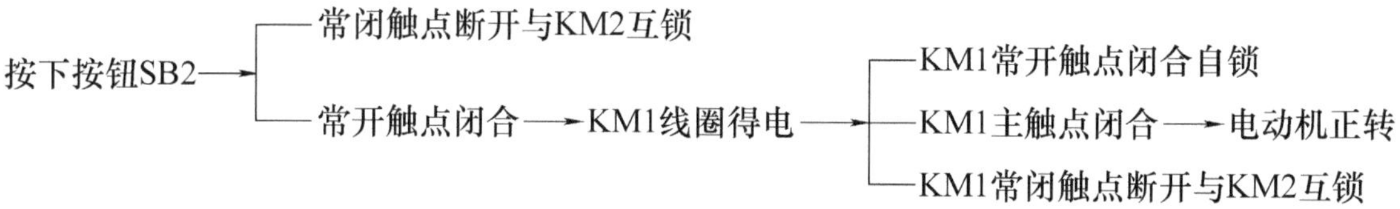


反转如下：

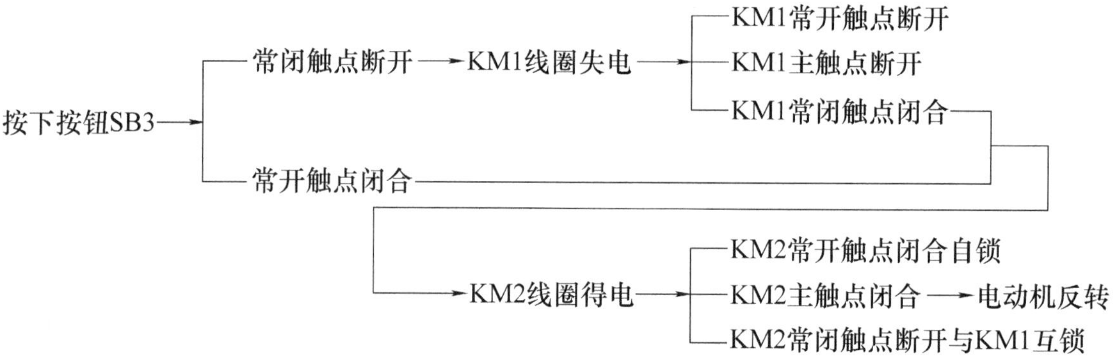


停止如下：

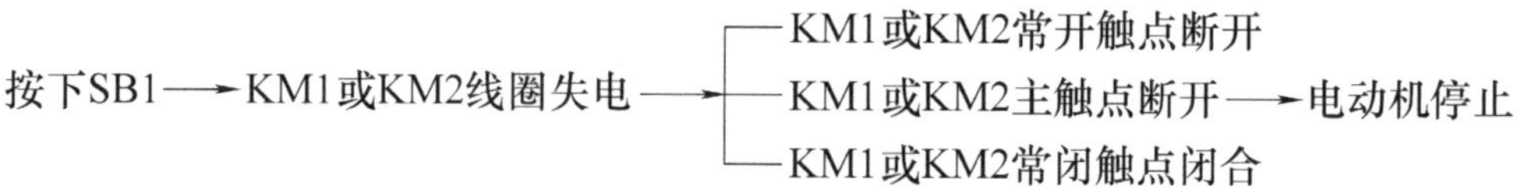


2. 优点

双重互锁正反转控制的优点是可靠性高、操作方便，能直接进行正转与反转的切换。

# 任务三　自动往返控制线路的安装与维修

【任务分析】

在生产过程中，一些生产机械运动部件的行程或位置要受到限制，或者需要其运动部件在一定范围内自动往返循环等，如摇臂钻床、万能铣床、镗床等。这就要求学生正确识别、选用、安装、使用行程开关，熟悉电动机位置控制、自动往返控制的构成和工作原理；会安装与检修电动机位置控制和自动往返控制线路。

【任务实施】

1. 配齐需要的工具、仪表和合适的导线

根据线路的安装要求配齐工具（如尖嘴钳、一字螺钉旋具、十字螺钉旋具、剥线钳、验电笔等）、仪表（如万用表等）。根据控制对象选择合适的导线，主电路采用 BV 1.5mm$^2$（红色、绿色、黄色）；控制电路采用 BV 0.75mm$^2$（黑色）；按钮线采用 BVR 0.75mm$^2$（红色）；接地线采用 BVR 1.5mm$^2$（黄绿双色）。

2. 阅读分析电气原理图

读懂工作台自动往返控制线路电气原理图，如图 7-12 所示，明确安装所用的元器件及作用，并根据原理图画出布局合理的平面布置图和电气接线图。

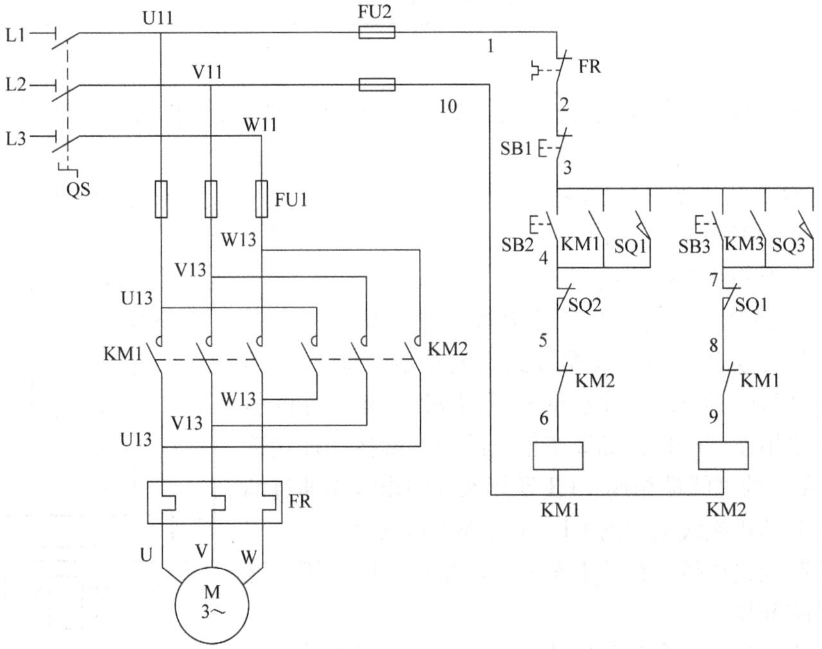


图 7-12　工作台自动往返控制线路电气原理图

3. 元器件选择

根据原理图正确选择线路安装所需要的低压电器元器件，并明确其型号、规格、个数及用途，见表 7-3。

**表 7-3　元器件明细表**

| 符号 | 名称 | 型号及规格 | 数量 | 用途 |
|---|---|---|---|---|
| M | 交流电动机 | YS－5024W | 1 台 | |
| QS | 组合开关 | HZ10－25/3 | 1 个 | 三相交流电源引入 |
| SB1 | 停止按钮 | LAY7 | 1 个 | 停止 |
| SB2 | 正转按钮 | LAY7 | 1 个 | 正转 |
| SB3 | 反转按钮 | LAY7 | 1 个 | 反转 |
| FU1 | 主电路熔断器 | RT17－1－32，5A | 3 只 | 主电路短路保护 |
| FU2 | 控制电路熔断器 | RT17－1－32，1A | 2 只 | 控制电路短路保护 |
| KM1 | 交流接触器 | CJX1－1210 | 1 个 | 控制 M 正转 |
| KM2 | 交流接触器 | CJX1－1210 | 1 个 | 控制 M 反转 |
| FR | 热继电器 | JRS1－09308 | 1 个 | M 过载保护 |
| SQ | 行程开关 | JLXK1－211 | 2 个 | 实现正反转自动转换 |
| | 导线 | BV 1.5$mm^2$ | | 主电路接线 |
| | 导线 | BVR 0.75$mm^2$，1.5$mm^2$ | | 控制电路接线，接地线 |
| XT | 端子排 | 主电路 TB－2512L | 1 个 | |
| XT | 端子排 | 控制电路 TB－1512L | 1 个 | |

4. 低压电器的检测与安装

使用万用表对所选低压电器进行检测后，根据元器件布置图安装固定电器元件，如图 7-13所示。

5. 工作台自动往返控制线路的连接

根据电气原理图和图 7-14 所示的电气接线图，完成工作台自动往返控制线路的连接。

（1）主电路接线　将三相交流电源分别接到转换开关的进线端，从转换开关的出线端接到主电路熔断器 FU1 的进线端；将 KM1、KM2 主触点的进线端对应相连后再与 FU1 的出线端相连；KM1、KM2 主触点的出线端换相连接后与 FR 发热元件的进线端相连；FR 发热元件的出线端通过端子排分别接电动机接线盒中的 U1、V1、W1 接线柱。

（2）控制线路连接　按从上至下、从左至右的原则，逐一点清，以防漏线。

具体接线：任取组合开关的两组触点，其出线端接在两只熔断器 FU2 的进线端。

1 点：其中一只熔断器的出线端接热继电器 FR 常闭触点的进线端。

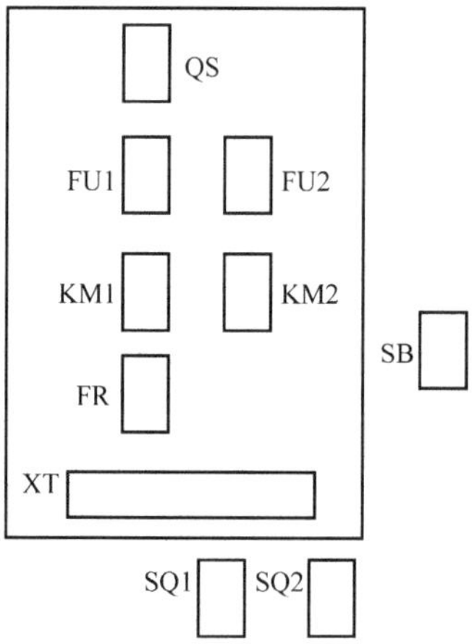

图 7-13　工作台自动往返控制线路元器件布置图

2 点：热继电器 FR 常闭触点的出线端通过端子排与按钮 SB1 常闭触点的进线端相连。

3 点：按钮 SB1 常闭触点的出线端与按钮 SB2、SB3 常开触点的进线端相连，并通过端

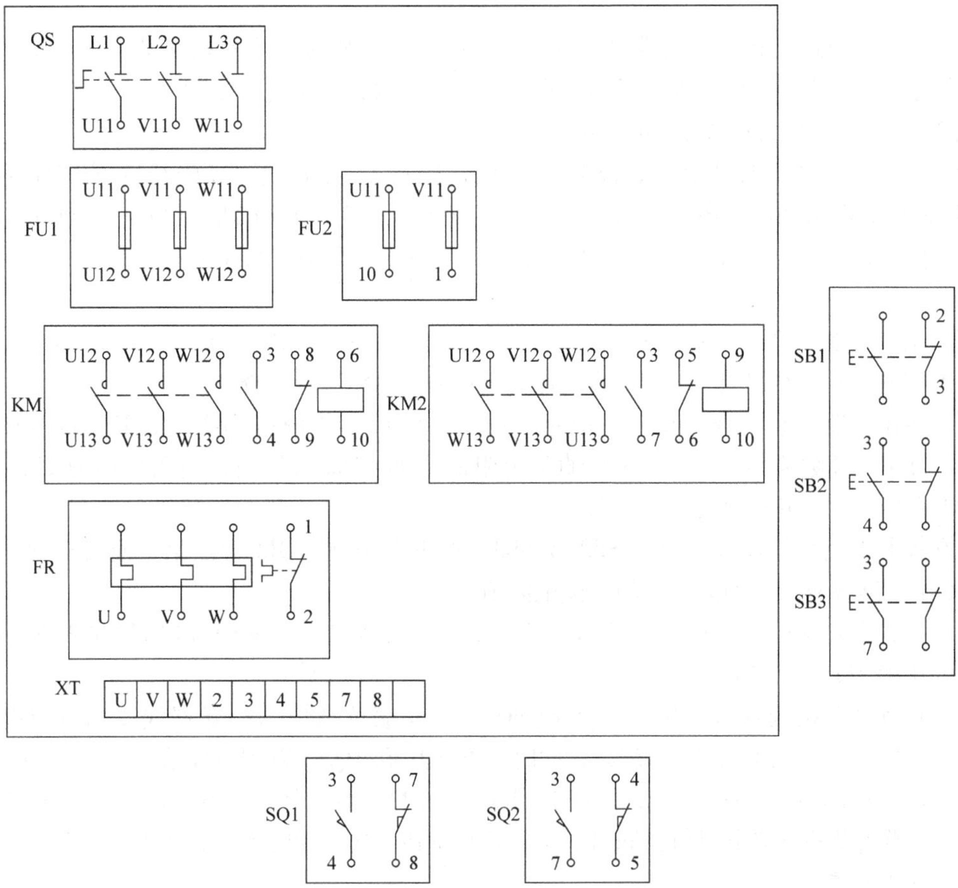


图 7-14　工作台自动往返电气控制接线图

子排与交流接触器 KM1、KM2 辅助常开触点的进线端和行程开关 SQ1、SQ2 常开触点的进线端相连。

4 点：按钮 SB2 常开触点的出线端通过端子排与接触器 KM1 辅助常开触点的出线端及行程开关 SQ1 常开触点的出线端和 SQ2 常闭触点的进线端相连。

5 点：行程开关 SQ2 常闭触点的出线端接接触器 KM2 辅助常闭触点的进线端。

6 点：接触器 KM2 辅助常闭触点的出线端接接触器 KM1 线圈的进线端。

7 点：按钮 SB3 常开触点的出线端通过端子排与接触器 KM2 辅助常开触点的出线端及行程开关 SQ2 常开触点的出线端和 SQ1 常闭触点的进线端相连。

8 点：行程开关 SQ1 常闭触点的出线端接接触器 KM1 辅助常闭触点的进线端。

9 点：接触器 KM1 辅助常闭触点的出线端接接触器 KM2 线圈的进线端。

10 点：接触器 KM1、KM2 线圈的出线端接控制电路的熔断器。

6. 安装电动机

安装电动机并完成电源、电动机（按要求接成星形或三角形）和电动机保护接地线等控制面板外部的线路连接。

7. 静态检测

（1）根据原理图和电气接线图从电源端开始　逐点核对接线及接线端子处连接是否正确，有无漏接、错接之处，检查导线接点是否符合要求，压接是否牢固。

（2）主电路和控制电路通断检测

1）主电路检测。接线完毕，反复检查确认无误后，不通电，先强行按下 KM1 的主触点，用万用表电阻档测得各相电阻为“0”，电路导通；放开 KM1 的主触点，各项电阻值为“∞”。松开和强行闭合 KM2 的主触点，用万用表检查，结果应与刚才的检查结果一致；则接线正确。

2）控制电路检测。选择万用表的 R×1 档，红、黑表笔对接调零，然后将万用表的红、黑表笔分别放在图 7-14 中 1 和 10 的位置上，对控制电路进行检查。

① 控制电路通断检查。断开主电路，按下工作台左移按钮 SB2（或工作台右移按钮 SB3），万用表读数应为接触器线圈的直流电阻值（如 CJX2 线圈直流电阻值约为 15Ω），松开 SB2 或 SB3，万用表读数为“∞”。

② 控制电路自锁检查。松开 SB2 或 SB3，按下 KM1 或 KM2 触点架，使其自锁触点闭合，万用表读数应为接触器线圈的直流电阻值。

③ 接触器互锁检查。按下 SB2 或 SB3 并同时按下触点架，KM1 和 KM2 的联锁触点分断，万用表的读数为“∞”。

④ 行程开关接线检查。按下 SQ1 或 SQ2，万用表读数应为接触器线圈的直流电阻值（如 CJX2 线圈直流电阻值约为 15Ω）；同时按下 SQ1 和 SQ2，万用表读数为“∞”。

⑤ 停车控制检查。按下 SB2（SB3）、KM1（KM2）触点架或 SQ1（SQ2），万用表读数应为接触器线圈的直流电阻值；同时再按下停止按钮 SB1，万用表读数变为“∞”。

8. 通电试车

通电试车必须在指导教师现场监护下严格按安全规程的有关规定操作，以防止安全事故的发生。

接通三相交流电源，合上转换开关 QS。按下 SB2 或 SQ1，工作台左移（电动机应正转），按下 SB3 或 SQ2，工作台右移（电动机反转），然后再按下 SB1，工作台停止移动（电动机停止运转）。同时，还要观察各元器件动作是否灵活、有无卡阻及噪声过大等现象，并检查电动机运行是否正常。若有异常，应立即切断电源，停车检查。

注意：通电校验时，必须先手动操作位置开关，试验各行程控制是否正常可靠。若在电动机正转（工作台左移）时，扳动行程开关 SQ2 电动机不反转，且继续正转，则可能是由于 KM2 的主触点接线不正确，需断电进行纠正后再试，以防发生事故。

9. 常见故障分析

1）接通电源后，按起动按钮（SB2 或 SB3），接触器吸合，电动机不转且发出“嗡嗡”声响；或者虽能起动，但转速很慢。

分析：这种故障大多是主回路一相断线或电源断相。

2）控制电路时通时断，不起联锁作用。

分析：联锁触点接错，在正、反转控制回路中均用自身接触器的常闭触点做联锁触点。

3）按下起动按钮，电路不动作。

分析：起动按钮连接有误或联锁触点用的是接触器常开辅助触点。

4）电动机只能点动正转控制。

分析：正转接触器的自锁触点连接有误。

5）在电动机正转或反转时，按下 SB1 不能停车。

分析：原因可能是 SB1 失效。

6）合上 QS 后，熔断器 FU2 马上熔断。

分析：原因可能是 KM1 或 KM2 线圈、触点短路。

7）按下 SB2 后电动机正常运行，再按下 SB3，FU1 马上熔断。

分析：原因是正、反转主电路换相线接错或 KM1、KM2 常闭辅助触点联锁不起作用。

8）工作台移动到右端后，不能直接左行。

分析：工作台右侧行程开关的常开触点连接有误。

【相关知识】

## 一、行程开关的基本使用

### 1. 限位控制电路

限位控制电路是当生产机械的运动部件向某一方向运动到预定地点时，改变行程开关的触点状态，以控制电动机的运转状态，从而控制运动部件的运动状态的电路。

（1）限位断电控制电路　如图 7-15 所示，按下按钮 SB，KM 线圈得电自保，电动机带动生产机械运动部件运动，到达预定地点时，行程开关 SQ 动作，KM 线圈失电，电动机停转，生产机械运动部件停止运动。

（2）限位通电控制电路　当生产机械的运动部件运动到预定地点时，行程开关 SQ 动作，使 KM 线圈得电，如图 7-16 所示。

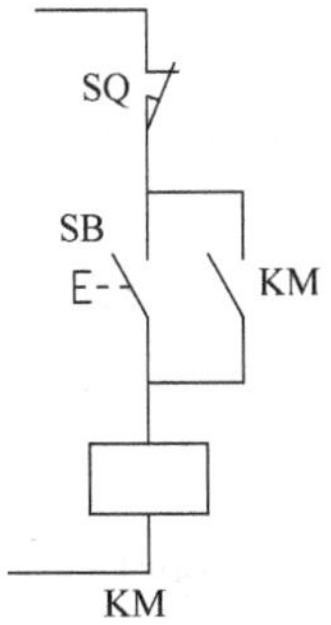


图 7-15　限位断电控制

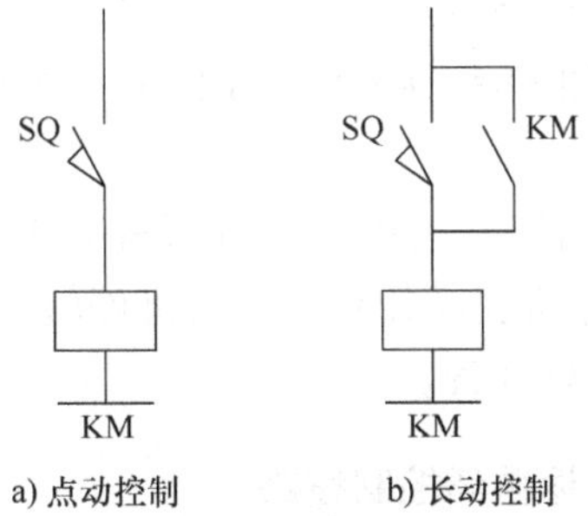


图 7-16　限位通电控制

### 2. 工作台的位置控制

生产机械的位置控制是将生产机械的运动限制在一定范围内，也称限位控制，利用位置开关（也称行程开关）和运动部件上的机械挡铁来实现。工作台位置控制线路电气原理图如图 7-17 所示。

下面进行工作台位置控制线路工作原理分析。

1）合上开关 QS，引入三相交流电源。

2）按下按钮 SB2，KM1 线圈得电，KM1 主触点和自锁触点闭合，电动机正转，拖动工作台左移。

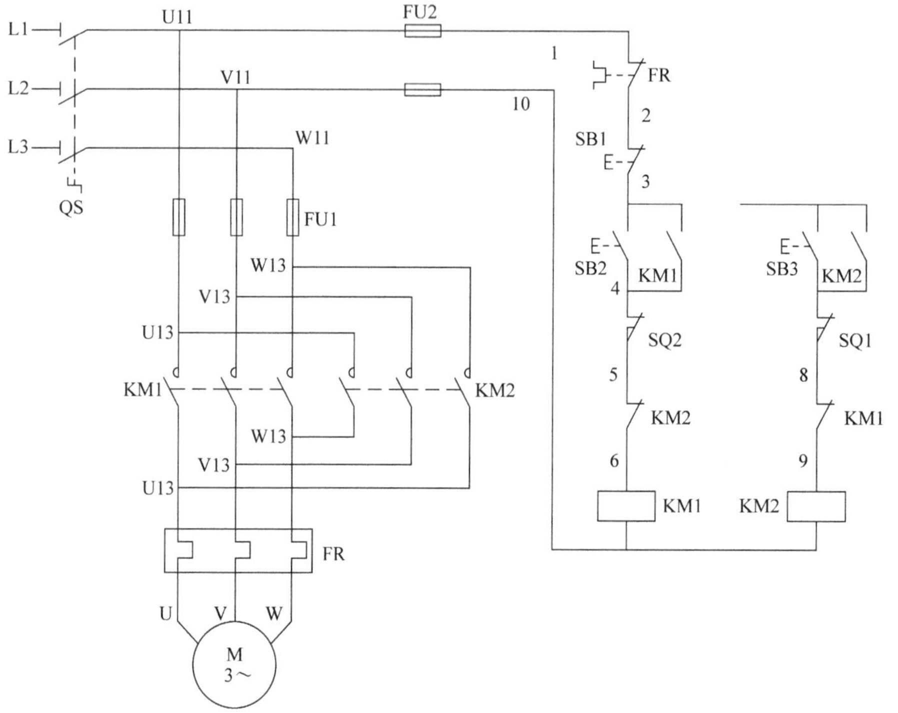


图 7-17　工作台位置控制线路电气原理图

3）工作台左移，当挡铁碰到行程开关 SQ2 时，SQ2 常闭触点分断，KM1 线圈失电，KM1 主触点和自锁触点分断，电动机停转，工作台停止左移。稍后，KM1 互锁触点闭合，为工作台右移做好准备。

4）按下按钮 SB3，KM2 线圈得电，KM2 主触点和自锁触点闭合，电动机反转，拖动工作台右移。

5）工作台右移，当挡铁碰到行程开关 SQ1 时，SQ1 常闭触点分断，KM2 线圈失电，KM2 主触点和自锁触点分断，电动机停转，工作台停止右移。稍后，KM2 互锁触点闭合，为工作台左移做好准备。

## 二、自动往返循环控制线路

某些生产机械的工作台需要自动改变运动方向，即自动往返。工作台自动往返工作示意图如图 7-18 所示，自动往返控制线路电气原理图如图 7-12 所示。行程开关 SQ1、SQ2 用来自动切换电动机正反转控制线路，实现工作台的自动往返行程控制。

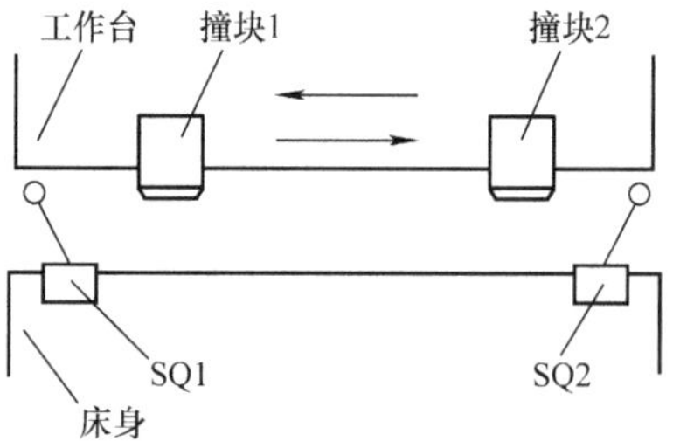


图 7-18　工作台自动往返工作示意图

下面是自动往返控制工作过程分析。

起动时：

按下按钮SB2──►KM1线圈得电──►
- KM1辅助常开触点闭合自保
- KM1主触点闭合──►电动机正转
- KM1辅助常闭触点断开与KM2互锁

电动机正转带动工作台向右移动，当移动到右端行程开关 SQ2 时：

工作台压迫行程开关SQ2→
- SQ2常闭触点断开→KM1线圈失电→
  - KM1辅助常开触点断开取消自保
  - KM1主触点断开→电动机停止正转
  - KM1辅助常闭触点闭合
- SQ2常开触点闭合

→KM2线圈得电→
- KM2常开触点闭合自保
- KM2主触点闭合→电动机反转（工作台左移）
- KM2常闭触点断开与KM1互锁

电动机反转带动工作台向左移动，当移动到左端行程开关 SQ1 时：

工作台压迫行程开关SQ1→
- SQ1常闭触点断开→KM2线圈失电→
  - KM2辅助常开触点断开取消自保
  - KM2主触点断开→电动机停止反转
  - KM2辅助常闭触点闭合
- SQ1常开触点闭合

→KM1线圈得电→
- KM1常开触点闭合自保
- KM1主触点闭合→电动机正转（工作台右移）
- KM1常闭触点断开与KM2互锁

停止时：

按下按钮SB1→KM1（KM2）线圈得电→
- KM1（KM2）辅助常开触点断开
- KM1（KM2）主触点断开→电动机停止（工作台停止移动）
- KM1（KM2）辅助常闭触点闭合

## 三、带限位保护的自动往返控制线路

### 1. 工作原理

行程开关控制的电动机正反转自动往返控制电路如图 7-19 所示。利用行程开关可以实现电动机正、反转循环。为了使电动机的正、反转控制与工作台的左、右运动相配合，在控制线路中设置了 4 个位置开关 SQ1 ~ SQ4，并把它们安装在工作台需限位的地方。其中 SQ1、SQ2 被用来自动换接电动机正反转控制线路，实现工作台的自动往返行程控制；SQ3、SQ4 被用来做终端保护，以防止 SQ1、SQ2 失灵，工作台越过限定位置而造成事故。在工作台边的 T 形槽中装有两块挡铁，挡铁 1 只能和 SQ1、SQ3 相碰撞，挡铁 2 只能和 SQ2、SQ4 相碰撞。当工作台运动到所限位置时，挡铁碰撞位置开关，使其触点动作，自动换接电动机正反转控制线路，通过机械传动机构使工作台自动往返运动。工作台行程可通过移动挡铁位置来调节，拉开两块挡铁间的距离，行程就短，反之则长。

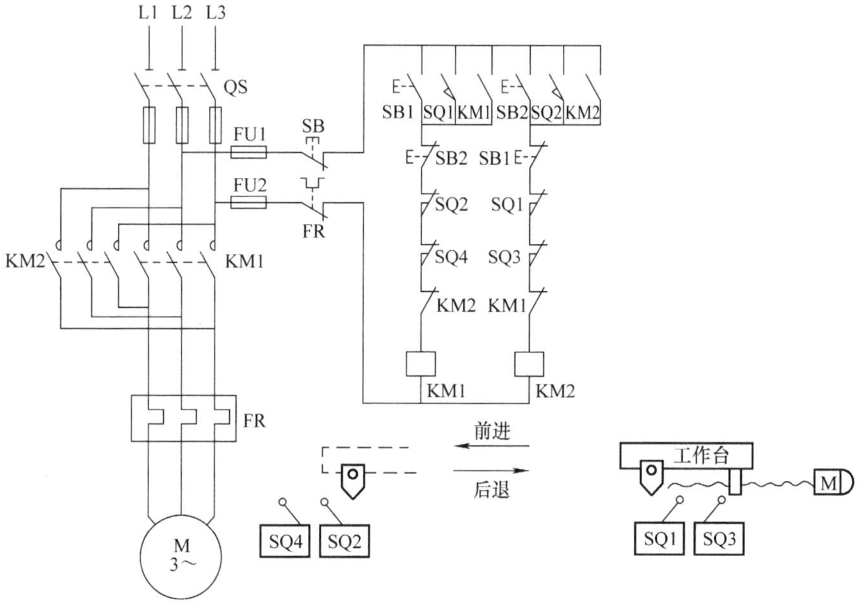


图 7-19 带限位保护的自动往返控制电路

2. 工作过程

先合上电源开关 QS，按下前进起动按钮 SB1→接触器 KM1 线圈得电→KM1 主触点和自锁触点闭合→电动机 M 正转→带动工作台前进→工作台运行到 SQ2 位置→撞块压下 SQ2→SQ2 常闭触点断开（常开触点闭合）→KM1 线圈断电→KM1 主触点和自锁触点断开，KM1 常闭触点闭合→KM2 线圈得电→KM2 主触点和自锁触点闭合→电动机 M 因电源相序改变而变为反转→拖动工作台后退→撞块又压下 SQ1→KM2 断电→KM1 又得电动作→电动机 M 正转→带动工作台前进，如此循环往复。按下停车按钮 SB，KM1 或 KM2 接触器断电释放，电动机停止转动，工作台停止。SQ3、SQ4 为极限位置保护的限位开关，防止 SQ1 或 SQ2 失灵时，工作台超出运动的允许位置而产生事故。

# 任务四 顺序控制与多地控制线路的安装与维修

**【任务分析】**

在装有多台电动机的生产机械上，各电动机所起的作用不同，有时需要按一定的顺序起动或停止，才能保证操作过程的合理和工作的安全可靠。例如，万能铣床的主轴电动机起动后，进给电动机才能起动；平面磨床的砂轮电动机起起后，才能起动冷却泵电动机。还有一些机械由于体积比较大，为了便于操作可以采用多地控制的方法。这就要求熟悉电动机顺序控制和多地控制线路的工作原理，会安装与检修电动机顺序控制和多地控制线路。

**【任务实施】**

1. 配齐所需工具、仪表和连接导线

根据线路的安装要求配齐工具（如尖嘴钳、一字螺钉旋具、十字螺钉旋具、剥线钳、验电笔等），仪表（如万用表等）。根据控制对象选择合适的导线，主电路采用 BV 1.5mm$^2$（红色、绿色、黄色）；控制电路采用 BV 0.75mm$^2$（黑色）；按钮线采用 BVR 0.75mm$^2$（红色）；接地线采用 BVR 1.5mm$^2$（黄绿双色）。

2. 阅读分析电气原理图

读懂两台电动机顺序起动逆序停止控制线路电气原理图，如图 7-20 所示，明确线路所用元器件及作用，并画出布局合理的平面布置图和电气接线图。

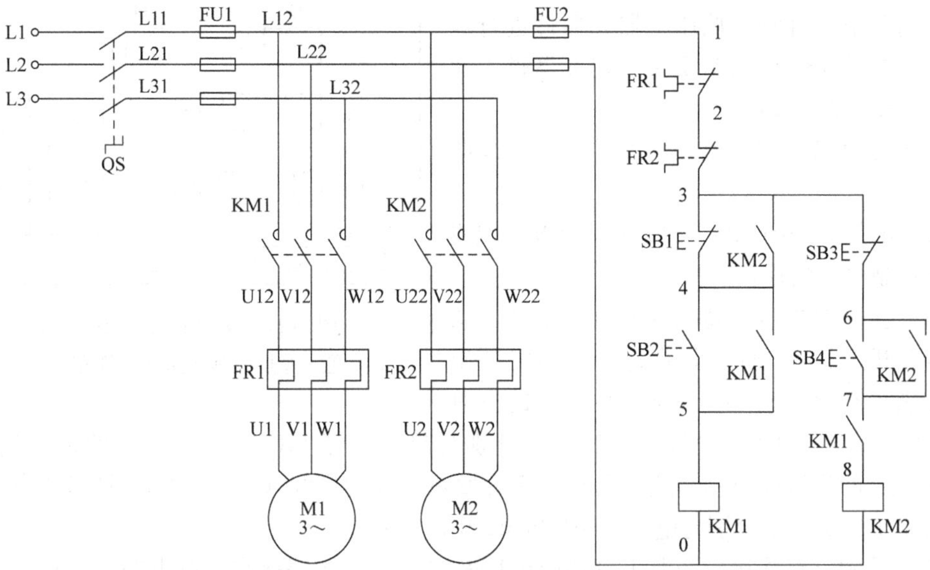


图 7-20 两台电动机顺序起动逆序停止控制线路电气原理图

3. 元器件选择

根据原理图正确选择线路安装所需要的低压电器元器件，并明确其型号、规格、个数及用途，见表 7-4。

**表 7-4 元器件明细表**

| 符号 | 名称 | 型号及规格 | 数量 | 用途 |
|---|---|---|---|---|
| QS | 组合开关 | HZ10－25/3 | 1 个 | 三相交流电源引入 |
| M | 交流电动机 | YS－5024W | 2 台 | |
| SB1 | M1 停止按钮 | LAY7 | 1 个 | 停止 |
| SB2 | M1 起动按钮 | LAY7 | 1 个 | 起动 |

（续）

| 符号 | 名称 | 型号及规格 | 数量 | 用途 |
|---|---|---|---|---|
| SB3 | M2 停止按钮 | LAY7 | 1 个 | 停止 |
| SB4 | M2 起动按钮 | LAY7 | 1 个 | 起动 |
| FU1 | 主电路熔断器 | RT17－1－32，5A | 3 只 | 主电路短路保护 |
| FU2 | 控制电路熔断器 | RT17－1－32，1A | 2 只 | 控制电路短路保护 |
| KM | 交流接触器 | CJX1－1210 | 2 个 | 控制电动机运行 |
| FR | 热继电器 | JRS1－09308 | 2 个 | 过载保护 |
|  | 导线 | BV 1.5$mm^2$ |  | 主电路接线 |
|  | 导线 | BVR 0.75$mm^2$，1.5$mm^2$ |  | 控制电路接线，接地线 |
| XT | 端子排 | 主电路 TB－2512L | 1 个 |  |
| XT | 端子排 | 控制电路 TB－1512L | 1 个 |  |

4. 元器件检测、安装与固定

使用万用表对所选低压电器元器件进行检测后，根据元器件布置图安装固定元器件。元器件布置图如图 7-21 所示。

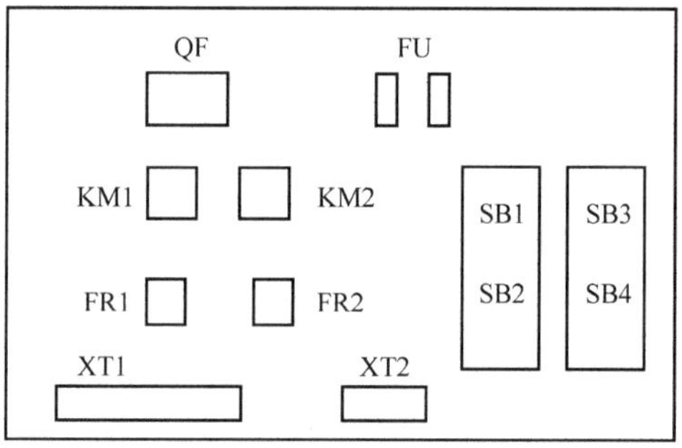


图 7-21　两台电动机顺序起动逆序停止控制线路元器件布置图

5. 两台电动机顺序起动逆序停止控制线路连接

根据电气原理图和图 7-22 所示的电气配线图完成控制电路的连接。

（1）主电路连接　将三相交流电源的三条相线接在断路器 QF 的三个进线端上，QF 的出线端分别接在交流接触器 KM1 和 KM2 的三对主触点的进线端，KM1 主触点的出线端分别与热继电器 FR1 的发热元件的进线端相连，KM2 主触点的出线端分别与热继电器 FR2 的发热元件的进线端相连，FR1 和 FR2 发热元件的出线端通过端子排分别与电动机 M1 和 M2 相连。

（2）控制电路连接　任取主电路两个熔断器，其出线端接在控制电路两只熔断器 FU2 的进线端。

1 点：任取一只熔断器，将其出线端与热继电器 FR1 常闭触点的进线端相连。

2 点：热继电器 FR1 常闭触点的出线端与热继电器 FR2 常闭触点的进线端相连。

3 点：热继电器 FR2 常闭触点的出线端与交流接触器 KM2 常开触点的进线端相连后，通过端子排与停止按钮 SB1 和 SB3 常闭触点的进线端相连。

4 点：停止按钮 SB1 常闭触点的出线端与起动按钮 SB2 常开触点的进线端在按钮内部连接后，通过端子排与 KM2 辅助常开触点的出线端和 KM1 辅助常开触点的进线端相连。

5 点：起动按钮 SB2 常开触点的出线端通过端子排与 KM1 线圈的进线端和 KM1 辅助常开触点的出线端相连。

6 点：停止按钮 SB3 常闭触点的出线端与起动按钮 SB4 常开触点的进线端在按钮内部连接后，通过端子排与 KM2 辅助常开触点的进线端相连。

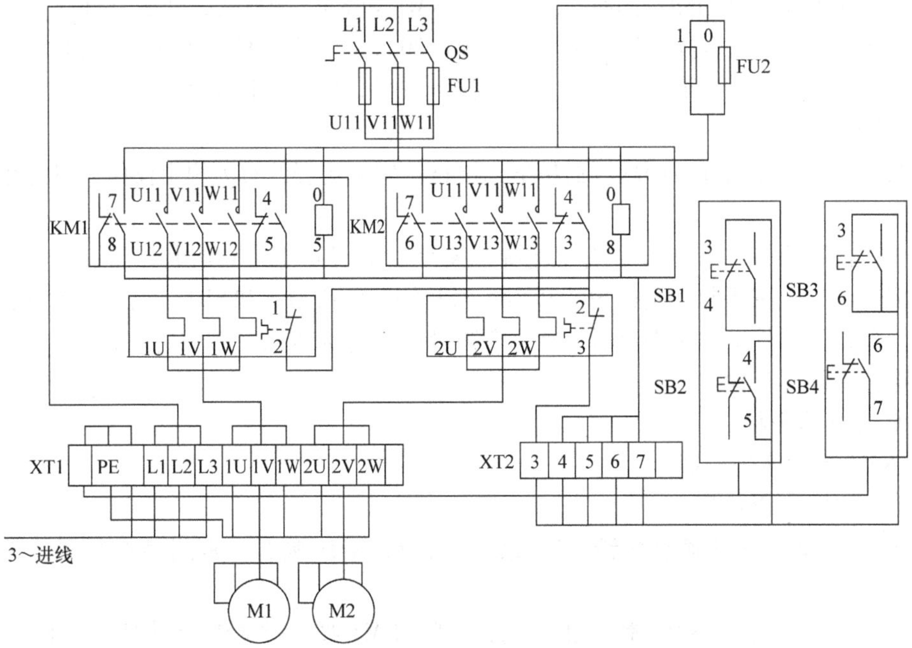


图 7-22　两台电动机顺序起动逆序停止控制线路电气配线图

7 点：KM2 辅助常开触点的出线端与 KM1 另一辅助常开触点的进线端相连后，通过端子排与起动按钮 SB4 常开触点的出线端相连。

8 点：KM1 常开触点的出线端与 KM2 线圈的进线端相连。

0 点：交流接触器 KM1 和 KM2 线圈的出线端与另一只熔断器的出线端相连。

6. 安装电动机

安装电动机并完成电源、电动机（按要求接成星形或三角形）和电动机保护接地线等控制面板外部的线路连接。

7. 静态检测

（1）根据原理图和电气接线图从电源端开始　逐点核对接线及接线端子处的连接是否正确，有无漏接、错接之处；检查导线接点是否符合要求，压接是否牢固。

（2）进行主电路和控制电路通断检测

1）主电路检测。接线完毕，反复检查确认无误后，在不通电的状态下对主电路进行检查。分别按下 KM1 和 KM2 主触点，万用表置于电阻档，若测得各相电阻基本相等且近似为“0”；而放开 KM1 和 KM2 主触点，测得各相电阻为“∞”，则主电路接线正确。

2）控制电路检测。选择万用表的 R×1 档，红、黑表笔对接调零。

检查 KM1 支路通断：断开主电路，按下起动按钮 SB2 或 KM1 的触点架，万用表读数应为接触器线圈的直流电阻值（如 CJX2 线圈直流电阻值约为 15Ω），松开 SB2 或按下 SB1，万用表读数为“∞”。

检查顺序起动控制功能：按下接触器 KM1 触点架，使其常开触点闭合，按下起动按钮 SB4，由于交流接触器 KM1 和 KM2 线圈回路均闭合，两者并联，万用表读数应为接触器直流电阻值的一半。

检查顺序停止控制功能：同时按下接触器 KM1 和 KM2 触点架，使其常开触点闭合，按下停止按钮 SB1，万用表读数仍为接触器直流电阻值的一半。松开 KM2 触点架，此时万用表读数为交流接触器的直流电阻值，再按下停止按钮 SB3，万用表读数为“∞”。

8. 通电试车

通电试车必须在指导教师现场监护下，严格按安全规程的有关规定操作，以防止安全事故的发生。

接通三相电源 L1，L2，L3，合上电源开关 QS，用验电笔检查熔断器出线端，氖管亮说明电源接通。分别按下起动按钮 SB2 和 SB4 以及停车按钮 SB3 和 SB1，观察是否符合线路功能要求，观察元器件动作是否灵活、有无卡阻及噪声过大现象，观察电动机运行是否正常。若有异常，立即停车检查。

9. 常见故障分析

1）KM1 不能实现自锁。

分析：原因可能有两个。

① KM1 的辅助常开触点接错，接成常闭触点，KM1 吸合，常闭触点断开，所以没有自锁。

② KM1 常开触点和 KM2 常开触点位置接错，KM1 吸合时 KM2 还未吸合，KM2 的辅助常开触点是断开的，所以 KM1 不能自锁。

2）不能实现顺序起动，可以先起动 M2。

分析：M2 可以先起动，说明 KM2 控制电路中的 KM1 常开互锁辅助触点没起作用，KM1 的互锁触点接错或没接，这就使得 KM2 不受 KM1 控制而可以直接起动。

3）不能顺序停止，KM1 能先停止。

分析：KM1 能停止说明 SB1 起作用，并联的 KM2 常开触点没起作用。原因可能有两个。

① 并联在 SB1 两端的 KM2 辅助常开触点未接。

② 并联在 SB1 两端的 KM2 辅助常开触点接成了常闭触点。

4）SB1 不能停止。

分析：原因可能是 KM1 接触器用了两对辅助常开触点，KM2 只用了一对辅助常开触点，SB1 两端并联的不是 KM2 的常开触点而是 KM1 的常开触点，由于 KM1 自锁后常开触点闭合，所以 SB1 不起作用。

**【相关知识】**

实际生产中，有些设备常需要电动机按一定的顺序起动，控制设备完成这种顺序起动电动机动作的电路，称为顺序控制或条件控制电路。在生产实践中，根据生产工艺的要求，经常要求各种运动部件之间或生产机械之间能够按顺序工作。

1. 主电路实现顺序控制

在顺序控制电路中，除了以上介绍的通过控制电路来实现顺序控制外，还可以通过主电路来实现顺序控制功能，如图 7-23 所示。

合上电源开关 QS。

按下 SB1→KM1 线圈得电→KM1 主触点闭合→电动机 M1 起动连续运转→按下 SB2→KM2 线圈得电→KM2 主触点闭合→电动机 M2 起动连续运转。

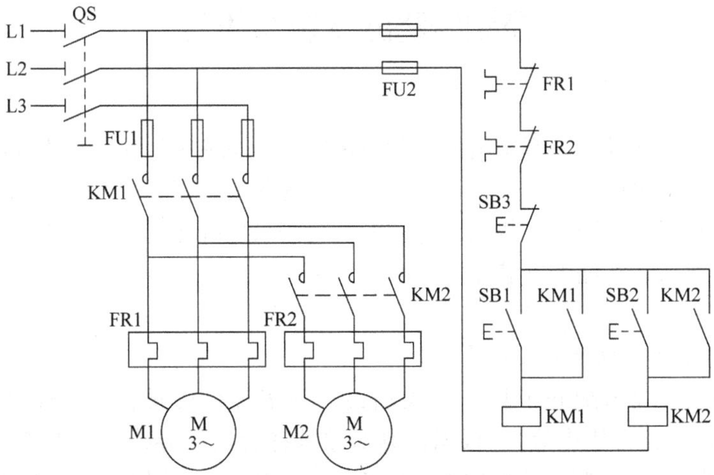


图 7-23　通过主电路实现顺序控制功能

按下 SB3→KM1 和 KM2 主触点分断→电动机 M2 和 M1 同时停转。

2. 两地起停控制

有时为了操作方便，需要在两地或多地控制一台电动机，例如普通铣床的控制电路，就是一种多地控制电路。这种能在两地或多地控制一台电动机的控制方式，称为电动机的多地控制。在实际应用中，大多数为两地控制。电动机两地起停控制电路如图 7-24 所示。

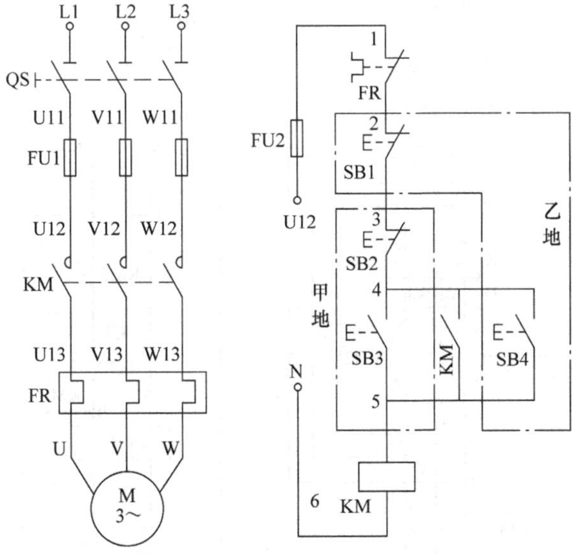


图 7-24　电动机两地起停控制电路

# 任务五　三相异步电动机Y－△降压起动控制线路的安装与维修

**【任务分析】**

异步电动机直接起动时，起动电流一般为额定电流的 4～7 倍，电动机功率较大的情况下会使电源变压器输出电压下降，影响电动机本身的起动转矩，也会影响同一供电线路中其他电气设备的正常工作。因此，较大容量的电动机需采用降压起动。所以，掌握异步电动机降压起动的各种方法和线路的安装是很有必要的。

**【任务实施】**

1. 配齐所需工具、仪表和连接导线

根据线路的安装要求配齐工具（如尖嘴钳、一字螺钉旋具、十字螺钉旋具、剥线钳、验电笔等）、仪表（如万用表等）。根据控制对象选择合适的导线，主电路采用 BV 1.5mm$^2$（红色、绿色、黄色）；控制电路采用 BV 0.75mm$^2$（黑色）；按钮线采用 BVR 0.75mm$^2$（红色）；接地线采用 BVR 1.5mm$^2$（黄绿双色）。

2. 阅读分析电气原理图

读懂电动机时间继电器控制Y－△降压起动控制线路电气原理图，如图 7-25 所示，明确线路安装所用的元器件及作用，并根据原理图画出布局合理的元器件布置图和电气接线图。

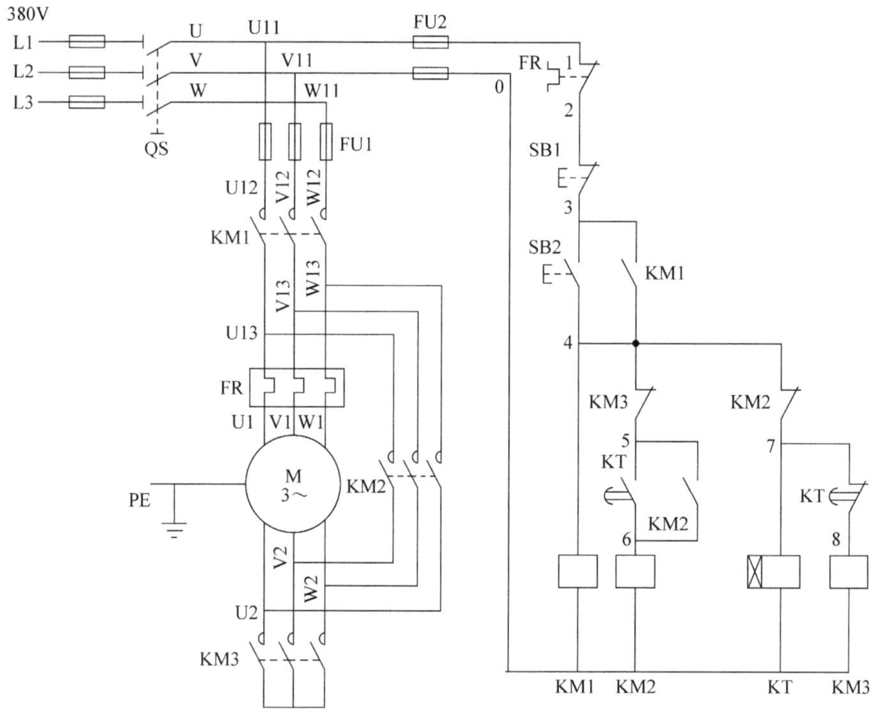


图 7-25　时间继电器控制Y－△降压起动控制线路电气原理图

3. 元器件选择

根据原理图正确选择线路安装所需要的低压电器元器件，并明确其型号、规格、个数及用途，见表7-5。

**表7-5　元器件明细表**

| 符号 | 名称 | 型号及规格 | 数量 | 用途 |
|---|---|---|---|---|
| M | 交流电动机 | YS－5024W | 1台 | |
| QS | 组合开关 | HZ10－25/3 | 1个 | 三相交流电源引入 |
| SB1 | 停止按钮 | LAY7 | 1个 | 停止 |
| SB2 | 起动按钮 | LAY7 | 1个 | 起动 |
| KT | 时间继电器 | ST6P－Z | 1个 | 起动过程控制 |
| FU1 | 主电路熔断器 | RT17－1－32，5A | 3只 | 主电路短路保护 |
| FU2 | 控制电路熔断器 | RT17－1－32，1A | 2只 | 控制电路短路保护 |
| KM1 | 交流接触器 | CJX1－1210 | 1个 | 电源接触器 |
| KM2 | 交流接触器 | CJX1－1210 | 1个 | 星形接触器 |
| KM3 | 交流接触器 | CJX1－1210 | 1个 | 三角形接触器 |
| FR | 热继电器 | JRS1—09308 | 1个 | M过载保护 |
| | 导线 | BV 1.5$mm^2$ | | 主电路接线 |
| | 导线 | BVR 0.75$mm^2$，1.5$mm^2$ | | 控制电路接线，接地线 |
| XT | 端子排 | 主电路 TB－2512L | 1个 | |
| XT | 端子排 | 控制电路 TB－1512L | 1个 | |

4. 元器件检测与固定

使用万用表对所选低压电器进行检测后，根据元器件布置图安装固定元器件，如图7-26所示。

5. 时间继电器控制Y－△降压起动控制线路连接

根据电气原理图和电气接线图，完成电动机时间继电器控制Y－△降压起动线路连接。时间继电器控制Y－△降压起动控制线路电气接线图如图7-27所示。

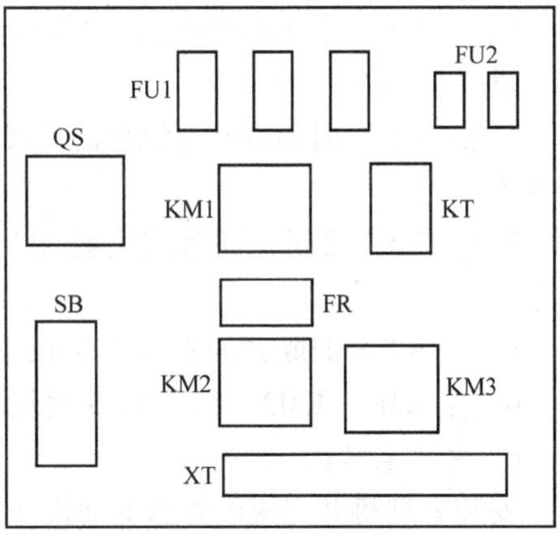

图7-26　时间继电器控制Y－△降压起动控制线路元器件布置图

（1）主电路接线　将接线端子排XT上左起1、2、3号接线柱分别定为L1、L2、L3，用导线连接至QS进线端，再由QS出线端接至FU1的进线端，FU1的出线端连接到KM1主触点的进线端，KM1主触点的出线端与KM2主触点的进线端相连后接到FR热元件的进线端，FR热元件的出线端通过端子排接到电动机定子绕组的U1、V1、W1；KM2主触点的出线端与KM3主触点的进线端相连后通过端子排接到电动机定子绕组的U2、V2、W2，将KM3主触点的出线端通过导线短接起来。

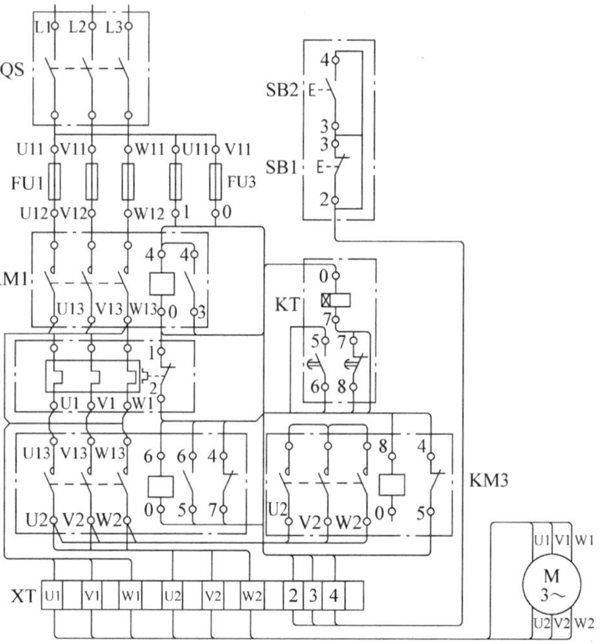

图 7-27　时间继电器控制Y－△降压起动控制线路电气接线图

（2）控制电路连接　具体接线：任取组合开关的两组触点，其出线端接在两只熔断器 FU2 的进线端。

1 点：任意 FU2 的出线端与 FR 常闭触点的进线端相连。

2 点：FR 常闭触点的出线端与停止按钮 SB1 常闭触点的进线端相连。

3 点：SB1 常闭触点的出线端与 SB2 常开触点的进线端相连后，通过端子排与 KM1 常开辅助触点的进线端相连。

4 点：SB2 常开触点的出线端通过端子排与 KM3、KM2 常闭辅助触点进线端，KM1 线圈进线端及 KM1 常开辅助触点的出线端相连。

5 点：KM3 常闭辅助触点的出线端、KT 延时闭合常开触点的进线端、KM2 常开辅助触点的进线端相连。

6 点：KT 延时闭合常开触点的出线端与 KM2 常开辅助触点的出线端、KM2 线圈的进线端相连。

7 点：KM2 常闭辅助触点出线端与 KT 延时断开的常闭触点进线端、KT 线圈进线端相连。

8 点：KT 延时断开的常闭触点出线端与 KM3 线圈的进线端相连。

0 点：KM1、KM2、KT、KM3 线圈出线端相连后与另一个 FU2 出线端相连。

6. 安装电动机

安装电动机并完成电源和电动机保护接地线等控制面板外部线路的连接。

7. 静态检测

（1）根据原理图和电气接线图从电源端开始　逐点核对接线及接线端子处连接是否正确，有无漏接、错接之处；检查导线接点是否符合要求，压接是否牢固。

（2）进行主电路和控制电路通断检测

1）主电路检测。接线完毕，学生反复检查确认接线无误后，不通电，用万用表电阻档检查。先同时强行按下 KM1 和 KM3 的主触点，用万用表表笔依次接 QS 各输出端至 KM3 的输出端，每次测量电阻值应基本相等，近似等于电动机一相电阻值；放开 KM3 的主触点，强行闭合 KM2 的主触点，用万用表分别测 QS 两出线端的电阻，应近似等于电动机每相绕组电阻的 2/3，则接线正确。

2）控制电路检测。选择万用表的 R×1 档，红、黑表笔对接调零。

将万用表表笔接控制电路的 0、1 两点，按下 SB2 时，万用表读数应为 KM1 线圈、KT 线圈、KM3 线圈直流电阻的并联值。松开 SB2，强行闭合交流接触器 KM1，万用表读数不变。

同时按下 KM1 和 KM2 的触点架，万用表读数应为 KM1 线圈与 KM2 线圈直流电阻的并联值。按下 SB1，万用表读数为“∞”，说明接线正确。

8. 通电试车

通电试车必须在指导教师现场监护下严格按安全规程的有关规定操作，以防止安全事故的发生。

通电时先接通三相交流电源，合上转换开关 QS。闭合隔离开关 QS；按下 SB2，电动机将以星形联结起动，用万用表检测每相绕组电压应为 220V；经过时间继电器延时后，交流接触器 KM3 失电，主触点断开，交流接触器 KM2 得电，主触点闭合，电动机将以三角形联结正常运行，用万用表检测每相绕组电压应为 380V；按下 SB1，电动机停转；试车完毕，断开转换开关 QS。操作过程中，观察各元器件动作是否灵活、有无卡阻及噪声过大等现象，电动机运行有无异常。发现问题，应立即切断电源进行检查。

9. 时间继电器自动控制的Y－△降压起动控制线路常见故障的排除

1）按下起动按钮 SB2，电动机不能起动。

分析：主要原因可能是接触器接线有误，自锁、互锁没有实现。

2）由星形联结无法正常切换到三角形联结，要么不切换，要么切换时间太短。

分析：主要原因是时间继电器接线有误或时间调整不当。

3）起动时主电路短路。

分析：主要原因是主电路接线错误。

4）Y起动过程正常，但三角形运行时电动机发出异常声音，转速也急剧下降。

分析：接触器切换动作正常，表明控制电路接线无误，问题出在接上电动机后。从故障现象分析，很可能是电动机主回路接线有误，使电路由Y联结转到△联结时，送入电动机的电源顺序改变了，电动机由正常起动突然变成了反序电源制动，强大的反向制动电流造成了电动机转速急剧下降和异常声音。

处理故障：核查主回路接触器及电动机接线端子的接线顺序。

**【相关知识】**

## 一、按钮控制Y－△降压起动控制电路

按钮控制Y－△降压起动控制电路如图 7-28 所示，Y－△降压起动工作过程如下：

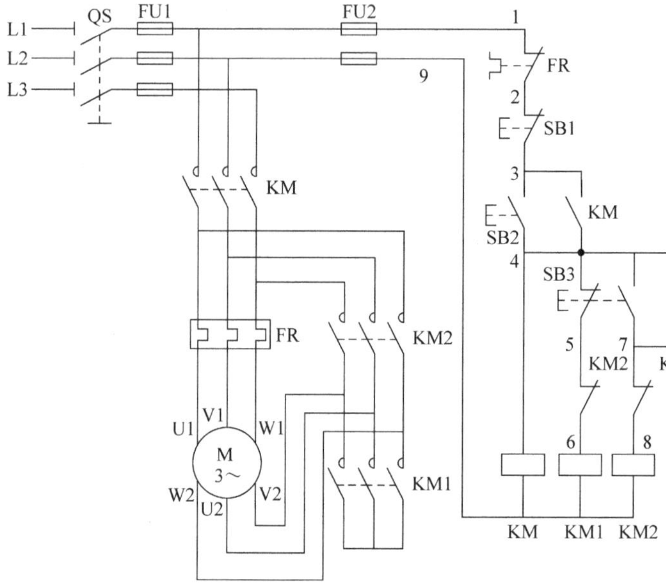


图 7-28　按钮控制Y－△降压起动控制电路

首先闭合电源开关 QS。

1）电动机Y降压起动。

按下按钮SB2→
- KM线圈得电
  - →KM自锁触点闭合
  - →KM主触点闭合 ─┐
- KM1线圈得电　　　　├→电动机接成Y降压起动
  - →KM1主触点闭合 ─┘
  - →KM1联锁触点分断，KM2联锁

2）当电动机转速上升并接近额定值时，△联结全压运行。

按下按钮SB3→
- SB3常闭触点先分断→KM1线圈失电
  - KM1主触点分断，解除Y联结
  - KM1联锁触点恢复闭合 ─┐
- SB3常开触点后闭合 ────────┘→

→KM2线圈得电→
- KM2自锁触点闭合自锁 ─┐
- KM2主触点闭合 ───────┴→电动机M接成△联结全压运行
- KM2联锁触点分断对KM1联锁

3）停止。按下 SB1→控制电路接触器线圈失电→主电路中的主触点分断→电动机 M 停转。

## 二、时间继电器自动控制Y－△降压起动电路

时间继电器自动控制Y－△降压起动电路如图 7-25 所示。当 KM1、KM3 线圈通电吸合时，其主触点闭合，定子绕组接成Y联结；当 KM1、KM2 线圈通电吸合时，其主触点闭合，

定子绕组接成△联结。两种接线方式的切换由控制电路中的时间继电器定时自动完成，Y-△降压起动的工作过程如下：

首先闭合电源开关 QS。

1）Y起动△运行。

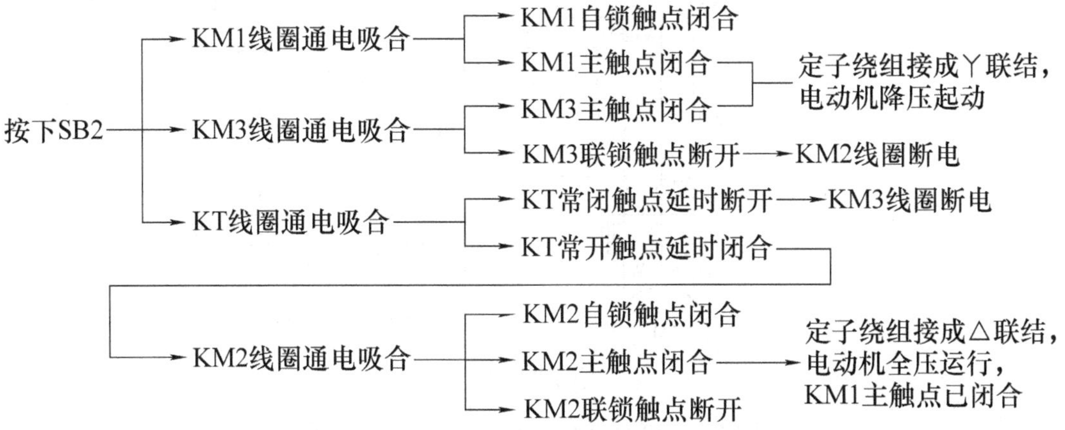


2）停止。按下 SB1→控制电路断电→KM1 ~ KM3 线圈断电释放→电动机 M 断电停车。

## 任务六　三相异步电动机制动控制线路的安装与维修

【任务分析】

交流电动机断开电源以后，由于惯性作用不会马上停止转动，而是需要转动一段时间才会完全停下来。这种情况对于某些生产机械是不适宜的。例如，起重机的吊钩需要准确定位；万能铣床要求立即停转等。为了满足生产机械的这种要求，就需要对电动机进行制动。

所谓制动，就是给电动机一个与转动方向相反的转矩，使它迅速停转（或限制其转速）。制动的方法一般有机械制动和电力制动。

【任务实施】

1. 配齐所需工具、仪表和连接导线

根据线路的安装要求配齐工具（如尖嘴钳、一字螺钉旋具、十字螺钉旋具、剥线钳、验电笔等）、仪表（如万用表等）。根据控制对象选择合适的导线，主电路采用 BV 1.5mm$^2$（红色、绿色、黄色）；控制电路采用 BV 0.75mm$^2$（黑色）；按钮线采用 BVR 0.75mm$^2$（红色）；接地线采用 BVR 1.5mm$^2$（黄绿双色）。

2. 阅读分析电气原理图

读懂速度继电器控制的反接制动电气原理图，如图 7-29 所示，明确安装所用元器件及作用，并根据原理图画出布局合理的元器件布置图和电气接线图。

3. 元器件选择

根据原理图正确选择线路安装所需要的低压电器元器件，并明确其型号、规格、个数及用途，见表 7-6。

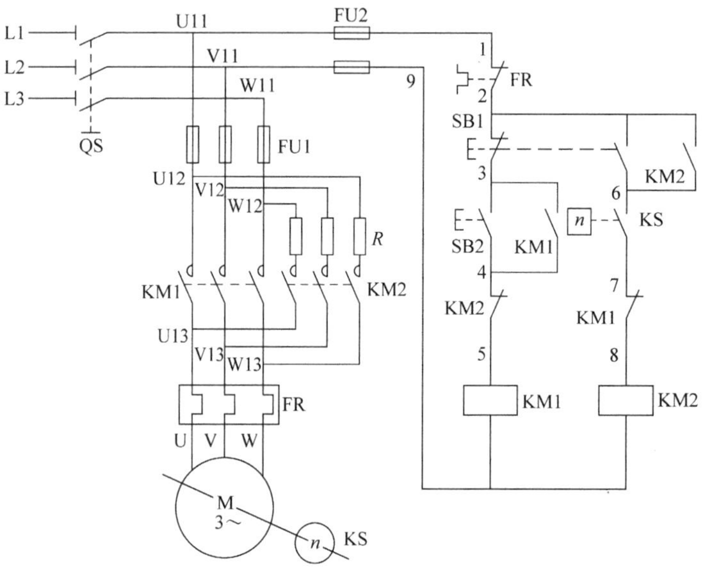


图 7-29　速度继电器控制的反接制动电气原理图

**表 7-6　电气元器件明细表**

| 符号 | 名称 | 型号及规格 | 数量 | 用途 |
|---|---|---|---|---|
| M | 交流电动机 | YS-5025W | 1 台 | |
| QS | 组合开关 | HZ10-25/3 | 1 个 | 三相交流电源引入 |
| SB1 | 停止按钮 | LAY7 | 1 个 | 停止 |
| SB2 | 起动按钮 | LAY7 | 1 个 | 星形起动 |
| FU1 | 主电路熔断器 | RT17-1-32，5A | 3 只 | 主电路短路保护 |
| FU2 | 控制电路熔断器 | RT17-1-32，1A | 2 只 | 控制电路短路保护 |
| KM1 | 交流接触器 | CJX1-1210 | 1 个 | 控制 M 正转 |
| KM2 | 交流接触器 | CJX1-1210 | 1 个 | 控制 M 反转制动 |
| FR | 热继电器 | JRS1-09308 | 1 个 | M 过载保护 |
| KS | 速度继电器 | JY1 | 1 个 | 制动 |
| R | 电阻器 | ZX1-2/0.7 | 3 只 | 限制制动电流 |
| | 导线 | BV 1.5$mm^2$ | | 主电路接线 |
| | 导线 | BVR 0.75$mm^2$，1.5$mm^2$ | | 控制电路接线，接地线 |
| XT | 端子排 | 主电路 TB-2512L | 1 个 | |
| XT | 端子排 | 控制电路 TB-1512L | 1 个 | |

4. 元器件检测与安装

使用万用表对所选低压电器进行检测后，根据元器件布置图安装固定元器件。元器件布置图如图 7-30 所示。

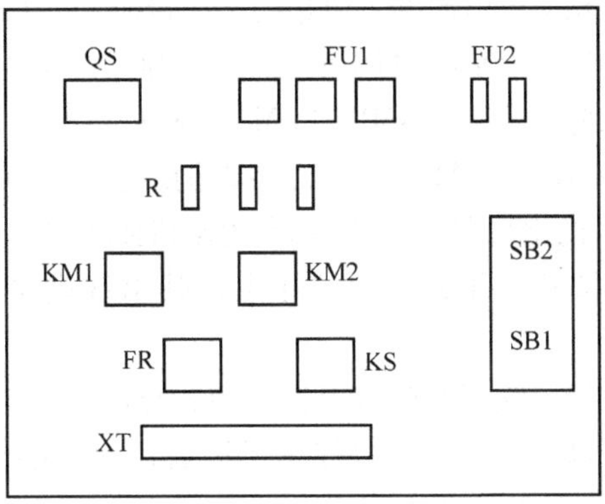


图 7-30　速度继电器控制的反接制动电路元器件布置图

5. 速度继电器控制的反接制动控制线路的连接

根据电气原理图和电气接线图（见图 7-31），完成速度继电器控制的反接制动控制线路的连接。

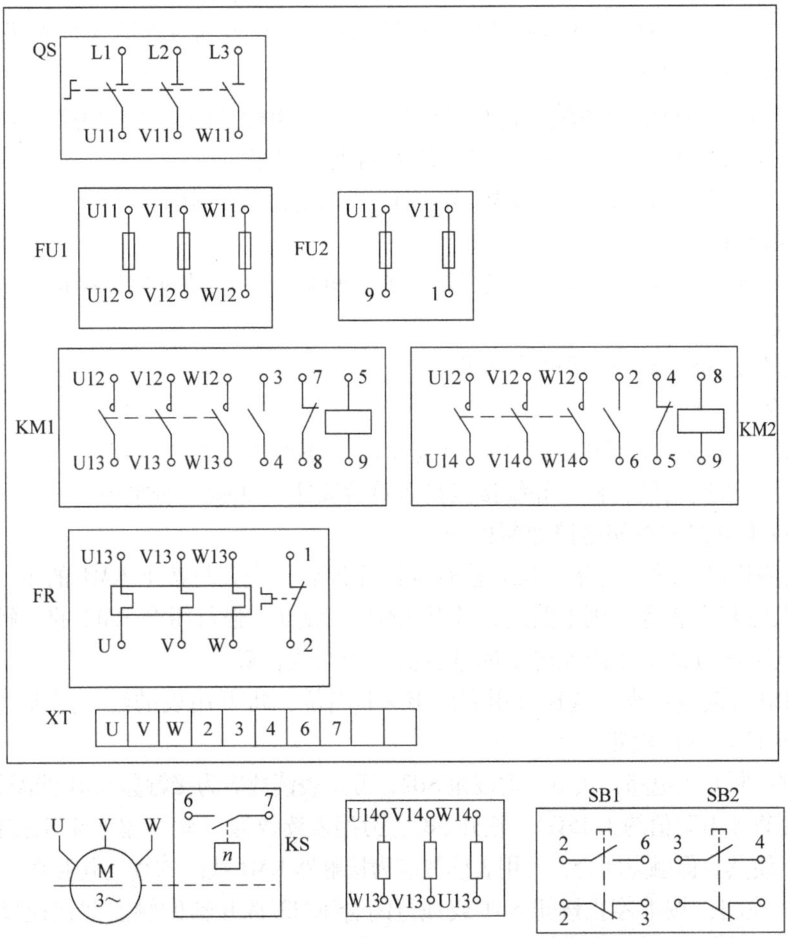


图 7-31　速度继电器控制的反接制动控制线路电气接线图

（1）主电路接线　将三相交流电源的三根相线接在转换开关 QS 的 3 个进线端上，QS 的出线端分别接在 3 只熔断器 FU1 的进线端，FU1 的出线端分别接在交流接触器 KM1 3 对主触点的进线端和 3 个制动电阻 R 的进线端（注意 KM1 和 KM2 换相），3 只制动电阻的出线端分别与 KM2 的 3 对主触点进线端相连，KM1 与 KM2 主触点的出线端相连后再与热继电器 FR 热元件的进线端相连，热继电器 FR 发热元件的出线端通过端子排与电动机接线端子 U1、V1、W1 相连。

（2）控制电路接线　取组合开关的两组触点，其出线端接控制电路短路保护熔断器 FU2 的进线端。

1 点：其中一只熔断器的出线端与热继电器常闭触点的进线端相连。

2 点：按钮 SB1 的常开和常闭触点的进线端相连后，通过端子排与热继电器 FR 常闭触点的出线端和 KM2 辅助常开触点的进线端相连。

3 点：按钮 SB1 常闭触点的出线端与 SB2 常开触点的进线端相连后，通过端子排与交流接触器 KM1 辅助常开触点的进线端相连。

4 点：SB2 常开触点的出线端通过端子排与 KM1 辅助常开触点的出线端和 KM2 辅助常闭触点的进线端相连。

5 点：KM2 辅助常闭触点的出线端与 KM1 线圈的进线端相连。

6 点：SB1 常开触点的出线端和速度继电器 KS 常开触点的进线端通过端子排与 KM2 辅助常开触点的出线端相连。

7 点：KS 常开触点的出线端通过端子排与 KM1 常闭触点的进线端相连。

8 点：KM1 常闭触点的出线端与 KM2 线圈的进线端相连。

9 点：熔断器 FU2 的出线端与 KM1 和 KM2 线圈的出线端相连。

6. 安装电动机

1）完成电源、电动机（按要求接成星形或三角形）和电动机保护接地线等控制面板外部的线路连接。

2）完成速度继电器与电动机的连接。

7. 静态检测

（1）根据原理图和电气接线图从电源端开始　逐点核对接线及接线端子处连接是否正确，有无漏接、错接之处；检查导线接点是否符合要求，压接是否牢固。

（2）进行主电路和控制电路通断检测

1）主电路检测。接线完毕，反复检查确认无误后，先强行按下 KM1 的主触点，用万用表检查相电阻应基本相等，则电路通；放开 KM1 主触点，强行闭合 KM2 的主触点，用万用表测得各相电阻值近似等于限流电阻的电阻值，则接线正确。

2）控制电路接线检查。选择万用表的 R×1 档位，将万用表的红、黑表笔分别放在图 7-31 中 1 和 9 位置进行检测。

起动检测：断开主电路，按下起动按钮 SB2，万用表读数应为接触器 KM1 线圈的直流电阻值（如 CJX2 线圈直流电阻值约为 15Ω），松开 SB2，万用表读数为“∞”。松开起动按钮 SB2，按下 KM1 触点架，使其自保触点闭合，万用表读数应为接触器 KM1 线圈的直流电阻值。

制动停止检测：按下停止按钮 SB1 或强行闭合 KM2 常开辅助触点并使速度继电器常开触点闭合，万用表读数应为交流接触器 KM2 线圈的直流电阻值，松开 SB1 或 KM2 常开辅助触点或使速度继电器常开触点断开，万用表读数为“∞”。

8. 通电试车

通电试车必须在指导教师现场监护下严格按安全规程的有关规定操作，以防止安全事故的发生。

通电时先接通三相交流电源，合上转换开关 QS。按下 SB2，电动机运转。按下 SB1，电动机迅速停止运转。操作过程中，观察各元器件动作是否灵活，有无卡阻及噪声过大等现象，电动机运行有无异常。若发现问题，应立即切断电源进行检查。

**【相关知识】**

反接制动是以改变电动机定子绕组的电源相序，定子绕组产生反向的旋转磁场，从而使转子受到与原旋转方向相反的制动力矩，利用产生的这个和电动机实际旋转方向相反的电磁力矩（制动力矩），使三相笼型异步电动机迅速准确地停车的制动方式。反接制动的关键是电动机电源相序的改变，且当转速下降接近于零时，能自动将反向电源切除，防止反向再起动。

反接制动控制电路分为时间原则控制线路和速度原则控制线路。由于时间原则控制线路在制动过程的时间设定上存在一定缺陷，时间设定过长，电动机会反转；设定时间过短，起不到制动效果。所以在实际反接制动中为了较准确地实现制动效果，通常采用速度原则的反接制动。

1. 速度原则反接制动

速度原则反接制动采用速度继电器控制制动过程，其电气原理图如图 7-29 所示。

控制过程分析如下：

合上电源开关 QS，单向起动：

按下SB2 → KM1线圈得电 →
- → KM1常开辅助触点闭合
- → KM1常闭触点断开
- → KM1常开主触点闭合，电动机M起动 → 速度继电器KS常开触点闭合（为反接制动准备）

反接制动：

按下SB1 →
- → SB1常闭触点先断开 → KM1线圈失电 →
  - → KM1常开触点断开
  - → KM1常闭触点闭合
  - → KM1主触点断开 → 电动机断电，由于惯性，KS触点此时为闭合状态
- → SB1常开触点闭合

→ KM2线圈断电 →
- → KM2常开辅助触点闭合
- → KM2常闭触点断开
- → KM2主触点闭合 → 电动机M串电阻反接制动 → 速度继电器KS触点断开，KM2线圈失电 →
  - → KM2自锁触点断开
  - → KM2主触点断开 → 电动机M脱离电源（制动结束）
  - → KM2互锁触点闭合

2. 时间原则反接制动

时间原则反接制动采用时间继电器代替速度继电器控制制动过程，其电气原理图如图7-32所示。

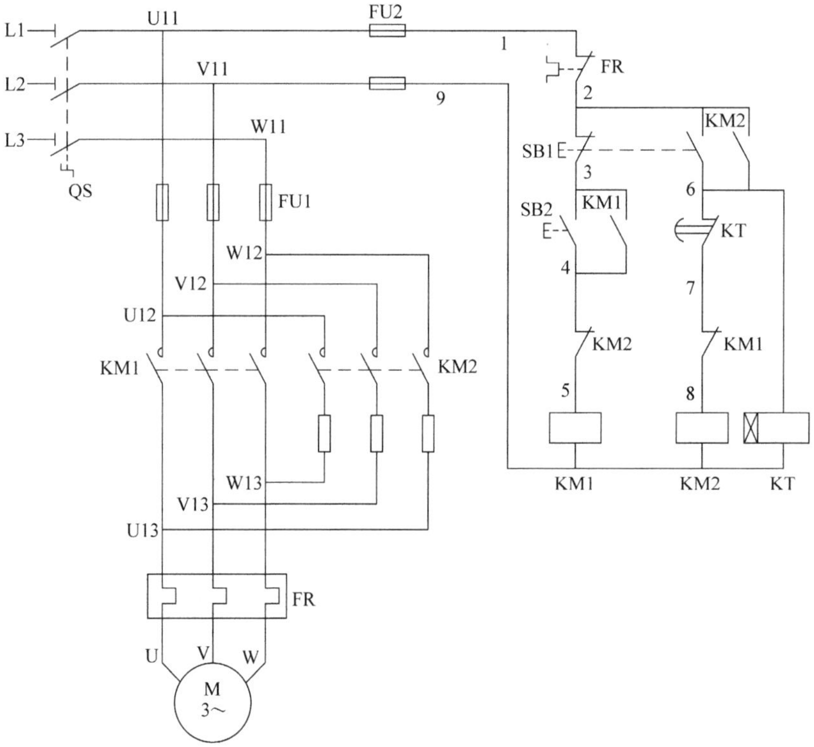


图7-32　时间原则反接制动电气原理图

【项目评价】

评价标准见表7-7。

**表7-7　项目检测与分析**

| 检测任务 | 评分标准 | 分值 | 学生自评 | 教师评估 |
| --- | --- | --- | --- | --- |
| 连续运行与点动控制线路检测 | 能否正确安装元器件；是否合理布线；能否通电试车成功 | 15 | | |
| 电动机正反转控制线路检测 | 能否正确安装元器件；是否合理布线；能否通电试车成功 | 15 | | |
| 自动往返控制线路检测 | 能否正确安装元器件；是否合理布线；能否通电试车成功 | 15 | | |
| 顺序控制与多地控制线路检测 | 能否正确安装元器件；是否合理布线；能否通电试车成功 | 15 | | |
| 电动机Y－△降压起动控制线路检测 | 能否正确安装元器件；是否合理布线；能否通电试车成功 | 15 | | |
| 电动机制动控制线路检测 | 能否正确安装元器件；是否合理布线；能否通电试车成功 | 15 | | |
| 安全文明生产（包括归拢收集所用材料） | 违反安全文明生产规程扣10分 | 10 | | |
| 总评 | 各项目的最高扣分不应超过配分 | | | |

**【思考与练习】**

**一、填空题**

1. 低压断路器又称________，其功能相当于________、________、________和欠电压继电器等电器部分或全部的功能总和。

2. 低压断路器中热脱扣器的作用是________。

3. DW 型框式断路器又称________，主要用作________的保护开关。

4. 交流接触器使用过程中，触点磨损有________、________两种。

5. 熔断器主要由________、________和________组成。

6. 三相异步电动机能耗制动时，电动机处于________运行状态。

7. 三角形联结的三相异步电动机，应选用三相的热继电器做________保护和________保护。

8. 电磁铁的结构主要由________、________、________和________四部分组成。

9. 按钮开关作为主令电器，当作为停止按钮时，其前面颜色应选________色。

10. 三相异步电动机的正反转控制关键是改变________。

**二、判断题**

1. 三相异步电动机的额定电压是指加于定子绕组上的相电压。 (　　)

2. 三相电动机接在同一电源中，做△联结时的总功率是做Y联结时的 3 倍。 (　　)

3. 若因电动机过载导致直流电动机不能起动时，应将负载降到额定值。 (　　)

4. 为了保持接触器触点良好接触，允许涂以质地优良的润滑油。 (　　)

5. 电动机的各种故障最终大多引起电流增大，温升过高。 (　　)

6. 三相异步电动机串电阻降压起动的目的是提高功率因数。 (　　)

7. 三相异步电动机使用电抗器调速，性能十分优越。 (　　)

8. 磁力起动器是由交流接触器和热继电器等组成的。 (　　)

9. 交流三相异步电动机铭牌上的频率是电动机转子绕组电动势的频率。 (　　)

10. 若电动机的额定电流不超过 10A，可用中间继电器代替接触器使用。 (　　)

# 项目八　机床电气控制线路的安装与检修

【项目情境】

车床、磨床、钻床、铣床是工厂最常用的生产机械，这些机床能够加工各种机械零件，满足生产的需要。

电气设备在运行的过程中，由于各种原因，难免会产生各种故障，致使工业机械不能正常工作，不但影响生产效率，严重时还会造成人身设备事故。因此，作为维修电工，应在电气设备发生故障后，能够及时、熟练、准确、迅速、安全地查出故障，并加以排除，尽早恢复工业机械的正常运行。

【知识目标】

1. 了解常用机床的结构。

2. 掌握常用机床电气控制线路的工作原理。

【技能目标】

1. 熟练掌握常用机床电气控制线路的安装与调试方法。

2. 掌握常用机床电气控制线路的故障分析与检修方法。

## 任务一　车床电气控制线路的分析与检修

【任务分析】

车床的结构形式很多，本任务以 CA6140 型车床为例，分析车床电气控制线路的构成、原理及其常见故障的维修方法；了解 CA6140 型车床的主要结构和运动形式，熟悉其电气控制线路构成，掌握其电气线路的分析方法及其常见故障的检修方法。

【任务实施】

### 一、CA6140 型车床电气控制线路的安装与调试

1. 安装步骤及工艺要求

1）按照表 8-1 配齐电气设备和元器件，并逐个检验其规格和质量是否合格。

**表 8-1　CA6140 型车床电气设备和元器件**

| 序号 | 符号 | 名称 | 型号 | 规格 | 数量 | 用途 |
|---|---|---|---|---|---|---|
| 1 | M1 | 主轴电动机 | Y132M－4－B3 | 7.5kW、15.4A<br>1450r/min | 1 台 | 主运动和进给运动力 |
| 2 | M2 | 冷却泵电动机 | AOB－25 | 90W、3000r/min | 1 台 | 驱动冷却泵 |
| 3 | M3 | 刀架快速移动电动机 | AOS5634 | 250W、1360r/min | 1 台 | 刀架快速移动 |
| 4 | FR1 | 热继电器 | JR16－20/3D | 整定电流 15.4A | 1 个 | M1 的过载保护 |
| 5 | FR2 | | | 整定电流 0.32A | 1 个 | M2 的过载保护 |

（续）

| 序号 | 符号 | 名称 | 型号 | 规格 | 数量 | 用途 |
|---|---|---|---|---|---|---|
| 6 | KM | 交流接触器 | CJ10－40 | 40A，线圈电压110V | 1个 | 控制M1 |
| 7 | KA1 | 中间继电器 | JZ7－44 | 线圈电压110V | 1个 | 控制M2 |
| 8 | KA2 | | | | 1个 | 控制M3 |
| 9 | FU1 | 熔断器 | RL1－15 | 380V，15A，配1A熔体 | 3只 | M2、M3及控制电路的短路保护 |
| 10 | FU2 | | | 380V，15A，配4A熔体 | 1只 | 控制电路的短路保护 |
| 11 | FU3 | | | 380V，15A，配1A熔体 | 1只 | 电源信号灯短路保护灯 |
| 12 | FU4 | | | 380V，15A，配2A熔体 | 1只 | 车床照明电路短路保护 |
| 13 | SB1 | 按钮 | LAY3－01ZS/1 | 红色 | 1个 | M1停止按钮 |
| 14 | SB2 | | LAY3－10/2 | 绿色 | 1个 | M1起动按钮 |
| 15 | SB3 | | LA19－11 | 500V，5A | 1个 | M3控制按钮 |
| 16 | SB4 | 旋钮开关 | LAY3－10X/2 | | 1个 | M2控制开关 |
| 17 | SB | | LAY3－01Y/2 | 带锁匙 | 1个 | 电源开关锁 |
| 18 | SQ1 | 交换齿轮箱行程开关 | JWM6－11 | | 1个 | 断电安全保护 |
| 19 | SQ2 | 电气箱行程开关 | | | 1个 | |
| 20 | QF | 组合开关 | HZ2－25/3 | 25A | 1个 | 电源开关 |
| 21 | SA | 按钮 | | | 1个 | 带自锁 |
| 22 | HL | 信号灯 | | | 1只 | 信号指示 |
| 23 | EL | 照明灯 | KZ型 | 24V，40W | 1只 | 照明指示 |
| 24 | TC | 控制变压器 | | | | |

2）安装步骤及工艺要求见表8-2。

**表8-2　安装步骤及工艺要求**

| 安装步骤 | 工艺要求 |
|---|---|
| 第一步：选配并检验元器件和电气设备 | 根据电动机容量、线路走向及要求和各元器件的安装尺寸，正确选配导线的规格、导线通道类型和数量、接线端子板型号及节数、控制板、管夹、束节、紧固体等 |
| 第二步：在控制板上安装元器件，并在各元器件附近做好与电路图上相同代号的标记 | 安装走线槽时，应做到横平竖直、排列整齐均匀、安装牢固和便于走线等 |
| 第三步：在控制板上进行板前线槽配线，并在导线端部套编码套管 | 按照控制板内布线的工艺要求进行布线和套编码套管 |
| 第四步：进行控制板外的元器件固定和布线 | （1）选择合理的导线走向，做好导线通道的支持准备，并安装控制板外部的所有电器<br>（2）进行控制板外部布线，并在导线线头上套装与电路图相同线号的编码套管。对于可移动的导线通道，应放适当的余量，使金属软管在运动时不承受拉力，并按规定在通道内放好备用导线 |

（续）

| 安装步骤 | 工艺要求 |
|---|---|
| 第五步：自检 | （1）检查电路的接线是否正确、接地通道是否具有连续性<br>（2）检查热继电器的整定值是否符合要求，检查各级熔断器的熔体是否符合要求。如不符合要求应予以更换<br>（3）检测电动机的安装是否牢固，与生产机械传动装置的连接是否可靠<br>（4）检测电动机及线路的绝缘电阻，清理安装场地 |
| 第六步：通电试车 | （1）接通电源开关，点动控制各电动机起动，以检查各电动机的转向是否符合要求<br>（2）进行通电空转试验时，应认真观察各元器件、线路、电动机及传动装置的工作情况是否正常。如不正常，应立即切断电源进行检查，在调整或修复后方能再次通电试车 |

2. 注意事项

1）不要漏接接地线，严禁采用金属软管作为接地通道。

2）在控制箱外部进行布线时，导线必须穿在导线通道内或敷设在机床底座内的导线通道内。所有的导线不允许有接头。

3）对在导线通道内敷设的导线进行接线时，必须集中精力，做到查出一根导线，立即套上编码套管，接上后再进行复验。

4）在进行快速进给时，要注意使运动部件处于行程的中间位置，以防止运动部件与车头或尾座相撞，产生设备事故。

5）在安装、调试过程中，工具、仪表的使用应符合要求。

6）通电操作时，必须严格遵守安全操作规程。

## 二、CA6140 型车床电气控制线路的检修

1. 检修步骤及工艺要求

1）在操作人员的指导下对车床进行操作，了解车床的各种工作状态及操作方法。

2）在教师的指导下，参照图 8-1 和图 8-2 所示的 CA6140 型车床电器位置图和接线图，熟悉车床元器件的分布位置和走线情况。

3）在 CA6140 型车床上人为设置自然故障点。设置故障时应注意以下几点。

① 人为设置的故障点必须是模拟车床在使用中，由于受外界因素影响而造成的自然故障。

② 切忌通过更改线路或更换元器件等人为原因而造成非自然故障。

③ 对于设置一个以上故障点的线路，故障现象尽可能不要相互掩盖。如果故障现象相互掩盖，按要求应有明显的检查顺序。

④ 设置的故障必须与学生应该具有的检修水平相适应。随着学生检修水平的逐步提高，再相应提高故障的难度等级。

⑤ 应尽量设置不容易造成人身或设备事故的故障点，如有必要，教师必须在现场密切注意学生的检修动态，随时做好采取应急措施的准备。

4）教师进行示范检修时，可把下述检修步骤及要求贯穿其中，直至故障排除。

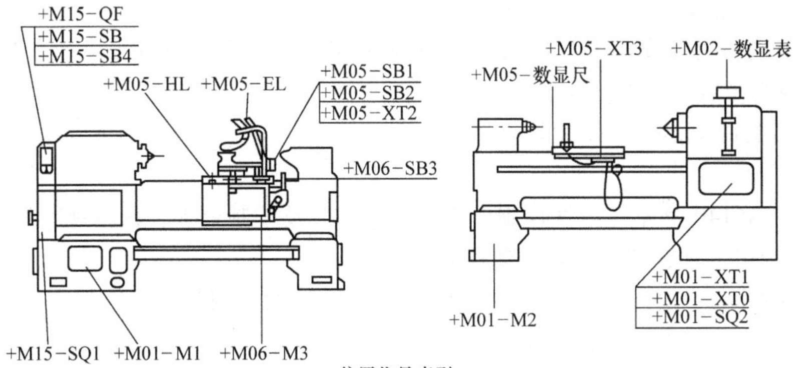


位置代号索引

| 序号 | 部件名称 | 代号 | 安装的元件 |
|---|---|---|---|
| 1 | 床身底座 | +M01 | -M1、-M2、-XT0、-XT1、-SQ2 |
| 2 | 床鞍 | +M05 | -HL、-EL、-SB1、-SB2、-XT2、-XT3、数显尺 |
| 3 | 滑板 | +M06 | -M3、-SB3 |
| 4 | 传动带罩 | +M15 | -QF、-SB、-SB4、-SQ1 |
| 5 | 床头 | +M02 | 数显表 |

图 8-1　车床电器位置

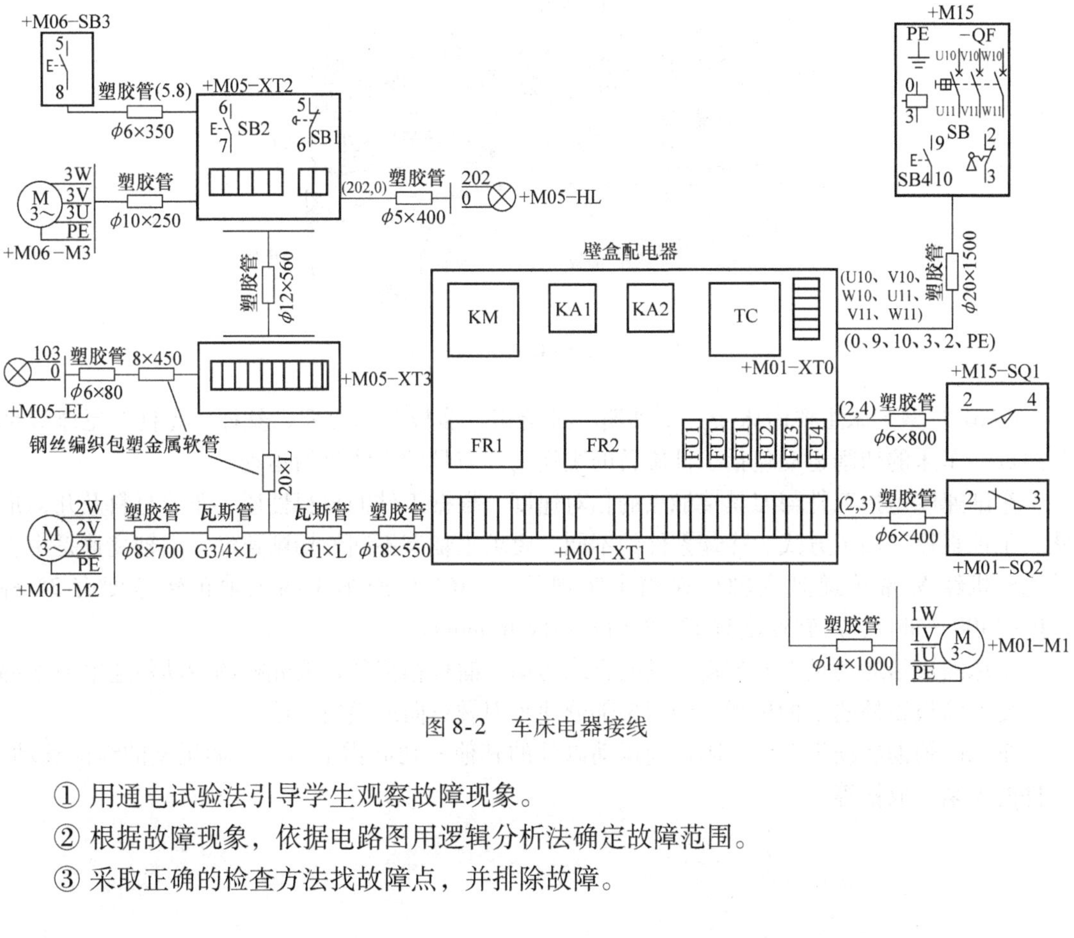


图 8-2　车床电器接线

① 用通电试验法引导学生观察故障现象。

② 根据故障现象，依据电路图用逻辑分析法确定故障范围。

③ 采取正确的检查方法找故障点，并排除故障。

④ 检修完毕进行通电试验，并做好维修记录。

⑤ 教师可让学生事先知道故障点，指导学生如何从故障现象着手进行分析，引导学生采用正确的检修步骤和检修方法。

⑥ 教师设置故障点，由学生检修。

2. 注意事项

1）熟悉 CA6140 型车床电气控制电路的基本环节及控制要求，认真观摩教师示范检修。

2）检修所用工具、仪表应符合使用要求。

3）排除故障时，必须修复故障点，但不得采用元器件代换法。

4）检修时，严禁扩大故障范围或产生新的故障。

5）带电检修时，必须有指导教师监护，以确保安全。

【相关知识】

## 一、CA6140 型卧式车床的结构

CA6140 型车床为我国自行设计制造的卧式车床，与 C620－1 型车床比较，具有性能优越、结构先进、操作方便和外形美观等优点。CA6140 型车床的外形如图 8-3 所示。

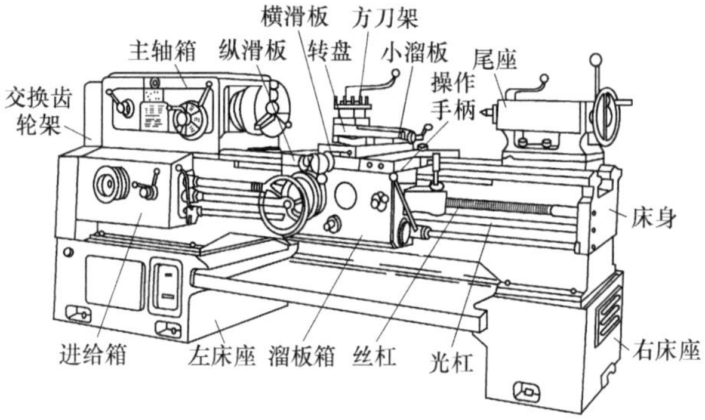


图 8-3　CA6140 型车床的外形

CA6140 型车床主要由床身、主轴箱、进给箱、溜板箱、刀架、丝杠、光杠、尾座等部分组成。车床的切削运动包括工件旋转的主运动和刀具的直线进给运动。

车削速度是指工件与刀具接触点的相对速度。根据工件的材料性质、车刀材料及几何形状、工件直径、加工方式、冷却条件的不同，要求主轴有不同的切削速度。主轴变速是由主轴电动机经 V 带传递到主轴变速箱来实现的。CA6140 型车床的主轴正转速度有 24 种（10～1400r/min），反转速度有 12 种（14～1580r/min）。

车床的进给运动是刀架带动刀具的直线运动。溜板箱把丝杠或光杠的转动传递给刀架部分，变换溜板箱外的手柄位置，经刀架部分使车刀做纵向或横向进给。

车床的辅助运动为车床上除切削运动以外的其他一切必需的运动，如尾座的纵向移动、工件的夹紧与放松等。

## 二、CA6140 型卧式车床原理分析

CA6140 型卧式车床的电气控制电路如图 8-4 所示。

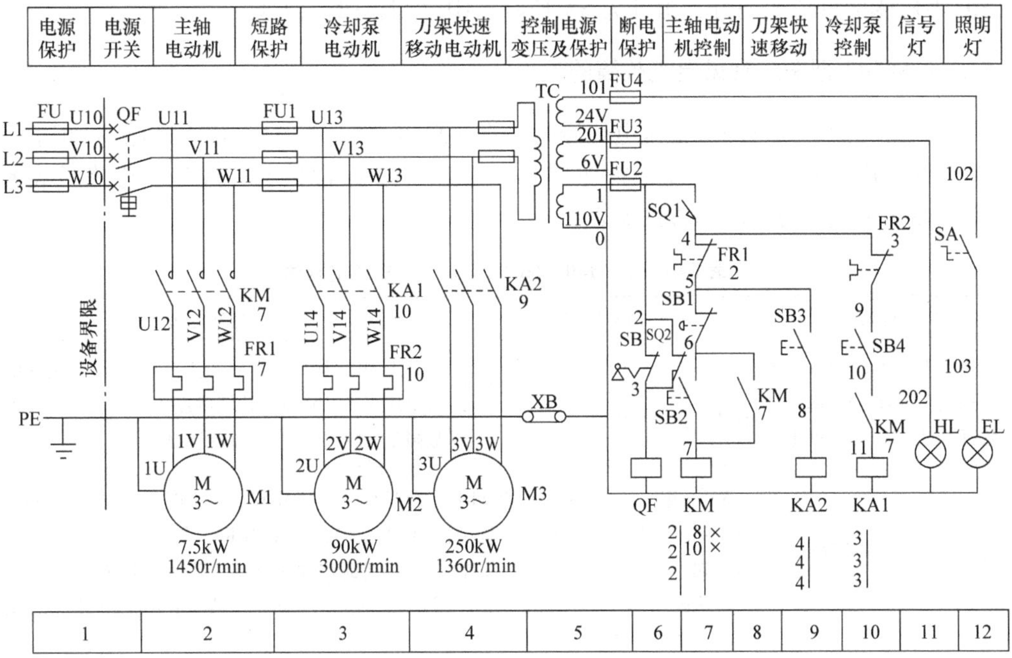


图 8-4　CA6140 型卧式车床电气控制电路

1. 主电路分析

主电路共有 3 台电动机。M1 为主轴电动机，带动主轴旋转和刀架做进给运动；M2 为冷却泵电动机，用以输送切削液；M3 为刀架快速移动电动机。

三相交流电源通过转换开关 QF 引入，主轴电动机 M1 由接触器 KM 控制起动，热继电器 FR1 为主轴电动机 M1 过载保护。

冷却泵电动机 M2 由中间继电器 KA1 控制起动，热继电器 FR2 为冷却泵电动机 M2 的过载保护。

刀架快速移动电动机 M3 由中间继电器 KA2 控制起动，因此快速移动电动机 M3 是短期工作的，故可不设过载保护。

2. 控制电路分析

控制变压器 TC 二次侧输出 110V 电压作为控制电路的电源。

（1）主轴电动机 M1 的控制　按下起动按钮 SB2，接触器 KM 的线圈得电吸合，KM 主触点闭合，主轴电动机 M1 起动。按下停止按钮 SB1，电动机 M1 停转。

（2）冷却泵电动机 M2 的控制　在接触器 KM 得电吸合、主轴电动机 M1 起动后，合上按钮 SB4 使中间继电器 KA1 线圈得电吸合，冷却泵电动机 M2 才能起动。

（3）刀架快速移动电动机的控制　刀架快速移动电动机 M3 的起动是由安装在进给操纵手柄顶端的按钮 SB3 来控制的，它与中间继电器 KA2 组成点动控制环节。将操纵手柄扳到所需的方向，压下按钮 SB3，中间继电器 KA2 得电吸合，电动机 M3 得电起动，刀架就向指

定方向快速移动。

3. 照明、信号灯电路分析

控制变压器 TC 的二次侧分别输出 24V 和 6V 电压，作为车床低压照明灯和信号灯的电源。EL 为机床的低压照明灯，由开关 SA 控制；HL 为电源的信号灯。

## 三、CA6140 型车床常见电气故障的检修

当需要打开配电盘壁门进行带电检修时，将 SQ2 开关的传动杆拉出，断路器 QF 仍可合上。关上壁门后，SQ2 复原恢复保护作用。CA6140 型车床常见电气故障的检修见表 8-3。用电压分段测量法检修故障的方法见表 8-4。

**表 8-3　CA6140 型车床常见电气故障的检修**

| 故障现象 | 故障原因 | 处理方法 |
|---|---|---|
| 主轴电动机 M1 起动后不能自锁，即按下 SB2，M1 起动运转，松开 SB2，M1 随之停止 | 接触器 KM 的自锁触点接触不良或连接导线松脱 | 合上 QF，测 KM 自锁触点（6－7）两端的电压，若电压正常，故障是自锁触点接触不良，若无电压，故障是连线（6－7）断线或松脱 |
| 主轴电动机 M1 不能停止 | KM 主触点熔焊；停止按钮 SB1 被击穿或线路中 5、6 两点连接导线短路；KM 铁心端面被油垢粘牢不能脱开 | 断开 QF，若 KM 释放，说明故障是停止按钮 SB1 被击穿或导线短路；若 KM 过一段时间释放，则故障为铁心端面被油垢粘牢；若 KM 不释放，则故障为 KM 主触点熔焊。可根据情况采取相应的措施修复 |
| 主轴电动机运行中停车 | 热继电器 FR1 动作，动作原因可能是：电源电压不平衡或过低；整定值偏小；负载过大，连接导线接触不良等 | 找出 FR1 动作的原因，排除使其复位 |
| 照明灯 EL 不亮 | 灯泡损坏；FU4 熔断；SA 触点接触不良；TC 二次绕组断线或接头松脱；灯泡和灯头接触不良等 | 根据具体情况采取相应的措施修复 |

**表 8-4　用电压分段测量法检测故障并排除的方法**

| 故障现象 | 测量状态 | 5－6 | 8－7 | 7－0 | 故障点 | 排除方法 |
|---|---|---|---|---|---|---|
| 按下 SB2 时，KM 不吸合，按下 SB3 时，KA2 吸合 | 按下 SB2 不放 | 110V | 0 | 0 | SB1 接触不良或接线脱落 | 更换按钮 SB1 或将脱落线接好 |
| | | 0 | 110V | 0 | SB2 接触不良或接线脱落 | 更换按钮 SB2 或将脱落线接好 |
| | | 0 | 0 | 110V | KM 线圈开路或接线脱落 | 更换同型号线圈或将脱落线接好 |

## 四、电气设备常见故障的检修方法

1. 电气设备维修的一般要求

1）采用的维修步骤与方法必须正确、可行。

2）不得损坏完好的元器件。

3）不得随意更换元器件及连接导线的型号、规格。

4）不得擅自更改线路。

5）损坏的电气装置应该尽量修复使用，但不得降低其固有性能。

6）电气设备的保护性能必须满足使用要求。

7）绝缘电阻合格，通电试车能够满足电路的各种功能，控制环节的动作顺序符合要求。

8）修理后的电器装置必须满足其质量标准要求。

2. 电气设备检修的一般方法

（1）检修方法

1）故障调查。一般有问、看、听、摸几种形式。

问：机床发生故障后，首先应向操作者了解故障发生的前手情况，有利于根据电气设备的工作原理来分析发生故障的原因。一般询问的内容有：故障发生在开车前、开车后，还是发生在运行中？是运行中自行停车，还是发现异常情况后由操作者停下来的？发生故障时，机床工作在什么工作顺序，按动了哪个按钮，扳动了哪个开关？故障发生前后，设备有无异常现象（如响声、气味、冒烟或冒火等）？以前是否发生过类似的故障，是怎样处理的？……

看：熔断器内的熔丝是否熔断，其他元器件有无烧坏、发热、断线，导线连接螺钉有否松动，电动机的转速是否正常。

听：通过检查电动机、变压器和元器件在运行时声音是否正常，可以帮助寻找故障的部位。

摸：电动机、变压器和元器件的线圈发生故障时，温度显著上升，可切断电源后用手去触摸。

2）电路分析。根据调查结果，参考该电气设备的电气原理图进行分析，初步判断出故障产生的部位，然后逐步缩小故障范围，直至找到故障点并加以排除。

分析故障时应有针对性，如是接地故障，应先考虑电气柜外的电气装置，后考虑电气柜内的元器件；如是断路和短路故障，应先考虑动作频繁的元器件，后考虑其余元器件。

3）断电检查。检查前先断开机床总电源，然后根据故障可能产生的部位，逐步找出故障点。检查时应先检查电源线进线处有无因碰伤而引起的电源接地、短路等现象，螺旋式熔断器的熔断指示器是否跳出，热继电器是否动作；然后检查电器外部有无损坏，连接导线有无断路、松动，绝缘有无过热或烧焦。

4）通电检查。通过断电检查仍未找到故障时，可对电气设备进行通电检查。

在通电检查时，要尽量使电动机和其所传动的机械部分脱开，将控制器和转换开关置于零位，行程开关还原到正常位置，然后用万用表检查电源电压是否正常，是否断相或严重不平衡。进行通电检查的顺序为：先检查控制电路，后检查主电路；先检查辅助系统，后检查主传动系统；先检查交流系统，后检查直流系统；合上开关，观察各元器件是否按要求动作，有无冒火、冒烟、熔断器熔断的现象，直至查到发生故障的部位。

（2）机床电气设备故障的测量诊断方法　机床电气故障的检修方法较多，常用的有电压测量法、电阻测量法和短接法等。

1）电压测量法。电压测量法是指利用万用表测量机床电气线路上某两点间的电压值，由此来判断故障点的范围或故障元器件的方法。电压的分段测量法如图 8-5 所示。

先用万用表测试 1、7 两点，电压值为 380V，说明电源电压正常。

电压的分段测量法是用万用表逐段测量相邻两标号点 1－2、2－3、3－4、4－5、5－6、6－7 间的电压。

如电路正常，按 SB2 后，除 6－7 两点间的电压等于 380V 之外，其他任何相邻两点间的电压值均为零。

如按下起动按钮 SB2，接触器 KM1 不吸合，说明发生断路故障，此时可用电压表逐段测量各相邻两点间的电压。如测量到某相邻两点间的电压为 380V，说明这两点间所包含的触点、连接导线接触不良或有断路故障。例如，标号 4－5 两点间的电压为 380V，说明接触器 KM2 的常闭触点接触不良。

2）电阻测量法。电阻测量法是指利用万用表测量机床电气线路上某两点间的电阻值，以此来判断故障点的范围或故障元器件的方法。电阻的分段测量法如图 8-6 所示。

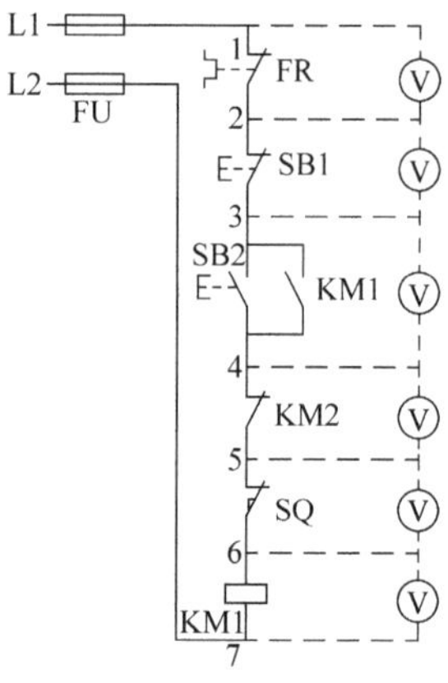


图 8-5　电压的分段测量法

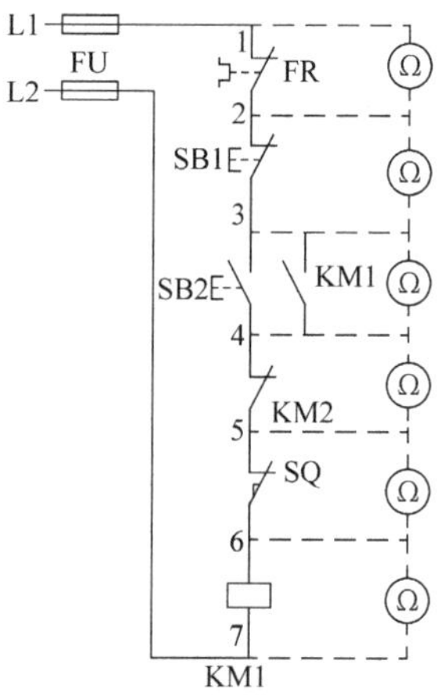


图 8-6　电阻的分段测量法

检查时，先切断电源，按下起动按钮 SB2，然后依次逐段测量相邻两标号点 1－2、2－3、3－4、4－5、5－6 间的电阻。如测得某两点间的电阻为无穷大，说明这两点间的触点或连接导线断路。例如，当测得 2－3 两点间电阻值为无穷大时，说明停止按钮 SB1 或连接 SB1 的导线断路。

电阻测量法要注意以下几点。

① 用电阻测量法检查故障时，一定要断开电源。

② 当被测的电路与其他电路并联时，必须将该电路与其他电路断开，否则所测得的电阻值是不准确的。

③ 测量高电阻值的元器件时，应把万用表的选择开关旋转至适合的电阻档。

3）短接法。短接法是指用导线将机床线路中两等电位点短接，以缩小故障范围，从而确定故障范围或故障点的方法。

① 局部短接法。局部短接法如图 8-7 所示。

按下起动按钮 SB2 时，接触器 KM1 不吸合，说明该电路有故障。检查前，先用万用表测量 1 –7 两点间的电压值，若电压正常，可按下起动按钮 SB2 不放，然后用一根绝缘良好的导线分别短接标号相邻的两点，如短接 1 –2、2 –3、3 –4、4 –5、5 –6。当短接到某两点时，接触器 KM1 吸合，说明断路故障就在这两点之间。

② 长短接法。长短接法如图 8-8 所示。

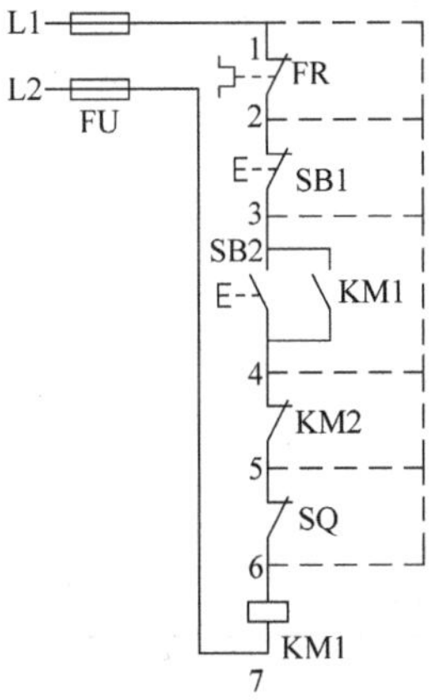


图 8-7　局部短接法

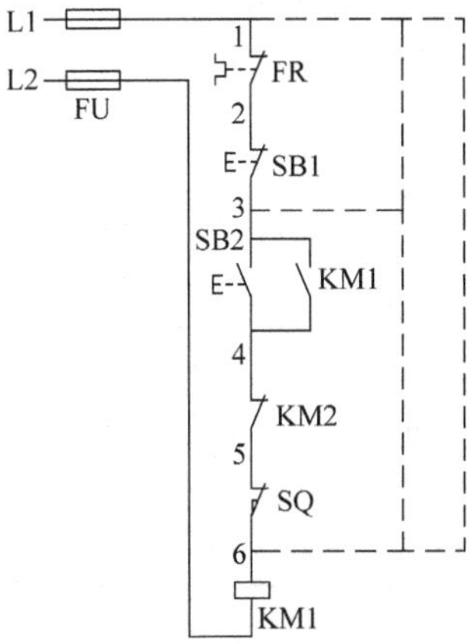


图 8-8　长短接法

长短接法是指一次短接两个或多个触点，以此来检查故障的方法。

当 FR 的常闭触点和 SB1 的常闭触点同时接触不良时，如用上述局部短接法短接 1 –2 点，按下起动按钮 SB2，KM1 仍然不会吸合，故可能会造成判断错误。而采用长短接法将 1 –6短接，如 KM1 吸合，说明 1 –6 这段电路中有断路故障，然后再短接 1 –3 和 3 –6，若短接 1 –3 时 KM1 吸合，则说明故障在 1 –3 段范围内，再用局部短接法短接 1 –2 和 2 –3。这种方法能很快地排除电路的断路故障。

短接法检查需要注意以下几点。

1）短接法是用手拿绝缘导线带电操作的，所以一定要注意安全，避免触电事故的发生。

2）短接法只适用于检查电压降极小的导线和触点之类的断路故障。对于电压降较大的电器，如电阻、线圈等断路故障，不能采用短接法，否则会出现短路故障。

3）对于机床的某些要害部位，必须在保障电气设备或机械部位不会出现事故的情况下才能使用短接法。

## 五、评分标准

CA6140 型车床电气控制线路故障检修评分标准见表 8-5。

表 8-5　CA6140 型车床电气控制线路故障检修评分标准

| 任务内容 | 配分 | 评分标准 | 扣分 | 得分 |
|---|---|---|---|---|
| 故障分析 | 20 | （1）标不出故障线段或将故障线段错标在故障回路以外，每个故障点扣 10 分<br>（2）不能标出最小故障范围，每个故障点扣 5 ~ 10 分 | | |

（续）

<table>
<tr><th>任务内容</th><th>配分</th><th colspan="3">评分标准</th><th>扣分</th><th colspan="2">得分</th></tr>
<tr><td>排除故障</td><td>50</td><td colspan="3">（1）停电不验电，扣5分<br>（2）测量仪器和工具使用不正确，每次扣5分<br>（3）排除故障的方法不正确，扣10分<br>（4）损坏元器件，每个扣20分<br>（5）不能排除故障点，每个扣25分<br>（6）扩大故障范围或产生新故障，每个扣20分</td><td></td><td colspan="2"></td></tr>
<tr><td>实训报告</td><td>10</td><td colspan="3">没按照报告要求完成、内容不正确，扣5分</td><td></td><td colspan="2"></td></tr>
<tr><td>团结协作精神</td><td>10</td><td colspan="3">小组成员分工协作不明确、不能积极参与，扣10分</td><td></td><td colspan="2"></td></tr>
<tr><td>安全文明生产</td><td>10</td><td colspan="3">违反安全文明生产规程，扣5~10分</td><td></td><td colspan="2"></td></tr>
<tr><td colspan="2">定额时间：30min</td><td colspan="3">每超时5min，以扣5分计算</td><td></td><td colspan="2"></td></tr>
<tr><td>备注</td><td colspan="3">除定额时间外，各项的最高扣分不应超过配分</td><td>成绩</td><td colspan="3"></td></tr>
<tr><td>开始时间</td><td></td><td>结束时间</td><td></td><td>实际时间</td><td colspan="3"></td></tr>
</table>

## 任务二　万能铣床电气控制线路的分析与检修

**【任务分析】**

分析X62W型万能铣床电气控制线路的构成、原理及其常见故障的维修方法，了解X62W型万能铣床的主要结构和运动形式，熟悉其电气控制线路的构成，掌握其电气线路的分析方法及其常见故障的检修方法。

**【任务实施】**

1. 检修步骤及工艺要求

1）熟悉铣床的主要结构和运动形式，对铣床进行实际操作，了解铣床的各种工作状态及操作手柄的作用。

2）参照图8-9所示的X62W型万能铣床元器件位置和图8-10所示的电箱内元器件布置，熟悉铣床元器件的安装位置、走线情况以及操作手柄处于不同位置时，行程开关的工作状态及运动部件的工作情况。

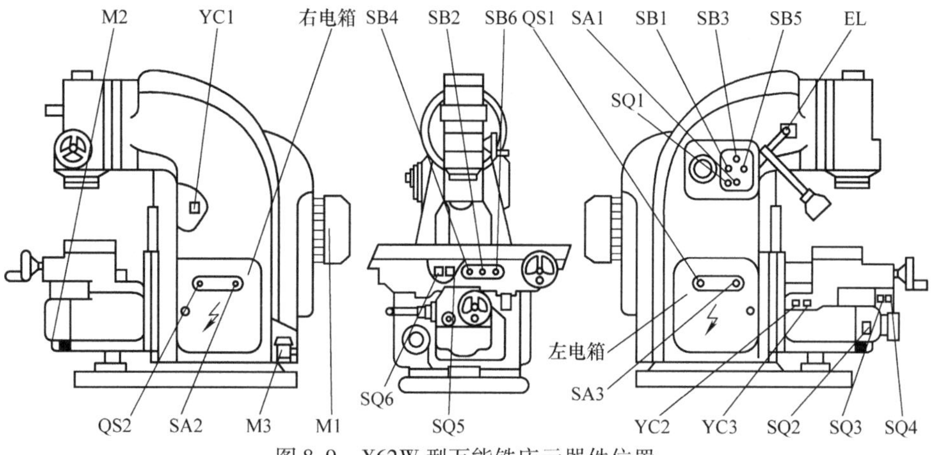


图8-9　X62W型万能铣床元器件位置

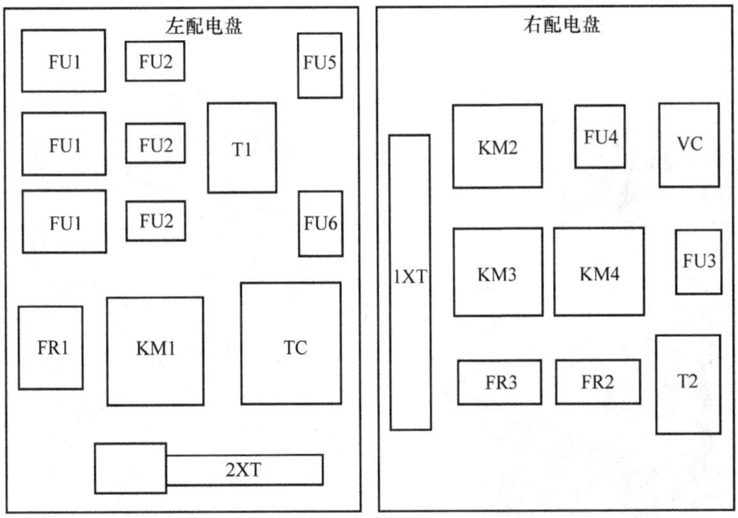


图 8-10　X62W 型万能铣床电箱内元器件布置

3）在有故障的铣床上或人为设置自然故障点的铣床上，由教师示范检修步骤，边分析边检查，直至故障排除。

4）由教师设置让学生知道的故障点，指导学生如何从故障现象着手进行分析，如何用正确的检查步骤和检修方法进行检修。

5）教师设置人为的自然故障点，由学生按照检查步骤和检修方法进行检修，具体要求如下：

① 根据故障现象，先在电路图上用虚线正确标出故障电路的最小范围，然后采用正确的检修排除方法，在规定时间内查出并排除故障。

② 在排除故障的过程中，不得采用更换元器件、借用触点或改动线路的方法修复故障点。

③ 检修时严禁扩大故障范围或产生新的故障，不得损坏元器件或设备。

2. 注意事项

1）检修前要认真阅读电路图，熟练掌握各个控制环节的原理及作用，认真听取并仔细观察教师的示范检修。

2）由于该机床的电气控制与机械结构的配合十分密切，因此在出现故障时，应首先判明是机械故障还是电气故障。

3）停电要验电。带电检修时，必须有指导教师在现场监护，以确保用电安全，同时要做好检修记录。

【相关知识】

## 一、万能铣床的主要结构

X62W 型万能铣床的外形结构如图 8-11 所示。它主要由床身、主轴、刀杆、悬梁、工作台、回转盘、横向溜板、升降台、底座等组成。箱形的床身固定在底座上，床身内装有主轴的传动机构和变速操纵机构。在床身的顶部有水平导轨，上面装着带有一个或两个刀杆支架的悬梁。

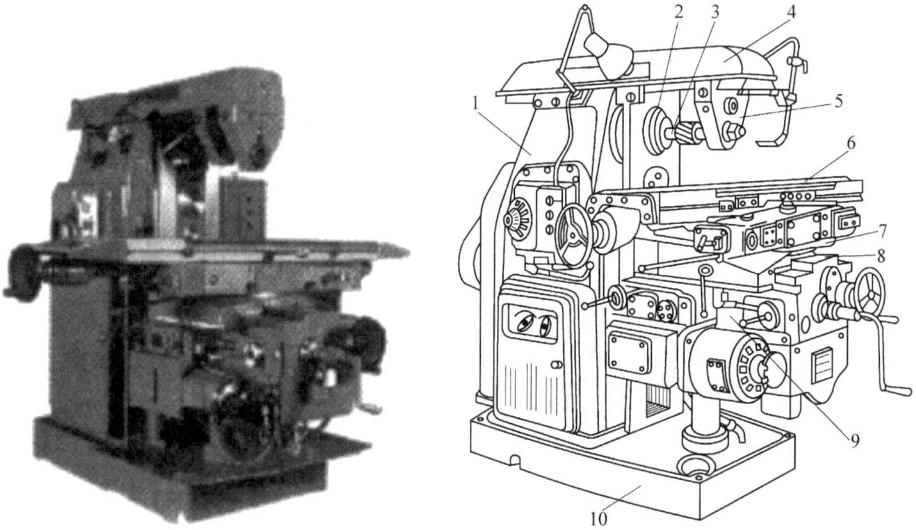


图 8-11　X62W 型万能铣床的外形结构示意图
1—床身　2—主轴　3—刀杆　4—悬梁　5—刀杆支架　6—工作台
7—回转盘　8—横向溜板　9—升降台　10—底座

刀杆支架用来支撑铣刀心轴的一端，心轴的另一端则固定在主轴上，由主轴带动铣刀铣削。刀杆支架在悬梁上以及悬梁在床身顶部的水平导轨上都可以做水平移动，以便安装不同的心轴。在床身的前面有垂直导轨，升降台可沿着它上下移动。在升降台上面的水平导轨上，装有可在平行主轴轴线方向移动（前后移动）的溜板。溜板上部有可转动的回转盘，工作台就在溜板上部回转盘上的导轨上做垂直于主轴轴线方向的移动（左右移动）。工作台上有 T 形槽用来固定工件。这样，就可以在 3 个坐标上的 6 个方向调整安装在工作台上的工件位置或进给。

铣削是一种高效率的加工方式。铣床主轴带动铣刀的旋转运动是主运动；铣床工作台的前后（横向）、左右（纵向）和上下（垂向）6 个方向的运动是进给运动；铣床其他的运动，如工作台的旋转运动则属于辅助运动。

## 二、X62W 型万能铣床电力拖动的特点及控制要求

该铣床共用 3 台异步电动机拖动，分别是主轴电动机 M1、进给电动机 M2 和冷却泵电动机 M3。

1. 电力拖动的特点

铣削加工有顺铣和逆铣两种加工方式，所以要求主轴电动机能正反转，但考虑到正反转操作并不频繁（批量顺铣或逆铣），因此在铣床床身下侧电器箱上设置一个组合开关，用来改变电源相序，实现主轴电动机的正反转控制。由于主轴传动系统中装有避免振动的惯性轮，使主轴停车困难，故主轴电动机采用电磁离合器制动，以实现准确停车。

铣床的工作台要求有前后、左右、上下 6 个方向的进给运动和快速移动，所以也要求进给电动机能正反转，并通过操纵手柄和机械离合器相配合来实现。进给的快速移动是通过电

磁铁和机械挂档来完成的。为了扩大其加工能力，在工作台上可加装圆形工作台，圆形工作台的回转运动是由进给电动机经传动机构驱动的。

2. 控制要求

根据加工工艺的要求，该铣床应具有以下电气联锁措施。

1）为防止刀具和铣床的损坏，要求只有主轴旋转后才允许有进给运动和进给方向的快速移动。

2）为了减小加工件表面的表面粗糙度值，只有进给停止后，主轴才能停止或同时停止。该铣床在电气上采用了主轴和进给同时停止的方式，但由于主轴运动的惯性很大，实际上就保证了进给运动先停止、主轴运动后停止的要求。

3）6个方向的进给运动中同时只能有一种运动产生，该铣床采用了机械操纵手柄和位置开关相配合的方式来实现6个方向的联锁。

4）主轴运动和进给运动采用变速盘来进行速度选择，为保证变速齿轮进入良好的啮合状态，要求两种运动都在变速后做瞬时点动。

5）当主轴电动机或冷却泵电动机过载时，进给运动必须立即停止，以免损坏刀具和铣床。

6）要求有冷却系统、照明设备及各种保护措施。

## 三、X62W 型万能铣床电气控制线路分析

X62W 型万能铣床电气原理如图 8-12 所示。

X62W 型万能铣床电气控制线路底边按顺序分成 18 个区。其中 1 区为电源开关及全电路短路保护，2 ~5 区为主电路部分，6 ~18 区为控制电路部分，11 ~12 区为照明电路部分。

1. 主电路（2 ~5 区）

三相电源 L1、L2、L3 由电源开关 QS1 控制，熔断器 FU1 实现对全电路的短路保护（1 区）。从 2 区开始就是主电路，主电路有 3 台电动机。

（1）M1（2 区）是主轴电动机　M1 带动主轴旋转对工件进行加工，是主运动电动机。它由 KM1 的主触点控制，其控制线圈在 13 区。因其正反转不频繁，在起动前用组合开关 SA3 预先选择。热继电器 FR1 作为过载保护，其常闭触点在 13 区。M1 直接起动，单向旋转。

（2）M3（3 区）是冷却泵电动机　M3 带动冷却泵供给铣刀和工件切削液，由切削液带走铁屑。M3 由组合开关 QS2 控制，在需要提供切削液时才接通。M1、M3 采用主电路顺序控制，所以 M1 起动后，M3 才能起动。热继电器 FR2 作为过载保护，其常闭触点在 13 区。M3 直接起动，单向旋转。

（3）M2（4、5 区）是进给电动机　M2 带动工作台做进给运动。它由 KM3、KM4 的主触点做正反转控制，其控制线圈在 17 区、18 区。热继电器 FR3 作为过载保护，其常闭触点在 14 区。熔断器 FU2 做短路保护。M2 直接起动，双向旋转。

2. 控制电路（5 ~11 区）

控制电路包括交流控制电路和直流控制电路。交流控制电路由控制变压器 TC 提供 110V 的工作电压，熔断器 FU6 作为交流控制电路的短路保护（12 区）。直流控制电路的主轴制动、工作台工作进给和快速进给分别由电磁离合器 YC1（8 区）、YC2（9、10 区）、YC3

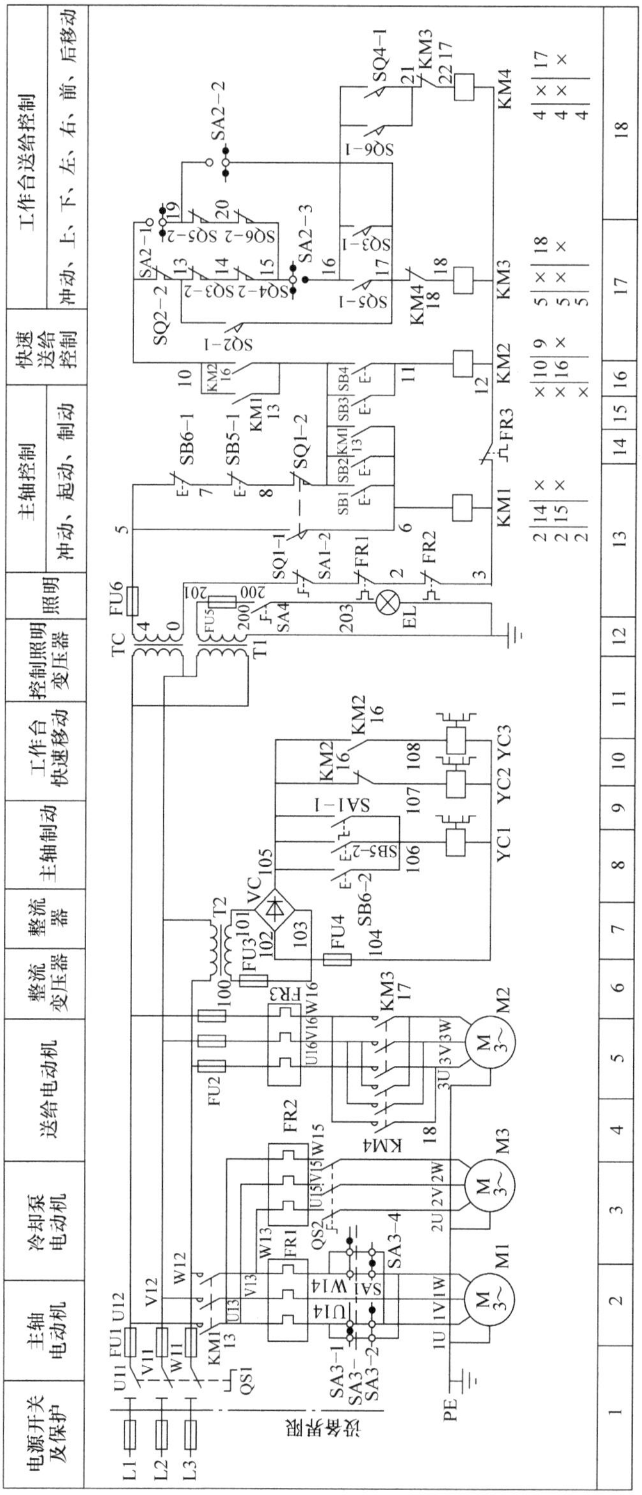


图 8-12 X62W 型万能铣床的电气原理图

(11 区）实现。电磁离合器的直流工作电压由整流变压器 T2 降压为 36V 后桥式整流器 VC 提供，熔断器 FU3、FU4 分别作为整流器和直流控制电路的短路保护（6 区）。

（1）主轴电动机 M1 的控制（5 区、8 区）　主轴电动机 M1 的控制包括主轴的起动、主轴制动和换刀制动及变速冲动。

1）主轴的起动（13 区）。主轴电动机 M1 由交流接触器 KM1 控制，为两地控制单向控制电路。为方便操作，两组按钮安装在铣床的不同位置：SB1 和 SB5 安装在升降台上，SB2 和 SB6 安装在床身上。起动按钮 SB1、SB2（9－6）并联连接，停止按钮 SB5、SB6 的常开触点 SB5－1、SB8－1（5－7－8）串联连接，常闭触点 SB5－2、SB8－3（105－106）并联连接。

起动前，先按照顺铣或逆铣的工艺要求，用组合开关 SA3 预先确定 M1 的转向。

2）主轴制动和换刀制动（8 区、13 区）。主轴制动由电磁离合器 YC1 实现。YC1 装在主轴传动与 M1 转轴相连的第一根传动轴上。当 YC1 通电时，将摩擦片压紧，对 M1 进行制动。为了使主轴在换刀时不随意转动，换刀前应该将主轴制动，以免发生事故。主轴的换刀制动由组合开关 SA1 控制。

换刀结束后，将 SA1 拨回工作位置，SA1 复位。

3）主轴的变速冲动（13 区）。变速冲动是为了使主轴变速时变换后的齿轮能顺利啮合，主轴变速时主轴的电动机应能点动一下，进给变速时进给电动机也能点动一下。

主轴的变速冲动由行程开关 SQ1 实现。变速时，将变速手柄拉出，转动变速盘调节所需转速，然后再将变速手柄复位。在手柄复位的过程中，瞬时压动了行程开关 QS1，手柄复位后，SQ1 也随之复位。

（2）进给电动机 M2 的控制（9～11 区、15～18 区）　工作台的进给运动分为工作（正常）进给和快速进给。工作进给必须在主轴电动机 M1 起动运行后才能进行，快速进给属于辅助运动，可以在 M1 不起动的情况下进行。因此，进给电动机 M2 须在主轴电动机 M1 或冷却泵电动机 M3 起动后才能起动，KM1、KM2 的正常触点（9－10）并联接在进给电路中，属于控制电路顺序控制。它们分别由两个电磁离合器 YC2 和 YC3 来控制。YC2、YC3 均安装在进给传动链中的第 4 根传动轴上。当 YC2 吸合而 YC3 断开时，为工作进给；当 YC3 吸合而 YC2 断开时，为快速进给。

工作台在 6 个方向上的进给运动（17、18 区）是由机械操作手柄带动相关的行程开关 SQ3～SQ6，通过接触器 KM3、KM4 未控制进给电动机 M2 正反转来实现的。行程开关 SQ3 和 SQ4 分别控制工作台的向前、向下和向后、向上运动，SQ5 和 SQ6 分别控制工作台的向右和向左运动。

（3）照明电路（11、12 区）　照明电路由照明变压器 TC 提供 24V 的安全工作电压，照明灯开关 SA4 控制照明灯 EL，熔断器 FU5 作为照明电路的短路保护。

## 四、铣床电气线路常见故障分析与检修

（1）主轴电动机 M1 不能起动　这种故障分析和前面有关的机床故障分析类似，首先检查各开关是否处于正常工作位置，然后检查三相电源、熔断器、热继电器的常闭触点、两地起停按钮以及接触器 KM1 的情况，看有无电器损坏、接线脱落、接触不良、线圈断路等现象。另外，还应检查主轴变速冲动开关 SQ1，因为由于开关位置移动甚至撞坏，或常闭触点

SQ1 -2 接触不良而引起线路故障的情况也不少见。

（2）工作台各个方向都不能进给　铣床工作台的进给运动是通过进给电动机 M2 的正反转配合机械传动来实现的。若各个方向都不能进给，多是由进给电动机 M2 不能起动所引起的。检修故障时，首先检查圆工作台的控制开关 SA2 是否在“断开”位置。若没问题，接着检查控制主轴电动机的接触器 KM1 是否已吸合。因为只有接触器 KM1 吸合后，控制进给电动机 M2 的接触器 KM3、KM4 才能得电。

如果接触器 KM1 不能得电，则表明控制回路电源有故障，可检测控制变压器 TC 一次绕组、二次绕组和电源电压是否正常，熔断器是否熔断。待电压正常，接触器 KM1 吸合，主轴旋转后，若各个方向仍无进给运动，可扳动进给手柄至各个运动方向，观察其相关的接触器是否吸合。若吸合，则表明故障发生在主回路中和进给电动机上，常见的故障有接触器主触点接触不良、主触点脱落、机械卡死、电动机接线脱落和电动机绕组断路等。除此以外，由于经常扳动操作手柄，开关受到冲击，使位置开关 SQ3 ~ SQ6 的位置发生变动或被撞坏，使线路处于断开状态。变速冲动开关 SQ2 -2 在复位时不能闭合接通或接触不良，也会使工作台没有进给。

（3）工作台能向左、右进给，不能向前、后、上、下进给　铣床控制工作台各个方向的开关是联锁的，使之只有一个方向的运动。因此这种故障的原因可能是控制左右进给的位置开关 SQ5 或 SQ6 由于经常被压合，使螺钉松动、开关移位、触点接触不良、开关机构卡住等，使线路断开或开关不能复位闭合，电路 19 -20 或 15 -20 断开，当操作工作台向前、后、上、下运动时，位置开关 SQ3 -2 或 SQ4 -2 也被压开，切断了进给接触器 KM3、KM4 的通路，造成工作台只能左、右运动，而不能前、后、上、下运动。

（4）工作台能向前、后、上、下进给，不能向左、右进给　出现这种故障的原因及排除方法可参照上例说明进行分析，不过故障可能在位置开关的常闭触点 SQ3 -2 或SQ4 -2。

（5）工作台不能快速移动，主轴制动失灵　这种故障往往由电磁离合器工作不正常所致。首先应检查接线有无松脱，整流变压器 T2、熔断器 FU3、FU6 的工作是否正常，整流器中的 4 个整流二极管是否损坏。若有二极管损坏，将导致输出直流电压偏低，吸力不够。其次，电磁离合器线圈是用环氧树脂黏合在电磁离合器的套筒内的，散热条件差，易因发热而烧毁。另外，由于离合器的动摩擦片和静摩擦片经常摩擦，因此是易损件，检修时也不可忽视。

（6）变速时不能冲动控制　造成这种故障的原因多数是冲动位置开关 SQ1 或 SQ2 经常受到频繁冲击，使开关位置改变（压不上开关），甚至开关底座被撞坏或接触不良，使线路断开，从而造成主轴电动机 M1 或进给电动机 M2 不能瞬时点动。

出现这种故障时，应修理或更换开关，并调整好开关的动作距离，即可恢复冲动控制。

## 五、评分标准

X62W 型万能铣床电气控制线路故障检修评分标准见表 8-6。

表 8-6　X62W 型万能铣床电气控制线路故障检修评分标准

| 任务内容 | 配分 | 评分标准 | 扣分 | 得分 |
|---|---|---|---|---|
| 故障分析 | 20 | （1）标不出故障线段或将故障线段错标在故障回路以外，每个故障点扣 10 分<br>（2）不能标出最小故障范围，每个故障点扣 5 ~ 10 分 | | |
| 排除故障 | 50 | （1）停电不验电，扣 5 分<br>（2）测量仪器和工具使用不正确，每次扣 5 分<br>（3）排除故障的方法不正确，扣 10 分<br>（4）损坏元器件，每个扣 20 分<br>（5）不能排除故障点，每个扣 25 分<br>（6）扩大故障范围或产生新故障，每个扣 20 分 | | |
| 实训报告 | 10 | 没按照报告要求完成、内容不正确，扣 5 分 | | |
| 团结协作精神 | 10 | 小组成员分工协作不明确、不能积极参与，扣 10 分 | | |
| 安全文明生产 | 10 | 违反安全文明生产规程，扣 5 ~ 10 分 | | |
| 定额时间：30min | | 每超时 5min，以扣 5 分计算 | | |
| 备注 | 除定额时间外，各项的最高扣分不应超过配分 | | 成绩 | |
| 开始时间 | | 结束时间 | | 实际时间 | |

# 任务三　摇臂钻床电气控制线路的分析与检修

【任务分析】

分析 Z35 型摇臂钻床电气控制线路的构成、原理及其常见故障的检修方法，了解 Z35 型摇臂钻床的主要结构和运动形式，熟悉其电气控制线路构成，掌握电气线路的分析方法及其常见故障的检修方法。

【任务实施】

## 一、摇臂钻床电气控制线路的安装与调试

1. 安装步骤及工艺要求

1）按照表 8-7 所列配齐电气设备和元器件，并逐个检验其规格和质量是否合格。

表 8-7　摇臂钻床电气设备和元器件

| 代号 | 名称 | 型号 | 规格 | 数量 |
|---|---|---|---|---|
| M1 | 冷却泵电动机 | JCB-22-2 | 0.125kW，2790r/min | 1 台 |
| M2 | 主轴电动机 | Y132M-4 | 7.5kW，1440r/min | 1 台 |

（续）

| 代号 | 名称 | 型号 | 规格 | 数量 |
| --- | --- | --- | --- | --- |
| M3 | 摇臂升降电动机 | Y100L2－4 | 3kW，1440r/min | 1 台 |
| M4 | 立柱夹紧、松开电动机 | Y802－4 | 0.75kW，1390r/min | 1 台 |
| KM1 | 交流接触器 | CJ10－20 | 20A，线圈电压 110V | 1 个 |
| KM2～KM5 | | CJ10－40 | 40A，线圈电压 110V | 1 个 |
| FU1、FU4 | 熔断器 | RL1－15/2 | 15A，熔体 2A | 4 只 |
| FU2 | | RL1－15/15 | 15A，熔体 15A | 3 只 |
| FU3 | | RL1－15/5 | 15A，熔体 5A | 3 只 |
| QS1 | 组合开关 | HZ1－8－25/3 | 25A | 1 个 |
| QS2 | | HZ1－8－10/3 | 19A | 1 个 |
| SA | 十字开关 | 定制 | | 4 个 |
| KA | 中间继电器 | JZ7－44 | 线圈电压 110V | 1 个 |
| FR | 热继电器 | JR36－20/3 | 整定电流 14.1A | 1 个 |
| SQ1、SQ2 | 行程开关 | LX5－11 | | 2 个 |
| SQ3 | | | | 1 个 |
| TC | 控制变压器 | BK－150 | 150VA，380V/110V，24V | 1 台 |
| EL | 照明灯 | KZ 型 | 24V，40W | 1 只 |
| YG | 汇流排 | | | 1 个 |

2）安装步骤及工艺要求。摇臂钻床电气控制线路的安装步骤及工艺要求见表 8-8。

**表 8-8　安装步骤及工艺要求**

| 安装步骤 | 工艺要求 |
| --- | --- |
| 第一步：选配并检验元器件和电气设备 | 根据电动机容量、线路走向及要求和各元器件的安装尺寸，正确选配导线的规格、导线通道类型和数量、接线端子板型号及节数、控制板、管夹、紧固体等 |
| 第二步：在控制板上安装元器件，并在各元器件附近做好与电路图上相同代号的标记 | 安装走线槽时，应做到横平竖直、排列整齐均匀、安装牢固和便于走线等 |
| 第三步：在控制板上进行板前线槽配线，并在导线端部套编码套管 | 按照控制板内布线的工艺要求进行布线和套编码套管 |
| 第四步：进行控制板外的元器件固定和布线 | （1）选择合理的导线走向，做好导线通道的支持准备，并安装控制板外部的所有元器件<br>（2）进行控制板外部布线，并在导线线头上套装与电路图相同线号的编码套管。对于可移动的导线通道，应放适当的余量，使金属软管在运动时不承受拉力，并按规定在通道内放好备用导线 |

（续）

| 安装步骤 | 工艺要求 |
|---|---|
| 第五步：自检 | （1）检查电路的接线是否正确和接地通道是否具有连续性<br>（2）检查热继电器的整定值是否符合要求，各级熔断器的熔体是否符合要求。如不符合要求应予以更换<br>（3）检测电动机的安装是否牢固，与生产机械传动装置的连接是否可靠<br>（4）检查位置开关 SQ1～SQ3 的安装位置是否符合要求<br>（5）检测电动机及线路的绝缘电阻，清理安装场地 |
| 第六步：通电试车 | （1）接通电源开关，点动控制各电动机起动，以检查各电动机的转向是否符合要求<br>（2）进行通电空转试验时，应认真观察各元器件、线路、电动机及传动装置的工作情况是否正常。如不正常，应立即切断电源进行检查，在调整或修复后方能再次通电试车 |

2. 注意事项

1）不要漏接接地线。严禁采用金属软管作为接地通道。

2）在控制箱外部进行布线时，导线必须穿在导线通道内或敷设在机床底座内的导线通道内。所有的导线不允许有接头。

3）在对导线通道内敷设的导线进行接线时，必须集中精神，做到查出一根导线，立即套上编码套管，接上后再进行复验。

4）不能随意改变升降电动机原来的电源相序，否则将使摇臂升降失控，不接受开关 SA 的指令，也不接受位置开关 SQ1、SQ2 的线路保护。此时应立即切断总电源开关 QS1，以免造成严重的机械损伤事故。

5）发生电源断相时，不要忽视汇流排的检查。

6）在安装、调试过程中，工具、仪表的使用应符合要求。

7）通电操作时，必须严格遵守安全操作规程。

## 二、Z35 型摇臂钻床电气控制线路的故障检修

1. 检修步骤及工艺要求

1）在操作教师的指导下，对钻床进行操作，了解钻床的各种工作状态及操作方法。

2）在教师指导下，弄清钻床元器件安装位置及走线情况；结合机械、电气、液压方面的知识，搞清钻床电气控制的特殊环节。

3）在 Z35 型摇臂钻床上人为设置自然故障。

4）教师示范检修，步骤如下：

① 用通电试验法引导学生观察故障现象。

② 根据故障现象，依据电路图的逻辑分析法确定故障范围。

③ 采取正确的检查方法，查找故障点并排除故障。

④ 检修完毕，进行通电试验，并做好维修记录。

5）由教师设置让学生事先知道的故障点，指导学生如何从故障现象着手进行分析，逐步引导学生采用正确的检修步骤和检修方法。

6）教师设置故障，由学生检修。

2. 注意事项

1）熟悉Z35型摇臂钻床电气控制线路的基本环节及控制要求，弄清电气部件与执行部件如何配合实现某种运动方式；认真观摩教师示范检修。

2）检修所用工具、仪表应符合使用要求。

3）不能随意改变升降电动机原来的电源相序。

4）排除故障时，必须修复故障点，但不能采用元器件代换法。

5）检修时，严禁扩大故障范围或产生新的故障。

6）带电检修时，必须有指导教师监护，以确保安全。

## 三、摇臂钻床电气控制线路的故障检修

1. 常见电气故障分析与检修

（1）主轴电动机M2不能起动　首先检查电源开关QS1、汇流排YG是否正常。其次，检查十字开关SA的触点、接触器KM1和中间继电器KA的触点接触是否良好。若中间继电器KA的自锁触点接触不良，则将十字开关SA扳到左边位置时，中间继电器KA吸合，然后再扳到右边位置时，KA线圈将断电释放；若十字开关SA的触点接触不良，则将十字开关SA手柄扳到左面位置时，中间继电器KA吸合，然后再扳到右面位置时，继电器KA仍吸合，但接触器KM1不动作；若十字开关SA触点接触良好，而接触器KM1的主触点接触不良，在扳动十字开关手柄后，接触器KM1线圈得电吸合，但主轴电动机M2仍然不能起动。此外，连接各元器件的导线开路或脱落，也会使主轴电动机M2不能起动。

（2）主轴电动机M2不能停止　当把十字开关SA的手柄扳到中间位置时，主轴电动机M2仍不能停止运转，其故障原因是接触器KM1主触点熔焊或十字开关SA的右边位置开关失控。出现这种情况时，应立即切断电源开关QS1，电动机才能停转。若触点熔焊，需更换同规格的触点或接触器，必须先查明触点熔焊的原因并排除故障后才能进行更换；若十字开关SA的触点（8-4）失控，应重新调整或更换开关，同时查明失控原因。

（3）摇臂升降、松紧线路的故障　Z35型摇臂钻床的升降和松紧装置由电气和机械机构相互配合，实现放松—上升（下降）—夹紧的半自动工作顺序控制。在维修时，不但要检查其电气部分，还必须检查其机械部分是否正常。

（4）主轴箱和立柱的松紧故障　由于主轴箱和立柱的夹紧与放松是通过电动机M4配合液压装置来完成的，所以若电动机M4不能起动或不能停止时，应检查接触器KM4和KM5、位置开关SQ3和组合开关S2的接线是否可靠，有无接触不良或脱落等现象，触点接触是否良好，有无移位或熔焊现象，同时还要配合机械液压部分协调处理。

2. 检修步骤及工艺要求

1）在教师的指导下，对钻床进行操作，了解钻床的各种工作状态及操作方法。

2）在教师指导下，弄清钻床元器件的安装位置和走线情况，结合机械、电气、液压几方面相关的知识，搞清钻床电气控制的特殊环节。

3）在Z35型摇臂钻床上人为设置两个自然电气故障。

4）教师示范检修。

【相关知识】

## 一、Z35 型摇臂钻床的结构

Z35 型摇臂钻床的结构如图 8-13 所示，它由底座、内立柱、外立柱、摇臂、主轴箱、工作台等部分组成。内立柱固定在底座上，在它外面套着空心的外立柱，外立柱可绕着不动的内立柱回转一周。摇臂一端的套筒部分与外立柱滑动配合，借助于丝杠，摇臂可沿着外立柱上下移动，但两者不能做相对转动，因此摇臂与外立柱一起相对内立柱回转。主轴箱是一个复合部件，包括主轴、主轴旋转部件以及主轴进给运动的全部变速和操作机构。

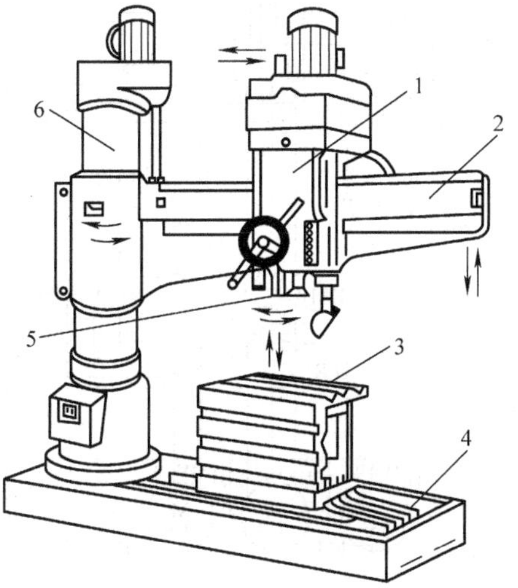

图 8-13　Z35 型摇臂钻床的结构
1—主轴箱　2—摇臂　3—工作台
4—底座　5—主轴　6—内、外立柱

主轴箱安装于摇臂的水平导轨上，通过手轮操作可使它沿着摇臂上的水平导轨做径向移动。当需要钻削加工时，可利用夹紧机构将主轴箱紧固在摇臂导轨上，摇臂紧固在外立柱上，外立柱紧固在内立柱上，以保证加工时主轴不会移动，刀具也不会振动。

摇臂钻床的主运动是主轴带动钻头的旋转运动；进给运动是钻头的上下运动；辅助运动是指主轴箱沿摇臂的水平移动、摇臂沿外立柱的上下移动以及摇臂连同外立柱一起相对于内立柱的回转运动。

## 二、电力拖动的特点及控制要求

1）由于摇臂钻床的相对运动部件较多，故采用多台电动机拖动，以简化传动装置。

主轴电动机 M2 承担钻削及进给任务，只要求单向旋转。主轴的正反转一般通过正反转摩擦离合器来实现，主轴转速和进刀量用变速机构调节。摇臂的升降和立柱的夹紧放松由电动机 M3 和 M4 拖动，要求双向旋转。冷却泵用电动机 M1 拖动。

2）该钻床的各种工作状态都是通过十字开关 SA 操作的，为防止十字开关手柄停在任何工作位置时，因接通电源而产生误动作，控制电路设有零电压保护环节。

3）摇臂的升降要求有限位保护。

4）摇臂的夹紧与放松是由机械和电气联合控制的。外立柱和主轴箱的夹紧与放松是由电动机配合液压装置来完成的。

5）钻削加工时，需要对刀具及工件进行冷却，由电动机 M1 拖动冷却泵输送切削液。

## 三、Z35 型摇臂钻床的工作原理

Z35 型摇臂钻床电气控制线路如图 8-14 所示。

1. 主电路分析

Z35 型摇臂钻床有 4 台电动机，即冷却泵电动机 M1、主轴电动机 M2、摇臂升降电动机 M3、立柱夹紧与松开电动机 M4。为满足攻螺纹工序，要求主轴能实现正反转，而主轴电动机 M2 只能正转，主轴的正反转是由摩擦离合器来实现的。

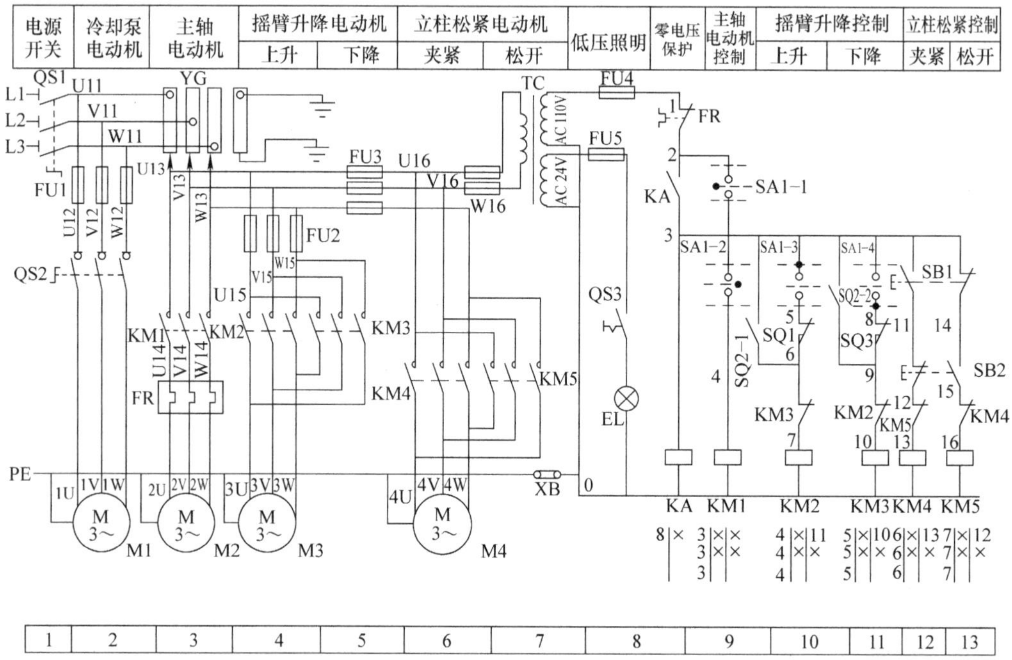


图 8-14　Z35 型摇臂钻床电气控制线路

摇臂升降电动机能实现正反转控制，当摇臂上升（或下降）到达预定的位置时，摇臂能在电气和机械夹紧装置的控制下，自动夹紧在外立柱上。

摇臂的套筒部分与外立柱是滑动配合，通过传动丝杠，摇臂可沿着外立柱上下移动，但不能做相对回转运动，而摇臂与外立柱可以一起相对内立柱做 360°的回转运动。外立柱的夹紧、放松是由立柱夹紧、放松电动机 M4 的正反转并通过液压装置来进行的。

冷却泵电动机 M1 供给钻削时所需的切削液。

2. 控制电路分析

主轴电动机 M2 和摇臂升降电动机 M3 采用十字开关 SA 控制，十字开关的塑料盖板上有一个十字形的孔槽，根据工作需要可将操作手柄分别扳在孔槽内 5 个不同的位置上，即左、右、上、下和中间 5 个位置。在盖板槽孔的左、右、上、下 4 个位置的后面分别装有一个微动开关，当操作手柄分别扳到这 4 个位置时，便相应压下后面的微动开关，其常开触点闭合，从而接通所需的电路。操作手柄每次只能扳在一个位置上，亦即 4 个微动开关只能有一个被压而接通，其余仍处于断开状态。当手柄处于中间位置时，4 个微动开关都不受压，全部处于断开状态。图 8-13 中用小黑圆点分别表示十字开关 SA 的 4 个位置。

（1）主轴电动机 M2 的控制　将十字开关 SA 扳在左边的位置，这时 SA 仅有左面的触点闭合，使零电压继电器 KA 的线圈得电吸合，KA 的常闭触点闭合自锁。再将十字开关 SA 扳到右边位置，仅使 SA 右边的触点闭合，接触器 KM1 的线圈得电吸合，KM1 主触点闭合，主轴电动机 M2 通电运转，钻床主轴的旋转方向由主轴箱上的摩擦离合器手柄所扳的位置决定。将十字开关 SA 的手柄扳回中间位置，触点全部断开，接触器 KM1 线圈失电释放，主轴停止转动。

（2）摇臂升降电动机 M3 的控制　当钻头与工件的相对高低位置不适合时，可通过摇臂的升高或降低来调整。摇臂的升降是由电气和机械传动联合控制的，能自动完成从松开摇臂到摇臂上升（或下降）再夹紧摇臂的过程。Z35 型摇臂钻床所采用的摇臂升降及夹紧的电气原理如图 8-15 所示。

要求摇臂上升时，就将十字开关 SA 扳到“上”的位置，压下 SA 上面的常开触点闭合，接触器 KM2 线圈得电吸合，KM2 的主触点闭合，电动机 M3 通电正转。由于摇臂上升前还被夹紧在外立柱上，所以电动机 M3 刚起动时，摇臂不会立即上升，而是通过两对减速齿轮带动升降丝杠转动；开始时由于螺母未被键锁住，因此丝杠只带动螺母一起空转，摇臂不能上升，只是辅助螺母带着键沿丝杠向上移动，推动拨叉，带动扇形压紧板，使夹紧杠杆把摇臂松开。在拨叉转动的同时，齿条带动齿轮转动，使连接在齿轮上的鼓形转换开关 SQ2－2（见图 8-16）闭合，为摇臂上升后的夹紧做好准备。当辅助螺母带着键上升到螺母与摇臂锁紧的位置时，螺母带动摇臂上升。当摇臂上升到所需的位置时，将十字开关 SA 扳到中间位置，SA 上面触点复位断开电路，接触器 KM2 线圈失电释放，电动机 M3 断电停转，摇臂也停止上升。由于摇臂松开时，鼓形转换开关上的常开触点 SQ2－2 已闭合，所以当接触器 KM2 的常闭联锁触点恢复闭合时，接触器 KM3 的线圈立即得电吸合，KM3 的主触点闭合，电动机 M3 通电反转，升降丝杠也反转，辅助螺母便带动键沿丝杠向下移动，辅助螺母又推动拨叉，并带动扇形压紧板使夹紧杠杆把摇臂夹紧；与此同时，齿条带动齿轮恢复到原来的位置，鼓形转换开关上的常开触点 SQ2－2 断开，使接触器 KM3 线圈失电释放、电动机 M3 停转。

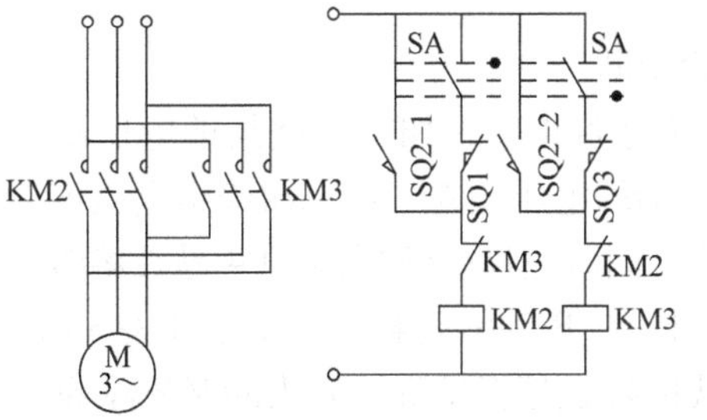


图 8-15　摇臂升降及夹紧的电气原理

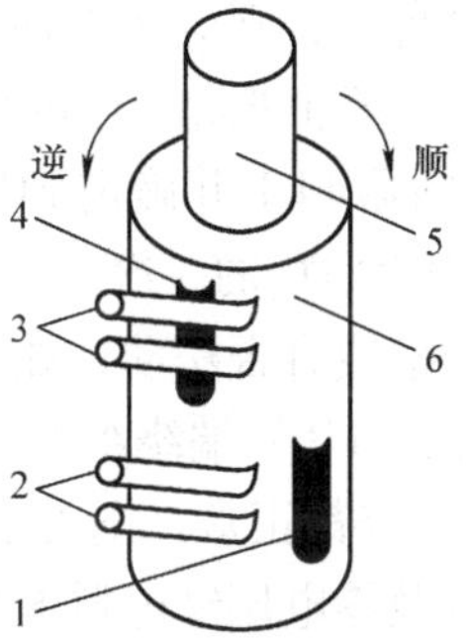


图 8-16　鼓形转换开关

1、4—动触点　2—常开静触点 SQ2－2

3—常开静触点 SQ2－1　5—转鼓　6—转轴

要求摇臂下降时，可将十字开关 SA 扳到“下”的位置，于是 SA 下面的常开触点闭合，接触器 KM3 线圈得电吸合，电动机 M3 通电起动反转，丝杠也反向旋转，辅助螺母带着键沿丝杠向下移动，同时推动拨叉并带动扇形压紧板使夹紧杠杆放松摇臂，同时扇形齿条带动齿轮使鼓形转换开关上 SB2 的另一副常开触点 KM2－1 闭合，为摇臂下降后的夹紧动作做好准备。当键下降至螺母与摇臂锁紧的位置时，螺母带动摇臂下降，当摇臂下降到所需位置时，将十字开关扳回到中间位置，其他动作与上升的动作相似。为使摇臂上升或下降时不致超出允许的终端极限位置，在摇臂上升或下降的控制电路中分别串入行程开关 SQ1 和 SQ3 作为终端保护。

（3）立柱的夹紧与松开电动机 M4 的控制　当需要摇臂绕内立柱转动时，应先按下

SB1，使接触器 KM4 线圈得电吸合，电动机 M4 起动运转，并通过齿式离合器带动齿式液压泵旋转，送出高压油，经油路系统和机械传动机构将外立柱松开；然后松开按钮 SB1，接触器 KM4 线圈失电释放，电动机 M4 断电停转。此时可用人力推动摇臂和外立柱绕内立柱做所需的转动；当转到预定的位置时，再按下按钮 SB2，接触器 KM5 线圈得电吸合，KM5 主触点闭合，电动机 M4 起动反转，在液压系统的推动下，将外立柱夹紧；然后松开 SB2，接触器 KM5 线圈失电释放，电动机 M4 断电停转，整个摇臂放松，绕外立柱转动，夹紧过程结束。

线路中零电压继电器 KA 的作用是当供电线路断电时，KA 线圈失电释放，KA 的常开触点断开，使整个控制电路断电；当电路恢复供电时，控制电路仍然断开，必须再次将十字开关 SA 扳至“左”的位置，使 KA 线圈重新得电，KA 的常开触点闭合，然后才能操作控制电路，也就是说零电压保护继电器的常开触点起到接触器的自锁触点的作用。

（4）冷却泵电动机 M1 的控制　冷却泵电动机由转换开关 QS2 直接控制。

（5）照明电路分析　变压器将 380V 电压降到 110V，供给控制电路并输出 24V 电压供低压照明灯使用。

## 四、Z35 型摇臂钻床常见故障

（1）所有电动机都不能起动　当发现该机床的所有电动机都不能正常起动时，一般可以断定故障发生在电气线路的公共部分，可按下述步骤来检查。

1）在电气箱内检查从汇流排 YG 引入电气箱的三相电源是否正常，如发现三相电源有断相或其他故障现象，则应在立柱下端配电盘处，检查引入机床电源隔离开关 QS1 处的电源是否正常，并查看汇流排 YG 的接触点是否良好。

2）检查熔断器 FU1 并确定 FU1 的熔体是否熔断。

3）控制变压器 TC 的一次、二次绕组的电压是否正常，如一次绕组的电压不正常，则应检查变压器的接线有否松动；如果一次绕组两端的电压正常，而二次绕组电压不正常，则应检查变压器输出 110V 端绕组是否断路或短路，同时应检查熔断器 FU4 是否熔断。

4）如上述检查都正常，则可依次检查热继电器 FR 的常闭触点、十字开关 SA 内的微动开关的常开触点及零电压继电器 KA 线圈连接线的接触是否良好，有无断路故障等。

（2）主轴电动机 M2 的故障

1）主轴电动机 M2 不能起动。若接触器 KM1 已得电吸合，但主轴电动机 M2 仍不能起动旋转，可检查接触器 KM1 的 3 个主触点接触是否正常，连接电动机的导线是否脱落或松动。若接触器 KM1 不动作，则首先检查熔断器 FU2 和 FU4 的熔体是否熔断，然后检查热继电器 FR 是否已动作，其常闭触点的接触是否良好，十字开关 SA 的触点接触是否良好，接触器 KM1 的线圈接线头有否松脱。有时由于供电电压过低，也会使零电压继电器 KA 或接触器 KM1 不能吸合。

2）主轴电动机 M2 不能停转。当把十字开关 SA 扳到“中间”停止位置时，主轴电动机 M2 仍不能停转，这种故障多数是由于接触器 KM1 的主触点发生熔焊所造成的。这时应立即断开电源隔离开关 QS1，才能使电动机 M2 停转，已熔焊的主触点要更换；同时必须找出发生触点熔焊的原因，彻底排除故障后才能重新起动电动机 M2。

（3）摇臂升降运动的故障　Z35 型摇臂钻床的升降运动是借助电气、机械传动的紧密配合来实现的。因此在检修时，既要注意电气控制部分，又要注意机械部分的协调。

1）摇臂升降电动机 M3 某个方向不能起动：电动机 M3 只有一个方向能正常运转，这一故障一般出现在该故障方向的控制线路或供给电动机 M3 电源的接触器上。例如电动机 M3 带动摇臂上升方向有故障时，接触器 KM2 不吸合，此时可依次检查十字开关 SA 上面的触点、行程开关 SB1 的常闭触点、接触器 KM3 的常闭联锁触点以及接触器 KM2 的线圈和连接导线等有否断路故障；如接触器 KM2 能动作吸合，则应检查其主触点的接触是否良好。

2）摇臂上升（或下降）夹紧后，电动机 M3 仍正反转重复不停：这种故障的原因是鼓形转换开关上 SQ2 的两个常开静触点的位置调整不当，使它们不能及时分断引起的。鼓形转换开关的结构如图 8-16 所示，图中，1 和 4 是两个随转鼓 5 一起转动的动触点，当摇臂不做升降运动时，要求两个常开静触点 3 和 2 正好处于两个动触点 1 和 4 之间的位置，使 SQ2 －1 和 SQ2 －2 都处于断开状态。如转轴受外力的作用使转鼓沿顺时针方向转过一个角度，则下面的一个常开静触点 SQ2 －2 接通；若鼓形转换开关沿逆时针方向转过一个角度，则上面的一个常开静触点 SQ2 －1 接通。由于动触点 1 和 4 的相对位置，决定了转动到两个常开静触点接通的角度值，所以鼓形转换开关 SQ2 的分断是使摇臂升降与松紧的关键，如果动触点 1 和 4 的位置调整得太近，就会出现上述故障。当摇臂上升到预定位置时，将十字开关 SA 扳回中间位置，接触器 KM2 线圈就失电释放。由于 SQ2 －2 在摇臂松开时已接通，故接触器 KM3 线圈得电吸合，电动机 M3 反转，通过夹紧机构把摇臂夹紧；同时齿条带动齿轮复原，齿轮带动鼓形转换开关逆时针方向旋转一个角度，使 SQ2 －2 离开动触点 4 处于断开状态，而电动机 M3 及机械部分装置因惯性仍在继续转动。此时由于动触点 1 和 4 间调整得太近，鼓形转换开关转过中间的切断位置，使动触点又同 SQ2 －1 接通，导致接触器 KM2 再次得电吸合，使电动机 M3 又正转起动。如此循环，造成电动机 M3 正反转重复运转，使摇臂夹紧和放松动作也重复不停。

3）摇臂升降后不能充分夹紧：原因之一是鼓形转换开关上压紧动触点的螺钉松动，造成动触点 1 或 4 的位置偏移。在正常情况下，当摇臂放松后，上升到所需的位置，将十字开关 SA 扳到中间位置时，SQ2 －2 应早已接通，使接触器 KM3 得电吸合，使摇臂夹紧。现因动触点位置偏移，使 SQ2 －2 未按规定位置闭合，造成 KM3 不能按时动作，电动机 M3 也就不起动反转进行夹紧，故摇臂仍处于放松状态。

若摇臂上升完毕没有夹紧作用，而下降完毕却有夹紧作用，这是由于动触点 4 和静触点 SQ2 －2 的故障。反之是动触点 1 和静触点 SQ2 －1 的故障。另外，鼓形转换开关上的动、静触点弯扭、磨损、接触不良或两个常开静触点过早分断，也会使摇臂不能充分夹紧。另一个原因是在检修安装鼓形转换开关和连同它的传动齿轮时，没有注意到鼓形转换开关上的两个常开触点的原始位置与夹紧装置的协调配合，使之起不到夹紧作用。例如在安装带动鼓形转换开关的齿轮时，由于把它与扇形齿条的啮合偏移了 3 个齿，这就造成摇臂夹紧机构在没有到夹紧位置（或超过夹紧位置），即在离夹紧位置尚有 3 个齿距处便停止运动。

摇臂若不完全夹紧，会造成钻削的工件精度达不到规定。

4）摇臂上升（或下降）后不能按需要停止。这种故障也是由于鼓形转换开关的动触点 1 或 4 的位置调整不当而造成的。例如当把十字开关 SA 扳到上面位置时，接触器 KM2 得电动作，电动机 M3 起动正转，摇臂的夹紧装置放松，摇臂上升，这时 SQ2 －1 应该接通，但由于鼓形转换开关的起始位置未调整好，反而将 SQ2－1 接通，结果当把十字开关 SA 扳到中间位置时，不能切断接触器 KM2 线圈电路，上升运动就不能停止，甚至上升到极限位置，终端位置开关 SB1 也不能将该电路切断。发生这种故障是很危险的，可能引起机床运动部件与已装夹的工件相撞，此时必须立即切断电源总开关 QS1，使摇臂的上升移动立即停止。由此可见，检修时在调整好机械部分之后，应对行程开关间的位置进行仔细的调整和检查。检修中还要注意三相电源的进线相序应符合升降运动的规定，不可接反，否则会发生上升和下降方向颠倒、电动机开停失灵、限位开关不起作用等后果。

（4）立柱夹紧与松开电路的故障

1）立柱松紧电动机 M4 不能起动。这主要是由于按钮 SB1 或 SB2 触点接触不良，或是接触器 KM4 或 KM5 的联锁常闭触点及主触点的接触不良所致。可根据故障现象，判断和检查故障原因，予以排除。

2）立柱在放松或夹紧后不能切除电动机 M4 的电源，这故障大都是由接触器 KM4 或 KM5 的主触点发生熔焊造成的，应及时切断总电源，予以更换。

### 五、评分标准

Z35 型摇臂钻床电气控制线路故障检修评分标准见表 8-9。

**表 8-9　Z35 型摇臂钻床电气控制线路故障检修评分标准**

<table>
<tr><th>任务内容</th><th>配分</th><th colspan="4">评分标准</th><th>扣分</th><th>得分</th></tr>
<tr><td>故障分析</td><td>20</td><td colspan="4">（1）标不出故障线段或将故障线段错标在故障回路以外，每个故障点扣 10 分<br>（2）不能标出最小故障范围，每个故障点扣 5～10 分</td><td></td><td></td></tr>
<tr><td>排除故障</td><td>50</td><td colspan="4">（1）停电不验电，扣 5 分<br>（2）测量仪器和工具使用不正确，每次扣 5 分<br>（3）排除故障的方法不正确，扣 10 分<br>（4）损坏元器件，每个扣 20 分<br>（5）不能排除故障点，每个扣 25 分<br>（6）扩大故障范围或产生新故障，每个扣 20 分</td><td></td><td></td></tr>
<tr><td>实训报告</td><td>10</td><td colspan="4">没按照报告要求完成、内容不正确，扣 5 分</td><td></td><td></td></tr>
<tr><td>团结协作精神</td><td>10</td><td colspan="4">小组成员分工协作不明确、不能积极参与，扣 10 分</td><td></td><td></td></tr>
<tr><td>安全文明生产</td><td>10</td><td colspan="4">违反安全文明生产规程，扣 5～10 分</td><td></td><td></td></tr>
<tr><td colspan="2">定额时间：30min</td><td colspan="4">每超时 5min，以扣 5 分计算</td><td></td><td></td></tr>
<tr><td>备注</td><td colspan="4">除定额时间外，各项的最高扣分不应超过配分</td><td>成绩</td><td colspan="2"></td></tr>
<tr><td>开始时间</td><td></td><td>结束时间</td><td></td><td colspan="2">实际时间</td><td colspan="2"></td></tr>
</table>

## 任务四　磨床电气控制线路的分析与检修

**【任务分析】**

分析 M7130 型平面磨床电气控制线路的构成、原理及其常见故障的检修方法，了解

M7130 型平面磨床的主要结构和运动形式，熟悉其电气控制线路构成，掌握其电气线路的分析方法及其常见故障的检修方法。

【任务实施】

## 一、平面磨床电气控制线路的安装与调试

1）安装前逐个检验电气设备和元器件的质量是否合格。

2）熟悉 M7130 型万能外圆磨床的主要结构及运动形式，对磨床进行操作，充分了解磨床的各种工作状态及各种操作手柄、按钮的作用。

3）结合元器件位置图和电箱内的元器件布置图，观察熟悉机床各电器组件的安装位置和布线情况。

4）认真阅读平面磨床控制线路图，掌握该磨床电气控制线路的构成、原理及元器件的作用。

5）在有故障的或人为设置故障点的磨床上，由教师示范检修，边分析边检查，直至故障排除。

6）由教师设置让学生知道的故障点，指导学生如何从故障现象着手进行分析，如何采用正确的检修方法排除故障。

7）教师设置人为的故障，由学生自己进行检修。

8）排除故障后，应及时总结经验，并做好维修记录。记录的内容包括：工业机械的型号、名称、编号、故障发生日期、故障现象、故障部位、损坏的电器、故障原因、修复措施及修复后的运行情况等。记录的目的：作为档案以备日后维修时参考，并通过对历次故障的分析，采取相应的有效措施，防止类似事故的再次发生或对电气设备本身的设计提出改进意见等。

## 二、注意事项

1）检修前，要认真阅读 M7130 型万能外圆磨床的电路图和接线图，弄清有关电器组件的位置、作用及走线情况。

2）要认真仔细地观察教师的示范检修。

3）停电要验电，带电检查时，必须有指导教师在现场监护，以确保用电安全。

4）工具和仪表的使用要正确，检修时要认真核对导线的线号，谨慎使用短接法，以免出错。

【相关知识】

## 一、M7130 型平面磨床的结构

M7130 型平面磨床的结构如图 8-17 所示，它由床身、工作台、电磁吸盘、砂轮箱、滑座、立柱等组成。

工作台上装有电磁吸盘，用以吸持工件，工作台在床身的导轨上做往返（纵向）运动，主轴可在床身的横向导轨上做横向进给运动，砂轮箱可在立柱导轨上做垂直运动。

平面磨床的主运动是砂轮的旋转运动。工作台的纵向往返移动为进给运动，砂轮箱升降运动为辅助运动。工作台每完成一次纵向进给时，砂轮自动做一次横向进给。加工完整个平

面以后，砂轮由手动做垂直进给。

## 二、M7130 型平面磨床的工作原理

M7130 型平面磨床的电气控制线路如图 8-18 所示。

1. 主电路分析

QS1 为电源开关，主电路中有 3 台电动机，M1 为砂轮电动机，M2 为冷却泵电动机，M3 为液压泵电动机，它们共用一组熔断器 FU1 作为短路保护。砂轮电动机 M1 用接触器 KM1 控制，用热继电器 FR1 进行过载保护；由于冷却泵电动机 M2 工作于砂轮电动机 M1 之后，所以 M2 的控制电路接在接触器 KM1 主触点下方，通过接插件 X1 将冷却泵电动机 M2 和砂轮电动机 M1 电源线相连，并且 M2 和 M1 在主电路中实现顺序控制。冷却泵电动机的容量较小，没有单独设置过载保护，与砂轮电动机 M1 共用 FR1；液压泵电动机 M3 由接触器 KM2 控制，由热继电器 FR2 进行过载保护。

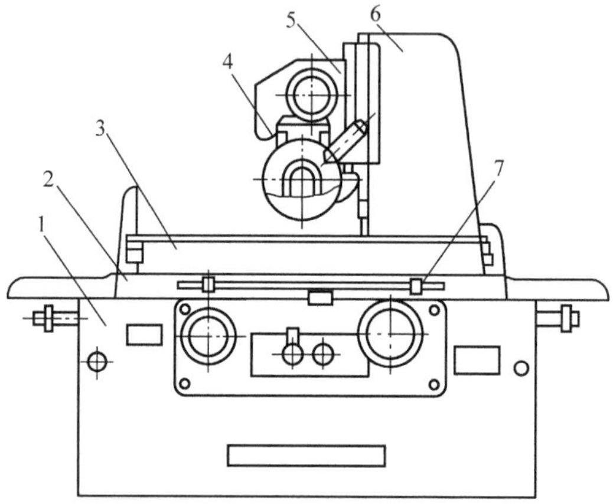


图 8-17　M7130 型平面磨床的结构示意图

1—床身　2—工作台　3—电磁吸盘　4—砂轮箱　5—滑座　6—立柱　7—撞块

| 电源开关及保护 | 砂轮电动机 | 冷却泵电动机 | 液压泵电动机 | 控制电路保护 | 砂轮控制 | 液压泵控制 | 整流变压器 | 整流器 | 电磁吸盘 | 照明 |
|---|---|---|---|---|---|---|---|---|---|---|

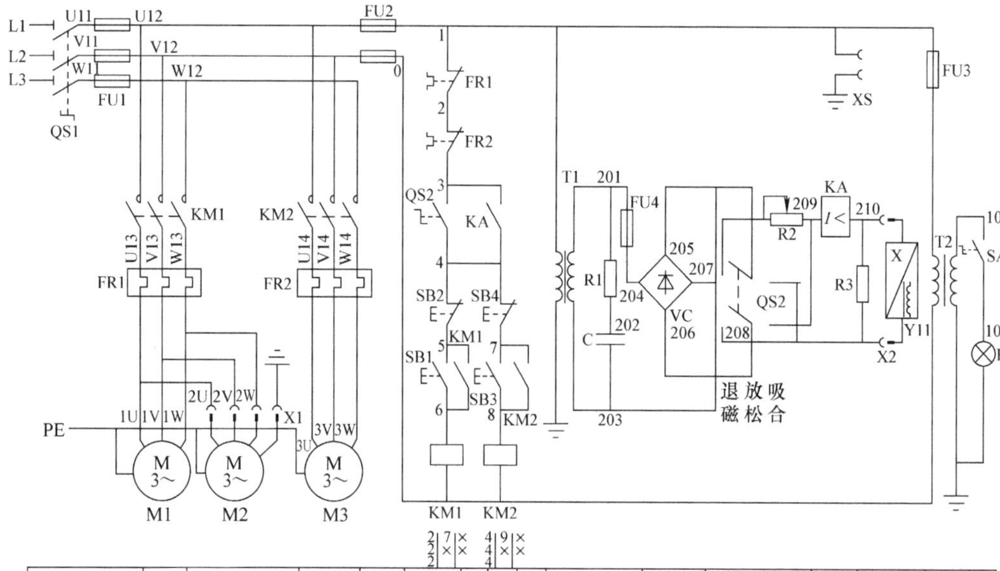


| 1 | 2 | 3 | 4 | 5 | 6 | 7 | 8 | 9 | 10 | 11 | 12 | 13 | 14 | 15 | 16 | 17 |
|---|---|---|---|---|---|---|---|---|---|---|---|---|---|---|---|---|

图 8-18　M7130 型平面磨床的电气控制线路

2. 控制电路分析

控制电路采用交流 380V 电压供电，由熔断器 FU2 作为短路保护。

在电动机的控制电路中，串接着转换开关 QS2 的常开触点和欠电压继电器 KA 的常开触点，因此，3 台电动机起动的条件使 QS2 或 KA 的常开触点闭合，欠电流继电器 KA 线圈串联在电磁吸盘 YH 工作电路中，所以当电磁吸盘得电工作时，欠电流继电器 KA 线圈得电吸合，接通砂轮电动机 M1 和液压泵继电器 M3 的控制电路，这样就保证了加工工件被 YH 吸住的情况下，砂轮和工作台才能进行磨削加工，保证了人身及设备的安全。

砂轮电动机 M1 和液压泵电动机 M3 都采用了接触器自锁单方向旋转控制电路，SB1、SB3 分别是它们的起动按钮，SB2、SB4 分别是它们的停止按钮。

3. 电磁吸盘电路分析

电磁吸盘是用来固定加工工件的一种夹具。它与机械夹具比较，具有夹紧迅速、操作快速简便、不损伤工件、一次能吸牢多个小工件，以及磨削中发热工件可自由伸缩、不会变形等优点；不足之处是只能吸住铁磁材料的工件，不能吸牢非磁性材料的工件。

电磁吸盘 YH 的外壳由钢制箱体和盖板组成。在箱体内部均匀排列的多个凸起的芯体上绕有线圈，盖板则用非磁性材料 隔离成若干钢条。当线圈通入直流电后，凸起的芯体和隔离的刚体均被磁化形成磁极。当工件放在电磁吸盘上时，也将被磁化而产生的与吸盘相异的磁极并被牢牢地吸住。

电磁吸盘电路包括整流电路、控制电路和保护电路 3 部分。

（1）整流电路　整流变压器 T1 将 220V 的交流电压降为 145V，后经桥式整流器 VC 后输出 110V 直流电压。

（2）控制电路　QS2 是电磁吸盘 YH 的转换开关，有“吸合”“放松”“退磁”3 个位置。当 QS2 扳至“吸合”位置时，触点闭合，110V 直流电压接入电磁吸盘 YH，工件被牢牢吸住。取下工件时，由于工件具有剩磁而不能取下，因此必须进行退磁。将 QS2 扳到“退磁”位置，触点闭合，电磁吸盘 YH 通入较小的反向电流进行退磁。退磁结束，将 QS2 扳回到“放松”位置，即可将工件取下。

如果有些工件不易退磁，可将附件退磁器的插头插入插座 XS，使工件在交变磁场的作用下进行退磁。

若将工件夹在工作台上，而不需要电磁吸盘时，则应将电磁吸盘 YH 的 X2 插头从插座上拔下，同时将转换开关 QS2 扳到“退磁”位置，这时把接在控制电路中 QS2 的常开触点闭合，接通电动机控制电路。

（3）保护电路　电阻 R3 是电磁吸盘的放电电阻。因为电磁吸盘的电感很大，在电磁吸盘从“吸合”状态转变为“放松”状态的瞬间，线圈两端将产生很大的自感电动势，易使线圈或其他电器由于过电压而损坏。电阻 R3 的作用是在电磁吸盘断电瞬间给线圈提供放电通路，吸收线圈释放的磁场能量。欠电流继电器 KA 用以防止电磁吸盘断电时工件脱出发生事故。

电阻 R1 与电容器 C 的作用是防止电磁吸盘电路交流侧的过电压，熔断器 FU4 为电磁吸盘提供短路保护。

4. 照明电路分析

照明变压器 T2 将 380V 的交流电压降为 36V 的安全电压提供给照明电路。EL 为照明灯，一端接地，另一端由开关 SA 控制。熔断器 FU3 作为照明电路的短路保护。

### 三、M7130 型平面磨床电气控制线路的检修步骤及工艺要求

1）在教师的指导下对磨床进行操作，熟悉磨床的主要结构和运动形式，了解磨床的各种工作状态和操作方法。

2）参照图 8-19 所示的 M7130 型平面磨床电器位置图和图 8-20 所示的电气接线图，熟悉磨床电器元器件的实际位置和走线情况，并通过测量等方法找出实际走线路径。

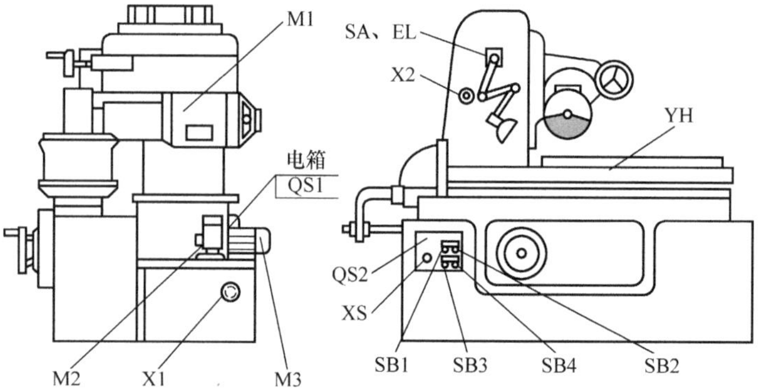


图 8-19　M7130 型平面磨床电器位置图

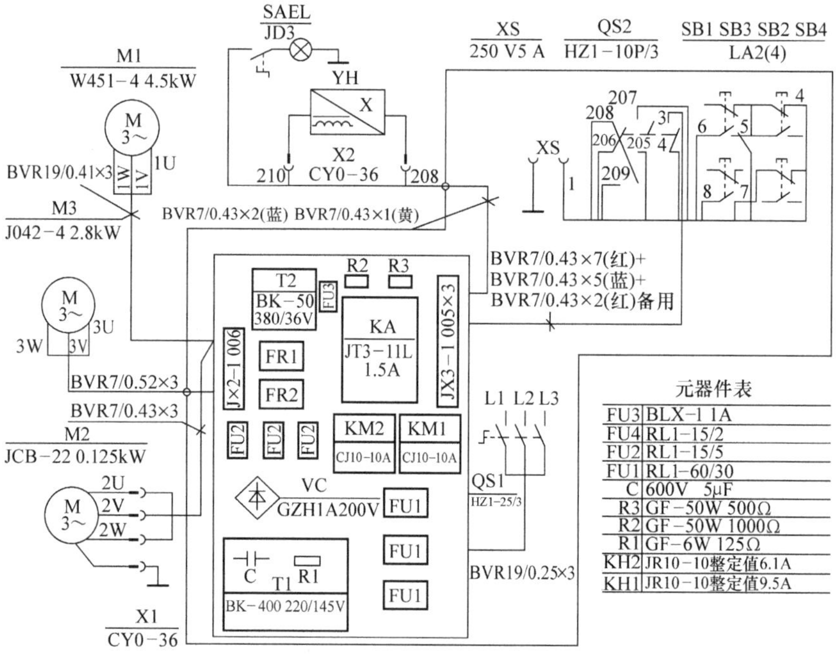


图 8-20　M7130 型平面磨床电气接线图

3）学生观摩检修。在 M7130 型平面磨床上人为设置自然故障点，由教师示范检修，边分析边检查，直至故障排除。教师示范检修时，应将检修步骤及要求贯穿其中，边操作边讲解。

4）教师在线路中设置两处人为的自然故障点，由学生按照检查步骤和检修方法进行检修。

## 四、注意事项

1）检修前要认真阅读电路图，熟练掌握各个控制环节的元器件的原理及作用，并认真观摩教师的示范检修。

2）电磁吸盘的工作环境恶劣，容易发生故障，检修时应特别注意电磁吸盘及其线路。

3）停电要验电，带电检修时，必须有指导教师在现场监护，以确保用电安全。同时要做好训练记录。

## 五、评分标准

M7130 型平面磨床电气控制线路故障检修评分标准见表 8-10。

**表 8-10　M7130 型平面磨床电气控制线路故障检修评分标准**

| 任务内容 | 配分 | 评分标准 | 扣分 | 得分 |
| --- | --- | --- | --- | --- |
| 故障分析 | 20 | （1）标不出故障线段或将故障线段错标在故障回路以外，每个故障点扣 10 分<br>（2）不能标出最小故障范围，每个故障点扣 5～10 分 | | |
| 排除故障 | 50 | （1）停电不验电，扣 5 分<br>（2）测量仪器和工具使用不正确，每次扣 5 分<br>（3）排除故障的方法不正确，扣 10 分<br>（4）损坏元器件，每个扣 20 分<br>（5）不能排除故障点，每个扣 25 分<br>（6）扩大故障范围或产生新故障，每个扣 20 分 | | |
| 实训报告 | 10 | 没按照报告要求完成、内容不正确，扣 5 分 | | |
| 团结协作精神 | 10 | 小组成员分工协作不明确、不能积极参与，扣 10 分 | | |
| 安全文明生产 | 10 | 违反安全文明生产规程，扣 5～10 分 | | |
| 定额时间：30min | | 每超时 5min，以扣 5 分计算 | | |
| 备注 | 除定额时间外，各项的最高扣分不应超过配分 | | 成绩 | |
| 开始时间 | | 结束时间 | | 实际时间 |

## 【项目评价】

机床控制电气线路的安装与故障检修评价标准见表 8-11。

**表 8-11　项目检测与分析**

| 检测任务 | 评分标准 | 分值 | 学生自评 | 教师评估 |
| --- | --- | --- | --- | --- |
| 车床电气控制线路的分析与检修 | 能否对车床的电气控制线路故障进行分析并排除 | 20 | | |
| 万能铣床电气控制线路的分析与检修 | 能否对万能铣床的电气控制线路故障进行分析并排除 | 20 | | |
| 摇臂钻床电气控制线路的分析与检修 | 能否对摇臂钻床的电气控制线路故障进行分析并排除 | 20 | | |

（续）

| 检测任务 | 评分标准 | 分值 | 学生自评 | 教师评估 |
|---|---|---|---|---|
| 磨床电气控制线路的分析与检修 | 能否对磨床的电气控制线路故障进行分析并排除 | 20 | | |
| 安全文明生产（包括归拢收集所用材料） | 违反安全文明生产规程扣20分 | 20 | | |
| 总评 | 各项目的最高扣分不应超过配分 | | | |

**【思考与练习】**

**一、选择题**

1. CA6140 型车床调速是（　　）。

A. 电气无级调速　　B. 齿轮箱机械有级调速　　C. 电气与机械配合调速

2. CA6140 型车床主轴电动机是（　　）。

A. 三相笼型异步电动机　　B. 三相绕线转子异步电动机　　C. 直流电动机

3. 钻床的外立柱可绕着不动的内立柱回转（　　）。

A. 90°　　B. 180°　　C. 360°

4. 摇臂钻床的摇臂夹紧与放松是由（　　）控制的。

A. 机械　　B. 电气　　C. 机械和电气联合

5. 安装在 X62W 型万能铣床工作台上的工件可以在（　　）方向调整位置或进给。

A. 2 个　　B. 4 个　　C. 6 个

6. X62W 型万能铣床主轴电动机 M1 要求正反转，不用接触器控制而用组合开关控制，是因为（　　）。

A. 接触器易损坏　　B. 改变转向不频繁　　C. 操作安全方便

7. X62W 型万能铣床上，由于主轴传动系统中装有（　　），为减少停车时间，必须采取制动措施。

A. 摩擦轮　　B. 惯性轮　　C. 电磁离合器

8. X62W 型万能铣床主轴电动机 M1 的制动是（　　）。

A. 能耗制动　　B. 反接制动

C. 电磁抱闸制动　　D. 电磁离合器制动

9. X62W 型万能铣床工作台的进给和快速移动，必须在主轴起动后才允许进行，这是为了（　　）。

A. 安全需要　　B. 便于操作　　C. 电路安装的需要

10. X62W 型万能铣床的主轴未起动，工作台（　　）。

A. 不能进给和快速移动　　B. 可以快速进给　　C. 可以快速移动

**二、判断题**

1. CA6140 型车床主轴的正反转是由主轴电动机 M1 的正反转来实现的。（　　）

2. 车床车削螺纹是靠刀架移动和主轴转动（按固定比例）来完成的。（　　）

3. 电路图中继电器线圈符号下左栏中的数字表示继电器的常闭触点所处的图区号。（　　）

4. 在操作 CA6140 型车床时，按下起动按钮 SB2，发现接触器 KM 得电动作，但主轴电动机 M1 不能起动，则故障原因可能是热继电器 FR1 动作后未复位。（　）

5. CA6140 型车床的主轴电动机 M1 因过载而停转，热继电器 FR1 的常闭触点是否复位，对冷却泵电动机 M2 和刀架快速移动电动机 M3 的运转无任何影响。（　）

6. X62W 型万能铣床的顺铣和逆铣加工是由主轴电动机 M1 的正反转来实现的。（　）

7. 对于 X62W 型万能铣床，为了避免损坏刀具和机床，要求只要电动机 M1 ~ M3 有一台过载，三台电动机都必须停止运转。（　）

8. 圆工作台运动与否，对工作台在 6 个方向的进给运动无影响。（　）

9. 进给操作手柄被固定于某一方向后，电动机 M2 只能朝一个方向旋转，其传动链只能与一根丝杠搭合。（　）

10. 进给变速时的冲动控制也是通过变速手柄与冲动位置开关 SQ1 来实现的。（　）

# 附录　中级维修电工模拟试题

## 模拟试题一

**一、选择题**（选择正确的答案，将相应的字母填入题内的括号中。每题 1 分，满分 60 分）

1. 一电流源的内阻为 2Ω，当把它等效变换成 10V 的电压源时，电流源的电流是（　　）。

A. 5A　　B. 2A　　C. 10A　　D. 2.5A

2. 一正弦交流电的有效值为 10A，频率为 50Hz，初相位为 −30°，它的解析式为（　　）。

A. $i=10\sin(314t+30°)$ A　　B. $i=10\sin(314t-30°)$ A

C. $i=10\sqrt{2}\sin(314t-30°)$ A　　D. $i=10\sqrt{2}\sin(50t+30°)$ A

3. 三相对称负载接成三角形时，线电流的大小为相电流的（　　）倍。

A. 3　　B. $\sqrt{3}/3$　　C. $\sqrt{3}$　　D. $\sqrt{2}$

4. 正弦交流电压 $u=100\sin(628t+60°)$ V，它的频率为（　　）。

A. 100Hz　　B. 50Hz　　C. 60Hz　　D. 628Hz

5. 三相对称负载做三角形联结时，相电流是 10A，线电流与相电流最接近的值是（　　）A。

A. 14　　B. 17　　C. 7　　D. 20

6. 低频信号发生器的低频振荡信号由（　　）振荡器发生。

A. *LC*　　B. 电感三点式　　C. 电容三点式　　D. *RC*

7. 低频信号发生器开机后（　　）即可使用。

A. 很快　　B. 加热 1min 后　　C. 加热 20min 后　　D. 加热 1h 后

8. 用单臂直流电桥测量电感线圈的直流电阻时，应（　　）。

A. 先按下电源按钮，再按下检流计按钮

B. 先按下检流计按钮，再按下电源按钮

C. 同时按下电源按钮和检流计按钮

D. 无须考虑按下电源按钮和检流计按钮的先后顺序

9. 发现示波管的光点太亮时，应调节（　　）。

A. 聚焦旋钮　　B. 辉度旋钮　　C. *Y* 轴增幅旋钮　　D. *X* 轴增幅旋钮

10. 直流双臂电桥要尽量采用容量较大的蓄电池，一般电压为（　　）V。

A. 2～4　　B. 6～9　　C. 9～12　　D. 12～24

11. 对于长期不用的示波器，至少（　　）个月通电一次。

A. 3　　B. 5　　C. 6　　D. 10

12. 判断检流计线圈的通断（　　）来测量。

A. 用万用表的 R×1 档　　B. 用万用表的 R×1k 档

C. 用电桥　　D. 不能用万用表或电桥直接

13. 变压器带负载运行时，一次电源电压的相位超前于铁心中主磁通的相位，且略大于（　　）。

A. 180°　　B. 90°　　C. 60°　　D. 30°

14. 提高企业用电负荷的功率因数，变压器的电压调整率将（　　）。

A. 不变　　B. 减少　　C. 增大　　D. 基本不变

15. 三相变压器并联运行时，要求并联运行的三相变压器电压比（　　），否则不能并联运行。

A. 必须绝对相等　　B. 的误差不超过 ±0.5%

C. 的误差不超过 ±5%　　D. 的误差不超过 ±10%

16. 整流式直流电焊机磁饱和电抗器的铁心由（　　）字形铁心形成。

A. 一个“口”　　B. 三个“口”　　C. 一个“日”　　D. 三个“日”

17. 整流式直流电焊机一次电压太低，其故障原因可能是（　　）。

A. 变压器一次绕组匝间短路　　B. 饱和电抗器控制绕组极性接反

C. 稳压器谐振线圈短路　　D. 稳压器补偿线圈匝数不恰当

18. 在中、小型电力变压器的定期检查维护中，若发现变压器箱顶油面温度与室温之差超过（　　），说明变压器过载或变压器内部已发生故障。

A. 35°　　B. 55°　　C. 105°　　D. 120°

19. 进行变压器耐压试验时，若试验中无击穿现象，要把变压器试验电压均匀降低，大约在 5s 内降低到试验电压的（　　）% 或更少，再切断电源。

A. 15　　B. 25　　C. 45　　D. 55

20. 电力变压器大修后耐压试验的试验电压应按《交接和预防性试验电压标准》选择，标准中规定电压级次为 6kV 的油浸变压器的试验电压为（　　）kV。

A. 15　　B. 18　　C. 21　　D. 25

21. 异步电动机起动时，同步电动机的励磁绕组不能直接短路，否则（　　）。

A. 引起电流太大电动机发热　　B. 将产生高电动势影响人身安全

C. 将发生漏电影响人身安全　　D. 转速无法上升到接近同步转速，不能正常起动

22. 对于没有换向极的小型直流电动机，带恒定负载向一个方向旋转，为了改善换向，可将其他电刷自几何中性面处沿电枢转向（　　）。

A. 向前适当移动 $\beta$ 角　　B. 向后适当移动 $\beta$ 角

C. 向前移动 90°　　D. 向后移到主磁极轴线上

23. 我国研制的（　　）系列的高灵敏度直流测速发电机，其灵敏度比普通测速发电机高 1000 倍，特别适合作为低速伺服系统中的速度检测元件。

A. CY　　B. ZCF　　C. CK　　D. CYD

24. 直流永磁式测速发电机（　　）。

A. 不需另加励磁电源　　B. 需加励磁电源

C. 需加交流励磁电压　　D. 需加直流励磁电压

25. 低惯量直流伺服电动机（　　）。

A. 输出功率大　　B. 输出功率小

C. 对控制电压反应快　　D. 对控制电压反应慢

26. 他励式直流伺服电动机的正确接线方式是（　　）。

A. 定子绕组接信号电压，转子绕组接励磁电压

B. 定子绕组接励磁电压，转子绕组接信号电压

C. 定子绕组和转子绕组都接信号电压

D. 定子绕组和转子绕组都接励磁电压

27. 电磁调速异步电动机的基本结构形式分为（　　）两大类。

A. 组合式和分立式　　B. 组合式和整体式

C. 整体式和独立式　　D. 整体式和分立式

28. 在滑差电动机自动调速控制线路中，测速发电机主要作为（　　）元件使用。

A. 放大　　B. 被控　　C. 执行　　D. 检测

29. 使用电磁调速异步电动机自动调速时，为改变控制角 $\alpha$，只需改变（　　）即可。

A. 主电路的输入电压　　B. 触发电路的输入电压

C. 放大电路的放大倍数　　D. 触发电路的输出电压

30. 交磁电动机扩大机直轴电枢反应磁通的方向为（　　）。

A. 与控制磁通方向相同　　B. 与控制磁通方向相反

C. 垂直于控制磁通　　D. 不确定

31. 交流电动机做耐压试验时，对额定电压为 380V、功率为 1～3kW 的电动机，试验电压取（　　）V。

A. 500　　B. 1000　　C. 1500　　D. 2000

32. 功率在 1kW 以上的直流电动机做耐压试验时，成品试验电压为（　　）V。

A. $2U_N+1000$　　B. $2U_N+500$　　C. 1000　　D. 500

33. 采用单结晶体管延时电路的晶体管时间继电器，其延时电路由（　　）等部分组成。

A. 延时环节、鉴幅器、输出电路、电源和指示灯

B. 主电路、辅助电源、双稳态触发器及其附属电路

C. 振荡电路、计数电路、输出电路、电源

D. 电磁系统、触点系统

34. 下列有关高压断路器用途的说法正确的是（　　）。

A. 切断空载电流

B. 控制分断或接通正常负载电流

C. 既能切换正常负载又可切除故障，同时承担着控制和保护的双重任务

D. 接通或断开电路空载电流，严禁带负载拉闸

35. 高压 10kV 及以下隔离开关交流耐压试验的目的是（　　）。

A. 可以准确地测出隔离开关绝缘电阻值

B. 可以准确地考验隔离开关的绝缘强度

C. 使高压隔离开关操作部分更灵活

D. 可以更有效地控制电路分合状态

36. 对于过滤及新加油的高压断路器，必须等油中气泡全部逸出后才能进行交流耐压试验，一般需静止（　　）h 左右，以免油中气泡引起放电。

A. 5　　B. 4　　C. 3　　D. 10

37. FN4－10 型真空负荷开关是三相户内高压电器设备，在出厂做交流耐压试验时，应选用交流耐压试验标准电压（　　）kV。

A. 42　　B. 20　　C. 15　　D. 10

38. 额定电压 3kV 的互感器在进行大修后做交流耐压试验，应选交流耐压试验标准为（　　）kV。

A. 10　　B. 15　　C. 28　　D. 38

39. 磁吹式灭弧装置的磁吹灭弧能力与电弧电流的大小关系是（　　）。

A. 电弧电流越大磁吹灭弧能力越小　　B. 无关

C. 电弧电流越大磁吹灭弧能力越强　　D. 没有固定规律

40. RW3－10 型户外高压熔断器作为小容量变压器的前级保护安装在室外，要求熔丝管底端对地面距离以（　　）m 为宜。

A. 3　　B. 3.5　　C. 4　　D. 4.5

41. SN10－10 系列少油断路器中的油起灭弧作用，两导电部分和灭弧室的对地绝缘是通过（　　）来实现的。

A. 变压器油　　B. 绝缘框架　　C. 绝缘拉杆　　D. 支持绝缘子

42. 三相笼型异步电动机直接起动电流过大，一般可达额定电流的（　　）倍。

A. 2～3　　B. 3～4　　C. 4～7　　D. 10

43. 三相异步电动机反接制动时，采用对称制电阻接法可以在限制制动转矩的同时，也限制（　　）。

A. 制动电流　　B. 起动电流　　C. 制动电压　　D. 起动电压

44. 绕线转子异步电动机的转子电路中串入调速电阻属于（　　）调速。

A. 变极　　B. 变频　　C. 变转差率　　D. 变容

45. 直流电动机电枢回路串电阻调速，当电枢回路电阻增大时，其转速（　　）。

A. 升高　　B. 降低　　C. 不变　　D. 不一定

46. 三相同步电动机采用能耗制动时，电源断开后保持转子励磁绕组的直流励磁，同步电动机就成为电枢被外电阻短接的（　　）。

A. 异步电动机　　B. 异步发电机　　C. 同步电动机　　D. 同步发电机

47. 三相异步电动机变级调速的方法一般只适用于（　　）。

A. 笼型异步电动机　　B. 绕线转子异步电动机

C. 同步电动机　　D. 滑差电动机

48. 他励直流电动机改变旋转方向常采用（　　）来完成。

A. 电枢反接法　　B. 励磁绕组反接法

C. 电枢、励磁绕组同时反接　　D. 断开励磁绕组，电枢绕组反接

49. 直流发电机—直流电动机自动调速系统在基速以上调节直流电动机励磁电路电阻的实质是（　　）。

A. 改变电枢电压　B. 改变励磁磁通　C. 改变电路电阻　D. 限制起动电流

50. 直流发电机—直流电动机调速系统中，若改变发电机的励磁磁通，则属于（　　）调速。

A. 变励磁磁通　B. 变电枢电压　C. 变电源电压　D. 改变磁极

51. 阻容耦合多级放大电路的输入电阻等于（　　）。

A. 第一级输入电阻　B. 各级输入电阻之和

C. 各级输入电阻之积　D. 末级输入电阻

52. 差动放大电路的作用是（　　）信号。

A. 放大共模　B. 放大差模　C. 抑制共模　D. 抑制共模，又放大差模

53. 一个硅二极管反向击穿电压为150V，则其最高反向工作电压（　　）。

A. 大于150V　B. 略小于150V　C. 不得超过40V　D. 等于75V

54. 在脉冲电路中，应选择（　　）的晶体管。

A. 放大能力强　B. 开关速度快

C. 集电极最大耗散功率高　D. 价格便宜

55. 导通后二极管两端电压变化很小，锗管约为（　　）。

A. 0.5V　B. 0.7V　C. 0.3V　D. 0.1V

56. 普通晶闸管由中间P层引出的电极是（　　）。

A. 阳极　B. 门极　C. 阴极　D. 无法确定

57. 三相全波可控整流电路的变压器二次侧中心抽头，将二次电压分为（　　）的两部分。

A. 大小相等、相位相反　B. 大小相等、相位相同

C. 大小不等、相位相反　D. 大小不等、相位相同

58. 千斤顶是一种手动的小型起重和顶压工具，常用的有（　　）种。

A. 2　B. 3　C. 4　D. 5

59. 检修后的电气设备，其绝缘电阻要合格，在经（　　）检测合格后方能满足电路的要求。

A. 检测直流电阻　B. 加大截面积　C. 通电试验　D. 断电试验

60. 为了提高设备的功率因数，常在感性负载的两端（　　）。

A. 串联电容器　B. 并联适当的电容器

C. 串联电感　D. 并联适当的电感

**二、判断题**（将判断结果填入括号中，正确的填“√”，错误的填“×”。每题2分，满分40分）

1. 采用正负消去法可以消除系统误差。（　　）
2. 测量检流计内阻时，必须采用准确度较高的电桥去测量。（　　）
3. 交流电焊机为了保证容易起弧，应具有100V的空载电压。（　　）
4. 如果变压器绕组之间绝缘装置不适当，可通过耐压试验检查出来。（　　）
5. 三相异步电动机定子绕组同相线圈之间的连接应顺着电流方向进行。（　　）
6. 交流伺服电动机电磁转矩的大小取决于控制电压的大小。（　　）

7. BG－5 型晶体管功率方向继电器为零序方向时，可用于接地保护。（　）

8. 接近开关的功能和用途除行程控制和限位保护外，还可检测金属的存在、高速计数、测速、定位、变换运动方向、检测零件尺寸、用于液面控制及用作无触点按钮等。（　）

9. 接触器为保证触点磨损后仍能保持可靠地接触，应保持一定数值的超程。（　）

10. 反接制动由于制动时对电动机产生的冲击比较大，因此应串入限流电阻，而且仅用于小功率异步电动机。（　）

11. M7130 型平面磨床的线路中，零电压继电器 KA1 不工作，就不能起动砂轮电动机。（　）

12. 数字集成电路比由分立元件组成的数字电路具有可靠性高和微型化的优点。（　）

13. 高电位用"1"表示，低电位用"0"表示，称为正逻辑。（　）

14. 晶闸管加正向电压，触发电流越大，越容易导通。（　）

15. 单结晶体管具有单向导电性。（　）

16. 单向半波可控整流电路，无论输入电压极性如何改变，其输出电压极性不会改变。（　）

17. 使用焊丝前必须除去表面的油、锈等污物。（　）

18. 采用电弧焊时，电流大小的调整取决于工件的厚度。（　）

19. 生产过程的组织是车间生产管理的基本内容。（　）

20. 常用电气设备的维修应包括日常维护保养和故障检修两个方面。（　）

## 模拟试题二

**一、选择题**（选择正确的答案，将相应的字母填入题内的括号中。每题 1 分，满分 60 分）

1. 正弦交流电压 $U = 100\sin(628 + 60°)$V，它的频率为（　）。

A. 100Hz　B. 50Hz　C. 60Hz　D. 628Hz

2. 电阻器反映导体对（　）起阻碍作用的大小，简称电阻。

A. 电压　B. 电动势　C. 电流　D. 电阻率

3. 额定电压都为 220V 的 40W、60W 和 100W 三只灯泡串联在 220V 的电源中，它们的发热量由大到小排列为（　）。

A. 100W，60W，40W　B. 40W，60W，100W

C. 100W，40W，60W　D. 60W，100W，40W

4. 三相对称负载接成三角形时，线电流的大小为相电流的（　）倍。

A. 3　B. $\sqrt{3}/3$　C. $\sqrt{3}$　D. $\sqrt{2}$

5. 低频信号发生器开机后（　）即可使用。

A. 很快　B. 加热 1min 后　C. 加热 20min 后　D. 加热 1h 后

6. 用通用示波器观察工频 220V 电压波形时，被测电压应接在（　）之间。

A. "Y 轴输入"和"X 轴输入"端钮　B. "Y 轴输入"和"接地"端钮

C. "X 轴输入"和"接地"端钮　D. "整步输入"和"接地"端钮

7. 直流双臂电桥可以精确测量（　）的电阻。

A. 1Ω 以下　　B. 10Ω 以上　　C. 100Ω 以上　　D. 100kΩ 以上

8. 变压器负载运行并且其负载的功率因数一定时，变压器的效率和（　　）的关系叫作变压器负载运行的效率特性。

A. 时间　　B. 主磁通　　C. 铁损　　D. 负载系数

9. 三相笼型异步电动机的直接起动电流很大，一般可达额定电流的（　　）倍。

A. 2 ~ 3　　B. 3 ~ 4　　C. 4 ~ 7　　D. 10

10. 为了满足电焊工艺的要求，交流电焊机应具有（　　）的外特性。

A. 平直　　B. 陡降　　C. 上升　　D. 稍有下降

11. 直流电焊机之所以不能被交流电焊机取代，是因为直流电焊机具有（　　）的优点。

A. 制造工艺简单，使用控制方便

B. 电弧稳定，可焊接碳钢、合金钢和有色金属

C. 使用直流电源，操作较安全

D. 故障率明显低于交流电焊机

12. 与直流弧焊发电机相比，整流式直流电焊机具有（　　）的特点。

A. 制造工艺简单，使用控制方便

B. 制造工艺复杂，使用控制不便

C. 使用直流电源，操作较安全

D. 使用调速性能优良的直流电动机拖动，使得焊接电流易于调整

13. 整流式直流电焊机二次电压太低，其故障原因可能是（　　）。

A. 变压器一次绕组匝间短路　　B. 饱和电抗器控制绕组极性接反

C. 整流器谐振线圈短路　　D. 稳压器补偿线圈匝数不恰当

14. 在三相交流异步电动机定子上布置结构完全相同，在空间位置上互差 120°电角度的三相绕组，分别通入（　　），则在定子与转子的空气隙间将会产生旋转磁场。

A. 直流电　　B. 交流电　　C. 脉动直流电　　D. 三相对称交流电

15. 三相异步电动机定子各相绕组的电源引出线应彼此相隔（　　）电角度。

A. 60°　　B. 90°　　C. 120°　　D. 180°

16. 一台三相异步电动机，磁极数为 4，定子槽数为 24，定子绕组形式为单层链式，节距为 5，并联支路数为 1，在绘制绕组展开图时，同相各线圈的联结方法应是（　　）。

A. 正串联　　B. 反串联　　C. 正并联　　D. 反并联

17. 汽轮发电机的转子一般做成隐级式，采用（　　）。

A. 良好导磁性的硅钢片叠加而成　　B. 良好导磁性的高温度合金钢镀成

C. 1 ~ 1.5mm 厚的钢片冲制后叠成　　D. 整块铸钢或锻钢制成

18. 按励磁方式分类，直流电动机可分为（　　）种。

A. 2　　B. 3　　C. 4　　D. 5

19. 直流电动机的某一个电枢绕组在旋转一周的过程中，通过其中的电流是（　　）。

A. 直流电流　　B. 交流电流

C. 脉冲电流　　D. 互相抵消正好为零

20. 直流电动机出现振动现象，其原因可能是（　　）。

A. 电枢平衡未校好　B. 负载短路　C. 电动机绝缘老化　D. 长期过载

21. 若被测机械的转向改变，则交流测速发电机输出电压的（　　）。

A. 频率改变　B. 大小改变　C. 相位改变 90°　D. 相位改变 180°

22. 电磁调速异步电动机又称为（　　）。

A. 交流异步电动机　B. 测速电动机　C. 步进电动机　D. 滑差电动机

23. 在电磁转差离合器中，如果电枢和磁极之间没有相对转速差，（　　），也就没有转矩去带动磁极旋转，因此取名为“转差离合器”。

A. 磁极中不会有电流产生　B. 磁极就不存在

C. 电枢中不会有趋肤效应产生　D. 电枢中就不会有涡流产生

24. 交磁电机扩大机的作用是将微弱的控制信号放大成较强的（　　）输出。

A. 电流　B. 电压　C. 电功率　D. 电动势

25. 从工作原理上看，交磁电机扩大机相当于（　　）。

A. 直流电动机　B. 两级直流电动机　C. 直流发电机　D. 两级直流发电机

26. 交流电动机做耐压试验时，对额定电压为380V、功率为1～3kW的电动机，试验电压应取（　　）V。

A. 500　B. 1000　C. 1500　D. 2000

27. 交流电动机耐压试验中绝缘被击穿的原因可能是（　　）。

A. 试验电压高于电动机额定电压两倍　B. 笼型转子断条

C. 长期停用的电动机受潮　D. 转轴弯曲

28. 晶体管接近开关用量最多的是（　　）。

A. 电磁感应型　B. 电容型　C. 光电型　D. 高频振荡型

29. 高压负荷开关交流耐压试验在标准试验电压下持续时间为（　　）min。

A. 5　B. 2　C. 1　D. 3

30. 高压（10kV）互感器的交流电压试验是指（　　）对外壳的工频交流耐压试验。

A. 一次绕组　B. 二次绕组

C. 瓷套管　D. 线圈连同套管一起

31. FN3－10T型负荷开关安装之后，用2500V绝缘电阻表测量开关动片和触点对地绝缘电阻，交接试验时应不少于（　　）MΩ。

A. 300　B. 500　C. 1000　D. 800

32. 对FN1－10型户内高压负荷开关进行交流耐压试验时被击穿，其原因是（　　）。

A. 支柱绝缘子破损，绝缘杆受潮　B. 周围环境湿度减小

C. 开关动静触点接触良好　D. 灭弧室功能良好

33. 高压隔离开关在进行交流耐压试验时，试验合格后，应在5s内均匀地将电压下降到试验值的（　　）%以下，电压至零后拉开刀开关，使被试品接地放电。

A. 10　B. 40　C. 50　D. 25

34. 对电流互感器进行交流耐压试验后，若被试品合格，试验结束应在5s内均匀地降到电压试验值的（　　）%，电压至零后，拉开刀开关。

A. 10　B. 40　C. 50　D. 25

35. 三相异步电动机采用Y－△降压起动时，起动转矩是△联结全压起动时的

（　　）倍。

A. $\sqrt{3}$　　B. $1/\sqrt{3}$　　C. $\sqrt{3}/2$　　D. 1/3

36. 直流电动机采用电枢回路串电阻起动，应把起动电流限制在额定电流的（　　）倍。

A. 4～5　　B. 3～4　　C. 1～2　　D. 2～2.5

37. 为使直流电动机的旋转方向发生改变，应将电枢电流（　　）。

A. 增大　　B. 减小　　C. 不变　　D. 反向

38. 同步电动机不能自行起动，其原因是（　　）。

A. 本身无起动转矩　　B. 励磁绕组开路　　C. 励磁绕组串电阻　　D. 励磁绕组短路

39. 直流电动机反接制动时，当电动机转速接近于零时，应立即切断电源，防止（　　）。

A. 电流增大　　B. 电动机过载　　C. 发生短路　　D. 电动机反向转动

40. 同步电动机停车时，如需进行电力制动，最方便的方法是（　　）。

A. 机械制动　　B. 反接制动　　C. 能耗制动　　D. 电磁抱闸

41. M7120 型磨床的液压泵电动机和砂轮升降电动机的正反转控制可采用（　　）来实现。

A. 点动　　B. 点动互锁　　C. 自锁　　D. 互锁

42. T68 型卧式镗床常用（　　）制动。

A. 反接　　B. 能耗　　C. 电磁离合器　　D. 电磁抱闸

43. 交磁扩大机的电差接法与磁差接法相比，电差接法在节省控制绕组、减少电能损耗上（　　）。

A. 较优越　　B. 不优越　　C. 一样　　D. 无法比较

44. 直流发电机—直流电动机自动调速系统采用改变励磁磁通调速时，其实际转速应（　　）额定转速。

A. 等于　　B. 大于　　C. 小于　　D. 不大于

45. X62W 型万能铣床的进给操作手柄的功能是（　　）。

A. 只操纵电器　　B. 只操纵机械　　C. 操纵机械和电器　　D. 操纵冲动开关

46. Z37 型摇臂钻床的摇臂升降开始前，一定先使（　　）松开。

A. 立柱　　B. 联锁装置　　C. 主轴箱　　D. 液压装置

47. 放大电路设置静态工作点的目的是（　　）。

A. 提高放大能力　　B. 避免非线性失真

C. 获得合适的输入电阻和输出电阻　　D. 使放大器工作稳定

48. 阻容耦合器多级放大电路的输入电阻等于（　　）。

A. 第一级输入电阻　B. 各级输入电阻之和　C. 各级输入电阻之积　D. 末级输入电阻

49. 对功率放大电路最基本的要求是（　　）。

A. 输出信号电压大　　B. 输出信号电流大

C. 输出信号电压和电流均大　　D. 输出信号电压大电流小

50. 直接耦合放大电路产生零点飘移的主要原因是（　　）变化。

A. 温度　　B. 湿度　　C. 电压　　D. 电流

51. 半导体整流电源中使用的整流二极管应选用（　　）。

A. 变容二极管　B. 稳压二极管　C. 点接触型二极管　D. 面接触型二极管

52. 开关晶体管一般的工作状态是（　　）。

A. 截止　B. 放大　C. 饱和　D. 截止或饱和

53. 三相变极双速异步电动机的联结方式常见的有（　　）。

A. Y/△　B. YY/△　C. Y/Y　D. △/△

54. KP20－10 表示普通反向阻断型晶闸管的通态正向平均电流是（　　）。

A. 20A　B. 2000A　C. 10A　D. 1000A

55. 单向全波可控整流电路，若输入电压为 $U_i$，则输出平均电压为（　　）。

A. $U_i$　B. $0.45U_i$　C. $0.9U_i$　D. $1.2U_i$

56. 在三相半波可控整流电路中，控制角 $\alpha$ 的最大移相范围是（　　）。

A. 90°　B. 150°　C. 180°　D. 360°

57. 氩弧焊是利用惰性气体（　　）的一种电弧焊接方法。

A. 氧　B. 氢　C. 氩　D. 氖

58. 常见焊接缺陷按其在焊缝中的位置不同，可分为（　　）种。

A. 2　B. 3　C. 4　D. 5

59. 部件的装配图可作为拆卸零件后（　　）的依据。

A. 画零件图　B. 重新装配成部件　C. 画总装图　D. 安装零件

60. 检修电气设备电气故障的同时，还应检查（　　）。

A. 是否存在机械、液压部分故障　B. 指示电路是否存在故障

C. 照明电路是否存在故障　D. 机械联锁装置和开关装置是否存在故障

**二、判断题**（将判断结果填入括号中，正确的填"√"，错误的填"×"，每题 2 分，满分 40 分）

1. 戴维南定理最适用于求复杂电路中某一支路的电流。（　　）

2. 利用戴维南定理，可把一个含源二端网络等效成一个电源。（　　）

3. 在交流电路中功率因数 $\cos\varphi$ = 有功功率/（有功功率 + 无功功率）。（　　）

4. 三相对称负载做△联结，若每相负载的阻抗为 10Ω，接在线电压为 380V 的三相交流电路中，则电路的线电流为 38A。（　　）

5. 中小型电力变压器无载调压分接开关的调节范围是其额定输出电压的 ±15%。（　　）

6. 直流弧焊发电机焊接电流的调节是靠调节铁心的空气隙的大小来实现的。（　　）

7. 如果变压器绕组之间绝缘装置不适当，可通过耐压试验检查出来。（　　）

8. 同步电机主要分同步发电机和同步电动机两类。（　　）

9. 直流发电机在电枢绕组元件中产生的是交流电动势，只是由于加装了换向器和电刷装置，才能输出直流电动势。（　　）

10. 测速发电机分为交流和直流两大类。（　　）

11. 永磁式测速发电机的转子是用永久磁铁制成的。（　　）

12. 直流伺服电动机实质上就是一台自励式直流电动机。（　　）

13. 直流耐压试验比交流耐压试验更容易发现高压断路器的绝缘缺陷。（　　）

14. 为了保持接触器触点良好接触，允许涂以质地优良的润滑油。（　）

15. 只要在绕线转子电动机的转子电路中接入一个调速电阻，改变电阻的大小，就可平滑调速。（　）

16. 要使三相绕线转子异步电动机的起动转矩为最大转矩，可以用在转子回路中串入合适电阻的方法来实现。（　）

17. 三相异步电动机变极调速属于无级调速。（　）

18. 绘制较复杂机床电气设备的电气控制线路图时，应以单元电路的主要元件为中心。（　）

19. T68 型卧式镗床的钢球无级变速器达到极限位置，拖动变速器的电动机应当自动停车。（　）

20. 机械驱动的起重机械中必须使用钢丝绳。（　）

## 模拟试题三

**一、选择题**（选择正确的答案，将相应的字母填入题内的括号中。每题 1 分，满分 80 分）

1. 一电流源的内阻为 2Ω，当把它等效变换成 10V 的电压源时，电流源的电流是(　)。

A. 5A　B. 2A　C. 10A　D. 2.5A

2. 阻值为 6Ω 的电阻与容抗为 8Ω 的电容串联后接在交流电路中，功率因数为（　）。

A. 0.6　B. 0.8　C. 0.5　D. 0.3

3. 应用戴维南定理求含源二端网络的输入等效电阻是将网络内各电动势（　）。

A. 串联　B. 并联　C. 开路　D. 短接

4. 采用增加重复测量次数的方法可以消除（　）对测量结果的影响。

A. 系统误差　B. 偶然误差　C. 疏失误差　D. 基本误差

5. 电桥使用完毕后，要将检流计锁扣锁上，以防（　）。

A. 电桥出现误差　B. 破坏电桥平衡

C. 搬动时振坏检流计　D. 电桥的灵敏度降低

6. 电桥电池电压不足时，将影响电桥的（　）。

A. 灵敏度　B. 安全　C. 准确度　D. 读数时间

7. 直流双臂电桥要尽量采用容量较大的蓄电池，一般电压为（　）V。

A. 2～4　B. 6～9　C. 9～12　D. 12～24

8. 变压器负载运行时，一次侧电源电压的相位超前于铁心中主磁通的相位，略大于（　）。

A. 180°　B. 90°　C. 60°　D. 30°

9. 三相变压器并联运行时，要求并联运行的三相变压器短路电压（　），否则不能并联运行。

A. 必须绝对相等　B. 的差值不超过其平均值的 20%

C. 的差值不超过其平均值的 15%　D. 的差值不超过其平均值的 10%

10. 为了适应电焊工艺的要求，交流电焊变压器的铁心应（　　）。
A. 有较大且可以调的空气隙　B. 有很小且不变的空气隙
C. 有很小且可调的空气隙　D. 没有空气隙
11. 在使用中发现直流弧焊发电机火花大，全部换向片发热，原因可能是（　　）。
A. 导线接触电阻过大　B. 电刷盒的弹簧压力过小
C. 励磁绕组匝间短路　D. 个别电刷刷绳线断
12. 与直流弧焊发电机相比，整流直流电焊机具有（　　）的特点。
A. 制动工艺简单，使用控制不方便
B. 制造工艺复杂，使用控制不方便
C. 使用直流电源，操作较安全
D. 使用调速性能优良的直流电动机拖动，使得焊接电流易于调整
13. 整流式直流电焊机通过（　　）获得电弧焊所需的外特性。
A. 整流装置　B. 逆变装置　C. 调节装置　D. 稳压装置
14. 整流式直流电焊机焊接电流调节范围小，其故障原因可能是（　　）。
A. 变压器一次绕组匝间短路　B. 饱和电抗器控制绕组极性接反
C. 稳压器谐振线圈短路　D. 稳压器补偿线圈匝数不恰当
15. 进行变压器耐压试验用的试验电压的频率应为（　　）Hz。
A. 50　B. 100　C. 1000　D. 10000
16. 常见的三相变极双速异步电动机的联结方法有（　　）。
A. Y/△　B. YY/△　C. Y/Y　D. △/△
17. 水轮发电机的转子一般用（　　）做成。
A. 1～1.5mm 厚的钢片冲制后叠成，也可用整块铸钢或锻钢
B. 1～1.5mm 厚的硅钢片叠加
C. 整块高强度合金钢
D. 整块铸铁
18. 直流电动机主磁极上的两个励磁绕组，一个与电枢绕组串联，一个与电枢绕组并联，称为（　　）电动机。
A. 他励　B. 串励　C. 并励　D. 复励
19. 直流发电机中换向器的作用是（　　）。
A. 把电枢绕组的直流电动势变成电刷间的直流电动势
B. 把电枢绕组的交流电动势变成电刷间的直流电动势
C. 把电刷间的直流电动势变成电枢绕组的交流电动势
D. 把电刷间的交流电动势变成电枢绕组的交流电动势
20. 对于没有换向极的小型直流电动机，带恒定负载向一个方向旋转，为了改善换向，可将其电刷自几何中性面处沿电枢转向（　　）。
A. 向前适当移动 $\beta$ 角　B. 向后适当移动 $\beta$ 角
C. 向前移动 90°　D. 向后移到主磁极轴线上
21. 直流串励电动机的机械特性曲线是（　　）。
A. 一条直线　B. 双曲线　C. 抛物线　D. 圆弧线

22. 交流测速发电机可分为（　　）两种。

A. 空心杯转子和同步　　B. 空心杯转子和永磁式

C. 空心杯转子和电磁式　　D. 永磁式和电磁式

23. 交流测速发电机的杯形转子是用（　　）材料做成的。

A. 高电阻　　B. 低电阻　　C. 高磁导率　　D. 低磁导率

24. 若被测机械的转向改变，则交流测速发电机的输出电压（　　）。

A. 频率改变　　B. 大小改变　　C. 相位改变 90°　　D. 相位改变 180°

25. 电磁调速异步电动机的基本结构形式分为（　　）两大类。

A. 组合式和分立式　　B. 组合式和整体式

C. 整体式和独立式　　D. 整体式和分立式

26. 交磁电机扩大机直轴电枢反应磁通的方向为（　　）。

A. 与控制磁通方向相同　　B. 与控制磁通方向相反

C. 垂直于控制磁通　　D. 不确定

27. 交流电机扩大机的去磁绕组工作时应通入（　　）。

A. 直流电流　　B. 交流电流　　C. 脉冲电流　　D. 脉动电流

28. 线绕转子电动机的定子做耐压试验时，转子绕组应（　　）。

A. 开路　　B. 短路　　C. 接地　　D. 严禁接地

29. 交流电动机做耐压试验时，对额定电压为 380V、功率为 1 ~3kW 的电动机，试验电压取（　　）V。

A. 500　　B. 1000　　C. 1500　　D. 2000

30. 功率在 1kW 以下的直流电动机做耐压试验时，成品试验电压可取（　　）。

A. 500V　　B. 额定电压 $U_N$　　C. $2U_N$　　D. $2U_N+500V$

31. 直流电动机在耐压试验中绝缘被击穿的原因可能是（　　）。

A. 电动机内部灰尘过大　　B. 电枢绕组开路

C. 电枢绕组接反　　D. 试验电压偏高

32. 晶体管时间继电器比气囊式时间继电器的延时范围（　　）。

A. 小　　B. 大

C. 相等　　D. 因使用场合不同而不同

33. 功率继电器中属于晶体管功率继电器的型号是（　　）。

A. LG－11　　B. BG4、BG5　　C. GG－11　　D. LG－11 和 BG4

34. 检测不透过超声波的物质应选择工作原理为（　　）型的接近开关。

A. 超声波　　B. 高频振荡　　C. 光电　　D. 永磁

35. 晶体管无触点位置开关与普通开关相比在工作可靠性、寿命长短、适应工作环境三方面性能（　　）。

A. 优　　B. 差　　C. 相同　　D. 不规律

36. 高压负荷开关交流耐压试验在标准试验电压下持续时间为（　　）min。

A. 5　　B. 2　　C. 1　　D. 3

37. 在检修运行中的 FN1－10 型高压负荷开关时，使用 2500V 绝缘电阻表，测得绝缘电阻应不小于（　　）MΩ。

A. 200　B. 300　C. 500　D. 800

38. 型号为 JDJJ－10 的单相三线圈油浸式户外用电压互感器，在进行大修后做交流耐压试验，其试验耐压标准为（　　）kV。

A. 24　B. 38　C. 10　D. 15

39. 对高压隔离开关进行交流耐压试验，在选择标准试验电压时应为 38kV，其加压方法在 1/3 试验电压前可以稍快，其后应按每秒（　　）% 试验电压均匀升压。

A. 5　B. 10　C. 3　D. 8

40. 额定电压 10kV 的 JDZ－10 型电压互感器，在进行交流耐压试验时，产品合格，但在试验后被击穿。其击穿原因是（　　）。

A. 绝缘受潮　B. 互感器表面脏污

C. 环氧树脂浇注质量不合格　D. 试验结束，试验者忘记降压就拉闸断电

41. 我国生产的 CJO－40 型交流接触器采用的灭弧装置是（　　）。

A. 电动力灭弧　B. 半封闭式金属栅片陶土灭弧罩

C. 窄缝灭弧　D. 磁吹式灭弧装置

42. 熄灭直流电弧，常采取的途径是（　　）。

A. 使电弧拉长和强冷　B. 使电弧扩散　C. 复合　D. 窄缝灭弧

43. 在检修交流接触器时，发现短路环损坏，该接触器（　　）使用。

A. 能继续　B. 不能　C. 额定电流下可以　D. 不影响

44. 检修后的电磁式继电器的衔铁与铁心闭合位置要正，其倾斜度要求（　　），吸合后不应有杂音、抖动。

A. 不得超过 1mm　B. 不得倾斜　C. 不得超过 2mm　D. 不得超过 5mm

45. 对 RN 系列室内高压熔断器，检测其支持绝缘子的绝缘电阻，应选用额定电压为（　　）V 的绝缘电阻表进行测量。

A. 1000　B. 2500　C. 500　D. 250

46. 检测 SN10－10 高压断路器操作机构分合闸接触器线圈绝缘电阻，其值应不低于（　　）MΩ。

A. 1　B. 0.5　C. 2　D. 3

47. 电磁铁进行通电试验时，当加至线圈电压额定值的（　　）时，衔铁应可靠吸合。

A. 80%　B. 85%　C. 65%　D. 75%

48. 三相异步电动机的正反转控制关键是改变（　　）。

A. 电源电压　B. 电源相序　C. 电源电流　D. 负载大小

49. 三相异步电动机反接制动时，采用对称制电阻接法，在限制制动转矩的同时，也限制了（　　）。

A. 制动电流　B. 起动电流　C. 制动电压　D. 起动电压

50. 直流电动机起动时，起动电流很大，可达额定电流的（　　）倍。

A. 4～7　B. 2～25　C. 10～20　D. 5～6

51. 直流电动机反转，应采取（　　）措施改变主磁场的方向。

A. 改变励磁绕组极性　B. 减少电流　C. 增大电流　D. 降压

52. 将直流电动机电枢的动能变成电能消耗在电阻上称为（　　）。

A. 反接制动　　B. 回馈制动　　C. 能耗制动　　D. 机械制动

53. 三相异步电动机采用能耗制动时，电源断开后，同步电动机就成为（　　）被外接电阻短接的同步发电机。

A. 电枢　　B. 励磁绕组　　C. 定子绕组　　D. 直流励磁绕组

54. 适用于电动机容量较大且不允许频繁起动的降压起动方法是（　　）。

A. 星-三角　　B. 自耦变压器　　C. 定子串电阻　　D. 延边三角形

55. 并励直流电动机限制起动电流的方法有（　　）种。

A. 2　　B. 3　　C. 4　　D. 5

56. 他励直流电动机改变旋转方向常采用（　　）来完成。

A. 电枢绕组反接法　　B. 励磁绕组反接法

C. 电枢、励磁绕组同时反接　　D. 断开励磁绕组，电枢绕组反接

57. 串励直流电动机的电力制动方法有（　　）种。

A. 2　　B. 3　　C. 4　　D. 5

58. 变压器过载运行时的效率（　　）额定负载时的效率。

A. 大于　　B. 等于　　C. 小于　　D. 大于或等于

59. X62W 型万能铣床电气线路中采用了完备的电气联锁措施，主轴与工作台工作的先后顺序是（　　）。

A. 工作台起动后，主轴才能起动　　B. 主轴起动后，工作台才起动

C. 工作台与主轴同时起动　　D. 工作台快速移动后，主轴起动

60. T68 型卧式镗床常用（　　）制动。

A. 反接　　B. 能耗　　C. 电磁离合器　　D. 电磁抱闸

61. 直流发电机—直流电动机自动调速系统在基速以上调节直流电动机励磁电路电阻的实质是（　　）。

A. 改变电枢电压　　B. 改变励磁磁通　　C. 改变电路电阻　　D. 限制起动电流

62. 交磁电机扩大机的电差接法与磁差接法相比，电差接法在节省控制绕组、减少电能损耗上（　　）。

A. 优越　　B. 不优越　　C. 相等　　D. 无法比较

63. 直流发电机—直流电动机调速系统中，若改变发电机的励磁磁通，则属于（　　）调速。

A. 改变励磁磁通　　B. 改变电枢电压　　C. 改变电源电压　　D. 改变磁极

64. 带有电流截止负反馈环节的调速系统，为使电流截止负反馈参与调节后机械特性曲线下垂段更陡一些，应把反馈取样电阻阻值选得（　　）。

A. 大一些　　B. 小一些　　C. 接近无穷大　　D. 接近零

65. 根据实物测绘机床电气设备电气控制线路的布线图时，应按（　　）绘制。

A. 实际尺寸　　B. 比实际尺寸大　　C. 比实际尺寸小　　D. 一定比例

66. X62W 型万能铣床左右进给手柄扳向右，工作台向右进给时，上下、前后进给手柄必须处于（　　）。

A. 上　　B. 后　　C. 零位　　D. 任意位置

67. 放大电路采用负反馈后，下列说法不正确的是（　　）。

A. 放大能力提高了　　B. 放大能力降低了
C. 通频带展宽了　　D. 非线性失真减小了
68. 阻容耦合多级放大电路的输入电阻等于（　　）。
A. 第一级输入电阻　　B. 各级输入电阻之和
C. 各级输入电阻之积　　D. 末级输入电阻
69. 推挽功率放大电路在正常工作过程中，晶体管工作在（　　）状态。
A. 放大　　B. 饱和　　C. 截止　　D. 放大或截止
70. 一个硅二极管反向击穿电压为150V，则其最高反向工作电压为（　　）。
A. 大于150V　　B. 略小于150V　　C. 不得超过40V　　D. 等于75V
71. 开关晶体管一般的工作状态是（　　）。
A. 截止　　B. 放大　　C. 饱和　　D. 截止和饱和
72. TTL“与非”门电路的输入输出逻辑关系是（　　）。
A. 与　　B. 非　　C. 与非　　D. 或非
73. 晶闸管具有（　　）性。
A. 单向导电　　B. 可控单向导电性　　C. 电流放大　　D. 负阻效应
74. 晶闸管硬开通是在（　　）情况下发生的。
A. 阳极反向电压小于反向击穿电压　　B. 阳极正向电压小于正向转折电压
C. 阳极正向电压大于正向转折电压　　D. 阴极加正压，门极加反压
75. 单结晶体管触发电路输出触发脉冲中的幅值取决于（　　）。
A. 发射极电压 $U_e$　　B. 电容 $C$　　C. 电阻 $r_b$　　D. 分压比 $\eta$
76. 单向半波可控整流电路，若负载平均电流为10mA，则实际通过整流二极管的平均电流为（　　）。
A. 5A　　B. 0　　C. 10mA　　D. 20mA
77. 气焊低碳钢应采用（　　）火焰。
A. 氧化焰　　B. 轻微氧化焰
C. 中性焰或轻微碳化焰　　D. 中性焰或轻微氧化焰
78. 危险环境下使用的手持电动工具的安全电压为（　　）V。
A. 9　　B. 12　　C. 24　　D. 36
79. 自动往返控制线路属于（　　）控制线路。
A. 正反转　　B. 点动　　C. 自锁　　D. 顺序
80. 降低电力线路的（　　），可节约用电。
A. 电流　　B. 电压　　C. 供电损耗　　D. 电导

**二、判断题**（将判断结果填入括号中，正确的填“√”，错误的填“×”。每题1分，满分20分）

1. 戴维南定理是求解复杂电路中某条支路电流的唯一方法。（　　）
2. 三相电动机接在同一电源中，△联结时的总功率是Y联结时的3倍。（　　）
3. 使用检流计时，一定要保证被测电流从“+”端流入，“-”端流出。（　　）
4. 在中、小型电力变压器的定期检查中，若发现呼吸干燥器中的变色硅胶全部变为蓝

色，则说明变色硅胶已失效，需更换或处理。（　）

5. 当仅需将中、小型电力变压器的器身吊起一部分进行检修时，只要用起重设备将器身吊出到所需高度，便可立即开始检查。（　）

6. 绘制显极式三相单速四极异步电动机定子绕组的概念图时，一共应画 12 个极相组。（　）

7. 同步补偿机实际上就是一台满载运行的同步电动机。（　）

8. 当在同步电动机的定子三相绕组中通入三相对称交流电流时，将会产生电枢旋转磁场，该磁场的旋转方向取决于三相交流电流的初相角大小。（　）

9. 直流并励发电机建立电动势的两个必要条件是：1）主磁级必须有剩磁；2）励磁电流产生的磁通方向必须与剩磁方向相反。（　）

10. 直流伺服电动机实质上就是一台自励式直流电动机。（　）

11. 晶体管时间继电器按构成原理可分为电磁式、整流式、阻容式和数字式四大类。（　）

12. 交流耐压试验是高压电器最后一次对绝缘性能的检验。（　）

13. 额定电压为 10kV 的隔离开关，大修后进行交流耐压试验，其试验电压标准为 10kV。（　）

14. 高压负荷开关的交流耐压试验属于检验开关绝缘强度最有效、最严格、最直接的试验方法。（　）

15. 对于重载起动的同步电动机，起动时应将励磁绕组电压调到额定值。（　）

16. Z3050 型钻床的摇臂升降电动机的正反转控制继电器，不允许同时得电动作，以防止发生电源短路事故，在上升和下降控制电路中只采用了接触器的辅助触头互锁。（　）

17. 转速负反馈调速系统能够有效地抑制一切被包围在负反馈环内的扰动作用。（　）

18. T610 型卧式镗床钢球无级变速器达到极限位置，拖动变速器的电动机应当自动停车。（　）

19. 单向半波可控整流电路，无论输入电压极性如何改变，其输出电压极性都不会改变。（　）

20. 工厂企业中的车间变电所常采用低压静电电容器补偿装置，以提高功率因数。（　）

## 模拟试题四

**一、选择题**（选择正确的答案，将相应的字母填入题内的括号中。每题 1 分，满分 80 分）

1. 测得一含源二端网络的开路电压为 10V，短路电流为 5A。若把它用一个电源来代替，电源内阻为（　）Ω。

A. 1　　B. 10　　C. 5　　D. 2

2. 阻值为 5Ω 的电阻与容抗为 8Ω 的电容串联后接在交流电路中，功率因数为（　）

A. 0.6　　B. 0.8　　C. 0.5　　D. 0.3

3. 在星形联结的三相对称电路中，相电流与线电流的相位关系是（　）。

A. 相电流超前线电流 30°　　B. 相电流滞后线电流 30°

C. 相电流与线电流同相　　D. 相电流滞后线电流 60°

4. 三相四线制供电的相电压为 200V，与线电压最接近的值为（　　）V。

A. 280　　B. 346　　C. 250　　D. 360

5. 用电桥测电阻时，电桥与被测电阻的连接应用（　　）的导线。

A. 较细较短　　B. 较粗较长　　C. 较细较长　　D. 较粗较短

6. 发现示波管的光点太亮时，应调节（　　）。

A. 聚焦旋钮　　B. 辉度旋钮　　C. Y 轴增幅旋钮　　D. X 轴增幅旋钮

7. 搬动检流计或使用完毕后，应该（　　）。

A. 用导线将两接线端子短路　　B. 将两接线端子开路

C. 将两接线端子与电阻串联　　D. 将两接线端子与电阻并联

8. 电桥电池电压不足时，将影响电桥的（　　）。

A. 灵敏度　　B. 安全　　C. 准确度　　D. 读数时间

9. 使用检流计时，要按（　　）位置放置。

A. 水平　　B. 竖直　　C. 正常工作　　D. 原来

10. 三相对称负载接成三角形时，若某相的线电流为 1A，则三相线电流的矢量和为（　　）A。

A. 3　　B. $\sqrt{3}$　　C. $\sqrt{2}$　　D. 0

11. 变压器带感性负载运行时，二次电流的相位滞后于一次电流的相位小于（　　）。

A. 180°　　B. 90°　　C. 60°　　D. 30°

12. 一台三相变压器的联结组别为 YNd11，其中的“11”表示变压器的低压边（　　）电角度。

A. 线电动势相位超前高压边线电动势相位 330°

B. 线电动势相位滞后高压边线电动势相位 330°

C. 相电动势相位超前高压边相电动势相位 30°

D. 相电动势相位滞后高压边相电动势相位 30°

13. 直流电焊机之所以不能被交流电焊机取代，是因为直流电焊机具有（　　）的优点。

A. 制造工艺简单，使用控制方便

B. 电弧稳定，可焊接碳钢、合金钢和有色金属

C. 使用直流电源，操作较为安全

D. 故障率明显低于交流电焊机

14. 整流式电焊机是由（　　）构成的。

A. 原动机和去磁式直流发电机　　B. 原动机和去磁式交流发电机

C. 四只二极管　　D. 整流装置和调节装置

15. 整流式直流弧焊机具有（　　）的外特性。

A. 平直　　B. 陡降　　C. 上升　　D. 稍有下降

16. 整流式直流电焊机二次电压太低，其原因可能是（　　）。

A. 变压器一次绕组匝间短路　　B. 饱和电抗器控制绕组极性接反

C. 稳压器谐振线圈短路　　D. 稳压器补偿线圈匝数不恰当

17. 若变压器绝缘受潮，则在进行耐压试验时会（　　）。

A. 使绝缘击穿

B. 因试验时绕组发热而使绝缘得以干燥，恢复正常

C. 无任何影响

D. 危及操作人员的人身安全

18. 一台三相异步电动机，磁极对数为2，定子槽数为36，则极距为（　　）槽。

A. 18　　B. 9　　C. 6　　D. 3

19. 现代发电厂的主体设备是（　　）。

A. 直流发电机　　B. 同步电动机　　C. 异步发电机　　D. 同步发电机

20. 直流电动机励磁绕组不与电枢连接，励磁电流由独立的电源程序供给称为（　　）电动机。

A. 他励　　B. 串励　　C. 并励　　D. 复励

21. 大、中型直流电动机的主极绕组一般用（　　）制造。

A. 漆包钢线　　B. 绝缘铝线　　C. 扁钢线　　D. 扁铝线

22. 对于没有换向极的小型直流电动机，带恒定负载向一个方向旋转，为了改善换向，可将其电刷自几何中性面处沿电枢转向（　　）。

A. 向前适当移动$\beta$角　　B. 向后适当移动$\beta$角

C. 向前移动90°　　D. 向后移到主磁极轴线上

23. 测速发电机是一种能将旋转机械的转速变换成（　　）输出的小型发电机。

A. 电流信号　　B. 电压信号　　C. 功率信号　　D. 频率信号

24. 低惯量直流伺服电动机（　　）。

A. 输出功率大　　B. 输出功率小

C. 对控制电压反应快　　D. 对控制电压反应慢

25. 交流伺服电动机的定子圆周上装有（　　）绕组。

A. 一个　　B. 两个互差90°电角度的

C. 两个互差180°电角度的　　D. 两个串联的

26. 在工程上，信号电压一般多加在直流伺服电动机的（　　）两端。

A. 定子绕组　　B. 电枢绕组　　C. 励磁绕组　　D. 起动绕组

27. 在使用电磁调速异步电动机调速时，三相交流测速发电机的作用是（　　）。

A. 将转速转变成直流电压　　B. 将转速转变成单相交流电压

C. 将转速转变成三相交流电压　　D. 将三相交流电压转换成转速

28. 交磁电机扩大机的功率放大倍数可达（　　）。

A. 20 ~ 50　　B. 50 ~ 200　　C. 200 ~ 50000　　D. 5000 ~ 100000

29. 交磁电机扩大机的定子铁心由（　　）。

A. 硅铜片冲叠而成，铁心上有大、小两种槽形

B. 硅铜片冲叠而成，铁心上有大、中、小三种槽形

C. 铜片冲叠而成，铁心上有大、中、小三种槽形

D. 铜片冲叠而成，铁心上有大、小两种槽形

30. 交流电动机耐压试验的目的是考核各相绕组之间及各相绕组对机壳之间的(　　)。

A. 绝缘性能的好坏　　B. 绝缘电阻的大小

C. 所耐电压的高低　　D. 绝缘的介电强度

31. 交流电动机做耐压试验时，试验时间应为（　　）。

A. 30s　　B. 60s　　C. 3min　　D. 10min

32. 做耐压试验时，直流电动机应处于（　　）状态。

A. 静止　　B. 起动　　C. 正转运行　　D. 反转运行

33. 直流电动机耐压试验的试验电压为（　　）。

A. 50Hz 正弦波交流电压　　B. 100Hz 正弦波交流电压

C. 脉冲电流　　D. 直流

34. 功率继电器中属于晶体管功率继电器的型号（　　）。

A. IG—11　　B. BG4 和 BG5　　C. GG—11　　D. LG—11 和 BG4

35. 三相异步电动机的调速方法有（　　）种。

A. 2　　B. 3　　C. 4　　D. 5

36. 高压 10kV 断路器经大修后做交流耐压试验，应通过工频试验变压器加（　　）kV 的试验电压。

A. 15　　B. 38　　C. 42　　D. 20

37. 高压负荷开关的用途是（　　）。

A. 主要用来切断和闭合线路的额定电流

B. 用来切断短路故障电流

C. 用来切断空载电流

D. 既能切断负载电流又能切断故障电流

38. 额定电压 10kV 互感器交流耐压试验的目的是（　　）。

A. 提高互感器的准确度　　B. 提高互感器的容量

C. 提高互感器的绝缘强度　　D. 准确考验互感器的绝缘强度

39. FN4-10 型真空负荷开关是三相户内高压电器设备，在出厂做交流耐压试验时，应选用交流耐压试验标准电压（　　）kV。

A. 42　　B. 20　　C. 15　　D. 10

40. LFC-10 型高压互感器的额定电压比为 10000/100。在二次绕组用 1000V 或 2500V 绝缘电阻表测绝缘电阻，其阻值应不低于（　　）MΩ。

A. 1　　B. 2　　C. 3　　D. 0.5

41. DN3-10 型户内多油断路器在合闸状态下进行耐压试验时合格，在分闸进行交流耐压试验时，当电压升至试验电压的一半时，却跳闸击穿，且有“噼啪”声，其绝缘击穿原因是（　　）。

A. 油箱中的变压器油含有水分　　B. 绝缘拉杆受潮

C. 支柱绝缘子有破损　　D. 断路器动静触点距离过大

42. 对 FN1-10R 型高压户内负荷开关进行交流耐压试验时，当升至超过 11.5kV 后就发现绝缘拉杆处有闪烁放电，造成击穿，其击穿原因是（　　）。

A. 绝缘拉杆受潮　　B. 支柱绝缘子良好

C. 动静触点脏污　　D. 周围环境湿度增加

43. 在对额定电流 200A 的 10kV GN1－10/200 型户内隔离开关进行交流耐压试验时，在升压过程中支柱绝缘有闪烁，造成跳闸击穿，其击穿原因是（　　）。

A. 绝缘拉杆受潮　　B. 支柱绝缘子破损

C. 动静触点脏污　　D. 周围环境湿度增加

44. 对电流互感器进行交流耐压试验后，若被试品合格，试验结束后应在 5s 内均匀地降到电压试验值的（　　）。电压至零后，拉开刀开关。

A. 10%　　B. 40%　　C. 50%　　D. 25%

45. 我国生产的 CJ0－40 型交流接触器采用的灭弧装置是（　　）。

A. 电动力灭弧　　B. 半封闭式金属栅片陶土灭弧罩

C. 窄缝灭弧　　D. 磁吹式灭弧装置

46. 低压电器产生直流电弧从燃烧到熄灭是一个暂态过程，往往会出现（　　）现象。

A. 过电流　　B. 欠电流　　C. 过电压　　D. 欠电压

47. 在检修交流接触器时，发现短路环损坏，该接触器（　　）使用。

A. 能继续　　B. 不能

C. 额定电流下可以　　D. 不影响

48. 对电磁铁进行通电试验时，当加至线圈电压额定值的（　　）时，衔铁应可靠吸合。

A. 80%　　B. 85%　　C. 65%　　D. 75%

49. 不希望异步电动机空载或轻载的主要原因是（　　）。

A. 功率因数低　　B. 定子电流较大

C. 转速太高有危险　　D. 转子电流较大

50. 改变直流电动机励磁电流方向的实质是改变（　　）。

A. 电压的大小　　B. 磁通的方向　　C. 转速的大小　　D. 电枢电流的大小

51. 串励直流电动机不能直接实现（　　）。

A. 回馈制动　　B. 反接制动　　C. 能耗制动　　D. 机械制动

52. 改变直流电动机电源电压调速时，调节的转速（　　）铭牌转速。

A. 大于　　B. 小于　　C. 等于　　D. 大于或等于

53 三相异步电动机采用能耗制动时，电源断开后，同步电动机就成为（　　）被外接电阻短接的同步发电机。

A. 电枢　　B. 励磁绕组　　C. 定子绕组　　D. 直流励磁绕组

54. 三相异步电动机的制动方法一般有（　　）大类。

A. 2　　B. 3　　C. 4　　D. 5

55. 若要改变直流电动机的旋转方向，对并励电动机常用（　　）的方法。

A. 励磁绕组反接　　B. 电枢绕组反接

C. 励磁绕组和电枢绕组都反接　　D. 断开励磁绕组，电枢绕组反接

56. 直流电动机反接制动时，当电动机转速接近于零时，就应立即切断电源，防止（　　）。

A. 电流增大　　B. 电动机过载　　C. 发生短路　　D. 电动机反向转动

57. 对于 M7130 型平面磨床，工作台的移动采用（　　）控制。

A. 点动　　B. 点动互锁　　C. 自锁　　D. 互锁

58. CA6140 型车床的工作台电动机制动原理为（　　）。

A. 反接制动　　B. 能耗制动　　C. 电磁离合器　　D. 电磁抱闸

59. 直流发电机—直流电动机自动调速系统在额定转速基速以下调速时，调节直流发电机励磁电路电阻的实质是（　　）。

A. 改变电枢电压　B. 改变励磁磁通　C. 改变电路电阻　D. 限制起动电流

60. 电压负反馈自动调速线路中的被调量是（　　）。

A. 转速　　B. 电动机端电压　　C. 电枢电压　　D. 电枢电流

61. 在晶闸管调速系统中，当电流截止负反馈参与系统调节作用时，说明调速成系统主电路电流（　　）。

A. 过大　　B. 正常　　C. 过小　　D. 为零

62. T68 型镗床主轴电动机点动时，定子绕组接成（　　）。

A. 星形　　B. 三角形　　C. 双星形　　D. 无要求

63. X62W 型万能铣床的进给操作手柄的功能是（　　）。

A. 只操纵电器　　B. 只操纵机械　　C. 操纵机械和电器 D. 操纵冲动开关

64. 将一个具有反馈的放大器的输出端短路，即晶体管输出电压为 0，反馈信号消失，则该放大器采用的反馈是（　　）。

A. 正反馈　　B. 负反馈　　C. 电压反馈　　D. 电流反馈

65. 多级放大电路总放大倍数是各级放大倍数的（　　）。

A. 和　　B. 差　　C. 积　　D. 商

66. 直流耦合放大电路可放大（　　）。

A. 直流信号　　B. 交流信号

C. 直流信号和缓慢变化的交流信号　　D. 反馈信号

67. 用于整流的二极管型号是（　　）。

A. 2AP9　　B. 2CW1AC　　C. 2CZ52B　　D. 2CK84A

68. 在 MOS 门电路中，欲使 FMOS 管导通，栅极所加电压应（　　）开启电压（$U_{re}<0$）。

A. 大于　　B. 小于　　C. 等于　　D. 任意

69. 下列真值表中所表达的逻辑关系是（　　）。

A. 与　　B. 或　　C. 与非　　D. 或非

| A | B | P |
|---|---|---|
| 0 | 0 | 1 |
| 0 | 1 | 1 |
| 1 | 0 | 1 |
| 1 | 1 | 0 |

70. 晶闸管具有（　　）性。

A. 单向导电　　B. 可控单向导电　　C. 电流放大　　D. 负阻效应

71. KP20－10 表示普通反向阻断型晶闸管的静态正向平均电流是（　　）A。

A. 20　B. 2000　C. 10　D. 10000

72. 直流电动机中的换向极由（　）组成。

A. 换向极铁心　B. 换向极绕组　C. 换向器　D. 换向极铁心和换向极绕组

73. 若将半波可控整流电路中的晶闸管反接，则该电路将（　）。

A. 短路　B. 和原电路一样正常工作

C. 开路　D. 仍然整流，但输出电压极性相反

74. 单相全波可控整流电路，若控制角 $\alpha$ 变大，则输出平均电压（　）。

A. 不变　B. 变小　C. 变大　D. 为零

75. 变压器除了能改变电压，电流的大小外，还能改变（　）。

A. 直流阻抗　B. 交流阻抗　C. 交直流阻抗　D. 电阻

76. 部件的装配图是（　）的依据。

A. 画零件图　B. 画装配图　C. 总装图　D. 设备安装图

77. 对从事产品生产制造和提供生产服务场所的管理，是（　）。

A. 生产现场管理　B. 生产现场质量管理

C. 生产现场设备管理　D. 生产计划管理

78. 每次排除常用电气设备的电气故障后，应及时总结经验，并（　）。

A. 做好维修记录　B. 清理现场　C. 通电试验　D. 移交操作者使用

79. 电气设备用高压电动机，其定子绕组的绝缘电阻为（　）时，方可使用。

A. 0.5MΩ　B. 0.38MΩ　C. 1MΩ/kV　D. 1MΩ

80. 为了提高设备的功率因数，可采用措施降低供用电设备消耗的（　）。

A. 有功功率　B. 无功功率　C. 电压　D. 电流

**二、判断题**（将判断结果填入括号中，正确的填“√”，错误的填“×”。每题1分，满分20分）

1. 戴维南定理最适用于求复杂电路中某一条支路的电流。（　）

2. 正弦交流电的有效值、频率、初相位都可以运用符号法从代数式中求出来。（　）

3. 对用电器来说，提高功率因数就是提高用电器的效率。（　）

4. 在使用直流双臂电桥的过程中，动作要迅速，以免烧坏检流计。（　）

5. 同步发电机运行时，必须在励磁绕组中通入直流电来励磁。（　）

6. 电磁转差离合器的主要优点是其机械特性曲线较软。（　）

7. 晶体管时间继电器也称半导体时间继电器或电子式时间继电器，是自动控制系统的重要元器件。（　）

8. 交流电弧的特点是电流通过零点时熄灭，在下一个半波内经重燃而继续出现。（　）

9. 高压断路器是供电系统中重要的控制和保护电器。（　）

10. 能耗制动的制动力矩与通入定子绕组中的直流电流成正比，因此电流越大越好。（　）

11. 只要在绕线转子电动机的转子电路中接入一个调速电阻，改变电阻的大小，就可平滑调速。（　）

12. 直流电动机起动时，必须限制起动电流。　　(　　)
13. 最常用的数码管显示器是七段式显示器件。　　(　　)
14. 直流发电机—直流电动机自动调速系统必须用起动变阻器来限制起动电流。(　　)
15. 三相异步电动机正反转控制线路，采用接触器联锁最可靠。　　(　　)
16. 实际工作中，放大晶体管与开关晶体管不能相互替换。　　(　　)
17. 晶闸管都是用硅材料制作的。　　(　　)
18. 同步电压为锯齿波的触发电路，产生的锯齿波线性度最好。　　(　　)
19. 采用电弧焊时，焊条直径主要取决于焊接工件的厚度。　　(　　)
20. 焊接产生的内部缺陷，必须通过无损探伤等方法才能发现。　　(　　)

## 模拟试题五

**一、选择题**（选择正确的答案，将相应的字母填入题内的括号中。每题 1 分，满分 80 分）

1．电压源与电流源等效变换的依据是（　　）。
A. 欧姆定律　B. 全电路欧姆定律　C. 叠加定理　D. 戴维南定理

2．正弦交流电压 $u=100\sin(628t+60°)$V，它的频率为（　　）Hz。
A. 100　B. 50　C. 60　D. 628

3. 电气设备用高压电动机，其定子绕组绝缘电阻为（　　）时，方可使用。
A. 0.5MΩ　B. 0.38MΩ　C. 1MΩ/kV　D. 1MΩ

4. 正弦交流电路中的总电压、总电流的最大值分别为 $U_m$ 和 $I_m$，则视在功率为(　　)。
A. $U_mI_m$　B. $U_mI_m/2$　C. $1/(\sqrt{2}U_mI_m)$　D. $\sqrt{2}U_mI_m$

5. 阻值为 6Ω 的电阻与容抗为 8Ω 的电容串联后接在交流电路中，功率因数为(　　)。
A. 0.6　B. 0.8　C. 0.5　D. 0.3

6. 交流接触器的额定电压是根据被控电路的（　　）来选择的。
A. 主电路电压　B. 控制电路电压
C. 辅助电路电压　D. 主电路或控制电路电压

7. 低频信号发生器是用来产生（　　）信号的信号源。
A. 标准方波　B. 标准直流　C. 标准高频正弦　D. 标准低频正弦

8. 采用增加重复测量次数的方法可以消除（　　）对测量结果的影响。
A. 系统误差　B. 偶然误差　C. 疏失误差　D. 基本误差

9. 用单臂直流电桥测量电阻时，若发现检流计指针向"+"方向偏转，则需（　　）。
A. 增加比率臂电阻　B. 增加比较臂电阻
C. 减小比率臂电阻　D. 减小比较臂电阻

10．双臂直流电桥主要用来测量（　　）。
A. 大电阻　B. 中电阻　C. 小电阻　D. 小电流

11．用通用示波器观察工频 220V 电压波形时，被测电压应接在（　　）间。
A. "Y 轴输入"和"X 轴输入"端钮　B. "Y 轴输入"和"接地"端钮
C. "X 轴输入"和"接地"端钮　D. "整步输入"和"接地"端钮

12. 使用检流计时，要按（　　）位置放置。

A. 水平　　B. 竖直　　C. 正常工作　　D. 原来

13. 为了提高中、小型电力变压器铁心的导磁性能，减少铁损，其铁心多采用（　　）制成。

A. 0.35mm 厚，彼此绝缘的硅钢片叠装

B. 整块钢材

C. 2mm 厚，彼此绝缘的硅钢片叠装

D. 0.5mm 厚，彼此不需要绝缘的硅钢片叠装

14. 提高企业用电负荷的功率因数可以使变压器的电压调整率（　　）。

A. 不变　　B. 减小　　C. 增大　　D. 基本不变

15. 三相变压器并联运行时，要求并联运行的三相变压器短路电压（　　），否则不能并联运行。

A. 必须绝对相等　　B. 的差值不超过其平均值的 20%

C. 的差值不超过其平均值的 15%　　D. 的差值不超过其平均值的 10%

16. 若要调大带电抗器的交流电焊机的焊接电流，可将电抗器的（　　）。

A. 铁心空气隙调大　B. 铁心空气隙调小　C. 线圈向内调　　D. 线圈向外调

17. 直流弧焊发电机由（　　）构成。

A. 原动机和去磁式直流发电机　　B. 原动机和去磁式交流发电机

C. 直流电动机和交流发电机　　D. 整流装置和调节装置

18. 整流式直流电焊机是通过（　　）来调节焊接电流的大小的。

A. 改变他励绕组的匝数　　B. 原动机和去磁式交流发电机

C. 整流装置　　D. 调节装置

19. 为了监视中、小型电力变压器的温度，可用（　　）的方法看其温度是否过高。

A. 手背触摸变压器外壳

B. 在变压器的外壳上滴几滴冷水看是否立即沸腾蒸发

C. 安装温度计于变压器合适位置

D. 测变压器室的室温

20. 中、小型电力变压器投入运行后，每年应小修一次，而大修一般为（　　）年进行一次。

A. 2　　B. 3　　C. 5～10　　D. 15～20

21. 进行变压器耐压试验时，若试验中无击穿现象，要把变压器试验电压均匀降低，大约在 5s 低到试验电压的（　　）或更小，再切断电源。

A. 15%　　B. 25%　　C. 45%　　D. 55%

22. 电力变压器大修后耐压试验的试验电压应按“交接和预防性试验电压标准”选择，标准中规定电压级次为 3kV 的油浸变压器试验电压为（　　）kV。

A. 5　　B. 20　　C. 15　　D. 21

23. 一台三相异步电动机，磁极对数为 2，定子槽数为 36，则极距是（　　）槽。

A. 18　　B. 9　　C. 6　　D. 3

24. 一台三相异步电动机，磁极数为 6，定子圆周对应的电角度为（　　）。

A. 180°　　B. 360°　　C. 1080°　　D. 2160°

25. 现代发电厂的主体设备是（　　）。

A. 直流发电机　　B. 同步电动机　　C. 异步发电机　　D. 同步发电机

26. 直流电动机主磁极上两个励磁绕组，一个与电枢绕组串联，一个与电枢绕组并联，称为（　　）电动机。

A. 他励　　B. 串励　　C. 并励　　D. 复励

27. 直流电动机中的换向极由（　　）组成。

A. 换向极铁心　　B. 换向极绕组

C. 换向器　　D. 换向极铁心和换向极绕组

28. 在直流复励发电机中，并励绕组起（　　）作用。

A. 产生主磁场　　B. 使发电机建立电压

C. 补偿负载时电枢回路的电阻压降　　D. 电枢反应的去磁

29. 低惯量直流伺服电动机（　　）。

A. 输出功率大　　B. 输出功率小

C. 对控制电压反应快　　D. 对控制电压反应慢

30. 交流伺服电动机的励磁绕组与（　　）相连。

A. 信号电压　　B. 信号电流　　C. 直流电源　　D. 交流电源

31. 电磁调速异步电动机又称为（　　）。

A. 交流异步电动机　　B. 测速电动机　　C. 步进电动机　　D. 滑差电动机

32. 改变电磁转差离合器（　　），就可调节离合器的输出转矩和转速。

A. 励磁绕组中的励磁电流　　B. 电枢中的励磁电流

C. 异步电动机的转速　　D. 旋转磁场的转速

33. 在滑差电动机自动调速控制线路中，测速发电机主要作为（　　）元件使用。

A. 放大　　B. 被控　　C. 执行　　D. 检测

34. 从工作原理上看，交磁电机扩大机相当于（　　）。

A. 直流电动机　　B. 两级直流电动机　　C. 直流发电机　　D. 两级直流发电机

35. 交磁电机扩大机的换向绕组与（　　）。

A. 电枢绕组串联　　B. 电枢绕组并联　　C. 控制绕组串联　　D. 控制绕组并联

36. 交流电动机耐压试验的试验电压种类应为（　　）。

A. 直流　　B. 工频交流　　C. 高频交流　　D. 脉冲电流

37. 在耐压试验中交流电动机绝缘被击穿的原因可能是（　　）。

A. 试验电压偏低　　B. 试验电压偏高

C. 试验电压为交流　　D. 电动机没经过烘干处理

38. 直流电动机耐压试验的目的是考核（　　）。

A. 导电部分的对地绝缘强度　　B. 导电部分之间的绝缘强度

C. 导电部分对地绝缘电阻的大小　　C. 导电部分所耐电压的高低

39. 采用单结晶体管延时电路的晶体管时间继电器，其延时电路由（　　）等部分组成。

A. 延时环节、鉴幅器、输出电路、电源和指示灯

B. 主电路、辅助电源、双稳态触发器及其附属电路

C. 振荡电路、记数电路、输出电路、电源
D. 电磁系统、触点系统

40. 晶体管时间继电器比气囊式时间继电器精度（　　）。
A. 相等　　B. 低
C. 高　　D. 因使用场所不同而异

41. 接近开关比普通位置开关更适用于操作频率（　　）的场合。
A. 极低　　B. 低　　C. 中等　　D. 高

42. 高压 10kV 型号为 FN4－10 户内负荷开关的最高工作电压为（　　）kV。
A. 15　　B. 20　　C. 10　　D. 11.5

43. 型号 JDZ－10 型电压互感器做预防性交流耐压试验时，标准试验电压应选(　　)kV。
A. 10　　B. 15　　C. 38　　D. 20

44. 对户外多油断路器 DW7－10 检修后做交流耐压试验时合闸状态试验合格，分闸状态在升压过程中却出现“噼啪”声，电路跳闸击穿，其原因是（　　）。
A. 支柱绝缘子破损　　B. 油质含有水分
C. 拉杆绝缘受潮　　D. 油箱有脏污

45. 在对额定电流 200A 的 10kV GN1－10/200 型户内隔离开关进行交流耐压试验时，在升压过程中支柱绝缘子有闪烁，造成跳闸击穿，其击穿原因是（　　）。
A. 绝缘拉杆受潮　　B. 支柱绝缘子破损
C. 动静触点脏污　　D. 周围环境湿度增加

46. CJ0－20 型交流接触器采用的灭弧装置是（　　）。
A. 半封闭绝缘栅片陶土灭弧罩　　B. 半封闭式金属栅片陶土灭弧罩
C. 磁吹式灭弧装置　　D. 窄缝灭弧装置

47. 熄灭直流电弧，常采取的途径是（　　）。
A. 使电弧拉长和强冷的方法　　B. 使电弧扩散
C. 复合　　D. 窄缝灭弧

48. 当检修继电器发现触点部分磨损到银或银基合金触点厚度的（　　）时，应更换触点。
A. 1/3　　B. 2/3　　C. 1/4　　D. 3/4

49. 对 RN 系列室内高压熔断器，检测其支持绝缘子的绝缘电阻，应选用额定电压为（　　）V 绝缘电阻表进行测量。
A. 1000　　B. 2500　　C. 500　　D. 250

50. 不希望异步电动机空载或轻载的主要原因是（　　）。
A. 功率因数低　　B. 定子电流较大　　C. 转速太高有危险　　D. 转子电流较大

51. 三相异步电动机采用能耗制动，切断电源后，应将电动机（　　）。
A. 转子回路串电阻　　B. 定子绕组两相绕组反接
C. 转子绕组进行反接　　D. 定子绕组送入直流电

52. 三相异步电动机按转速高低划分，有（　　）种。
A. 2　　B. 3　　C. 4　　D. 5

53. 直流电动机采用电枢回路串电阻起动，把起动电流限制在额定电流的（　　）倍。

A. 4～5　B. 3～4　C. 1～2　D. 2～2.5

54. 三相同步电动机的转子在（　　）时才能产生同步电磁转矩。

A. 直接起动　B. 同步转速　C. 降压起动　D. 异步起动

55. 转子绕组串电阻起动适用于（　　）。

A. 笼型异步电动机　B. 绕线转子异步电动机

C. 串励直流电动机　D. 并励直流电动机

56. 对存在机械摩擦和阻尼的生产机械和需要多台电动机同时制动的场合，应采用（　　）制动。

A. 反接　B. 能耗　C. 电容　D. 再生发电

57. 直流电动机常用的电力制动方法有（　　）种。

A. 2　B. 3　C. 4　D. 5

58. 同步电动机停车时，如需进行电力制动，最方便的方法是（　　）。

A. 机械制动　B. 反接制动　C. 能耗制动　D. 电磁抱闸

59. 程序控制器大体上可分为（　　）大类。

A. 2　B. 3　C. 4　D. 5

60. X62W 型万能铣床电气线路中采用了完备的电气联锁措施，主轴与工作台工作的先后顺序是（　　）。

A. 工作台起动，主轴才能起动　B. 主轴起动，工作台才起动

C. 工作台与主轴同时起动　D. 工作台快速移动后，主轴起动

61. 铣床高速切削后，停车很费时间，故采用（　　）制动。

A. 电容　B. 再生　C. 电磁抱闸　D. 电磁离合器

62. 电流截止负反馈在交磁电机扩大机自动调速系统中起（　　）作用。

A. 限流　B. 减少电阻　C. 增大电压　D. 电磁离合器

63. 直流发电机—直流电动机自动调速电路中，发电机的剩磁电压是额定电压的(　　)。

A. 2%～5%　B. 5%　C. 10%　D. 15%

64. 电流正反馈自动调速电路中，电流正反馈反映的是（　　）的大小。

A. 电压　B. 转速　C. 负载　D. 能量

65. 按实物测绘机床电气设备控制线路的接线图时，同一电器的各元器件要画在（　　）处。

A. 1　B. 2　C. 3　D. 多

66. 桥式起重机采用（　　）实现过载保护。

A. 热继电器　B. 过电流继电器　C. 熔断器　D. 断路器的脱扣器

67. 放大电路设置静态工作点的目的是（　　）。

A. 提高放大能力　B. 避免非线性失真

C. 获得合适的输入电阻和输出电阻　D. 使放大器工作稳定

68. 欲使放大器净输入信号削弱，应采取的反馈类型是（　　）。

A. 串联反馈　B. 并联反馈　C. 正反馈　D. 负反馈

69. 阻容耦合多级放大器可放大（　　）。

A. 直流信号　B. 交流信号　C. 交、直流信号　D. 反馈信号

70. 变压器耦合式振荡器属于（　）。

A. *LC* 振荡电路　B. *RC* 振荡电路　C. *RL* 振荡电路　D. 石英晶体振荡电路

71. 直接耦合放大电路产生零点飘移的主要原因是（　）变化。

A. 温度　B. 湿度　C. 电压　D. 电流

72. 在脉冲电路中，应选择（　）的二极管。

A. 放大能力强　B. 开关速度快

C. 集电极最大耗散功率高　D. 价格便宜

73. 在检修交流接触器时，发现短路环损坏，该接触器（　）使用。

A. 能继续　B. 不能　C. 额定电流下可以　D. 不影响

74. 在 MOS 门电路中，欲使 PMOS 管导通可靠，栅极所加电压应（　）开启电压（$U_{TP}<0$）。

A. 大于　B. 小于　C. 等于　D. 任意

75. 普通晶体管管心具有（　）个 PN 结。

A. 1　B. 2　C. 3　D. 4

76. 单结晶体管振荡电路是利用单结晶体管（　）的工作特性设计的。

A. 截止区　B. 负阻区　C. 饱和区　D. 任意区域

77. 同步电压为锯齿波的晶体管触发电路，以锯齿波电压为基准，串入（　）控制晶体管状态。

A. 交流控制电压　B. 直流控制电压　C. 脉冲信号　D. 任意波形电压

78. 单相全波可控整流电路，若控制角 $\alpha$ 变大，则输出平均电压（　）。

A. 不变　B. 变小　C. 变大　D. 为零

79. 生产第一线的质量管理叫（　）。

A. 生产现场管理　B. 生产现场质量管理

C. 生产现场设备管理　D. 生产计划管理

80. 在检查电气设备故障时，（　）只适用于压降极小的导线及触点之类的电气故障。

A. 短接法　B. 电阻测量法　C. 电压测量法　D. 外表检查法

**二、判断题**（将判断结果填入括号中，正确的填“√”，错误的填“×”。每题 1 分，满分 20 分）

1. 连接三相变压器时，Y、d 联结方式的三相变压器可接成组号为“0”的联结组别。（　）

2. 动圈式电焊变压器由固定的铁心、二次绕组和可动的一次绕组组成。（　）

3. 直流弧焊发电机电刷磨损后，可同时换掉全部电刷。（　）

4. 同步发电机运行时，必须在励磁绕组中通入直流电来励磁。（　）

5. 测速发电机分为交流和直流两大类。（　）

6. 直流测速发电机由于存在电刷和换向器的接触结构，所以寿命较短，对无线电有干扰。（　）

7. 直流电动机灰尘大及受潮是其在耐压试验中击穿的主要原因之一。（　）

8. 直流耐压试验比交流耐压试验更容易发现高压断路器的绝缘缺陷。（　）

9. 开关电路触点间在断开后产生电弧，此时触点虽已分开，但由于触点间存在电弧，电路仍处于通路状态。（　）

10. 为保证接触器触点磨损后仍能保持可靠的接触，应保持一定数值的超程。（　）

11. 高压断路器是供电系统中最重要的控制和保护电器。（　）

12. 只要牵引电磁铁额定电磁吸力一样，额定行程相同，而通电持续率不同，两者在应用场合的适应性上就是相同的。（　）

13. 三相异步电动机正反转控制线路，采用接触器联锁最可靠。（　）

14. 直流发电机—直流电动机自动调速系统必须用起动变阻器来限制起动电流。（　）

15. 晶闸管的通态平均电压越大越好。（　）

16. 焊条必须在干燥通风良好的室内仓库中存放。（　）

17. 采用电弧时，焊条直径主要取决于焊接工件的厚度。（　）

18. 焊接产生的内缺陷，必须通过无损探伤等方法才能发现。（　）

19. 机械驱动的起重机械中必须使用钢丝绳。（　）

20. 机床电器装置的所有触点均应完整、光洁、接触良好。（　）

## 参考答案

### 模拟试题一

一、1. A　2. C　3. A　4. C　5. B　6. D　7. C　8. A　9. B　10. A　11. A　12. D　13. B　14. B　15. B　16. D　17. A　18. B　19. B　20. C　21. D　22. B　23. D　24. A　25. C　26. B　27. B　28. D　29. B　30. B　31. C　32. A　33. A　34. C　35. B　36. C　37. A　38. C　39. C　40. D　41. D　42. C　43. A　44. C　45. B　46. C　47. A　48. A　49. B　50. B　51. A　52. D　53. D　54. B　55. B　56. B　57. A　58. A　59. C　60. B

二、1. √　2. ×　3. ×　4. √　5. √　6. ×　7. √　8. √　9. √　10. √　11. √　12. √　13. √　14. √　15. ×　16. √　17. √　18. ×　19. √　20. √

### 模拟试题二

一、1. A　2. B　3. B　4. A　5. C　6. B　7. A　8. D　9. B　10. B　11. B　12. A　13. A　14. D　15. C　16. B　17. B　18. C　19. B　20. A　21. D　22. D　23. D　24. C　25. D　26. C　27. C　28. D　29. C　30. D　31. C　32. A　33. D　34. D　35. D　36. D　37. D　38. A　39. D　40. C　41. B　42. A　43. A　44. B　45. C　46. A　47. B　48. A　49. C　50. A　51. D　52. D　53. B　54. A　55. B　56. B　57. C　58. A　59. B　60. A

二、1. √　2. √　3. ×　4. ×　5. ×　6. ×　7. √　8. ×　9. √　10. √　11. ×　12. ×　13. ×　14. ×　15. √　16. √　17. ×　18. √　19. √　20. √

## 模拟试题三

一、1. A 2. A 3. D 4. B 5. C 6. A 7. A 8. B 9. D 10. A 11. D 12. A 13. C 14. B 15. A 16. B 17. C 18. D 19. B 20. B 21. B 22. A 23. A 24. D 25. B 26. B 27. B 28. C 29. C 30. D 31. A 32. D 33. B 34. C 35. A 36. C 37. B 38. B 39. C 40. D 41. B 42. A 43. B 44. A 45. B 46. A 47. D 48. B 49. A 50. C 51. A 52. C 53. A 54. B 55. A 56. B 57. B 58. C 59. B 60. A 61. B 62. A 63. B 64. A 65. D 66. C 67. A 68. A 69. D 70. D 71. D 72. C 73. B 74. C 75. D 76. C 77. D 78. B 79. B 80. C

二、1. × 2. √ 3. √ 4. × 5. × 6. √ 7. × 8. × 9. × 10. × 11. × 12. × 13. × 14. √ 15. × 16. × 17. × 18. √ 19. √ 20. √

## 模拟试题四

一、1. D 2. A 3. C 4. B 5. D 6. B 7. A 8. A 9. C 10. B 11. A 12. B 13. B 14. D 15. B 16. A 17. A 18. B 19. D 20. A 21. C 22. B 23. B 24. C 25. B 26. B 27. C 28. C 29. B 30. A 31. B 32. A 33. A 34. B 35. B 36. B 37. A 38. D 39. A 40. A 41. A 42. A 43. B 44. D 45. B 46. C 47. B 48. B 49. A 50. B 51. A 52. B 53. A 54. A 55. B 56. D 57. B 58. B 59. A 60. B 61. A 62. A 63. C 64. C 65. C 67. C 68. B 69. C 70. B 71. A 72. D 73. D 74. B 75. B 76. B 77. A 78. A 79. C 80. B

二、1. √ 2. × 3. × 4. × 5. √ 6. × 7. √ 8. √ 9. √ 10. × 11. √ 12. √ 13. √ 14. × 15. × 16. √ 17. √ 18. × 19. √ 20. √

## 模拟试题五

一、1. D 2. A 3. C 4. B 5. A 6. A 7. D 8. B 9. B 10. C 11. B 12. C 13. A 14. B 15. D 16. A 17. A 18. D 19. C 20. C 21. B 22. C 23. B 24. C 25. D 26. D 27. D 28. B 29. C 30. D 31. D 32. A 33. D 34. D 35. A 36. B 37. D 38. A 39. A 40. C 41. D 42. D 43. C 44. B 45. B 46. A 47. A 48. D 49. B 50. A 51. D 52. B 53. D 54. B 55. B 56. D 57. B 58. C 59. C 60. B 61. D 62. A 63. A 64. C 65. A 66. B 67. B 68. D 69. B 70. A 71. A 72. B 73. B 74. A 75. C 76. B 77. B 78. B 79. B 80. A

二、1. × 2. × 3. × 4. √ 5. √ 6. √ 7. √ 8. × 9. √ 10. √ 11. √ 12. × 13. × 14. × 15. × 16. √ 17. √ 18. √ 19. √ 20. √

# 参考文献


[1] 刘涛. 维修电工实训［M］. 北京：人民邮电出版社，2009.
[2] 侯守军，张道平. 电工技能训练项目教程［M］. 北京：国防工业出版社，2011.
[3] 吴关兴，金国砥，鲁晓阳 维修电工中级实训［M］. 北京：人民邮电出版社，2009.
[4] 杨清德. 全程图解电工操作技能［M］. 北京：化学工业出版社，2011.
[5] 董武. 维修电工技能与实训［M］. 北京：电子工业出版社，2011.
[6] 罗伟，邓文新. 电工技能与实训［M］. 北京：北京理工大学出版社，2012.
[7] 王兰君，王文婷，于洪晓. 图解电工技术速学速用［M］. 北京：人民邮电出版社，2010.
[8] 刘伦富，侯守军. 电工技能实训［M］. 北京：国防工业出版社，2009.
[9] 王兆晶. 维修电工：中级［M］. 2 版. 北京：机械工业出版社，2013.

# 第一篇
## 猪 病

# 第一章 猪传染病

## 轻装上阵

### 如何学？

- 猪传染病
  - 猪瘟：出血性脾脏梗死　扁桃体　PK-15　RT-PCR　扑杀
  - 非洲猪瘟：淋巴结呈血瘤样　脾髓呈紫黑色　无害化处理
  - 猪繁殖与呼吸综合征：母猪流产　蓝耳　弥漫性间质性肺炎　Marc-145　RT-PCR
  - 猪伪狂犬病：妊娠母猪繁殖障碍　鼠类带毒　家兔奇痒　基因缺失疫苗
  - 猪圆环病毒病：仔猪断奶衰竭综合征　皮炎与肾炎　先天性震颤
  - 猪传染性胃肠炎：呕吐　腹泻　10日龄以内仔猪　花冠状病毒
  - 猪流行性腹泻：呕吐　腹泻　脱水　7:1下降到3:1　花冠状病毒
  - 猪口蹄疫：口腔、蹄水疱　虎斑心　水疱液　一类动物疫病
  - 猪细小病毒病：初产母猪流产　母猪无症状　HA　HI　豚鼠红细胞
  - 猪乙型脑炎：流产、死胎　睾丸炎　蚊媒传播　接种乳鼠　HI　灭蚊
  - 猪水疱病：口腔、乳房水疱　仅感染猪　1～2日龄乳鼠死亡
  - 猪传染性胸膜肺炎：放线杆菌　纤维素性胸膜肺炎　溶血小菌落　CAMP阳性
  - 副猪嗜血杆菌病：多发性浆膜炎与关节炎　胸与肺粘连　TSA　卫星生长现象
  - 猪传染性萎缩性鼻炎：波氏杆菌　巴氏杆菌　泪斑　鼻甲骨萎缩　鼻拭子　X线
  - 猪肺疫：巴氏杆菌　纤维素性肺炎　大理石样　瑞氏染色　两端着色杆菌
  - 猪丹毒：败血症　红色疹块　多发性慢性关节炎　败血脾　菜花样增生物
  - 猪布鲁氏菌病：流产　睾丸炎　鉴别染色　红色细菌　玻片凝集试验　S2疫苗
  - 仔猪副伤寒：沙门菌　脾脏坚硬似橡皮　麦康凯培养基　无色菌落　凝集试验
  - 猪链球菌病：败血症　关节炎　淋巴脓肿　革兰氏阳性球菌　菌落溶血环
  - 猪大肠杆菌病：仔猪黄痢　仔猪白痢　猪水肿病　红色菌落　黑色带金属光泽菌落
  - 猪李氏杆菌病：食源性　脑膜炎　流产　V形阳性杆菌　中央黑色周围绿色菌落
  - 仔猪梭菌性肠炎：仔猪红痢　C型产气荚膜梭菌　出血性下痢　突然死亡
  - 猪支原体肺炎：气喘病　肺双侧对称性肉样变　X线诊断　替米考星
  - 猪痢疾：猪痢疾短螺旋体　出血性下痢　暗视野显微镜检查　运动型短螺旋体
  - 猪钩端螺旋体病：出血　黄疸　血红蛋白尿　暗视野检查　多西环素　庆大霉素

如何考？

本章考点在考试中主要出现在A3/A4型题中，每年分值平均9分。下列所述考点均需掌握。猪瘟、猪繁殖与呼吸综合征、猪圆环病毒病、副猪嗜血杆菌病、猪传染性胸膜肺炎、猪大肠杆菌病等是每年考查最为频繁的内容，希望考生予以特别关注。

## 考点冲浪

### 考点1：猪瘟的临床特征、诊断方法和防控措施★★★★★

猪瘟是由黄病毒科瘟病毒属的猪瘟病毒引起的猪的高度致死性、烈性传染病，可以通过精液或胎盘传播。其特征是病猪高热稽留、全身广泛性出血，呈现败血症状或者母猪发生繁殖障碍。我国将其列为二类动物疫病。猪瘟病毒能够通过母猪胎盘屏障而感染胎儿。

临床特征：病猪高热稽留，出现神经症状，表现磨牙、转圈和强直，病初便秘，后期腹泻，妊娠母猪表现流产、产死胎或外观健康带毒的仔猪。全身皮肤、浆膜、黏膜和内脏器官有不同程度的出血。全身淋巴结肿大，充血，切面周围出血，呈大理石样纹理；脾脏表面及边缘出血性梗死（最具有猪瘟诊断意义）；肾脏表面有密集或散在的大小不一的出血点或出血斑（麻雀蛋肾）；盲肠、回肠瓣口及结肠黏膜出现大小不一的圆形纽扣状溃疡；喉头、会厌软骨、膀胱黏膜等也出现出血点或出血斑。迟发型猪瘟感染数月后出现结膜炎，后躯麻痹，但体温正常，胸腺和淋巴结萎缩。

诊断方法：病毒的分离培养是目前检测猪瘟病毒最确切的方法。一般病死猪或扑杀猪的扁桃体或患病猪的鼻拭子是分离培养病毒的首选样品，其次是脾脏、肾脏或淋巴结。常用PK-15细胞来分离培养猪瘟病毒，接种后1~3d可用荧光抗体法（对于猪瘟，一般通过荧光抗体试验进行快速、特异性诊断，但当结果呈阴性时，不能完全排除猪瘟病毒的感染，需进一步做病毒的分离鉴定）或逆转录聚合酶链反应（RT-PCR）检测。

防控措施：免疫接种是防控猪瘟的重要手段，我国使用的猪瘟疫苗主要有猪瘟兔化弱毒疫苗（脾淋苗/乳兔苗）和猪瘟、猪丹毒、猪多杀性巴氏杆菌病三联活疫苗。

猪瘟为国家法定的二类动物疫病。一旦发生猪瘟，应采取的防控措施是封锁猪场，对病死猪、可疑病猪进行扑杀与无害化处理，对污染的圈舍、垫草和粪便等污染物进行无害化处理，对污染的环境进行彻底消毒。

【例题1】某猪场母猪发热，发生流产、产死胎和弱仔，新生仔猪出现败血症、死亡，公猪精液质量下降。剖检可见仔猪喉头出血，扁桃体坏死，脾脏边缘梗死，肾脏表面和肾乳头有出血点。

1. 本病最可能是（A）。

A. 猪瘟　　B. 猪链球菌病　　C. 猪伪狂犬病

D. 猪乙型脑炎　　E. 猪繁殖与呼吸综合征

2. 活体检测母猪是否带毒，应采集母猪的样品是（E）。

A. 关节液　　B. 皮肤　　C. 扁桃体　　D. 口腔分泌物　　E. 鼻拭子

3. 分离鉴定常用的细胞是（A）。

A. PK-15细胞　　B. 肺泡巨噬细胞　　C. Marc-145细胞

D. Vero 细胞　　　　　　　E. BHK-21 细胞

【例题 2】某育肥猪群，体温 41℃左右，食欲减退，眼结膜发炎。剖检可见多器官广泛性出血，脾脏边缘梗死，淋巴结肿大、出血，部分仔猪出生后全身震颤。

1. 发生震颤的仔猪感染途径是（C）。

A. 呼吸道　B. 消化道　C. 胎盘传播　D. 精液传播　E. 创伤皮肤

2. 如需快速确诊，选用的方法是（D）。

A. 病毒分离　B. 本动物接种　C. 家兔接种　D. 荧光抗体试验　E. 琼脂扩散试验

3. 具有示病意义的病变是（A）。

A. 脾脏边缘梗死　B. 肺出血　C. 心肌出血　D. 肾脏出血　E. 淋巴结肿大

【例题 3】某猪场哺乳猪和保育猪体温升高，耳部和臀部皮肤发紫且有出血点，病情很快蔓延，部分迅速死亡，死亡率达 30%。剖检病猪可见喉头和膀胱出血，脾脏边缘梗死，扁桃体有坏死灶。

1. 为防止本病在猪场内扩散，对未发病猪群采取的最适措施是（E）。

A. 环境消毒　B. 加强营养　C. 停止引种

D. 淘汰病猪　E. 全群紧急免疫接种

2. 进一步检查，发现部分新生仔猪出现先天性震颤。本病可能是（E）。

A. 猪瘟　B. 伪狂犬病　C. 乙型脑炎

D. 猪细小病毒病　E. 猪圆环病毒病

3. 快速确认本病扁桃体中病毒的方法是（E）。

A. 接种细胞　B. 血凝（HA）试验　C. 病料接种家兔

D. 病料接种小鼠　E. 免疫荧光试验

## 考点 2：非洲猪瘟的临床特征和防控措施★★★

非洲猪瘟是由非洲猪瘟病毒引起的猪的急性、热性、高度接触性传染病，主要特征为高热、皮肤发绀、淋巴结和全身内脏器官严重出血，死亡率达 100%。我国将本病列为一类动物疫病。

临床特征：急性型食欲废绝，体温升高，腹泻，全身皮肤可见充血、紫斑和出血，关节肿胀；妊娠母猪流产、产死胎；胎儿全身水肿。特征性病理变化为内脏器官严重出血，淋巴结肿大出血，呈血瘤样，脾脏显著肿大，脾髓呈紫黑色。

防控措施：按国家规定的一类动物疫病进行无害化处理。

【例题】育肥猪，6 月龄，突然发病，高热，全身皮肤可见充血、紫斑和出血。剖检可见淋巴结肿大出血，呈血瘤样，脾脏显著肿大。本病最可能是（C）。

A. 猪瘟　B. 猪链球菌病　C. 非洲猪瘟

D. 猪巴氏杆菌病　E. 猪繁殖与呼吸综合征

## 考点 3：猪繁殖与呼吸综合征的临床特征和诊断方法★★★★

猪繁殖与呼吸综合征（PRRS），俗称猪蓝耳病，是由动脉炎病毒科猪繁殖与呼吸综合征病毒引起的一种猪的高度接触性传染病，可以通过呼吸道、精液和生殖道传播，以妊娠母猪和仔猪最常见。本病以母猪发生流产，产死胎、弱胎、木乃伊胎及仔猪呼吸困难、高死亡率等为主要特征。根据猪繁殖与呼吸综合征病毒变异株引起的“高热综合征”呈现高发病率和高死亡率的特点，我国将其称为“高致病性猪蓝耳病”，列入二类动物疫病。

临床特征：病程通常为3~4d。母猪出现体温升高，食欲减退，四肢末端、尾、乳头、阴户和耳尖发绀，其中以耳尖发绀最为常见；妊娠晚期发生流产，产弱仔、死胎、木乃伊胎。主要病变为弥漫性间质性肺炎，肺门淋巴结出血，呈大理石样外观。

仔猪体温升高至40℃以上，呼吸困难，3周内死亡率达70%，出现腹式呼吸及眼睑水肿，腹泻，耳尖至耳根皮肤发绀。后期出现神经症状，如肌肉震颤、前肢呈八字脚、运动失调和后躯麻痹。

诊断方法：取病猪的肺、死胎儿的肠和腹水、母猪血液、母猪鼻拭子，处理好的病料接种猪肺泡巨噬细胞或Marc-145细胞培养，用间接荧光抗体试验或中和试验鉴定病毒。实验室一般采用RT-PCR检测病毒的方法进行确诊。

【例题】某规模化种猪场母猪出现体温升高，食欲减退，弱仔、死胎率达60%；哺乳仔猪体温升高至40℃以上，呼吸困难，耳朵发紫，眼结膜炎，3周内死亡率达70%。

1. 本病最可能是（E）。

A. 猪瘟　B. 猪狂犬病　C. 猪布鲁氏菌病

D. 猪细小病毒病　E. 猪繁殖与呼吸综合征

2. 如果进一步诊断，首先采用的方法是（E）。

A. 病理剖检　B. 病毒分离鉴定　C. 细菌分离鉴定

D. 酶联免疫吸附试验（ELISA）检测抗体　E. RT-PCR检测病毒

3. 如果该猪群并发猪圆环病毒病，最合适的病原学检测病料是（C）。

A. 病仔猪尿液　B. 病仔猪粪便　C. 病仔猪淋巴结

D. 病仔猪胃肠组织　E. 病仔猪口鼻分泌物

4. 如果哺乳仔猪出现呕吐、腹泻、转圈，死亡前四肢划动呈划水状。本病最可能是（B）。

A. 猪链球菌病　B. 猪伪狂犬病　C. 猪细小病毒病

D. 猪传染性胃肠炎　E. 猪繁殖与呼吸综合征

## 考点4：猪伪狂犬病的临床特征、诊断方法和预防措施★★★★★

伪狂犬病是由疱疹病毒科伪狂犬病病毒引起猪、马、牛、羊、犬、猫等多种动物感染的一种传染病。猪是本病毒的自然宿主，临床特征为妊娠母猪繁殖障碍，初生仔猪出现神经症状，育肥猪出现呼吸道症状、生长不良等。其他动物感染后出现奇痒和脑脊髓炎。鼠类带毒是猪场中最为常见和最难清除的传染源。

临床特征：新生仔猪体温升高，呼吸困难，继而出现神经症状，转圈运动，死亡前四肢呈划水状运动或倒地抽搐，衰竭而死亡，15日龄前的仔猪死亡率可高达100%。3~4周龄猪有时出现顽固性腹泻，2月龄以上仔猪多发生呼吸道症状。

妊娠母猪出现咳嗽、发热，继而出现流产、产死胎或木乃伊胎等繁殖障碍，以产死胎为主。流产母猪伴发子宫内膜炎。后备母猪和空怀母猪表现为不发情。死亡母猪肾脏有针尖大小出血点，脑膜充血、出血和水肿，扁桃体、肝脏和脾脏均有散在灰白色坏死点。子宫壁增厚和水肿。

育肥猪症状轻微，表现一过性发热，咳嗽、便秘，多数猪出现呼吸道症状。

其他动物感染后，均出现奇痒和神经症状，以死亡为结局。

诊断方法：一般采取脑组织、脊髓、扁桃体等组织，做冰冻切片，用直接荧光抗体法检查神经元病毒抗原，同时制备匀浆，接种家兔进行诊断，接种兔出现奇痒症状后死亡。

预防措施：免疫接种是预防和控制本病的主要措施，伪狂犬病基因缺失疫苗是世界首选使用的疫苗。gE-ELISA 标准化试剂盒可以用于区分野毒感染和疫苗免疫动物。

【例题 1】某规模猪场，妊娠母猪表现以流产为主的繁殖障碍，表现为 1 周龄仔猪口吐白沫，四肢滑动，呈游泳状；育肥猪则出现呼吸道症状。

1. 本病最可能的诊断是（D）。

A. 猪繁殖与呼吸综合征　B. 猪细小病毒病　C. 猪乙型脑炎
D. 猪伪狂犬病　E. 猪瘟

2. 不属于本病的临床症状是（B）。

A. 流产母猪伴发子宫内膜炎　B. 流产胎儿脑部、臀部、肾脏、心肌有坏死点
C. 2 月龄以上仔猪多发生呼吸道症状　D. 3~4 周龄猪有时出现顽固性腹泻
E. 育成猪出现奇痒和神经症状

3. 不属于本病净化的关键措施是（A）。

A. 消灭蚊虫　B. 基因缺失疫苗免疫
C. 采用与疫苗配套的鉴别诊断方法　D. 建立阴性后备猪群，从种猪群逐步净化
E. 猪群全群检测，淘汰野毒感染猪

【例题 2】某猪场断奶仔猪突然发病，体温 40~41.5℃，病猪表现食欲废绝，精神沉郁，喜卧，有少部分病猪擦圈舍墙壁，病程长的猪两后肢不能站立，两前肢正常，有的四肢都不能站立，倒地四肢呈游泳状动作，1 周左右死亡，死亡率高，抗生素治疗效果差。

1. 本病可能是（C）。

A. 猪瘟　B. 猪肺疫　C. 猪伪狂犬病　D. 猪链球菌病　E. 猪高热病

2. 剖解病变可能有（B）。

A. 脾脏边缘有出血性梗死　B. 肾脏肿大有出血点　C. 肺间质增宽
D. 肺充血、出血　E. 肝脏、脾脏、肺、肾脏等有白色坏死灶

3. 预防常用（D）。

A. 自家组织灭活苗　B. 弱毒苗　C. 灭活油乳剂苗
D. 基因工程苗　E. 亚单位苗

【例题 3】规模养猪场，7 日龄仔猪病初发热，呼吸困难，口吐白沫，继而出现神经症状，转圈运动，倒地后四肢划动，衰竭死亡。

1. 本病最可能的诊断是（C）。

A. 猪传染性胃肠炎　B. 猪流行性腹泻　C. 伪狂犬病
D. 大肠杆菌病　E. 沙门菌病

2. 实验室诊断，家兔接种后表现的典型症状是（D）。

A. 肺出血　B. 肝脏出血　C. 肠道出血
D. 注射部位痒　E. 注射部位皮肤坏死

3. 当前预防本病的疫苗主要是（D）。

A. 核酸疫苗　B. 合成肽疫苗　C. 类毒素疫苗　D. 基因缺失疫苗　E. 亚单位疫苗

【例题 4】育肥猪，70 日龄，发热，咳嗽，呈间歇性神经症状。剖检可见肾脏有针尖大

小出血点，脑膜明显充血水肿，扁桃体、肝脏有散在灰白色坏死点。该场妊娠母猪有流产现象。

1. 本病最可能的诊断是（B）。

A. 猪瘟　B. 伪狂犬病　C. 猪繁殖与呼吸综合征

D. 猪链球菌病　E. 仔猪水肿病

2. 实验室确诊野毒感染的方法是（B）。

A. gB-ELISA　B. gE-ELISA　C. 全病毒 -ELISA

D. HA 试验　E. 中和试验

3. 种猪群防控本病最关键的措施是（E）。

A. 投喂抗病毒药物　B. 加强消毒管理　C. 抗生素治疗

D. 高免血清治疗　E. 淘汰野毒感染猪

## 考点 5：猪圆环病毒病的临床特征和诊断方法★★★★

猪圆环病毒病是由猪圆环病毒 2 型（PCV2）引起的猪的一种传染病，主要引起仔猪断奶衰竭综合征、猪皮炎与肾炎、新生仔猪先天性震颤和母猪的繁殖障碍，临床表现多种多样，还可导致猪群严重的免疫抑制。本病主要发生于 5~12 周龄仔猪。

仔猪断奶衰竭综合征：常发生于保育阶段猪和生长期猪。早期出现腹股沟淋巴结肿大，眼睑水肿，剖检可见淋巴结肿大 2~5 倍，尤其是腹股沟淋巴结、肺门淋巴结、肠系膜淋巴结和下颌淋巴结等。有时可以观察到肠系膜水肿。

猪皮炎与肾炎：主要表现为皮肤出现圆形或不规则隆起，呈现周围红色中央黑色的病灶。双侧肾脏肿大，苍白，表面有白色斑点，皮质红色点状坏死，脾脏肿大，出现梗死。特征为全身性坏死性脉管炎和坏死性肾小球肾炎。

新生仔猪先天性震颤：新生仔猪全身震颤，无法站立，躺卧后症状减轻，再站立又出现症状，或后躯震颤，不能站立，体温、脉搏、呼吸无明显变化。本病由母猪垂直传播给仔猪，不能在仔猪之间水平传播。

诊断方法：对于猪圆环病毒病的诊断，一般采集病猪的淋巴结、病变肺或脾脏作为样本，接种 PK-15 细胞进行培养，采用免疫荧光技术和 PCR 检测病毒的方法进行确诊。

【例题】某保育猪群，生长整齐度差，少数仔猪消瘦，皮肤苍白，眼睑水肿，腹泻，黄疸。剖检见间质性肺炎，淋巴结肿大，肾脏表面有白斑。本病最可能的病原是（E）。

A. 猪繁殖与呼吸综合征病毒　B. 猪瘟病毒

C. 乙型脑炎病毒　D. 猪水疱病病毒

E. 猪圆环病毒 2 型

## 考点 6：猪传染性胃肠炎的临床特征、诊断方法和治疗方法★★★★

猪传染性胃肠炎是由冠状病毒科猪传染性胃肠炎病毒引起的猪的一种高度接触性肠道疾病，临床上以呕吐、严重腹泻和脱水为特征，主要病变特征为尸体脱水明显，胃底黏膜充血、出血，肠壁变薄呈半透明状。各种年龄猪都可发生，但主要影响 10 日龄以内仔猪，病死率可达 100%。5 周龄以上的猪死亡率很低。

临床特征：仔猪突然发病，先呕吐，继而水样腹泻，粪便为黄色、绿色或白色等，含有未消化的乳凝块。10 日龄以内的仔猪多在出现症状后 2~7d 内死亡。

诊断方法：一般用磷酸盐缓冲液（PBS）稀释病猪粪便样品，取上清液，进行电镜观察，发现病毒表面具有放射状纤突的“花冠状”结构，或使用RT-PCR进行检测，即可确诊。

治疗方法：需给病猪补充水分和电解质，如口服补液盐等。

【例题1】仔猪，3日龄，突发呕吐，继而水样腹泻，粪便呈黄色或灰白色，并有未消化的乳凝块，病猪脱水、死亡。无菌采取病死猪肝脏组织，进行细菌培养，无菌落生长。

1. 本病最可能的诊断是（B）。

A. 伪狂犬病　B. 猪传染性胃肠炎　C. 猪细小病毒感染
D. 猪瘟　E. 猪圆环病毒病

2. 电镜下的病原形态是（E）。

A. 杆状　B. 星状　C. 细丝状　D. 子弹状　E. 花冠状

3. 对症治疗，有效的措施是（D）。

A. 仔猪口服抗生素　B. 母猪免疫　C. 仔猪免疫
D. 仔猪口服补液盐　E. 仔猪口服抗血清

【例题2】5日龄仔猪，呕吐，相继出现黄色水样便，内含白色乳凝块，数天内蔓延全群，日龄越小，病死率越高。

1. 本病最可能的诊断是（A）。

A. 猪传染性胃肠炎　B. 猪梭菌性肠炎　C. 猪瘟
D. 猪痢疾　E. 仔猪白痢

2. 严重病例常见的出血部位是（E）。

A. 脑膜　B. 肺心叶　C. 肾脏　D. 肝脏　E. 胃底部

3. 确诊本病的常用方法是（D）。

A. gE-ELISA　B. 血涂片检查　C. 细菌分离　D. RT-PCR　E. 肠毒素试验

## 考点7：猪流行性腹泻的病变特征、诊断方法和治疗方法★★

猪流行性腹泻是由猪流行性腹泻病毒引起的猪的一种高度接触性肠道传染病，临床上主要表现为呕吐、腹泻、脱水等特征，其流行特点、临床特征与猪传染性胃肠炎相似。

病变特征：主要限于小肠，可见小肠扩张，充满黄色液体，肠系膜淋巴结水肿，小肠上皮细胞脱落，小肠绒毛显著缩短，绒毛长度与肠腺隐窝深度的比值可由正常的7∶1下降到3∶1。胃排空或充满胆汁样黄色液体。

诊断方法：一般用PBS稀释病猪粪便样品，取上清液，进行电镜观察，发现病毒表面具有放射状纤突的“花冠状”结构；或进行病原学鉴定，如RT-PCR，即可确诊。

治疗方法：发现仔猪出现呕吐、腹泻后，应立即隔离病猪，加强环境消毒，减少人员流动，给病猪补充清洁饮水或电解质，搞好饲养管理，避免易感猪群感染。

【例题】某猪场9~12日龄仔猪突然发病，先呕吐，继而水样腹泻，粪便为黄色、绿色或白色等。有的还有未消化的乳凝块，病仔猪明显脱水、体温升高，应用抗菌药治疗无效，大多数仔猪再次出现症状后，2~7d死亡。剖检可见胃内充满乳凝块，胃底黏膜充血、出血，肠内充满水样粪便，肠壁变薄，呈半透明状。

1. 本病最可能的原因是（E）。

A. 饲料中毒 B. 营养缺乏 C. 寄生虫感染 D. 细菌感染 E. 病毒感染

2. 若需鉴别诊断，最有效的方法是（D）。

A. 生化检查 B. 血常规检查 C. 饲料检查 D. RT-PCR E. 琼脂扩散实验

3. 本病发生后，不宜采取的措施是（C）。

A. 隔离 B. 消毒 C. 供给高蛋白质饲料

D. 减少人员流动 E. 供给清洁饮水

## 考点 8：猪口蹄疫的临床特征、诊断方法和防控措施★★★★★

口蹄疫是由口蹄疫病毒引起偶蹄动物的一种急性、热性、高度接触性传染病。临床特征是传播速度快、流行范围广，以口腔黏膜、蹄部和乳房等处皮肤发生水疱和溃疡为特征，幼龄动物多因心肌炎死亡。

易感动物：口蹄疫病毒可感染的动物种类多达 30 余种，但以偶蹄动物的易感性较高。易感性的高低依次为黄牛、牦牛、犏牛和水牛、骆驼、绵羊、山羊和猪。野猪和象等均可感染本病，人对本病也具有易感性。马对口蹄疫具有极强的抵抗力。

临床特征：在蹄冠、蹄叉、蹄壁等部位出现红、热、痛或敏感区域，不久形成米粒大至蚕豆大的水疱，水疱破裂后表面出血，形成糜烂。如继发细菌感染，会导致蹄匣脱落，使患肢不能着地，病猪常常卧地不起，吮乳仔猪多呈现急性胃肠炎和心肌炎而发生突然死亡，病死率高达 60%~80%。

在患病动物的口腔、蹄部、乳房和前胃黏膜发生水疱、圆形烂斑和溃疡，具有重要诊断意义的是心脏病变，心包膜有弥漫性点状出血，心肌切面有灰白色或浅黄色的斑点或条纹，似老虎斑纹，称为虎斑心，心肌松软似煮肉样。

诊断方法：猪口蹄疫临床上表现为口腔黏膜和鼻盘周围形成水疱，有些病猪在蹄冠、蹄叉、蹄壁等部位出现水疱。对于口蹄疫的诊断，一般采取水疱液、水疱皮、脱落的表皮组织等病料，接种易感动物，进行病毒的分离鉴定，同时进行补体结合试验等确定流行毒株的血清型和血清亚型。

防控措施：口蹄疫为国家法定的一类动物疫病。发生口蹄疫，必须立即上报疫情，确切诊断，划定疫点、疫区和受威胁区，并分别进行封锁和监督，禁止人、动物和物品的流动。在严格封锁的基础上，病死猪、可疑病猪进行扑杀与无害化处理，污染的圈舍、垫草和粪便等污染物进行无害化处理，污染的环境进行彻底消毒；周围受威胁猪群应建立免疫带，加强饲养管理，进行紧急免疫接种。猪口蹄疫一般不宜采取治疗措施。

【例题 1】秋季，某地猪群发病并慢慢传播，仔猪发病率和死亡率较成年羊高，当地绵羊、牛也大批发病死亡。病猪体温升高，食欲减退，口腔黏膜和蹄冠、蹄叉、蹄壁等部位出现水疱，后期腹泻带血，死亡。剖检见心包膜有弥漫性点状出血，心肌切面有灰白色或浅黄色的斑点或条纹。

1. 本病最可能的诊断是（E）。

A. 猪瘟 B. 猪传染性胃肠炎 C. 猪肺疫

D. 猪丹毒 E. 口蹄疫

2. 对本病最具诊断意义的病理变化部位是（B）。

A. 口腔 B. 心脏 C. 气管 D. 蹄部 E. 前胃

3. 送检病料不需要浸入50%甘油磷酸盐缓冲液的是（C）。

A. 水疱液　B. 水疱皮　C. 肝素抗凝血液　D. OP液　E. 血清

【例题2】一猪群发病，体温40~41℃，口腔黏膜及鼻盘周围形成水疱，有些病猪在蹄冠、蹄叉、蹄壁等部位出现水疱。

1. 实验室诊断应采集的样品为（E）。

A. 鼻液　B. 尿液　C. 粪便　D. 泪液　E. 水疱液

2. 本疫区内对本病不易感的动物为（A）。

A. 马　B. 牛　C. 羊　D. 鹿　E. 骆驼

3. 防控本病的措施不包括（B）。

A. 封锁　B. 治疗　C. 隔离　D. 免疫接种　E. 加强饲养管理

## 考点9：猪细小病毒病的临床特征、诊断方法和防控措施★★★

猪细小病毒病是由细小病毒科猪细小病毒引起的母猪繁殖障碍性疾病，主要发生于初产母猪，特征为流产，产死胎、木乃伊胎及病弱仔猪，但母猪不表现其他临床症状。

临床特征：主要表现为母猪的繁殖障碍。不同妊娠期感染时，对胎儿的影响有所不同。主要临床类型如下：

在妊娠后30d内感染时，表现为胎儿死亡，死亡的胚胎被母体迅速吸收，母猪有可能重新发情；在妊娠后30~50d感染时，主要产木乃伊胎；在妊娠后50~60d感染时，主要产死胎；在妊娠后60~70d感染时，出现流产；在妊娠70d之后感染时，母猪多能正常产仔。

诊断方法：从死胎肝脏中可以分离出具有血凝活性的病毒。采取流产或死产胎儿的脏器，研磨冻融后，取上清液接种PK-15细胞，进行HA或HI试验进行确诊。豚鼠红细胞HA试验和HI试验是常用的血清学诊断方法。目前，一般取死胎用免疫荧光抗体技术和PCR方法进行确诊。

防控措施：对于猪细小病毒病，最有效的预防措施是免疫接种疫苗，最有效的疫苗接种时间是后备母猪配种前2个月。

【例题1】某种猪场，猪群体温、食欲正常。初产母猪相继出现流产，产死胎、弱胎、木乃伊胎；经产母猪未见异常。

1. 本病最可能的诊断是（A）。

A. 猪细小病毒病　B. 猪肺疫　C. 猪繁殖与呼吸综合征

D. 猪瘟　E. 猪丹毒

2. 取死胎检查，确诊本病的实验室检查方法是（C）。

A. 剖检观察　B. 组织病理学观察　C. PCR

D. 血液涂片镜检　E. 细菌分离鉴定

3. 本病的主要预防措施是（C）。

A. 灭鼠　B. 圈舍保温　C. 注射疫苗　D. 环境消毒　E. 注射抗生素

【例题2】某规模化猪场，初产母猪流产，产死胎、木乃伊胎，或产出病弱仔猪；死胎皮肤充血、出血、水肿或脱水；经产母猪未见流产。

1. 本病最可能的诊断是（D）。

A. 猪繁殖与呼吸综合征　B. 布鲁氏菌病　C. 猪圆环病毒病

D. 猪细小病毒病　　　　E. 猪乙型脑炎

2. 防控本病最有效的疫苗接种时间是（A）。

A. 后备母猪配种前2个月　　B. 经产母猪产前2个月　　C. 在蚊虫活动季节开始前

D. 春季和秋季　　　　E. 母猪产前1个月

## 考点10：猪乙型脑炎的流行特点、临床特征、诊断方法和防控措施★★★★★

猪乙型脑炎简称乙脑，是由黄病毒科乙型脑炎病毒引起的经蚊媒传播的猪繁殖障碍性疾病，临床表现为母猪流产，产死胎、木乃伊胎，公猪出现睾丸炎。猪是乙型脑炎病毒的主要扩增宿主和传染源。

流行特点：本病的发生与蚊虫的活动季节具有明显的相关性，流行地区的吸血昆虫，特别是库蚊属和伊蚊属体内常能分离出猪乙型脑炎病毒，是典型的蚊传传染病。约有90%的病例发生在7~9月。

临床特征：妊娠母猪突然发生流产，流产胎儿多数为死胎、木乃伊胎，或濒于死亡，流产后母猪体温、食欲恢复正常；公猪突出表现是在发热后出现睾丸炎，一侧睾丸明显肿大，阴囊皱褶消失，局部温度高，有痛感，另一侧萎缩。

流产胎儿可见脑水肿、脑膜充血，肝脏和脾脏内有坏死灶，部分胎儿大脑和小脑发育不全，肌肉褪色，似煮肉样外观。

诊断方法：采取脑组织、流产胎儿、胎盘，研磨匀浆后脑内和皮下同时接种乳鼠，进行病毒分离和鉴定。其中HA与HI试验最为常用，可以检测IgM，用于早期诊断。

防控措施：消灭传播媒介和控制传染源。加强防蚊和灭蚊，接种猪乙型脑炎活疫苗。

【例题1】夏季，某猪场妊娠母猪群突然流产，体温41℃以上，流产后体温、食欲恢复正常，部分母猪流产后从阴道流出红褐色液体，同场配种公猪可见一侧睾丸肿大。

1. 引发流产最可能的原因是（B）。

A. 热应激　　　　B. 乙型脑炎病毒感染　　　　C. 猪细小病毒感染

D. 伪狂犬病病毒感染　　E. 猪繁殖与呼吸综合征病毒感染

2. 具有临床诊断意义的流行病学特点是（B）。

A. 发生于初产母猪　　　　B. 多发生于蚊虫滋生季节

C. 常与弓形虫的感染相关　　　　D. 仅发生于经产母猪

E. 猪是唯一的易感动物

3. 预防本病最有效的措施是（B）。

A. 防暑降温　　　　B. 种猪接种疫苗　　　　C. 病猪隔离

D. 饲料添加抗生素　　E. 灭鼠

【例题2】7月，南方500头母猪群，卫生状况较差，近一周内不同胎次母猪在妊娠后期发生流产，产死胎、木乃伊胎和弱仔；公猪体温高达41~42℃，随后出现一侧或两侧睾丸肿大，嗜睡等症状。剖检流产胎儿，见大脑和小脑发育不全，液化性坏死。

1. 本病最可能的诊断是（C）。

A. 伪狂犬病　B. 布鲁氏菌病　C. 猪乙型脑炎　D. 猪细小病毒病　E. 猪链球菌病

2. 本病常用的免疫学诊断方法是（B）。

A. 中和试验　　　　B. HA与HI试验　　　　C. Ascoli试验

D. 变态反应　　E. 试管凝集试验

3. 目前我国预防本病的主要措施是（A）。

A. 接种弱毒疫苗　　B. 接种灭活疫苗　　C. 注射高免血清

D. 隔离治疗病猪　　E. 猪舍喷雾消毒

【例题3】7月，南方500头母猪，近一周内部分妊娠母猪发热、食欲减退但饮欲增强，出现流产，产死胎、木乃伊胎、弱仔。约30%产房仔猪出现被毛粗乱和神经症状。

1. 【假设信息】如现场剖检，流产胎儿脑出现液化性坏死。本病最可能的诊断是（A）。

A. 猪乙型脑炎　　B. 猪繁殖与呼吸综合征　　C. 弓形虫病

D. 伪狂犬病　　E. 布鲁氏菌病

2. 【假设信息】如现场调查发现，多数仔猪出现后肢无力，呈"八字腿"症状，本病最可能的诊断是（A）。

A. 玉米赤霉烯酮中毒　　B. 黄曲霉毒素中毒　　C. 单端孢霉中毒

D. 砷中毒　　E. 食盐中毒

【例题4】某猪场，部分育肥猪高热，食欲减退，精神沉郁，个别妊娠母猪发生流产，产死胎、木乃伊胎、弱仔。

1. 【假设信息】现场调查发现，猪场蚊虫滋生，公猪的一侧或双侧睾丸肿大，最可能的疾病是（A）。

A. 猪乙型脑炎　　B. 伪狂犬病　　C. 猪细小病毒病

D. 弓形虫病　　E. 猪繁殖与呼吸综合征

2. 【假设信息】用磺胺间甲氧嘧啶治疗效果良好，本病最可能是（C）。

A. 黄曲霉毒素中毒　　B. 衣原体病　　C. 弓形虫病

D. 猪肺疫　　E. 猪蛔虫病

## 考点11：猪水疱病的临床特征和诊断方法★★

猪水疱病是由猪水疱病病毒引起的猪的一种急性、热性和接触性传染病，传染性强，发病率高。

临床特征：在猪的蹄部、鼻端、口腔黏膜、乳房皮肤发生水疱，严重的蹄匣脱落，因疼痛而跛行。体温升高，水疱破裂后体温恢复正常。本病症状与口蹄疫类似，但只引起猪发病，对其他家畜无致病性。

诊断方法：将病料分别接种1~2日龄和7~9日龄乳鼠，如2组乳鼠均死亡者为口蹄疫；1~2日龄乳鼠死亡，而7~9日龄乳鼠不死亡者，为猪水疱病；病料经pH为3~5的缓冲液处理后，接种1~2日龄乳鼠死亡者为猪水疱病，反之则为口蹄疫。

## 考点12：猪传染性胸膜肺炎的临床特征、诊断方法和防控措施★★★★

猪传染性胸膜肺炎是由胸膜肺炎放线杆菌引起的一种高度接触性呼吸道传染病，以生长阶段和育肥阶段的猪多发，优势血清型为1、2、3和7。急性型呈现高度呼吸困难而急性死亡。病理特征是胸膜炎和出血性坏死性肺炎。病原产生的毒素能杀死巨噬细胞和中性粒细胞，从而降低机体抵抗力。

临床特征：表现为呼吸困难，呈腹式呼吸，并伴有阵发性咳嗽，濒死前口鼻流出带血的泡沫样分泌物。病理变化主要在胸腔与肺，肺炎病变多是双侧性的，与正常组织界限分明，呈现纤维素性胸膜肺炎，纤维素性胸膜肺炎蔓延至整个肺，使肺和胸膜粘连，以致难以将肺与胸膜分离。

诊断方法：取病死猪肺坏死组织无菌接种于巧克力琼脂平板或含绵羊血和金黄色葡萄球菌的琼脂培养基，置5%二氧化碳37℃过夜培养。发现溶血小菌落生长，呈现CAMP阳性及卫星生长现象，尿素酶试验阳性，可以鉴定为胸膜肺炎放线杆菌生物Ⅰ型菌株。

胸膜肺炎放线杆菌对四环素、链霉素、氟苯尼考、替米考星等敏感。

防控措施：对于猪传染性胸膜肺炎，一般可以使用多价灭活疫苗免疫接种进行预防。

【例题1】仔猪群，5月龄，突然发病，高热，呼吸困难，病程为1~2d，死前口吐白色或红色泡沫。剖检见纤维素性出血性肺炎，胸腔内有纤维素性渗出物。

1. 本病最可能的诊断是（A）。

A. 猪传染性胸膜肺炎　B. 猪流感　C. 猪支原体肺炎

D. 猪圆环病毒病　E. 副猪嗜血杆菌病

2. 早期治疗首选的药物是（B）。

A. 干扰素　B. 氟苯尼考　C. 泰妙菌素　D. 盐霉素　E. 莫能菌素

3. 预防本病最有效的方法是（A）。

A. 免疫接种　B. 使用抗生素　C. 使用干扰素　D. 使用抗血清　E. 加强饲养管理

【例题2】某养殖户购买40头30kg的猪，2d后出现呼吸困难，体温升高，厌食，陆续发病达20头，4d后死亡2头，5d后邻近6头80kg大猪也发病。剖检见肺充血、肿大，有浅红色渗出物，肺和胸膜粘连。病原分离培养，严格依赖烟酰胺腺嘌呤二核苷酸（NAD）。

1. 本病最可能的诊断是（D）。

A. 猪瘟　B. 猪肺疫　C. 猪链球菌病

D. 猪传染性胸膜肺炎　E. 猪水肿病

2. 目前我国预防本病所用的疫苗是（E）。

A. 活载体疫苗　B. 基因缺失疫苗　C. 核酸疫苗

D. 弱毒疫苗　E. 多价灭活疫苗

## 考点13：副猪嗜血杆菌病的病变特征、诊断方法和防治措施★★★★★

副猪嗜血杆菌病又称猪多发性浆膜炎与关节炎或副猪格拉瑟病，是由某些高毒力或中等毒力血清型的副猪嗜血杆菌引起的。本病主要发生于2周龄到4月龄的猪，但最常见于5~8周龄的保育猪。临床上以体温升高、咳嗽、呼吸困难、关节肿大和运动障碍为特征，少数猪表现神经症状。

病变特征：主要表现为胸膜炎、腹膜炎、心包炎、脑膜炎、关节炎。初期心包积液，胸腔积液、腹水增加，继而胸腔、腹腔和关节等部位出现浅黄色的纤维素性渗出物，严重病例发现心包与心脏、肺与胸膜粘连，或整个腹腔的脏器包括肝脏、脾脏与肠道等粘连，腹腔组织器官表面覆盖纤维素性渗出物。脑膜充血出血，脑沟变浅；出现浆液性渗出物，渗出物中可见纤维蛋白、中性粒细胞和少量的巨噬细胞。

诊断方法：一般采集病猪肺、气管黏液、脑组织、关节液等病料，接种巧克力琼脂平板和含NAD和血清的胰蛋白胨大豆琼脂（TSA）培养基，在巧克力琼脂平板上长出针尖大小、无色透明、光滑湿润的菌落。该菌落接种兔血平板，再用金黄色葡萄球菌点种，呈现卫星生长现象。

防治措施：早期使用抗生素治疗有效，可以减少死亡。多数副猪嗜血杆菌分离株对氟苯尼考、替米考星、阿莫西林、头孢类、四环素和庆大霉素等药物敏感，但对红霉素、氨基糖苷类、壮观霉素、林可霉素有抗药性。也可使用副猪嗜血杆菌二价灭活苗免疫接种，一般母猪产前4~6周免疫，仔猪在14~16日龄免疫，必要时1个月后再次免疫。

【例题1】某猪场，断奶仔猪发病，表现发热、咳嗽、呼吸困难、关节肿大、跛行，病死率约为35%。剖检可见胸腔、腹腔等多处浆膜面有纤维素性渗出物。

1. 本病最可能的诊断是（C）。

A. 猪肺疫　　B. 猪传染性胸膜肺炎　　C. 副猪嗜血杆菌病
D. 猪支原体肺炎　　E. 猪丹毒

2. 本病的病原特征是（B）。

A. 厌氧性　　B. 典型的卫星生长现象　　C. 革兰氏阳性
D. 无荚膜　　E. 仅有一个血清型

3. 本病常见的病理变化不包括（B）。

A. 心包炎　　B. 疣状心内膜炎　　C. 腹膜炎　　D. 关节炎　　E. 胸膜炎

【例题2】冬季，某500头保育猪群，出现体温升高，被毛粗乱。部分猪喜卧，不愿运动，强行驱赶可见跛行，仔细检查发现后肢关节肿大。部分猪出现心包炎和腹膜炎，死亡率约为3%。将关节液接种TSA培养基，病原生长严格依赖NAD。

1. 本病最可能的诊断是（B）。

A. 猪链球菌病　　B. 副猪嗜血杆菌病　　C. 猪滑液囊支原体感染
D. 猪丹毒　　E. 结核病

2. 我国现阶段预防本病的疫苗是（A）。

A. 多价灭活疫苗　　B. 弱毒疫苗　　C. 亚单位疫苗
D. DNA疫苗　　E. 基因缺失疫苗

3. 【假设信息】如将关节液接种含脱纤绵羊血培养基，长出的菌落周围有溶血环，本病最可能的诊断是（A）。

A. 猪链球菌病　　B. 副猪嗜血杆菌病　　C. 猪滑液囊支原体感染
D. 猪丹毒　　E. 结核病

【例题3】某猪场个别猪突发间歇性神经症状，呈犬坐姿势，抽搐时四肢划动，呈游泳样。

1. 首先可以排除的疾病是（A）。

A. 破伤风　　B. 食盐中毒　　C. 猪链球菌病
D. 猪繁殖与呼吸综合征　　E. 副猪嗜血杆菌病

2. 【假设信息】若剖检见心包炎、腹膜炎，最可能的诊断是（E）。

A. 破伤风　　B. 食盐中毒　　C. 猪链球菌病
D. 猪繁殖与呼吸综合征　　E. 副猪嗜血杆菌病

## 考点14：猪传染性萎缩性鼻炎的病原特征、临床特征、诊断方法和防控措施★★★★

猪传染性萎缩性鼻炎是由支气管败血波氏菌和产毒素多杀性巴氏杆菌引起的以鼻炎、

鼻中隔偏曲、鼻甲骨萎缩和病猪生长缓慢为特征的慢性、接触性呼吸道传染病。本病分为两种临床类型，即非进行性萎缩性鼻炎和进行性萎缩性鼻炎，前者由支气管败血波氏菌所致，后者由产毒素多杀性巴氏杆菌引起。

临床特征：仔猪病初为鼻炎症状，出现流鼻液、鼻塞、气喘，表现为打喷嚏和呼吸困难，有不同程度的浆液性、黏性或脓性鼻分泌物。由于泪液黏附尘土而在眼角出现斑纹，俗称“泪斑”。最具特征的病变是鼻腔软骨和鼻甲骨的软化和萎缩，常见一侧鼻甲骨上下卷曲萎缩，导致鼻腔和面部变形，严重者表现为鼻甲骨结构消失，形成空洞。

易感日龄：任何年龄的猪都可感染猪传染性萎缩性鼻炎，哺乳仔猪易感性最强，1 周龄猪感染后，可以引发原发性肺炎，导致仔猪全部死亡。

诊断方法：对于猪传染性萎缩性鼻炎，可以采取鼻拭子插入鼻腔 1/2 处取样或取扁桃体进行病原学诊断、血清学诊断。有条件的地方可以根据病猪鼻腔 X 线影像的异常变化，做出早期诊断。

防控措施：主要包括加强猪群饲养管理，淘汰阳性猪，降低饲养密度，采用多价疫苗免疫接种和药物预防等。

【例题 1】2 月龄猪，体温、精神、食欲正常，近期部分猪表现打喷嚏，颜面部变形，眼角有泪斑。

1. 本病最可能的诊断是（D）。

A. 猪肺疫　B. 副猪嗜血杆菌病　C. 猪传染性胸膜肺炎

D. 猪传染性萎缩性鼻炎　E. 猪支原体肺炎

2. 病猪鼻拭子纯培养物染色镜检，可见有鞭毛的革兰氏阴性球杆菌。该菌最可能是（E）。

A. 副猪嗜血杆菌　B. 沙门菌　C. 放线杆菌　D. 丹毒杆菌　E. 波氏菌

3. 本病的预防措施不包括（A）。

A. 全群扑杀　B. 药物防控　C. 改善饲养管理　D. 免疫接种　E. 淘汰阳性猪

【例题 2】冬季，某 100 日龄猪群，生长缓慢，打喷嚏，流浆液性鼻液，剧烈咳嗽时鼻孔流出大量血液，部分病猪颜面变形，有泪斑。

1. 本病最可能的病原是（C）。

A. 肺炎支原体　B. 链球菌　C. 产毒素多杀性巴氏杆菌

D. 胸膜肺炎放线杆菌　E. 副猪嗜血杆菌

2. 对本病具有示病意义的病变是（B）。

A. 鼻黏膜溃疡　B. 鼻甲骨萎缩　C. 肺肉变　D. 肺脓肿　E. 间质性肺炎

3. 【假设信息】如部分病猪剖检后，发现两侧肺心叶和肺尖叶出现肉样实变，该猪群并发或继发的疾病是（C）。

A. 副猪嗜血杆菌病　B. 猪肺疫　C. 猪支原体肺炎

D. 猪肺线虫病　E. 传染性胸膜肺炎

## 考点 15：猪肺疫的病变特征、诊断方法和防控措施★★★

猪肺疫又称猪巴氏杆菌病，是由多杀性巴氏杆菌引起的急性或散发性传染病。急性病例呈出血性败血症、咽喉炎和纤维素性肺炎症状；慢性病例主要表现为慢性肺炎。

病变特征：急性型较为常见，特征病变为纤维素性肺炎，肺有出血、水肿、气肿、红色和灰黄色肝变，切面呈大理石样，胸膜常有纤维素性附着物，严重时胸膜与肺粘连。

诊断方法：将病料涂片，瑞氏染色或吉姆萨染色镜检，可见两端着色的卵圆形杆菌。

防控措施：对于猪肺疫，一般可以使用弱毒菌苗接种进行预防。

【例题】育肥猪，3月龄，口、鼻流白色泡沫，颈部发红肿胀，张口呼吸，常呈犬坐姿势，急性死亡。剖检见颈部皮下呈胶冻状，肺水肿、出血，切面呈大理石样。

1. 本病病原可能是（A）。

A. 巴氏杆菌　B. 大肠杆菌　C. 沙门菌　D. 副猪嗜血杆菌　E. 支原体

2. 颈部肿胀的原因是（D）。

A. 激素性水肿　B. 瘀血性水肿　C. 神经性水肿

D. 炎性水肿　E. 营养不良性水肿

3. 预防本病的措施是（A）。

A. 疫苗免疫　B. 使用抗生素　C. 使用抗血清　D. 加强营养　E. 禁止养猫

## 考点16：猪丹毒的临床类型和主要特征★★★

猪丹毒是由红斑丹毒丝菌引起的猪的一种急性、热性传染病，主要特征为败血症、皮肤疹块、慢性疣状心内膜炎、皮肤坏死和多发性非化脓性关节炎。

临床上主要表现为急性型、亚急性型和慢性型。急性型主要表现为败血症，呈现急性经过和高死亡率，死前病猪皮肤可见不同区域不同程度的红色斑块，多于2~4d内死亡，仔猪发生猪丹毒时，抽搐，倒地死亡；亚急性型又称疹块型，俗称“打火印”，主要呈现全身不同部位，如胸部、背部、颈部出现不同形状的红色疹块，指压褪色，疹块突出于皮肤表面，干枯后形成棕色痂皮；慢性型主要呈现多发性慢性关节炎、关节肿胀变形和跛行，慢性心内膜炎、心脏听诊有杂音、心瓣膜有菜花样增生物，以及皮肤坏死。

病理特征主要表现为消化道出血性炎症；脾脏肿大、充血，呈樱桃红色，呈典型的败血脾；肾脏肿大，呈花斑状，有“大紫肾”之称；心瓣膜可见灰白色菜花样增生物。

可以给予青霉素类和头孢类药物足够剂量治疗，效果较好。

【例题】某猪场3~6月龄架子猪，5月突然发病，体温可达42.5℃，精神沉郁，不食，呼吸高度困难，粪便干燥，下颌皮肤、腹部皮肤、四肢末端皮肤出现紫色或紫红色瘀斑，喜卧，驱赶时尖叫，病程快的1~2d死亡，病程长的可见后肢关节肿大，跛行，注射器穿刺有纤维素和脓汁，后期出现腹泻，本病可能是（A）。

A. 猪丹毒　B. 猪肺疫　C. 猪圆环病毒病

D. 仔猪副伤寒　E. 猪链球菌病

## 考点17：猪布鲁氏菌病的临床特征、诊断方法和免疫预防★★★

布鲁氏菌病简称布病，是由布鲁氏菌引起的人兽共患传染病，猪、绵羊、山羊、牛等家养动物和人均可感染发病，动物发生流产、不育、生殖器官和胎膜发炎，人感染后引起波浪热。一般经消化道、呼吸道、生殖系统黏膜及损伤甚至未损伤的皮肤等传播。

临床特征：妊娠母猪体温升高，阴道流出黏液样的灰色分泌物，主要表现为不育，后肢麻痹及跛行。

诊断方法：将流产胎儿的胃内容物、肺、肝脏和脾脏及流产胎儿胎盘和羊水等直接涂片，革兰氏染色和柯兹罗夫斯基鉴别染色，发现球杆状的红色菌体，即可做出初步诊断。将标本划线接种于10%马血清的马丁琼脂培养基进行细菌分离。血清凝集试验，包括玻片凝集试验和试管凝集试验，是我国布鲁氏菌病监测的诊断技术，用于早期诊断。

免疫预防：接种疫苗是预防本病的重要措施。目前国内外常用的疫苗主要有猪布鲁氏菌S2株疫苗。我国主要使用S2疫苗。

【例题】某母猪流产，取阴道分泌物涂片，革兰氏染色和柯兹罗夫斯基染色均可见红色球杆菌，该病原可能是（B）。

A. 巴氏杆菌　B. 布鲁氏菌　C. 支原体　D. 螺旋体　E. 李氏杆菌

## 考点18：仔猪副伤寒的临床特征和诊断方法★★★★

仔猪副伤寒又称猪沙门菌病是由沙门菌属中多种细菌引起的疾病的总称，沙门菌是一大群需氧或兼性厌氧、无芽孢、无荚膜的革兰氏阴性菌。

本病主要发生于20日龄至4月龄的仔猪。急性型呈败血症变化，表现为弥漫性纤维素性坏死性肠炎，临床表现为下痢，有时发生卡他性或干酪样肺炎。剖检可见脾脏肿大，色暗带蓝，坚硬似橡皮；肝脏、肾脏有不同程度的肿大、充血和出血，肝实质可见灰黄色坏死小点，肠系膜淋巴结肿大。全身各黏膜、浆膜均有不同程度的出血斑或出血点，胃肠黏膜可见急性卡他性炎症。人类经消化道感染沙门菌后，多为急性经过，表现为腹泻、呕吐等食物中毒症状，呈胃肠类型。

诊断方法：病料接种麦康凯培养基，生长出无色菌落，革兰氏染色阴性。一般使用凝集试验进行疾病诊断。

【例题】7月，某猪场出生3周后的仔猪普遍发病，体温升高，拒食，卧地，排灰黄色混有黏液和血丝的稀粪，部分仔猪发生卡他性或干酪样肺炎。采集病料进行培养，在麦康凯培养基上形成无色菌落。

1. 本病最可能的诊断是（B）。

A. 大肠杆菌病　B. 沙门菌病　C. 巴氏杆菌病　D. 弯曲菌病　E. 结核病

2. 本病病原的特点是（B）。

A. 革兰氏阳性菌，无芽孢，无荚膜

B. 革兰氏阴性菌，无芽孢，无荚膜

C. 革兰氏阴性菌，有芽孢，有荚膜

D. 革兰氏阳性菌，无芽孢，有荚膜

E. 革兰氏阳性菌，有芽孢，有荚膜

3. 人类感染本病，临床症状最常见的是（C）。

A. 关节炎型　B. 肺炎型　C. 胃肠炎型　D. 肾炎型　E. 肝炎型

## 考点19：猪链球菌病的临床特征和诊断方法★★★

猪链球菌病是由多种不同群的链球菌引起的不同临床类型的传染病的总称，特征为急性病例表现败血症和脑膜炎，C群链球菌引起的发病率高，病死率高，危害大；慢性病例则为关节炎、心内膜炎及组织化脓性炎，以E群链球菌引起的淋巴脓肿最为常见。猪Ⅱ型链球菌病已成为我国一种新的人兽共患病。人感染后主要出现败血症型和脑膜炎型，其中败血症型常发生链球菌中毒性休克。

临床特征：突然发病，体温升高达41.5℃，呼吸急促，颈下、腹下及四肢末端等处皮肤有紫红色出血斑点。胸腔有大量黄色或混浊液体，含微黄色纤维素絮片样物质。心外膜与心包膜常粘连。脾脏明显肿大，边缘有出血梗死区，脑膜和脊髓软膜充血，关节多有浆液纤维素性炎症，含有黄白色奶酪样块状物。

诊断方法：取肝脏、脾脏、肾脏、血液、关节液、脑脊髓液及脑组织等，进行涂片、染色、镜检，可见大量革兰氏染色阳性球菌；接种血液琼脂培养基，37℃血液培养24h后，可见菌落周围有β溶血环。

对于人的猪Ⅱ型链球菌感染，需要及早、足量使用抗生素治疗，可以治愈。

【例题1】某猪场猪突然死亡，剖检见胸腔内有大量黄色混浊液体，脾脏肿大，其他脏器出血、水肿。取心血抹片镜检，见有革兰氏染色阳性菌，接种血液琼脂培养基，37℃血液培养24h后，可见菌落周围有β溶血环。初步诊断是（C）。

A. 猪肺疫　B. 副伤寒　C. 猪链球菌病
D. 副猪嗜血杆菌病　E. 猪传染性胸膜肺炎

【例题2】病死猪，剖检可见可视黏膜发绀，下颌淋巴结明显肿胀，外观灰白色，质地柔软，肺、肝脏及肾脏表面有大小不一的灰白色柔软隆起，切开病灶，可见有灰黄色混浊凝乳状液体流出。

1. 组织病理学观察，主要炎性细胞是（C）。

A. 淋巴细胞　B. 浆细胞　C. 中性粒细胞
D. 嗜酸性粒细胞　E. 嗜碱性粒细胞

2. 上述病灶局部的炎症反应为（D）。

A. 变质性炎症　B. 渗出性炎症　C. 增生性炎症　D. 化脓性炎症　E. 出血性炎症

3. 确诊病因的诊断方法是（A）。

A. 细菌分离培养　B. 病毒分离培养　C. 寄生虫观察
D. 饲料毒物分析　E. 肿瘤组织学鉴定

## 考点20：猪大肠杆菌病的临床特征、诊断方法和防控措施★★★★★

大肠杆菌病是指由致病性大肠杆菌引起多种动物不同疾病或病型的统称。猪大肠杆菌病分为仔猪黄痢、仔猪白痢和猪水肿病。

仔猪黄痢：初生仔猪的一种急性、致死性疾病，主要发生于1~3日龄的仔猪，发病率高，病死率高。临床上以食欲废绝，腹泻、排黄色或白色粪便为特征。病猪排出黄色浆状稀粪，内含凝乳小片，很快消瘦、昏迷死亡；剖检可见胃肠道膨胀、有大量黄色液状内容物和气体，内有酸臭凝乳块，肠黏膜呈急性卡他性炎症变化，肠系膜淋巴结充血水肿

仔猪白痢：由致病性大肠杆菌引起的2~4周龄仔猪的一种急性肠道传染病，病死率低。临床上以突然发生腹泻，排乳白色或灰白色、腥臭、糨糊状稀粪为特征。剖检可见肠黏膜卡他性炎症。病猪很少死亡，能自行康复，但仔猪生长发育迟缓，育肥周期延长。

猪水肿病：由某些溶血性大肠杆菌引起的断奶后仔猪的一种毒血症，主要发生于断奶后1~2周的仔猪，发病率低，但病死率高。临床特征是突然发病，病程短促，体温一般无变化，神经症状明显，头部和胃壁等处出现水肿（具有诊断意义），共济失调，麻痹等。

诊断方法：一般是取新鲜死猪小肠前段内容物或小肠黏膜，接种于麦康凯培养基上，挑

取红色菌落进行形态染色和生化试验；或接种伊红亚甲蓝培养基，挑取黑色带金属光泽菌落；或使用大肠杆菌因子血清鉴定血清型。

防控措施：对于猪水肿病的防治，一般免疫接种黏附因子基因工程多价苗，同时补铁、补硒，增强机体的抗病能力。

【例题 1】仔猪，5 日龄，腹泻，粪便呈黄色糊状，并迅速消瘦，脱水死亡。剖检可见胃内有凝乳块；肠腔膨胀并有大量黄色液状内容物和气体，肠黏膜呈急性卡他性炎症变化，尤以十二指肠最严重。

1. 本病最可能的诊断是（A）。

A. 仔猪黄痢 B. 仔猪白痢 C. 仔猪副伤寒 D. 仔猪红痢 E. 猪水肿病

2. 诊断本病应进行（A）。

A. 病原分离鉴定 B. 尿液化学检查 C. 血红蛋白检测

D. 血液红细胞计数 E. 血清钠、钾离子检测

3. 【假设信息】该类病原感染断奶后仔猪，膘情好的仔猪最可能出现（B）。

A. 皮肤黄疸 B. 眼睑水肿 C. 高热稽留 D. 持续咳嗽 E. 呼吸困难

4. 【假设信息】该类病原感染 15 日龄仔猪，最可能出现（E）。

A. 腹水 B. 低血糖 C. 体温偏低 D. 虎斑心 E. 排灰白色稀粪

【例题 2】某断奶后 1 周仔猪群，其中部分仔猪突然倒地惊厥，出现眼睑肿胀，大部分仔猪在 1~7d 内死亡。

1. 本病可以初步诊断为（B）。

A. 猪链球菌病 B. 猪水肿病 C. 副猪嗜血杆菌病

D. 破伤风 E. 李氏杆菌病

2. 麦康凯培养基分离病原，挑选的菌落颜色是（D）。

A. 白色 B. 黄色 C. 灰色 D. 红色 E. 黑色

3. 进一步检查，具有诊断意义的病理变化是（A）。

A. 胃壁和肠系膜水肿 B. 小肠黏膜出血 C. 胃黏膜出血

D. 回盲肠扣状溃疡 E. 回肠增厚

【例题 3】某猪场 40 日龄仔猪，突然发生精神高度紧张，食欲减退或废绝，眼睑和颈、胸、腹部皮下水肿，步态失调，继而卧地不起，四肢划动呈游泳状。有的仔猪表现兴奋，反应过敏，口吐白沫，叫声嘶哑，最后全身抽搐而死。剖检见胃壁及肠系膜水肿。

1. 本病最可能是（B）。

A. 猪链球菌病 B. 猪大肠杆菌病 C. 猪副伤寒

D. 副猪嗜血杆菌病 E. 猪丹毒

2. 疾病的发病特点是（A）。

A. 发病率低，病死率高 B. 发病率高，病死率高 C. 发病率高，病死率低

D. 发病率低，病死率低 E. 发病率、病死率中等

3. 为防治本病，最应注意补充的微量元素是（D）。

A. 锌 B. 锰 C. 铜 D. 硒 E. 钼

【例题 4】断奶仔猪群，30 日龄，突然倒地死亡，体温正常，眼睑水肿，有神经症状。剖检可见颈部皮下水肿，脑充血、水肿。

1. 本病最可能的诊断是（A）。

A. 猪水肿病 B. 猪链球菌病 C. 猪李氏杆菌病 D. 猪伪狂犬病 E. 猪乙型脑炎

2. 本病特征性的病理变化是（D）。

A. 肝脏坏死点 B. 扁桃体溃疡 C. 淋巴结肿大、出血

D. 胃壁水肿 E. 绒毛心

3. 下列关于本病描述不正确的是（C）。

A. 发病率不高，病死率高 B. 是一种肠毒血症 C. 病死猪脱水严重

D. 与饲料和饲养方法有关 E. 有些病例无水肿变化

## 考点21：猪李氏杆菌病的临床特征和诊断方法★★

李氏杆菌病是由产单核细胞增多性李氏杆菌引起的动物和人的一种食源性、散发性人兽共患传染病，本病致死率高。病畜主要表现为脑膜炎、败血症和流产。

临床特征：断奶仔猪及哺乳仔猪多表现为脑膜炎症状。有的头颈后仰，前肢或后肢张开，呈典型的“观星”姿势；有的肌肉震颤、强硬，口吐白沫，倒卧地上，四肢呈游泳状。绵羊、山羊会出现类似症状。

诊断方法：取病料染色镜检，发现呈V形排列或并列的革兰氏阳性短小杆菌，即可初步确诊；接种于亚硝酸钠胰蛋白胨琼脂平板，培养平板的细菌菌落呈典型的中央黑色而周围绿色。

【例题】断奶仔猪运动失调，有的转圈，有的倒地，四肢划动，后期体温下降到36.5℃以下，很快死亡。采集病猪血液，革兰氏染色镜检，可见V形排列的革兰氏阳性短小杆菌，接种葡萄糖琼脂平板，长出中央黑色周围绿色的菌落，血液检查可见（A）。

A. 单核细胞升高 B. 嗜酸性粒细胞降低 C. 嗜酸性粒细胞升高

D. 嗜碱性粒细胞降低 E. 嗜碱性粒细胞升高

## 考点22：仔猪梭菌性肠炎的临床特征和防控措施★★★

仔猪梭菌性肠炎：又称仔猪传染性坏死性肠炎，俗称仔猪红痢，是由C型或A型产气荚膜梭菌引起的1周龄以内仔猪高度致死性的肠毒血症，特征为出血性下痢，病程短，病死率高，小肠后段出现弥漫性出血或坏死性变化，肠系膜淋巴结呈鲜红色。

防控措施：由于这种疾病发病迅速，病程短，常常未见到临床症状，即突然死亡。因此防控仔猪梭菌性肠炎的关键措施是定期进行疫苗免疫接种。

## 考点23：猪支原体肺炎的临床特征、诊断方法和预防措施★★★★

猪支原体肺炎俗称猪气喘病，是由支原体科猪肺炎支原体引起的一种接触性、慢性、消耗性呼吸道传染病。临床特征是明显的气喘、咳嗽、腹式呼吸，生长发育迟缓。病理特征是肺呈现双侧对称性实变。

临床特征：病猪体温和食欲正常，但生长缓慢，个体大小不一；经常出现咳嗽、气喘等症状。剖检可见双侧肺的心叶、尖叶、中间叶的腹面和膈叶呈实变外观，颜色多为灰红色，半透明，像鲜嫩的肌肉样，俗称肉样变，其他器官未见异常。

诊断方法：X线检查对于猪支原体肺炎的诊断有重要价值，尤其是对隐性感染或可疑感染猪的诊断，具有直观、快速和简便的优点。也可采用PCR、ELISA、荧光抗体试验、间接

血凝试验等方法，但病原分离鉴定耗时较长，一般需 2~3d。

预防措施：对于本病的预防，一般采取全进全出原则，实施早期隔离断奶技术、降低饲养密度、进行疫苗接种等措施。对猪肺炎支原体比较敏感的药物主要有替米考星、泰妙菌素、克林霉素、壮观霉素及喹诺酮等，青霉素类和磺胺类药物对本病原无效。

【例题 1】某猪场的一批 5 月龄育肥猪，体温和食欲正常，但生长缓慢，个体大小不一；经常出现咳嗽、气喘等症状。剖检见肺部尖叶、心叶、膈叶前缘呈双侧对称性肉样变，其他器官未见异常。

1. 本病最可能的病原是（D）。

A. 巴氏杆菌 B. 布鲁氏菌 C. 猪链球菌 D. 肺炎支原体 E. 副猪嗜血杆菌

2. 诊断隐性感染猪的快速方法是（A）。

A. X 线检查 B. PCR 检查 C. 病原分离 D. 白细胞计数 E. 免疫荧光检查

3. 预防本病不宜采用的措施是（E）。

A. 全进全出 B. 接种疫苗 C. 降低饲养密度

D. 早期隔离断奶技术 E. 饲料中添加氨苄西林

【例题 2】某育肥猪出现咳嗽，打喷嚏，腹式呼吸等，病猪消瘦，取鼻和气管分泌物做常规细菌分离，结果为阴性。

1. 进一步对无明显临床症状的猪做 X 线检查，可见肺野内有云絮状密影。本病可能是（C）。

A. 猪瘟 B. 猪弓形虫病 C. 猪支原体肺炎

D. 猪多发性浆膜炎与关节炎 E. 猪传染性胸膜肺炎

2. 预防和治疗本病无效的药物是（B）。

A. 土霉素 B. 青霉素 C. 喹诺酮类 D. 替米考星 E. 泰乐菌素

3. 诊断本病耗时最长的方法是（C）。

A. PCR B. ELISA C. 病原分离 D. 荧光抗体试验 E. 间接血凝试验

## 考点 24：猪痢疾的临床特征、病变特征、诊断方法和治疗方法★★★

猪痢疾俗称猪血痢，是由致病性猪痢疾短螺旋体引起的猪的一种肠道传染病，特征为黏液性或黏液性出血性下痢，大肠黏膜发生卡他性出血性炎症。本病以 7~12 周龄的猪多发，发病率高，死亡率较低。

病变特征：病变局限于大肠、回盲结合处。大肠黏膜肿胀，表面坏死，形成假膜；有时黏膜上覆盖成片的薄而密集的纤维素，剥离假膜露出浅表糜烂面。黏膜表层及腺窝内可见数量不一的猪痢疾短螺旋体，以急性期数量较多。

诊断方法：一般取急性病例的猪粪便和肠黏膜制成涂片染色，用暗视野显微镜检查，每个视野发现有 3~5 条运动型短螺旋体，即可做定性诊断。

治疗方法：目前一般治疗猪痢疾的有效药物主要有乙酰甲喹、新霉素、林可霉素等。

【例题 1】某猪场 70 日龄猪群，个别猪突然死亡，随后部分猪发病，精神沉郁，食欲减退，下痢，粪便色黄、稀软或呈水样，严重的含有血液和黏液。病猪迅速消瘦，起立无力，极度衰弱，最后死亡。剖检见大肠黏膜肿胀增厚，覆盖黏液和带血块的纤维素，其他脏器未见病变。

1. 本病最可能的诊断是（C）。

A. 猪红痢　　B. 猪流行性腹泻　　C. 猪痢疾

D. 猪轮状病毒病　　E. 猪瘟

2. 用肠黏膜涂片，染色镜检，最可能观察到的病原形态是（A）。

A. 螺旋形　　B. 短链状　　C. 球形　　D. 梭形　　E. 两极着色球杆状

3. 预防本病可选用的药物是（A）。

A. 乙酰甲喹　　B. 灰黄霉素　　C. 三氮脒　　D. 两性霉素 B　　E. 马度米星

【例题 2】仔猪群，2 月龄，排黄色稀粪，表面附有条状黏液，2d 后，粪便充满血液和黏液，恶臭，逐渐消瘦死亡，死亡前体温降至室温以下。

1. 本病最可能的诊断是（B）。

A. 巴氏杆菌病　　B. 猪痢疾　　C. 大肠杆菌病

D. 猪流行性腹泻　　E. 猪传染性胃肠炎

2. 剖检的典型病变位于（E）。

A. 胃　　B. 脾脏　　C. 肾脏　　D. 小肠　　E. 大肠

3. 用于本病快速检测的方法是（A）。

A. 暗视野显微镜检查　　B. 麦康凯琼脂分离　　C. 空斑试验

D. HA 试验　　E. 平板凝集试验

## 考点 25：猪钩端螺旋体病的临床特征、病变特征、诊断方法和治疗方法★★

钩端螺旋体病是由不同血清型致病性钩端螺旋体引起的一种人兽共患传染病。临床上主要表现为发热、黄疸、出血、血红蛋白尿、水肿，皮肤黏膜坏死和流产。

临床特征：体温突然升高，黏膜发黄，尿色呈红褐色，有大量血红蛋白和胆色素，常见皮肤干裂、坏死和溃疡。断奶仔猪头颈或全身水肿，妊娠母猪发生流产、死胎。

病变特征：皮肤有干裂坏死灶，皮肤黏膜黄染，实质器官有出血斑。有的水肿，以头颈和四肢明显。

诊断方法：采取发热期血液、尿液或脑脊液，制成压滴标本，用暗视野显微镜观察到运动型钩端螺旋体即可确诊。

治疗方法：可以使用链霉素、庆大霉素等抗菌药物进行治疗。口服或静脉注射多西环素有治疗疾病和消除病原的双重功效。

【例题】仔猪群，1 月龄，眼结膜泛黄，头颈部水肿，排红棕色尿液，粪便干硬有腥臭味。发病初期体温升高，后期恢复正常。

1. 本病最可能的诊断是（A）。

A. 钩端螺旋体病　　B. 猪瘟　　C. 猪肺疫

D. 猪圆环病毒病　　E. 副猪嗜血杆菌病

2. 实验室检查可能呈现的结果是（A）。

A. 尿液血红蛋白试验阳性　　B. 尿液含有大量尿酸盐　　C. 尿液硫酸铵盐析试验阳性

D. 尿液荧光照射呈红色　　E. 尿液呈云雾状

3. 治疗本病的首选药物是（B）。

A. 盐霉素　　B. 庆大霉素　　C. 青霉素　　D. 莫能菌素　　E. 核黄素

# 第二章 猪寄生虫病

## 轻装上阵

### 如何学？

猪寄生虫病

- 猪弓形虫病：滋养体 包囊 卵囊 妊娠猪流产 内脏器官硬结 淋巴结 磺胺药
- 猪囊尾蚴病：猪囊尾蚴 半透明囊泡 肉品检验 心肌 死后尸体检验
- 猪旋毛虫病：肌型旋毛虫 鼠 肉眼+显微镜 24个肉粒 椭圆形包囊
- 猪球虫病：猪等孢球虫 2个孢子囊 4个子孢子 纤维素性坏死性假膜
- 猪姜片吸虫病：布氏姜片吸虫 扁卷螺 囊蚴 水生植物 水洗沉淀法
- 猪疥螨病：表皮内 剧痒 结痂 皮肤交界处病料 显微镜检查 虫体形态
- 猪冠尾线虫病：肾虫病 肾脏 尿液有白色絮状物 晨尿中发现虫体 阿苯达唑
- 猪棘头虫病：蛭形巨吻棘头虫 体表环纹 金龟子 阿苯达唑
- 猪消化道线虫病：猪蛔虫 食道口线虫 乳斑肝 结肠壁结节
- 猪小袋纤毛虫病：仔猪 腹痛 腹泻 人兽共患 滋养体 包囊
- 猪肺线虫病：野猪后圆线虫 蚯蚓 呼吸困难 携带病毒 肺部发现成虫
- 猪日本分体吸虫病：血吸虫病 肠系膜静脉 器官虫卵结节 毛蚴孵化法
- 猪华支睾吸虫病：肝脏、胆囊 叶状虫体 淡水螺 淡水鱼、虾 腹水、贫血 吡喹酮
- 猪类圆线虫病：兰氏类圆线虫 猪小肠 折刀样幼虫 幼虫移行 肺炎
- 猪毛尾线虫病：盲肠 鞭虫病 棕黄色腰鼓形虫卵 水样血色便

### 如何考？

本章考点在考试中主要出现在A3/A4型题中，每年分值平均3分。下列所述考点均需掌握。猪囊尾蚴病、猪旋毛虫病、猪华支睾吸虫病、猪线虫病等是每年考查最为频繁的内容，希望考生予以特别关注。

## 考点冲浪

### 考点1：猪弓形虫病的病原特征、临床特征、诊断方法和防治方法★★★★

弓形虫病是指由刚地弓形虫引起的人和多种温血脊椎动物的共患寄生虫病，呈世界性分布。虫体寄生于宿主的多种有核细胞中，导致流产、产弱胎和死胎等繁殖障碍，弓形虫感染人不仅会引起繁殖障碍，还可引起脑炎和眼炎。

弓形虫一般经口感染，滋养体可通过黏膜、皮肤侵入中间宿主体内；妊娠动物和人体内的弓形虫可以通过胎盘传给胎儿。

病原特征：弓形虫对人体和动物致病及与传播有关的发育期为滋养体、包囊和卵囊期。

1）滋养体。又称速殖子，呈香蕉形或半月形，主要出现于动物疾病的急性期，常散在于血液、脑脊液和病理渗出液中。

2）包囊。呈卵圆形或椭圆形，长期存在于慢性病例的脑、骨骼肌、心肌和视网膜等处。

3）卵囊。呈圆形或椭圆形，孢子化卵囊含 2 个孢子囊，每个孢子囊含 4 个新月形子孢子，主要见于猫及其他猫科动物等终末宿主的粪便中。

临床特征：弓形虫病呈急性经过，对猪和羊的危害最大。临床上表现为食欲废绝，高热稽留，呕吐，呼吸困难，咳嗽，肌肉强直，体表淋巴结肿大，耳部和腹下有瘀血斑或较大面积的发绀；妊娠猪发生流产或死产。急性发病动物的病变主要是肺、淋巴结、肝脏、肾脏等内脏器官肿胀、硬结、质脆、渗出增加、坏死及全身多发性出血、瘀血等。

诊断方法：一般采取病猪发热期的血液、脑脊液、淋巴结穿刺液或者病死猪肝脏、肺、淋巴结及腹水作为检查材料，抹片染色镜检，若发现弓形虫滋养体或包囊，可以初步诊断，对猫弓形虫应采集粪便检查卵囊。

从血清或脑脊液中检测到弓形虫特异性 IgM 抗体代表早期感染，特别适用于流行病学调查和早期诊断。ELISA 主要用于检测宿主的特异性循环抗体，国外已有多种商品化试剂盒。

防治方法：磺胺类药物，如磺胺间甲氧嘧啶，对急性弓形虫病有很好的治疗效果，与抗菌增效剂联合使用的疗效更好。预防：应禁止猫自由出入猪圈，扑灭圈舍内外鼠类。

【例题】母猪群，高热稽留，腹泻，呼吸困难，耳部及腹下皮肤有较大面积发绀，部分妊娠猪发生流产、死胎。取淋巴结染色镜检，发现香蕉形虫体。

1. 本病可能是（E）。

A. 棘头虫病　B. 旋毛虫病　C. 肾虫病　D. 球虫病　E. 弓形虫病

2. 治疗本病的有效药物是（E）。

A. 吡喹酮　B. 阿苯达唑　C. 盐霉素　D. 氯霉素　E. 磺胺间甲氧嘧啶

## 考点 2：猪囊尾蚴病的病原特征、流行特点、检验方法和治疗药物★★★★

猪囊尾蚴病是由寄生在人体内的猪带绦虫（有钩绦虫）的幼虫——猪囊尾蚴寄生于猪的肌肉和其他器官引起的一种人兽共患寄生虫病。猪囊尾蚴检查是肉品卫生检验的重点检验项目。

病原特征：猪囊尾蚴俗称猪囊虫。成熟的猪囊尾蚴呈椭圆形，约黄豆大小，为半透明的囊泡，囊内充满液体，囊壁是一层薄膜，膜内见粟粒大小的乳白色结节。

流行特点：猪囊尾蚴病呈全球性分布，主要流行于亚洲。本病的发生与流行与人的生活方式和卫生习惯及食肉方法有关，人（终末宿主）喜食未煮熟的含猪囊尾蚴的猪肉而感染。猪带绦虫寄生于人的小肠中，其孕卵节片（简称“孕节”）不断脱落并随人的粪便排出体外，污染饲料和饮水。猪食用了孕卵节片或虫卵后即可导致感染。临床上主要因寄生部位不同，出现不同症状，寄生于肺和喉头时，出现呼吸困难、吞咽困难。

检验方法：生前诊断困难。肉品卫生检验时，在肌肉中，特别是在心肌、咬肌、舌肌及四肢肌肉中发现囊尾蚴，即可确诊。

治疗药物：推荐治疗药物为吡喹酮、阿苯达唑，适用于活动期与部分退化死亡期的囊尾蚴，临床治疗皮下肌肉型和脑囊尾蚴病均有较好效果。吡喹酮以杀虫作用为主，药效快，疗程短，但副作用大。阿苯达唑以影响虫体的正常代谢为主，药效缓和，疗程略长，副作用较小。

【例题 1】某个体养殖户饲养的成年猪表现营养不良、贫血、生长迟缓、逐渐消瘦等症状。剖检心肌、咬肌、四肢肌肉等部位有黄豆大小、半透明的囊泡状虫体。

1. 本病可能是（C）。

A. 弓形虫病 B. 猪球虫病 C. 猪囊尾蚴病

D. 姜片吸虫病 E. 细颈囊尾蚴病

2. 本病的感染来源是（E）。

A. 犬 B. 猫 C. 昆虫 D. 牛、羊 E. 带虫病人

3. 对本病有一定效果的药物是（C）。

A. 青霉素 B. 盐霉素 C. 吡喹酮 D. 左旋咪唑 E. 磺胺嘧啶

【例题 2】某屠宰场，生猪体温正常，未见明显的临床症状。宰后检验发现，个别猪舌部有黄豆大小的囊状结节。

1. 本病最可能的诊断是（C）。

A. 似囊尾蚴病 B. 棘球蚴病 C. 猪囊尾蚴病 D. 弓形虫病 E. 细颈囊尾蚴病

2. 本病呈现的囊状结节还常见于（A）。

A. 肌肉 B. 肠黏膜 C. 肺 D. 淋巴结 E. 皮肤

3. 该病原的终末宿主是（D）。

A. 牛 B. 羊 C. 犬 D. 人 E. 猪

## 考点 3：猪旋毛虫病的病原特征、流行特点、临床特征、检验方法和防治方法★★★★

旋毛虫病是由旋毛虫寄生于人、猪、犬、猫等多种动物而引起的一种人兽共患寄生虫病，呈世界性分布，是肉品卫生检验的重要项目之一。

病原特征：旋毛虫属于毛形科毛形属。成虫与幼虫寄生于同一宿主，宿主先是终末宿主，后变为中间宿主，宿主由于摄食了含有包囊幼虫的动物肌肉而感染。成虫寄生于肠道，称为肠型旋毛虫；幼虫寄生于肌肉，称为肌型旋毛虫。

流行特点：猪是人类旋毛虫病的主要传染源；猪感染旋毛虫主要是由于吞食了鼠类，鼠类是猪旋毛虫病的主要传染源。

临床特征：人感染旋毛虫症状显著，猪感染旋毛虫后往往没有明显的临床症状。肠型旋毛虫引起肠炎，严重时出现带血性腹泻。肌型旋毛虫进入肌肉，出现急性肌炎、发热和肌肉疼痛，表现为吞咽、咀嚼、行走和呼吸困难，眼睑水肿，多因呼吸肌麻痹而死亡。

检验方法：生前诊断困难。屠宰后一般采取肉眼检查结合显微镜检查的方法进行诊断。肉眼检查结合压片镜检法是检验肌肉旋毛虫的主要方法，一般从可疑肌肉上剪取麦粒大小的膈肌肉样 24 个，均匀地排列在玻片上，用旋毛虫压片器压片或载玻片压薄，置于显微镜下检查。肉眼检查发现猪膈肌中有针尖大小的白色小点；低倍镜检查可以发现椭圆形包囊，囊内有蜷曲的虫体，即可确诊。

防治方法：旋毛虫病的推荐治疗药物为阿苯达唑。猪、犬、鼠、猫是旋毛虫病的主要传染源，因为猪、鼠都是杂食动物，感染旋毛虫的猪多因吞食死鼠，而鼠类常因相互蚕食而被

感染，因此防控猪旋毛虫病应采取的关键措施是消灭猪场周围的鼠类。

【例题】猪，6月龄，叫声嘶哑，咀嚼障碍。剖杀后，取横纹肌组织切片染色后，低倍镜检查可以发现椭圆形包囊，囊内有蜷曲的虫体。

1. 本病最可能的诊断是（D）。

A. 弓形虫病　B. 捻转血矛线虫病　C. 肉孢子虫病
D. 旋毛虫病　E. 毛尾线虫病

2. 成虫的寄生部位是（B）。

A. 心脏　B. 肠道　C. 肝脏　D. 脾脏　E. 肺

3. 本病的有效预防措施是（E）。

A. 环境卫生　B. 灭蚊　C. 灭蜱　D. 消毒　E. 灭鼠

## 考点4：猪球虫病的病原特征和临床特征★★

猪球虫病是由猪艾美耳球虫和猪囊等孢球虫寄生于猪肠上皮细胞引起的一种原虫病。本病发生于仔猪，多呈良性经过；成年猪感染后不出现任何临床症状，成为隐性带虫者。

病原特征：猪球虫病的病原为艾美耳球虫和猪囊等孢球虫，一般认为致病性较强的是猪囊等孢球虫。猪囊等孢球虫的卵囊呈球形或亚球形，内含2个孢子囊，每个孢子囊内含4个子孢子；艾美耳球虫的卵囊内有4个孢子囊，每个孢子囊内含2个子孢子。

临床特征：猪球虫病主要发生在仔猪，以7~21日龄仔猪多见，成年猪多为隐性感染。特征性病变是急性肠炎，局限于空肠和回肠，空肠和回肠黏膜出现黄色纤维素性坏死性假膜，松弛地附着在充血的黏膜上。

## 考点5：猪姜片吸虫病的病原特征、流行特点、诊断方法和治疗药物★★★

猪姜片吸虫病是由片形科姜片属的布氏姜片吸虫寄生于猪和人的十二指肠引起的影响仔猪生长发育和儿童健康的一种重要的人兽共患寄生虫病。

病原特征：布氏姜片吸虫的新鲜虫体呈肉红色，虫体肥厚，呈长卵圆形，像厚姜片。

流行特点：中间宿主为扁卷螺，水生植物生长茂密的池塘为中间宿主扁卷螺生长的最佳环境。猪姜片吸虫病主要发生在有水流的区域，感染性尾蚴附着在水生植物上形成囊蚴，猪采食含囊蚴的水生植物而感染。

诊断方法：如果病猪出现身体消瘦且腹部膨大，腹泻与便秘交替，应怀疑患有本病。确诊时应采集新鲜粪便，用水洗沉淀法检查虫体，发现虫卵，或剖检动物尸体时找到特征性的虫体，即可确诊。

治疗药物：吡喹酮为广谱抗吸虫和抗绦虫药物，是目前治疗猪姜片吸虫病的推荐药物。

【例题】池塘边自由采食水葫芦、菱角的散养猪中，部分猪发病，主要表现为腹胀、腹痛、腹泻、消瘦、贫血。

1. 最有可能感染的寄生虫是（D）。

A. 华支睾吸虫　B. 日本分体吸虫　C. 卫氏并殖吸虫
D. 布氏姜片吸虫　E. 程氏东毕吸虫

2. 如做病原诊断，最有效的检查方法是（D）。

A. 血液涂片检查　　B. 粪便直接涂片法　　C. 粪便毛蚴孵化法
D. 粪便水洗沉淀法　　E. 粪便饱和盐水漂浮法
3. 如对病猪进行治疗，可选择的药物是（C）。
A. 四环素　　B. 土霉素　　C. 吡喹酮　　D. 伊维菌素　　E. 左旋咪唑

## 考点6：猪疥螨病的病原特征、临床特征、诊断方法和治疗药物★★★★

疥螨病是由疥螨科疥螨属的疥螨寄生在动物表皮内而引起的慢性、寄生性皮肤病。本病特征为剧痒，湿疹性皮炎，脱毛，患部逐渐向周围扩展，具有高度传染性。

病原特征：疥螨发育呈不完全变态，有卵、幼虫、若虫、成虫4个阶段。疥螨有4对足，2对伸向前方，2对伸向后方，后足不超过体缘。疥螨症状和痒螨极其相似，疥螨寄生于表皮内，多见皮肤增厚现象，而痒螨寄生于表皮表面，主要寄生部位为肛门、眼、耳、鼻周围。

临床特征：主要表现为剧痒、皮肤损伤、脱毛、结痂、增厚乃至龟裂及消瘦等。

诊断方法：一般根据临床症状，选择在健康和病变皮肤交界处采集病料，在显微镜下检查发现虫体即可确诊。注意区分疥螨和痒螨的形态特征。

治疗药物：猪疥螨病属于外寄生虫病，阿维菌素为兽用杀虫、杀螨剂，对昆虫和螨类具有触杀和胃毒作用，为典型的抗外寄生虫药，所以一般选择口服或注射伊维菌素或阿维菌素类药物进行治疗。

【例题】仔猪群，30日龄，常在墙角、食槽等处摩擦，病变处皮肤增厚、龟裂，有血水流出。刮取皮屑镜检，见龟形虫体，有4对足，前两对足伸出体缘，后两对足不伸至体缘之外。

1. 本病最可能是（C）。
A. 虱感染　　B. 蜱感染　　C. 疥螨病　　D. 皮刺螨病　　E. 蚤感染
2. 治疗本病的药物是（A）。
A. 伊维菌素　　B. 阿苯达唑　　C. 三氮脒　　D. 硝氯酚　　E. 硫酸喹啉脲
3. 病原寄生于猪的（D）。
A. 皮肤表面　　B. 毛囊　　C. 皮下　　D. 表皮层内　　E. 皮脂腺内

## 考点7：猪冠尾线虫病的病原特征、临床特征和诊断方法★★

猪冠尾线虫病又称猪肾虫病，是由冠尾科冠尾属的有齿冠尾线虫寄生于猪的肾盂、肾周围脂肪和输尿管壁等处引起的一种寄生虫病。

病原特征：有齿冠尾线虫俗称猪肾虫，虫体粗壮，形似火柴杆。第三期感染性幼虫可以经口和皮肤两种途径感染。

临床特征：病猪主要表现为后肢无力，跛行，走路时后躯左右摇摆。尿液内常有白色黏稠的絮状物或脓液。继发后躯麻痹或后躯僵硬，不能站立，拖地爬行；母猪不孕或流产，公猪失去交配能力。

诊断方法：怀疑猪冠尾线虫病时，可以采集晨尿，静置后镜检沉淀，发现虫卵，或剖检发现虫体，即可确诊。可以选用阿苯达唑进行治疗。

【例题】南方某猪场，猪皮肤出现丘疹，食欲减退，贫血，消瘦，个别猪后肢无力，消瘦，尿液中带有白色絮状物和脓液，虫卵呈长椭圆形，较大，灰白色，内有多个胚细胞。

1. 该猪场流行的是（D）。

A. 猪蛔虫病 B. 旋毛虫病 C. 毛尾线虫病 D. 冠尾线虫病 E. 食道口线虫病

2. 常用确诊本病的方法是（B）。

A. 粪便漂浮法 B. 尿液沉淀法 C. 粪便沉淀法 D. 皮屑检查法 E. 血液涂片检查法

## 考点8：猪棘头虫病的病原特征和防治方法★★

猪棘头虫病是由少棘科巨吻属的蛭形巨吻棘头虫寄生于猪的小肠内引起的寄生虫病，以空肠最多。本病主要感染8~10月龄猪，呈散发或地方流行性。中间宿主为金龟子，散养和放牧猪感染率高。

病原特征：蛭形巨吻棘头虫的虫体大，呈长圆柱形、乳白色或浅红色，前部较粗，向后逐渐变细，体表有明显的环形皱纹，头端有一个可伸缩的吻突。

防治方法：消灭中间宿主金龟子及其幼虫是预防本病的关键，可在猪场以外的地点设置诱虫灯，捕杀金龟子。治疗可选用左旋咪唑和阿苯达唑。

## 考点9：猪消化道线虫病的病原特征、临床特征和治疗药物★★★

猪消化道线虫病是由多种寄生于猪消化道的线虫所引起的以消化功能障碍、发育受阻等为特征的一类寄生虫病。其中以猪蛔虫和食道口线虫引起的危害最为严重，是目前我国规模化猪场流行的主要线虫病。

病原特征：猪蛔虫是大型虫体，新鲜虫体呈浅红色或浅黄色，圆柱状，两端稍细，雄虫长15~25cm，尾端弯曲呈钩状。猪蛔虫的生活史简单，不需要中间宿主参与，成虫寄生于猪的小肠，常导致猪营养不良，严重时成为僵猪。雌虫排卵后，虫卵随粪便排出，在适宜条件下发育为感染性虫卵后，被猪吞食（经口）感染。猪蛔虫第三期幼虫随血液进入右心房、右心室和肺动脉到肺部毛细血管，并穿破毛细血管进入肺泡，幼虫在肺内经过5~6d，进行第三次蜕皮，变为第四期幼虫后离开肺泡。

猪食道口线虫寄生于猪的大肠，主要是结肠。由于食道口线虫幼虫可钻入宿主肠黏膜，使肠壁形成结节病变，又称结节虫病。猪常见的食道口线虫种类有有齿食道口线虫、长尾食道口线虫和短尾食道口线虫。

临床特征：幼虫在肺部移行时，仔猪出现咳嗽、体温升高、喘气等症状，在肝脏表面形成云雾状的乳斑（称为乳斑肝）；成虫期导致猪消瘦，顽固性腹泻，营养不良，严重时成为僵猪。剖检死亡猪在结肠壁上见到大量结节，结节破溃后形成顽固性肠炎。

治疗药物：对于猪消化道线虫病，一般选用阿苯达唑、阿维菌素进行治疗。

【例题1】某3~4月龄育肥猪群出现消瘦，异嗜，有的成为僵猪。剖检可见小肠内有大量浅黄色、圆柱形、体长为15~30cm的虫体，有的虫体尾端弯曲呈钩状。

1. 该猪群感染的是（A）。

A. 蛔虫 B. 棘头虫 C. 毛尾线虫 D. 食道口线虫 E. 毛细线虫

2. 该病原感染猪的主要途径是（A）。

A. 经口 B. 经皮肤 C. 经节肢动物 D. 经胎盘 E. 经呼吸道

【例题2】某3~4月龄育肥猪群，消瘦，顽固性腹泻，用抗菌药物治疗无效。剖检见结肠壁有大量结节，肠腔内有大量长的线状虫体。

1. 本病是（B）。

A. 蛔虫病 B. 食道口线虫病 C. 肾虫病 D. 旋毛虫病 E. 后圆线虫病

2. 治疗本病可选用的药物是（A）。

A. 阿苯达唑 B. 三氮脒 C. 吡喹酮 D. 地克珠利 E. 拉沙里菌素

【例题 3】育肥猪消化功能紊乱，消瘦，结膜苍白，生长缓慢，病程持续时间长。

1. 【假设信息】若本病由消化道线虫引起，则贫血的类型是（C）。

A. 失血性贫血 B. 溶血性贫血 C. 营养性贫血 D. 遗传性贫血 E. 再生障碍性贫血

2. 【假设信息】若本病由吸虫引起，适宜的粪便检查方法是（C）。

A. 直接涂片法 B. 虫卵漂浮法 C. 虫卵沉淀法 D. 幼虫分离法 E. 幼虫培养法

3. 【假设信息】若本病由球虫引起，适宜的粪便检查方法是（B）。

A. 肉眼观察法 B. 卵囊漂浮法 C. 毛蚴孵化法 D. 幼虫分离法 E. 幼虫培养法

【解析】本组题考查猪寄生虫病的诊断方法。根据育肥猪"消化功能紊乱，消瘦，结膜苍白，生长缓慢，病程持续时间长"的临床特征，可以初步判定为贫血。若本病由消化道线虫，如猪蛔虫引起，消化道线虫大量掠夺宿主肠道营养物质，导致宿主贫血。因此，贫血的类型是营养性贫血。对于吸虫病，一般可以采取虫卵沉淀法进行病原学诊断。对于球虫病，一般可以采取卵囊漂浮法进行病原学诊断。

## 考点 10：猪小袋纤毛虫病的流行特征和临床特征★★

猪小袋纤毛虫病是由小袋科小袋属的结肠小袋纤毛虫寄生于猪的大肠内所引起的一种原虫病，多见于仔猪。临床上呈现腹痛、腹泻、粪便带血等特征性症状，严重者可导致死亡。本病还可感染牛、羊、人，属于人兽共患原虫病，多发生于热带、亚热带地区。人感染结肠小袋纤毛虫时，病情严重，常引起顽固性下痢，病灶类似于阿米巴痢疾，表现为结肠和直肠的深层发生溃疡。

粪便中查到结肠小袋纤毛虫滋养体或包囊，即可确诊。可用甲硝唑、土霉素、金霉素、四环素等进行治疗。

## 考点 11：猪肺线虫病的临床特征和诊断方法★

猪肺线虫病是由多种线虫寄生于猪的支气管和细支气管所引起的一种呼吸系统寄生虫病，常见的虫体为野猪后圆线虫和复阴后圆线虫，需要蚯蚓作为中间宿主。

严重感染时，病猪表现为强有力的阵咳，呼吸困难，运动时加剧。猪肺线虫幼虫可携带猪流感、猪瘟等病毒，加重病情。可以进行粪便黏液检查，发现虫卵，或剖检时挤压肺膈叶后缘，发现成虫，即可确诊。

## 考点 12：猪日本分体吸虫病的临床特征、诊断方法和治疗药物★★

日本分体吸虫病，又称血吸虫病，是由日本分体吸虫寄生于人和猪、犬、啮齿类等的门静脉和肠系膜静脉内引起的一种危害严重的人兽共患寄生虫病。

临床特征：精神沉郁，行动迟缓，体温升高，食欲减退，腹泻，便血，严重贫血，严重时全身衰竭而死。病变主要出现于肠道、肝脏、脾脏等器官，基本病变是由虫卵沉着在组织中所形成的虫卵结节，结节中央为虫卵，周围集聚大量嗜酸性粒细胞，外围围绕上皮细胞、巨噬细胞和淋巴细胞。

诊断方法：目前推荐的诊断方法为粪便毛蚴孵化法。一般在清晨从家畜直肠中采取粪样或采取新排出的粪便，淘洗后直接检查粪便沉渣或进行毛蚴孵化，发现虫卵或毛蚴即可确诊。

治疗药物：目前猪日本分体吸虫病的推荐治疗药物为吡喹酮。

【例题】南方某地河滩放牧猪群部分出现食欲减退，精神不振，腹泻，血便，严重贫血，衰竭死亡，剖检见肝脏肿大，有大量虫卵结节。

1. 本病最可能的病原是（E）。

A. 肝片吸虫　B. 大片形吸虫　C. 腔阔盘吸虫
D. 矛形歧腔吸虫　E. 日本分体吸虫

2. 确诊本病常用的粪检方法是（D）。

A. 肉眼观察法　B. 直接涂片法　C. 虫卵漂浮法　D. 毛蚴孵化法　E. 幼虫分离法

3. 死后剖检最可能检出成虫的部位是（E）。

A. 肺　B. 胰脏　C. 肾脏　D. 颈静脉　E. 肠系膜静脉

## 考点13：猪华支睾吸虫病的病原特征、临床特征和治疗药物★★★

华支睾吸虫病是由华支睾吸虫寄生于人、猪、犬、猫等的肝脏、胆囊及胆管内引起的人兽共患寄生虫病，导致肝脏肿大和其他肝脏病变。本病呈世界性分布。

病原特征：虫体呈扁平叶状，前端稍尖，后端较钝，体表平滑，口吸盘大于腹吸盘。生活史中需要2个中间宿主，第一个中间宿主是淡水螺，第二个中间宿主是多种淡水鱼和虾。

华支睾吸虫成虫寄生于人、猪、犬、猫等的肝脏、胆囊及胆管内。动物食入含有囊蚴的第二中间宿主淡水鱼、虾是主要的感染途径。猪的感染是因为用淡水鱼、虾作为猪饲料而发生感染。

临床特征：病猪主要出现腹泻、腹痛、腹部饱胀、全身浮肿、腹水、贫血等肝硬化症状，虫体寄生于动物的胆管和胆囊内，引起胆管和胆囊发炎，管壁增厚。肝脏结缔组织增生，肝细胞变性萎缩，形成毛细胆管栓塞，引起肝硬化。

治疗药物：主要药物有吡喹酮、阿苯达唑和六氯对二甲苯等，均有较好的疗效。

## 考点14：猪类圆线虫病的病原特征、临床特征和治疗药物★★

类圆线虫病又称杆虫病，是由类圆属的线虫寄生于宿主肠道引起的寄生虫病，对幼畜危害很大，特别是仔猪。

病原特征：兰氏类圆线虫寄生于猪的小肠，特别是在十二指肠黏膜内。虫卵呈卵圆形，透明，壳薄，内含折刀样幼虫。

临床特征：只有丝虫型幼虫对动物具有感染力。丝虫型幼虫钻入宿主皮肤或被宿主经口摄入。经皮肤感染时，幼虫通过血液循环到心脏、肺，然后通过肺泡到支气管、气管、咽，被吞咽后，到肠道发育为成虫，引起仔猪腹痛，消瘦，腹部膨大，腹泻甚至呕吐等。幼虫侵入皮肤处引起局部红斑、丘疹、浮肿及痒感，并常伴有线状或带状的荨麻疹；幼虫在肺部移行，引起咳嗽、哮喘、发热或过敏性肺炎。

治疗药物：首选药物为噻苯达唑，也可用阿苯达唑和左旋咪唑等。

## 考点15：猪毛尾线虫病的病原特征和诊断方法★★★

毛尾线虫病是由毛尾属的线虫寄生于家畜大肠（主要是盲肠）引起的寄生虫病。由于虫体一端细，另一端粗，外形像鞭子，本病又称毛首线虫病或鞭虫病。

病原特征：毛尾线虫的虫卵呈棕黄色，腰鼓形，卵壳厚，两端有卵塞。猪毛尾线虫寄生于猪的盲肠，病猪表现为食欲减退，消瘦、贫血、腹泻，死前数天排水样血色粪，并有脱落的黏膜。

诊断方法：由于虫卵有特征性形态，易于辨识，粪便检查法发现大量棕黄色腰鼓形虫卵，且卵壳厚，两端有卵塞，或剖检时发现特征性的虫体，即可确诊。治疗可用阿苯达唑和左旋咪唑等药物驱虫。

# 第三章 猪内科病

## 轻装上阵

### 如何学？

猪内科病

| | |
|---|---|
| 猪肠便秘 | 排粪费力 干硬粪球 硫酸盐缓泻 饮水充足 |
| 猪口炎 | 口腔黏膜潮红 疼痛 采食障碍 硼酸溶液 碘甘油 |
| 猪胃炎 | 急性呕吐 腹痛 镇静 止吐 禁止经口投药 |
| 猪肠炎 | 腹痛 腹泻 发热 控制感染 补水和电解质 防止酸中毒 |
| 猪支气管肺炎 | 脓性鼻液 弛张热 白细胞增多 核左移 斑点状渗出性阴影 |
| 猪大叶性肺炎 | 高热稽留 铁锈色鼻液 4个时期 红色肝变期 大片致密阴影 |
| 猪心肌炎 | 非化脓性心肌炎 猪瘟等 第一心音强盛 白细胞、肌酸激酶升高 |
| 仔猪缺铁性贫血 | 皮肤和黏膜苍白 补铁 右旋糖酐铁 维生素$B_{12}$ 叶酸 |
| 猪尿道炎 | 尿频 尿痛 血尿 细菌 尿道上皮细胞 |
| 猪营养衰竭症 | 消瘦 体温降低 站立不稳 补糖 补钙 补充能量 |
| 猪佝偻病 | 钙、磷缺乏、比例失调 骨骼变形 碱性磷酸酶升高 骨粉 鱼粉 |
| 猪维生素$B_2$缺乏症 | 皮肤粗糙 脂溢性皮炎 母猪流产 补充核黄素 |
| 猪硒和维生素E缺乏症 | 急性病例易猝死 桑葚心 白肌病 亚硒酸钠溶液 |
| 猪硝酸盐与亚硝酸盐中毒 | 煮泔水 黏膜发绀 呼吸困难 特效解毒剂亚甲蓝 |
| 猪菜籽饼粕中毒 | 硫代葡萄糖苷 肺气肿 肺水肿 菜籽饼粕脱毒处理 |
| 猪黄曲霉毒素中毒 | AFT 发霉饲料 肝毒 出血、黄疸 腹腔积液 停喂饲料 |
| 猪T-2毒素中毒 | T-2毒素 体温降低 血便 血尿 厌食 流产 |
| 猪玉米赤霉烯酮中毒 | F-2毒素 子宫毒 阴户肿胀 慕雄狂 |
| 猪食盐中毒 | 口渴 呕吐 震颤 嗜酸性粒细胞增多 禁止饮水 甘露醇 |
| 猪铜中毒 | 腹痛 腹泻 肝功能异常 红细胞形态异常 三硫钼酸钠 |

**如何考？**

本章考点在考试中主要出现在A3/A4型题中，每年分值平均3~4分。下列所述考点均需掌握。猪呼吸道疾病、营养代谢性疾病、猪硝酸盐与亚硝酸盐中毒、猪食盐中毒等是每年考查最为频繁的内容，希望考生予以特别关注。

## 考点冲浪

### 考点1：猪肠便秘的临床特征、治疗方法和预防措施★★★★

肠便秘的原因是肠管运动机能和分泌机能紊乱，内容物滞留不能后移，水分被吸收，致使一段或几段肠管秘结。

猪肠便秘是由于猪肠内容物停滞，变干、变硬，致使肠腔阻塞，多由长期饲喂不易消化的含粗纤维多的饲料，或饲料内含泥沙过多，或喂精饲料过多而青饲料和饮水不足，或长期舍饲，缺乏运动等引起。

临床特征：体温变化不大，结膜潮红，呼吸增快，口渴贪饮，起卧不安，频做排粪动作，两后肢张开，排粪费力，排出干硬粪球，粪便干硬带有少量血丝。按压时往往有疼痛表现，腹部听诊肠音减弱或消失，难以排出粪便或初期仅排出少量带有黏液或血丝的粪便。腹部触诊，体瘦的病猪一般可摸到大肠内干硬的粪球。

治疗方法：常用硫酸钠（或硫酸镁）、人工盐、植物油或液体石蜡内服缓泻，也可用大量1%温食盐水或软肥皂水灌肠、静脉输液等方法进行治疗。

预防措施：合理调配饲料，改进饲养管理，适当运动，喂给多汁易消化的青饲料，并应限制饲喂量，但饮水要充足。

【例题1】猪，25kg，精神不振，食欲废绝，起卧不安，腹部膨大，频做排粪动作，但没有粪便排出，听诊肠音减弱。

1. 如本病是原发病，病因不可能是（C）。

A. 饲料泥沙过多　B. 粗饲料过多　C. 青饲料过多

D. 精饲料过多　E. 饮水过少

2. 应用硫酸钠缓泻，正确的做法是（E）。

A. 肌内注射　B. 静脉注射　C. 皮下注射

D. 溶于少量水内服　E. 溶于大量水内服

【例题2】猪，30日龄发病，表现结膜潮红，呼吸增快，体温39℃，食欲不振，喜饮，起卧不安，频频做排粪动作，粪便干硬带有少量血丝。

1. 本病可能是（C）。

A. 胃炎　B. 肠炎　C. 肠便秘　D. 肠扭转　E. 肠套叠

2. 治疗本病的药物是（C）。

A. 阿托品　B. 活性炭　C. 硫酸镁　D. 庆大霉素　E. 碱式硝酸铋

3. 预防本病的有效措施是（B）。

A. 限制运动　B. 充分饮水　C. 限制饮水　D. 增加干饲料　E. 增加精饲料

## 考点 2：猪口炎的临床特征和防治方法★

口炎是口腔黏膜炎症的统称，包括舌炎、腭炎和齿龈炎，主要是由于食用了粗糙或尖锐的饲料，饲料中混有木片、玻璃或麦芒等杂物和牙齿磨灭不正等各种机械性的刺激所引起。

临床特征：主要表现为口腔有大量唾液流出，口角外附有泡沫样黏液，采食、咀嚼障碍，口腔黏膜潮红、升温、肿胀和疼痛。粪便、尿液和体温正常。

防治方法：一般用 1% 食盐水、0.1% 高锰酸钾溶液或 3% 硼酸溶液，每天数次洗口。口腔黏膜溃烂或溃疡时，洗涤口腔后，溃烂面涂 10% 磺胺甘油乳剂或碘甘油。

【例题】猪，3 岁，采食减少，口腔黏膜潮红，口腔有大量唾液流出，口角外附有泡沫样黏液，粪便、尿液和体温正常。最可能的诊断是（B）。

A. 咽炎　B. 口炎　C. 胃炎　D. 肠炎　E. 食道梗阻

## 考点 3：猪胃炎的临床特征和治疗方法★★

胃炎是指胃黏膜的急性或慢性炎症，是仔猪急性呕吐的最常见原因，临床上以呕吐、胃压痛及脱水为特征。

临床特征：临床上仔猪以精神沉郁、呕吐和腹痛为主要症状。呕吐是本病的最明显症状，病初呕吐食糜、泡沫状黏液、胃液，呕吐物中常带有血液、脓汁或絮状物。

治疗方法：治疗原则是除去刺激性因素，保护胃黏膜，抑制呕吐。对持续性、顽固性呕吐的动物，应投予镇静、止吐并具有抗胆碱能的药物，如阿托品等。仔猪胃炎，特别是急性胃炎，应尽可能不经口投药。

## 考点 4：猪肠炎的临床特征和治疗原则★★★

肠炎是指肠黏膜的急性或慢性炎症。临床上以消化紊乱、腹痛、腹泻、发热为特征。病原微生物感染所致肠炎，使病猪体温升高，精神沉郁，食欲减退或废绝；重剧肠炎仔猪表现机体脱水，迅速消瘦，电解质丢失和酸中毒。

治疗原则：控制和预防病原微生物感染是治疗肠炎的最好方法。同时补充水分、电解质和防止酸中毒，但需让病畜少量多次饮水，最好自由饮用口服补液盐。

【例题 1】某猪场少数育成猪食欲减退，反复腹泻，脱水，消瘦，营养不良，其他症状不太明显。

1. 本病最可能的诊断是（D）。

A. 急性胃炎　B. 急性肠炎　C. 慢性胃炎　D. 慢性肠炎　E. 胰腺炎

2. 如果粪便呈黑绿色或黑红色，病变部位最可能在（C）。

A. 直肠　B. 胰腺　C. 十二指肠　D. 盲肠　E. 结肠

3. 如果进行血气分析，病猪最可能出现的异常是（A）。

A. 代谢性酸中毒　B. 代谢性碱中毒　C. 呼吸性酸中毒

D. 呼吸性碱中毒　E. 混合性碱中毒

【解析】本大题考查猪肠炎的临床特征和诊断。根据猪场少数育成猪“食欲减退，反复腹泻，脱水，消瘦，营养不良，其他症状不太明显”等临床特征，可以初步判定为慢性肠炎。慢性肠炎病猪排出的粪便呈黑绿色或黑红色，表明为出血性肠炎，并且病变部位在小肠。由于病猪出现出血性肠炎，反复腹泻、脱水，导致肠内容物大量流失，出现代谢性酸中毒，治疗时必须补充水分、电解质并防止酸中毒。

【例题 2】猪，2 月龄，食欲减退，不安，弓腰，里急后重，粪便腥臭、稀软，体温 40.2℃，脉搏 100 次 /min。

1. 本病最可能导致（A）。

A. 脱水　B. 黄疸　C. 水肿　D. 贫血　E. 碱中毒

2. 本病最适宜的护理措施是（B）。

A. 大量饮水　B. 少量多次饮水　C. 禁止饮水　D. 增加饲喂量　E. 增加饲喂次数

3. 本病最可能的诊断是（E）。

A. 肠嵌闭　B. 肠痉挛　C. 肠扭转　D. 肠梗阻　E. 肠炎

## 考点 5：猪支气管肺炎的临床特征、诊断方法和防治方法★★★★

支气管肺炎又称小叶性肺炎或卡他性肺炎，是由各种刺激因子刺激支气管和肺组织而引发的支气管及肺的卡他性炎症，多由支气管炎转变而来，然后蔓延至细支气管、肺泡管和肺泡。其病理特征是病灶内有浆液性分泌物、脱落的上皮细胞和白细胞。

临床特征：主要表现为精神沉郁，食欲减退或废绝，咳嗽，呼吸困难，流浆液性、黏液性或脓性鼻液，体温升高至 40℃及以上，呈弛张热，呼吸加快，叩诊胸区出现局灶性浊音区，胸部听诊有捻发音，病灶部位肺泡呼吸音减弱。支气管肺炎主要发生于肺尖叶、心叶和膈叶前下部，病变为一侧性或两侧性，肺小叶呈灰黄色。

诊断方法：血液学检查见白细胞总数增多，中性粒细胞比例达 80% 以上，出现核左移现象。X 线检查见两侧肺野下部表现斑片状或斑点状渗出性致密阴影，大小和形状不规则，边缘模糊不清，沿肺纹理分布。病变部位密度不均匀，中心密度较高，多伴有肺纹理增粗。病灶发生融合时，形成较大片的云絮状阴影。

防治方法：治疗原则是抑菌消炎，祛痰止咳，制止渗出，对症治疗。心力衰竭时，肌内注射 10% 安钠咖 2~10mL。

【例题】一病猪体温升高，咳嗽，流黏性鼻液。死后剖检可见肺部病灶形状不规则，呈岛屿状，肺部病灶组织切块投入水中，呈半沉浮状。

1. 病猪肺部的病理变化是（C）。

A. 肺水肿　B. 肺气肿　C. 支气管肺炎　D. 间质性肺炎　E. 大叶性肺炎

2. 肺部病灶常发生的部位是（E）。

A. 肺背侧缘　B. 肺腹侧缘　C. 肺纵侧缘

D. 肺心叶、尖叶及膈叶前上缘　E. 肺心叶、尖叶及膈叶前下缘

3. 病灶的始发部位是（A）。

A. 细支气管　B. 肺间质淋巴管　C. 肺泡壁

D. 肺小叶间质　E. 支气管周围血管

## 考点 6：猪大叶性肺炎的临床特征和病变特征★★★

大叶性肺炎又称格鲁布性肺炎或纤维素性肺炎，是由病原微生物引起，以肺泡内纤维蛋白渗出为主要特征的肺部炎症。表现为高热稽留、流铁锈色鼻液、大片肺浊音区及定型经过。

临床特征：食欲废绝，结膜充血黄染，呼吸困难，呈腹式呼吸，体温升高，呈稽留热型，脉搏加快，流铁锈色鼻液，粪便干燥或便秘。

病变特征：分为典型的4个时期。充血水肿期病变部肺组织呈褐红色，按压流出大量血样泡沫；红色肝变期肺质地实变，呈暗红色，类似肝脏，称为肝变；灰色肝变期病变部肺组织呈灰色肝变，切面呈灰色花岗岩样；溶解期病变部肺组织缩小，挤压有脓性混浊液流出，色泽渐渐恢复正常。

X线检查可见病变部肺纹理增粗、增浓，肝变期比较典型，肺野中下部呈大片均匀致密的阴影，上界呈弧形隆起。

防治原则为抗菌消炎，制止渗出，促进渗出物吸收。

【例题】某年冬季，北方某猪场10头仔猪，进场后3d发病，精神委顿，食欲废绝，呼吸困难，腹式呼吸，心率加快，高热稽留，流铁锈色鼻液。

1. 诊断本病可能是（B）。

A. 支气管肺炎　B. 大叶性肺炎　C. 胸膜炎　D. 间质性肺炎　E. 肺充血水肿

2. 本病特征性病理变化不包括（B）。

A. 充血水肿期　B. 出血期　C. 红色肝变期　D. 灰色肝变期　E. 溶解期

3. 进一步检查可以进行（B）。

A. 穿刺检查　B. X线检查　C. 粪便检查　D. 尿液检查　E. 心电图检查

## 考点7：猪心肌炎的发病原因和临床特征★★★

心肌炎是指以伴发心肌兴奋性增强和心肌收缩机能减弱为特征的心肌局灶性和弥漫性心脏肌肉炎症。本病很少单独发生，多继发或并发于其他各种传染性疾病、脓毒败血症或中毒性疾病过程中。临床上以急性非化脓性心肌炎最为常见。

发病原因：猪的心肌炎常见于猪伪狂犬病、猪瘟、猪丹毒、猪口蹄疫和猪肺疫等感染经过中。

临床特征：听诊时，病初第一心音强盛伴有混浊或分裂，第二心音显著减弱，多伴有因心脏扩张、房室瓣闭锁不全而引起的缩期性杂音。重症病畜出现奔马音，或有频繁的期前收缩，濒死期心音减弱。心电图检查出现各种类型的传导阻滞，其中以房室传导阻滞较多见。实验室检查见白细胞总数和肌酸激酶（CK）升高。

防治原则：减轻心脏负担，增加心脏营养，提高心脏收缩机能和防治其原发病。

## 考点8：仔猪缺铁性贫血的临床特征和治疗方法★★

贫血是指单位体积外周血液中的血红蛋白浓度、红细胞数和/或红细胞压积低于正常值的综合征。本病在临床上是一种最常见的病理状态，主要表现为皮肤和黏膜苍白、心率加快、心搏增强、肌肉无力及各器官由于组织缺氧而产生的各种症状。贫血不是特定的疾病，而是各种原因引起的不同疾病的一种症状。

仔猪缺铁性贫血是指动物体内铁不足引起的一种营养缺乏症，是营养性贫血的一种。临床上以皮肤和可视黏膜苍白、精神沉郁、易疲劳、活力下降和生长发育受阻为特征。补铁是治疗缺铁性贫血的关键措施。可以使用铁制剂，一般采取口服铁制剂或注射铁制剂的方法。肌内注射的铁制剂有右旋糖酐铁注射液等。为补充钴元素，可以给予硫酸钴或氯化钴、维生素$B_{12}$。叶酸缺乏时，补充叶酸。

## 考点9：猪尿道炎的临床特征和诊断方法★★

尿道炎是指尿道黏膜及其下层的炎症，是仔猪常见的多发病。临床上以尿频、尿痛、经常性血尿等为主要特征。

诊断方法：根据临床特征，如疼痛性排尿，尿道肿胀、敏感，以及导尿管探诊和外部触诊即可确诊，尿液检查发现细菌和尿道上皮细胞，无膀胱上皮细胞。

## 考点 10：猪营养衰竭症的临床特征和治疗原则★★★

营养衰竭症又称“瘦弱病”，是由于营养物质摄入不足或能量消耗过多所致的一种以慢性、进行性消瘦为特征的营养不良综合征，对于仔猪，称为“仔猪消瘦综合征”。

临床特征：仔猪逐渐出现精神委顿，食欲废绝，消瘦，站立不稳，体温降低，吮乳无力，皮肤冷湿，可视黏膜呈浅红色，脱水。多器官功能低下，反应迟钝，胃肠蠕动减弱，脉搏慢而无力等。血液检查可见血糖总量减少，血浆蛋白质浓度下降。剖检可见胃内容物少，肝脏小而硬。多种动物均可发病，冬季发病率高。

治疗原则：主要是补糖、补钙，补充能量，改善电解质平衡，提高血浆胶体渗透压，加强饲养管理。

【例题】某猪场，部分4日龄仔猪逐渐出现精神委顿，食欲废绝，站立不稳，吮乳无力，皮肤冷湿，体温36℃，可视黏膜呈浅红色，脱水。剖检见胃内容物少，肝脏小而硬。同场其他猪舍同龄仔猪无类似症状病例。治疗本病应注射（B）。

A. 青霉素　B. 葡萄糖　C. 甘露醇　D. 维生素E　E. 硫酸亚铁

## 考点 11：猪佝偻病的临床特征和防治方法★★★★

佝偻病是指生长期的幼畜由于维生素D及钙、磷缺乏或饲料中钙、磷比例失调所致的一种骨营养不良性代谢病。

临床特征：主要表现为消化紊乱，异嗜癖，喜卧，不愿站立或运动，跛行，骨骼变形，四肢骨骼弯曲，呈内弧（O状）或外弧（八字）姿势，腕关节、跗关节的骨骼呈坚硬无痛肿胀状，胸骨呈鸡胸样。病理变化特征是生长骨的钙化作用不足，并伴有持久性软骨肥大与骨骺增大。血液学检测显示血清中碱性磷酸酶（ALP）活性明显升高，但血清钙、磷水平则视致病因子而定。X线检查发现骨质密度降低，长骨末端呈现“羊毛状”外观。

防治方法：调整日粮组成，供应足够的维生素D和矿物质，注意将钙、磷比例控制在（1~2）:1范围内。骨粉、鱼粉、甘油磷酸钙、磷酸二氢钙等是最好的补充物。

## 考点 12：猪维生素 $B_2$ 缺乏症的临床特征和治疗方法★★★

B族维生素包括维生素 $B_1$、维生素 $B_2$（核黄素）、维生素 $B_3$（烟酸）、维生素 $B_5$（泛酸）、维生素 $B_6$、维生素 $B_{11}$（叶酸）、维生素 $B_{12}$（钴胺素）、维生素H（生物素）和胆碱等10多种水溶性维生素。

临床特征：维生素 $B_2$ 缺乏症多发于猪和禽。临床上病猪表现为生长缓慢，皮肤粗糙，呈鳞状脱屑或脂溢性皮炎，鬃毛脱落，眼睑肿胀，结膜充血，角膜、晶状体混浊，乃至失明，步态强拘乃至四肢轻瘫；妊娠母猪流产、早产，所产仔猪孱弱，皮肤秃毛，皮炎，结膜炎。

治疗方法：一般是补充维生素 $B_2$。

【例题】妊娠母猪，精神沉郁，食欲未见异常，体温38.5℃，生长缓慢，皮肤粗糙，呈脂溢性皮炎，口唇发炎，继而共济失调，轻瘫，鬃毛脱落，流产、早产，所产仔猪孱弱、秃毛，皮炎，结膜炎。

1. 本病可以诊断为（C）。

A. 维生素K缺乏症　B. 维生素A缺乏症　C. 维生素$B_2$缺乏症

D. 维生素$B_6$缺乏症　E. 维生素D缺乏症

2. 治疗本病首选药物是（C）。

A. 烟酸　B. 硫胺素　C. 核黄素　D. 生物素　E. 钴胺素

## 考点13：猪硒和维生素E缺乏症的临床特征和治疗方法★★★

硒和维生素E缺乏症是由体内微量元素硒和维生素E缺乏或不足而引起的一种营养缺乏症。饲料中硒和维生素E含量不足是本病发生的直接原因。

临床特征：以猝死、跛行、腹泻和渗出性素质等为特征，病理学变化以骨骼肌、心肌、肝脏和胰脏等组织变性、坏死为特征。急性病例易猝死。病猪出现顽固性腹泻，听诊心率加快，心律不齐，有的突然死亡，血硒含量为0.04μg/mL左右，病理变化表现为桑葚心和白肌病。

防治方法：需补硒和维生素E，可用亚硒酸钠溶液配合生育酚醋酸酯肌内注射，治疗效果确实。

【例题1】某猪场断奶仔猪，饲喂自配饲料，生长较快的猪发生运动障碍，出现顽固性腹泻、心率加快、心律不齐、眼睑水肿等症状。剖检可见骨骼肌色浅，呈煮肉样。

1. 该猪场仔猪所患疾病可能是（A）。

A. 硒缺乏症　B. 碘缺乏症　C. 锌缺乏症　D. 铜缺乏症　E. 铁缺乏症

2. 剖检还可见到的病理变化是（B）。

A. 血液凝固不良　B. 桑葚心　C. 甲状腺肿　D. 管状骨弯曲　E. 皮肤角化不全

3. 治疗本病首选的药物是（B）。

A. 碘化钾　B. 亚硒酸钠　C. 右旋糖酐铁　D. 甘氨酸铜　E. 硫酸亚铁

【例题2】某猪场，部分母猪屡配不孕，妊娠母猪有流产、早产现象；仔猪表现顽固性腹泻，并见有皮下水肿、黄疸。部分1月龄左右的仔猪有急性猝死现象，剖检可见桑葚心特点。

1. 本病最可能的诊断是（D）。

A. 维生素$B_1$缺乏症　B. 铜中毒　C. 铅中毒

D. 硒和维生素E缺乏症　E. 硒中毒

2. 治疗本病的有效措施是（A）。

A. 肌内注射维生素E+亚硒酸钠　B. 口服硫酸镁

C. 静脉注射葡萄糖酸钙　D. 肌内注射维生素$B_1$

E. 口服维生素A

## 考点14：猪硝酸盐与亚硝酸盐中毒的临床特征和治疗方法★★★★★

硝酸盐和亚硝酸盐中毒是指动物摄入过量含有硝酸盐或亚硝酸盐的食物和饮水，引起的以皮肤、黏膜发绀和呼吸困难为特征一种中毒病。本病可发生于各种家畜，以猪多见，常因饲喂慢火焖煮的含硝酸盐较高的泔水而发病。

临床特征：主要表现为呼吸困难、肌肉震颤、步态摇晃、全身痉挛，常伴有流涎、腹痛、腹泻、呕吐等症状。

治疗方法：应用特效解毒剂亚甲蓝进行解毒治疗，同时配以高渗葡萄糖可提高血液渗透压，能增强解毒功能并有短暂利尿作用。亚甲蓝是亚硝酸盐中毒的特效解毒剂，能还原高铁血红蛋白，恢复血红蛋白正常输氧功能。临床上甲苯胺蓝治疗高铁血红蛋白症效果比亚甲蓝更好。

【例题】某个体养猪户，泔水煮后喂猪约 0.5h，猪突然发病，食欲旺盛者更为严重，表现为呼吸困难，全身发绀，肌肉震颤等症状，体温正常。

1. 本病最可能的诊断是（B）。

A. 食盐中毒　B. 亚硝酸盐中毒　C. 铅中毒　D. 汞中毒　E. 败血症

2. 治疗本病首选的药物是（B）。

A. 亚硝酸钠　B. 亚甲蓝　C. 碘解磷定　D. 抗生素　E. 二巯丙磺酸钠

## 考点 15：猪菜籽饼粕中毒的中毒机理和防治方法★★

菜籽饼粕中毒是指动物长期或大量摄入含有硫代葡萄糖苷的分解产物的油菜籽饼粕引起的以急性胃肠炎、肺气肿、肺水肿、肾炎和甲状腺肿大为特征的中毒病，常见于猪和牛。

中毒机理：硫代葡萄糖苷本身无毒，在胃内经芥子酶水解，产生多种有毒降解物质，如异硫氰酸酯、腈和芥子碱等，引起中毒症状。

防治方法：对于含毒量高的菜籽饼粕，经脱毒处理后再利用。可以采用坑埋法、水浸法、热处理法、化学处理法、微生物降解法和溶剂提取法等进行菜籽饼粕脱毒。

## 考点 16：猪黄曲霉毒素中毒的发病原因和防治方法★★★★

黄曲霉毒素中毒是指动物采食了被黄曲霉毒素（AFT）污染的饲草、饲料，引起的一种以全身出血、黄疸、消化功能紊乱、腹腔积液、水肿和神经症状等为特征的中毒病。黄曲霉毒素是一类肝毒物质，主要病理特征是肝细胞变性、坏死、出血，胆管和肝细胞增生。各种动物对等量黄曲霉毒素最敏感的是鳟鱼，然后为雏鸭、雏鸡、仔猪。发病的主要原因是饲料加工、贮藏不当，被黄曲霉菌污染，尤其是在南方多雨季节。

发病原因：黄曲霉毒素是目前已发现的各种霉菌毒素中最稳定、毒性最强的一类毒素，主要是由黄曲霉和寄生曲霉等产生的有毒代谢产物。黄曲霉毒素在紫外线照射下产生荧光，根据产生荧光颜色的不同，分为 B 族毒素和 G 族毒素。B 族毒素发出蓝紫色荧光，G 族毒素发出黄绿色荧光。一般以黄曲霉毒素 $B_1$ 含量作为主要监测指标。

防治方法：尚无特效疗法。发现仔猪中毒时，应立即停喂霉败饲料，改喂富含碳水化合物的青绿饲料和高蛋白质饲料，减少或不喂含脂肪过多的饲料。同时，采用保肝和止血疗法，静脉注射 20%~50% 葡萄糖溶液、维生素 C、10% 葡萄糖酸钙或 10% 氯化钙溶液。心力衰竭时，皮下或肌内注射强心剂。

【例题】某猪群在多雨季节，因饲喂存储不当的配合饲料而发生中毒性疾病。本病最可能是（E）。

A. 氢氰酸中毒　B. 棉籽饼中毒　C. 菜籽饼中毒

D. 亚硝酸盐中毒　E. 黄曲霉毒素中毒

## 考点 17：猪 T-2 毒素中毒的发病原因和防治方法★★

T-2 毒素中毒属于单端孢霉毒素中毒，是动物采食被单端孢霉毒素污染的饲草、饲料，引起以呕吐、腹泻等消化功能障碍为特征的一种中毒病。动物采食后会引起体温降低、皮肤过敏、胃肠机能障碍、血便、血尿、厌食和流产。

发病原因：单端孢霉毒素属于镰刀菌毒素族，能引起动物中毒的毒素主要是 T-2 毒素，

T-2 毒素的主要靶器官是肝脏和肾脏。其产毒霉菌主要是镰刀菌属的各产毒菌种（株）。

防治方法：无特效解毒疗法。当怀疑 T-2 毒素中毒时，应停止喂食霉败饲料，尽快投服泻剂，以清除胃肠内毒素。

【例题】猪 T-2 毒素中毒最可能出现的症状是（D）。

A. 便秘 B. 饮欲增强 C. 体温升高 D. 体温降低 E. 食欲增强

## 考点 18：猪玉米赤霉烯酮中毒的中毒机理、临床特征和防治方法★★★

玉米赤霉烯酮中毒又称 F-2 毒素中毒，是指动物采食了被玉米赤霉烯酮污染的饲料引起的一种中毒病。临床上以阴户肿胀、乳房隆起和慕雄狂等为特征，本病主要发生于猪，尤其是 3~5 月龄的仔猪。

中毒机理：玉米赤霉烯酮具有雌激素样作用，是一种子宫毒，毒性作用与甾醇激素的作用相似，导致动物繁殖功能紊乱。

临床特征：主要表现为雌激素综合征或雌激素亢进症。猪中毒时拒食和呕吐，阴道黏膜瘙痒，阴道与外阴黏膜瘀血性水肿，分泌混血黏液，外阴肿大，阴门外翻，甚至继发阴道脱、直肠脱和子宫脱。

防治方法：当怀疑玉米赤霉烯酮中毒时，应立即停喂霉变饲料，改喂青绿多汁饲料。

## 考点 19：猪食盐中毒的临床特征和治疗方法★★★★★

食盐中毒是指动物在饮水不足的情况下，因摄入过量的食盐或含盐饲料所引起的以消化紊乱和神经症状为特征的中毒性疾病，主要病理学变化为嗜酸性粒细胞性脑膜炎，会引起嗜酸性粒细胞积聚在血管周围，形成所谓的血管袖套现象。食盐中毒发生于各种动物，常见于猪和家禽。

临床特征：中毒初期表现极度口渴，黏膜潮红，呕吐，口唇肿胀，呈现神经机能紊乱症状，如兴奋不安、转圈、肌肉痉挛、全身震颤、无目的地徘徊，或倒地后四肢呈游泳状划动。血液检查发现嗜酸性粒细胞显著增多。

治疗方法：尚无特效解毒药，治疗原则为排钠利尿。首先应停喂、停饮含盐饲料及饮水。中毒早期，尚未出现神经症状者，可以少量多次给予清水或灌服适量温水，较好的方法是催吐、洗胃，然后用植物油或液体石蜡导泻，以减少氯化钠的吸收，促使排出。中毒疾病发作期禁止饮水。静脉注射硫酸镁溶液或溴化钙注射液镇静解痉；注射 20% 甘露醇以缓解脑水肿，降低颅内压。

【例题】育肥猪群饲喂自配料后，口渴贪饮，黏膜潮红，呕吐，口唇肿胀，兴奋不安，转圈。后期肌肉痉挛，全身震颤，倒地后四肢滑动，瞳孔散大。

1. 本病最可能是（E）。

A. 伪狂犬病 B. 破伤风 C. 猪瘟 D. 有机磷中毒 E. 食盐中毒

2. 组织病理学检查可见脑血管周围浸润的细胞是（C）。

A. 中性粒细胞 B. 单核细胞 C. 嗜酸性粒细胞
D. 嗜碱性粒细胞 E. 淋巴细胞

3. 错误的治疗措施是（B）。

A. 灌服液体石蜡 B. 灌服芒硝 C. 静脉注射硫酸镁
D. 静脉注射溴化钙 E. 静脉注射甘露醇

### 考点20：猪铜中毒的临床特征和防治方法★★★★

铜中毒是指动物摄入过量的铜而发生的以腹痛、腹泻、肝功能异常和贫血为特征的一种中毒病。仔猪对过量铜最敏感。

临床特点：急性铜中毒时，主要表现食欲减退，呕吐，腹泻，频频排出稀水样粪，含绿色至蓝色黏液（铜离子呈现蓝绿色，铜盐使得黏液呈现蓝绿色），排出浅红色尿液，呼吸加快，脉搏频数。血红蛋白浓度降低，可视黏膜黄染，红细胞形态异常。高浓度的铜离子可以直接与红细胞表面蛋白质作用，引起红细胞膜变性，造成红细胞形态异常、溶血。动物出现贫血时，红细胞携氧不足，机体会利用呼吸加快、心率加快来代偿。

防治方法：急性铜中毒可用三硫（或四硫）钼酸钠溶液静脉注射解毒。

【例题】某猪场部分育成猪在饲喂一种新的添加剂后，食欲减退，呕吐，粪及呕吐物中含绿色至蓝色黏液，呼吸加快，脉搏频数，有的病猪在几天后死亡。在日粮中添加钼酸铵，病猪逐渐好转。

1. 本病最可能的诊断是（A）。

A. 铜中毒　B. 硒中毒　C. 锌中毒　D. 铁中毒　E. 汞中毒

2. 粪及呕吐物中含绿色至蓝色黏液的原因是（B）。

A. 直肠出血　B. 添加剂颜色　C. 十二指肠出血　D. 盲肠出血　E. 结肠出血

3. 呼吸加快、脉搏频数的原因是（A）。

A. 红细胞变性　B. 心力衰竭　C. 肺损伤

D. 支气管损伤　E. 组织利用氧障碍

# 第四章　猪外科病

## 轻装上阵

如何学？

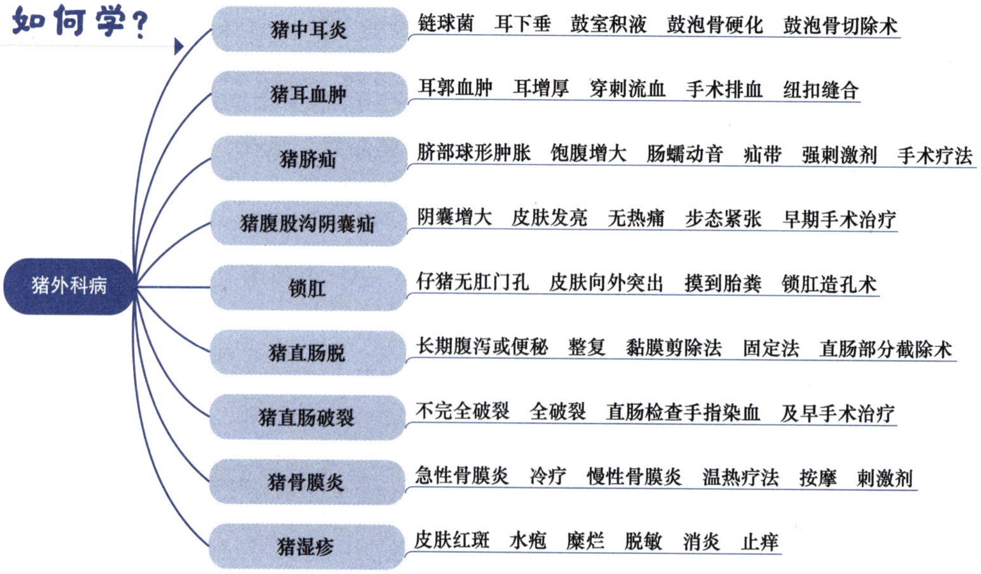

**如何考？**

本章考点在考试中主要出现在 A3/A4 型题中，每年分值平均 2~3 分。下列所述考点均需掌握。猪脐疝、猪直肠脱是每年考查最为频繁的内容，希望考生予以特别关注。

## 考点冲浪

### 考点 1：猪中耳炎的临床特征、诊断方法与治疗方法★★★

中耳炎是指鼓室及咽骨管的炎症。各种动物均可发生，但以猪、犬多发。中耳炎多继发于上呼吸道感染，其炎症蔓延至咽骨管，再蔓延至中耳而引起；外耳炎、鼓膜穿孔也可引起中耳炎。链球菌和葡萄球菌是中耳炎常见的病原菌。

临床特征：无特异性临床症状。单侧性中耳炎和内耳炎时，动物将头倾向患侧，患耳下垂，头向一侧倾斜，有时出现转圈运动；两侧性中耳炎和内耳炎时，动物头颈伸长，以鼻触地；化脓性中耳炎时，动物体温升高，有时横卧或出现阵发性痉挛等症状，炎症蔓延至内耳时，动物表现听力下降、耳聋和平衡失调、转圈、头颈倾斜而倒地。

诊断方法：耳镜检查可见鼓膜穿孔；X 线检查发现急性中耳炎，可见鼓室积液；慢性中耳炎，可见鼓泡骨发生硬化性变化（增生）。

治疗方法：中耳炎的治疗一般采用中耳腔冲洗、中耳腔刮除、抗生素滴耳和全身应用抗生素的方法。常用的抗生素有阿莫西林和克拉维酸、头孢菌素、诺氟沙星等。慢性中耳炎伴有鼓泡骨硬化和骨髓炎性中耳炎，需施行鼓泡骨切除术。

【例题】某仔猪，头向一侧倾斜，有时出现转圈运动。体温 39.7℃，听力下降。耳镜检查见鼓膜穿孔，X 线检查鼓泡骨增生。本病不宜采用的治疗方法是（A）。

A. 电烧灼　B. 耳腔冲洗　C. 抗生素滴耳　D. 中耳腔刮除　E. 全身应用抗生素

### 考点 2：猪耳血肿的临床特点和治疗方法★★

耳血肿是指耳部组织受到钝性或锐性暴力打击，较大血管断裂，血液流至耳软骨与皮肤之间的疾病。本病多发生于耳郭内面，各种动物均可发生，多见于猪、犬、猫。

若耳郭内面的耳前动脉损伤时，耳郭内面迅速形成血肿，触之有波动感和疼痛反应，因出血凝固，析出纤维蛋白，触诊有捻发音。在耳郭外面形成血肿时，耳增厚数倍，下垂，耳部皮肤变成暗紫色，穿刺可见血液流出。血肿感染后可形成脓肿。

小血肿不经治疗也可自愈。大血肿不宜过早手术，一般在血肿形成数天后，于肿胀最明显处切开，排除积血和血凝块后，将切口做水平纽扣缝合。装置压迫绷带，保持耳郭干净，防蚊虫叮咬。

### 考点 3：猪脐疝的发病原因、临床特征和治疗方法★★★★

发病原因：本病的发生原因主要是脐孔发育不全、没有闭锁、脐部化脓或腹壁发育缺陷等。各种家畜均可发生，但以仔猪、犊牛为多见。

临床特征：脐部呈现局限性球形肿胀，质地柔软。病初多数能在挤压疝囊或改变体位时，疝内容物还纳到腹腔，并可摸到疝轮，仔猪和幼犬在饱腹或挣扎时脐疝增大，压迫肿胀可缩小，皮肤无红、热、痛等炎性反应。听诊时可听到肠蠕动音。

治疗方法：一般采取保守疗法和手术疗法。

1）保守疗法。适用于治疗疝轮较小、年龄小的动物。可以用疝带（皮带或复绷带）、强刺激剂（重铬酸钾软膏）等促进局部炎性增生，闭合疝口。

2）手术疗法。术前禁食，全身麻醉或局部浸润麻醉，仰卧保定或半仰卧保定，切口在疝囊底部，呈梭形，按常规无菌技术施行手术，还纳疝囊内的器官。若疝轮较小，可做荷包缝合或纽扣缝合，但缝合前需将疝轮光滑面做轻微切割，形成新鲜创面，在闭合疝轮后，需要分离囊壁形成左、右两个纤维组织瓣，将一侧纤维组织瓣缝在对侧疝轮外缘上，然后将另一侧的组织瓣缝合在对侧组织瓣的表面上，修整皮肤创缘，皮肤做结节缝合。

## 考点4：猪腹股沟阴囊疝的临床特征和治疗方法★★★★

临床特征：腹股沟阴囊疝多见于公猪和公马。腹股沟疝常在内容物被嵌闭、出现腹痛时才发现；或只有当疝内容物下坠至阴囊，发生腹股沟阴囊疝时才引起畜主的注意。疝内容物可能是网膜、膀胱、小肠、子宫或大肠等。

发生腹股沟疝时，疝内容物由单侧或双侧腹股沟裂口直接脱至腹股沟外侧的皮下，位于耻骨前缘腹白线两侧，局部膨胀突起，肿胀物大小随腹内压及疝内容物的性质和多少而定。触之柔软，无热、无痛，常可还纳于腹腔内。一侧性阴囊增大，皮肤紧张发亮，出现浮肿，不愿走动，运步时两后肢开张，步态紧张，触诊时柔软有弹性。直肠检查，腹股沟内环内有肠管脱入，可以听到肠蠕动音。

治疗方法：以早期进行手术治疗为宜。手术结束后，对皮肤和筋膜做结节缝合。

【例题】公猪，3月龄，去势手术后，阴囊切口愈合良好；该猪阴囊突然膨大，触诊柔软有弹性，无热、无痛，听诊有肠蠕动音。

1. 本病最可能的诊断是（D）。

A. 会阴疝　B. 腹壁疝　C. 阴囊积水　D. 腹股沟阴囊疝　E. 肠套叠

2. 对本病应采取的措施是（B）。

A. 加强管理　B. 手术治疗　C. 绷带压迫　D. 夹板固定　E. 按压送回

3.【假设信息】若采取手术治疗，其缝合方法是（A）。

A. 结节缝合　B. 单纯连续缝合　C. 水平褥式缝合

D. 垂直褥式缝合　E. 荷包缝合

## 考点5：锁肛的临床特征和治疗方法★★

锁肛是指肛门被皮肤所封闭而无肛门孔的先天性畸形，家畜中以仔猪最常见。

临床特征：主要发生于初生仔畜，不易发现，数天后患病动物腹围逐渐增大，频频做排粪动作，发出刺耳的叫声，拒绝吸吮母乳，可见肛门处皮肤向外突出，触诊时摸到胎粪。

治疗方法：施行锁肛造孔术（人造肛门术）。

## 考点6：猪直肠脱的发病原因和治疗方法★★★★★

直肠脱是指直肠的一部分，甚至是大部分向外翻转脱出肛门的现象。单纯性直肠脱垂呈圆筒状肿胀脱出，向下弯曲下垂，手指不能沿脱出的直肠和肛门之间向盆腔的方向插入。严重的病例在发生直肠脱垂的同时并发肠套叠或直肠疝，多见于猪和犬。伴有肠套叠的直肠脱出，脱出的肠管由于后肠系膜的牵引，而使脱出的圆筒状肿胀向上弯曲，坚硬而厚，手指可沿直肠和肛门之间向骨盆方向插入。直肠脱的主要诱因是长期腹泻或便秘、病后瘦弱、病理性分娩，或用刺激性药物灌肠后引起强烈努责等。

治疗方法：根据发病的具体情况，及早按照下列方法进行治疗。

1）整复。适用于发病初期或黏膜性脱垂的病例，一般用高锰酸钾溶液清洗患处，除去污物和坏死黏膜，小心将脱出的肠管还纳原位，并进行温敷。保定动物的方式是应将病畜后躯抬高，保持前低后高的姿势。

2）黏膜剪除法。适用于脱出时间较长、水肿严重、黏膜干裂或坏死的病例。一般先用温水洗净患部，用剪刀剪除或用手指剥离坏死的黏膜，生理盐水冲洗后，涂碘液体石蜡润滑，将肠管还纳原位。

3）固定法。对整复后仍继续脱出的病例，则需考虑将肛门周围缝合，缩小肛门孔，防止再脱出。方法是距肛门孔 1~3cm 处，做肛门周围的荷包缝合，收紧缝线，保留 1~2 指大小的排粪口，根据具体情况调整肛门口的松紧度。

4）直肠周围注射乙醇或明矾溶液。目的是利用药物使直肠周围结缔组织增生，借以固定直肠。临床上常用 70% 乙醇溶液或 10% 明矾溶液注入直肠周围结缔组织中。

5）直肠部分截除术。手术切除脱出过多、整复有困难、发生坏死的直肠。对肠管做结节缝合，肛门做荷包缝合。

【例题】母猪，产后 4d，发现肠管从肛门脱出，长约 10cm，呈圆筒形，向下弯曲，黏膜水肿、瘀血严重，部分黏膜破裂，但未见肠管坏死，脱出肠管与肛门之间没有间隙。

1. 本病诊断是（B）。

A. 脱肛　B. 单纯性直肠脱垂　C. 直肠套叠脱出
D. 结肠套叠脱出　E. 小肠套叠脱出

2. 治疗本病采用的最佳保定方法是（D）。

A. 仰卧保定　B. 侧卧保定　C. 俯卧保定　D. 前低后高保定　E. 前高后低保定

3. 肠管整复后缝合肛门的方法是（B）。

A. 螺旋缝合　B. 荷包缝合　C. 库兴氏缝合　D. 伦勃特氏缝合　E. 康乃尔氏缝合

## 考点 7：猪直肠破裂的种类和治疗方法★★

直肠破裂包括 2 类，一类是直肠黏膜和肌层损伤，但浆膜完整无损，称直肠不完全破裂；另一类为直肠壁各层完全破损，称直肠全破裂或直肠穿孔。直肠检查时，手指染血是直肠破裂的明显指征。病初排粪时，发现粪中混有新鲜血液是诊断的依据。

治疗方法：直肠全破裂的病例，应及早施行手术治疗，提高疗效。手术治疗方法有直肠内单手缝合法、长柄全弯针缝合法、直肠缝合器缝合法、肛门旁侧切开缝合法。

## 考点 8：猪骨膜炎的种类和治疗方法★★

骨膜炎是指骨膜的炎症。临床上骨膜炎分为非化脓性骨膜炎和化脓性骨膜炎、急性骨膜炎与慢性骨膜炎。本病常发生于浅在性而无软组织被覆的骨膜，如下颌骨的游离缘、掌骨、跖骨、系骨及冠骨等。

治疗方法：急性骨膜炎时，初期冷疗，后改用温热疗法和使用消炎剂治疗；慢性骨膜炎时，早期用温热疗法及按摩，跛行严重的可使用刺激剂治疗。化脓性骨膜炎时，应全身应用抗生素治疗。

**考点 9：猪湿疹的临床特点和治疗方法★★**

湿疹是致敏物质对皮肤的表皮细胞所引起的一种炎症反应。临床特点是患部皮肤出现红斑、血疹、水疱、糜烂、结痂和鳞屑等，并伴有热、痛、痒等症状。春、夏季多发。

治疗方法：治疗原则是除去病因、脱敏和消炎等。脱敏止痒可以肌内注射盐酸异丙嗪，或肌内注射盐酸苯海拉明。

# 第五章 猪产科病

## 轻装上阵

### 如何学？

- 猪产科病
  - 猪阴道脱出：阴道临近组织松弛 腹内压 及时整复 防止复发 纽扣缝合
  - 猪子宫弛缓：子宫肌疲劳 激素分泌失调 药物催产 牵引术 剖腹产
  - 猪子宫痉挛：不协调收缩 狭窄环 胎衣不下 镇静药物 剖腹产
  - 猪子宫破裂：胎儿过大 异常强烈子宫收缩 施行剖腹产
  - 猪子宫脱出：强烈努责 子宫弛缓 整复法 前低后高姿势
  - 猪慢性子宫内膜炎：排出混浊黏液 冲洗絮状物 子宫内给药 激素疗法
  - 猪卵巢功能不全：卵巢功能减退 卵巢组织萎缩 卵泡交替发育 激素疗法
  - 猪卵巢囊肿：卵泡囊肿 慕雄狂 黄体囊肿 摘除囊肿 激素制剂治疗
  - 猪隐睾：阴囊皮肤松软 一个睾丸 或无睾丸 实施手术摘除
  - 猪睾丸炎：睾丸紧张 精索变粗 纤维变性 冷敷 热敷 鱼石脂软膏
  - 新生仔猪窒息：假死 呼吸障碍 擦净鼻腔羊水 人工呼吸 尼可刹米
  - 新生仔猪溶血病：免疫溶血 贫血 黄疸 血红蛋白尿 停喂母乳 人工哺乳
  - 新生仔猪低血糖症：母猪产后无乳 四肢绵软无力 昏迷 腹腔注射葡萄糖液

### 如何考？

本章考点在考试中主要出现在 A3/A4 型题中，每年分值平均 3 分。下列所述考点均需掌握。猪子宫弛缓、猪卵巢功能不全、猪卵巢囊肿、新生仔猪疾病等是每年考查最为频繁的内容，希望考生予以特别关注。

## 考点冲浪

### 考点1：猪阴道脱出的发生机制和治疗方法★★★

阴道脱出是指阴道底壁、侧壁和上壁的一部分组织、肌肉出现松弛扩张，子宫和子宫颈随着向后移动，松弛的阴道壁形成褶皱嵌堵于阴门内或突出于阴门外的疾病。阴道脱出可以是部分脱出，也可以是全部脱出。

发生机制：阴道脱出可能与母畜骨盆腔的局部解剖生理有关。在骨盆韧带及阴道临近组织松弛，阴道腔扩张、阴道壁松软，又有一定的腹内压情况下，多发生本病。

治疗方法：轻度阴道脱出，易于整复，关键是防止复发；中度和重度阴道脱出，必须及时整复，并在阴道内注入防腐剂，在阴门两侧注入抗生素，在阴门上做2针纽扣缝合，加以固定，防止复发。

### 考点2：猪子宫弛缓的发病原因和处理方法★★★★

子宫弛缓是指在分娩的开口期及胎儿排出期，子宫肌层的收缩频率、持续期及强度不足，以致胎儿不能排出的现象。

子宫弛缓分为原发性子宫弛缓和继发性子宫弛缓两种。原发性子宫弛缓是指分娩一开始子宫肌层收缩力就不足；继发性子宫弛缓是指开始时子宫阵缩正常，以后由于排出胎儿受阻或子宫肌疲劳等导致的子宫收缩力变弱或弛缓。

发生原因：原发性子宫弛缓主要是由于在分娩前，孕畜体内激素分泌失调［雌激素、催产素分泌不足，黄体酮（孕酮）分泌过多］、营养不良或体质衰弱、胎儿过大或胎水过多，使子宫肌肉过度伸张等，均可引起子宫弛缓；继发性子宫弛缓通常继发于难产，见于所有动物，尤其是大动物多发。

处理方法：子宫弛缓的处理方法包括药物催产、牵引术、截胎术或剖腹产。

1）药物催产。猪、犬等小动物常用药物催产，常用药物为催产素，在应用催产素前30min，可静脉滴注葡萄糖和钙剂。

2）牵引术。当胎水已经排出和胎儿死亡时，立即矫正异常部位，并施行牵引术。

3）截胎术或剖腹产。对复杂的难产，如伴有胎位、胎势异常，矫正后不易拉出或不易矫正的病例，宜采用剖腹产。

【例题】母猪，3.5岁，体格偏瘦，妊娠114d时分娩，产出8个胎儿后，努责微弱，40min后仍不见胎儿产出。B超检查，可见子宫后部有多个活胎。

1. 该猪难产最可能的原因是（A）。

A. 继发性子宫弛缓　B. 原发性子宫弛缓　C. 子宫痉挛
D. 胎儿过大　E. 阴道狭窄

2. 首选的助产药是（C）。

A. 前列腺素　B. 雌激素　C. 催产素　D. 麦角新碱　E. 葡萄糖酸钙

3. 首选的助产手术方法是（A）。

A. 牵引术　B. 矫正术　C. 截胎术　D. 剖腹产术　E. 子宫颈扩张

### 考点 3：猪子宫痉挛的处理方法★★★

子宫痉挛是指母畜在分娩时子宫壁的收缩时间长、间隙短、力量强烈或子宫肌出现痉挛性的不协调收缩，形成狭窄环。子宫肌强烈的收缩可导致胎膜囊破裂过早，出现胎水流失。胎儿排出后，持续强烈收缩可引起胎衣不下。

处理方法：用指尖掐压母猪的背部皮肤，减缓努责；为缓解子宫的收缩和痉挛，可注射镇静药物。如果胎儿已经死亡，矫正、牵引没有效果，实施截胎术或剖腹产。

### 考点 4：猪子宫破裂的发病原因和治疗方法★★★

子宫破裂是指动物在妊娠后期或者分娩过程中造成的子宫壁黏膜层、肌层和浆膜层发生破裂的现象。子宫破裂按其程度，分为不完全破裂与完全破裂两种。不完全破裂是子宫壁黏膜层或黏膜层和肌层发生破裂，而浆膜层未破裂；完全破裂是子宫壁 3 层组织都发生破裂，子宫腔与腹腔相通。子宫完全破裂的破口很小时，又称为子宫穿孔。

发病原因：主要是难产时，子宫颈开张不全，胎儿过大并伴有异常强烈的子宫收缩，胎儿异常尚未解除时就使用子宫收缩药；难产子宫捻转严重时，捻转处有时会破裂；以及助产时动作粗鲁、操作失误导致子宫破裂。

治疗方法：如果发现子宫破裂，立即根据破裂的位置与程度，决定是经产道取出胎儿还是剖腹取出胎儿，最后缝合破口。多数子宫破裂需要施行剖腹产。

### 考点 5：猪子宫脱出的发病原因和治疗方法★★★

子宫脱出是指子宫角的前端全部翻出于阴门之外的疾病。子宫脱出多见于产程的第三期，有时则在产后数小时之内发生。产后超过 1d 发病的病畜极为少见。

发病原因：主要与产后强烈努责、外力牵引及子宫弛缓有关。

治疗方法：子宫脱出一般采取整复法进行治疗。子宫脱出整复法是将脱出的子宫还纳回腹腔，首先抬高后躯，保持前低后高姿势，用温消毒液对脱出子宫、外阴和尾根区域充分清洗消毒，除去黏附的污物和坏死组织，涂以抑菌防腐药。同时，在子宫腔内放置抗生素，施行荐尾间硬膜外麻醉，将脱出的子宫还纳回腹腔。整复后肌内注射催产素和肾上腺素可降低死亡率。

### 考点 6：猪慢性子宫内膜炎的发病原因、临床特征和治疗方法★★★★

慢性子宫内膜炎是指子宫黏膜慢性发炎，是不育的重要原因之一。慢性子宫内膜炎根据炎症性质不同，分为隐性子宫内膜炎、慢性卡他性子宫内膜炎、慢性卡他性脓性子宫内膜炎和慢性脓性子宫内膜炎 4 种类型。

发病原因：慢性子宫内膜炎多继发于分娩异常，如流产、胎衣不下、早产、产双胎、难产，以及子宫的其他疾病如子宫炎、子宫积脓、产道损伤等，常引起子宫复旧延迟、子宫内膜恢复缓慢及延迟受胎。

临床特征：隐性子宫内膜炎不表现临床症状，子宫无肉眼可见的变化，直肠检查及阴道检查无异常变化，发情期正常，但屡配不孕。一般通过检查冲洗回流液，将冲洗回流液静置后发现有沉淀，或偶尔见到有蛋白质样或絮状浮游物，即可做出诊断。

慢性卡他性子宫内膜炎时，发情周期正常，但屡配不孕，或者发生早期胚胎死亡。从子宫及阴道中常排出一些黏稠混浊的黏液，卧地时排出量较多。子宫黏膜松软肥厚，有时甚至发生溃疡和结缔组织增生。

慢性卡他性脓性子宫内膜炎时，表现为精神沉郁，食欲减退，逐渐消瘦，体温略高，发情周期不正常，阴门中经常排出灰白色或黄褐色的稀薄脓液或黏稠脓性分泌物。

治疗方法：治疗原则为抗菌消炎，促进炎性产物的排出和子宫机能的恢复。临床上一般采取子宫冲洗疗法、子宫内给药、激素疗法（使用催产素，促进炎性产物的排出和子宫机能的恢复）和胸膜外封闭疗法等进行治疗。

【例题】某猪场经产母猪发情正常，连续2个发情周期配种未妊娠，最近呈现发情表现，阴户肿胀、潮红，从阴道分泌出少量黏稠混浊的黏液。

1. 该母猪最可能的疾病是（C）。

A. 排卵延迟　B. 隐性子宫内膜炎　C. 慢性卡他性子宫内膜炎

D. 慢性卡他性脓性子宫内膜炎　E. 慢性脓性子宫内膜炎

2. 本病的原因是（D）。

A. 促黄体素（LH）分泌不足　B. 雌激素分泌过多

C. 促性腺激素释放激素（GnRH）分泌不足　D. 病原微生物感染

E. 维生素A和维生素E缺乏

3. 有助于本病治疗的激素是（E）。

A. 促性腺激素释放激素　B. 人绒毛膜促性腺激素　C. 马绒毛膜促性腺激素

D. 黄体酮　E. 催产素

## 考点7：猪卵巢功能不全的发病原因、临床特征和治疗方法★★★★★

卵巢功能不全是指包括卵巢功能减退、组织萎缩、卵泡萎缩及交替发育等在内的，由卵巢功能紊乱所引起的各种异常变化。

发病原因：卵巢功能减退和萎缩，主要是由子宫疾病、全身性的严重疾病，以及饲养管理和利用不当（如营养不足或营养不全等营养因素、使役过重、哺乳过度等），使家畜身体乏弱所致。此外，天气的变化或者对当地的气候不适应，也可引起卵巢功能暂时性减退。饲料中营养成分不全，特别是维生素A不足可能与本病有关。

临床特征：

1）卵巢功能减退。主要表现为发情周期延长或者长期不发情，发情的外表症状不明显，或者出现发情症状，但不排卵。直肠检查见卵巢的形状和质地没有明显的变化，但摸不到卵泡或黄体，有时可能只在一侧的卵巢上感觉到有一个很小的黄体痕迹。

2）卵巢组织萎缩。母畜不发情，卵巢往往变硬，体积显著缩小，卵巢中既无卵泡又无黄体。子宫的体积也会缩小。

3）卵泡交替发育。母畜发情时，一侧卵巢上正在发育的卵泡停止发育，开始萎缩，而在对侧卵巢上又有数目不等的新卵泡出现并发育，但发育至某种程度又开始萎缩，此起彼落，交替不止。卵泡交替发育时，外表发情症状随着卵泡发育的变化有时旺盛，有时微弱，连续或断续发情，发情期拖延很长。

治疗方法：治疗原则是改善饲料质量，增加日粮中的蛋白质、维生素和矿物质数量，增强卵巢的功能。

对于卵巢功能减退，治疗原则是增强卵巢的功能，一般采用激素疗法，可以使用促使卵巢发育及功能恢复的促性腺激素类药物，如促卵泡素、人绒毛膜促性腺激素（hCG）等。

【例题 1】母猪，3 岁，已产 4 胎，断奶超过 1 个月，仍不见发情。多次临床检查未见异常，子宫和阴道无异常分泌物外流，阴唇也无红肿现象。

1. 该猪最可能发生的是（A）。

A. 卵巢功能减退 B. 卵泡萎缩 C. 卵泡囊肿 D. 排卵延迟 E. 卵泡交替发育

2. 治疗本病首选的药物是（A）。

A. 促卵泡素 B. 促黄体素 C. 氯前列烯醇 D. 松弛素 E. 黄体酮

3. 不属于本病的发病原因是（D）。

A. 子宫疾病 B. 长期饥饿 C. 过度使役 D. 轻度腹泻 E. 过度哺乳

【例题 2】某后备母猪，适配月龄时未见发情，体重显著超过同龄母猪，腰粗壮，臀部发达。检查生殖系统发育，未见异常。

1. 导致该母猪不孕最可能的原因是（B）。

A. 先天因素 B. 营养因素 C. 配种技术因素

D. 环境气候因素 E. 疾病感染因素

2. 治疗本病最适宜的措施是（C）。

A. 注射马绒毛膜促性腺激素 B. 注射氯前列醇 C. 控料、加强运动

D. 给予优质可消化全价饲料 E. 补加精料，增加营养

3. 该猪卵巢最可能呈现的变化是（D）。

A. 既有卵泡又有黄体 B. 有多个黄体 C. 有多个卵泡

D. 脂肪浸润 E. 萎缩、结缔组织化

【解析】本组题考查猪卵巢功能不全的发生原因和治疗方法。根据后备母猪“适配月龄时未见发情，体重显著超过同龄母猪，腰粗壮，臀部发达”，以及“检查生殖系统发育，未见异常”等临床表现，可判断后备母猪过于肥胖以致卵巢功能不全，导致该母猪不孕最可能的原因是营养因素。治疗本病最适宜的措施是控料、加强运动。过于肥胖，会导致组织器官脂肪浸润。因此该猪卵巢最可能呈现的变化是脂肪浸润。

### 考点 8：猪卵巢囊肿的临床特征和治疗方法★★★

卵巢囊肿是指卵巢上有卵泡状结构，其直径超过 2.5cm，存在的时间在 10d 以上，同时卵巢上无正常黄体结构的一种病理状态。本病最常见于猪和奶牛。按照发生囊肿的组织结构不同，卵巢囊肿分为卵泡囊肿和黄体囊肿。

卵泡囊肿壁较薄，呈单个或多个存在于一侧或两侧卵巢上；黄体囊肿一般多为单个，存在于一侧卵巢上。

临床特征：慕雄狂是卵泡囊肿的一种症状表现，特征是持续而强烈地表现发情行为，如无规律的长时间或连续性发情、不安。直肠检查卵巢囊肿为圆形，表面光滑，有充满液体、突出于卵巢表面的结构。卵泡壁的厚度差别很大，卵泡囊肿的壁薄且容易破裂；而黄体囊肿的壁很厚，由未排卵的卵泡壁上皮黄体化而引起，所以又称为黄体化囊肿。

治疗方法：卵巢囊肿的治疗方法很多，一般采取摘除囊肿，或使用促黄体素（LH）、促

性腺激素释放激素（GnRH）等各种激素制剂的方法。

【例题】经产母猪表现持续而强烈的发情行为，体重减轻。直肠检查发现卵巢为圆形，有突出于表面的直径约为2.5cm的结构，触诊该突起感觉壁薄。2周后复查，症状同前。该母猪可能发生的疾病是（A）。

A. 卵泡囊肿 B. 黄体囊肿 C. 卵巢萎缩 D. 卵泡交替发育 E. 卵巢功能不全

## 考点9：猪隐睾的诊断方法和治疗方法★★★

隐睾是指一侧或两侧睾丸的不完全下降，滞留于腹腔或腹股沟管的一种疾病，主要发生于猪、羊、犬等多种动物。猪的隐睾多为一侧性。

睾丸下降异常主要是由于下丘脑-垂体轴缺陷或黄体激素不足，机械性缺陷，如引带异常，以及导致睾丸附属器官发育受阻的雄激素缺乏等遗传性因素。

诊断方法：一侧性隐睾时，无睾丸侧的阴囊皮肤松软而不充实，触摸时阴囊内只有一个睾丸；两侧性隐睾时，阴囊缩小，触摸阴囊内无睾丸。

发生隐睾，猪可以表现为性欲强、生长慢、肉质不良等特点。

治疗方法：隐睾可以实施手术摘除。

【例题】猪患有隐睾时，除触诊检查外，还可以通过下列哪些特点来判断（E）。

A. 性欲弱、生长快、肉质好 B. 性欲弱、生长慢、肉质好 C. 性欲弱、生长快、肉质差
D. 性欲强、生长慢、肉质好 E. 性欲强、生长慢、肉质差

## 考点10：猪睾丸炎的临床特征和治疗方法★★★

睾丸炎是指由损伤和/或感染引起睾丸的各种急性和慢性炎症，本病多见于猪、羊、马及驴。

临床特征：急性睾丸炎表现为睾丸肿大，发热，疼痛，阴囊发亮。病畜站立时弓背，后肢广踏，步态强拘，拒绝爬跨；触诊发现睾丸紧张，鞘膜腔内积液，精索变粗，有压痛。慢性睾丸炎主要表现为睾丸热痛症状不明显，组织逐渐纤维变性，弹性消失，硬化、变小，产精子能力降低或消失。

治疗方法：急性睾丸炎病畜应安静休息，早期冷敷，后期热敷。局部涂擦鱼石脂软膏，注射盐酸普鲁卡因青霉素。

## 考点11：新生仔猪窒息的临床特征、发病原因和治疗方法★★★

新生仔畜窒息又称假死，主要特征是刚出生的仔畜出现呼吸障碍，或无明显呼吸而仅有微弱心跳。本病常见于猪和马，若抢救不及时，会导致死亡。

发病原因：新生仔猪窒息的主要发病原因有胎盘水肿、阵缩与努责异常、胎儿过大或数量太多导致分娩疲劳，以及胎儿产出时间延长，胎儿缺氧造成窒息等。

治疗方法：迅速擦净或吸出仔畜鼻孔及口腔内的羊水，也可将仔畜后肢提起来抖动，并有节律地轻压胸腹部，以人工呼吸方式诱发呼吸，同时促进呼吸道内的黏液排出后，进行输氧；还可使用刺激呼吸中枢的药物，如尼可刹米。

【例题】母猪难产，注射催产素后，产出仔猪软弱无力，可视黏膜发绀或苍白，呼吸极度微弱。

1. 对仔猪采取的首要措施是（C）。

A. 擦干体表胎水，诱发呼吸反射　B. 擦干体表胎水，保温
C. 擦净鼻孔、口腔内的胎水，诱发呼吸反射　D. 立即进行人工呼吸
E. 腹腔注射葡萄糖溶液
2. 与本病无关的因素是（B）。
A. 阵缩与努责异常　B. 胎盘类型　C. 胎儿数目
D. 胎儿过大　E. 胎儿产出时间过长
3. 除猪外，常见发生本病的动物是（C）。
A. 牛　B. 羊　C. 马　D. 狗　E. 猫

## 考点 12：新生仔猪溶血病的临床特征和治疗方法★★★★★

新生仔畜溶血病是指新生仔畜红细胞抗原与母体血清抗体不相合而引起的同种免疫溶血反应，又称新生仔畜溶血性黄疸、同种免疫溶血性贫血或新生仔畜同种红细胞溶血病。各种新生仔畜都可发病。对于新生仔猪溶血病，可以采取仔猪红细胞与母乳进行凝集试验，若出现凝集现象，可以确诊。

临床特征：吸吮母体初乳后即发病，主要表现为贫血、黄疸、血红蛋白尿等危重症状。红细胞形状不整，多呈溶解状态；血红蛋白显著降低，白细胞相对值升高。核黄疸，又称胆红素中毒脑病，是新生仔畜黄疸的严重并发症。发生原因是大量游离的间接胆红素渗透进入脑组织，使中枢神经元核团发生黄染，并引起神经元坏死。临床特征是嗜睡，惊厥，肢体强直等。

治疗方法：及早发现，立即停止哺喂母乳。采取换乳、人工哺乳或代养等措施。同时可以应用糖皮质激素，强心补液，静脉注射 5% 碳酸氢钠，进行辅助治疗。采用输血疗法，一般应使用母体血清进行治疗。

【例题】某窝新生仔猪，出生正常，吸吮母乳后出现反应迟钝、畏寒喜卧、心音亢进、呼吸困难、可视黏膜黄染的症状。
1. 本病可初步诊断为（C）。
A. 新生仔畜窒息　B. 新生仔畜低血糖症　C. 新生仔畜溶血病
D. 新生仔畜肝炎　E. 新生仔畜缺铁性贫血
2. 确诊本病的方法是（E）。
A. 仔猪血常规检查　B. 仔猪血糖检查
C. 仔猪肺部 X 线检查　D. 仔猪血清肝炎病毒抗体检查
E. 仔猪红细胞与母乳的凝集试验
3. 采用输血疗法时，可以选择的是（B）。
A. 母体血浆　B. 母体血清　C. 母体全血
D. 母体红细胞生理盐水　E. 代血浆

## 考点 13：新生仔猪低血糖症的发病原因、临床特征和治疗方法★★★

新生仔猪低血糖症是以血糖水平明显低下，血液中非蛋白氮含量明显升高，临床出现衰弱乏力、运动障碍、痉挛、衰竭等症状为特征的一种代谢性疾病，主要发生于生后 1~4d 的仔猪。

发病原因：新生仔猪在出生后几天内缺乏糖原异生能力，母猪产后少乳或无乳，仔猪生

后吮乳反射弱或无，或各种原因造成消化不良，影响养分的消化和吸收。

临床特征：病猪精神委顿，食欲废绝，全身出现水肿，卧地不起，四肢绵软无力；四肢做游泳状运动，头后仰或扭向一侧，口微张，口角流出少量白沫，对外界事物毫无反应，最后在昏迷中死亡。

治疗方法：本病病程短，死亡率极高，必须早期治疗。治疗原则是尽快补糖，用 10% 葡萄糖溶液 10~20mL 腹腔注射，连续使用有良好效果。

# 第二篇
# 禽　病

# 第一章 禽传染病

## 轻装上阵

### 如何学？

- 禽传染病
  - 高致病性禽流感：足部鳞片瘀血、出血　鸡胚尿囊腔　HA　HI　强制免疫　一类动物疫病
  - 新城疫：全身黏膜和浆膜出血　腺胃、肌胃乳头出血点　枣核样　HA　HI　四系苗　扑杀与无害化
  - 鸡传染性喉气管炎：咳出带血液的渗出物　喉头黏膜细胞核内嗜酸性包涵体　弱毒苗
  - 鸡传染性支气管炎：呼吸型　肾型　腺胃型　侏儒胚　鸡胚干扰试验　H120　H52　Ma5
  - 鸡传染性法氏囊病：法氏囊出血　萎缩　肾脏尿酸盐沉积　肌肉出血　琼脂扩散试验
  - 马立克病：肿瘤性疾病　神经型　内脏型　眼型　皮肤型　CVI988　SB1　FC126
  - 产蛋下降综合征：产蛋量急剧下降　软壳蛋　畸形蛋　经卵垂直传播　HI
  - 禽白血病：血管瘤　实质器官肿瘤结节　种蛋蛋清　ALVp27抗原　建立健康种鸡群
  - 鸡病毒性关节炎：关节炎　腱鞘炎　腓肠肌断裂　水平+垂直传播
  - 鸭瘟：体温升高　大头瘟　排绿色稀粪　食道黏膜纵行排列出血斑　PCR　紧急接种
  - 鸭病毒性肝炎：DHV-1　1周龄以内　头弯向背部　角弓反张　肝脏肿大、出血
  - 鸭坦布苏病毒病：运动失调　倒地不起　产蛋量急剧下降　蚊传病毒病　灭活苗
  - 小鹅瘟：雏鹅病毒性肠炎　纤维素性、坏死性肠炎　香肠状　凝固性栓子　高免卵黄
  - 鸡沙门菌病：鸡白痢　白色糨糊样粪便　麦康凯培养基　无色菌落　全血平板凝集试验
  - 禽大肠杆菌病：急性败血症　卵黄囊炎和脐炎　麦康凯培养基　红色菌落　金属光泽菌落
  - 禽霍乱：出血性败血症　巴氏杆菌　肝脏针尖大、灰黄色坏死点　两极着色的杆菌
  - 鸡传染性鼻炎：副鸡嗜血杆菌　面部肿胀　打喷嚏　鼻窦内干酪样坏死物　磺胺药
  - 鸡败血支原体感染：鸡毒支原体　慢性呼吸道　咳嗽　气喘　气囊壁混浊　圆形露滴样小菌落
  - 鸭浆膜炎：鸭疫里氏杆菌　1周龄内　纤维素性心包炎、肝周炎、气囊炎　凝集试验

### 如何考？

本章考点在考试中主要出现在A3/A4型题中，每年分值平均9分。下列所述考点均需掌握。高致病性禽流感、新城疫、鸡传染性支气管炎、马立克病、鸡沙门菌病、鸭浆膜炎等是每年考查最为频繁的内容，希望考生予以特别关注。

## 考点冲浪

### 考点 1：高致病性禽流感的流行特点、临床特征、病变特征和防控措施★★★★★

高致病性禽流感（HPAI）是由正黏病毒科流感病毒属的A型流感病毒引起的以禽类为主的烈性传染病。

流行特点：发病急骤、传播迅速、感染谱广、流行范围广，引起鸡和火鸡的大批死亡。世界动物卫生组织（OIE）将其列为必须报告的动物传染病，我国将其列为一类动物疫病。

临床特征：体温升高，产蛋量大幅度降低，头面部水肿，无毛处皮肤和鸡冠、肉髯等出血、发绀，呼吸困难，排黄白色或黄绿色稀粪。

病变特征：皮下、浆膜下、黏膜、肌肉及内脏器官广泛性出血，尤其是腺胃黏膜呈点状或片状出血，腺胃与食道交界处有出血带或溃疡。头部皮下水肿，腿部可见充血、出血，足部鳞片瘀血、出血、呈紫黑色、脚趾肿胀。

病毒分离与鉴定：取禽类的泄殖腔或口腔拭子，病料悬液经0.2μm滤膜过滤后，接种9~11日龄鸡胚尿囊腔或羊膜腔，取鸡胚尿囊液做HA试验和HI试验，进行病毒型和亚型的鉴定。

防控措施：我国对高致病性禽流感实行强制免疫制度，免疫密度必须达到100%。一旦发生高致病性禽流感，应立即封锁疫区，对所有感染禽和可疑禽一律进行扑杀、焚烧，封锁区内严格消毒。

【例题】商品鸡群，50日龄，流泪，呼吸困难，叫声沙哑。发病后期死亡鸡头部肿胀，鸡冠、肉髯出血、坏死、发绀，头颈震颤，胫部鳞片出血。剖检见多器官出血、坏死，尤其是肌胃、腺胃。

1. 本病最可能的诊断是（A）。

A. 高致病性禽流感　B. 新城疫　C. 禽霍乱

D. 传染性法氏囊病　E. 禽脑脊髓炎

2. 诊断本病最常用的血清学方法是（B）。

A. IFA（间接荧光抗体）试验　B. 血凝和血凝抑制试验

C. 全血平板凝集试验　D. 琼脂扩散试验

E. 血清中和试验

3. 防治本病最有效的措施是（A）。

A. 疫苗接种　B. 注射干扰素　C. 饲喂抗生素　D. 注射高免血清　E. 加强消毒

### 考点 2：新城疫的临床特征、病变特征、诊断方法和防控措施★★★★★

新城疫（ND）又称亚洲鸡瘟，是由新城疫病毒引起的鸡和火鸡的急性、热性、败血性、高度接触性传染病，常呈败血症经过。新城疫病毒属于副黏病毒科，只有一个血清型。本病的主要特征是高热、呼吸困难、腹泻、神经机能紊乱，以及浆膜和黏膜显著出血。OIE将本病列为必须报告的疾病。

临床特征：鸡、野鸡、火鸡、珍珠鸡对本病都有易感性，其中鸡最易感，鸭、鹅对本病有抵抗力，哺乳动物对本病有很强的抵抗力。临床上表现为病鸡伸颈，张口呼吸，咳嗽，气喘，有鼻漏；部分鸡翅、腿麻痹，腹泻，粪带血，呼吸困难、神经机能紊乱、全身黏膜和浆膜显著出血，发病率和病死率高。部分病鸡出现明显的神经症状，如腿麻痹、头颈歪斜。

产蛋母鸡产蛋量急剧下降，软壳蛋增多。

病变特征：全身黏膜和浆膜出血，淋巴组织肿胀、出血和坏死，尤其以消化道和呼吸道最为明显。腺胃和肌胃黏膜有坏死和出血，其乳头有出血点，肠道有广泛的糜烂性坏死灶并伴有出血，肠外观可见紫红色枣核样肿大的淋巴滤泡，小肠黏膜出血、有局灶性纤维素性坏死性病变，有的形成假膜，假膜脱落后即成溃疡。盲肠扁桃体肿大、出血、坏死。心冠脂肪有针尖大的出血点。组织学检查出现非化脓性脑炎。

诊断方法：病毒分离和鉴定是诊断新城疫最可靠的方法，一般取病鸡脑、肺、脾脏等含毒最高的组织病料，通过尿囊腔接种9~11日龄无特定病原（SPF）鸡胚，取24h后死亡的鸡胚的尿囊液通过HA试验和HI试验进行病毒鉴定。新城疫病毒表面有两种类型的纤突，即血凝素神经氨酸酶和融合蛋白，其中血凝素神经氨酸酶使新城疫病毒具有凝集红细胞的能力。

防控措施：定期进行疫苗预防接种是防治鸡新城疫的关键。目前我国使用的活疫苗有Ⅰ系苗（Mukteswar株）、Ⅱ系苗（B1株）、Ⅲ系苗（F株）、Ⅳ系苗（La Sota株）和Ⅴ4弱毒苗。其中Ⅰ系苗已逐步停止使用，其余疫苗多采用滴鼻、点眼、饮水和气雾方法接种。

由于鸡新城疫为国家法定的二类动物疫病，对于鸡新城疫病鸡群应采取的措施是封锁鸡场，对病死鸡、可疑病鸡进行扑杀与无害化处理，对污染的羽毛、垫草和粪便等污染物进行无害化处理，污染的环境进行彻底消毒，并对鸡群进行紧急接种。

【例题1】某15日龄鸡群发病，呼吸困难，腹泻，粪便呈黄绿色，提起时流出腥臭的液体，部分病鸡出现神经症状。剖检可见腺胃乳头出血，腺胃与食道交汇处呈带状出血。

1. 本病最可能是（B）。

A. 禽霍乱　　B. 新城疫　　C. 传染性支气管炎

D. 传染性喉气管炎　　E. 大肠杆菌病

2. 确诊本病最可靠的方法是（B）。

A. 细菌分离鉴定　　B. 病毒分离鉴定　　C. ELISA抗体检测

D. 病理组织学检查　　E. HA试验

3. 对受威胁鸡群应采取最有效的措施是（D）。

A. 加强饲养管理　　B. 鸡舍消毒　　C. 抗病毒药物预防

D. 疫苗紧急接种　　E. 注射卵黄抗体

【例题2】某场1500只150日龄蛋鸡群突然发生腹泻，排绿色或黄绿色粪便，发病率为50%，病死率为70%。剖检见肠道出血，腺胃黏膜水肿、乳头出血。

1. 确诊本病的快速诊断方法为（B）。

A. 细菌培养　　B. 血凝与血凝抑制试验　　C. 病毒中和试验

D. 涂片染色镜检　　E. 粪便虫卵检查

2. 该鸡群所发生的疾病最需要的鉴别诊断是（C）。

A. 禽流感与禽霍乱　　B. 禽霍乱与新城疫　　C. 新城疫与禽流感

D. 禽伤寒与新城疫　　E. 禽流感与禽伤寒

3.【假设信息】如该鸡群已接种过3次H5亚型禽流感疫苗，已排除发生禽流感的可能性。防控本病的有效措施是（A）。

A. 扑杀　B. 抗菌　C. 注射卵黄抗体

D. 疫苗紧急接种　E. 注射干扰素

【例题3】25日龄肉鸡群突然发生死亡，病鸡表现呼吸困难，头、冠呈紫黑色，嗉囊积液，腹泻。采集病料接种9日龄SPF鸡胚，24h鸡胚死亡，胚体出血，尿囊液有血凝性。

1. 本病可能是（D）。

A. 鸡传染性支气管炎　B. 鸡传染性法氏囊病　C. 鸡传染性喉气管炎

D. 新城疫　E. 禽霍乱

2. 当前发现的该病原血清型个数是（A）。

A. 1　B. 2　C. 3　D. 4　E. 5

【例题4】150日龄蛋鸡群，接种过2次禽流感疫苗，突然发生腹泻，排绿色、黄绿色粪便，肉髯发绀，有"观星"姿势。剖检可见肠道出血，腺胃黏膜水肿、乳头出血，肠黏膜有枣核状出血和坏死。

1. 本病最可能的诊断是（C）。

A. 禽流感　B. 禽霍乱　C. 新城疫　D. 禽伤寒　E. 禽副伤寒

2. 本病常用的诊断方法是（B）。

A. 琼脂平板培养　B. 血凝与血凝抑制试验　C. 生化试验

D. 涂片染色镜检　E. 平板凝集试验

3. 使用该诊断方法是因为该病原具有（B）。

A. 核蛋白　B. 血凝素神经氨酸酶　C. 融合蛋白

D. 基质蛋白　E. 聚合酶

## 考点3：鸡传染性喉气管炎的临床特征、诊断方法和防治方法★★★★

鸡传染性喉气管炎（ILT）是由疱疹病毒引起的鸡的一种急性、高度接触性呼吸道传染病，特征为呼吸困难，咳嗽，咳出含有血液的渗出物，喉部和气管黏膜肿胀、出血并形成糜烂。在疾病早期，病毒存在于气管和上呼吸道分泌液中，感染细胞的细胞核内有包涵体。传染性喉气管炎病毒通过咳出的血液和黏液而经上呼吸道和眼内感染，进而扩散至支气管、眶下窦，甚至三叉神经节等深部，带毒潜伏可达2年。

临床特征：病鸡鼻孔内有分泌物，呼吸困难，咳嗽，咳出带血液的渗出物，气喘。剖检可见喉头和气管黏膜肿胀、潮红、有出血斑，附着浅黄色凝固物，不易擦去，黏膜糜烂。气管内有大量的带血分泌物或条状血块。有时可见结膜炎，病鸡多死于窒息。

诊断方法：将病料接种10~12日龄鸡胚，采取死亡鸡胚的绒毛尿囊膜进行包涵体检查。组织病理学和免疫组化观察，病毒感染后12h，在气管、喉头黏膜上皮细胞细胞核内可见嗜酸性包涵体。

防治方法：对于鸡传染性喉气管炎的防治，一般可以使用弱毒疫苗进行免疫接种。

【例题】120日龄鸡群，呼吸困难，有湿啰音，咳出带血黏液，有的病鸡死于窒息。病理组织学检查，在气管、喉头上皮细胞内见嗜酸性包涵体。发病率为70%，病死率为15%。

1. 本病最可能的诊断是（C）。

A. 新城疫　　B. 马立克病　　C. 传染性喉气管炎
D. 传染性支气管炎　　E. 禽流感
2. 本病的病原潜伏感染的部位是（D）。
A. 口腔　　B. 气管　　C. 肠道　　D. 三叉神经节　　E. 肝脏
3. 防治本病的最常用疫苗是（A）。
A. 弱毒疫苗　　B. 强毒疫苗　　C. 灭活疫苗　　D. 基因缺失苗　　E. 核酸疫苗

## 考点 4：鸡传染性支气管炎的临床类型、诊断方法和预防措施★★★★

鸡传染性支气管炎（IB）是由传染性支气管炎病毒（IBV）引起的一种急性、高度接触传染性呼吸道疾病。特征是病鸡咳嗽、打喷嚏和气管发出啰音。雏鸡流鼻液，产蛋鸡产蛋减少和产劣质蛋；肾型传染性支气管炎表现为肾炎综合征和尿酸盐沉积。

传染性支气管炎临床类型主要有呼吸型、肾型、腺胃型。

呼吸型：主要表现为雏鸡伸颈，张口呼吸，咳嗽、打喷嚏和气管发出啰音。产蛋鸡出现轻微的呼吸道症状，产蛋量下降，产软壳蛋、畸形蛋或粗壳蛋。

肾型：病鸡不出现呼吸道症状，主要表现为排白色或水样粪，死亡率升高。剖检可见肾脏肿大出血，出现红白相间的斑驳状花斑肾，白色尿酸盐沉积于组织器官表面。

腺胃型：主要由于接种生物制品引起，表现为发育停滞，腹泻，消瘦。剖检可见腺胃显著肿大，胃壁增厚，胃黏膜水肿、充血、出血、坏死。法氏囊、脾脏等萎缩。

诊断方法：病毒的分离和鉴定是诊断传染性支气管炎最可靠的方法，一般取病鸡气管渗出物或肺组织经尿囊腔接种 10~11 日龄的鸡胚传代，鸡胚呈规律性死亡，并出现僵化胚、侏儒胚等典型变化。同时，传染性支气管炎病毒在鸡胚内可干扰鸡新城疫 B1 株（鸡新城疫Ⅱ系苗）血凝素的产生，因此利用鸡胚干扰试验可以对传染性支气管炎进行诊断。取鸡胚，分两组，一组尿囊腔接种传染性支气管炎病毒鸡胚液，另一组为对照，两组再同时接种新城疫病毒，取鸡胚液做 HA，若为传染性支气管炎病毒，则实验组鸡胚液 50% 以上的血凝效价在 1∶20 以下。

预防措施：疫苗接种为预防本病的主要措施，一般使用传染性支气管炎病毒 H120 株、H52 株弱毒疫苗及其灭活油佐剂苗。H120 株疫苗毒力较弱，适用于雏鸡；H52 株弱毒疫苗毒力较强，适用于 20 日龄以上的鸡。对肾型传染性支气管炎，可以使用弱毒苗 Ma5 株，1 日龄和 15 日龄各免疫一次即可。

【例题 1】20 日龄黄羽肉种鸡，突然发病，张口呼吸、咳嗽、呼吸啰音，2d 内波及全群，食欲废绝、扎堆。剖检可见支气管有纤维素性分泌物，呈干酪样，肾脏肿大，尿酸盐沉积。

1. 本病最可能的诊断是（E）。
A. 新城疫　　B. 禽流感　　C. 传染性法氏囊病
D. 鸡毒支原体感染　　E. 传染性支气管炎
2. 本病用干扰试验诊断时，鸡胚 50% 以上的血凝效价应低于（E）。
A. 1∶50　　B. 1∶30　　C. 1∶10　　D. 1∶40　　E. 1∶20
3. 目前对本病的防治措施是免疫（D）。
A. 1 次灭活疫苗　　B. 1 次弱毒疫苗 +1 次灭活疫苗

C. 1 次弱毒疫苗　　D. 2 次弱毒疫苗

E. 2 次弱毒疫苗 +1 次灭活疫苗

【例题 2】某 32 周龄产蛋鸡群，产蛋率下降 25%，畸形蛋、软壳蛋增多，蛋壳颜色变浅。剖检见鸡的呼吸道黏液增多，卵泡充血，输卵管有炎症。

1. 采集病料后，应首先进行的实验室检查是（A）。

A. 鸡胚接种　　B. 小鼠接种　　C. 凝集试验

D. 琼脂扩散试验　　E. 细菌分离

2. 【假设信息】如本病的病原无血凝性，则最可能的诊断为（B）。

A. 非典型新城疫　　B. 传染性支气管炎　　C. 传染性喉气管炎

D. H9 亚型禽流感　　E. 产蛋下降综合征

3. 【假设信息】如本病病原无血凝性且发生在蛋鸡的育雏和育成阶段，则常出现的病变为（A）。

A. 肾脏肿大　　B. 肌肉出血　　C. 法氏囊肿大　　D. 肝脏坏死　　E. 关节炎症

## 考点 5：鸡传染性法氏囊病的临床特征、诊断方法和防控措施★★★

传染性法氏囊病（IBD）是由传染性法氏囊病病毒引起的主要危害雏鸡的一种急性、接触性传染病，发病率高、病程短。

临床特征：病鸡表现脱水，法氏囊充血、出血、水肿，5d 后开始萎缩，浆膜覆盖浅黄色胶冻样渗出物，严重出血时，呈紫黑色，似紫葡萄状，黏膜表现出血或出血斑；腺胃和肌胃交界处有条状出血；肾脏肿大苍白，尿酸盐沉积，呈花斑状，肾小管和输尿管有白色尿酸盐沉积；腿肌和胸肌出血。

诊断方法：法氏囊中病毒含量最高。琼脂扩散试验既可检测抗原，也可检测抗体，用于流行病学调查和检测疫苗免疫后的传染性法氏囊病病毒抗体。

防控措施：有效预防措施是采用全进全出饲养制度和全价饲料，鸡舍应换气良好，温度、湿度适宜，消除各种应激条件，实施疫苗接种，提高鸡体免疫应答能力。

【例题 1】某 4 周龄鸡群发病，2d 内波及全群，死亡率迅速上升，病鸡羽毛松乱，扎堆，排出白色稀粪，严重脱水，病死鸡胸肌和腿肌有条纹状或斑点状出血，肾脏有尿酸盐沉积。

1. 本病最可能是（C）。

A. 禽流感　　B. 新城疫　　C. 传染性法氏囊病

D. 传染性喉气管炎　　E. 传染性支气管炎

2. 快速检测病原的实验室常用方法是（B）。

A. 免疫组化法　　B. 琼脂扩散试验　　C. 病毒分离鉴定

D. 病毒中和试验　　E. 易感鸡接种试验

3. 预防本病最有效的措施是（C）。

A. 净化种鸡群　　B. 注射卵黄抗体　　C. 疫苗免疫接种

D. 提高饲料维生素含量　　E. 调整饲料蛋白质含量

【例题 2】30 日龄肉鸡群，羽毛蓬松，采食减少，畏寒，扎堆，精神委顿，严重腹泻，排出白色水样稀粪，部分病鸡在发病后 2~3d 死亡，5~7d 到达死亡高峰，很快平息。

1. 对本病诊断具有示病意义的病理变化是（E）。

A. 心脏出血　B. 肝包炎　C. 心包炎　D. 肺出血　E. 花斑肾

2. 本病最可能的诊断是（A）。

A. 传染性法氏囊病　B. 新城疫　C. 禽流感

D. 大肠杆菌病　E. 沙门菌病

## 考点 6：马立克病的临床特征、诊断方法和防控措施★★★

马立克病（MD）是由疱疹病毒引起的最常见的一种鸡淋巴组织增生性疾病，以外周神经、性腺、虹膜、各种内脏器官、肌肉和皮肤单核细胞性浸润和形成肿瘤为特征，主要通过呼吸道传播。本病是一种肿瘤性疾病，传染性极强。

临床特征：根据疾病症状和病变的部位，马立克病分为 4 种类型。

神经型：步态不稳，不能行走，或一腿伸向前方，另一腿伸向后方，呈“大劈叉”的特征性姿势；翅膀神经受到侵害时，病侧翅下垂。剖检可见坐骨神经丛肿胀增粗，变成灰白色或黄白色，神经横纹消失。

内脏型：一种或多种内脏器官及性腺发生肿瘤，在上述器官和组织中可见大小不等、灰白色的肿瘤块，法氏囊萎缩。

眼型：出现于单眼或双眼，视力减退或消失，表现为虹膜褪色，呈同心环状或斑点状，以至弥漫的灰白色，俗称“鱼眼”。瞳孔边缘不整齐，呈锯齿状。严重阶段瞳孔只剩下一个针尖大小的孔。

皮肤型：发生于翅膀、颈部、背部等处皮肤，羽毛囊肿大，以羽毛囊为中心，在皮肤上形成浅白色小结节或瘤状物。

诊断方法：对于马立克病的诊断，必须根据疾病特异的流行病学、临床症状、病理特征和肿瘤标记做出诊断，而血清学方法和病毒学方法主要用于鸡群感染情况的监测。

防控措施：疫苗接种是防治本病的关键，主要防止早期感染。主要疫苗有 CVI988（血清 1 型）、SB1（自然不致瘤的血清 2 型）、Z4（自然不致瘤的血清 2 型）、FC126（血清 3 型），一般使用 CVI988、FC126 等疫苗在 1 日龄接种，以防止雏鸡感染。

【例题 1】某 4 月龄鸡群发病，病鸡消瘦，昏迷，翅膀下垂，有的两腿前后伸展呈“大劈叉”姿势。剖检见单侧坐骨神经和臂神经肿大增粗，部分病鸡的肝脏和肾脏出现肿瘤。

1. 本病最可能是（B）。

A. 禽白血病　B. 马立克病　C. 新城疫

D. 传染性法氏囊病　E. 鸡病毒性关节炎

2. 本病还可能出现的典型病变是（A）。

A. 虹膜变为灰白色　B. 间质性肺炎　C. 纤维素性胸膜肺炎

D. 纤维素性腹膜炎　E. 纤维素性心包炎

3. 防止本病最有效的措施是（D）。

A. 孵化房严格消毒　B. 隔离患病鸡　C. 淘汰阳性鸡

D. 疫苗免疫接种　E. 使用抗病毒药物

【例题 2】某蛋鸡群，从育雏期开始，死淘率一直偏高，产蛋期病鸡肢体麻痹、不能站立。剖检病死鸡可见肝脏、肾脏、腺胃、卵巢等处有肿瘤结节。病理组织学检查发现，肿瘤组织由大小不一的淋巴细胞组成。

1. 本病最可能的诊断是（A）。

A. 马立克病　B. 禽白血病　C. 网状内皮组织增生症

D. 黄曲霉毒素中毒　E. 骨髓细胞瘤

2. 本病的主要传播途径是（D）。

A. 种蛋　B. 生殖道　C. 消化道　D. 呼吸道　E. 眼结膜

3. 本病的免疫接种时间是（A）。

A. 1 日龄　B. 1 周龄　C. 2 日龄　D. 1 月龄　E. 2 月龄

## 考点 7：产蛋下降综合征的传播方式和诊断方法★★★

产蛋下降综合征（EDS-76）是由禽腺病毒Ⅲ群（产蛋下降综合征病毒）引起的一种以产蛋下降为特征的传染病，主要表现为鸡群产蛋量急剧下降，软壳蛋、畸形蛋增加，褐色蛋壳颜色变浅。

传播方式：本病的传播方式主要是经卵垂直传播，可以从鸡的输卵管、泄殖腔分离到鸡产蛋下降综合征病毒。

诊断方法：从病鸡的输卵管、泄殖腔、肠内容物采取病料，经无菌处理后，尿囊腔接种10~12 日龄鸡胚（无腺病毒抗体）。鸡感染产蛋下降综合征病毒后，能产生高效价抗体。鸡产蛋下降综合征病毒能凝集鸡、鸭、火鸡、鹅、鸽的红细胞，HI 试验是最常用的诊断方法。

【例题】夏末，某养殖场笼养的 10000 只产蛋鸡，产蛋率突然下降，软壳蛋和畸形蛋增加。有些鸡消瘦，鸡冠苍白。剖检发病鸡，偶见输卵管黏膜水肿，其他器官无明显病变。

1. 本病最可能的诊断是（D）。

A. 新城疫　B. 禽流感　C. 传染性支气管炎

D. 产蛋下降综合征　E. 笼养蛋鸡疲劳综合征

2. 本病最常用的实验室诊断方法是（E）。

A. 细菌分离培养　B. 粪便虫卵检查　C. 鸡胚接种

D. 平板凝集实验　E. 血凝抑制试验

3. 【假设信息】如果用氯羟吡啶治疗后，症状减轻，产蛋率有所回升。该鸡群最可能混合感染了（C）。

A. 异刺线虫　B. 组织滴虫　C. 住白细胞虫

D. 大肠杆菌　E. 副鸡嗜血杆菌

【解析】本组题考查鸡产蛋下降综合征的诊断方法。根据产蛋鸡“产蛋率突然下降，软壳蛋和畸形蛋增加，有些鸡消瘦，鸡冠苍白。剖检发病鸡见输卵管黏膜水肿，其他器官无明显病变”等临床特征和病变特征，可以判定为鸡产蛋下降综合征。一般鸡感染产蛋下降综合征病毒后，能产生高效价抗体。鸡产蛋下降综合征病毒能凝集鸡、鸭、火鸡、鹅、鸽的红细胞，HI 是最常用的诊断方法。根据用氯羟吡啶治疗后症状减轻，产蛋率有所回升等信息，可以判定该鸡群最可能混合感染了住白细胞虫。

## 考点 8：禽白血病的流行特点、临床特征和诊断方法★★★★

禽白血病（AL）是一类禽白血病病毒（ALV）相关的反转录病毒引起的鸡的不同组织

良性和恶性肿瘤病的总称。ALV 主要引起感染鸡在性成熟前后发生肿瘤而死亡。特征性变化主要为肝脏、脾脏肿大或布满无数的针尖大小的白色增生性肿瘤结节。

流行特点：鸡是本病所有病毒的自然宿主。垂直传播是本病的主要传播方式，同群鸡也能通过直接或间接接触传播。

临床特征：ALV-J 感染的蛋鸡临床表现为体表出现血管瘤，血管一旦破裂，流血不止，因失血过多死亡。隐性感染可使蛋鸡和种鸡的产蛋性能受到严重影响。淋巴细胞样白血病是最为常见的经典型白血病肿瘤，肿瘤可见于肝脏、脾脏、法氏囊、肾脏、肺、性腺、心脏、骨髓等器官组织，表现为较大的结节状肿瘤，肿瘤切开后呈灰白色至奶酪色。

诊断方法：病毒分离的最好材料是病鸡血浆、血清和肿瘤、新产蛋的蛋清，通过检查病鸡血浆、血清和种蛋蛋清中的病毒和血清抗体进行诊断，可以利用 ELISA 方法检测种蛋蛋清或细胞培养上清液中的禽白血病病毒 p27 抗原。通过检疫淘汰阳性种鸡，建立健康种鸡群。

【例题 1】某 9 月龄种鸡群，产蛋率和种蛋的孵化率偏低，部分鸡消瘦，腹部膨大。剖检见肝脏、肾脏、法氏囊、性腺、脾脏等处有肿瘤样结节。

1. 本病最可能的诊断是（B）。

A. 马立克病　B. 禽白血病　C. 禽呼肠孤病毒病

D. 黄曲霉毒素中毒　E. 包涵体肝炎

2. 实验室诊断，需要检查（E）。

A. 法氏囊中的抗体　B. 蛋清中的抗体　C. 肿瘤组织中的抗体

D. 羽毛囊中的抗原　E. 血清中的抗体

3. 本病的传播媒介是（A）。

A. 种蛋　B. 饲料　C. 饮水　D. 野鸟　E. 鼠类

【例题 2】9 月龄种鸡群产蛋率和种蛋孵化率偏低，部分鸡消瘦，腹部膨大。剖检见肝脏、肾脏、法氏囊、性腺、脾脏等处有肿块。组织病理学检查见肿块主要由大小一致的淋巴细胞组成。

1. 本病可能是（B）。

A. 马立克病　B. 禽白血病　C. 网状内皮增生症

D. 黄曲霉毒素中毒　E. 髓细胞瘤

2. 在种鸡中检疫该病原需要检查的是（B）。

A. 法氏囊中的抗体　B. 蛋清中的抗原　C. 肿瘤组织中的抗体

D. 羽毛囊中的抗原　E. 蛋清中的抗体

3. 预防本病最有效的措施是（A）。

A. 建立无病原的种鸡群　B. 疫苗免疫接种　C. 药物防治

D. 环境消毒　E. 杀虫灭鼠

【例题 3】180 日龄种鸡群，5% 的鸡出现虚弱，消瘦，腹泻，羽毛囊出血。鸡冠苍白、皱缩，腹部增大。剖检可见多组织有大小不一的肿瘤，脾脏肿瘤呈大理石状。

1. 本病最可能的诊断是（A）。

A. 鸡白血病　B. 马立克病　C. 鸡传染性贫血

D. 传染性法氏囊病　E. 网状内皮组织增殖病

2. 分离该病原常选用的病料不包括（E）。

A. 血浆 B. 血清 C. 刚产蛋的蛋清 D. 肿瘤病灶 E. 刚产蛋的蛋黄

3. 预防本病最有效的措施是（D）。

A. 弱毒疫苗免疫接种 B. 灭活疫苗免疫接种 C. 药物治疗

D. 种群净化 E. 种群消毒

## 考点9：鸡病毒性关节炎的临床特征★★

鸡病毒性关节炎又称病毒性腱鞘炎，是由禽呼肠孤病毒引起的鸡和火鸡的病毒性传染病，以发生关节炎、腱鞘炎及腓肠肌断裂为主要特征。

临床特征：种鸡和带毒鸡是主要的传染源，本病既可水平传播，又可垂直传播。临床上主要表现为关节囊和腱鞘显著水肿、充血或点状出血，关节软骨糜烂及滑膜出血，严重病例可见肌腱断裂、出血和坏死等。

## 考点10：鸭瘟的临床特征、诊断方法和防控措施★★★★

鸭瘟又称鸭病毒性肠炎，是由鸭瘟病毒引起的鸭、鹅等禽类的一种急性败血性和高度接触性传染病。本病流行广泛，传播迅速，发病率和死亡率高，呈世界性分布。

临床特征：体温升高，流泪，呈稽留热，两腿麻痹，走动困难，行动迟缓或伏坐地上不能走动，强行驱赶时常以双翅扑地行走。部分病鸭头部肿大，触之有波动感，俗称“大头瘟”或“肿头瘟”。腹泻，排出绿色或灰白色稀粪，有腥臭味。

病变特征：食道和泄殖腔黏膜出血、水肿和坏死，食道黏膜有纵行排列的小出血斑点，有灰黄色假膜覆盖，假膜易剥离，剥离后留有溃疡瘢痕。泄殖腔黏膜表面覆盖一层灰褐色或绿色的坏死痂，黏着牢固，不易剥离。肝脏早期有出血斑点，后期出现大小不同的灰白色坏死灶，在坏死灶周围有时可见环形出血带，坏死灶中心常见小出血点。

诊断方法：对于鸭瘟的诊断，一般采取急性发病期或死亡后的病鸭血液、肝脏、脾脏等病料，接种9~14日龄鸭胚尿囊膜，用PCR或中和试验鉴定分离到的病毒。

防控措施：鸭群一旦发生鸭瘟，必须迅速采取严格封锁、隔离、消毒和紧急预防接种等综合性防疫措施，控制疫情，减少损失。当发现鸭瘟时，应立即用鸭瘟弱毒疫苗进行紧急接种，一般在接种后1周内死亡率显著降低，随后停止发病和死亡。

【例题1】7月龄鸭群，部分鸭头部肿大，两腿麻痹，排绿色粪便；食道黏膜出血、水肿、坏死，表面有黄褐色的假膜覆盖，肝脏上有白色坏死点。

1. 该鸭群最可能发生的疾病是（D）。

A. 鸭病毒性肝炎 B. 禽流感 C. 鸭传染性浆膜炎

D. 鸭瘟 E. 小鹅瘟

2. 预防本病首先应采取的措施是（E）。

A. 投喂抗菌药物 B. 投喂微生态制剂 C. 投喂抗病毒药物

D. 净化 E. 接种疫苗

【例题2】某蛋鸭群突然发病，发病率为80%，病死率为70%，体温达43℃，畏光流泪，眼睑水肿。剖检可见食管黏膜点状出血、条状坏死，肠道有环状出血带。

1. 本病最可能的诊断是（D）。

A. 禽流感　B. 鸭病毒性肝炎　C. 坦布苏病毒感染
D. 鸭瘟　E. 圆环病毒感染

2. 诊断本病常用的血清学方法是（A）。

A. ELISA　B. 鸡胚干扰试验　C. 凝集试验
D. 血凝试验　E. 血凝抑制试验

3. 本病的主要防治措施是（B）。

A. 注射高免血清　B. 接种弱毒疫苗　C. 扑杀全群
D. 减少鸭群密度　E. 减少应激

## 考点 11：鸭病毒性肝炎的病原特征和临床特征★★★

鸭病毒性肝炎是由不同型鸭肝炎病毒（DHV）引起的雏鸭的一种以肝脏肿大且表面有出血斑点为特征的病毒性传染病，其中以Ⅰ型鸭肝炎病毒（DHV-1）危害最大，对易感雏鸭具有高度致死性且传播迅速，1 周龄以内的易感雏鸭病死率常在 95% 以上。我国以 DHV-1 流行最为严重。

临床特征：病鸭精神沉郁，呈昏睡状，出现神经症状，运动失调，身体倒向一侧，两脚痉挛性后蹬，全身抽搐，仰脖，头弯向背部，地上旋转，抽搐 10min 至几小时后死亡。死亡时大多头向背部后仰，角弓反张。肝脏肿大、质脆，表面有大小不等的出血点，胆囊肿胀，充满胆汁，脾脏充血，心肌质软。

## 考点 12：鸭坦布苏病毒病的临床特征和防控措施★★

鸭坦布苏病毒病（DTMUVD）又称鸭黄病毒病、鸭出血性卵巢炎，是由黄病毒科鸭坦布苏病毒感染引起的一种急性、接触性传染病。发病鸭群主要以种鸭和产蛋鸭为主，临床上商品肉鸭以神经症状为主要特征，表现为运动失调和倒地不起，无法采食而死亡；产蛋鸭群突然采食量下降，产蛋量急剧下降，部分感染鸭排绿色稀粪。病变特征为卵泡严重出血、变性和萎缩，部分鸭可见卵黄性腹膜炎和脾脏肿大。本病病原为蚊传虫媒病毒，在夏、秋季大面积流行。

防控措施：注射灭活油佐剂苗或基因工程苗是最有效的防控方法。

【例题】产蛋鸭群，病初采食量下降，部分鸭排出草绿色稀粪，1 周后产蛋量锐减 70%，同时出现沙壳蛋、畸形蛋。剖检可见卵泡膜充血、出血；肝脏肿大，有坏死灶。

1. 本病最可能的诊断是（D）。

A. 呼肠孤病毒感染　B. 鸭病毒性肝炎　C. 鸭传染性浆膜炎
D. 鸭坦布苏病毒病　E. 鸭大肠杆菌病

2. 本病的病原在分类上属于（B）。

A. 副黏病毒科　B. 黄病毒科　C. 轮状病毒
D. 微 RNA 病毒科　E. 疱疹病毒科

## 考点 13：小鹅瘟的流行特点、临床特征、病变特征、诊断方法和防控措施★★★

小鹅瘟（GP）又称鹅细小病毒感染、雏鹅病毒性肠炎，是由小鹅瘟病毒引起的雏鹅和雏番鸭的一种急性或亚急性、败血性传染病，主要侵害 3~20 日龄雏鹅，导致急性死亡。本病传染快、发病率高、死亡率高，表现为严重腹泻。特征性病理变化为出血性、纤维素性、渗出性、坏死性肠炎。

流行特点：本病多发于1月龄内的雏鹅和雏番鸭，最早发病的雏鹅一般在2~7日龄，病死率高达100%。本病的传播途径主要是消化道。

临床特征：主要表现为严重腹泻，排灰白色或青绿色稀粪，粪中带有纤维碎片或未消化的饲料。临死前头触地，两腿麻痹或抽搐。

病变特征：主要病变集中在肠道，病鹅小肠出现凝固性栓子，肠内纤维素性渗出物增多，这些肠段膨大增粗，比正常增大1~3倍，肠壁变薄，触摸有紧实感，呈香肠状，主要发生在小肠中下段的空肠和回肠部。

诊断方法：可以采集病料接种鹅胚，分离病毒，通过琼脂扩散试验、中和试验进行鉴定。

防控措施：在种鹅产蛋前1个月接种鸭胚化弱毒疫苗。一旦鹅群发病，整群鹅注射小鹅瘟高免血清或高免卵黄。

【例题】10日龄鹅群突然发病，食欲减退，饮欲增加，双腿麻痹，头触地，病死率达80%。剖检见空肠和回肠膨大，变粗，肠腔内有纤维素性渗出物和坏死物形成的栓塞。

1. 本病可能是（B）。

A. 巴氏杆菌病　B. 小鹅瘟　C. 鹅副黏病毒病　D. 鹅球虫病　E. 支原体感染

2. 本病最常用的实验室诊断方法是（A）。

A. 琼脂扩散试验　B. HA试验　C. HI试验
D. 染色镜检　E. 试管凝集试验

3. 应该采取的紧急措施是（C）。

A. 更换饲料　B. 扑杀　C. 高免血清治疗
D. 抗生素治疗　E. 抗寄生虫治疗

## 考点14：鸡沙门菌病的临床特征和诊断方法★★★★

沙门菌病是由沙门菌属中多种细菌引起的疾病的总称。由鸡白痢沙门菌引起的鸡白痢，在雏鸡中流行最为广泛，多发生于孵出不久的雏鸡，通过带菌蛋而传播。

鸡白痢分为雏鸡白痢、育成鸡白痢和成年鸡白痢。

2~3周龄是雏鸡白痢发病和死亡高峰，病雏鸡表现为羽毛松乱，两翼下垂，不愿走动，闭眼昏睡，排白色糨糊样粪便，肛门周围的绒毛被粪便污染，干涸后封住肛门周围，影响排粪。剖检可见肝脏有大小不等的坏死点，卵黄吸收不良，内容物呈奶油状或干酪样黏稠物。心脏可见有坏死或结节，略突出于内脏器官表面。

成年鸡白痢一般无明显症状，主要影响产蛋量和产蛋高峰，死淘率升高。

诊断方法：病料接种麦康凯培养基，生长出无色菌落，革兰氏染色阴性。一般使用凝集试验进行疾病诊断。凝集试验分为全血平板凝集试验和血清平板凝集试验，通过全血平板凝集试验进行全面检疫，淘汰阳性鸡和可疑鸡，建立健康种鸡群。

【例题1】某鸡群1周龄起部分鸡精神沉郁，采食减少，怕冷，腹泻，粪便污染羽毛。剖检见肝脏呈土黄色，有灰白色坏死灶，肠黏膜充血、出血，卵黄吸收不良。

1. 本病可能是（C）。

A. 巴氏杆菌病 B. 大肠杆菌病 C. 沙门菌病 D. 葡萄球菌病 E. 传染性鼻炎

2. 分离鉴定该病原的培养基是（A）。

A. 麦康凯培养基 B. 巧克力琼脂 C. 血琼脂

D. 胰蛋白胨琼脂 E. 甘露醇琼脂

3. 该病原检测为阳性的种鸡应（C）。

A. 抗生素治疗 B. 隔离 C. 淘汰 D. 消毒 E. 接种疫苗

【例题 2】某鸡场 15 日龄海兰褐雏鸡，排白色糨糊状粪便。剖检见肝脏肿大，表面有大小不等的灰白色坏死点，肝脏病料接种麦康凯培养基，有菌落生长。

1. 本病最可能的诊断是（B）。

A. 禽霍乱 B. 雏鸡白痢 C. 大肠杆菌病

D. 鸡传染性鼻炎 E. 鸡毒支原体感染

2. 该鸡群感染的病原可能是（B）。

A. 大肠杆菌 B. 沙门菌 C. 巴氏杆菌 D. 副鸡嗜血杆菌 E. 鸡毒支原体

3. 祖代鸡场对本病的控制措施是（E）。

A. 鸡群消毒 B. 抗生素治疗 C. 加强饲养管理

D. 高免血清治疗 E. 净化

## 考点 15：禽大肠杆菌病的临床类型、临床特征和诊断方法★★★

禽大肠杆菌病是由致病性大肠杆菌引起各种禽类的急性或慢性的细菌性传染病，临床类型包括急性败血症、气囊炎、肝周炎、卵黄性腹膜炎、输卵管炎、滑膜炎、眼炎、关节炎、脐炎、肉芽肿及肺炎等，最常见的是急性败血症和卵黄性腹膜炎。

急性败血症：发病率和病死率都较高。病变特征主要为纤维素性心包炎、纤维素性肝周炎、纤维素性气管炎。

卵黄囊炎和脐炎：指雏鸡的卵黄囊、脐部及其周围组织的炎症，主要发生于孵化后期的胚胎及 1~2 周龄雏鸡，死亡率为 3%~10%，有时高达 40%。临床表现为蛋黄吸收不良、脐部闭合不全、腹部胀大下垂。部分病死雏鸡脐带处可见绿豆大、黄白色包囊状物，卵黄囊呈黄绿色，吸收稍差，肠道和器官相互粘连。病死鸡剖检可见肺、肾脏、肝脏、心脏潮红湿润。

诊断方法：大肠杆菌在麦康凯培养基上形成红色菌落，在伊红亚甲蓝琼脂上形成黑色带金属光泽的菌落。

【例题】某鸡场，1~3 日龄雏鸡死亡率为 3%，剖检病死鸡，可见肺、肾脏、肝脏、心脏潮红湿润，部分病死雏鸡脐带处可见绿豆大小、黄白色包囊状物，卵黄囊呈黄绿色，吸收稍差，本病可能是（D）。

A. 新城疫 B. 药物中毒 C. 饲料中毒

D. 大肠杆菌感染 E. 维生素 A 缺乏症

## 考点 16：禽霍乱的临床特征、诊断方法和防治方法★★★★

禽霍乱又称禽巴氏杆菌病、禽出血性败血症，简称禽出败，是由多杀性巴氏杆菌引起的鸡、鸭、鹅等禽类的一种传染病，常呈现败血性症状，发病率和死亡率很高。

临床特征：一般呈急性经过，主要表现为呼吸困难，剧烈腹泻，肉冠发绀呈黑紫色。心外膜、心冠脂肪有出血点；肝脏肿大、质脆，呈棕红色或棕黄色，表面广泛分布针尖大小、灰白色或灰黄色、边缘整齐、大小一致的坏死点，具有特征性；肠道尤其是十二指肠黏膜红肿，呈暗红色，有弥漫性出血或溃疡，肠内容物含有血液。

诊断方法：一般取病死鸡心血、肝脏、脾脏制作涂片或触片，瑞氏染色，在显微镜下发现数量较多、形态一致、呈两极着色的杆菌，即可做出诊断。

防治方法：一般需要加强鸡群的饲养管理，平时严格执行鸡场兽医卫生防疫措施，以栋舍为单位采取全进全出的饲养制度，预防本病的关键措施是进行疫苗接种。可以使用抗菌药物进行治疗，如恩诺沙星。

【例题 1】夏季，某鸡场 5000 只蛋鸡突然发病，病鸡表现呼吸困难、鸡冠和肉髯发绀呈紫黑色、剧烈腹泻等症状。剖检后可见皮下组织、腹部脂肪和肠系膜有大小不等的出血点，心外膜、心冠脂肪有出血点，肝脏肿大，表面分布针尖大小坏死点。

1. 本病最可能是（C）。

A. 新城疫　B. 禽流感　C. 禽霍乱　D. 鸡白痢　E. 禽大肠杆菌病

2. 用于实验室病原学检查的病料是（A）。

A. 肝脏　B. 肺　C. 肾脏　D. 脑组织　E. 法氏囊

3. 预防本病最有效的措施是（B）。

A. 环境消毒　B. 疫苗接种　C. 药物预防　D. 通风换气　E. 防暑降温

【例题 2】160 日龄鸭群，食欲废绝，腹泻，产蛋停止，呼吸困难，口鼻分泌物增加，病鸭 1~3d 内死亡。剖检可见病死鸭的皮下组织、腹部脂肪和肠系膜上有出血点，肠道弥漫性出血，心包积液，心外膜和心冠脂肪出血，肝脏上有灰白色坏死灶。

1. 本病最可能的诊断是（C）。

A. 鸭病毒性肠炎　B. 高致病性禽流感　C. 巴氏杆菌病

D. 大肠杆菌病　E. 鸭疫里默氏杆菌病

2. 进一步诊断，应选用的方法是（A）。

A. 涂片镜检　B. ELISA　C. 中和试验

D. 凝集试验　E. 琼脂扩散试验

3. 治疗本病最宜选用的药物是（A）。

A. 抗菌药　B. 抗血清　C. 干扰素　D. 转移因子　E. 卵黄抗体

【例题 3】6 月龄蛋鸡突然发病，腹泻、败血症，病死率高。剖检可见全身黏膜、浆膜点状出血，出血性肠炎及肝脏有坏死点，但脾脏无明显的变化。

1. 本病最可能的诊断是（A）。

A. 禽霍乱　B. 鸡白痢　C. 大肠杆菌病　D. 传染性鼻炎　E. 禽伤寒

2. 对该病原的正确描述是（B）。

A. 形成芽孢　B. 两极深染　C. 球形　D. 革兰氏阳性　E. 有鞭毛

3. 治疗本病的有效药物是（E）。

A. 酮康唑　B. 吡喹酮　C. 左旋咪唑　D. 两性霉素　E. 恩诺沙星

## 考点 17：鸡传染性鼻炎的临床特征和治疗方法★★★

鸡传染性鼻炎是由副鸡嗜血杆菌引起的鸡的急性呼吸系统传染病，主要表现为鼻腔与鼻旁窦发炎、流鼻液、面部肿胀、打喷嚏和结膜炎。主要病变为鼻腔黏膜呈急性充血肿胀，鼻旁窦内有渗出物凝块，后变成干酪样坏死物，结膜肿胀，脸部和肉冠皮下水肿。可以使用抗生素如磺胺类药物进行治疗。

【例题1】160日龄产蛋鸡群2d内产蛋下降30%，大部分鸡呼吸困难，流鼻液，打喷嚏，部分鸡结膜潮红，眶下窦水肿，有干酪样分泌物。剖检见上呼吸道充血、肿胀，表面覆盖大量黏液，其他器官无明显病变。

1. 本病可能是（A）。

A. 鸡传染性鼻炎　　B. 鸡传染性喉气管炎　　C. 新城疫

D. 鸡毒支原体感染　　E. 鸡传染性支气管炎

2. 从眶下窦可以分离到的病原是（A）。

A. 副鸡嗜血杆菌　　B. 沙门菌　　C. 大肠杆菌

D. 巴氏杆菌　　E. 新城疫病毒

3. 治疗本病应选用（A）。

A. 抗生素　　B. 抗毒素　　C. 干扰素　　D. 转移因子　　E. 卵黄抗体

【例题2】100日龄鸡群，呼吸困难，流鼻液，一侧或两侧眼结膜潮红，眼睑和眶下窦肿胀。剖检可见呼吸道黏膜充血、肿胀，鼻旁窦内有渗出物，其他器官无异常。

1. 本病的病原可能是（A）。

A. 副鸡嗜血杆菌　　B. 禽流感病毒　　C. 传染性喉气管炎病毒

D. 传染性支气管炎病毒　　E. 新城疫病毒

2. 本病最可能的诊断是（A）。

A. 传染性鼻炎　　B. 禽流感　　C. 传染性喉气管炎

D. 传染性支气管炎　　E. 新城疫

3. 治疗本病应选用（A）。

A. 抗生素　　B. 高免血清　　C. 高免卵黄　　D. 转移因子　　E. 微生态制剂

## 考点18：鸡败血支原体感染的病变特征和诊断方法★★★

鸡败血支原体感染又称鸡毒支原体感染或鸡慢性呼吸道病，是由鸡败血支原体引起的鸡和火鸡的一种慢性呼吸道传染病。鸡主要表现气管炎和气囊炎，以咳嗽、气喘、流鼻液和呼吸啰音为特征。

病变特征：主要表现为鼻道、气管、支气管和气囊含有混浊的黏稠渗出物。气囊壁变厚和混浊，严重的有干酪样渗出物。

诊断方法：一般取气管或气囊渗出物经0.45μm滤膜过滤后，接种牛心浸出液琼脂培养基，为了抑制杂菌的生长需加入醋酸铊和青霉素，在液体培养基中呈现轻度混浊；在固体培养基上可形成圆形露滴样小菌落。但分离难度较大，很少进行。一般使用血清平板凝集试验进行血清学诊断。

【例题】某鸡场4周龄鸡出现咳嗽、气喘、流鼻液症状。分泌物经0.45μm滤膜过滤后接种牛心浸出液琼脂培养基，7d后可见露珠状小菌落。该鸡群感染的病原可能是（A）。

A. 鸡毒支原体　　B. 产气荚膜梭菌　　C. 多杀性巴氏杆菌

D. 支气管败血波氏菌　　E. 产单核细胞李氏杆菌

## 考点 19：鸭浆膜炎的病原特征、病变特征和诊断方法★★★★

鸭浆膜炎又称鸭疫里氏杆菌病，是由鸭疫里氏杆菌引起的雏鸭等多种禽类的一种接触性传染病，本病多发于1~8周龄的雏鸭，特别是2~3周龄的雏鸭危害最为严重，呈急性或慢性败血症。1周龄以内雏鸭病死率达90%以上，库蚊是鸭浆膜炎的重要传播媒介。

临床特征：雏鸭常出现眼和鼻分泌物增多，腹泻，共济失调，头颈震颤等症状。

病变特征：肉眼病变最为明显，主要在心包膜、肝脏和气囊形成纤维素性渗出性炎症，素有“雏鸭三炎”之称。纤维素性渗出性炎症可发生于全身的浆膜面，以心包膜、气囊、肝脏表面及脑膜最为常见。剖检可见纤维素性心包炎、肝周炎、气囊炎、脑膜炎，以及部分病例出现干酪性输卵管炎、结膜炎、关节炎。

诊断方法：依据典型的临床特征和病变特征做出初步诊断，取病料进行病原菌的分离培养鉴定。鸭疫里氏杆菌检验可以应用标准的分型抗血清，进行平板凝集试验或试管凝集试验鉴定血清型。一般选用敏感的抗生素进行治疗。

【例题1】某25日龄鸭群，精神沉郁，严重腹泻，眼、鼻分泌物增多，呼吸困难，濒死期神经症状明显，角弓反张，病程为1~3d，发病率为40%，病死率为70%。剖检见心包膜、肝脏和气囊表面有大量纤维素性渗出物，其他器官无眼观病变。

1. 本病最可能的诊断是（B）。

A. 鸭巴氏杆菌病　　B. 鸭浆膜炎　　C. 鸭病毒性肠炎
D. 鸭病毒性肝炎　　E. 大肠杆菌病

2. 确诊本病应首先进行的是（B）。

A. 鸡胚接种　　B. 细菌分离培养　　C. 试管凝集试验
D. ELISA　　E. 血凝试验和血凝抑制试验

3. 防治本病应选用的药物是（A）。

A. 抗生素　　B. 高免血清　　C. 干扰素　　D. 转移因子　　E. 卵黄抗体

【例题2】某养鸭场雏鸭发病，眼周围羽毛黏结形成“眼圈”，排黄白色或绿色稀粪，病鸭脚软无力，不愿走动，俯卧。特征性病理变化是广泛性纤维素性渗出性炎症。

1. 本病的病原是（B）。

A. 禽副黏病毒　　B. 鸭疫里氏杆菌　　C. 巴氏杆菌
D. 沙门菌　　E. 禽细小病毒

2. 确诊本病的主要依据是（A）。

A. 病原分离鉴定　　B. 染色镜检　　C. 琼脂扩散试验
D. 间接血凝试验　　E. 玻片凝集试验

3. 本病对雏鸭危害最严重的周龄是（B）。

A. <1周龄　　B. 2~3周龄　　C. 6~7周龄　　D. 8~9周龄　　E. 4~5周龄

# 第二章 禽寄生虫病

## 轻装上阵

### 如何学？

- 禽寄生虫病
  - 鸡住白细胞虫病：卡氏、沙氏住白细胞虫　白细胞　蠓　内脏器官出血　白色小结节　磺胺药
  - 组织滴虫病：火鸡组织滴虫　盲肠炎、肝炎　黑头病　蚯蚓　鸡异刺线虫　地美硝唑
  - 鸡球虫病：盲肠球虫　小肠球虫　柔嫩艾美耳球虫　凝固性肠芯　白色病灶　地克珠利
  - 鸭球虫病：毁灭泰泽球虫　鸭小肠　血色粪便　少数神经症状　呼吸困难
  - 鹅球虫病：肾球虫病　截形艾美耳球虫　肾小管　肾脏尿酸盐沉积和大量卵囊　磺胺药
  - 隐孢子虫病：贝氏隐孢子虫　呼吸道症状　火鸡隐孢子虫　腹泻　椭圆形红色虫体
  - 家禽消化道线虫病：鸡蛔虫病　肠壁结节　禽胃线虫病　锐形线虫　腺胃肿大　呈球状
  - 家禽比翼线虫病：气管比翼线虫　气管　支气管　开口病　蚯蚓
  - 家禽绦虫病：鸡棘沟赖利绦虫　蚂蚁　鸭冠状膜壳绦虫　鹅矛形剑带绦虫
  - 家禽吸虫病：前殖吸虫病　输卵管　软壳蛋　蜻蜓　后睾吸虫病　肝脏　胆管
  - 禽皮刺螨病：鸡皮刺螨　林禽刺螨　皮肤小红疹　传播霍乱　溴氰菊酯　阿维菌素
  - 突变膝螨病：脚趾部　增厚　龟裂　白色痂皮　石灰脚
  - 新棒恙螨病：胸肌、腿内侧皮肤　奇痒　皮肤脓肿　病灶中央痘疹状　红点幼虫
  - 禽虱病：永久性寄生虫　严格宿主特异性　奇痒　羽毛折断　直接接触传播　溴氰菊酯

### 如何考？

本章考点在考试中主要出现在A3/A4型题中，每年分值平均6~8分。下列所述考点均需掌握。鸡住白细胞虫病、组织滴虫病、球虫病、隐孢子虫病、家禽线虫病等是每年考查最为频繁的内容，希望考生予以特别关注。

## 考点冲浪

### 考点1：鸡住白细胞虫病的病原特征、流行特点、临床特征、诊断方法和防治方法★★★★★

鸡住白细胞虫病是由住白细胞虫属的原虫寄生于鸡的血液细胞和内脏器官组织细胞内所引起的一种寄生虫病。我国南方常呈地方流行性，对雏鸡和童鸡危害严重，常可以引起大批死亡。

病原特征：鸡住白细胞虫主要有卡氏住白细胞虫和沙氏住白细胞虫，虫体在鸡体内有裂殖体和配子体两个发育阶段，前者主要寄生于鸡内脏器官的组织细胞里，后者主要寄生于鸡白细胞和红细胞内。

流行特点：鸡住白细胞虫病传播过程中需要吸血昆虫作为传播媒介。沙氏住白细胞虫的传播媒介为蚋，卡氏住白细胞虫的传播媒介为蠓。

临床特征：雏鸡和童鸡症状明显，发病率和死亡率高。病鸡体温升高，腹泻，粪呈绿色。死前口流鲜血，贫血，鸡冠和肉髯苍白，常因呼吸困难而死亡。病变特征为全身性出血，肝脏、脾脏肿大，血液稀薄；全身皮下出血，肌肉尤其是胸肌、腿肌、心肌有大小不等的出血点，内脏器官肿大出血，尤其是肾脏、肺出血最严重；胸肌、腿肌、心肌和肝脏等器官上出现针尖至粟粒大小的白色小结节，与周围组织有分界明显。

诊断方法：采静脉血，涂成薄片后用瑞氏染色，或取内脏器官上的小结节，压片染色，镜检发现虫体即可确诊。

防治方法：本病尚无特效的治疗药物，一般选用磺胺喹噁啉进行治疗，应用磺胺间二甲氧嘧啶对鸡住白细胞虫病有一定的预防作用。

【例题1】8月，某养殖场2000只30日龄肉鸡，食欲减退，精神沉郁，羽毛松乱，腹泻，排水样稀粪，鸡冠苍白，病死率为20%。剖检可见皮下、肌肉与内脏器官出血，肌肉与内脏器官上见针尖至粟粒大小的白色结节。

1. 本病可以初步诊断为（E）。

A. 隐孢子虫病　B. 球虫病　C. 组织滴虫病　D. 弓形虫病　E. 住白细胞虫病

2. 确诊本病，首先应采取的检查方法是（B）。

A. 粪便虫卵检查　B. 取结节压片镜检　C. 盲肠黏膜刮片镜检　D. 鸡胚接种　E. 间接血凝试验

3. 【假设信息】如剖检还发现病鸡的法氏囊充血、水肿、呈紫黑色，则还应采取的检查方法是（D）。

A. 粪便虫卵检查　B. 取结节压片镜检　C. 盲肠黏膜刮片镜检　D. 鸡胚接种　E. 间接血凝试验

【解析】本组题考查鸡住白细胞虫病的诊断方法。鸡住白细胞虫病是由住白细胞虫寄生于鸡的血细胞和内脏组织器官细胞内所引起的疾病。根据肉鸡腹泻，排水样稀粪，鸡冠苍白，病死率为20%。剖检见皮下、肌肉与内脏器官出血，肌肉与内脏器官上见针尖至粟粒大小的白色结节等临床特征和病变特征，可以判定为鸡住白细胞虫病。对于鸡住白细胞虫病的诊断，可以进行病原学检查，即采取鸡冠血，染色涂片镜检，或者取内脏器官上的小结节，压片染色镜检。根据剖检还发现鸡的法氏囊充血、水肿、呈紫黑色等假设信息，可以判定为鸡传染性法氏囊病。对于鸡传染性法氏囊病的诊断，可以进行病毒分离鉴定，应采取的检查方法是鸡胚接种。

【例题2】25日龄AA肉鸡群，发病率为90%，病死率为20%，排绿色稀粪，食欲废绝。剖检可见肺、肝脏出血，肌胃、肠道有大量积血，胸肌、腿肌、心肌、肝脏和脾脏上有突出于组织表面的白色小结节。

1. 本病最可能的诊断是（E）。

A. 组织滴虫病　B. 禽流感　C. 球虫病　D. 新城疫　E. 住白细胞虫病

2. 诊断本病常采集的病料是（B）。

A. 嗉囊液　B. 血液　C. 粪便　D. 唾液　E. 羽毛囊

3. 治疗本病应选用的药物是（D）。

A. 红霉素 B. 氟苯尼考 C. 阿莫西林 D. 磺胺喹噁啉 E. 链霉素

## 考点2：组织滴虫病的临床特征、诊断方法和防治措施★★★★

组织滴虫病又称盲肠肝炎或黑头病，是由火鸡组织滴虫寄生于禽类的盲肠和肝脏引起的一种寄生虫病，多发于火鸡和雏鸡，鸡和火鸡的易感性随年龄而变化，鸡在4~6周龄易感性最强，火鸡3~12周龄易感性最强，成年鸡也感染。临床上以肝脏坏死和盲肠溃疡为特征。火鸡组织滴虫为多形性虫体，以二分裂法繁殖。蚯蚓、蚱蜢等节肢动物能充当组织滴虫病的机械性传播媒介，鸡异刺线虫为主要的感染源，与组织滴虫同时感染。

临床特征：以火鸡易感性最强，表现为病鸡鸡冠、肉髯发绀，呈暗黑色，因此称为黑头病，排出的粪便带血或完全是血液。病变主要发生在盲肠和肝脏，引起盲肠炎和肝炎，一侧或两侧盲肠肿胀，形成干酪状的盲肠肠芯；肝脏肿大，出现呈圆形或不规则形状、浅黄色或浅绿色的坏死病灶。

诊断方法：用40℃的温生理盐水稀释盲肠内容物，做悬滴标本镜检，发现特征性虫体即可确诊。

防治措施：使用地美硝唑进行治疗。本病的传播主要依靠鸡异刺线虫，因此定期驱除异刺线虫是防治本病的根本措施。

【例题】三黄鸡群，30日龄，夏季，地面平养，部分鸡精神委顿，排黄褐色稀粪。剖检见两侧盲肠肿胀，充满血性分泌物，肝脏肿大，出现黄绿色下陷的病死灶。

1. 本病最可能的诊断是（D）。

A. 肝片吸虫病 B. 禽霍乱 C. 球虫病 D. 组织滴虫病 E. 马立克病

2. 本病的治疗药物是（D）。

A. 多西环素 B. 马杜霉素 C. 阿苯达唑 D. 地美硝唑 E. 氯丙嗪

3. 可以传播本病的寄生虫是（B）。

A. 鸡蛔虫 B. 鸡异刺线虫 C. 棘沟赖利绦虫 D. 鸡球虫 E. 膝螨

## 考点3：鸡球虫病的病原特征、临床特征、诊断方法和防治药物★★★★★

鸡球虫病是由艾美耳科多种球虫寄生于鸡肠道内所引起的寄生虫病，是养鸡业中重要的常见寄生虫病，一般暴发于3~6周龄雏鸡，对养鸡生产的危害十分严重。

病原特征：寄生于鸡的艾美耳球虫有7种，分别为柔嫩艾美耳球虫、毒害艾美耳球虫、堆型艾美耳球虫、巨型艾美耳球虫、布氏艾美耳球虫、和缓艾美耳球虫和早熟艾美耳球虫。病禽是主要传染源，主要因食入外界环境中的孢子化卵囊而感染。

寄生部位：柔嫩艾美耳球虫寄生于盲肠，又称盲肠球虫，是雏鸡球虫病的主要病原；其余球虫寄生于小肠，称为小肠球虫。各种球虫常混合感染。

临床特征：主要表现为精神沉郁，羽毛松乱，食欲减退或废绝，渴欲增加，逐渐消瘦，运动失调，翅膀轻瘫，排大量血便，雏鸡的死亡率常在30%以上。

病变特征：主要发生在盲肠，病鸡盲肠质地较正常的更坚实，肠腔内充满由血凝块、坏死物质及炎性渗出物凝固形成的栓子（肠芯），盲肠壁增厚，有坏死溃疡病灶；毒害艾美耳球虫病变主要发生在小肠中段，表现为从小肠浆膜面可见有小的白斑和红斑点病灶，为特征性病变；堆型艾美耳球虫病变发生在十二指肠，呈散在局灶性白色病灶，横向排列呈梯状。

诊断方法：可以用饱和盐水漂浮法或直接涂片法检查粪便中的球虫卵囊。对病死鸡，可以刮取肠黏膜镜检，检查有无各发育阶段的虫体，发现虫体即可确诊。

防治疗药物：主要有氨丙啉、托曲珠利、磺胺药等。预防鸡球虫病药物有尼卡巴嗪、地克珠利、马杜霉素、莫能菌素、拉沙洛西和盐霉素等。

【例题1】40日龄地面平养的黄羽肉鸡群，精神委顿，食欲不振，腹泻，粪便带黏液或血液。剖检见盲肠肿胀，肠腔内充满血液或血凝块，肠黏膜出血、坏死。

1. 本病可能是（B）。

A. 鸡蛔虫病　B. 鸡球虫病　C. 住白细胞虫病　D. 组织滴虫病　E. 新城疫

2. 确诊本病应采取的诊断方法是（B）。

A. 粪检虫卵　B. 刮取盲肠黏膜镜检　C. 接种鸡胚

D. 分离细菌　E. 凝集试验

3. 本病的治疗药物是（B）。

A. 青霉素　B. 地克珠利　C. 地美硝唑　D. 伊维菌素　E. 多西环素

【解析】本组题考查鸡球虫病的诊断方法和治疗药物。根据地面平养的黄羽肉鸡群"精神委顿，食欲不振，腹泻，粪便带黏液或血液"等临床特征和"盲肠肿胀，肠腔内充满血液或血凝块，肠黏膜出血、坏死"等剖检特征，可以判定该病可能是鸡球虫病，且由柔嫩艾美耳球虫引发，其病变主要发生在盲肠。可以刮取肠黏膜镜检发育阶段的虫体，即可确诊。可以使用抗球虫药地克珠利进行治疗。

【例题2】夏季，5周龄散养鸡群食欲减退，腹泻，粪便带血。剖检见小肠中段肠管高度肿胀，肠腔内有大量血凝块，刮取肠黏膜镜检见大量裂殖体。

1. 本病可能是（C）。

A. 弓形虫病　B. 隐孢子虫病　C. 球虫病　D. 住白细胞虫病　E. 组织滴虫病

2. 引起鸡群感染的是（E）。

A. 裂殖体　B. 裂殖子　C. 配子体　D. 刚排出的卵囊　E. 孢子化卵囊

3. 预防本病的药物是（B）。

A. 伊维菌素　B. 盐霉素　C. 泰乐菌素　D. 左旋咪唑　E. 链霉素

【例题3】某70日龄散养鸡群，精神沉郁，食欲减退，排水样稀粪并带有少量血液，2周内死亡率达30%以上。剖检见小肠中段高度肿胀，肠壁充血、出血和坏死，从浆膜面可见病灶区有小的白斑和红斑点。

1. 本病可能的病原是（B）。

A. 鸡异刺线虫　B. 毒害艾美耳球虫　C. 柔嫩艾美耳球虫

D. 卡氏住白细胞虫　E. 火鸡组织滴虫

2. 治疗本病的药物是（E）。

A. 吡喹酮　B. 阿苯达唑　C. 溴氰菊酯

D. 环丙沙星　E. 磺胺间二甲氧嘧啶

【例题4】梅雨季节，某4周龄鸡群出现精神沉郁，食欲废绝。剖检见小肠中段肿胀，黏膜出血、坏死，浆膜层有圆形白色斑点。

1. 本病可能是（E）。

A. 大肠杆菌病　B. 禽霍乱　C. 小鹅瘟　D. 禽流感　E. 球虫病

2. 进一步确诊的方法是（A）。

A. 肠黏膜镜检　B. 病毒分离鉴定　C. 细菌分离鉴定

D. 血清学检查　E. 血液涂片检查

## 考点 4：鸭球虫病的病原特征和临床特征★★

鸭球虫病是由艾美耳属、泰泽属、温扬属和等孢属的多种球虫寄生于鸭肠道上皮细胞所引起的一种寄生虫病，常为数种球虫混合感染致病。

病原特征：北京鸭主要致病种是毁灭泰泽球虫和菲莱氏温扬球虫，主要寄生于鸭的小肠上皮细胞，致病性以前者最为严重。

临床特征：各种年龄鸭均有易感性，但以 2~3 周龄鸭最易感，发病率高，但死亡率低。临床表现为精神委顿，食欲减退或废绝，缩头垂翅，多伏卧，不愿走动，腹泻，排黄绿色或血色粪便，少数病鸭出现神经症状和呼吸困难，并发生死亡。

【例题】春季，某养殖场 1000 只 5 周龄雏鸭由网上转为地面平养后发病，表现精神委顿，食欲减退或废绝，缩头垂翅，多伏卧，不愿走动，腹泻，排黄绿色或血色粪便，2~3d 后死亡。另有少数鸭出现神经症状和呼吸困难，并发生死亡。用地克珠利进行治疗，鸭群消化道症状减轻，死亡率下降。该鸭群主要发生的疾病是（D）。

A. 大肠杆菌病　B. 沙门菌病　C. 鸭浆膜炎　D. 鸭球虫病　E. 鸭绦虫病

## 考点 5：鹅球虫病的病原特征和病变特征★★

鹅球虫病是由鹅的多种球虫引起的一种原虫病。

病原特征：感染家鹅和野鹅的球虫有 16 种，其中以寄生于肾小管的截形艾美耳球虫致病性最强，主要危害 3 周龄至 3 月龄雏鹅，死亡率很高，称为肾球虫病。其他 15 种球虫均寄生于肠道上皮细胞，以鹅艾美耳球虫、柯氏艾美耳球虫和有毒艾美耳球虫致病性较强。我国流行的主要是肠道球虫病，通常为混合感染。

病变特征：肾脏体积肿大，呈灰黑色或红色，可见出血斑或灰白色病灶和条纹，病灶内有大量尿酸盐沉积物和大量卵囊。可以用磺胺类药物治疗鹅球虫病。

## 考点 6：隐孢子虫病的病原种类、临床特征、诊断方法和预防措施★★★

隐孢子虫病是一种或多种隐孢子虫感染引起人、多种哺乳动物，以及禽类等宿主的一种共患原虫病。隐孢子虫能引起禽类的严重腹泻和剧烈的呼吸道症状，具有重要的经济意义，对人的危害尤为严重。

病原种类：隐孢子虫卵囊呈圆形或椭圆形，在宿主体内孢子化，内含 4 个裸露子孢子和 1 个大残体。已发现的人兽体内的隐孢子虫主要有微小隐孢子虫、安氏隐孢子虫、鼠隐孢子虫、贝氏隐孢子虫、火鸡隐孢子虫等。

禽类常见的感染种类有贝氏隐孢子虫和火鸡隐孢子虫。贝氏隐孢子虫主要寄生于禽类法氏囊、泄殖腔等器官，以贝氏隐孢子虫流行最为广泛；火鸡隐孢子虫可以感染鸡、鸭、鹌鹑、火鸡等。

临床特征：禽隐孢子虫病表现呼吸道、肠道和肾脏的病理变化，贝氏隐孢子虫感染主要表现呼吸道症状，可致禽类鼻腔、气管有过量分泌物。火鸡隐孢子虫感染会引起禽类的严重腹泻。

诊断方法：刮取死亡病例消化道（禽类法氏囊和泄殖腔）或呼吸道黏膜，涂片，吉姆萨染色，虫体细胞质呈蓝色，内含数个致密的红色颗粒。最佳染色方法是齐尼二氏染色法，可以在绿色的背景下，观察到大量圆形或椭圆形的红色虫体。也可以收集粪便或痰液中的卵囊，油镜下检查，隐孢子虫卵囊在饱和蔗糖溶液中往往呈玫瑰红色。

预防措施：粪便的有效处理和环境卫生控制是最有效的隐孢子虫病控制措施。尚无理想的治疗药物。

【例题】某肉鸡群食欲减退，伴有严重腹泻、脱水。剖检见肠管肿胀，充满黏液和气体。采用饱和蔗糖液漂浮法检查病鸡粪便，油镜观察发现大量内含 4 个裸露子孢子的卵囊，本病例最可能的致病病原是（B）。

A. 禽蛔虫　　B. 隐孢子虫　　C. 鸡球虫　　D. 禽胃线虫　　E. 禽绦虫

## 考点 7：家禽消化道线虫病的临床特征、诊断方法和防治方法★★★

鸡蛔虫病是由禽蛔科禽蛔属的鸡蛔虫寄生于鸡的小肠内引起的线虫病。鸡蛔虫是寄生于鸡体内最大的一种线虫，虫体粗大，呈圆形长条状。鸡饲料中缺乏维生素 A、维生素 B 时，易遭受感染，蚯蚓可传播本病。雏鸡发病后表现为精神委顿，羽毛松乱，双翅下垂，便秘、腹泻相交替，有时有血便，严重时衰弱死亡。幼虫侵入肠壁，形成粟粒大的寄生虫性结节。

禽胃线虫病是由小钩锐形线虫、旋锐形线虫、鹅裂口线虫寄生于禽类的食道、腺胃和肌胃引起的线虫病。其中小钩锐形线虫虫体前部有 4 条饰带，呈不规则波浪状弯曲；旋锐形线虫虫体呈螺旋状；鹅裂口线虫虫体呈浅红色，体表具有细横纹。锐形线虫主要感染散养和平养的禽类，表现为尸体高度消瘦，腺胃肿大 2~3 倍，呈球状，腺胃黏膜充血、出血，肥厚，形成菜花样的溃疡病灶，聚集的虫体深埋在溃疡中。

诊断方法：对于鸡蛔虫病，采集新鲜粪便检查鸡蛔虫虫卵即可。

防治方法：对于鸡蛔虫病，一般采用阿苯达唑等抗线虫药进行预防和治疗。

【例题 1】3 月龄鸡，生长发育迟缓，精神委顿，羽毛松乱，鸡冠和可视黏膜苍白，消化功能障碍，腹泻、便秘交替。剖检可见肠管内有乳白色、绿豆芽形虫体。

1. 本病最可能的诊断是（D）。

A. 住白细胞虫病　　B. 鸡球虫病　　C. 棘口吸虫病
D. 鸡蛔虫病　　E. 组织滴虫病

2. 本病的活体诊断方法是（E）。

A. 血液生化检查　　B. 粪便检查幼虫　　C. ELISA
D. 血液涂片检查　　E. 粪便检查虫卵

3. 防控本病可用的药物是（A）。

A. 阿苯达唑　　B. 磺胺嘧啶　　C. 右旋糖酐铁　　D. 恩诺沙星　　E. 青霉素

【例题 2】秋季，某养殖户树林下放养的 1500 只 3 月龄草鸡生长不良，腹泻、消瘦，贫血。近几天，每天死亡十多只。磺胺氯吡嗪钠可溶性粉经饮水给药 5d，未见效。

1. 首先可以排除的疾病是（D）。

A. 组织滴虫病　　B. 鸡蛔虫病　　C. 鸡绦虫病　　D. 鸡球虫病　　E. 前殖吸虫病

2. 【假设信息】如病死鸡肠黏膜水肿、出血，有大量粟粒大小的结节。则本病的初步诊断是（E）。

A. 组织滴虫病 B. 鸡绦虫病 C. 毛细线虫病 D. 鸡球虫病 E. 鸡蛔虫病

3. 【假设信息】如肠道有粟粒大小的结节，进一步检查应采用的方法是（A）。

A. 粪检虫卵 B. 取结节压片镜检 C. 分离细菌

D. 接种鸡胚 E. 间接血凝试验

【解析】本组题考查鸡蛔虫病的诊断方法。磺胺氯吡嗪钠是治疗鸡球虫病的有效药物，对组织滴虫病、鸡蛔虫病、鸡绦虫病、前殖吸虫病没有治疗效果。因此首先可排除的疾病是鸡球虫病。鸡蛔虫幼虫侵入肠黏膜时，破坏黏膜及肠绒毛，造成出血和发炎，同时在肠壁上会形成粟粒大小的颗粒性化脓灶或结节。组织滴虫、鸡绦虫、毛细线虫和鸡球虫均寄生于鸡消化道，能引发肠黏膜水肿、出血，但并不会发现大量粟粒大小结节。因此对本病的初步诊断是鸡蛔虫病。对于鸡蛔虫，一般是使用饱和盐水漂浮法检查粪便中虫卵。

## 考点8：家禽比翼线虫病的临床特征★

家禽比翼线虫病是由气管比翼线虫、斯氏比翼线虫寄生于鸡、鹅等禽类的气管、支气管内引起的线虫病。病禽有张口呼吸症状，又称开口病。

临床特征：虫体主要侵害雏禽，不表现症状，但幼虫被蚯蚓等转运宿主食入后，对鸡的易感性增强。鸡缺乏维生素A、钙和磷时，对气管比翼线虫易感。2周龄以内的雏禽症状最严重。临床上主要表现为伸颈，张口呼吸，左右摇甩，严重时呼吸困难，窒息死亡。

## 考点9：家禽绦虫病的病原特征和临床特征★★★

鸡绦虫病是由棘沟赖利绦虫、四角赖利绦虫、有轮赖利绦虫寄生于鸡的小肠内引起的绦虫病。棘沟赖利绦虫是鸡体内最大的绦虫，棘沟赖利绦虫和四角赖利绦虫的中间宿主为蚂蚁，有轮赖利绦虫的中间宿主为蝇类和甲虫。注意鸡绦虫的形态特征。主要病变特征为十二指肠壁上有结核样结节，肠黏膜上附着虫体节片。

鸭绦虫病是由冠状膜壳绦虫寄生于鸭的小肠内引起的绦虫病。冠状膜壳绦虫顶突上有20~26个小钩，排成一圈、呈冠状，吸盘上无钩。

鹅绦虫病是由矛形剑带绦虫寄生于鹅的小肠引起的绦虫病，虫体呈乳白色，前窄后宽，形似矛头，成年鹅感染后症状较轻，雏鹅发病严重，有时出现神经症状，如运动失调、两腿无力、向后坐倒或一侧跌倒、夜间伸颈张口、摇头、做划水样动作。主要病变特征为卡他性肠炎和出血。

治疗药物：主要为阿苯达唑、吡喹酮、硫双二氯酚。

【例题1】早秋季节，6周龄地面平养鸡群表现精神委顿，食欲减退，消瘦，腹泻。病死鸡极度消瘦。小肠黏膜增厚，出血，肠腔内有大量黏液及多条长10cm左右、呈带状的虫体。

1. 治疗本病的药物是（B）。

A. 氨丙啉 B. 吡喹酮 C. 伊维菌素 D. 地克珠利 E. 左旋咪唑

2. 该病原的中间宿主是（D）。

A. 地螨 B. 蚯蚓 C. 蚊虫 D. 蚂蚁 E. 跳蚤

【例题2】夏季，4周龄鹅群，精神沉郁，消化不良，腹泻，排出白色稀薄粪便，有时出现神经症状。粪便检查见有大量虫卵，部分含有六钩蚴，部分含有多个卵细胞。

1. 剖检发现肠腔内有多条长约 10cm，形似矛头、扁平、带状，分节的虫体。该寄生虫最可能是（C）。

A. 赖利绦虫　B. 皱褶绦虫　C. 剑带绦虫　D. 迭宫绦虫　E. 莫尼茨绦虫

2. 剖检在肌胃角质膜下发现大量长 1~2cm，线状、浅红色、体表有横纹的虫体，该寄生虫最可能是（A）。

A. 裂口线虫　B. 四棱线虫　C. 锐形线虫　D. 鸡蛔虫　E. 异刺线虫

3. 治疗该发病鹅群应选用的药物是（A）。

A. 阿苯达唑　B. 左旋咪唑　C. 吡喹酮　D. 莫能菌素　E. 硝氯酚

【解析】本组题考查鹅绦虫病的诊断和治疗药物。根据鹅群“消化不良、腹泻，排出白色稀薄粪便，有时出现神经症状。粪便检查见有大量虫卵，部分含有六钩蚴”，以及“剖检发现肠腔内有多条长约 10cm，形似矛头，扁平、带状，分节的虫体”等临床特征和虫体特征，可以判定为鹅剑带绦虫病。因此该寄生虫最可能是矛形剑带绦虫。鹅裂口线虫虫体呈细长线状，长 1~2cm，生活时为浅红色，体表具纤细横纹，寄生于鹅肌胃角质膜下，表现出消化系统功能紊乱，主要危害雏鹅。因此根据“剖检在肌胃角质膜下发现大量长 1~2cm，线状、浅红色、体表有横纹的虫体”等虫体特征，可以判定该寄生虫最可能是裂口线虫。由于该鹅群同时感染矛形剑带绦虫和裂口线虫，必须使用抗绦虫药和抗线虫药。因此治疗该发病鹅群应选用的药物是阿苯达唑。

## 考点 10：家禽吸虫病的病原特征和临床特征★★

家禽前殖吸虫病（生殖吸虫病）是由卵圆前殖吸虫和透明前殖吸虫寄生于家禽的输卵管、法氏囊和泄殖腔内引起的寄生虫病，主要临床特征是产软壳蛋和无壳蛋。家禽前殖吸虫的发育需要两个中间宿主，第一中间宿主为淡水螺，第二中间宿主为各种蜻蜓的幼虫和成虫。

家禽后睾吸虫病（肝吸虫病）是由东方次睾吸虫、鸭后睾吸虫寄生于家鸭、鹅的肝脏、胆管或胆囊内引起的一类吸虫病。东方次睾吸虫的虫体呈叶状、睾丸分叶，具口腹吸盘。用水洗沉淀法检查粪便发现虫卵；死后剖检，在肝脏或胆管内发现大量虫体或病变，即可确诊。

治疗可用吡喹酮或阿苯达唑。

【例题】秋季，2 月龄鸭群，精神沉郁，水中游走无力，食欲减退，消瘦，贫血。剖检病死鸭见胆管中有前尖后圆的柳叶状虫体，腹吸盘小于口吸盘，位于虫体前 1/5，睾丸分叶。

1. 该鸭群感染的寄生虫是（C）。

A. 肝片吸虫　B. 双腔吸虫　C. 次睾吸虫　D. 对体吸虫　E. 前殖吸虫

2. 该虫体引起的病变主要发生在（D）。

A. 腺胃　B. 小肠　C. 盲肠　D. 肝脏　E. 肾脏

3. 本病的治疗药物是（E）。

A. 环磷酰胺　B. 多西环素　C. 甲硝唑　D. 盐霉素　E. 吡喹酮

## 考点 11：禽皮刺螨病的病原特征和防治药物★★★

禽皮刺螨病是由皮刺螨科皮刺螨属的鸡皮刺螨和禽刺螨属的林禽刺螨与囊禽刺螨等寄生于鸡、鸽、火鸡等禽类体表引起的一种外寄生虫病。刺螨吸食禽血，严重侵袭时，可使鸡日渐消瘦、贫血、产蛋量下降。本病呈世界性分布。

病原特征：鸡皮刺螨的发育阶段包括卵、幼虫、若虫、成虫 4 个阶段。鸡皮刺螨白天藏于隐蔽处，夜间出来叮咬宿主吸血；林禽刺螨与鸡皮刺螨不同，白天及夜间都能在鸡体上叮咬宿主吸血。病禽皮肤出现小的红疹，皮刺螨大量侵袭雏禽，可引起死亡，还可传播禽霍乱和螺旋体病。

防治药物：对于鸡皮刺螨病的治疗，一般以溴氰菊酯喷洒鸡体、鸡舍、栖架；或用溴氰菊酯以高压喷雾法喷湿鸡体体表进行杀虫，同时用 1mg/kg 的阿维菌素预混剂拌料饲喂即可，连用 2 周。更换垫草并烧毁。

【例题 1】某产蛋鸡群，进入冬季后产蛋量下降，消瘦，贫血，皮肤时而出现小的红疹，夜间鸡群不安静，早晨喂鸡时发现鸡笼、水槽、食槽、蛋槽的缝隙中及脱落的羽毛上有大量细小的红色虫体。

1. 该鸡群最可能感染的病原是（E）。

A. 膝螨　B. 鸡羽虱　C. 鸡体虱　D. 食冠虱　E. 鸡皮刺螨

2. 首选的治疗药物是（E）。

A. 磺胺嘧啶　B. 阿苯达唑　C. 氯硝柳胺　D. 乙酰喹酯　E. 溴氰菊酯

【例题 2】夏季，2 月龄鸡群，消瘦，贫血，皮肤瘙痒、粗糙，常出现红疹或形成小结节；检查体表，发现有点状的红色虫体，可见到个别爬行速度快、呈灰白色的虫体。

1. 首先可以排除的病原是（E）。

A. 林禽刺螨　B. 鸡皮刺螨　C. 鸡羽虱　D. 鸡体虱　E. 膝螨

2. 该病原可能传播（B）。

A. 禽大肠杆菌病　B. 禽霍乱　C. 赖利绦虫病

D. 毛尾线虫病　E. 前殖吸虫病

3. 本病的治疗药物是（A）。

A. 溴氰菊酯　B. 左旋咪唑　C. 地克珠利　D. 环丙氨嗪　E. 泰妙菌素

## 考点 12：突变膝螨病的寄生部位和临床特征★

突变膝螨病是由疥螨科膝螨属的突变膝螨寄生于鸡、火鸡等禽类的膝部和脚趾部引起的一种外寄生虫病。突变膝螨又称鳞足螨，引起胫部和脚趾部皮肤发炎、增厚、粗糙、龟裂，形成白色痂皮，似涂上石灰，称为“石灰脚”。在脚趾部刮取皮屑，发现虫体即可确诊。

## 考点 13：新棒恙螨病的寄生部位和临床特征★

新棒恙螨病是由新棒恙螨的幼虫寄生于禽类的翅内侧、胸肌、腿内侧皮肤上所引起的外寄生虫病。新棒恙螨仅幼虫营寄生生活，吸取禽类的血液和体液，由于机械性刺激和毒性作用，导致病禽奇痒，皮肤形成脓肿，出现痘疹状病灶，病灶周围隆起。中央凹陷呈痘疹状，中央可见一小红点，即为幼虫。结合临床症状，用镊子取出病灶中央小红点镜检，发现虫体即可确诊

## 考点 14：禽虱病的病原特征和防治药物★★

寄生于禽类的虱称为羽虱，是禽类体表的永久性寄生虫，具有严格的宿主特异性，寄生部位恒定。羽虱的发育过程包括卵、若虫和成虫 3 个阶段，羽虱以羽毛、绒毛和表皮鳞屑为食，有羽虱寄生的禽类出现奇痒，不安，羽毛折断，消瘦，产蛋减少。羽虱主要是通过禽与

禽直接接触传播。

临床上在禽体表发现羽虱或虱卵即可确诊。可以选用溴氰菊酯喷雾或浸浴，或伊维菌素皮下或肌内注射杀虫。

# 第三章　禽普通病

## 轻装上阵

### 如何学？

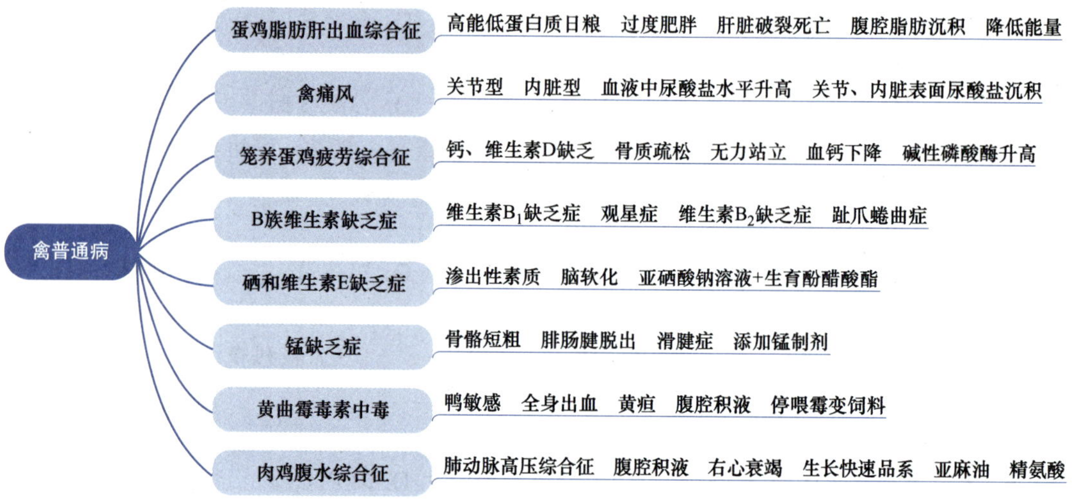


### 如何考？

本章考点在考试中主要出现在A3/A4型题中，每年分值平均3~5分。下列所述考点均需掌握。各种营养代谢障碍性疾病、肉鸡腹水综合征等是每年考查最为频繁的内容，希望考生予以特别关注。

## 考点冲浪

### 考点1：蛋鸡脂肪肝出血综合征的临床特征和治疗原则★★★★

蛋鸡脂肪肝出血综合征又称脂肪肝综合征，是由高能低蛋白质日粮引起的以肝脏发生脂肪变性为特征的家禽营养代谢疾病。临床上以病鸡个体肥胖，产蛋减少，个别病鸡肝功能障碍或肝脏破裂、出血而突然，死亡为特征。主要发生于蛋鸡，特别是笼养蛋鸡的产蛋高峰期发病、死亡较多。

临床特征：蛋鸡群产蛋率下降，病初无特征性症状，表现过度肥胖，喜卧嗜睡，常突然死亡；肝包膜破裂而导致出血，腹腔充满大量血液及血凝块，腹腔内有大量脂肪沉积，肝脏明显肿大、色泽变黄、质地脆并有油腻感。

治疗原则：调整饲料配方，降低饲料中的能量水平；确保日粮中含有足够的营养成分，如蛋氨酸、胆碱、维生素E及微量元素硒等。

【例题】某鸡场1500只240日龄罗曼蛋鸡发病，产蛋率下降。少数鸡精神沉郁，每隔2~3d有个别鸡死亡。病死鸡皮下脂肪多，腹腔内有大量脂肪沉积，充满血样液体，肝脏肿大，包膜破裂、质地松软易碎、有油腻感。

1. 预防本病宜选用的方法是（D）。

A. 紧急接种疫苗　B. 限制饲料矿物质水平　C. 限制饲料蛋白质水平

D. 限制饲料能量水平　E. 限制饲料维生素水平

2. 本病最有效的治疗药物是（D）。

A. 毛果芸香碱　B. 碳酸氢钠　C. 生物碱　D. 氯化胆碱　E. 氨茶碱

## 考点2：禽痛风的发病原因和临床特征★★★★★

禽痛风是由于蛋白质代谢障碍和肾脏受到损伤，使尿酸盐在体内蓄积而致的营养代谢障碍性疾病，是家禽的常发病之一。

发病原因：一是日粮中蛋白质水平过高，饲喂富含核蛋白和嘌呤碱的高蛋白质饲料；二是传染性支气管炎、法氏囊病等传染病因素，重金属、霉菌毒素、磺胺类药物等中毒因素；三是日粮中长期缺乏维生素A或高钙低磷等引起尿酸排泄受阻。

临床特征：临床上禽痛风分为关节型和内脏型两种，以病禽行动迟缓，腿、翅关节肿大，跛行，厌食，腹泻，排白色粪为特征。病理特征是血液中尿酸盐水平升高。剖检时可见关节表面或内脏表面有大量白色尿酸盐沉积。其中内脏型痛风最典型的病理变化是肾脏肿大、色苍白，表面及实质中有雪花状花纹，表面有大量白色尿酸盐沉积。

【例题1】某蛋鸡场饲喂蛋白质含量为35%的自配饲料，出现产蛋下降和停产等问题。经检查，血液中尿酸水平为30mg/L。该鸡群最可能发生的疾病是（A）。

A. 禽痛风　B. 维生素A缺乏症　C. 笼养蛋鸡疲劳综合征

D. 维生素$B_1$缺乏症　E. 蛋鸡脂肪肝出血综合征

【例题2】某鸡场饲养7000只25日龄肉鸡，出现关节肿大，跛行，腹泻。经检查，日粮中蛋白质水平为32%。剖检见关节、内脏表面有大量白色石灰样物沉积。本病可能发病的原因是（C）。

A. 碘过高　B. 能量过高　C. 蛋白质过高

D. 维生素C过低　E. 维生素$B_1$过低

## 考点3：笼养蛋鸡疲劳综合征的发病原因、临床特征和诊断方法★★★★

笼养蛋鸡疲劳综合征又称笼养蛋鸡骨质疏松症，是集约化笼养蛋鸡生产中常见的一种营养代谢性疾病，主要表现为无力站立，移动困难，骨质疏松，骨骼变形、变脆及蛋壳质量变差。本病主要发生于母鸡，尤其是在产蛋高峰期发生，发病率为2%~20%。

发病原因：主要是饲料中钙缺乏、过早使用蛋鸡料、维生素D缺乏，以及钙磷比例不当、缺乏运动、光照不足等。

临床特征：发病初期鸡群出现多卧少立，运动困难，产软壳蛋、薄壳蛋，鸡蛋的破损率增加，产蛋数量下降。病鸡出现站立困难、爪弯曲、运动失调，躺卧、侧卧，麻痹，两肢伸直，骨骼变形，胸骨凹陷，肋骨易断裂，瘫痪。正常产蛋鸡的血钙水平为4.74~5.49mmol/L，病鸡的血钙水平往往降至2.25mmol/L以下。

诊断方法：根据血钙水平下降，血清碱性磷酸酶活性升高，即可做出诊断。

【例题 1】某蛋鸡群产蛋量下降，产软壳蛋或薄壳蛋，发病率为 8%。剖检见肋骨变形，椎骨与胸肋交接处呈串珠状，其他器官未见明显病变。

1. 本病可能是（E）。

A. 白冠病　B. 黑头病　C. 禽痛风

D. 产蛋下降综合征　E. 笼养蛋鸡疲劳综合征

2. 本病的原因之一是（B）。

A. 维生素 C 缺乏　B. 维生素 D 缺乏　C. 黄曲霉毒素中毒

D. 维生素 A 缺乏　E. 维生素 B 缺乏

3. 对本病具有诊断意义的血液生化指标是（A）。

A. 碱性磷酸酶　B. 天冬氨酸氨基转移酶　C. 谷氨酰胺转移酶

D. 乳酸脱氢酶　E. 肌酸激酶

【例题 2】260 日龄蛋鸡群，产蛋下降，产软壳、薄壳蛋，蛋壳破损率增多；母鸡瘫痪，骨质变脆；血钙为 1.5mmol/L，血清碱性磷酸酶升高。

1. 引起该鸡群发病的因素不包括（D）。

A. 饲料中钙缺乏　B. 光照不足　C. 维生素 D 缺乏

D. 维生素 B 缺乏　E. 运动不足

2. 该鸡群最可能发生的疾病是（B）。

A. 维生素 $B_1$ 缺乏症　B. 笼养蛋鸡疲劳综合征　C. 硒和维生素 E 缺乏症

D. 纤维性骨营养不良　E. 肉鸡腹水综合征

## 考点 4：B 族维生素缺乏症的临床特征★★★★

B 族维生素包括维生素 $B_1$（硫胺素）、维生素 $B_2$（核黄素）、烟酸（维生素 $B_3$）、泛酸（维生素 $B_5$）、维生素 $B_6$、叶酸（维生素 $B_{11}$）、维生素 $B_{12}$（钴胺素）、生物素（维生素 H）和胆碱等 10 多种水溶性维生素。

临床特征：维生素 $B_1$ 缺乏症主要表现为食欲减退，生长受阻，多发性神经炎等，多发生于禽类。雏鸡多在维生素 $B_1$ 缺乏 2 周内发病，呈多发性神经炎症状。发病突然，病鸡双腿挛缩于腹下，躯体压在腿上，由于颈前进行性肌肉麻痹，头颈后仰而呈所谓“观星”姿势，又称“观星症”。

维生素 $B_2$ 缺乏症多发于禽。病雏的特征性症状是趾爪向内蜷曲，又称“趾爪蜷曲症”。强制驱赶时以跗关节着地而爬行，翅膀展开以维持体躯平衡，腿部的肌肉萎缩并松弛，皮肤干而粗糙。胆碱缺乏症主要表现为生长发育缓慢，关节肿胀，骨短粗，肝脏、肾脏脂肪变性。

【例题】晚春季节，以放养为主的 3 周龄雏鸭群，少数雏鸭绒毛卷曲，不愿走动，强迫走动时步态不稳，呈阵发性发作，最后倒地抽搐，呈角弓反张死亡。病死鸭剖检未见肝脏肿大。

1. 本病最可能的诊断是（D）。

A. 鸭病毒性肝炎　B. 鸭瘟　C. 中暑

D. 维生素 $B_1$ 缺乏症　E. 维生素 E 缺乏症

2. 鸭群发生本病可能的原因是（B）。

A. 采食大量的水生植物　B. 采食大量鱼虾　C. 暴露阳光下时间太长

D. 疫苗免疫失败　E. 强毒株侵袭

3. 对发病雏鸭最宜采取的措施是（D）。

A. 紧急接种鸭瘟弱毒疫苗
B. 注射鸭病毒性肝炎高免卵黄抗体
C. 加强鸭舍通风和降温
D. 饲料中补充硫胺素
E. 饲料中补充生育酚

【解析】本组题考查鸭维生素 $B_1$ 缺乏症的诊断和治疗方法。根据“少数雏鸭绒毛卷曲，不愿走动，强迫走动时步态不稳，呈阵发性发作，最后倒地抽搐，呈角弓反张死亡”，以及病死鸭剖检“未见肝脏肿大”等临床特征，可以初步判定为鸭维生素 $B_1$ 缺乏症。鸭维生素 $B_1$ 缺乏症发生的原因主要有长期饲喂缺乏 B 族维生素的饲料和食物，如鱼虾等；动物发育过快，消耗 B 族维生素增多等。对于鸭维生素 $B_1$ 缺乏症，一般可以采用补充富含维生素 $B_1$ 的饲料进行治疗。

## 考点 5：硒和维生素 E 缺乏症的临床特征和防治方法★★★★

硒和维生素 E 缺乏症主要是由于体内微量元素硒和维生素 E 缺乏或不足而引起的一种营养缺乏症。饲料中硒和维生素 E 含量不足是本病发生的直接原因。饲料中铜含量过多，导致高浓度的铜离子可以直接与组织细胞膜表面蛋白作用，造成细胞膜变性，使细胞膜失去保护作用，也会间接加重硒缺乏症。

临床特征：以猝死、跛行、腹泻和渗出性素质等为特征，病理学变化以骨骼肌、心肌、肝脏和胰脏等组织变性、坏死为特征。禽类病理变化表现为渗出性素质、脑软化。

防治方法：亚硒酸钠溶液配合生育酚醋酸酯肌内注射，治疗效果确实。

【例题】3 日龄肉鸡群，陆续发病，病鸡沉郁，食欲减退，喜卧，跛行。剖检可见腹部皮下胶冻样渗出，胰脏变窄、变薄、变硬，骨骼肌纤维发生透明变性，可见肌纤维肿胀，嗜伊红性增强，横纹消失，肌间成纤维细胞增生。

1. 本病最可能诊断为（A）。

A. 硒缺乏症
B. 维生素 $B_1$ 缺乏症
C. 维生素 $B_2$ 缺乏症
D. 锰缺乏症
E. 维生素 K 缺乏症

2. 本病还可能出现的异常是（A）。

A. 肌胃萎缩
B. “观星”姿势
C. 趾爪蜷曲症
D. 滑腱症
E. 花斑肾

3. 饲料中含量过多，可能促进本病发生的物质是（C）。

A. 维生素 E　B. 磷　C. 铜　D. 钙　E. 维生素 A

## 考点 6：锰缺乏症的临床特征和防治方法★★★

锰缺乏症是由于动物体内锰含量不足所致的一种营养缺乏症。临床上以骨骼畸形、繁殖功能障碍及新生畜运动失调为特征。禽表现为骨骼短粗和腓肠腱脱出，又称滑腱症。以家禽最敏感。

临床特征：家禽对锰缺乏比较敏感，尤其是鸡和鸭，特征性症状是单侧或双侧跗关节以下肢体扭转，向外屈曲，跗关节肿大、变形，长骨和跖骨变粗短和腓肠肌腱脱出。两肢同时患病者，站立时呈 O 形或 X 形，一肢患病者一肢着地，另一肢由于短而悬起，严重者跗关节着地移动或麻痹卧地不起。

防治方法：在日粮或饮水中添加锰制剂。

## 考点7：黄曲霉毒素中毒的防治方法★★★★

黄曲霉毒素中毒是指动物采食了被黄曲霉毒素污染的饲草、饲料，引起以全身出血、黄疸、消化功能紊乱、腹腔积液、神经症状等为特征的一种中毒病。主要病理特征是肝细胞变性、坏死、出血，胆管和肝细胞增生。雏鸭、雏鸡对黄曲霉毒素敏感性较高。

防治方法：尚无特效疗法。发现畜禽中毒时，应立即停喂霉变饲料，改喂富含碳水化合物的青绿饲料和高蛋白质饲料，减少或不喂含脂肪过多的饲料。同时采用保肝和止血疗法，静脉注射20%~50%葡萄糖溶液、维生素C、10%葡萄糖酸钙或10%氯化钙溶液。心力衰竭时，皮下或肌内注射强心剂。

## 考点8：肉鸡腹水综合征的发病原因、临床特征和防治方法★★★★★

肉鸡腹水综合征（BA）又称肉鸡肺动脉高压综合征（PHS）、心衰综合征、高海拔病，是指由于生长过快的禽类在多种因素作用下出现相对性缺氧，导致以血液黏稠、红细胞和血容量增加（血红蛋白增加）、组织细胞损伤、肺动脉高压，以及腹腔积液和右心衰竭为特征的疾病。本病以生长快速的品系多发，主要危害肉种鸡、肉鸭、火鸡等。

发病原因：发病原因涉及遗传、营养、环境、管理等多种因素，但肉鸡腹水综合征是长期选育快速生长的现代肉鸡品种所致的。

临床特征：主要发生于20~40日龄快大型肉鸡，病鸡腹部膨大，腹部皮肤变薄发亮，站立时腹部着地，行动缓慢，严重病例鸡冠和肉髯呈红色，抓捕时突然死亡。腹腔内潴留大量积液，右心扩张，肺充血水肿，肝脏出现病变。实验室检查未分离到致病菌。寒冷季节发病率和死亡率均高。

防治方法：在日粮中添加亚麻油、呋塞米、精氨酸、阿司匹林、L-精氨酸等均可降低肉鸡腹水综合征的发病率。降低肉鸡腹水综合征的发生关键在于预防，应从管理、饲料、遗传等多方面入手，采取综合性预防措施。

【例题1】肉鸡群，35日龄，部分鸡精神委顿，呼吸困难，心跳加快，腹部膨大，触诊有波动感。剖检可见腹腔内有浅黄色透明的液体。

1. 本病最可能的诊断为（D）。

A. 禽痛风　B. 脂肪肝综合征　C. 生长障碍综合征
D. 腹水综合征　E. 食盐中毒

2. 本病的心脏主要病变是（A）。

A. 右心室扩张　B. 左心室扩张　C. 右心萎缩　D. 左心萎缩　E. 心肌出血

3. 下列说法正确的是（A）。

A. 血红蛋白量增加　B. 血红蛋白量减少　C. 中性粒细胞数增加
D. 中性粒细胞数减少　E. 血红蛋白不变

【例题2】某养殖场，白羽肉鸡发病，表现生长迟缓、反应迟钝、呼吸困难、体温正常，腹部膨大，触诊有波动感。剖检可见心脏肥大，肾脏肿大出血，肺呈弥漫性充血。

1. 本病最可能的诊断是（E）。

A. 食盐中毒　B. 衣原体病　C. 维生素A缺乏症
D. 新城疫　E. 肉鸡腹水综合征

2. 本病的主要病理变化是（A）。

A. 右心肥大　B. 左心缩小　C. 左心肥大　D. 左心室扩张　E. 左心房扩张

# 第三篇

## 牛、羊病

# 第一章 牛、羊传染病

## 轻装上阵

### 如何学？

- 牛、羊传染病
  - 口蹄疫：偶蹄动物 口腔、蹄、乳房水疱 虎斑心 肉柱溃疡 水疱液 一类动物疫病
  - 牛流行热：三日热 吸血昆虫 呼吸型 胃肠型 白细胞 乳仓鼠 切忌灌药
  - 牛病毒性腹泻/黏膜病：腹泻 食道黏膜糜烂 直线排列 小脑发育不良 白细胞减少
  - 牛传染性鼻气管炎：红鼻病 呼吸困难 5种临床类型
  - 小反刍兽疫：口腔糜烂 腹泻 肺炎 结肠、直肠线状出血或斑马样条纹 扑杀、销毁
  - 蓝舌病：绵羊 病毒性虫媒传染病 库蠓 发热 白细胞减少 蓝舌 扑杀
  - 绵羊痘和山羊痘：皮肤、黏膜特异性痘疹 水疱 溃疡 股内侧皮内注射疫苗
  - 山羊关节炎-脑炎：成年羊 关节炎 羔羊 脑脊髓炎 间质性肺炎 反转录病毒
  - 羊传染性脓疱性皮炎：羊口疮 皮肤、黏膜脓疱 口角形成增生性桑葚状结痂
  - 牛海绵状脑病：疯牛病 朊病毒 脑组织海绵状变性 病理切片确诊 扑杀、销毁病牛
  - 炭疽：血液煤焦油样 脾脏肿大 竹节样大杆菌 串珠试验 Ascoli沉淀试验 芽孢
  - 布鲁氏菌病：流产 附睾炎 关节炎 鉴别染色红色菌体 玻片凝集试验 羊型M5苗
  - 牛传染性胸膜肺炎：牛肺疫 丝状支原体 纤维素性胸膜肺炎 煎蛋状菌落 补体结合试验
  - 山羊传染性胸膜肺炎：支原体肺炎 烂肺病 纤维素性胸膜肺炎 氢氧化铝菌苗
  - 牛巴氏杆菌病：多杀性巴氏杆菌 急性败血型 肺炎型 水肿型 两极着色杆菌
  - 牛结核病：牛型分枝杆菌 结核性肉芽肿 肺结核 乳房结核 抗酸染色红色细菌 皮内注射
  - 羔羊大肠杆菌病：败血型 1～3月龄 肠炎型 7日龄内 剧烈腹泻 麦氏培养基 红色菌落
  - 羊梭菌性疾病：羊猝狙 羊肠毒血症 羔羊痢疾 羊快疫 突然死亡 疫苗接种
  - 牛副结核病：副结核分枝杆菌 顽固性腹泻 肠黏膜增厚呈脑回状 抗酸染色红色细菌
  - 坏死杆菌病：犊牛 羔羊 坏死性口炎 成年牛羊 坏死性蹄炎 佛珠状长丝状菌体

### 如何考？

本章考点在考试中主要出现在A3/A4型题中，每年分值平均6分。下列所述考点均需掌握。口蹄疫、布鲁氏菌病、蓝舌病、牛结核病、传染性胸膜肺炎等是每年考查最为频繁的内容，希望考生予以特别关注。

## 考点冲浪

### 考点1：口蹄疫的临床特征、诊断方法和防控措施★★★★★

口蹄疫是由口蹄疫病毒引起偶蹄动物的一种急性、热性、高度接触性传染病。临床特征是传播速度快、流行范围广，以口腔黏膜、蹄部和乳房等处皮肤发生水疱和溃疡为特征，幼龄动物多因心肌炎死亡。

易感动物：口蹄疫病毒可感染的动物种类多达30余种，但以偶蹄动物的易感性较高。易感性从高到低依次为黄牛、牦牛、犏牛、水牛、骆驼、绵羊、山羊。人对本病也具有易感性。马对口蹄疫具有极强的抵抗力。

临床特征：口腔黏膜发炎，口腔黏膜、舌部、乳房和蹄部形成水疱，在蹄冠、蹄叉、蹄踵等部位出现红、热、痛或敏感区域，不久形成米粒大至蚕豆大的水疱，水疱破裂后表面出血，形成糜烂。如继发细菌感染，病高不能采食，甚至蹄匣脱落，病程延长。犊牛、羔羊因发生坏死性心肌炎而突然死亡。

在患病动物的口腔、蹄部、乳房和前胃黏膜发生水疱、圆形烂斑和溃疡，具有重要诊断意义的是心脏病变，心包膜有弥漫性点状出血，心肌切面有灰白色或浅黄色的斑点或条纹，似老虎斑纹，称为虎斑心，心肌松软似煮肉样。牛、羊瘤胃肉柱出现烂斑和溃疡。

诊断方法：对于口蹄疫的诊断，一般采取水疱液、水疱皮、脱落的表皮组织等病料，浸入50%甘油PBS（pH为7.2~7.6）中，包装运送；也可采集肝素抗凝血（不需要浸入50%甘油PBS），其性质稳定，适于运输。接种易感动物后，进行病毒的分离鉴定，同时进行补体结合试验等确定流行毒株的血清型和血清亚型。也可利用ELISA检测感染性抗体。

防控措施：口蹄疫为国家法定的一类动物疫病。发生口蹄疫，必须立即上报疫情，确切诊断，划定疫点、疫区和受威胁区，并分别进行封锁和监督，禁止人、动物和物品的流动。病畜全群销毁处理，污染的圈舍、垫草和粪便等污染物进行无害化处理，污染的环境进行彻底消毒。平时加强饲养管理，做好疫苗免疫预防接种工作。

【例题1】300头奶牛群，陆续出现精神沉郁，体温41℃，采食及反刍停止，产奶量下降，流涎增多并呈白色泡沫状。检查发现，病牛齿龈、舌面、唇内面有蚕豆至核桃大的水疱，水疱破裂处有溃疡，有的病牛乳房、蹄部也出现水疱和溃疡。病牛死亡5头，其余1周后症状逐渐消失。

1. 本病最可能的病原是（C）。

A. 病菌　B. 真菌　C. 病毒　D. 支原体　E. 衣原体

2. 对本病不易感的动物是（B）。

A. 猪　B. 马　C. 绵羊　D. 山羊　E. 骆驼

3. 发病死亡幼畜常见的特征性病变为（D）。

A. 胃溃疡　B. 关节肿大　C. 脂肪肝　D. 虎斑心　E. 雀斑肾

【例题2】入冬，某地绵羊发病并迅速传播，羔羊发病率和死亡率较成年羊高，当地猪、牛也大批发病死亡。病羔体温升高，食欲减退，口腔黏膜和蹄部皮肤出现水疱，后期腹泻带血，心律不齐，死亡。剖检见咽喉、气管和前胃黏膜烂斑和溃疡，心肌松软，切面有浅黄色斑点和条纹。

1. 本病最可能的诊断是（E）。

A. 羊痘　　B. 羊传染性脓疱　　C. 坏死杆菌病

D. 蓝舌病　　E. 口蹄疫

2. 对本病最具诊断意义的病理变化部位是（B）。

A. 口腔　　B. 心脏　　C. 气管　　D. 蹄部　　E. 前胃

3. 送检病料不需要浸入50%甘油磷酸盐缓冲液的是（C）。

A. 水疱液　　B. 水疱皮　　C. 肝素抗凝血液　D. OP液　　E. 血清

【例题3】初冬，牛群出现跛行病例，发病牛数量迅速增加，病牛口、舌、鼻、蹄部黏膜和皮肤上出现蚕豆大小的水疱，妊娠母牛流产，附近猪群也发病，以蹄部皮肤水疱病变为主。

1. 本病最可能的诊断是（E）。

A. 牛痘　　B. 大肠杆菌病　　C. 坏死杆菌病

D. 牛病毒性腹泻/黏膜病　　E. 口蹄疫

2. 本病特征性的病理变化是（E）。

A. 大红肾　　B. 珍珠病　　C. 大红脾　　D. 红肠子　　E. 虎斑心

3. 采集送检样本的常用保存液是（D）。

A. 生理盐水　　B. pH为7.6的PBS液

C. pH为6.8的PBS液　　D. pH为7.6的甘油PBS缓冲液

E. pH为6.8的甘油PBS缓冲液

## 考点2：牛流行热的临床表现类型、诊断方法和防控措施★★★

牛流行热又称三日热或暂时热，是由牛流行热病毒引起的牛的一种急性传染病，临床特征为突发高热，流泪，有泡沫样流涎，鼻漏，呼吸急迫，后躯僵硬，跛行，一般呈良性经过，发病率高，病死率低。

临床上牛流行热主要表现为高热，稽留1~3d，病程一般为3~4d。病牛是牛流行热的主要传染源，吸血昆虫（蚊、蠓、蝇等）是重要的传播媒介。本病呈周期性流行，流行周期为3~5年，流行方式为跳跃式蔓延。

牛流行热临床表现类型主要有最急性呼吸型、急性呼吸型、胃肠型和瘫痪型。呼吸型主要表现为眼结膜潮红、流泪，眼睑水肿，呼吸急促，严重者死亡；胃肠型主要表现为腹痛和腹泻；瘫痪型主要表现为四肢关节肿胀，疼痛，卧地不起，后躯僵硬，不愿移动。

诊断方法：一般采取病牛发热初期血液白细胞悬液，接种于出生24h以内的乳鼠、乳仓鼠脑内，接种后5~6d发病，不久死亡。

防控措施：加强消毒，扑杀吸血昆虫，控制继发感染，采取强心、利尿、健胃、镇静、补充盐水等对症治疗。呼吸困难时及时输氧，治疗时切忌灌药，因病牛咽肌麻痹，药物容易进入气管和肺，引起异物性肺炎。

【例题1】夏末秋初，某牛场个别牛突然发病，很快波及整群。部分病牛体温正常，但四肢关节肿胀，疼痛，站立时后躯僵硬。少数牛卧地不起、瘫痪。现场调查发现该场卫生条件差，蚊虫滋生。

1. 本病可能是（B）。

A. 口蹄疫　　B. 牛流行热　　C. 牛病毒性腹泻

D. 牛李氏杆菌病　　E. 牛传染性胸膜肺炎

2. 多数病牛高热，流泪，有泡沫样流涎，呼吸急促。本病可能是（C）。

A. 脑脊髓炎型　B. 败血症　C. 呼吸型　D. 繁殖障碍型　E. 水肿型

3. 如分离病原，应采取的样品是（C）。

A. 关节液　B. 红细胞　C. 白细胞　D. 血浆　E. 血清

【例题2】牛，夏季吸血昆虫活动频繁时，大群发病。病牛发热，流泪，流鼻液，流涎，流产，呼吸急促。部分病牛全身肌肉和四肢关节肿痛跛行，步态僵硬。本病传播快，发病率高，病死率低，多数病牛在发病2~5d后自愈。据调查，本病在当地流行周期为3~5年。

1. 本病最可能的诊断是（A）。

A. 牛流行热　B. 牛传染性鼻气管炎　C. 恶性卡他热

D. 牛副流感　E. 牛病毒性腹泻 / 黏膜病

2. 动物接种试验，应选择的实验动物是（C）。

A. 乳兔　B. 乳豚鼠　C. 乳仓鼠　D. 乳大鼠　E. 乳猪

3. 治疗本病禁用的给药方法是（D）。

A. 肌内注射　B. 静脉注射　C. 皮下注射　D. 口服　E. 雾化吸入

## 考点3：牛病毒性腹泻 / 黏膜病的临床特征、病变特征和诊断方法★★★★★

牛病毒性腹泻 / 黏膜病是由牛病毒性腹泻病毒（BVDV）引起的，主要发生于牛的一种急性、热性传染病。临床特征为黏膜发炎、糜烂、坏死和腹泻。本病呈地方流行性，发病率低，死亡率高。

临床特征：体温升高，白细胞（WBC）减少，淋巴细胞增多，鼻、眼有浆液性分泌物，鼻镜和口腔黏膜糜烂，舌面上皮坏死，流涎，呼气恶臭，严重腹泻，带有黏液和血液。母牛在妊娠期感染常发生流产，或产下先天性缺陷犊牛，最常见的缺陷是小脑发育不良，呈共济失调或不能站立。

病变特征：食道黏膜糜烂，呈大小不等的形状、直线排列。瘤胃黏膜偶见出血和糜烂，皱胃炎性水肿和糜烂，肠壁因水肿增厚，肠系膜淋巴结肿大。蹄部趾间皮肤及全蹄冠糜烂、溃疡和坏死。

诊断方法：一般可采集病料，人工感染易感犊牛或乳兔来分离鉴定牛病毒性腹泻病毒。

防治措施：预防的基本原则是加强检疫，防止引入带毒牛，病牛隔离和对症治疗。

【例题1】农户饲养18月龄以下犊牛26头，冬季发病，体温40~42℃，持续4~7d，4头死亡，主要表现为厌食，流鼻液，鼻镜、口腔黏膜糜烂，舌面坏死，流涎，病初水样腹泻，后带黏液和血液。多数病犊出现蹄叶炎和趾间皮肤糜烂坏死，跛行。同场绵羊和山羊也见相似的症状。剖检见食道黏膜出现大小不等、呈直线排列的糜烂斑。

1. 本病可能是（D）。

A. 口蹄疫　B. 牛瘟　C. 牛流行热

D. 牛病毒性腹泻 / 黏膜病　E. 牛恶性卡他热

2. 临床上，因特异的数量变化过程而对本病具有诊断意义的血常规检查指标是（B）。

A. RBC　B. WBC　C. PLT　D. HCT　E. HGB

3. 分离病毒选用的实验动物是（B）。

A. 乳鼠　B. 乳兔　C. 乳鸽　D. 仓鼠　E. 豚鼠

【例题2】奶牛场，11月2日~15日间，1~3岁奶牛近1/2陆续发病，流涎呈牵缕状，并带有泡沫，口腔黏膜有蚕豆大的溃疡灶，食欲不振，产奶量下降，前肢跛行明显。

1. 对该牛群适宜的处理措施是（B）。

A. 扑杀，无害化处理　B. 隔离治疗患病动物，禁止新进动物

C. 注射灭活疫苗　D. 注射高免血清

E. 用碘附清洗病灶，肌内注射青霉素

2. 【假设信息】若周边的羊和猪同时发病，最可能的诊断是（A）。

A. 口蹄疫　B. 水疱病　C. 蓝舌病　D. 传染性鼻气管炎　E. 痘病

【解析】本大题考查牛病毒性腹泻/黏膜病的防治措施。根据题干所述，可以初步判定为奶牛病毒性腹泻/黏膜病。本病预防的基本原则是加强检疫，防止引入带毒牛，病牛隔离和对症治疗。因此对该牛群适宜的处理措施是隔离治疗患病动物，禁止新进动物。

若周边的羊和猪同时发病，也表现题干所述的症状，则可初步判定是口蹄疫。

【例题3】犊牛，8月龄，发热，厌食，腹泻，流鼻液，脱水。剖检见整个消化道黏膜出现糜烂或溃疡，特别是食道黏膜出现线状排列的溃疡，妊娠母牛流产或产弱犊。

1. 本病最可能的诊断是（E）。

A. 牛恶性卡他热　B. 牛流行热　C. 口蹄疫

D. 牛传染性鼻气管炎　E. 牛病毒性腹泻/黏膜病

2. 与本病病原有抗原性交叉的病毒是（B）。

A. 犬瘟热病毒　B. 猪瘟病毒　C. 新城疫病毒

D. 马传染性贫血病毒　E. 鸭肝炎病毒

3. 除牛外，还可能成为本病传染源的动物是（B）。

A. 鸡　B. 猪　C. 马　D. 犬　E. 羊

【解析】本大题考查牛病毒性腹泻/黏膜病的病原特征和诊断。由于牛病毒性腹泻/黏膜病病毒与猪瘟病毒在分类上同为瘟病毒属，有共同的抗原关系，使得猪瘟的防治变得十分复杂。因此与该病病原有抗原性交叉的病毒是猪瘟病毒。近年来，猪对病毒性腹泻/黏膜病病毒的感染率日趋上升，增加了猪作为病毒性腹泻/黏膜病的传染源的重要性，使得防治工作日益复杂。因此除牛外，还可能成为该病传染源的动物是猪。

## 考点4：牛传染性鼻气管炎的临床类型、临床特征和诊断方法★★★★

牛传染性鼻气管炎又称红鼻病，是由牛传染性鼻气管炎病毒引起牛的一种接触性传染病，临床表现为上呼吸道和气管黏膜发炎，呼吸困难，流鼻液等，还可引起生殖道感染、结膜炎、脑膜炎、流产、乳腺炎等多种病型。

临床类型主要包括有呼吸道型、生殖道感染型、脑膜脑炎型、眼炎型和流产型。

呼吸道型：主要表现为有大量脓性鼻漏，鼻黏膜高度充血，有浅层溃疡，鼻旁窦及鼻镜因组织高度发炎而称为红鼻病，呼吸困难，呼气中常有臭味。

生殖道感染型：发生于公牛和母牛，母牛阴道发炎充血，有黏稠的黏液性分泌物，黏膜出现白色病灶、脓包或灰色坏死膜；公牛包皮肿胀及水肿，阴茎出现脓包。

脑膜脑炎型：主要发生于犊牛，出现共济失调，沉郁，随后兴奋，惊厥，角弓反张，磨

牙，四肢划动，多归于死亡。

眼炎型：一般无明显全身症状，主要表现为结膜角膜炎。

流产型：胎儿感染后死亡，经数天排出体外，流产胎儿肝脏、脾脏局部坏死。

诊断方法：对于牛传染性鼻气管炎的诊断，主要方法有病毒分离鉴定、中和试验、包涵体检查、间接血凝试验和 PCR 等。

【例题】肉牛，2 岁，无明显全身反应，主要表现结膜充血、水肿并形成颗粒状灰色的坏死膜，角膜轻度混浊但无溃疡，眼、鼻流出浆液性分泌物。

1. 本病最可能是（C）。

A. 巴氏杆菌病　　B. 口蹄疫　　C. 牛传染性鼻气管炎

D. 恶性卡他热　　E. 牛流行热

2. 诊断本病的实验室检测方法不包括（E）。

A. 包涵体检查　B. 病毒分离鉴定　C. PCR　D. 中和试验　E. 变态反应

## 考点 5：小反刍兽疫的病原特征、临床特征和防控措施★★★★★

小反刍兽疫是由小反刍兽疫病毒（副黏病毒科麻疹病毒属）引起的小反刍动物的一种急性、接触性传染病，OIE 将本病定为 A 类疾病。其特征是发病急剧、高热稽留、眼鼻分泌物增加、口腔糜烂、腹泻和肺炎。本病毒主要感染绵羊和山羊。在易感动物群中本病的发病率达 100%，严重时死亡率为 100%。

临床特征：患病动物发病急剧，高热，呼吸困难，眼鼻分泌物增加，口腔黏膜和齿龈充血，后期出现带血的水样腹泻，皱胃常出现糜烂病灶，创面出血呈红色。肠道出现糜烂或出血变化，特别是在结肠和直肠结合处常常能发现特征性的线状出血或斑马样条纹，淋巴结肿大，脾脏出现坏死性病变。

防控措施：本病的危害相当严重，是 OIE 及我国规定的重大传染病之一。一旦发生，必须立即扑杀、销毁处理。严防本病传入我国。

【例题 1】某群山羊突然发病，高热达 41℃，呼吸困难，口鼻流黏性分泌物，口腔黏膜先红肿后破溃，腹泻，排带血水样稀粪，病死率达 50%。剖检见皱胃黏膜有腐烂病灶，结肠和直肠结合处有条纹状出血。

1. 本病最可能的诊断是（A）。

A. 小反刍兽疫　B. 口蹄疫　C. 羊肠毒血症　D. 山羊痘　E. 羊快疫

2. 引起本病的病原是（B）。

A. 细菌　B. 病毒　C. 立克次体　D. 衣原体　E. 支原体

3. 对该发病羊群首先应采取的措施是（B）。

A. 对症治疗　　B. 扑杀并销毁　　C. 抗生素治疗

D. 紧急接种疫苗　　E. 注射高免血清

【例题 2】山羊，2 岁，体温 41℃以上，流脓性鼻液，咳嗽，呼吸困难，水样腹泻，发病率和病死率均较高。剖检见口、鼻黏膜糜烂坏死，结肠近端和直肠黏膜有斑马纹样出血。

1. 本病最可能的诊断是（C）。

A. 蓝舌病　B. 山羊痘　C. 小反刍兽疫　D. 羊肠毒血症　E. 坏死杆菌病

2. 本病病原属于（B）。

A. 正黏病毒 B. 副黏病毒 C. 弹状病毒 D. 细小病毒 E. 肠病毒

3. 防控本病的正确方法是（D）。

A. 抗病毒药物预防 B. 免疫调节剂预防 C. 隔离治疗

D. 扑杀患病羊 E. 扑杀疫点内所有易感动物

## 考点6：蓝舌病的临床特征、病变特征和防控措施★★★★

蓝舌病是由蓝舌病病毒引起的反刍动物的一种病毒性虫媒传染病。本病主要发生于绵羊，临床特征主要为发热，白细胞减少，消瘦，口、鼻和胃黏膜出现溃疡性炎性变化。牛和山羊对蓝舌病的易感性较低，与患病绵羊接触后，表现为隐性感染，临床上表现为采食困难。

流行特征：易感动物主要是各种反刍动物，其中绵羊最易感，尤以1岁左右的绵羊更敏感。传播媒介主要是库蠓，本病的发生与流行具有严格的季节性，多发生于湿热的夏季和早秋，与传播媒介库蠓的分布、习性密切相关。病毒可通过胎盘感染胎儿。

临床特征：患病绵羊主要表现为发热、白细胞减少，口和唇肿胀和糜烂，跛行，行动强直，部分绵羊舌发绀，所以有蓝舌病之称。

病变特征：口腔出现糜烂和深红色区，舌、齿龈、颊黏膜和唇水肿，瘤胃有暗红色区，表面有空泡变性和坏死；皮肤充血、出血和水肿，心肌、心内膜、心外膜均有出血点，蹄部出现蹄叶炎。肺动脉基部可见明显出血斑，具有一定的诊病意义。

鸡胚接种和细胞培养相结合是分离培养蓝舌病病毒较为敏感的方法。可以采取病畜的全血或脾脏，接种BHK-21或Vero细胞，分离培养病毒。

非疫区一旦传入本病，应立即采取坚决措施，扑杀发病羊群、接触过的所有羊群及其他易感动物。

【例题1】初夏，南方某绵羊群发病，1岁左右多发，病羊精神沉郁，体温41℃左右，流涎，口腔黏膜充血、发绀，呈青紫色，重症病例口腔、唇、齿龈和舌黏膜糜烂。部分病羊蹄部出现蹄叶炎。

1. 本病最可能的诊断是（A）。

A. 蓝舌病 B. 羊痘 C. 小反刍兽疫 D. 羊肠毒血症 E. 羊口疮

2. 本病最易感的动物种类是（B）。

A. 山羊 B. 绵羊 C. 奶牛 D. 水牛 E. 黄牛

3. 疾病早期，病羊血常规检查最可能出现的结果是（B）。

A. 白细胞总数增加 B. 白细胞总数减少 C. 红细胞总数增加

D. 嗜酸性粒细胞增加 E. 血红蛋白含量升高

【例题2】夏季，南方某绵羊场卫生条件差，吸血昆虫滋生，近日绵羊陆续发病，体温升高，厌食，流涎，口唇发绀，口腔黏膜糜烂、溃疡，鼻腔流出炎性分泌物，部分羊跛行。

1. 分离病原常用的是（B）。

A. 鸭胚 B. 鸡胚 C. 鹅胚 D. 乳兔 E. 成年家兔

2. 与病羊接触后，牛群一般表现为（A）。

A. 采食困难 B. 呼吸困难 C. 神经症状 D. 呕吐腹泻 E. 后肢瘫痪

3. 对非疫区出现的病原学阳性绵羊，正确的处置办法是（E）。

A. 隔离 B. 对症治疗 C. 高免血清治疗

D. 免疫接种　　　　E. 扑杀并无害化处理

【例题 3】南方初夏，绵羊群发病，发病率为 35%，体温 40.5~41.5℃，呈稽留热型，流涎，口腔黏膜充血、发绀，严重病例口唇、齿龈、颊和舌黏膜糜烂，吞咽困难。部分病羊跛行。

1. 传播本病最主要的昆虫是（B）。

A. 跳蚤　　B. 库蠓　　C. 蚊　　D. 蛀　　E. 螯蝇

2. 本病最可能的诊断是（D）。

A. 小反刍兽疫　　B. 羊痘　　C. 山羊病毒性关节炎 - 脑炎

D. 蓝舌病　　E. 巴氏杆菌病

3. 对本病诊断具有示病意义的病理变化是（A）。

A. 肺动脉基部明显出血斑　　B. 结膜炎和坏死性口炎

C. 结肠、直肠结合处线状出血　　D. 皱胃黏膜出现大小不等的结节

E. 心肌切面有浅黄色的斑点或条纹

### 考点 7：绵羊痘和山羊痘的临床特征、诊断方法和防控措施★★★★

绵羊痘和山羊痘是由痘病毒引起的一种急性、热性人兽共患传染病，主要通过呼吸道飞沫传染。绵羊痘是各种动物痘病中危害最严重的一种急性、热性、接触性传染病。临床特征是在病羊的皮肤和黏膜上发生特异性痘疹。由山羊痘病毒引起的绵羊痘和山羊痘是 OIE 规定的 A 类疾病。

临床特征：病羊体温升高，多在眼周围、唇、鼻、四肢、尾内及阴唇、阴囊和包皮上形成痘疹、结节、水疱，水疱破裂后形成糜烂、溃疡。一般最初出现红斑，1~2d 后形成丘疹，扩大变成灰白色的隆起结节，几天内转变成水疱，有透明液体变成脓性，最后形成棕色痂块，脱落后留下红斑。

诊断方法：可以采集病变组织结节，做病理切片，采用莫洛佐夫镀银染色，镜检感染细胞细胞质中的包涵体（内基小体），即可确诊。

防控措施：发病后对病羊及其同群羊及时扑杀销毁，污染场所进行严格消毒，周围受威胁羊群用羊痘鸡胚化弱毒疫苗进行紧急接种。一般在尾部或股内侧皮内注射疫苗 0.5mL，免疫期可达 1 年。

【例题 1】绵羊，体温 42℃，结膜潮红，流脓性鼻液。第三天在眼周围、唇、鼻、四肢、尾内侧及阴唇、乳房等处出现红斑，继而形成丘疹，并逐渐扩大，变成灰白色隆起的结节，剖检见前胃和皱胃黏膜上有大小不等的结节、糜烂、溃疡。

1. 该病原感染动物的主要途径是（C）。

A. 饲料　　B. 饮水　　C. 飞沫　　D. 交配　　E. 粪便

2. 病变组织切片，具有诊断意义的是在感染细胞的细胞质内发现（E）。

A. 凋亡小体　　B. 原生小体　　C. 噬菌体　　D. 黑素小体　　E. 内基小体

3. 预防本病的疫苗接种方法是（D）。

A. 喷雾　　B. 饮水　　C. 拌料　　D. 皮内注射　　E. 肌内注射

【例题 2】春季，绵羊发病，高热，无毛或被毛稀少区皮肤和黏膜出现丘疹、水疱、脓疱和结痂。病羔症状较严重，脓疱互相融合并出血，病死率高达 58.7%，而成年羊仅 7.3%。

剖检见咽喉、气管、肺和胃肠黏膜出现扁平的灰白色隆起结节。

1. 本病可能是（E）。

A. 口蹄疫　B. 羊传染性脓疱　C. 蓝舌病　D. 水疱病　E. 绵羊痘

2. 镜检病理组织中的包涵体，采用的染色方法是（B）。

A. 吉姆萨染色　B. 莫洛佐夫镀银染色　C. 柯兹罗夫斯基染色

D. 苏木素 - 伊红染色　E. 抗酸染色

3. 预防本病的疫苗接种方法是（C）。

A. 肌内注射　B. 皮下注射　C. 皮内注射　D. 雾化吸入　E. 饮水口服

## 考点 8：山羊关节炎－脑炎的临床特征和诊断方法★★

山羊关节炎 - 脑炎是由山羊关节炎 - 脑脊髓炎病毒引起的以成年羊呈慢性多发性关节炎间或伴发间质性乳腺炎，羔羊呈脑脊髓炎为临床特征的传染病。病原属于反转录病毒科慢病毒属，本病在山羊间传播，绵羊不感染。

临床特征：多数山羊感染后不表现临床症状，但终生带毒，并具有传染性。感染后临床症状主要表现为脑脊髓炎型（跛行、共济失调、四肢轻瘫、头部抽搐和震颤、头颈歪斜、圆圈运动）、关节炎型（腕关节肿大、跛行）和间质性肺炎型（呼吸加快、支气管音增强、偶发干咳）。哺乳母羊发生间质性乳腺炎。

对于山羊关节炎 - 脑炎的诊断，一般采集关节液等病料，接种山羊胎儿滑膜细胞或睾丸细胞进行病毒的分离鉴定。

【例题】某山羊群发病，部分成年羊腕关节肿大，跛行；羔羊病初跛行、惊恐不安、眼球震颤，进而四肢强直、共济失调，有的角弓反张、头颈歪斜。

1. 本病最可能的诊断是（D）。

A. 羊快疫　B. 羊肠毒血症　C. 破伤风　D. 山羊关节炎 - 脑炎　E. 羊猝狙

2. 本病的流行病学特征是（B）。

A. 绵羊间相互传播　B. 山羊间相互传播　C. 山羊感染后均出现临床症状

D. 不经乳汁传播　E. 不经消化道传播

3. 分离鉴定该病原常用的细胞是（B）。

A. PK-15 细胞　B. 山羊胎儿滑膜细胞　C. 睾丸细胞

D. 鸡胚成纤维细胞　E. 猴肾上皮细胞

## 考点 9：羊传染性脓疱性皮炎的临床特征★

羊传染性脓疱性皮炎又称羊传染性脓疱，俗称羊口疮，是一种由传染性脓疱病毒引起的急性、接触性传染病，主要侵害幼羊和羔羊，以口唇等处皮肤和黏膜形成丘疹、脓疱、溃疡和结成疣状厚痂为特征。临床上分为唇型、蹄型和外阴型 3 种疾病类型，主要在皮肤或黏膜上形成结节、水疱、脓疱和结痂，口角形成增生性桑葚状结痂。

## 考点 10：牛海绵状脑病的病原特征、病变特征和诊断方法★★

牛海绵状脑病（BSE）俗称疯牛病，潜伏期长，以脑组织发生慢性海绵状（空泡）变性、功能退化、精神错乱、死亡率高为特征。致病因子不同于一般的细菌、病毒，而是一种具有生物活性的蛋白质，称为朊病毒。

病变特征：病理组织学检查中枢神经组织（特别是脑），可见神经元皱缩和大小空泡形成，呈海绵状变性，无发炎现象。

诊断方法：目前主要根据现场诊断资料，对疑似疯牛病病牛的大、小脑组织做病理组织切片和染色，显微镜观察，发现海绵状变性即可确诊。

防治措施：严禁从发病国家和地区引进牛或牛的肉骨粉、内脏、副产物等。发病地区应扑杀并销毁全部病牛和可疑患病牛。杜绝食用患疯牛病的牛肉和牛肉制品。

## 考点 11：炭疽的临床特征、病变特征、诊断和检疫方法★★★★★

炭疽是由炭疽杆菌引起的多种家畜、野生动物和人的一种急性、热性、败血性传染病。发病动物以急性死亡为主，脾脏高度肿大、皮下和浆膜下有出血性胶冻样浸润、血液凝固不良呈煤焦油样、尸体极易腐败等。

传播方式：炭疽主要经消化道感染，也可通过蜱等多种吸血昆虫经皮肤感染。绵羊和牛最易感，猪表现为咽型炭疽，家禽一般不感染。炭疽杆菌一旦形成芽孢，可以在土壤中长期存活而成为长久的疫源地，随时可以传播给易感动物。芽孢形成的疫源地难以根除。

病变特征：主要为败血症变化，尸僵不全，血液凝固不良，天然孔有黑色血液流出，黏膜发绀，血液呈煤焦油样。全身多发性出血，皮下、肌间、浆膜下胶冻样水肿。脾脏肿大2~5倍，软化如糊状，切面呈樱桃红色，有出血，淋巴结出血。

诊断方法：取血液制成涂片，使用瑞氏染色，发现带有荚膜、菌体两端平直的粗大杆菌，新鲜血液中呈现竹节样大杆菌，即可诊断为炭疽。必要时也可利用炭疽杆菌对青霉素敏感的特性进行串珠试验。

检疫方法：对于炭疽芽孢杆菌的检验，常以已知炭疽芽孢杆菌抗体来检查被检的抗原。其中 Ascoli 沉淀试验（环状沉淀试验）是用加热抽提的待检炭疽芽孢杆菌多糖抗原与已知抗体进行的，适用于各种病料、动物皮张、严重腐败污染的尸体材料的检疫。

炭疽应每年进行预防接种，疫苗有无毒炭疽芽孢苗或Ⅱ号炭疽芽孢苗。

【例题】放牧羊群中，1 只 3 岁母羊发病，喜卧，可视黏膜暗紫色，战栗，呼吸困难，继而倒地，口鼻流出血色泡沫，数分钟后死亡，尸体迅速膨胀，尸僵不全，天然孔出血，血凝不良，呈酱油样。

1. 本病最可能的诊断是（E）。

A. 巴氏杆菌病　B. 羊猝狙　C. 羊快疫　D. 羊黑疫　E. 炭疽

2. 鉴别本病病原菌的“串珠试验”中使用的抗生素是（A）。

A. 青霉素　B. 链霉素　C. 土霉素　D. 红霉素　E. 林可霉素

3. 对疑似病例，正确的处理方法是（C）。

A. 现场解剖，病理学诊断　B. 按照常规采集病料，报送检测

C. 禁止解剖，应采集血样样本送检　D. 隔离病畜，治愈后上报

E. 宰杀自用

## 考点 12：布鲁氏菌病的临床特征、诊断方法和预防措施★★★★

布鲁氏菌病简称布病，是由布鲁氏菌引起的人兽共患传染病，牛、绵羊、山羊、猪、犬等家养动物和人均可感染发病，动物发生流产、不育、生殖器官和胎膜发炎，人感染后引起波浪热。本病一般经消化道、呼吸道、生殖系统黏膜及损伤甚至未损伤的皮肤等传播。

临床特征：妊娠母牛体温升高，阴道流出黏液样的灰色分泌物，主要表现为流产，母牛胎衣不下，胎盘呈黄色胶冻样浸润，流产胎儿有出血性浆液性浸润，胃肠和膀胱浆膜下出血等。另外，动物感染后还表现睾丸炎、附睾炎、乳腺炎、子宫炎、关节炎、后肢麻痹或跛行等。

诊断方法：将流产胎儿的胃内容物、肺、肝脏和脾脏及流产胎儿胎盘和羊水等直接涂片，革兰氏染色阴性、吉姆萨染色呈紫色和柯兹罗夫斯基（柯氏）鉴别染色，发现球杆状的红色菌体，即可做出初步诊断。将标本划线接种于10%马血清的马丁琼脂培养基进行细菌分离。血清凝集试验（虎红平板凝集试验），包括玻片凝集试验和试管凝集试验，是我国牛布鲁氏菌病监测的法定试验，用于早期诊断。而补体结合试验是国际贸易指定的牛、羊布鲁氏菌病诊断的确诊试验。

免疫预防：接种疫苗是预防本病的重要措施。目前国内外常用的疫苗主要有羊型5号（M5株）弱毒活菌苗、牛布鲁氏菌19号（A19株）疫苗、羊种布鲁氏菌Rev.1株疫苗和牛种布鲁氏菌RB51株疫苗。我国主要使用M5疫苗。

布鲁氏菌在牛、绵羊、山羊之间可发生交叉感染，鹿布鲁氏菌病主要由猪布鲁氏菌、牛布鲁氏菌、羊布鲁氏菌等引起。其中，羊布鲁氏菌对绵羊、山羊、牛和人的致病性最强。而布鲁氏菌M5弱毒活疫苗是用羊种布鲁氏菌M5菌株致弱而成，可以用于预防绵羊、山羊、牛和鹿布鲁氏菌病，不能用于预防猪布鲁氏菌病。

对于牛布鲁氏菌病的防控，一般原则是通过反复检疫，淘汰阳性牛，培养建立健康牛群。

【例题1】妊娠4个月的初产羊出现流产，流产前精神沉郁、食欲下降，口渴，阴道流出黄色黏液，部分病羊出现乳腺炎和关节炎。同场种公羊出现睾丸炎和附睾炎。

1. 本病最可能是（C）。

A. 结核病　B. 小反刍兽疫　C. 布鲁氏菌病　D. 破伤风　E. 口蹄疫

2. 若本病由动物传至人，对人群致病性最强的病原来自（B）。

A. 鸡　B. 羊　C. 牛　D. 猪　E. 鸭

3. 我国羊群预防本病主要使用（B）。

A. CE培养物　B. M5菌苗　C. 卡介苗

D. 羊三联四防疫苗　E. K88、K99基因工程疫苗

【例题2】某奶牛群，4~5岁，发情期无明显异常，流产多发生于妊娠6~8个月，母牛胎衣不下，胎盘呈黄色胶冻样浸润，流产胎儿皮下有出血性浆液性浸润，胃肠和膀胱浆膜下出血。

1. 本病可能是（A）。

A. 布鲁氏菌病　B. 牛病毒性腹泻/黏膜病　C. 钩端螺旋体病

D. 牛传染性鼻气管炎　E. 沙门菌病

2. 本病检疫常用的方法是（A）。

A. 血清凝集试验　B. 动物接种试验　C. 变态反应试验

D. 血液病原检查　E. 胎衣病原检查

3. 牛场根除本病的措施是（A）。

A. 淘汰检疫阳性牛　B. 及时治疗发病牛　C. 阳性牛和阴性牛分栏饲养

D. 紧急预防接种 E. 大批引进健康牛

【例题 3】妊娠母羊群零星发病，主要表现为妊娠 3~4 个月发生流产，阴道持续排出黏液或脓液。取病料染色镜检，可见革兰氏阴性球杆菌，吉姆萨染色呈紫色。

1. 本病最可能的诊断是（D）。

A. 衣原体病 B. 大肠杆菌病 C. 沙门菌病 D. 布鲁氏菌病 E. 弯曲菌病

2. 公畜感染该病原后，常发生的是（D）。

A. 肺炎 B. 胃肠炎 C. 肝炎 D. 睾丸炎 E. 鼻气管炎

3. 现场检测本病的常用方法是（B）。

A. 对流免疫电泳 B. 虎红平板凝集试验 C. ELISA

D. PCR E. 实验动物接种

## 考点 13：牛传染性胸膜肺炎的临床特征和诊断方法★★★

牛传染性胸膜肺炎又称牛肺疫，是由丝状支原体引起的一种急性或慢性、接触性传染病，以纤维素性胸膜肺炎为特征。OIE 将本病列为 A 类传染病。我国于 1996 年宣布消灭了本病。

临床特征：体温升高，呼吸困难，长时间轻咳或干咳，严重时呈弓形站立，有脓性鼻液流出，呼吸高度困难，呈腹式呼吸，前胸下部和颈部水肿。病变主要表现为浆液性纤维素性胸膜肺炎。

病变特征：病变多出现在呼吸道和关节，病变呈单侧性，肺呈现特有的大理石样外观，肺和胸壁粘连，胸腔和肺表面有干酪样沉积物，关节黏液囊炎。

诊断方法：一般取鼻腔拭子，接种于 10% 马血清的马丁琼脂培养基。为防止杂菌生长，需要添加青霉素、醋酸铊等抑制剂，37℃培养 5d，可见圆形“煎荷包蛋”状形态、边缘整齐、中间突起的菌落。补体结合试验是 OIE 推荐使用的血清学诊断方法。

【例题】一黑白花奶牛，呼吸困难，长时间轻咳或干咳，严重时呈弓形站立。取鼻腔拭子，接种于 10% 马血清的马丁琼脂培养基，37℃培养 5d，可见“煎荷包蛋”状小菌落，本病例最可能的致病病原是（A）。

A. 牛支原体 B. 牛分枝杆菌 C. 多杀性巴氏杆菌

D. 支气管败血波氏菌 E. 胸膜肺炎放线杆菌

## 考点 14：山羊传染性胸膜肺炎的临床特征和防治措施★

山羊传染性胸膜肺炎，又称山羊支原体肺炎，俗称烂肺病，是由丝状支原体山羊亚种、山羊支原体山羊肺炎亚种等引起的一种特有的高度接触性传染病，以急性纤维素性胸膜肺炎为特征。

临床特征：主要表现为高热、咳嗽、呼吸困难和流产。病变肺呈现大小不等的肝变区，切面呈暗红色或灰红色，如大理石样外观，胸膜、心包膜互相粘连。可以选用替米考星、泰乐菌素进行治疗。

对于山羊传染性胸膜肺炎的预防，可以选择山羊传染性胸膜肺炎氢氧化铝菌苗（弱毒疫苗）进行免疫接种。

【例题 1】某 1500 只山羊群，冬季发病，1 周内死亡 42 只，多为 3 岁以下妊娠羊，多数病程为4~5d，同场绵羊未见发病。病羊高热，干咳，呼吸困难，流铁锈色鼻液，后期卧地不起，窒息死亡。剖检病变多限于单侧胸腔，肺实变，切面呈大理石样；胸膜和心包膜间相互粘连；胸腔积液量大，浅黄色，遇空气易凝集。

1. 本病最可能的诊断是（D）。

A. 巴氏杆菌病　B. 链球菌病　C. 肺线虫病
D. 山羊传染性胸膜肺炎　E. 小反刍兽疫

2. 本病最可能的病原是（C）。

A. 革兰氏阴性杆菌　B. 革兰氏阳性球菌　C. 支原体
D. 病毒　E. 寄生虫

3. 防治本病有效的措施是（E）。

A. 注射青霉素　B. 注射伊维菌素　C. 注射头孢菌素
D. 注射庆大霉素　E. 注射弱毒疫苗

【例题2】山羊群发病，尤以羔羊最严重，表现为呼吸极度困难，体温升高，急性死亡，病死率高。剖检可见大叶性肺炎，肺脓肿；肠道炎症明显。链霉素治疗有效。

1. 病变肺组织涂片，瑞氏染色镜检，可见病原呈（C）。

A. 多形性　B. 小杆状　C. 两极浓染的球杆状
D. 球形链状排列　E. 两端钝圆的粗大杆状

2.【假设信息】若链霉素不能治愈，剖检发现为大叶性肺炎，胸腔大量积液，遇空气后很快凝结成胶冻状，则最可能混合感染的病原是（A）。

A. 丝状支原体　B. 溶血性链球菌　C. 金黄色葡萄球菌
D. D型魏氏梭菌　E. 大肠杆菌

【解析】本大题考查山羊传染性胸膜肺炎和巴氏杆菌病的诊断。根据题干“山羊群发病，尤以羔羊最严重，表现为呼吸极度困难，体温升高。急性死亡，病死率高。剖检可见大叶性肺炎，肺脓肿；肠道炎症明显。链霉素治疗有效”，可以初步判定为巴氏杆菌病。因此病变肺组织涂片，瑞氏染色镜检，可见病原呈两极浓染的球杆状。

若链霉素不能治愈，根据剖检发现为大叶性肺炎，胸腔大量积液，遇空气后很快凝结成胶冻状等临床特征，可以判定为山羊传染性胸膜肺炎。因此最可能混合感染的病原是丝状支原体。

## 考点15：牛巴氏杆菌病的临床特征和诊断方法★★★

牛巴氏杆菌病又称牛出血性败血症，是由多杀性巴氏杆菌特定血清亚型引起的牛和水牛的一种高度致死性疾病。本病多见于犊牛，特征为高热、肺炎、急性胃肠炎及内脏器官广泛出血。

牛出血性败血症的临床类型主要包括急性败血型、肺炎型和水肿型。

急性败血型：病牛体温升高，呼吸困难，黏膜发绀，有痛性干咳，鼻流无色或带血泡沫，腹泻，粪便带血；剖检发现黏膜和内脏表面有广泛性的点状出血。

肺炎型：此型最为常见，病牛呼吸困难，黏膜发绀，有痛性干咳，鼻流无色或带血泡沫；主要病变为纤维素性胸膜肺炎。

水肿型：多见于牛、牦牛，病牛胸前和头颈部水肿，舌咽部高度肿胀，呼吸困难，皮肤和黏膜发绀，常因窒息而死；肿胀部呈现出血性胶冻样浸润。

诊断方法：一般取鼻腔分泌物涂片，经瑞氏染色，显微镜检查可以发现两极着色的球杆菌；同时采取病牛心脏、肝脏、脾脏或体腔渗出物，将病料接种于鲜血琼脂、血清琼脂或马丁琼脂培养基，37℃培养 24h，观察培养结果，必要时做生化鉴定。

【例题】某牛场发病奶牛，呼吸困难，鼻流无色或带血色泡沫液体。取鼻腔分泌物经瑞氏染色、镜检见两极着色的球杆菌，本病例最可能的致病病原是（C）。

A. 牛支原体　　B. 牛分枝杆菌　　C. 多杀性巴氏杆菌

D. 支气管败血波氏菌　　E. 胸膜肺炎放线杆菌

## 考点 16：牛结核病的临床特征、病变特征和诊断方法★★★★

牛结核病是由结核分枝杆菌引起的一种牛慢性、消耗性疾病，病理特征是在多种组织器官形成结核性肉芽肿（结核结节），继而结节中心干酪样坏死或钙化。病原是牛型分枝杆菌、人型分枝杆菌及部分禽型分枝杆菌。牛分枝杆菌对营养要求严格，在添加特殊营养的培养基上才能生长，常用的培养基是罗杰二氏培养基，生长菌落呈乳白色或米黄色的颗粒、结节或花菜状。

干酪样坏死属于凝固性坏死的一种，主要见于结核分枝杆菌和鼻疽杆菌等引起的感染性炎症。干酪样坏死灶除了凝固的蛋白质外，还含有大量的由结核分枝杆菌产生的脂类物质，使坏死灶外观呈灰白色或黄白色，松软无结构，似干酪（奶酪）样或豆腐渣样。组织病理学观察可见，坏死组织的固有结构完全被破坏而消失，融合成均质、红染的无定型结构，病程较长时，坏死灶内可见有蓝染的颗粒状的钙盐沉着。

临床特征：一般呈慢性经过，以肺结核、淋巴结核、乳房结核和肠结核最为常见，生殖器官结核也时有发生。

肺结核病牛病初有短促干咳，清晨时症状最为明显，随着病程的发展变为湿咳，咳嗽加重、频繁，并有浅黄色黏稠脓性鼻液流出。呼吸次数增加，甚至呼吸困难。生殖器官结核表现为性机能紊乱，发情频繁、性欲亢进、流产、不育，从阴道、子宫内流出脓性分泌物。乳房结核表现为乳房出现局限性或弥漫性硬结，硬结无热、无痛，乳房表面凹凸不平，乳量减少，乳汁稀薄，混有脓液。肠结核表现为下痢与便秘交替，继而顽固性下痢。

诊断方法：取结核病病料进行细菌分离培养，抗酸染色，发现形态平直或微弯的红色细菌，即可确诊。

结核菌素试验是目前诊断结核病最常用、最有诊断意义的标准方法，以结核菌素皮内注射法和点眼法同时进行，任何一种呈阳性反应者，即为阳性。

【例题 1】某奶牛乳房硬结，乳汁稀薄，乳腺区淋巴结肿大。取乳汁用罗杰二代培养基培养，15d 后长出花菜状、米黄色的粗糙菌落。该牛感染的病原可能是（B）。

A. 副结核分枝杆菌　　B. 牛分枝杆菌　　C. 炭疽芽孢杆菌

D. 产单核细胞李氏杆菌　　E. 产气荚膜梭菌

【例题 2】一奶牛长期患病，临床表现咳嗽、呼吸困难、消瘦和贫血等。死后剖检可见多种器官组织，尤其是肺、淋巴结和乳房等处有散在大小不等的结节性病变，切面有似豆腐渣样、质地松软的灰白色或黄白色物质。

1. 该奶牛所患的疾病最有可能是（A）。

A. 牛结核病　B. 牛放线菌病　C. 牛巴氏杆菌病

D. 牛传染性鼻气管炎　E. 牛传染性胸膜肺炎

2. 似豆腐渣样病理变化属于（C）。

A. 蜡样坏死　B. 湿性坏死　C. 干酪样坏死

D. 液化性坏死　E. 贫血性梗死

3. 进行病理组织学检查，似豆腐渣样物为（E）。

A. 肉芽组织　B. 寄生虫结节　C. 中性粒细胞团块

D. 嗜酸性粒细胞团块　E. 无定型结构的坏死物

## 考点 17：羔羊大肠杆菌病的临床类型和临床特征★★★

羔羊大肠杆菌病是由特定血清型病原性大肠杆菌引起的急性传染病，临床表现为败血症和剧烈腹泻。其中败血型多见于1~3月龄的羔羊，病羊出现明显的神经系统紊乱，口吐白沫，四肢僵硬，视力障碍，头向后仰，四肢泳动；肠炎型多见于7日龄内羔羊，呈灰白色糊状、液状下痢，带气泡，有时混有血液。

诊断方法：一般是取新鲜死羊小肠前段内容物或小肠黏膜，接种于麦氏培养基上，挑取红色菌落进行形态染色和生化试验，或接种伊红亚甲蓝培养基，挑取黑色带金属光泽菌落；或用大肠杆菌因子血清鉴定血清型。

## 考点 18：羊梭菌性疾病的疾病类型、临床特征和防控措施★★★★

魏氏梭菌病是由产气荚膜梭菌（也称魏氏梭菌）引起的多种动物的一类传染病的总称，主要包括羊猝狙、羊肠毒血症、羔羊痢疾、羊快疫等。

羊猝狙：羊梭菌性疾病中的一种，由C型魏氏梭菌（产气荚膜梭菌）的毒素所引起，以溃疡性肠炎和腹膜炎为特征。本病发生于成年绵羊，以1~2岁绵羊发病较多。病程较短，常未见到症状即突然死亡。病死羊骨骼肌肌间隔积聚血样液体——出血，细菌厌氧增殖，出现气性裂孔。

羊肠毒血症：由D型产气荚膜梭菌引起的一种急性毒血症疾病，病羊表现突然发病，突然死亡，分为两种类型，一种以抽搐为特征，另一种以昏迷和安静死亡为特征。可见左心室心内膜、心外膜下有多数小点出血，胸腺出血。本病死亡的羊肾组织易于软化，又称为软肾病。在症状上类似羊快疫，所以又称类快疫。

羔羊痢疾：由B型产气荚膜梭菌所引起的初生羔羊的一种急性毒血症。本病以剧烈腹泻，粪便土黄色，状如面糊。剖检见心内膜出血点，小肠发生溃疡，回肠内充满血色内容物，外观如红肠子，以及羔羊发生大批死亡为特征。本病主要危害7日龄以内的羔羊，其中又以2~3日龄的发病最多。

羊快疫：由腐败梭菌引起的急性传染病，肥胖绵羊多发，主要经消化道感染，以突然发病、快速死亡为特征。临床表现为排黑色稀粪，间带血液，病羊死亡后迅速腐败，腹部膨胀，皮下组织胶冻样，皱胃出现出血性坏死性炎症。

对于腐败梭菌病的诊断，可以采用细菌涂片镜检、细菌培养、毒素测定和动物接种试验进行诊断。

防控措施：梭菌性传染病主要是由不同类型的产气荚膜梭菌所引起的一类传染病。由于这类疾病发病迅速，病程短，常常未见到临床症状，即突然死亡。因此防控梭菌性疾病的关键措施是定期进行疫苗接种。一般春秋两季定期注射羊梭菌三联四防蜂胶灭活浓缩疫苗。

【例题1】羔羊群，3日龄，腹泻，粪便土黄色，状如面糊，病羔羊虚脱，脱水。剖检见心内膜出血点，回肠内充满血色内容物，外观如红肠子。

1. 本病最可能的诊断是（B）。

A. 大肠杆菌病　　B. 羔羊痢疾　　C. 巴氏杆菌病

D. 弯曲菌病　　E. 链球菌病

2. 预防本病最有效的措施是（A）。

A. 免疫母羊　　B. 免疫羔羊　　C. 注射抗生素

D. 注射干扰素　　E. 加强管理

【例题2】绵羊，突发腹痛，瘤胃臌气，磨牙，痉挛，于发病后2h死亡。病死羊尸体腹部迅速膨胀，尸体剖检可见皮下组织胶冻样，皱胃底和幽门部可见出血斑、溃疡和坏死；肝脏土黄色，有坏死灶；肠道黏膜充血、出血；心内膜、心外膜见出血点、斑。

1. 肝脏触片，染色镜检，可能发现（C）。

A. 链球菌　　B. 葡萄球菌　　C. 梭杆菌　　D. 分枝杆菌　　E. 弯曲杆菌

2. 不宜于本病诊断的方法是（E）。

A. 细菌培养　　B. 毒素检测　　C. 动物接种试验

D. 涂片染色镜检　　E. 尿沉渣检查

3. 本病主要的感染途径是（A）。

A. 消化道　　B. 呼吸道　　C. 泌尿道　　D. 生殖道　　E. 皮肤

## 考点19：牛副结核病的临床特征和诊断方法★★

牛副结核病又称副结核性肠炎，是由副结核分枝杆菌引起的牛的一种慢性传染病，偶见于羊、骆驼和鹿，本病潜伏期很长，可达6~12个月。临床特征是慢性卡他性肠炎、顽固性腹泻和逐渐消瘦，剖检可见肠黏膜增厚并形成皱襞，呈脑回状，肠系膜淋巴管肿大呈索状，淋巴结有黄白色病灶，一般没有干酪样病变。

取直肠黏膜或粪便黏液，抗酸染色见到成堆的红色细小杆菌，即可确诊；也可进行变态反应诊断。

## 考点20：坏死杆菌病的临床特征和诊断方法★★

坏死杆菌病是由坏死梭杆菌引起的多种畜禽和野生动物共患的一种慢性传染病。临床特征为口腔黏膜、体表皮肤、皮下组织发生坏死性炎症，常常可以转移到内脏器官，形成转移性坏死灶。其中牛坏死杆菌病以犊牛坏死性口炎和成年牛坏死性蹄炎为特征；羊坏死杆菌病以羔羊坏死性口炎和成年羊腐蹄病为特征。坏死杆菌还可以引起羊坏死性皮炎、坏死性肠炎和坏死性鼻炎。

刮取病健交界处皮肤、口腔黏膜或唾液，固定后碱性亚甲蓝染色，镜检可见着色不均匀、佛珠状的长丝状菌体，即为坏死杆菌。

# 第二章　牛、羊寄生虫病

轻装上阵

## 如何学？

牛、羊寄生虫病

- 牛巴贝斯虫病：红尿热　蜱热　双芽巴贝斯虫　微小牛蜱　血红蛋白尿　三氮脒
- 牛、羊泰勒虫病：血液型虫体　裂殖体　环形泰勒虫　残缘璃眼蜱　黏膜出血　淋巴结肿大　红细胞　巨噬细胞　山羊泰勒虫　青海血蜱　贫血　黄疸　三氮脒
- 日本分体吸虫病：血吸虫病　肠系膜静脉　湖北钉螺　虫卵结节　毛蚴孵化法　吡喹酮
- 牛、羊球虫病：邱氏、阿氏、雅氏艾美耳球虫　出血性肠炎　磺胺药　莫能菌素
- 牛胎儿毛滴虫病：三毛滴虫　生殖道　交配传播　纺锤形虫体　包皮炎　阴道炎　生殖道冲洗
- 棘球蚴病：细粒棘球绦虫　包虫病　肝脏、肺　绵羊最易感　X线诊断　尸体剖检
- 脑多头蚴病：多头绦虫　脑包虫病　脑、脊髓　神经症状　脑部囊泡状虫体　吡喹酮
- 新孢子虫病：犬新孢子虫　流产、死胎　运动障碍　犬后肢瘫痪　淘汰病牛
- 隐孢子虫病：安氏隐孢子虫　4个子孢子　犊牛、羔羊严重腹泻　齐-尼氏染色　红色虫体
- 肉孢子虫病：球虫型发育　肌肉纺锤形虫体包囊　香蕉形慢殖子　土霉素
- 肝片吸虫病：肝片吸虫　扁平状　肝脏、胆管　淡水螺　腹腔发现叶状幼虫　三氯苯达唑
- 牛、羊消化道绦虫病：贝氏、扩展莫尼茨绦虫　梨形器　六钩蚴　地螨　粪便孕卵节片
- 牛、羊消化道线虫病：牛弓首蛔虫　肺出血　仰口线虫病　捻转胃虫　结节虫病
- 牛、羊肺线虫病：胎生、丝状网尾线虫　气管、支气管　呼吸困难　扣状突　幼虫分离法
- 毛尾线虫病：毛首线虫病　鞭虫病　盲肠　棕黄色腰鼓形虫卵　阿苯达唑
- 痒螨病：痒螨　皮肤表面　羊耳郭　牛肉垂　4对足露出体缘　阿维菌素
- 牛吸吮线虫病：罗氏吸吮线虫　结膜囊　泪管　秋蝇　硼酸溶液
- 牛皮蝇蛆病：纹皮蝇　牛皮蝇幼虫　牛背部皮下　第三期幼虫　蜂窝织炎　挤出虫体
- 羊狂蝇蛆病：羊狂蝇幼虫　鼻腔　脓性鼻液　假旋回症　药液喷鼻腔　杀第一期幼虫
- 蜱病：硬蜱　6个属　软蜱　2个属　一宿主蜱　二宿主蜱　三宿主蜱　溴氰菊酯

## 如何考？

本章考点在考试中主要出现在A3/A4型题中，每年分值平均3分。下列所述考点均需掌握。牛巴贝斯虫病、日本分体吸虫病和牛、羊消化道线虫病等是每年考查最为频繁的内容，希望考生予以特别关注。

## 考点冲浪

### 考点1：牛巴贝斯虫病的病原特征、临床特征和治疗方法★★★★

牛巴贝斯虫病又称“红尿热”、塔城热、蜱热，是由巴贝斯科巴贝斯属的梨形虫引起的牛的一种寄生虫病，虫体主要寄生于宿主的红细胞内。

病原特征：牛巴贝斯虫病的病原主要是双芽巴贝斯虫、牛巴贝斯虫或卵形巴贝斯虫，寄生于宿主的红细胞内。双芽巴贝斯虫为大型虫体，长度大于红细胞半径，典型形态是成双的梨籽形虫体以尖端相连成锐角；牛巴贝斯虫为小型虫体，长度小于红细胞半径，典型形态为成双的虫体以尖端相连成钝角。微小牛蜱为我国双芽巴贝斯虫和牛巴贝斯虫的传播者，两种虫体常混合感染。由于微小牛蜱在野外发育，所以本病多发生在放牧期间。

临床特征：体温升高，呈稽留热型，贫血、黏膜苍白和黄染。红细胞数量和血红蛋白含量显著减少。最明显的症状是出现血红蛋白尿。临床上进行血液涂片检查，根据血液中虫体形态予以确诊。

治疗药物：常用的药物主要有三氮脒、咪唑苯脲等抗原虫药。

【例题】某黄牛7月出现高热稽留、贫血、黄疸和血红蛋白尿等症状，体表检查发现腹下有多处虫体寄生。

1. 本病最可能是（A）。

A. 双芽巴贝斯虫病　　B. 环形泰勒虫病　　C. 日本分体吸虫病
D. 肝片吸虫病　　E. 细粒棘球病

2. 确诊本病最常用的方法是（E）。

A. 粪便检查　　B. 尿液检查　　C. 皮屑检查
D. 淋巴结穿刺检查　　E. 血液涂片检查

3. 治疗本病可以选用的药物是（D）。

A. 氨丙啉　　B. 阿苯达唑　　C. 阿维菌素　　D. 咪唑苯脲　　E. 硫双二氯酚

### 考点2：牛、羊泰勒虫病的虫体特征、病变特征和诊断方法★★★★

牛、羊泰勒虫病是由泰勒科泰勒属虫体寄生于牛、羊红细胞和单核巨噬系统细胞内引起的一种寄生虫病。寄生于血液红细胞中的虫体称为血液型虫体，一般比巴贝斯虫虫体更小；寄生于单核巨噬系统细胞的虫体称为裂殖体。

虫体特征：我国牛泰勒虫病的病原主要是环形泰勒虫和瑟氏泰勒虫。环形泰勒虫寄生于红细胞内，为血液型虫体，以环形和卵圆形为主，典型虫体为环形，呈戒指状；寄生于单核巨噬系统细胞内进行裂体增殖时，形成的多核虫体为裂殖体（或称“石榴体”、科赫氏蓝体），“石榴体”呈圆形、椭圆形或肾形，位于淋巴细胞或巨噬细胞细胞质内或散在于细胞外。环形泰勒虫病在我国的传播媒介主要是残缘璃眼蜱，另一种是小亚璃眼蜱。瑟氏泰勒虫病在我国的传播媒介主要是长角血蜱。由于残缘璃眼蜱主要在牛圈内生活，所以本病主要在舍饲条件下发生传播。

我国羊泰勒虫病的病原主要是山羊泰勒虫，虫体寄生于红细胞和巨噬细胞内。山羊泰勒虫病在我国的传播媒介主要是青海血蜱。

病变特征：全身皮下、肌肉间、黏膜和浆膜上可见大量的出血点和出血斑。全身淋巴结肿大，以颈浅淋巴结、腹股沟淋巴结和肝脏、脾脏、肾脏、胃淋巴结表现最为明显。皱胃黏膜肿胀、出血、脱落，见到高粱米到蚕豆大的溃疡斑，边缘隆起呈红色，中央凹陷呈灰色。

羊泰勒虫病主要表现为贫血、黄疸，体表淋巴结肿大，肢体僵硬，羔羊最明显。

诊断方法：血液涂片检出虫体是确诊本病的主要依据。另外，对于环形泰勒虫病，可以进行淋巴结穿刺，涂片镜检发现"石榴体"即可确诊。

治疗药物：主要是三氮脒。

【例题】某病牛死后，剖检见全身皮下、肌间、黏膜和浆膜有大量的出血点和出血斑，淋巴结肿大、切面多汁、有结节，皱胃黏膜肿胀、出血、脱落、有溃疡病灶，淋巴结涂片镜检发现"石榴体"。该病牛最可能死于（B）。

A. 弓形虫病　B. 泰勒虫病　C. 巴贝斯虫病　D. 伊氏锥虫病　E. 莫尼茨绦虫病

## 考点3：日本分体吸虫病的流行特点、临床特征和诊断方法★★★★★

血吸虫病中的日本分体吸虫病，是由日本分体吸虫寄生于人和牛、羊、猪、犬、啮齿类等的门静脉和肠系膜静脉内的一种危害严重的人兽共患寄生虫病。

日本分体吸虫属分体科分体属，雌雄异体，生活史需要中间宿主，在我国为湖北钉螺。尾蚴主要经过皮肤侵入终末宿主，感染人和牛，变成童虫。成虫主要寄生于宿主的门静脉和肠系膜静脉内。

流行特点：在我国，日本分体吸虫病的流行与湖北钉螺的分布相一致。我国血吸虫病流行区域划分为3种类型，即水网型、湖沼型和山丘型。其中以湖沼型感染率最高。

水网型：主要指长江和钱塘江之间的长江三角洲的广大平原地区。

湖沼型：又称江湖洲滩型，主要指长江中、下游的湖南、湖北、江西、安徽、江苏5省。

山丘型：流行区地势高低不平，自然环境复杂多样。

临床特征：精神沉郁，行动迟缓，体温升高，食欲减退，腹泻，便血，严重贫血，严重时全身衰竭而死。病变主要出现于肠道、肝脏、脾脏等脏器，基本病变是由虫卵沉着在组织中所形成的虫卵结节，结节中央为虫卵，周围聚积大量嗜酸性粒细胞，外围围绕上皮细胞、巨细胞和淋巴细胞。

诊断方法：常用的血清学诊断方法有环卵沉淀试验（COPT）和间接血凝试验。其中环卵沉淀试验具有早期诊断价值。

目前推荐的诊断方法为粪便毛蚴孵化法。一般在清晨从家畜直肠中采取粪样或采取新排出的粪便，淘洗后直接检查粪便沉渣或进行毛蚴孵化，发现虫卵或毛蚴即可确诊。

防治方法：目前人、兽日本分体吸虫病的推荐治疗药物为吡喹酮。控制钉螺的方法有药物灭螺和环境改造灭螺。灭螺药物为氯硝柳胺乙醇胺盐粉剂。

【例题1】长江流域某地牛群出现严重贫血、消瘦，剖检见肝脏肿大，有虫卵结节。流行病学调查该牛群有湖滩放牧史。

1. 本病可能是（B）。

A. 弓形虫病　B. 日本分体吸虫病　C. 旋毛虫病

D. 棘球蚴病　E. 片形吸虫病

2. 该寄生虫的中间宿主是（C）。

A. 椎实螺　B. 陆地螺　C. 钉螺　D. 蜱　E. 淡水鱼

3. 治疗本病的药物是（D）。

A. 左旋咪唑　B. 磺胺嘧啶　C. 硫酸喹啉脲　D. 吡喹酮　E. 甲基盐霉素

【例题 2】我国南方某放牧牛群食欲减退，体温升高，精神不振，腹泻便血，严重贫血，衰竭死亡。剖检见肝脏、脾脏肿大，肝组织内有大量虫卵结节。

1. 本病的病原最可能是（D）。

A. 肝片吸虫　B. 矛形歧腔吸虫　C. 腔阔盘吸虫

D. 日本分体吸虫　E. 大片形吸虫

2. 确诊本病常用的粪检方法是（B）。

A. 饱和盐水漂浮法　B. 毛蚴孵化法　C. 直接涂片法

D. 幼虫分离法　E. 离心沉淀法

3. 病牛死后剖检，最可能检出成虫的部位是（E）。

A. 胰腺　B. 颈静脉　C. 肺　D. 肾脏　E. 肠系膜静脉

【例题 3】我国南方放牧犊牛群发病，表现精神沉郁，食欲废绝，严重贫血，腹泻，粪便带血，最后死亡，剖检可见门静脉和肠系膜静脉内有大量线状虫体。

1. 本病最可能的诊断是（E）。

A. 肝片吸虫病　B. 歧腔吸虫病　C. 阔盘吸虫病

D. 大片形吸虫病　E. 日本分体吸虫病

2. 本病肝脏的特征性剖检病变是（E）。

A. 充血　B. 出血　C. 肿胀　D. 萎缩　E. 虫卵结节

3. 治疗本病的药物是（C）。

A. 阿维菌素　B. 左旋咪唑　C. 吡喹酮　D. 硫酸喹啉脲　E. 莫能菌素

## 考点 4：牛、羊球虫病的虫体种类和临床特征★★

虫体种类：球虫为细胞内寄生虫，不同种类对宿主和寄生部位有严格的选择性。牛球虫有 10 种，主要寄生于牛的小肠下段和整个大肠，其中以邱氏艾美耳球虫和牛艾美耳球虫常见且致病力最强，主要寄生于直肠；绵羊球虫有 14 种，山羊球虫有 15 种，寄生于绵羊或山羊的肠道中，其中阿氏艾美耳球虫对绵羊致病力最强，雅氏艾美耳球虫对山羊致病力最强。

临床特征：牛球虫病多发生于犊牛，以出血性肠炎为特征，临床上主要表现为渐进性贫血、消瘦和血痢；绵羊和山羊球虫病为急性或慢性肠炎性疾病。

治疗药物主要有磺胺间二甲氧嘧啶、氨丙啉。预防药物主要有莫能菌素。

## 考点 5：牛胎儿毛滴虫病的病原特征、临床特征和诊断方法★★

牛胎儿毛滴虫病是由三毛滴虫属胎儿三毛滴虫寄生于牛生殖道引起的寄生虫病。胎儿三毛滴虫主要见于病畜的阴道分泌物中，多发生于配种季节，母牛妊娠后寄生于胎儿的皱胃及胎盘中。通过交配或人工授精器械传播。本病分布于世界各地。

病原特征：新鲜阴道分泌物中的胎儿三毛滴虫虫体呈纺锤形、梨形或长卵圆形，混杂于上皮细胞与白细胞之间，进行活泼的蛇形运动；以纵分裂方式繁殖。

临床特征：公牛感染后引起包皮炎，黏膜上出现粟粒大的结节，有痛感，不愿交配或交配时不射精；母牛感染后发生阴道炎、子宫颈炎及子宫内膜炎。

诊断方法：可以采取病畜生殖道分泌物、冲洗液或流产胎儿、胎水等，做压滴片检查活动虫体；或吉姆萨染色检查，虫体鞭毛及波动膜均呈深红色或浅红色；或接种妊娠豚鼠发生流产，即可确诊。

治疗方法：可以使用吖啶黄或三氮脒冲洗生殖道。

## 考点6：棘球蚴病的病原特征、临床特征和诊断方法★★★

棘球蚴病又称包虫病，是由寄生于犬、狼、狐狸等动物小肠内的细粒棘球绦虫的中绦期幼虫棘球蚴感染中间宿主而引起的人兽共患寄生虫病。

棘球蚴主要寄生于牛、羊、猪、马、骆驼等家畜及多种野生动物和人的肝脏、肺及其他器官内，对人兽危害严重，甚至引起死亡。在各种动物中，主要见于草地放牧的牛、羊等，绵羊最易感染，对绵羊的危害最为严重。犬和犬科动物是终末宿主，寄生于小肠。

病原特征：我国棘球蚴病的主要虫种是细粒棘球绦虫和多房棘球绦虫。细粒棘球绦虫的中绦期幼虫为包囊状构造，内含液体。一般为近球形。

临床特征：病畜出现消瘦，衰弱，有轻度咳嗽等症状。棘球蚴多寄生于动物的肝，其次为肺。死亡后剖检可见肝脏、肺等内脏器官有大小不等的棘球蚴包囊寄生。

诊断方法：一般动物棘球蚴病的生前诊断比较困难。采用皮内变态反应、间接血凝试验和 ELISA 等方法对动物和人的棘球蚴病有较高的检出率。可以用 X 线和超声诊断本病。只有对动物尸体进行剖检时，在肝脏、肺等处发现棘球蚴方可确诊。

防治方法：用吡喹酮进行治疗。禁止使用感染棘球蚴的牛、羊肝脏、肺等组织饲喂犬和狼。

【例题】西北地区，某牛群出现消瘦，衰弱，有轻度咳嗽等症状。死后剖检可见肝脏边缘有鸡蛋大小囊状虫体，囊内有小囊。本病最可能是（B）。

A. 链尾蚴病　B. 棘球蚴病　C. 牛囊尾蚴病　D. 脑多头蚴病　E. 细颈囊尾蚴病

## 考点7：脑多头蚴病的临床特征和诊断方法★★★

脑多头蚴病又称脑包虫病，是由带科多头属的多头带绦虫（多头绦虫）的中绦期幼虫寄生于牛、羊脑及脊髓中所引起的一种寄生虫病，偶见于骆驼、猪、马及其他野生反刍动物；成虫寄生于犬、狼、狐狸的小肠中。

临床特征：牛、羊感染后，由于虫体生长对脑髓的压迫而出现典型的神经症状，表现为运动障碍，视觉减弱甚至失明，后肢麻痹，出现异常的运动和姿势，如转圈运动、角弓反张、呆立不动等。临床表现的症状取决于虫体的寄生部位。

诊断方法：根据特殊的临床症状，脑部检查发现豌豆至鸡蛋大小的囊泡状虫体可以判定。多数病例需要剖检才能确诊。对脑表层寄生的囊体，可以施行手术摘取。

防治方法：可以试用吡喹酮、阿苯达唑进行治疗。生产中禁止让犬吃到含有脑多头蚴病畜的脑和脊髓。

【例题】某群羊出现运动障碍或转圈运动，视觉减弱甚至失明，后肢麻痹。剖检在脑部查见豌豆至鸡蛋大小的囊泡状虫体。本病病原的终末宿主是（D）。

A. 人　B. 牛　C. 羊　D. 犬　E. 骆驼

## 考点 8：新孢子虫病的流行特征、临床特征和防治方法★★

新孢子虫病是由犬新孢子虫寄生于多种动物引起的寄生虫病，主要引起孕畜流产或死胎，以及新生儿运动神经障碍，对牛的危害尤为严重，是牛流产的主要原因。

病原特征：卵囊、速殖子（滋养体）、包囊是新孢子虫生活史中的 3 个重要阶段的虫体形态。卵囊在犬科动物的肠道中形成，随粪便排出体外，孢子化卵囊内含 2 个孢子囊，每个孢子化囊内有 4 个子孢子；速殖子存在于中间宿主内，呈新月形，主要存在于急性病例的胎盘、流产胎儿的脑组织和脊髓组织中；包囊主要存在于中枢神经系统中。

流行特征：新孢子虫病传播方式有水平传播和垂直传播 2 种，在同种中间宿主群内，主要由母体传播给胎儿。犬和狐狸是新孢子虫的终末宿主；其他多种动物如牛、绵羊、山羊、马、兔及犬等均是其中间宿主。

临床特征：主要表现为母牛流产，产弱胎、死胎、木乃伊胎。犊牛一般不表现临床症状，严重感染者表现为四肢无力、关节拘紧、四肢麻痹、运动失调，头部震颤明显，头盖骨变形，眼睑和反射迟钝、角膜轻度混浊。流产的胎牛主要病变为组织器官出血。犬作为中间宿主时，引起严重神经肌肉损伤，先天感染的幼犬后肢瘫痪，肌肉萎缩。

防治方法：淘汰病牛和抗体阳性牛是防治本病的有效方法，禁止用流产胎儿饲喂犬。磺胺药、莫能菌素具有一定的治疗作用。

## 考点 9：隐孢子虫病的病原种类、诊断方法和预防措施★★★

隐孢子虫病是一种或多种隐孢子虫感染引起人、多种哺乳动物，以及禽类等宿主的一种共患原虫病。隐孢子虫能引起哺乳动物（特别是犊牛和羔羊）的严重腹泻，具有重要的经济意义，对人的危害尤为严重。

病原种类：隐孢子虫卵囊呈圆形或椭圆形，在宿主体内孢子化，内含 4 个裸露子孢子和 1 个大残体。已发现人兽体内隐孢子虫主要有微小隐孢子虫、安氏隐孢子虫、鼠隐孢子虫、火鸡隐孢子虫、贝氏隐孢子虫等。

临床特征：奶牛感染以安氏隐孢子虫最为常见。犊牛和羔羊等幼龄动物的腹泻是主要临床症状。

诊断方法：刮取死亡病例消化道（禽类法氏囊和泄殖腔）或呼吸道黏膜，涂片，吉姆萨染色，虫体细胞质呈蓝色，内含数个致密的红色颗粒。最佳染色方法是齐 - 尼氏染色法，可以在绿色的背景下，观察到大量的圆形或椭圆形的红色虫体。也可以收集粪便或痰液中的卵囊，油镜下检查，隐孢子虫卵囊在饱和蔗糖溶液中往往呈玫瑰红色。

预防措施：粪便的有效处理和环境卫生控制是最有效的隐孢子虫病的控制措施。尚无理想的治疗药物。

【例题】某犊牛群发热、昏睡、食欲不振，伴有严重腹泻、脱水，剖检见肠管肿胀，充满黏液和气体，采用饱和蔗糖液漂浮法检查病牛粪便，油镜观察，发现大量内含 4 个裸露子孢子的卵囊，本病例最可能的致病病原是（B）。

A. 蛔虫　B. 隐孢子虫　C. 类圆线虫　D. 毛尾线虫　E. 食道口线虫

## 考点 10：肉孢子虫病的病原特征和检验方法★★

肉孢子虫病是由多种肉孢子虫寄生于哺乳动物、鸟类、爬行类、鱼类等多种动物和人所引起的寄生虫病，分布广泛，感染率高，对人兽危害较大。

病原特征：终末宿主是犬、狐狸和狼等肉食动物，寄生于小肠上皮细胞内；中间宿主是草食动物、禽类、啮齿类和爬行类等，寄生于中间宿主的肌肉内。卵囊在体内孢子化后形成孢子化卵囊，孢子化卵囊内含 2 个孢子囊，每个孢子囊内含 4 个子孢子（球虫型发育）。肌肉中的包囊多呈纺锤形、椭圆形或圆形，灰白色或乳白色，与肌肉纤维平行，外有囊壁，内含许多肾形或香蕉形的慢殖子（囊孢子）。

检验方法：动物死亡后，根据病理变化即可确诊，主要是检查肌肉中肉孢子虫包囊。肉检中，肉眼可见肌肉中有大小不一的黄白色或灰白色线状、与肌纤维平行的包囊。若压破包囊，在显微镜下观察，可见大量香蕉形慢殖子。另外，可见肌肉嗜酸性脓肿，患部肌纤维常呈不同程度的变形、坏死、断裂、再生和修复等现象。

防治方法：严禁犬、猫等终末宿主接近家畜、家禽。可以使用常山酮、土霉素治疗绵羊急性肉孢子虫病。

## 考点 11：肝片吸虫病的病原特征、临床特征和治疗方法★★★★

肝片吸虫病是由片形科片形属的肝片吸虫寄生于牛、羊、骆驼和鹿等各种反刍动物的肝脏、胆管中的一种寄生虫病。对病畜的进一步诊断最好是采集粪便进行寄生虫检查。

病原特征：片形吸虫在我国有肝片吸虫和大片形吸虫 2 种。肝片吸虫呈扁平状，灰红褐色，前端有头锥，有口吸盘，口吸盘后方为腹吸盘。本病呈地方流行性，中间宿主为淡水螺，在我国内蒙古地区主要为土蜗螺。

临床特征：体温升高，食欲减退，逐渐消瘦，可视黏膜苍白，贫血和低蛋白血症，眼睑、颌下和胸腹下部水肿，腹水。绵羊最敏感，发病死亡率高，牛感染后多呈慢性经过。死后剖检可见肝脏肿大、出血，在腹腔和肝实质中发现扁平叶状幼虫；慢性病例可以在胆管内检获成虫。

治疗方法：主要使用驱虫药驱虫，如三氯苯达唑、阿苯达唑和氯氰碘柳胺钠，同时进行保肝、补液、强心等对症治疗措施。

【例题】2 岁耕牛，腹泻 2 个月余，食欲减退，反刍异常，逐渐消瘦，被毛粗乱，无光泽，易脱落，行走缓慢，耕作无力，黏膜苍白，肝脏浊音区扩大，体温正常，经使用抗菌消炎药、助消化药和左旋咪唑等药物，治疗无效。

1. 对该牛病的进一步诊断最好（A）。

A. 采集粪便进行寄生虫检查　B. 抽取血液进行寄生虫检查
C. 宰杀后剖检检查有无寄生虫　D. 血液涂片镜检
E. 采集尿液进行寄生虫检查

2. 本病最有可能是（C）。

A. 肝炎　B. 胃肠炎　C. 肝片吸虫病
D. 牛出血性败血症　E. 犊牛新蛔虫病

3. 对本病最有效的治疗方法是（E）。

A. 抗菌消炎，保肝解毒　B. 开胃健脾，涩肠止泻　C. 利尿解毒，清理胃肠

D. 解热镇痛，保肝解毒　E. 保肝驱虫，补液强心

## 考点 12：牛、羊消化道绦虫病的虫体特征和诊断方法★★★

牛、羊消化道绦虫病是由裸头科的莫尼茨属、曲子宫属和无卵黄腺属的数种绦虫寄生于小肠中引起的寄生虫病，对羔羊和犊牛危害严重。扩展莫尼茨绦虫主要寄生于羔羊，贝氏莫尼茨绦虫多寄生于犊牛，多呈混合感染。

虫体特征：莫尼茨绦虫的主要虫种是贝氏莫尼茨绦虫和扩展莫尼茨绦虫，莫尼茨绦虫虫卵内均含有特殊灯泡样的梨形器，梨形器内含有六钩蚴，贝氏莫尼茨绦虫虫卵为四角形，而扩展莫尼茨绦虫虫卵为三角形。曲子宫绦虫虫卵无梨形器，每 5~15 个虫卵被包在一个副子宫器内。中间宿主为地螨、土壤螨，感染性幼虫为似囊尾蚴。

诊断方法：清理牛舍时，注意查看新鲜粪便，可能找到活动性的孕卵节片，将其夹在两块载玻片间压薄，显微镜观察，根据虫体的结构特征即可诊断。

治疗药物：可以使用吡喹酮、阿苯达唑进行治疗。

【例题】某放牧羊群发生以渐进性消瘦、贫血、回旋运动等神经症状为主的疾病。粪便检查发现有白色节片。本病可能是（C）。

A. 球虫病　B. 片形吸虫病　C. 莫尼茨绦虫病

D. 捻转血矛线虫病　E. 日本分体吸虫病

## 考点 13：牛、羊消化道线虫病的种类和临床特征★★★

牛、羊消化道线虫病主要有牛蛔虫病，牛、羊钩虫病，牛、羊毛圆线虫病，牛、羊食道口线虫病等。

牛蛔虫病：由弓首科弓首属的牛弓首蛔虫寄生于犊牛小肠内引起的以下痢为主要特征的寄生虫病。牛弓首蛔虫生活史非常特殊，在适宜条件下，变为感染性虫卵（内含第二期幼虫）。牛吞食感染性虫卵后，发育为第三期幼虫，待母牛妊娠 8.5 个月左右时，幼虫便移行至子宫，进入胎盘羊膜液，变为第四期幼虫，被胎牛吞入肠中发育为成虫。幼虫移行，造成肠壁、肺、肝脏等组织损伤、点状出血。治疗本病的药物为左旋咪唑。

牛、羊仰口线虫病：又称钩虫病，是由钩口科、钩口属的线虫引起的一种寄生虫病，成虫寄生于牛、羊的小肠。经皮肤感染为牛、羊钩虫病的主要途径。粪便检查发现新鲜钩虫虫卵色彩深，发黑，虫卵两端钝圆，两侧平直。剖检时可在寄生部位找虫体，虫体特点是头部向背侧弯曲。

牛、羊毛圆线虫病是由捻转血毛线虫寄生于牛、羊、骆驼等的胃线虫病。捻转血毛线虫，又称捻转胃虫，寄生于牛、羊的皱胃，虫体浅红色，虫体口囊内有一毛状刺，一般有颈乳突，虫体肠管吸血呈红色，生殖器官呈白色，二者互相捻转，形成红白相间的麻花状外观。

牛、羊食道口线虫病：食道口线虫寄生于牛、羊的结肠，幼虫钻入肠形成结节病变，又称结节虫病，主要种类为哥伦比亚食道口线虫和粗纹食道口线虫。病畜出现渐进性消瘦、腹泻和便秘交替等临床症状，剖检可在结肠腔内发现大量 15mm 左右的乳白色线状虫体，并在肠壁有大量结节病变。

【例题 1】犊牛食欲不振，顽固性腹泻，粪便带血，可视黏膜苍白，颌下水肿，剖检见

小肠内有大量虫体，虫体头部向背侧弯曲，治疗本病的药物是（A）。

A. 左旋咪唑 B. 地克珠利 C. 三氮脒 D. 盐霉素 E. 喹嘧胺

【例题2】某羊群出现渐进性消瘦、腹泻和便秘交替等临床症状，剖检可见在结肠腔内发现大量15mm左右的乳白色线状虫体，并在肠壁有大量结节病变。可能感染的寄生虫是（D）。

A. 肝片吸虫 B. 莫尼茨绦虫 C. 胎生网胃线虫

D. 粗纹食道口线虫 E. 羊仰口线虫

## 考点14：牛、羊肺线虫病的临床特征和诊断方法★★★

牛、羊肺线虫病是由网尾科或原圆科线虫寄生于牛、羊的肺部所引起的寄生虫病。

虫体种类：网尾科虫体较大，称大型肺线虫，主要包括胎生网尾线虫和丝状网尾线虫，胎生网尾线虫主要寄生于牛，丝状网尾线虫主要寄生于羊，主要寄生于宿主的气管和支气管内。原圆科虫体较小，称小型肺线虫，主要寄生于羊的肺泡、细支气管内。

临床特征：病初主要表现咳嗽，流浅黄色黏液性鼻液，初为干咳，后为湿咳，尤以夜间和清晨出圈时明显，次数逐渐频繁，有的发生气喘或阵发性咳嗽，咳出的痰液中含有虫卵、幼虫或成虫，叩诊有湿啰音等，严重时呼吸困难，体温升高，贫血，迅速消瘦，死于肺炎或并发症。肺线虫可以形成灶状支气管肺炎。

诊断方法：确诊需要检查粪便中的虫卵或幼虫。常用幼虫分离法对第一期幼虫进行检查，根据第一期幼虫虫体特征进行鉴别。羊丝状网尾线虫第一期幼虫头端较粗，有一个特殊的扣状突；牛胎生网尾线虫第一期幼虫头端钝圆，无扣状突。

治疗药物：可以使用阿苯达唑进行治疗。

【例题】绵羊群放牧于潮湿的天然牧场，春季发病，表现为流鼻液，群发性咳嗽，运动时和夜间咳嗽加重，咳出的黏膜中见有乳白色、长丝状活动物。病羊体温不高，贫血，水肿，被毛粗乱，逐渐消瘦，严重者呼吸困难，体温升高，多死于肺炎。

1. 羊群最可能发生的是（E）。

A. 肺结核病 B. 蓝舌病 C. 羊狂蝇蛆病 D. 支原体肺炎 E. 肺线虫病

2. 确诊本病需要检查的病料是（A）。

A. 粪便 B. 皮屑 C. 尿液 D. 血液 E. 淋巴结穿刺物

3. 防治本病有效的药物是（C）。

A. 泰乐菌素 B. 利福平 C. 阿苯达唑 D. 三氯苯达唑 E. 磺胺嘧啶

## 考点15：毛尾线虫病的虫体特征和诊断方法★★★

毛尾线虫病是由毛尾属的线虫寄生于家畜大肠（主要是盲肠）引起的寄生虫病。由于虫体一端细，一端粗，整个外形像鞭子，又称毛首线虫病或鞭虫病。

虫体特征：毛尾线虫虫卵呈棕黄色，腰鼓形，卵壳厚，两端有卵塞。绵羊毛尾线虫寄生于绵羊、牛、长颈鹿和骆驼等反刍动物的盲肠，狐毛尾线虫寄生于犬和狐的盲肠，主要表现为食欲减退，消瘦、贫血、腹泻，死前数天排水样血色便，并有脱落的黏膜。

诊断方法：由于虫卵有特征性形态，易于辨识，粪便检查法发现大量腰鼓形棕黄色虫卵，卵壳厚，两端有卵塞，或剖检时发现特征性的虫体，即可确诊。

治疗药物：可用阿苯达唑和左旋咪唑等药物驱虫。

【例题】某羔羊群食欲减退，消瘦、贫血、腹泻，死前数天排水样血色便，并有脱落的黏膜。粪检见大量腰鼓形棕黄色虫卵，两端有卵塞，本病例最可能的致病病原是（D）。

A. 蛔虫　B. 隐孢子虫　C. 类圆线虫　D. 毛尾线虫　E. 食道口线虫

## 考点 16：疥螨病的寄生部位和临床特征★★★

疥螨病是由疥螨科疥螨属的疥螨寄生于多种动物皮肤表面而引起的寄生虫病，可通过直接接触而传播，以绵羊、牛、兔最为常见，多种动物均可感染。山羊疥螨病主要发生于耳郭内面；牛疥螨病发生于肩部和肉垂；兔疥螨病发生于外耳部。

疥螨呈不完全变态发育，有卵、幼虫、若虫、成虫4个阶段。疥螨有肢4对，2对伸向侧前方，2对伸向侧后方，4对足均露于体缘外侧。

临床特征：疥螨寄生时，首先出现皮肤奇痒，进而出现针头大到米粒大的结节，然后形成水疱和脓疱，由于擦痒导致被毛脱落，形成浅黄色痂皮。

诊断方法：根据症状，在健康与病变交界处刮取皮屑，在显微镜下检查，发现虫体即可确诊。注意疥螨和痒螨的形态特征。

治疗药物：疥螨病属于外寄生虫病，阿维菌素为兽用杀虫、杀螨剂，对昆虫和螨类具有触杀和胃毒作用，为典型的抗外寄生虫药。所以一般选择口服或注射伊维菌素或阿维菌素类药物进行治疗。

【例题】绵羊，头部脱毛，皮肤增厚，出现针头大到米粒大的结节，然后形成水疱和脓疱。取健康与病变交界处皮屑镜检，见有大量虫体，2对足伸向侧前方，2对足伸向侧后方，4对足均露于体缘外侧。

1. 本病的病原是（D）。

A. 虱　B. 疥螨　C. 硬蜱　D. 痒螨　E. 软蜱

2. 防治本病的药物是（B）。

A. 吡喹酮　B. 伊维菌素　C. 莫能菌素　D. 左旋咪唑　E. 阿苯达唑

3. 本病的传播方式是（C）。

A. 交配　B. 昆虫叮咬　C. 直接接触　D. 消化道　E. 胎盘

## 考点 17：牛吸吮线虫病的虫体特征和临床特征★

牛吸吮线虫病是由罗氏吸吮线虫寄生于牛的结膜囊、第三眼睑和泪管所引起的寄生虫病。吸吮线虫虫体呈乳白色，角皮粗糙，体表有显著的横纹。其发育需要蝇类，如秋家蝇作为中间宿主。

临床特征：吸吮线虫可以机械性损伤牛的结膜和角膜，引起角膜结膜炎，出现流泪、潮红、角膜混浊等，严重时引起糜烂和溃疡，最后导致失明。

在眼内发现吸吮线虫，即可确诊。治疗可以使用伊维菌素注射液，用3%硼酸溶液冲洗眼结膜囊和第三眼睑，可杀死或冲出虫体。

## 考点 18：牛皮蝇蛆病的虫体寄生部位、临床特征和诊断方法★★★

牛皮蝇蛆病是由皮蝇科皮蝇属的纹皮蝇和牛皮蝇幼虫寄生于牛背部皮下组织引起的一种外寄生虫病。

寄生部位：纹皮蝇和牛皮蝇生活史基本相似，属于完全变态，整个发育过程经过卵、幼虫、蛹和成蝇。牛皮蝇的第一期幼虫沿寄主的毛孔钻入皮肤内，在皮下移行，经2.5个月进入咽和食道部发育为第二期幼虫；第二期幼虫在食道壁停留 5 个月，最后进入牛背部皮下寄生，直到发育为第三期幼虫，成熟幼虫由皮孔钻出，落地入土化蛹，后羽化为蝇。

临床特征：幼虫钻入皮肤，牛皮肤痛痒，精神不安，第三期幼虫在背部皮下寄生时，容易引起局部结缔组织增生和皮下组织蜂窝织炎，有时继发细菌感染，出现化脓，形成瘘管，直到幼虫爬出，才能痊愈，影响皮革质量和价值。

诊断方法：幼虫出现于牛背部皮下时易于诊断，可以触诊到隆起，上有小孔，内含幼虫，用力挤压，可以挤出虫体，20mm 左右长，即可确诊。

治疗药物：主要有有机磷杀虫药和伊维菌素或阿维菌素类药物。

【例题】春季，某奶牛表现消瘦、泌乳量下降，背部局部皮肤隆起，上有小孔，孔内有 20mm 左右长的幼虫。本病可能是（D）。

A. 棘球蚴病　B. 贝诺孢子虫病　C. 肉孢子虫病　D. 牛皮蝇蛆病　E. 痒螨病

## 考点 19：羊狂蝇蛆病的寄生部位、临床特征和诊断方法★★

羊狂蝇蛆病是由狂蝇科狂蝇属的羊狂蝇幼虫寄生在羊的鼻腔及其附近的腔窦内引起的一种外寄生虫病，主要危害绵羊，对山羊危害较轻，人的眼、鼻也有被侵袭的报道。

临床特征：羊狂蝇属于完全变态发育，包括虫卵、幼虫、蛹和成虫。幼虫在鼻腔内移行，引起黏膜肿胀、出血，打喷嚏，鼻孔阻塞，流脓性鼻液，呼吸困难。如第一期幼虫进入颅腔，会出现“假旋回症”，表现为运动失调，做旋转运动。

诊断方法：早期感染时，将药液喷入羊鼻腔，收集用药后的鼻腔喷出物，发现死亡幼虫，即可确诊。

治疗药物：主要有有机磷杀虫药和伊维菌素或阿维菌素类药物。应以消灭鼻腔内的第一期幼虫为主要措施。

## 考点 20：蜱病的虫体种类和防治方法★★

虫体特征：蜱是寄生于畜禽体表的一类重要吸血性寄生虫，有硬蜱和软蜱两类。

硬蜱属于硬蜱科，有 6 个属，即硬蜱属、扇头蜱属、牛蜱属、血蜱属、革蜱属和璃眼蜱属；软蜱属于软蜱科，有 2 个属，即锐缘蜱属和钝缘蜱属。

硬蜱分成 3 种类型，分别为一宿主蜱（不更换宿主，幼虫、若虫、成虫在一个宿主体上发育）；二宿主蜱（幼虫、若虫在一个宿主体上发育，成虫在另一个宿主体上发育）；三宿主蜱（幼虫、若虫、成虫分别在 3 个宿主体上发育）。

防治方法：主要是消灭畜体上的蜱和控制环境中的蜱。常用的杀蜱药物主要有伊维菌素或阿维菌素和拟除虫菊酯杀虫剂，如溴氰菊酯乳油。

【例题】丘陵地区放牧绵羊群，羊只腹下及耳部皮肤发现叮咬着大量蓖麻籽大小的红褐色虫体。

1. 该类虫体可以传播的疾病是（B）。

A. 弓形虫病　B. 泰勒虫病　C. 新孢子虫病　D. 伊氏锥虫病　E. 组织滴虫病

2. 可以有效杀灭该类虫体的药物是（D）。

A. 新霉素　B. 阿苯达唑　C. 莫能菌素　D. 伊维菌素　E. 马杜霉素

3. 该绵羊群感染的是（C）。

A. 疥螨　B. 痒螨　C. 硬蜱　D. 软蜱　E. 皮刺螨

【解析】本大题考查绵羊蜱病的诊断和治疗药物。根据题干“丘陵地区放牧绵羊群，羊只腹下及耳部皮肤发现叮咬着大量蓖麻籽大小的红褐色虫体”，可以初步判定为羊蜱病，病原主要是硬蜱。羊蜱病是一种重要的吸血性寄生虫病，可以使用体外抗寄生虫药物进行治疗，如伊维菌素。羊蜱虫可以传播许多重要病原体，诱发其他寄生虫病，如泰勒虫病。

# 第三章 牛、羊内科病

## 轻装上阵

### 如何学？

- 牛、羊内科病
  - 食道阻塞：突然发病 饮水喷涌而出 食道探诊 X线检查 压入法 手术治疗
  - 瘤胃积食：触诊瘤胃黏硬 叩诊浊音 粪便干硬色暗 内服泻剂 瘤胃切开术
  - 瘤胃臌气：瘤胃紧张而有弹性 腹围急剧膨大 瘤胃穿刺 液体石蜡 二甲硅油
  - 前胃弛缓：过度使役 pH5.5 纤毛虫减少 兴奋瘤胃蠕动
  - 创伤性网胃腹膜炎：触压网胃疼痛 愿上坡而不愿下坡 X线检查 早期施行手术
  - 瓣胃阻塞：瓣胃蠕动音消失 排粪干少色暗 内服泻剂 瘤胃切开术
  - 皱胃变位与扭转：腹围缩小 叩诊鼓音 听、叩诊钢管音 pH小于4 无纤毛虫 手术整复
  - 皱胃阻塞：右腹部显著膨大 左肷窝波动感 pH小于4 施行手术疗法
  - 肝炎：可视黏膜黄染 触诊肝区疼痛 血清酶活性升高 保肝利胆
  - 腹膜炎：腹壁疼痛 腹腔积液 叩诊水平浊音 腹腔注射广谱抗生素
  - 肺充血和肺水肿：呼吸困难 黏膜发绀 粉红色泡沫样鼻液 氧分压降低 颈静脉放血
  - 肺泡气肿：呼气性困难 喘沟 叩诊呈过清音 叩诊界后移 雾化吸入
  - 间质性肺气肿：呼吸困难 皮下气肿 迅速窒息 再生草热 L-色氨酸含量高
  - 大叶性肺炎：呼吸困难 稽留热 铁锈色鼻液 4个典型时期 X线检查
  - 异物性肺炎：脓性、腐败性、恶臭鼻液 含弹力纤维 肺空洞 坏死灶 淋巴细胞升高
  - 胸膜炎：胸部疼痛 呼吸困难 叩诊水平浊音 胸腔穿刺 含脓液体
  - 牛创伤性心包炎：心区疼痛 心包拍水音 金属音 叩诊浊鼓音 心包切开术
  - 肾炎：肾区疼痛 少尿 蛋白尿 血尿 高血压 红细胞管型
  - 尿石症：肾结石 尿道结石 尿常规检查 金属探针 X线检查 B超检查
  - 膀胱麻痹：神经损伤 不随意排尿 膀胱充盈 无疼痛反应 电针治疗 氯化钡
  - 日射病和热射病：中暑 头部脑膜充血 共济失调 皮温增高 降温疗法
  - 脑膜脑炎：背部感觉过敏 皮肤疼痛反应 中性粒细胞增多 脑脊液蛋白质和细胞含量增加

**如何考？**

本章考点在考试中主要出现在A3/A4型题中，每年分值平均3~6分。下列所述考点均需掌握。牛瘤胃疾病、肺部疾病、尿石症等是每年考查最为频繁的内容，希望考生予以特别关注。

## 考点冲浪

### 考点1：食道阻塞的临床特征、诊断方法和防治方法★★★

食道阻塞是由于吞咽物过大或咽下机能紊乱所导致的一种食道疾病。各种动物均可发生，多发生于牛、马和犬。

临床特征：病畜采食停止，突然发病，口腔大量流涎和鼻腔流大量鼻液，低头伸颈，徘徊不安，晃头缩脖，大量饮水后从口腔和鼻孔喷涌而出。颈部食道阻塞，可见局限性膨隆，能摸到阻塞的物体。

诊断方法：可以根据采食中突然发生咽下障碍和胃管插至阻塞部即不能前进，而容易做出诊断。确诊依据食道探诊和X线检查。注意区别食道狭窄、食道炎、食道痉挛、食道麻痹等。

防治方法：原则是润滑管腔，缓解痉挛，清除阻塞物。主要治疗方法有疏导法、压入法、挤出法、手术治疗（胸部阻塞）。

【例题】黄牛，采食过程中被惊吓，突然躁动不安，伸颈，空嚼，吞咽，大量流涎，咳嗽，呼吸困难。

1. 本病可能是（D）。

A. 口炎　B. 咽炎　C. 唾液腺炎　D. 食道阻塞　E. 肠胃臌气

2. 如进一步检查，具有诊断意义的是（E）。

A. 瘤胃穿刺　B. 瘤胃叩诊　C. 胸部叩诊　D. 口腔视诊　E. 胃管探诊

3. 进一步诊断本病的检查方法是（A）。

A. X线检查　B. B超检查　C. 心电图检查
D. 血常规检查　E. 金属检查仪检查

### 考点2：瘤胃积食的临床特征和防治方法★★★★★

瘤胃积食是指动物采食大量粗劣难消化的饲料，致使瘤胃运动机能障碍、食物积滞于瘤胃内，使瘤胃壁扩张、容积增大的疾病。临床上以瘤胃蠕动音消失、腹部膨满、触诊瘤胃黏硬或坚硬为特征。

发病原因：主要原因是饲养不当，一次或长期采食过量劣质、粗硬的饲料，或一次喂过量适口饲料，或采食大量干料后饮水不足，或脱缰偷食大量精饲料等。

临床特征：食欲减退，甚至拒食，初期反刍缓慢、稀少，不断嗳气，以后反刍、嗳气均停止。鼻镜干燥，有轻度腹痛表现，病畜背腰拱起，后肢踢腹，摇尾，有时呻吟。触诊瘤胃，病畜表现疼痛，瘤胃内容物黏硬或坚硬。左侧下腹部轻度增大，左肷窝部变为平坦。叩诊呈浊音（不产气时）。瘤胃听诊，初期蠕动音增强，以后减弱或消失。排粪迟滞、减少，粪便干硬色暗，有时排少量恶臭的粪便。一般体温不高。正常情况下，瘤胃的pH为6.5~7.0。瘤胃积食时，瘤胃内的食物酵解过程旺盛，乳酸等酸性产物多，pH降低，从而影响纤毛虫的活力，导致纤毛虫数量减少。

防治方法：可以采用按摩瘤胃、内服泻剂，如硫酸镁或硫酸钠等方法排出瘤胃内容物；同时服用健胃剂马钱子酊兴奋瘤胃蠕动。病畜高度脱水时，需大量输液。重症而顽固的瘤胃积食，可以施行瘤胃切开术（左肷部切口）。注意充分饮水，适当运动。

【例题 1】黄牛，5 岁，反刍停止，食欲废绝，鼻镜干燥，体温 38.6℃，左肷窝平坦，触诊坚硬，叩诊呈浊音，听诊瘤胃蠕动音减弱。该牛发病前饲喂了大量半干的甘薯蔓。

1. 本病最可能的诊断是（E）。

A. 皱胃左方变位　B. 瓣胃阻塞　C. 前胃弛缓
D. 瘤胃臌气　E. 瘤胃积食

2. 治疗本病的适宜措施是（A）。

A. 灌服硫酸镁、鱼石脂和液体石蜡　B. 灌服硫糖铝、碳酸银和碳酸氢钠
C. 输注生理盐水、碳酸氢钠和阿托品　D. 输注复方氯化钠溶液、碳酸氢钠和东莨菪碱
E. 灌服硫酸钠、活性炭和胃蛋白酶

3.【假设信息】若经药物治疗 5d 后，左肷部触诊仍坚硬，叩诊呈浊音，应采取的手术方法是（A）。

A. 自左肷部做瘤胃切开术　B. 自右肷部做瓣胃切开术
C. 自中线旁做瘤胃切开术　D. 自中线旁做皱胃固定术
E. 自右肷部做皱胃固定术

【例题 2】奶牛，雌性，3 岁，采食大量精饲料后发病，精神沉郁，食欲废绝，反刍停止，回头顾腹，呻吟，腹围明显增大，呼吸急促，触诊瘤胃上、中、下部均有坚实感，瘤胃蠕动音微弱，排粪减少。

1. 本病最可能的诊断是（B）。

A. 瘤胃臌气　B. 瘤胃积食　C. 前胃弛缓
D. 创伤性网胃腹膜炎　E. 瓣胃阻塞

2. 治疗本病应采取的措施是（D）。

A. 抗菌消炎　B. 解痉镇静　C. 瘤胃穿刺放气
D. 瘤胃切开术　E. 灌肠

【例题 3】一耕牛，采食较多干草后发病，食欲废绝，反刍、嗳气停止，精神变差，左腹部增大，听诊瘤胃蠕动音消失，触诊瘤胃内容物坚实，缺乏弹性，手压成坑，不易恢复，体温正常，鼻镜干燥。

1. 本病最可能的诊断是（D）。

A. 前胃弛缓　B. 瘤胃臌气　C. 创伤性网胃腹膜炎
D. 瘤胃积食　E. 心包炎

2. 叩诊该牛左肷部可能出现（C）。

A. 清音　B. 金属音　C. 浊音　D. 鼓音　E. 过清音

【例题 4】一舍饲牛，日粮以粗纤维饲料为主，一次过食后数小时，突发不安，后腿踢腹，不断摇尾，食欲废绝。临床检查，左腹部隆起，触诊坚实。

1. 本病最可能的诊断是（B）。

A. 前胃弛缓　B. 瘤胃积食　C. 瘤胃臌气　D. 瘤胃酸中毒　E. 皱胃变位

2. 左肷部听诊，瘤胃（D）。

A. 蠕动次数增加，声音增强　B. 蠕动次数增加，声音减弱

C. 蠕动次数减少，声音增强　D. 蠕动次数减少，声音减弱

E. 蠕动正常

3. 检查瘤胃内容物，可能出现（B）。

A. 纤毛虫数增加　B. 纤毛虫数减少　C. pH=7

D. pH>7　E. 渗透压降低

【例题5】黑白花奶牛，3岁，采食后突然发病，反刍停止，喜卧，呻吟，磨牙，排便量减少，精神沉郁，腹部膨胀，左肷窝扁平，听诊瘤胃蠕动音消失。

1. 本病最可能是（A）。

A. 瘤胃积食　B. 瘤胃臌气　C. 创伤性网胃腹膜炎

D. 瓣胃阻塞　E. 皱胃阻塞

2. 有助于判定瘤胃内容物性状的检查方法是（A）。

A. 触诊　B. 叩诊　C. 问诊　D. 嗅诊　E. 视诊

3. 对本病有诊断意义的瘤胃内容物呈（B）。

A. 弱酸性，纤毛虫数量增加　B. 弱酸性，纤毛虫数量减少

C. 弱碱性，纤毛虫数量增加　D. 弱碱性，纤毛虫数量减少

E. 中性，纤毛虫数量增加

## 考点3：瘤胃臌气的临床特征和防治方法★★★★

瘤胃臌气是指反刍动物采食了大量易发酵的草料，特别是春季草地幼嫩多汁的豆科牧草，在瘤胃和网胃内发酵，以致瘤胃和网胃内迅速产生并积聚大量气体，而使瘤胃积聚臌气的疾病。临床上以呼吸极度困难，腹围急剧膨大，触诊瘤胃紧张而有弹性为特征。瘤胃内气体多与液体和固体食物混合存在，形成泡沫性臌气。

临床特征：病畜突然发病，表现不安，回顾腹部，后肢踢腹及背腰拱起等疼痛症状。食欲废绝，反刍和嗳气很快停止，腹围迅速膨大。肷窝突出，触诊左侧肷窝部紧张而有弹性，叩诊呈鼓音。瘤胃蠕动音减弱或消失。呼吸高度困难，黏膜呈蓝紫色，静脉怒张，后期病畜呻吟，卧地不起，常因窒息或心脏停搏而死亡。

防治方法：治疗原则是促进瘤胃积气排出，缓泻制酵，恢复瘤胃机能。主要措施有强心补液、接种健康牛瘤胃液；平时饲喂青饲料前饲喂一些干草，避免饲喂磨细的谷物。对于呼吸困难的病牛，及时进行瘤胃穿刺，放气急救。放气后，可由套管针注入福尔马林10~15mL，制止发酵。一般使用植物油、矿物油、液体石蜡，也可应用降低泡沫表面张力的药物，如二甲硅油，促进瘤胃内气体的排出。

【例题】黄牛，雌性，5岁，过食幼嫩多汁的青草发病，表现不安，回头顾腹，背腰拱起，食欲废绝，反刍和嗳气停止，腹围增大，左侧肷窝明显突出，呼吸困难，颈静脉怒张。

1. 该牛最可能发生的疾病是（B）。

A. 再生草热　B. 瘤胃臌气　C. 瘤胃积食　D. 瘤胃酸中毒　E. 青草抽搐

2. 治疗本病首先采取的急救措施是（D）。

A. 强心　B. 洗胃　C. 缓泻　D. 排气　E. 止酵

3. 治疗本病不当的措施是（C）。

A. 强心补液　B. 接种健康牛瘤胃液　C. 快速放气

D. 避免饲喂磨细的谷物　E. 饲喂青饲料前饲喂一些干草

## 考点4：前胃弛缓的发病原因、临床特征和治疗措施★★★★

前胃弛缓是由各种病因导致前胃神经兴奋性降低，肌肉收缩力减弱，瘤胃内容物运转缓慢，微生物区系失调，产生大量发酵和腐败物质的一种疾病。临床上以食欲减退、反刍障碍、前胃蠕动机能减弱或停止为特征。

发病原因：突然更换饲料，长期饲喂粗硬劣质难以消化的饲料，或长期饲喂柔软刺激小或缺乏刺激性的饲料均易发生前胃弛缓；另外，过度使役或运动不足是促进前胃弛缓发生的主要因素。

临床特征：食欲、饮欲减退，病畜食欲废绝，反刍无力，次数减少。瘤胃蠕动音减弱或消失，网胃及瓣胃蠕动音减弱。瘤胃触诊，内容物松软，有时出现间歇性臌气。瘤胃内容物异常分解，产生大量有机酸，pH 下降到 5.5~6.5，甚至在 5.5 以下，菌群共生关系遭到破坏，微生物异常增殖，产生大量的有毒物质，纤毛虫活性降低，数量减少，甚至消失。

治疗措施：对于前胃弛缓的治疗，主要是给予兴奋瘤胃蠕动的药物，增强瘤胃机能。

【例题】病牛食欲减退，瘤胃蠕动音减弱，精神沉郁，磨牙，嗳气，粪便减少而带臭味，触诊瘤胃内容物柔软，瘤胃轻度臌胀，肠音弱，粪干色暗，瘤胃 pH 小于 6，纤毛虫活力下降，数量减少，血浆二氧化碳结合力降低。

1. 诱发本病最主要的饲养管理因素是（A）。

A. 突换饲料　B. 突换牛舍　C. 突换饲养员

D. 突换挤乳方式　E. 突换运动场

2. 治疗本病的关键是（E）。

A. 消炎止痛　B. 利尿解毒　C. 解毒强心　D. 限制饮水　E. 兴奋瘤胃

3. 本病常伴有（C）。

A. 高磷血症　B. 碱中毒　C. 酸中毒　D. 高钙血症　E. 血尿

## 考点5：创伤性网胃腹膜炎的临床特征和防治方法★★★★

创伤性网胃腹膜炎是指反刍动物采食时吞下尖锐金属异物，进入网胃，损伤网胃壁而引起的网胃腹膜炎，一般表现为化脓性炎症。临床上以顽固前胃弛缓症状和触压网胃疼痛为特征，奶牛多发。

临床特征：病牛行动和姿势异常，站立时肘头外展。运步时，步样强拘，愿走软路而不愿走硬路，尤不愿意急转弯；愿上坡而不愿下坡，上坡时步态灵活，下坡时不愿迈步，或斜行拘谨下坡。创伤性网胃腹膜炎临床症状典型、示病症状明显的病例并不多见，多数以迷走神经性消化不良综合征为主，呈现顽固性的前胃弛缓症状。

创伤性网胃腹膜炎，根据顽固的消化功能紊乱，触压网胃疼痛的表现，配合金属探测器和 X 线检查，一般可以确诊。

防治方法：目前尚无理想的治疗方法。保守疗法一般可应用抗生素或磺胺类药物，以控制炎症发展。根本疗法在于早期施行手术，摘除异物。

【例题】奶牛，5岁，体温40.0℃，精神沉郁，消瘦，弓背站立，排粪时，不敢努责，站立时常取前高后低姿势，不愿走下坡路。

1. 本病最可能的诊断是（E）。

A. 皱胃变位　　B. 瘤胃积食　　C. 瘤胃酸中毒
D. 瓣胃阻塞　　E. 创伤性网胃腹膜炎

2. 对该牛进行血液学检查，最可能升高的是（C）。

A. 嗜碱性粒细胞数　　B. 红细胞数　　C. 中性粒细胞数
D. 嗜酸性粒细胞数　　E. 淋巴细胞数

3. 本病的典型症状通常是（C）。

A. 黄疸　　B. 呼吸困难　　C. 迷走神经性消化不良
D. 水肿　　E. 共济失调

## 考点6：瓣胃阻塞的发病原因、临床特征和防治方法★★★

瓣胃阻塞是指瓣胃收缩力减弱，瓣胃内积滞干固食物而发生阻塞的疾病。临床上以前胃弛缓，瓣胃听诊蠕动音减弱或消失，触诊疼痛，排粪干少色暗为特征。

发病原因：主要原因是长期大量饲喂兴奋刺激性小或缺乏刺激性的细粉状饲料，如谷糠、麸皮等，以致瓣胃的兴奋性和收缩力逐渐减弱。

临床特征：病初呈现前胃弛缓症状，食欲减退，鼻镜干燥，嗳气减少，反刍缓慢或停止，瘤胃蠕动音减弱。触压右侧第7~9肋间肩关节水平线上下，有时表现疼痛不安。初期粪便干少，色暗成球，算盘珠样，表面附有黏液，粪内含有大量未消化的饲料和粗长的纤维。

防治方法：治疗原则主要是增强瓣胃蠕动机能，促进瓣胃内容物的排出。可以内服泻剂和促进前胃蠕动的药物，如硫酸镁、硫酸钠或液体石蜡；重症病畜，可以施行瓣胃内注射硫酸钠和甘油，也可在右肷部前切口施行瓣胃切开术。

【例题】奶牛，瘤胃、瓣胃蠕动音减弱，按压右侧第7~9肋间肩关节水平线上下，病牛躲闪、反抗；粪便减少、干硬，呈算盘珠状，表面有黏液，粪内有大量未消化的饲料和粗纤维。如采用手术治疗，其最佳切口部位是（C）。

A. 左肷部前切口　　B. 左肷部后切口　　C. 右肷部前切口
D. 右肷部中切口　　E. 右肷部后切口

## 考点7：皱胃变位与扭转的种类、临床特征和防治方法★★★★★

皱胃变位是奶牛最常见的皱胃疾患，按变位的方向分为左方变位（即皱胃变位）和右方变位（即皱胃扭转）。皱胃扭转是指皱胃围绕自己的纵轴做180°~270°扭转，导致瓣皱孔和幽门口不完全或完全闭塞，是一种可致奶牛较快死亡的疾病。临床特征是中度或重度脱水，低血钾，代谢性碱中毒，皱胃机械性排空障碍。临床上常见皱胃左方变位

皱胃左方变位是指皱胃由腹中线偏右的正常位置，经瘤胃腹囊与腹腔底壁间潜在空隙移位于腹腔左壁与瘤胃之间的位置改变。临床特征表现为反刍和嗳气停止，排粪减少，视诊腹围缩小，两侧肷窝部塌陷。直肠检查可感知右侧腹腔上部空虚，左腹肋弓部膨大，冲击式触诊可听到液体震荡音，叩诊呈鼓音。听诊左侧腹壁，在第9~12肋弓下缘、肩-膝水平线上

下听到皱胃音，似流水音或滴嗒音。用听诊、叩诊结合方法，即用手指叩击肋骨，可听到类似铁锤叩击钢管发出的共鸣音——钢管音（砰音）。

右方变位病牛在右侧第 9~12 肋，或在第 7~10 肋肩关节水平线上下，叩诊、听诊结合发现有钢管音。发生皱胃扭转的病牛，突然表现腹痛不安，回头顾腹，后肢踢腹。食欲废绝，眼深陷，中度或重度脱水，泌乳量急剧下降，甚至无乳。粪便多呈深褐色，有的稀而臭，有的少而干。

皱胃变位常常导致大量未经消化或消化不全的纤维素提前进入皱胃，随同进入的纤维素分解菌和纤毛虫在强酸胃液的作用下迅速死亡，皱胃穿刺抽取液 pH 小于 4，无纤毛虫。

防治方法：皱胃左方变位病例多采用保守疗法，但对于严重的皱胃变位，最佳方法是手术整复。

【例题】母牛分娩后不久食欲减退，厌食精饲料，反刍和嗳气停止，排少量糊状粪便。左腹肋弓部膨大，冲击式触诊可听到液体震荡音，穿刺液中无纤毛虫。直肠检查可感知右侧腹腔上部空虚。

1. 若在左侧膨大区听诊同时叩诊，可能会听到（E）。

A. 清音　B. 空瓮音　C. 鼓音　D. 浊音　E. 钢管音

2. 如果膨大部穿刺抽取液的 pH 小于 4，本病可能诊断为（E）。

A. 酮病　B. 前胃弛缓　C. 瘤胃积食　D. 瓣胃阻塞　E. 皱胃变位

3. 治疗本病的最佳方法是（A）。

A. 手术整复　B. 注射皮质激素　C. 注射瘤胃兴奋剂

D. 灌服大量温盐水　E. 灌服大量高锰酸钾

## 考点 8：皱胃阻塞的发病原因、临床特征和防治方法★★★

皱胃阻塞又称皱胃积食，主要是由于迷走神经调节机能紊乱，皱胃内容物积滞而形成阻塞。本病多发于 2~8 岁的黄牛。

发病原因：皱胃阻塞发生的原因主要是由于饲料、饲养管理或使役不当。皱胃阻塞还常继发于前胃弛缓、创伤性网胃腹膜炎等。

临床特征：病牛食欲废绝，反刍减少或停止，右腹部显著膨大，右侧更为明显。右肷窝部触诊有波动感，并发出振水声。在肷窝部结合叩诊肋骨弓进行听诊，呈现叩击钢管清朗的铿锵音。肠音微弱，有时排出少量糊状、棕褐色恶臭粪便，混有少量黏液或血丝和血凝块。皱胃穿刺内容物的 pH 为 1~4。直肠检查皱胃增大，坚硬。

防治方法：治疗原则是促进皱胃内容物排出，防止脱水和自体中毒。严重的皱胃阻塞，药物治疗多无效果，应及时施行手术疗法。

## 考点 9：肝炎的种类、临床特征和治疗方法★★★

肝炎又称急性实质性肝炎，是以肝细胞变性、坏死和肝组织炎性病变为病理特征的一组肝脏疾病。

临床上根据发病的原因，肝炎可分为中毒性肝炎、感染性肝炎、侵袭性肝炎、营养性肝炎和充血性肝炎 5 种。

临床特征：主要表现为消化不良，粪便臭味大而色泽浅。可视黏膜黄染（肝性黄疸），肝浊音区扩大，触诊疼痛。肝功能检查血清黄疸指数升高，直接胆红素和间接胆色素含量增加；尿中胆红素和尿胆原试验呈阳性反应；乳酸脱氢酶、丙氨酸氨基转移酶（ALT）、AST等反映肝损伤的血清酶活性升高。

防治方法：除去病因，治疗原发病，保肝利胆。常用的方法包括静脉注射25%葡萄糖溶液、5%维生素C和5%维生素 $B_1$ 溶液；服用肝泰乐（葡醛内酯）等保肝药。

【例题】南方某场奶牛，近期表现食欲减退，渐进性消瘦，可视黏膜苍白、轻度黄染，眼睑、下颌及胸腹下水肿，产奶量渐渐下降，体温未见明显升高。剖检发现肝脏表面粗糙、质地坚硬，色泽暗淡且不均一。

1. 导致病牛出现水肿症状的是（E）。

A. 心衰　　B. 肾炎　　C. 低钙血症

D. 低球蛋白血症　　E. 低白蛋白血症

2. 检查病牛黄疸相关指标发现（B）。

A. 总胆红素降低，游离胆红素升高　　B. 总胆红素升高，游离胆红素升高

C. 总胆红素升高，结合胆红素降低　　D. 总胆红素降低，游离胆红素降低

E. 总胆红素降低，结合胆红素降低

3. 血清酶活性升高的指标是（D）。

A. AST，CK　　B. AST，淀粉酶　　C. AST，脂肪酶

D. AST，ALP　　E. AST，谷胱甘肽过氧化物酶

【解析】本大题考查肝炎或肝硬化的检验方法。根据题干所述可以初步判定为肝炎或肝硬化，会导致肝脏指标异常，血液中总胆红素和游离胆红素都会升高，白蛋白含量下降，出现低白蛋白血症，致使病牛水肿。

## 考点10：腹膜炎的临床特征和防治方法★★

腹膜炎是指腹膜壁层和脏层各种炎症的统称，分为弥漫性腹膜炎和局限性腹膜炎；按渗出物的性质，又可分为浆液性腹膜炎、浆液-纤维蛋白性腹膜炎、出血性腹膜炎、化脓性和腐败性腹膜炎。临床上以腹壁疼痛和腹腔积有炎性渗出物为特征。

临床特征：精神不振，发热，呕吐，腹壁紧张性增加，胸式呼吸，触压腹壁，表现强烈的疼痛反应，腹腔积液，腹下部两侧呈对称性膨大，触诊腹壁有波动感，叩诊呈水平浊音区。

防治方法：抗菌消炎是治疗腹膜炎的首要原则。静脉注射、肌内注射或大剂量腹腔内注入广谱抗生素或多种抗生素联合使用效果较好。

## 考点11：肺充血和肺水肿的临床特征和治疗原则★★★★★

肺充血是指肺毛细血管内血液过度充满，一般分为主动性充血和被动性充血。肺水肿是指由于肺充血持续时间过长，血液的液体成分渗漏到肺实质和肺泡。肺充血在临床上以呼吸困难、黏膜发绀和泡沫状鼻液为特征。

临床特征：肺充血和肺水肿呈进行性呼吸困难。体温升高，呼吸和脉搏加快；胸部叩诊呈浊音，听诊呈广泛水泡音。肺水肿时，临床上以呼吸极度困难、黏膜发绀，体温升高，两侧鼻孔流出大量粉红色泡沫样鼻液为特征。胸部X线检查，肺野阴影呈弥漫性增加，密度增加，阴影加重，肺门血管纹理显著。血气分析显示血液中氧分压（$PO_2$）降低，二氧化碳分压（$PCO_2$）升高。

治疗原则：减轻心脏负荷，缓解呼吸困难。对于极度呼吸困难的病畜，颈静脉大量放血有急救功效，降低肺中血压，增加进入肺的空气。

【例题】黄牛，5岁，高温季节田间使役时，突然发病，呼吸困难，流泡沫状鼻液，黏膜发绀。体温40.8℃，呼吸60次/min，脉搏98次/min。肺部听诊湿啰音，X线影像显示肺部阴影加重，肺门血管纹理显著。

1. 本病可诊断为（E）。

A. 胸膜炎　　B. 喘鸣症　　C. 支气管炎

D. 肺泡气肿　　E. 肺充血和肺水肿

2. 肺部叩诊可能出现（B）。

A. 清音　　B. 浊音　　C. 鼓音　　D. 破壶音　　E. 金属音

3. 血气分析最可能异常的是（E）。

A. $PO_2$ 正常，$PCO_2$ 升高　　B. $PO_2$ 升高，$PCO_2$ 升高　　C. $PO_2$ 降低，$PCO_2$ 降低

D. $PO_2$ 升高，$PCO_2$ 降低　　E. $PO_2$ 降低，$PCO_2$ 升高

## 考点12：肺泡气肿的临床特征和防治方法★★

肺泡气肿是指肺泡腔在致病因素作用下，发生扩张并常伴有肺泡隔破裂，引起以呼吸困难为特征的疾病。根据其发生的过程和性质，分为急性肺泡气肿和慢性肺泡气肿2种。临床上以高度呼吸困难、肺泡呼吸音减弱及肺叩诊界后移为特征。

临床特征：慢性肺泡气肿主要表现呼气性困难，呈现二重式呼气，同时沿肋骨弓出现较深凹陷沟，又称“喘沟”或“喘线”。肺部叩诊呈过清音，正常叩诊界后移。黏膜发绀，体温正常。X线检查，整个肺区异常透明，支气管影像模糊，膈穹窿后移。

防治方法：缓解呼吸困难，治疗原发病。缓解呼吸困难，可用1%硫酸阿托品、2%氨茶碱或0.5%异丙肾上腺素雾化吸入。危险时及时吸氧。

## 考点13：间质性肺气肿的发病原因和临床特征★★★★

间质性肺气肿是由于肺泡和细支气管破裂，空气进入肺间质，在肺小叶间隔与肺膜连接处形成串珠状小气泡，呈网状分布于肺膜下的一种疾病。临床上以突然表现呼吸困难，皮下气肿及迅速发生窒息为特征。本病主要发生于牛。

发病原因：牛，特别是成年肉牛，在秋季转入草木茂盛的草场后，可在5~10d发生急性肺气肿和肺水肿，即所谓的“再生草热”，主要是生长茂盛的牧草中L-色氨酸含量高。

临床特征：突然发病，呈现呼吸困难，甚至窒息，病畜张口呼吸，伸舌，流涎，惊恐不安，胸部叩诊音高朗，呈过清音，听诊肺泡呼吸音减弱。多数病畜颈部和肩部皮下出现气肿，有的迅速散布于全身皮下组织。

治疗方法：尚无特效疗法。治疗原则为加强护理，消除病因，治疗原发疾病。

【例题】牛，过度使役，突然出现呼吸困难，皮下气肿，伸舌，惊恐不安，本病可能是（E）。

A. 肺充血　　B. 肺水肿　　C. 大叶性肺炎　　D. 小叶性肺炎　　E. 间质性肺气肿

## 考点14：大叶性肺炎的临床特征、病变特征和诊断方法★★★★★

大叶性肺炎又称格鲁布性肺炎或纤维素性肺炎，是由病原微生物引起，以肺泡内纤维蛋白渗

出为主要特征的肺部炎症。临床表现为高热稽留、流铁锈色鼻液、大片肺浊音区及定型经过。

临床特征：食欲废绝，结膜充血黄染，呼吸困难，呈腹式呼吸，体温升高，呈稽留热型，脉搏增加，流铁锈色鼻液，粪便干燥或便秘。

病变特征：分为典型的4个时期。充血水肿期病变部肺组织呈褐红色，按压流出大量血样泡沫；红色肝变期肺质地实变，呈暗红色，类似肝脏，称为肝变；灰色肝变期病变部肺组织呈灰色肝变，切面呈灰色花岗岩样；溶解期病变部肺组织缩小，挤压有脓性混浊液流出，色泽渐渐恢复正常。

X线检查：病变部肺纹理增粗、增浓，肝变期比较典型，肺野中下部呈大片均匀致密的阴影，上界呈弧形隆起。

防治原则：抗菌消炎，制止渗出，促进渗出物吸收。

【例题】某年冬季，北方某牛场运来青年牛10头，进场后3d发病，精神差，食欲废绝，呼吸困难，腹式呼吸，心率加快，高热稽留，流铁锈色鼻液。

1. 诊断本病可能是（B）。

A. 支气管肺炎　B. 大叶性肺炎　C. 胸膜炎　D. 间质性肺炎　E. 肺充血水肿

2. 本病特征性病理变化不包括（B）。

A. 充血期　B. 出血期　C. 红色肝变期　D. 灰色肝变期　E. 溶解期

3. 进一步检查可以进行（B）。

A. 穿刺检查　B. X线检查　C. 粪便检查　D. 尿液检查　E. 心电图检查

## 考点15：异物性肺炎的临床特征和诊断方法★★

异物性肺炎又称吸入性肺炎，是由饲料、呕吐物、药物等异物被吸入肺内或腐败细菌侵入肺而引起的一种坏疽性炎症。临床上以弛张热型，呼吸极度困难，鼻孔流出脓性、腐败性恶臭鼻液和鼻液含有弹力纤维为特征。肺部叩诊病初呈浊音，病后期呈局灶性鼓音、金属音或破壶音。鼻液弹力纤维检查阳性。X线检查可见肺空洞或坏死灶的阴影。血常规检查白细胞减少，淋巴细胞升高。

治疗方法：采取排出异物、抗菌治疗、气管内注入甲醛或薄荷脑液体石蜡等方法进行治疗。

## 考点16：胸膜炎的临床特征和诊断方法★★★★

胸膜炎是指胸膜伴有炎性渗出和纤维蛋白沉着的炎症过程。

临床特征：体重下降，牛、羊产奶量下降，发热，精神沉郁，不愿意运动，头颈伸展，呼吸困难，叩诊胸部疼痛，听诊胸部时有摩擦音或没有声音。胸壁受刺激或叩诊表现频繁咳嗽并躲闪，渗出期叩诊呈水平浊音区，小动物水平浊音随体位而改变。

诊断方法：胸腔穿刺可流出黄色或含有浓汁的液体，含有大量纤维蛋白，易凝固，即可确诊。

【例题】牛，3岁，体温升高，呼吸浅表急速，腹式呼吸；听诊心音减弱，胸部有摩擦音，叩诊胸部有疼痛表现，水平浊音。

1. 对本病进行确诊，需采用的穿刺方式是（B）。

A. 腹腔穿刺　B. 胸腔穿刺　C. 瘤胃穿刺　D. 瓣胃穿刺　E. 心包穿刺

2. 穿刺液中含量最高的细胞是（A）。

A. 中性粒细胞　　B. 嗜酸性粒细胞　　C. 嗜碱性粒细胞
D. 淋巴细胞　　E. 单核细胞

3. 本病最可能的诊断是（A）。

A. 胸膜炎　　B. 腹膜炎　　C. 瘤胃臌气　　D. 瓣胃阻塞　　E. 心包炎

## 考点 17：牛创伤性心包炎的发病原因和临床特征★★★

牛创伤性心包炎是创伤性网胃腹膜炎的一种继发症，是指心包受到机械性损伤，主要是由从网胃来的细长的金属异物刺透网胃、膈直至心包而引发本病。

临床特征：病初体温升高，多数呈稽留热，少数呈弛张热，后期降至常温。呼吸浅快、急促，甚至困难，呈腹式呼吸。瘤胃蠕动弛缓，触诊心区有疼痛反应。病初心音增强且伴有心包摩擦音，后期摩擦音消失，呈现心包拍水音或金属音。叩诊时心浊音区扩大，尤其浊音界的上方出现鼓音或浊鼓音。

治疗方法：一般采取心包切开术治疗，手术越早进行越好。

【例题 1】牛，食欲减退，泌乳量减少，反刍缓慢，呈周期性瘤胃臌气，弓背站立，肘外展，心区肌肉震颤，呆立而不愿移动，运步缓慢。

1. 缓解本病症状的方法是（D）。

A. 强迫卧地　　B. 驱赶下坡　　C. 按摩腹部　　D. 上坡姿势　　E. 触诊按压腰部

2. 白细胞分类计数，可见的指标变化是（C）。

A. 嗜酸性粒细胞增加　　B. 嗜碱性粒细胞增加　　C. 中性粒细胞增加
D. 单核细胞增加　　E. 淋巴细胞增加

3. 进一步发展，该病牛最易发生（A）。

A. 创伤性心包炎　B. 瓣胃阻塞　　C. 皱胃变位　　D. 瘤胃臌气　　E. 肠扭转

【解析】本大题考查创伤性心包炎的临床特征和诊断。根据题干所述可以初步判定为心区炎症或心区疼痛。因此缓解该病症状的方法是上坡姿势，以减轻心区压力。发生心区炎症时，可能出现的炎性细胞为中性粒细胞，可见的指标变化是中性粒细胞增加。进一步发展，可能会发生创伤性心包炎。

【例题 2】奶牛，3 岁，精神沉郁，反刍，嗳气减少，前胃弛缓，产奶量下降，体温升高，呼吸困难，呈明显腹式呼吸。叩诊胸部敏感，咳嗽。左侧胸下部听诊呼吸音微弱，有拍水音。

1. 对本病的初步诊断是（D）。

A. 胸膜炎　　B. 气胸　　C. 膈疝　　D. 心包炎　　E. 膈肌痉挛

2. 叩诊左侧胸部可能出现（B）。

A. 破壶音　　B. 金属音　　C. 水平浊音
D. 大面积浊音区　　E. 局灶性浊音区

3. 治疗本病，静脉注射的适宜药物是（E）。

A. 维生素 $B_{12}$　　B. 碳酸氢钠　　C. 硫酸镁　　D. 洋地黄　　E. 磺胺嘧啶钠

【解析】本大题考查心包炎的临床特征和治疗药物。心包炎是由于机械性损伤或病原菌感染所引起的心包壁层和脏层的炎症。根据题干所述可以初步判定本病为心包炎。奶牛发生心包炎时，心包出现积水或积液，叩诊心脏病变处可以出现拍水音和金属音。对于心包炎的治疗，一般以全身性抗菌消炎为主。因此治疗本病，静脉注射的适宜药物是磺胺嘧啶钠。

## 考点 18：肾炎的临床特征和诊断方法★★

肾炎是指肾小球、肾小管或肾间质组织发生炎症性病理变化的统称。临床特征是肾区敏感和疼痛、尿量减少、蛋白尿、血尿和高血压等。临床上以急性肾炎、慢性肾炎和间质性肾炎多发。

诊断方法：主要根据病史（某些传染病或中毒或感冒）、典型的临床症状（少尿或无尿，肾区敏感，疼痛，氮血症性尿毒症，血压升高，主动脉第二心音增强）、尿液的变化（尿蛋白、血尿、红细胞管型及肾上皮细胞）进行诊断。

肾炎与肾病的鉴别：肾病是由于细菌或毒物直接刺激肾脏而引起肾小管上皮变性的一种非炎性疾病。临床上表现为明显水肿、大量蛋白尿及低蛋白血症，但不见血尿和肾性高血压现象。肾炎与肾病的主要鉴别症状是血尿或红细胞管型。

## 考点 19：尿石症的种类、临床特征和诊断方法★★★★★

临床上尿石症的种类主要有肾结石、输尿管结石、膀胱结石和尿道结石。

肾结石：结石一般在肾盂部分，临床表现为精神沉郁，步态强拘，弓背，腰部触诊敏感，常做排尿姿势，并出现轻度血尿、细菌尿、脓尿等。触摸肾区发现肾脏肿大并有疼痛感。尿检可见红细胞、白细胞、盐类结晶、肾上皮细胞等。

输尿管结石：多数是由于肾结石下移阻塞输尿管。主要表现为行走时弓背，腹部触诊有疼痛感，输尿管不全阻塞时，常见血尿、脓尿和蛋白尿。

膀胱结石：饮欲增加，结石刺激膀胱黏膜，频频排尿，努责、排尿困难，有血尿。腹部超声探查可见膀胱内有绿豆大的强回声光斑及其远场声影。

尿道结石：突然尿闭，频做排尿姿势，强烈努责，呻吟，起卧不安。有时有少量血尿滴出；完全阻塞时，膀胱充盈，触诊有剧烈疼痛感。

诊断方法：根据尿频、排尿困难、血尿等症状做出初步诊断，确诊需要进行尿常规检查、尿道金属探针检查、X线检查和超声检查等。尿液检查尿中有红细胞和白细胞；尿道金属探针检查可碰到结石并有碰撞声音；X线检查平片能看到不透光的结石阴影；超声检查可以探到结石。

【例题】公水牛，长期饲喂添加棉籽饼的精饲料，近期频频出现弓腰、举尾并有排尿动作，但未见尿液排出或仅排出少量尿液。直肠检查，膀胱充盈。

1. 本病最可能的诊断是（A）。

A. 尿道结石　B. 尿道炎　C. 肾衰竭　D. 急性肾炎　E. 心力衰竭

2. 本病发生的病理机制是（E）。

A. 心肌炎症　B. 血管通透性增加　C. 变态反应
D. 维生素A缺乏　E. 尿路上皮细胞变性

3. 该水牛还易继发（E）。

A. 心包积液　B. 酮血症　C. 甲状腺功能减退
D. 甲状腺功能亢进　E. 夜盲症

【解析】本大题考查尿道结石的临床特征和病理机制。根据题干所述，可以初步判定为尿道结石。长期饲喂精饲料，会造成饲料营养不均衡，特别是维生素A缺乏，可使尿道上皮细胞变性、坏死脱落，同时长期饮水不足，尿液浓缩，促进尿石的形成；还可以造成暗适应感光物质视色素的减少，出现夜盲症。

## 考点 20：膀胱麻痹的临床特征和治疗方法★★★

膀胱麻痹是指膀胱肌肉的收缩力减弱或丧失，致使尿液不能随意排出而积滞的一种非炎性膀胱疾病，主要是由于脑膜炎、中暑、脊髓震荡、肿瘤等损伤神经系统，导致支配膀胱的神经功能障碍所引起。临床上以不随意排尿，膀胱充盈且无明显疼痛反应为特征。

治疗方法：对症治疗一般选用神经兴奋剂和具有提高膀胱肌肉收缩力的药物，有助于膀胱积尿的排出；也可采用电针治疗，一电极插入百会穴，另一电极插入后海穴，调整好频率，每天 1~2 次，每次 20 min。临床实践中应用氯化钡治疗牛的膀胱麻痹，效果良好。

【例题】母牛，腹围膨大，尿少，触诊腹部膀胱充盈，用力按压有尿液排出，尿沉渣检查无管型、细胞。本病最可能的诊断是（D）。

A. 膀胱破裂　B. 膀胱炎　C. 膀胱结石　D. 膀胱麻痹　E. 膀胱憩室

## 考点 21：日射病和热射病的发病原因和临床特征★★★★

日射病和热射病在临床上统称为中暑，是指阳光和高热所致的动物急性中枢神经机能的严重障碍性疾病。本病在炎热的夏季多见，病情发展急剧，甚至引起动物死亡。

日射病：动物在炎热的季节中，头部持续受到强烈的阳光照射而引起的中枢神经系统机能严重障碍。

热射病：动物所处的外界环境气温高、湿度大，动物产热多、散热少，体内积热而引起的严重中枢神经系统机能紊乱。发病原因主要是家畜头部持续受到强烈阳光照射，阳光中紫外线穿过颅骨直接作用于脑膜和脑组织，引起头部血管扩张，脑和脑膜充血，头部温度和体温急剧升高，导致神智异常。

日射病临床特征：常突然发生，病初患病动物精神沉郁，四肢无力，步态不稳，共济失调，突然倒地，四肢做游泳样划动；呈现呼吸中枢、血管运动中枢机能紊乱，甚至出现麻痹症状。

热射病临床特征：突然发生，体温急剧上升，高达 41℃ 以上，皮温升高，甚至烫手。动物站立不动或倒地张口喘气，两鼻孔流出粉红色、带小泡沫的鼻液；后期病畜呈昏迷状态，意识丧失，四肢划动，呼吸浅而疾速，节律不齐，脉不感手，常因呼吸中枢麻痹而死亡。

治疗原则：消除病因，降温疗法，适度泻血，缓解心肺机能障碍（皮下注射 20% 安钠咖），防止肺水肿（静脉注射地塞米松）。

【例题】夏季，天气湿热，奶牛在运动场大量运动后，突然精神沉郁，张口呼吸，倒地，鼻孔流出粉红色、带小泡沫的鼻液。听诊心音亢进，心率 120 次 /min，体温 42.5℃。触诊皮温明显升高。

1. 血液学检查最可能出现的是（E）。

A. 血小板减少　B. 血液 pH 升高　C. 白细胞数减少
D. 红细胞数减少　E. 红细胞压积升高

2. 中兽医治疗可以选用（C）。

A. 青蒿鳖甲汤　B. 茵陈四物汤　C. 清暑香薷汤　D. 茵陈术附汤　E. 桂枝汤

3. 能缓解病情的措施是（C）。

A. 适度输血　B. 增加光照　C. 适度泻血　D. 增加运动　E. 限制饮水

【解析】本大题考查日射病和热射病的临床特征和治疗措施。根据题干所述可以判定为奶牛中暑，即日射病和热射病。因暑热刺激，反射性引起奶牛大量出汗，致使病畜脱水，导致红细胞压积升高。中兽医称奶牛中暑为“发痧”，治疗原则为清热解暑，治疗方剂为清暑香薷汤。还可以通过静脉放血（适度泻血）的方法来缓解病情。

### 考点22：脑膜脑炎的临床特征和治疗原则★★

脑膜脑炎是指软脑膜及脑实质发生的炎症，常伴有严重的脑功能障碍。各种动物均有发生，其中马、牛、犬和猫多见。

临床特征：表现为一般脑症状、局部脑症状、脑膜刺激症状和血液、脑脊髓液检查异常等类型。一般脑症状主要表现为兴奋与抑制交替出现；局部脑症状表现为痉挛和麻痹；脑膜刺激症状表现为背部感觉过敏，皮肤刺激出现强烈的疼痛反应；血液和脑脊髓液检查表现为中性粒细胞增多，核左移，嗜酸性粒细胞消失，淋巴细胞减少，脑脊液蛋白质和细胞含量明显增加。

治疗原则：加强护理，抗菌消炎，降低颅内压，同时进行对症治疗。选择的抗菌药有青霉素类、磺胺类、头孢呋等；降低颅内压一般先泻血 1000~3000mL，再用等量的 10% 葡萄糖并加入 40% 乌洛托品，也可选用 25% 山梨醇液和 20% 甘露醇静脉注射。

# 第四章 牛、羊营养代谢障碍病

## 轻装上阵

### 如何学？

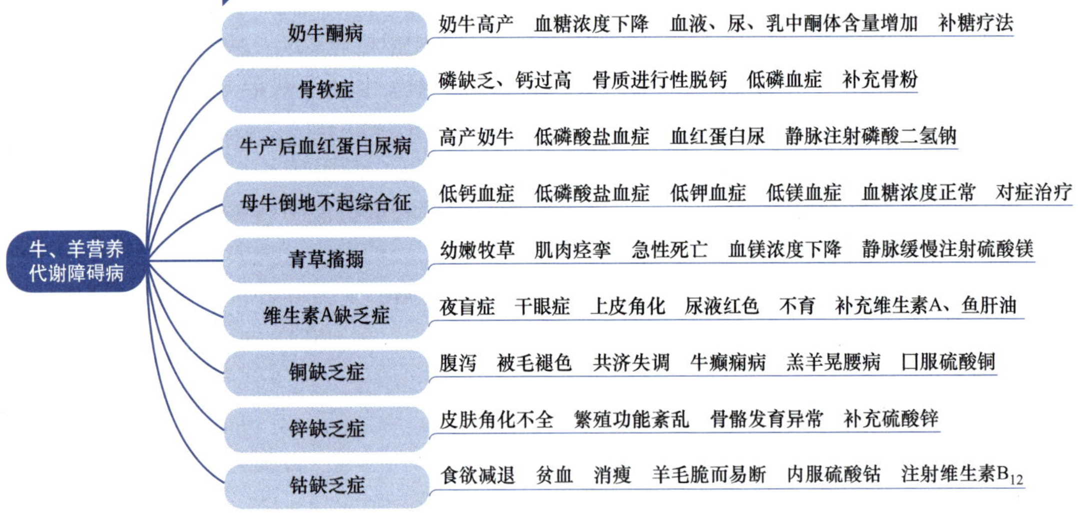


### 如何考？

本章考点在考试中主要出现在 A3/A4 型题中，每年分值平均 2~3 分。下列所述考点均需掌握。奶牛酮病、维生素 A 缺乏症等是每年考查最为频繁的内容，希望考生予以特别关注。

## 考点冲浪

### 考点 1：奶牛酮病的发病原因、临床特征和治疗方法★★★★★

奶牛酮病是指奶牛产犊后几天至几周内由于体内碳水化合物及挥发性脂肪酸代谢紊乱所引起的一种全身性功能失调的代谢性疾病。临床上以血液、尿、乳中的酮体含量增加，血糖浓度下降，消化功能紊乱，体重减轻，产奶量下降，间断性地出现神经症状为特征。血糖浓度下降是发生酮病的中心环节，长时间血糖浓度低下，导致脂肪大量分解，生成大量的乙酰辅酶A，草酰乙酸缺乏，乙酰辅酶A不能进入三羧酸循环，最终形成大量的酮体，包括丁酸，以至于舍饲牛发病率高于放牧牛。

发病原因：主要为奶牛高产、日粮中营养不平衡和供给不足，特别是供给高蛋白质、高脂肪和低碳水化合物饲料，以及母牛产前过度肥胖。

临床特征：临床型酮病的症状常在产犊后几天至几周出现，食量减少，便秘，产奶量下降。病牛呈弓背姿势，表明有轻度腹痛。乳汁呈浅黄色，易形成泡沫，类似初乳状。尿呈浅黄色，水样，易形成泡沫。严重者在排出的乳、呼出的气体和尿液中有酮体的烂苹果味，加热更明显。酮病病牛血液生化检测表现为低血糖、高血酮、高酮尿症和高酮乳症，血清游离脂肪酸浓度增加。

治疗方法：临床上一般采取补糖疗法、抗酮疗法和对症治疗。静脉注射50%葡萄糖溶液500mL，对大多数母牛有明显效果；对于体质较好的病牛，可以用促肾上腺皮质激素（ACTH）注射，效果确实；水合氯醛在奶牛酮病和绵羊的妊娠毒血症中应用普遍。

【例题】牛，5岁，分娩后2周，食欲减退，兴奋不安，前胃弛缓，产奶量减少，渐进性消瘦，呼出气有烂苹果味。

1. 本病最可能的诊断是（B）。

A. 生产瘫痪　B. 酮病　C. 皱胃变位　D. 前胃弛缓　E. 创伤性网胃炎

2. 本病在放牧牛中的发生率远低于舍饲牛，原因是干草在瘤胃中能产生更多的（D）。

A. 甲酸　B. 乙酸　C. 丙酸　D. 丁酸　E. 戊酸

### 考点 2：骨软症的临床特征、病变特征和防治方法★★★★

骨软症是指发生于软骨内骨化作用已经完成的成年动物的一种骨营养不良疾病，主要原因是磷缺乏、钙过高及二者的比例不当（对于反刍动物，主要是由于磷缺乏）。

临床特征：消化紊乱，异嗜癖，跛行，骨质软化及骨变形。在我国主要发生于奶牛、黄牛、绵羊、家禽、犬和猫。

病变特征：主要是骨质的进行性脱钙，呈现骨质软化及形成过量的未钙化的骨基质。主要表现为低磷血症。

防治方法：调整日粮中钙磷比例，补充维生素D。日粮中的钙、磷含量，黄牛按2.5∶1、奶牛按1.5∶1的比例饲喂。最好是补充苜蓿干草和骨粉，而不补充石粉。对牛、羊的治疗，当病的早期呈现异嗜癖时，应在饲料中补充骨粉，可以不药而愈。

【例题】奶牛，6岁，近期表现舔食泥土、墙壁、牛槽等，运步强拘，走路后躯摇摆，临床生化检查最可能发现（C）。

A. 高血钙　B. 高血镁　C. 低血磷　D. 低血氯　E. 低血钾

## 考点3：牛产后血红蛋白尿病的临床特征和治疗方法★★★★

牛产后血红蛋白尿病是指由于磷缺乏而引起的一种营养代谢病，临床上以低磷酸盐血症、急性溶血性贫血和血红蛋白尿为特征。本病常发生于产后4~28d的3~6胎高产奶牛，病死率高达50%。

临床特征：红尿是本病的突出症状，甚至是初期阶段的唯一症状。病牛尿液在最初1~3d内逐渐地由浅红色变为红色、暗红色，直至紫红色和棕褐色，可视黏膜及皮肤变为浅红色或苍白色，黄染。病牛表现低磷酸盐血症。

治疗方法：治疗原则是消除病因和纠正低磷酸盐血症。常用的磷制剂主要是20%磷酸二氢钠，静脉注射300~500mL，也可静脉注射3%次磷酸钙1000mL，但切勿使用磷酸氢二钠、磷酸二氢钾和磷酸氢二钾等。同时，应补充含磷丰富的饲料。

【例题】高产奶牛，第4胎，分娩后2周，食欲略有下降，可视黏膜苍白、黄染。排尿次数增加，但每次排尿量相对较少，尿液颜色逐渐由浅红色变为红色、暗红色、棕褐色。

1. 为确定本病的性质，下一步应该检查尿液的项目是（D）。

A. 葡萄糖　B. 酮体　C. pH　D. 血红蛋白　E. 尿酸盐

2. 本病最可能引起（E）。

A. 瘀血　B. 出血　C. 充血　D. 血栓　E. 贫血

3. 治疗本病最有效的药物是（A）。

A. 磷制剂　B. 钙制剂　C. 硒制剂　D. 镁制剂　E. 锰制剂

## 考点4：母牛倒地不起综合征的临床特征和治疗方法★★

母牛倒地不起综合征是泌乳奶牛产前或产后发生的一种以倒地不起为特征的临床综合征，又称爬行母牛综合征。临床特征主要呈现为低钙血症、低磷酸盐血症、低钾血症、低镁血症，而血糖浓度正常，血清肌酸激酶和天冬氨酸氨基转移酶活性明显升高。

发病原因：主要有钙、磷、钾等矿物质代谢紊乱，生产时损伤了产道和周围神经，骨骼、神经、关节周围组织损伤及关节脱臼、肾功能衰竭等。

治疗方法：消除病因，对症治疗。静脉注射20%磷酸二氢钠溶液、25%硼葡萄糖酸镁溶液、10%氯化钾溶液等，治疗低磷酸盐血症、低镁血症、低钾血症等。

## 考点5：青草搐搦的临床特征和防治方法★★

青草搐搦又称青草蹒跚，是指反刍动物采食幼嫩的牧草后突然发生的一种高度致死性疾病。本病的发生与血镁浓度降低有直接联系，而血镁浓度降低与牧草镁含量缺乏或存在干扰镁吸收的成分直接相关。

临床特征：病畜兴奋不安，强直性和阵发性肌肉痉挛、搐搦，呼吸困难和发生急性死亡。临床病理学以血镁浓度下降，常伴有血钙浓度下降为特点。

防治方法：成年牛静脉缓慢注射25%硫酸镁，以及含4%氯化镁的25%葡萄糖溶液。

## 考点6：维生素A缺乏症的发病机理、临床特征和防治方法★★★★

维生素A缺乏症是由于维生素A或其前体胡萝卜素缺乏或不足所引起的一种营养代谢性疾病。

发病机理：维生素A是保持动物生长发育、视力正常，以及骨骼、上皮组织的正常生理功能所必需的一种营养物质。维生素A在维持动物的视觉，特别是暗适应能力方面起着极其重要的作用。正常动物视网膜中的维生素A在酶的作用下氧化，转变为视黄醛，视黄醛是含有调节暗适应的感光物质视色素的生色基团，因此维生素 A 缺乏可以导致夜盲症。维生素 A 缺乏，还会导致动物机体上皮细胞萎缩，引起生殖功能下降，精子活力下降，母畜发情紊乱，受胎率下降，导致不育。

临床特征：主要表现为食欲减退，渐进性消瘦，生长缓慢，发育不良，上皮角化，走路不稳，不避障碍，干眼症，夜盲症，失明，尿频、尿液红色，繁殖功能障碍，以及机体免疫力低下等。本病常见于犊牛、羔羊、幼犬和雏禽。其中干眼症是指犬和犊牛角膜增厚和云雾状形成；而鸡表现为干酪样物质大量积聚。

防治方法：日粮中应有足量的青绿饲料、优质干草、胡萝卜和块根类及黄玉米，必要时应给予鱼肝油或维生素 A 添加剂。

【例题】哺乳犊牛食欲减退，渐进性消瘦，走路不稳，不避障碍，尤其在昏暗处更为明显，体温 38.2℃，尿频，尿液带红色。母牛体温正常，产奶量下降，弓背，尿频，尿液带红色，有长期饲喂饼粕类饲料史。

1. 犊牛发病最可能的原因是（A）。

A. 维生素 A 缺乏　B. 维生素 B 缺乏　C. 维生素 D 缺乏　D. 钙缺乏　E. 碘缺乏

2. 本病因长期作用，可以导致奶牛（C）。

A. 酮病　B. 骨软症　C. 不育　D. 乳腺炎　E. 阴道脱

## 考点 7：铜缺乏症的临床特征和防治方法★★

铜缺乏症是由于动物体内铜不足而引起的一种营养缺乏病。临床上以贫血、腹泻、被毛褪色、共济失调为特征。

临床特征：主要表现为贫血、骨和关节变形、运动障碍、被毛褪色、神经机能紊乱和繁殖功能下降。各种动物均可发生，常常出现牛的癫痫病或摔倒病、羔羊晃腰病。缺铜的绵羊被毛形成直毛或钢丝毛，毛纤维易断，缺铜母羊多产死亡羔羊。

防治方法：治疗原则是补铜，一般选用硫酸铜口服。

## 考点 8：锌缺乏症的临床特征和防治方法★★

锌缺乏症是由于动物体内锌含量不足所引起的一种营养缺乏病。临床上以生长缓慢、皮肤角化不全、繁殖功能紊乱及骨骼发育异常为特征。

防治方法：配制全价日粮，饲料中添加硫酸锌，控制日粮中的钙含量，钙、锌比例一般控制在 100∶1 以上。

## 考点 9：钴缺乏症的临床特征和防治方法★★★

钴缺乏症是因为动物机体中钴不足引起的一种慢性消耗性疾病，以食欲减退、贫血和消瘦为特征。本病以牛、羊多发，6~12 月龄的生长羔羊最易发。

临床特征：牛、羊连续采食低钴牧草 4 个月后渐渐出现症状，主要表现食欲渐进性减退，体重减轻，极度消瘦、虚弱，可视黏膜苍白，羊毛脆而易断、易脱落，后期出现腹泻、流泪，痒感明显，尿液甲基丙二酸（MMA）含量显著升高。钴缺乏会引起维生素 $B_{12}$ 缺乏，而叶酸和维生素 $B_{12}$ 缺乏会导致巨幼红细胞性贫血。

治疗方法：补钴是主要的治疗手段。内服硫酸钴，同时配合肌内注射维生素 $B_{12}$，疗效更好。

【例题】某羊群，在草场放牧5个月后，表现食欲渐进性减退，体重减轻，极度消瘦、虚弱，可视黏膜苍白，羊毛脆而易断、易脱落，后期出现腹泻、流泪，痒感明显。尿液甲基丙二酸（MMA）含量显著升高。

1. 本病最可能的诊断是（E）。

A. 硒缺乏症　B. 锌缺乏症　C. 碘缺乏症　D. 铜缺乏症　E. 钴缺乏症

2. 该病羊的贫血属于（E）。

A. 小红细胞低色素性贫血　B. 大红细胞低色素性贫血

C. 正常红细胞低色素性贫血　D. 小红细胞正常色素性贫血

E. 巨幼红细胞性贫血

3. 治疗本病的维生素是（E）。

A. 维生素A　B. 维生素K　C. 维生素E　D. 维生素D　E. 维生素$B_{12}$

# 第五章 牛、羊中毒病

## 轻装上阵

### 如何学？

- 牛、羊中毒病
  - 棉籽与棉籽饼粕中毒：游离棉酚　出血性胃肠炎　血红蛋白尿　硫酸亚铁去毒
  - 菜籽饼粕中毒：硫葡萄糖苷　肺气肿　肺水肿　肾炎　菜籽饼脱毒处理
  - 氢氰酸中毒：新鲜幼苗　呼吸困难　黏膜鲜红　全身惊厥　亚硝酸钠+硫代硫酸钠
  - 疯草中毒：棘豆属　步态蹒跚　呆若木马　流产　停喂疯草　硫代硫酸钠+维生素$B_1$
  - 栎树叶中毒：多酚类化合物　腹痛综合征　粪球呈念珠状　灌服高锰酸钾溶液
  - 蕨中毒：硫胺素酶　高热　血小板减少　全身出血　血尿　鲨肝醇-抗生素疗法
  - 黑斑病甘薯毒素中毒：甘薯酮　间质性肺气肿　皮下气肿　喘气病　缓解呼吸困难
  - 黄曲霉毒素中毒：霉败饲料　黄曲霉毒素$B_1$　肝毒　黄疸　腹腔积液　水肿　停喂霉变饲料　保肝
  - 无机氟化物中毒：低血钙　氟斑牙　氟骨症　慢性中毒治疗困难　转移放牧区
  - 铅中毒：兴奋狂躁　感觉过敏　麻痹　腹痛腹泻　小细胞低色素性贫血　巯基络合剂解毒
  - 砷中毒：腹痛　腹泻　血红蛋白尿　肌肉震颤　昏迷　巯基络合剂解毒
  - 钼中毒：持续性腹泻　被毛褪色　骨质疏松　长骨两端肥大　内服铜制剂
  - 铜中毒：腹痛　腹泻　肝功能异常　血液酱油色　静脉注射四硫钼酸钠解毒
  - 有机磷农药中毒：腹泻　流涎　肌群震颤　瞳孔缩小呈线状　碘解磷定+阿托品
  - 硝酸盐与亚硝酸盐中毒：皮肤、黏膜发绀　呼吸困难　亚甲蓝特效解毒
  - 瘤胃酸中毒：瘤胃大量乳酸　4种类型　pH小于5　无活的纤毛虫　纠正酸中毒

**如何考？**

本章考点在考试中主要出现在 A3/A4 型题中，每年分值平均 2~3 分。下列所述考点均需掌握。植物性毒物中毒等是每年考查最为频繁的内容，希望考生予以特别关注。

## 考点冲浪

### 考点 1：棉籽与棉籽饼粕中毒的发病原因和防治方法★★

棉籽与棉籽饼粕中毒是指动物长期或大量摄入含游离棉酚的棉籽或棉籽饼粕引起的以出血性胃肠炎、全身水肿、血红蛋白尿和实质器官变性为特征的一种中毒病。主要见于犊牛、单胃动物和家禽。

防治方法：目前尚无特效疗法。中毒后应停止饲喂含毒的棉籽饼粕，加速毒物排出；采取对症治疗方法；去除饼粕中的毒物后再合理利用。

棉籽饼的去毒处理一般使用硫酸亚铁，与游离棉酚螯合，形成难以消化吸收的棉酚 - 铁复合物。也可在棉籽饼粕中加入氢氧化钠溶液、石灰水；或经过蒸、煮、炒等加热处理去毒。

### 考点 2：菜籽饼粕中毒的机理和防治方法★★

菜籽饼粕中毒是指动物长期或大量摄入含有硫葡萄糖苷的分解产物的油菜籽饼粕引起的以急性胃肠炎、肺气肿、肺水肿、肾炎和甲状腺肿大为特征的中毒病。常见于猪和牛，其次为禽类和羊。

中毒机理：硫葡萄糖苷本身无毒，在胃内经芥子酶水解，产生多种有毒降解物质，如异硫氰酸酯、腈和芥子碱等，引起中毒。

防治方法：对于含毒量高的菜籽饼粕，经脱毒处理后再利用。可以采用坑埋法、水浸法、热处理法、化学处理法、微生物降解法和溶剂提取法等进行菜籽饼粕脱毒。

### 考点 3：氢氰酸中毒的发病原因、临床特征和防治方法★★★★

氢氰酸中毒是指动物采食富含氰苷的饲料引起的一种中毒病。发病原因主要是木薯、高粱及玉米的新鲜幼苗、亚麻籽、豆类、蔷薇科植物中含有氰苷，饲喂过量后，经胃水解酶的作用，产生氢氰酸，可引起动物中毒。

中毒机理：氰离子能够抑制细胞色素氧化酶，从而抑制组织细胞内的生物氧化过程，导致呼吸链终止，阻止组织对氧的吸收利用，使得组织器官缺氧。由于组织利用氧能力发生障碍，动脉血中的氧不能被利用，静脉血中的氧并未减少，导致动脉血和静脉血的含氧量相等。

临床特征：主要表现为呼吸困难，黏膜鲜红，肌肉震颤，全身惊厥等组织缺氧症状。

防治方法：发病后立即用亚硝酸钠静脉注射解毒，随后注射 5%~10% 硫代硫酸钠溶液，解毒效果良好。含有氰苷的饲料最好放于流水中浸渍 24h，或漂洗后加工利用。

【例题 1】山羊，40 只，采食大量高粱苗后在小溪饮水，约 15min 后，陆续出现兴奋不安、呼吸困难、流涎、心跳快而弱、精神高度沉郁、行走困难、可视黏膜鲜红、瞳孔散大等症状，半小时内死亡 25 只。

1. 本病的直接致病机理是（E）。

A. 血红蛋白变性　B. 血细胞溶解　C. 肺瘀血

D. 急性心衰　E. 抑制细胞色素氧化酶

2. 治疗本病的特效药物是（D）。

A. 亚甲蓝　B. 阿托品　C. 乙酰胺　D. 亚硝酸盐　E. 亚硒酸钠

3. 该病羊血液含氧量可能会出现的变化是（B）。

A. 动脉血低于静脉血　B. 动脉血等于静脉血　C. 动脉血高于静脉血

D. 动脉血缺氧　E. 静脉血缺氧

【例题 2】牛群误入即将成熟的亚麻（胡麻）地并大量采食，很快出现呼吸喘促、流涎及瘤胃臌胀等症状，全身抽搐，有 2 头牛当场倒地、死亡。病牛可视黏膜初期呈樱桃红色，呼吸停止后变为青紫色。病死牛剖检，见血液凝固不良。

1. 本病最可能的诊断是（A）。

A. 氢氰酸中毒　B. 双香豆素中毒　C. 有机磷中毒

D. 亚硝酸盐中毒　E. 有机氯中毒

2. 本病的致病毒物是（D）。

A. 霉菌毒素　B. 不饱和挥发性脂肪酸　C. 杂醇油

D. 氰苷　E. 硝酸盐

3. 本病的特效解毒药是（A）。

A. 亚硝酸钠　B. 钙剂　C. 中枢兴奋剂　D. 镇静剂　E. 维生素 A

## 考点 4：疯草中毒的发病原因、临床特征和防治方法★★

疯草中毒是指豆科植物中棘豆属和紫云英属的某些种类植物被动物采食后，引起的以神经症状为主的慢性中毒病，又称疯草病。棘豆属和紫云英属植物是我国西北、华北地区放牧动物中毒的主要疯草，各种家畜都可发生疯草中毒。

临床特征：中毒动物主要表现为行动迟缓，不愿走动，不听使唤，牵之则后退，甩头不安，瞳孔散大，步态蹒跚如醉酒状，或呆若木马，牙关紧闭，吞咽困难，摔倒后不能自行起立，最后衰竭而死。同时部分母畜不发情，公畜丧失性行为，妊娠母畜容易发生流产或胎儿畸形。

防治方法：对于轻度中毒的病畜，应立即停止饲喂疯草或脱离疯草草地放牧。中毒严重者，可以使用 10% 硫代硫酸钠溶液静脉注射，同时肌内注射维生素 $B_1$。

## 考点 5：栎树叶中毒的中毒机理和防治方法★★★★

栎树叶中毒是指动物大量采食栎树叶后引起的中毒病，常发生于牛、羊。

中毒机理：栎树叶中的主要有毒成分是高分子栎单宁，在胃肠内经生物降解产生毒性更大的低分子多酚类化合物（包括没食子酸、邻苯三酚、间苯二酚等），导致动物中毒。

临床特征：主要表现为前胃弛缓、便秘、胃肠炎、皮下水肿、体腔积液及血尿、蛋白尿、管型尿等肾病综合征。中毒牛、羊出现腹痛综合征，排粪干燥，色深，粪球常串联成算盘珠状或念珠状，肉垂水肿，尿量减少。

防治方法：预防的根本措施是恢复栎林区的自然生态平衡。高锰酸钾能使栎单宁及其降解产物氧化分解，放牧栎林或采食栎树叶后应灌服高锰酸钾溶液。

【例题 1】一牛群，春季在林区放牧十多天后，出现前胃弛缓、腹痛、排粪减少、粪便呈念珠状、肉垂水肿、尿量减少等症状，体温无变化。

1. 牛可能采食的植物是（A）。

A. 栎树叶　B. 蕨类　C. 萱草　D. 疯草　E. 银合欢

2. 尿液检查首选的项目是（C）。

A. 葡萄糖　B. pH　C. 蛋白质　D. 酮体　E. 胆红素

【例题2】牛，早春在栎林放牧6d后，出现精神沉郁、反刍减少、磨牙、后肢踢腹，粪便黑色且带有黏液，味腥臭；尿频，尿液呈红色。

1. 病牛下颌、肉垂等部位易出现（B）。

A. 血肿　B. 水肿　C. 丘疹　D. 炎性肿胀　E. 疹块

2. 血清中可能升高的物质是（A）。

A. 酚类物质　B. 生物碱　C. 苦马豆素　D. 黄酮类物质　E. 氨类物质

3. 本病红尿的性质是（A）。

A. 血尿　B. 血红蛋白尿　C. 肌红蛋白尿

D. 卟啉尿　E. 饲料色素性红尿

## 考点6：蕨中毒的临床特征和防治方法★★

蕨中毒又称蕨蹒跚，是指动物采食大量蕨类植物后所引起的以高热、贫血、无粒细胞血症、血小板减少、血凝不良、全身泛发性出血、共济失调等为特征的一种中毒病。蕨的主要有毒成分是硫胺素酶、原蕨苷等。牛慢性中毒的典型症状是血尿。

防治方法：采用鲨肝醇 - 抗生素疗法进行解毒。减少动物接触蕨的机会是预防蕨中毒的重要措施。

## 考点7：黑斑病甘薯毒素中毒的发病原因和防治方法★★★★

黑斑病甘薯毒素中毒俗称牛“喘气病”或牛“喷气病”，是由于家畜采食霉烂的黑斑病甘薯后，引起的以急性肺水肿、间质性肺气肿（叩诊病畜胸区呈过清音）、严重呼吸困难及皮下气肿（触诊呈捻发音）为特征的一种中毒病，以牛多发，羊、猪也可发病。

发病原因：黑斑病甘薯的病原是甘薯长喙壳菌和茄病镰刀菌。黑斑病甘薯中毒的毒素是甘薯酮及其衍生物。

防治方法：治疗原则是排出体内毒物，缓解呼吸困难，提高肝脏解毒和肾脏排毒机能。一般采用高锰酸钾溶液、0.5%~1%过氧化氢溶液洗胃；静脉注射5%~10%硫代硫酸钠或维生素C进行辅助治疗。

【例题】奶牛，采食黑斑病甘薯后，突然发病，体温38.5℃，呼吸极度困难，迅速呈现张口、伸颈呼吸，病牛伸舌，流涎，惊恐不安，脉搏快而弱，听诊肺泡呼吸音减弱，可听到碎裂性啰音。

1. 本病最可能的诊断是（E）。

A. 支气管炎　B. 肺充血　C. 大叶性肺炎

D. 小叶性肺炎　E. 间质性肺气肿

2. 叩诊病牛胸区呈现的叩诊音是（A）。

A. 过清音　B. 半浊音　C. 大片浊音　D. 灶状浊音　E. 水平浊音

3. 进一步检查，病牛颈部和肩部皮下可能出现的病变是（A）。

A. 气肿 B. 水肿 C. 血肿 D. 脓肿 E. 淋巴外渗

## 考点8：黄曲霉毒素中毒的发病原因和防治方法★★★★

黄曲霉毒素中毒是指动物采食了被黄曲霉毒素污染的饲草、饲料，引起以全身出血、消化功能紊乱、腹腔积液、神经症状等为特征的一种中毒病。主要病理特征是肝细胞变性、坏死、出血，胆管和肝细胞增生。各种动物对等量黄曲霉毒素最敏感的是鳟鱼，其他为雏鸭、雏鸡、牛、仔猪、豚鼠。主要原因是饲料加工、贮藏不当，被黄曲菌污染，尤其是在南方多雨季节。

发病原因：黄曲霉毒素是目前已发现的各种霉菌毒素中最稳定、毒性最强的一类毒素，主要是由黄曲霉和寄生曲霉等产生的有毒代谢产物。黄曲霉毒素在紫外线照射下产生荧光，根据产生荧光颜色的不同，分为B族毒素和G族毒素。B族毒素发出蓝紫色荧光，G族毒素发出黄绿色荧光。一般以黄曲霉毒素 $B_1$ 作为主要监测指标。

临床特征：黄曲霉毒素是一类肝毒物质，主要表现为全身出血，消化功能紊乱，黄疸，腹腔积液，水肿和神经症状。

防治方法：尚无特效疗法。发现畜禽中毒时，应立即停喂霉变饲料，改喂富含碳水化合物的青绿饲料和高蛋白质饲料，减少或不喂含脂肪过多的饲料。同时采用保肝和止血疗法，静脉注射20%~50%葡萄糖溶液、维生素C、10%葡萄糖酸钙或10%氯化钙溶液。心脏衰弱时，皮下或肌内注射强心剂。对于含有黄曲霉毒素的饲料，可以使用物理、化学和生物学方法去除毒素，如除霉剂、吸附剂等。

【例题】奶牛群，200头。近日部分奶牛出现精神沉郁，角膜混浊，厌食，消瘦，泌乳牛产奶量减少。有5头4~5月龄犊牛死亡。剖检可见腹腔积液，肝脏硬化、有肿块，胆囊扩张。调查怀疑饲料异常。

1. 降低该物质对动物机体危害的方法是在饲料中添加（B）。

A. 膳食纤维 B. 白陶土 C. 植物油 D. 骨粉 E. 干草

2. 与本病有关的天气因素是（C）。

A. 沙尘暴 B. 干冷 C. 湿热 D. 干热 E. 湿冷

3. 检测饲料，含量超标的主要是（C）。

A. 除草剂 B. 细菌毒素 C. 霉菌毒素 D. 有机磷农药 E. 植物生长调节剂

## 考点9：无机氟化物中毒的发病原因、临床特征和防治方法★★★★

无机氟化物中毒是指无机氟通过消化道或/和呼吸道连续摄入，在体内长期蓄积所引起的全身器官和组织毒性损害的急性、慢性中毒的总称。急性氟中毒以胃肠炎、呕吐、腹泻和肌肉震颤、瞳孔扩大、虚脱死亡为特点；慢性氟中毒又称氟病，最为常见，以骨骼、牙齿病变为特征，常呈地方性群发。

发病原因：慢性无机氟化物中毒主要是由于动物长期连续摄入超过安全限量的无机氟化物引起的。

临床特征：主要表现为急性或慢性中毒，以慢性无机氟化物中毒常见。过量氟进入体内产生明显的毒害作用，主要损害骨骼和牙齿，呈现低血钙、氟斑牙和氟骨症等一系列症状，且随年龄的增长而病情加重。

氟斑牙：牙齿的损害是本病的早期特征之一，表现为牙面、牙冠有许多白垩状，黄色、褐色以至黑棕色、不透明的斑块沉着。表面粗糙不平，齿釉质碎裂，甚至形成凹坑，色素沉着在孔内，牙齿变脆并出现缺损，病变大多呈对称发生，尤其是门齿，具有诊断意义。

氟骨症：颌骨、掌骨、肋骨等呈现对称性的肥厚，骨变形，常有骨赘。临床表现为背腰僵硬，跛行，关节活动受限制，骨强度下降，骨骼变硬、变脆，容易出现骨折。

防治方法：急性氟中毒应及时抢救，用0.5%氯化钙或石灰水洗胃，也可静脉注射葡萄糖酸钙或氯化钙。慢性氟中毒治疗困难，一般转移动物放牧地区。

【例题】在一炼钢厂附近放牧的羊群，半年后出现骨骼变形性病变，如骨赘、局部硬肿、蹄匣变形、易骨折，牙面出现斑块状色素沉着，凸凹不平现象。

1. 发生本病的最主要原因是牧草中污染了过量的（B）。

A. 无机硒　B. 无机氟　C. 无机磷　D. 无机砷　E. 无机锡

2. 这些骨骼变形症状称为典型的（B）。

A. 氟斑骨　B. 氟骨症　C. 氟毒骨　D. 硒毒骨　E. 砷毒骨

3. 牙齿损害的现象称为（B）。

A. 氟骨牙　B. 氟斑牙　C. 氟骨症　D. 硒毒牙　E. 砷毒牙

## 考点10：铅中毒的临床特征和防治方法★★

铅中毒是指动物摄入过量的铅化合物或金属铅所引起的以神经机能紊乱和胃肠炎症状为特征的一种中毒病。各种动物均可发生，反刍动物最为敏感。

临床特征：动物铅中毒的主要表现是兴奋狂躁、感觉过敏、肌肉震颤等脑病症状；失明、运动障碍、轻瘫以至麻痹等神经性症状；腹痛、腹泻等胃肠炎症状，以及小细胞低色素性贫血或正细胞低色素性贫血。

防治方法：应用巯基络合剂进行解毒。慢性铅中毒的特效解毒药为乙二胺四乙酸二钠钙。

## 考点11：砷中毒的临床特征和防治方法★★

砷中毒是指有机砷和无机砷化合物进入机体后释放砷离子，引起的以消化功能紊乱、实质性脏器和神经系统损害为特征的一种中毒病。常见的无机砷化物有三氧化二砷（俗称砒霜）、砷酸钠；有机砷化物有甲基砷酸锌、甲基砷酸钙、甲基砷酸铁铵。

临床特征：主要表现为消化功能紊乱和神经功能障碍等症状。临床上主要表现为腹痛、腹泻，血尿或血红蛋白尿，肌肉震颤、抽搐等，最后因昏迷而死亡。

防治方法：应用巯基络合剂进行解毒；同时实施补液、强心、保肝、利尿、缓解腹痛等对症疗法。

## 考点12：钼中毒的临床特征和防治方法★★

钼中毒是指动物摄入含钼量过高的饮水或饲料，引起以持续性腹泻和被毛褪色为特征的中毒病。钼过量常与铜缺乏同时发生。

临床特征：最早出现的特征性症状是严重而持续性腹泻，排出粥样或水样的粪便，并混有气泡。被毛粗糙而竖立，黑毛褪色变为灰色，深黄色毛变为浅黄色毛。慢性钼中毒时常见骨质疏松、易骨折、长骨两端肥大、异嗜等。

防治方法：注射或内服铜制剂是治疗缺铜性钼中毒的有效方法。

【例题】水牛，严重持续腹泻，粪便水样，混有气泡，渐进性消瘦；皮肤发红，被毛粗糙、竖立、褪色，眼周围最为明显。

1. 本病最可能的诊断是（B）。

A. 铅中毒　B. 钼中毒　C. 砷中毒　D. 汞中毒　E. 氟中毒

2. 慢性病例易发生的症状是（B）。

A. 水肿　B. 骨折　C. 痉挛　D. 黄疸　E. 转圈运动

3. 病区放牧牛群预防本病可以采用的方法是（E）。

A. 补饲高碳水化合物饲料　B. 补饲高蛋白质饲料　C. 补饲高脂肪饲料

D. 补饲高钙饲料　E. 补饲含铜饲料

## 考点 13：铜中毒的临床特征和防治方法★★

铜中毒是指动物摄入过量的铜而发生的以腹痛、腹泻、肝功能异常和贫血为特征的一种中毒病。反刍动物较易发生，其中以羔羊对过量铜最敏感。

临床特点：羊急性铜中毒时，主要表现剧烈腹痛、腹泻、惨叫，频频排出稀水样粪便，排出浅红色尿液。血液呈酱油色，血红蛋白浓度降低，可视黏膜黄染，红细胞形态异常。

防治方法：急性铜中毒的羊可静脉注射三硫（或四硫）钼酸钠溶液进行解毒。

## 考点 14：有机磷农药中毒的临床特征和治疗方法★★★★

有机磷农药中毒是指畜禽接触、吸入或误食了某种有机磷农药后发生的以腹泻、流涎、肌群震颤为特征的一种中毒病，各种动物均可发生。

中毒机理：有机磷农药是一种神经毒物，对动物的毒性机理主要是抑制胆碱酯酶的活性，失去分解乙酰胆碱的能力，从而造成乙酰胆碱在体内大量蓄积，导致胆碱能神经功能障碍，出现中毒症状。

临床特征：中毒动物突然出现大量流涎，鼻孔和口角有白色泡沫，流泪，腹泻，腹痛，粪尿失禁，瞳孔缩小呈线状，食欲废绝，四肢肌肉发生震颤，严重者波及全身肌肉。

治疗方法：对于有机磷农药中毒，一般采用特效解毒法。常用的解毒药有两种，一种是抗 M 受体拮抗剂；另一种为胆碱酯酶复活剂。

目前使用较多的胆碱酯酶复活剂有碘解磷定、氯磷定和双复磷。碘解磷定注射液是有机磷农药中毒的特效解毒剂，起效作用快，作用时间较长，能使已经磷酸化的胆碱酯酶活性恢复，使体内积聚的乙酰胆碱迅速水解，从而缓解中毒症状。

阿托品为抗 M 受体拮抗剂，能阻断毒蕈碱型（即 M 型）受体、对抗有机磷农药中毒的毒蕈碱样毒性作用，还具有减轻中枢神经系统症状、改善呼吸中枢抑制的作用。用药原则为早期、适量、反复给药，快速达到“阿托品化”。

【例题】5 头黄牛，田间放牧时突然发病，精神沉郁，流涎，磨牙，后肢踢腹，腹泻，骨骼肌震颤，严重者瞳孔缩小，死亡 2 头。

1. 本病最可能的诊断是（B）。

A. 尿素中毒　B. 有机磷中毒　C. 有机氟中毒

D. 抗凝血灭鼠药中毒　E. 氨中毒

2. 治疗本病的措施是（D）。

A. 灌服食醋、肌内注射苯巴比妥　B. 肌内注射维生素 $K_1$

C. 肌内注射乙酰胺　D. 肌内注射阿托品和氯磷定

E. 静脉注射葡萄糖酸钙

## 考点 15：硝酸盐与亚硝酸盐中毒的临床特征和治疗方法★★★★

硝酸盐和亚硝酸盐中毒是指动物摄入过量含有硝酸盐或亚硝酸盐的食物和饮水，引起的以皮肤、黏膜发绀和呼吸困难为特征的一种中毒病。亚硝酸盐能使红细胞中氧合血红蛋白转化为高铁血红蛋白而失去携氧的能力，导致发病。本病可发生于各种家畜。

临床特征：主要表现为呼吸困难、肌肉震颤、步态摇晃、全身痉挛，常伴有流涎、腹痛、腹泻、呕吐等症状。

治疗方法：应用特效解毒剂亚甲蓝进行解毒，低浓度静脉注射，同时配以高渗葡萄糖可提高血液渗透压，能增强解毒功能并有短暂利尿作用。亚甲蓝是亚硝酸盐中毒的特效解毒剂，能还原高铁血红蛋白，恢复血红蛋白正常输氧功能。临床上甲苯胺蓝治疗高铁血红蛋白症较亚甲蓝更好。

【例题】牛群，采食后陆续出现呕吐、呼吸困难、口吐白沫、站立不稳等症状，检查可见可视黏膜发绀，末梢部位冰冷，体温 36.5℃，调查发现，病牛发病前曾饱食久置菜叶。

1. 该病因主要作用于（B）。

A. 单核细胞　B. 红细胞　C. 血小板　D. 淋巴细胞　E. 巨噬细胞

2. 治疗本病的特效药物是（A）。

A. 亚甲蓝　B. 乙醛　C. 阿托品
D. 亚硝酸钠　E. 二巯基丙硫酸钠

3. 用特效药治疗本病时，应采用的给药方式是（A）。

A. 低浓度静脉注射　B. 高浓度静脉注射　C. 低浓度肌内注射
D. 高浓度肌内注射　E. 低浓度口服

## 考点 16：瘤胃酸中毒的临床特征和防治方法★★★★★

瘤胃酸中毒是指牛、羊采食大量富含碳水化合物的饲料后，在瘤胃内产生大量乳酸而引起的以消化障碍、瘤胃运动停滞、脱水、酸血症、运动失调等为特征的一种急性、代谢性酸中毒。临床上主要见于牛、羊。

临床特征：临床上瘤胃酸中毒分为 4 种类型，轻微型呈原发性前胃弛缓体征；亚急性型触诊内容物呈生面团样或稀软，pH 为 5.5~6.5，纤毛虫数量减少，常继发或伴发蹄叶炎；急性型瘤胃运动停滞，瘤胃液 pH 为 5~6，无活的纤毛虫，尿少色浓或无尿，后期出现神经症状，多在 24h 内死亡；最急性型双目失明，瞳孔散大，体温低下，瘤胃液 pH 小于 5，无活的纤毛虫，多在 3~5h 内因内毒素休克死亡。

防治方法：治疗原则为清除瘤胃有毒内容物，纠正脱水、酸中毒和恢复胃肠功能。其中清除瘤胃内有毒的内容物多采用洗胃或 / 和缓泻法。应用 5% 碳酸氢钠溶液纠正脱水和酸中毒，使用肾上腺皮质激素制剂，防止休克。在饲料管理中，严格控制精饲料喂量，做到日粮供应合理，构成相对稳定。

【例题】奶牛，产后加喂大量精饲料，随后出现食欲废绝，运动失调，眼结膜充血发绀，中度脱水，瘤胃胀满，冲击式触诊可以听到震荡音，排稀软酸臭粪便，尿少色浓，体温正常。

1. 本病可初步诊断为（A）。

A. 瘤胃酸中毒　B. 前胃弛缓　C. 奶牛酮病　D. 胃肠炎　E. 生产性瘫痪

2. 进一步诊断，最有意义的检测指标是（E）。

A. 叩诊瘤胃　　B. 听诊瘤胃蠕动音　　C. 观察反刍和嗳气
D. 检查肠道和粪便　　E. 测定瘤胃液 pH

3. 可能升高的血液指标是（D）。

A. pH　　B. $HCO_3^-$　　C. 二氧化碳结合力
D. 乳酸　　E. 白细胞数

# 第六章　牛、羊外科病

## 轻装上阵

### 如何学？

- 牛、羊外科病
  - 牛传染性角膜结膜炎：牛莫拉菌　畏光流泪　圆锥形角膜　秋家蝇　抗生素眼药水
  - 青光眼：眼内压升高　眼球增大　眼压呈坚实感　角膜穿刺排液　手术疗法
  - 虹膜炎：虹膜损伤　纹理不清　失去固有的色彩　散瞳药　结膜下注射皮质类固醇
  - 牛鼻旁窦炎：去角不良　额窦炎和蓄脓　黏性脓性鼻漏　脑障碍　圆锯术治疗
  - 胸壁透创并发症：气胸　血胸　脓胸　胸膜炎　闭合创口　制止内出血　恢复胸内压
  - 乳头状瘤：病毒　团块状　无角化现象　冷冻　激光疗法　长春新碱
  - 脐疝：脐孔发育不全　脐部呈球形肿胀、柔软　疝带　强刺激剂　手术疗法
  - 腹壁疝：腹壁局部有柔软的肿胀　触诊疼痛　肠管　网膜　安置压迫绷带　手术疗法
  - 膈疝：呼吸困难　疝痛　胃肠　肝脏　钡餐造影　X线检查　手术修补膈疝　预防心脏纤颤
  - 膀胱破裂：腹围增大　紧张　腹腔穿刺　尿液冲出　穿刺液有纤维蛋白　修补破裂口
  - 关节挫伤：关节皮肤脱毛　皮下出血　肿胀　跛行　清创　敷药　包扎绷带
  - 关节透创：清洗关节腔　缝合关节囊　包扎有窗石膏绷带　抗生素疗法
  - 关节炎：急性滑膜炎　慢性滑膜炎　化脓性滑膜炎　关节高度肿胀　脓肿　重度跛行
  - 牛髌骨上方脱位：蹄尖着地　内直韧带高度紧张　膝内直韧带切断术
  - 牛髋关节脱位：直肠检查　闭孔摸到股骨头　X线检查　开放性整复
  - 牛腕前黏液囊炎：腕关节波动性隆起　无热无痛　上皮角化　手术切开或摘除
  - 牛指（趾）间皮炎：间隙有渗出物　有腐败气味　轻度跛行　蹄匣脱落
  - 牛蹄叶炎：泌乳高峰期　精饲料过多　交叉负重　指（趾）动脉搏动明显　合理修蹄
  - 牛腐蹄病：坏死杆菌　蹄底有小孔　溃疡面　覆盖恶臭坏死物　手术疗法　灌注碘酊

如何考？

本章考点在考试中主要出现在A3/A4型题中，每年分值平均3~5分。下列所述考点均需掌握。牛眼病、疝、关节脱位和蹄病等是每年考查最为频繁的内容，希望考生予以特别关注。

## 考点冲浪

### 考点1：牛传染性角膜结膜炎的发病原因和临床特征★★★★★

牛传染性角膜结膜炎是世界范围分布的一种高度接触性传染病，广泛流行于青年牛和犊牛中。通常多侵害一眼，然后侵及另一眼，两眼同时发病的较少。

临床特征：主要表现为畏光、流泪、眼睑痉挛和闭锁、局部升温，眼分泌物增多，出现角膜炎和结膜炎的特征。角膜中央出现轻度混浊，用荧光素点眼，稍能着染；角膜（尤其中央）呈微黄色，角膜周边可见新生的血管。严重者出现角膜溃疡，角膜破溃并穿孔，形成葡萄肿。

牛传染性角膜结膜炎分为急性、亚急性、慢性和带菌型。特点是后期角膜混浊从角膜的边缘开始消散，慢慢扩散到中央。特别是犊牛，由于角膜实质突起，形成圆锥形角膜，是本病的特征性病变。

发病原因：已证实牛传染性角膜结膜炎由牛莫拉菌所引起，牛莫拉菌的菌毛有助于该菌黏附于角膜上皮，使角膜感染。任何季节都可发生牛传染性角膜结膜炎，但以夏、秋季多发，秋家蝇是传播牛莫拉菌的主要昆虫媒介，这些秋家蝇将莫拉菌强毒株从感染的牛眼鼻分泌物携带至未感染的牛眼中，导致发病。强光、刮风、灰尘都有助于本病的发生。

确诊本病最好采用微生物学检查。

治疗方法：结膜炎使用氧氟沙星眼药水、红霉素眼膏、金霉素眼膏等，硝酸银溶液、硼酸溶液点眼或洗眼。

【例题1】某牛场10%的牛发生畏光、流泪、痉挛，有浆液性或脓性分泌物，角膜混浊，血管增生，有的病牛出现角膜溃疡，体温40.5~41.5℃，精神沉郁，食欲不振。

1. 最可能发生的疾病是（B）。

A. 外伤性角膜炎 B. 传染性角膜炎 C. 化学性角膜炎
D. 结膜炎 E. 青光眼

2. 本病的主要病因是（D）。

A. 舍内氨气刺激 B. 紫外线照射 C. 异物刺激
D. 细菌感染 E. 病毒感染

3. 治疗本病不宜使用的药物是（D）。

A. 金霉素眼膏 B. 四环素眼膏 C. 氧氟沙星滴眼液
D. 醋酸氢化可的松滴眼液 E. 硫酸新霉素滴眼液

【例题2】多头犊牛突发畏光，流泪，眼睑痉挛，局部升温，1~2d内角膜中央出现微黄色混浊，继而出现圆形溃疡，周边有新生血管形成。

1. 本病的病原为（E）。

A. 大肠杆菌 B. 葡萄球菌 C. 巴氏杆菌 D. 绿脓杆菌 E. 莫拉菌

2. 本病的特征性病变是（C）。

A. 黏液脓性分泌物　B. 椭圆形角膜溃疡　C. 形成圆锥形角膜

D. 致密瘢痕组织　E. 鼻镜发红

3. 预防本病的有效方法之一是（C）。

A. 灭蚤　B. 灭蚊　C. 灭蝇　D. 灭虱　E. 灭蜱

【例题3】8月，牛群少数牛在病初出现眼睑痉挛，流泪，结膜充血；后期有脓性分泌物，角膜混浊，严重者角膜溃疡、穿孔，且很快有更多牛出现类似症状。

1. 该牛群发生的疾病最可能是（B）。

A. 传染性鼻气管炎　B. 传染性角膜结膜炎　C. 维生素 $B_1$ 缺乏症

D. 牛吸吮线虫病　E. 青光眼

2. 本病的诱因不包括（A）。

A. 发情　B. 灰尘　C. 刮风　D. 家蝇　E. 强光

3. 治疗本病宜采用（D）。

A. 用1%甲醛溶液洗眼　B. 口服阿苯达唑　C. 用2%碘酊洗眼

D. 用3%硼酸溶液洗眼　E. 肌内注射伊维菌素

## 考点2：青光眼的发病原因、临床特征和治疗方法★★★★

青光眼是指由于眼房角阻塞，房水排出受阻，导致眼内压升高而引起的疾病，发生于一眼或两眼，多见于幼龄动物和小动物。

发病原因：主要来源于眼部疾病，棉籽饼中毒、维生素缺乏、近亲繁殖、性激素代谢紊乱也可引起。

临床特征：病初视病眼如好眼一样，但无视觉，眼内压升高，眼球增大，视力大为减弱，虹膜及晶状体向前突出，瞳孔散大，失去对光的反射能力。在暗厩或阳光下，可见患眼表现为绿色或浅青绿色。最初角膜是透明的，后则变为毛玻璃状。用检眼镜检查时，可见视神经乳头萎缩和凹陷，晚期视神经乳头呈苍白色，指测眼内压呈坚实感。

治疗方法：目前还没有特效的治疗方法。一般使用β受体阻滞剂噻吗洛尔（Timolol）点眼，对青光眼治疗有一定效果。角膜穿刺排液可以作为治疗急性青光眼病例的一种临时性措施。可以采取巩膜打孔结膜覆盖滤过术、虹膜周边切除术等手术方法进行治疗。

【例题】犊牛，长期饲喂含棉籽饼的饲料，表现视物不清，运动蹒跚，眼球前突，瞳孔散大，对光反射迟钝。

1. 本病最可能的诊断是（D）。

A. 角膜炎　B. 结膜炎　C. 白内障　D. 青光眼　E. 晶状体混浊

2. 患牛眼内压可能是（C）。

A. 降低　B. 正常　C. 升高　D. 忽高忽低　E. 持续降低

3. 本病例的病因最可能是（E）。

A. 眼外伤　B. 维生素缺乏　C. 近亲繁殖　D. 内分泌紊乱　E. 棉籽饼中毒

## 考点3：虹膜炎的临床特征★★

虹膜炎分为原发性虹膜炎和继发性虹膜炎两种。原发性虹膜炎多是由于虹膜损伤和眼房内寄生虫的刺激；继发性虹膜炎继发于各种传染病（如流行性感冒、全身性霉菌病、幼虫迷走性移行、口蹄疫、鼻疽和牛恶性卡他热），也可能是邻近组织炎症蔓延的结果，如晶状体破裂和白内障。

临床特征：主要表现为患眼畏光、流泪、升温、疼痛剧烈。虹膜由于血管扩张和炎性渗出致使肿胀变形，纹理不清，并失去其固有的色彩和光泽。眼前房由于渗出物的积蓄而混浊。由于房水混浊变性和睫状前动脉扩张，角膜呈轻度弥漫性混浊。由于瞳孔缩小和调节不良，易形成后粘连。虹膜炎时眼内压常下降。

治疗方法：一般是将病畜系于暗厩内，装眼绷带。局部以用散瞳药为主，常用 1% 硫酸阿托品溶液滴眼，也可应用抗生素溶液点眼。疼痛显著时可行温敷。严重病例可以结膜下注射皮质类固醇，全身应用抗生素。

## 考点 4：牛鼻旁窦炎的发病原因、临床特征与治疗方法★★★★

鼻旁窦炎（又称副鼻窦炎、鼻窦炎）是指鼻腔周围头骨内的含气空腔，包括额窦、上颌窦、蝶腭窦、筛窦等的炎症。临床上常见的是额窦炎和上颌窦蓄脓，多发于牛。

发病原因：牛额窦炎和蓄脓主要是由低位角折或去角不良所引起，尤其是水牛。另外，由鼻腔炎扩展至额窦，某些传染病、寄生虫病如牛恶性卡他热、放线菌病、马腺疫、马鼻疽、羊鼻蝇蛆病等，肿瘤、异物进入等，也可引发本病。

临床特征：病初由一侧鼻孔流出少量浆液性鼻液，一般不注意，尤其是牛，常被舌舐去而不被发现，直至额骨发生隆起，或是眶后憩室部的额骨增厚时才被发现。随病情的发展，分泌物转为黏性脓性，排出量增多，大多数呈现一侧鼻漏。额骨蓄脓形成足够压力时，出现脑障碍症状。

治疗方法：一般在患病动物的额窦和上颌窦处选择适当位置，施行圆锯术治疗。

【例题】牛流出脓性鼻液，黄白色，有臭味，随着病情加重，发生呼吸困难，鼻室区敏感，潮湿。

1. 本病诊断是（A）。

A. 副鼻窦炎　B. 放线菌病　C. 恶性肿瘤　D. 鼻蝇蛆病　E. 恶性卡他热

2. 本病的原因不包括（A）。

A. 脑包虫　B. 上颌齿瘘　C. 异物流入　D. 恶性卡他热　E. 低位角折

3. 治疗的首选方法是（A）。

A. 圆锯术　B. 放射疗法　C. 肌内注射抗生素
D. 静脉注射抗生素　E. 温热疗法

## 考点 5：胸壁透创并发症的种类和治疗原则★★

胸壁透创是指穿透胸膜的胸壁创伤，一般是由尖锐物体刺穿胸壁，甚至造成内脏器官损伤的一种穿透创，临床上常突然发生。发生胸壁透创时，胸腔内的脏器往往同时造成损伤，继发气胸、血胸、脓胸、胸膜炎、肺炎及心脏损伤等。

气胸：由于胸壁及胸膜破裂，空气经创口进入胸腔所引起。根据发生的情况不同，气胸分为闭合性气胸、开放性气胸、张力性气胸（活瓣性气胸）3 种。

血胸：胸部大血管受损，血液积于胸腔内的病症。若与气胸同时发生，称为血气胸。肺和心脏的大血管、胸内动脉等受损后破裂，出血十分严重。

脓胸：胸壁透创后胸膜腔发生的严重化脓性感染，常在胸壁透创后 3~5d 出现。临床表现为体温升高，心跳加快，可视黏膜发绀或黄染，白细胞总数升高，核左移。

治疗原则：对胸壁透创的治疗，主要是及时闭合创口，制止内出血，排出胸腔内的积气与积血，恢复胸腔内负压，维持心脏功能，防止休克和感染。

## 考点6：乳头状瘤的发病原因和治疗方法★★★

乳头状瘤由皮肤或黏膜的上皮转化而成，是动物最常见的表皮良性肿瘤之一，分为传染性和非传染性两种。

传染性乳头状瘤是由乳头状瘤病毒感染所引起的良性肿瘤，多发于家畜的面部、颈部、肩部和下唇部，尤以眼、耳的周围最多发。其上端常呈乳头状或分支的乳头状突起，也可呈结节状与菜花状。皮肤的乳头状瘤颜色多为灰白色、浅红色或黑褐色。瘤体表面无毛，时间较久的病例常有裂隙，摩擦易破裂脱落，其表面常有角化现象。非传染性乳头状瘤多发于犬的口、咽、舌、食管、胃肠黏膜，发生于黏膜的乳头状瘤可呈团块状，但一般无角化现象。

治疗方法：一般采用烧烙、冷冻及激光疗法，辅助抗癌药物是治疗本病的主要措施，长春新碱是辅助治疗乳头状瘤的首选药物。

【例题】黄牛，1岁，眼部和耳部皮肤出现结节状与菜花状突起，并在面部、颈部、肩部和下唇部逐渐增多，其表面无毛，凹凸不平，表面摩擦脱落后常见角化现象。

1. 此皮肤的突起物为（E）。

A. 脓疹　B. 丘疹　C. 脓癣　D. 结节　E. 乳头状瘤

2. 本病的病因是（A）。

A. 病毒　B. 细菌　C. 真菌　D. 支原体　E. 衣原体

3. 本病适宜的治疗方法是（A）。

A. 手术摘除　B. 注射链霉素　C. 外用酮康唑乳膏
D. 口服特比萘芬　E. 注射林可霉素

## 考点7：脐疝的发病原因、临床特征和治疗方法★★★

发病原因：主要是脐孔发育不全、没有闭锁、脐部化脓或腹壁发育缺陷等。各种家畜均可发生，但以犊牛为多见。

临床特征：脐部呈现局限性球形肿胀，质地柔软。病初多数能在挤压疝囊或改变体位时，将疝内容物还纳到腹腔，并可摸到疝轮，在饱腹或挣扎时脐疝增大，压迫肿胀可缩小，皮肤无红、热、痛等炎性反应。听诊时可听到肠蠕动音。

治疗方法：一般采取保守疗法和手术疗法两种方法。

保守疗法：适用于治疗疝轮较小、年龄小的动物。可以用疝带（皮带或复绷带）、强刺激剂（重铬酸钾软膏）等促进局部炎性增生，闭合疝口。

手术疗法：术前禁食，全身麻醉或局部浸润麻醉，仰卧保定或半仰卧保定，切口在疝囊底部，呈梭形，按常规无菌技术施行手术，还纳疝囊内的脏器。若疝轮较小，可做荷包缝合或纽扣缝合，但缝合前需将疝轮光滑面做轻微切割，形成新鲜创面，在闭合疝轮后，需要分离囊壁形成左、右两个纤维组织瓣，将一侧纤维组织瓣缝在对侧疝轮外缘上，然后将另一侧的组织瓣缝合在对侧组织瓣的表面上，修整皮肤创缘，皮肤做结节缝合。

【例题】母羊，脐部出现局限性肿胀近6个月，触诊肿胀柔软，饱食和挣扎时增大，压迫肿胀可缩小，皮肤无红、热、痛反应。本病最可能的诊断是（C）。

A. 肿瘤　B. 脓肿　C. 脐疝　D. 蜂窝织炎　E. 痈

## 考点8：腹壁疝的发病原因、临床特征和治疗方法★★★

发病原因：腹壁疝发生于各种家畜，由于腹肌或腱膜受到钝性外力的作用而形成腹壁疝的较为多见。

临床特征：腹壁受伤后局部突然出现一个局限性扁平、柔软的肿胀，触诊时有疼痛，常为可复性，用力推压内容物可还纳腹腔，多数可摸到疝轮。腹膜破裂的腹壁疝其疝囊总是相对较大。腹壁疝患病动物肿胀部位，听诊时可听到皮下的肠蠕动音。腹壁疝内容物多为肠管（小肠），但也有网膜、皱胃、瘤胃、膀胱、妊娠子宫等各种脏器，并经常与相近的腹壁或皮肤粘连。

治疗方法：对于腹壁疝的治疗，可以采用两种方法。保守疗法，如封闭疗法、涂擦刺激剂、安置压迫绷带等，适用于初发的疝轮较小的病例；对于疝轮较大的病例，一般采用手术疗法进行修补。

【例题】奶牛，5岁，右侧腹壁有一直径约30cm的肿胀物，触诊局部柔软，用力推压内容物可还纳腹腔，并可摸到腹壁有一直径约10cm的破裂孔，最佳治疗方案是（B）。

A. 热敷　B. 手术修补　C. 封闭疗法

D. 涂擦刺激剂　E. 安置压迫绷带

## 考点9：膈疝的临床特征和诊断方法★★

膈疝是指腹腔内一种或几种内脏器官通过膈的破裂孔进入胸腔，多发生于牛、羊。膈的腱质部或肌质部遭到意外损伤的裂孔或膈先天性缺损时，可引发本病。由于有些病例不表现症状，临床上不易发现。

临床特征：主要有呼吸困难和疝痛，但呼吸困难并非主要特征。胃肠脱入可听到肠音；嵌闭后可引起急性腹痛，肝脏嵌闭后可引起急性胸腔积液和黄疸。患病动物喜站立或站在斜坡上，呈前高后低姿势。

诊断方法：先天性膈疝在出生后有明显的呼吸困难；钡餐造影、X线检查有助于确诊膈疝。病牛胸腔有较多积液，站立时叩诊胸部有水平浊音区。手术修补膈疝时，注意预防心脏纤颤的主要并发症。

## 考点10：膀胱破裂的临床特征和治疗方法★★

膀胱破裂发生于各种家畜，最常见于公牛。发病后病情急，变化快，若确诊和治疗稍有拖延，往往造成病畜死亡。临床上根据破裂口的大小及破裂时间不同，症状表现不一，主要出现排尿障碍、腹膜炎、尿毒症和休克。

临床特征：发生完全破裂的病畜，虽仍有尿意，如翘尾、体前倾、后肢伸直或稍下蹲、轻度努责、阴茎频频抽动等，却无尿排出或仅排出少量尿液。大量尿液进入腹腔，腹下部腹围迅速增大，腹部触摸紧张、敏感，有明显的振水声，有时出现起卧不安等明显的腹痛症状，并迅速死亡。腹腔穿刺，有大量已被稀释的尿液从针孔冲出。继发腹膜炎时，穿刺液呈浅红色，较混浊，常有纤维蛋白凝块将针孔堵住。

治疗方法：膀胱破裂的治疗应抓住3个环节，即对膀胱破裂口及早修补、控制感染和治疗腹膜炎、尿毒症。

## 考点11：关节挫伤的临床特征和治疗方法★★

关节挫伤是指机械外力直接作用于关节，引起关节皮肤脱毛和擦伤。牛经常发生关节挫伤，多发生于肘关节、腕关节和系关节。临床上主要表现为皮肤脱毛，皮下出血，局部肿胀，患部关节有疼痛反应，轻度跛行。对皮肤创面进行清创、消毒、敷药和包扎绷带处理治疗。

## 考点12：关节透创的治疗方法★★★

关节透创的治疗原则为防止感染，及时合理地处理伤口，力争在关节腔未出现感染之前闭合关节囊伤口。主要方法是伤口处理和局部理疗。

伤口处理：对新鲜创彻底清理伤口，切除坏死组织和异物，以及游离软骨和骨片，排出伤口内的盲囊，用防腐剂穿刺洗净关节创，应由伤口的对侧向关节腔穿刺，注入防腐剂，禁忌由伤口向关节腔冲洗，以防止污染关节腔。

在清净关节腔后，可以用肠线或丝线缝合关节囊，其他软组织可不缝合，然后包扎绷带，或包扎有窗石膏绷带。如伤口被血凝块阻塞，滑液停止流出，关节腔内尚无感染征兆时，此时不应除掉血凝块，注意全身疗法和抗生素疗法。

陈旧伤口发生感染化脓时，应清净伤口，除去坏死组织，用防腐剂穿刺洗涤关节腔，魏氏流膏纱布条引流，清除异物、坏死组织和游离骨块，用碘酊凡士林敷盖伤口，包扎绷带，不缝合伤口。如伤口炎症反应严重，则用青霉素溶液敷布，外缠绷带包扎保护。

为改善局部的新陈代谢，促进伤口早期愈合，可以应用温热疗法，如温敷、石蜡疗法、紫外线疗法、红外线疗法、超短波疗法及激光疗法，低功率氦氖激光或二氧化碳激光扩焦局部照射等。

【例题】奶牛右后肢跗关节外侧创伤，从伤口流出透明的黏稠滑液和少量血液，轻度跛行。

1. 正确的治疗方法是（B）。

A. 经伤口冲洗创腔　B. 经关节腔穿刺冲洗创腔　C. 手指探查创腔
D. 开放疗法　E. 纱布条引流

2. 该创伤缝合的方法是（B）。

A. 仅做肌层、皮下和皮肤缝合　B. 仅缝合关节囊
C. 仅做皮肤、皮下缝合　D. 全层间断缝合
E. 全层连续缝合

3. 若从创口流出脓汁，正确的治疗方法是（D）。

A. 清创后密闭缝合　B. 清创后部分缝合　C. 清创后包扎伤口
D. 魏氏流膏纱布条引流　E. 福尔马林酒精纱布条引流

## 考点 13：关节炎的临床特征、诊断方法和治疗方法★★★

关节炎又称关节滑膜炎，是以关节囊滑膜层的病理变化为主的渗出性炎症，常发于牛，临床上分为急性滑膜炎、慢性滑膜炎和化脓性滑膜炎。

急性滑膜炎时，关节腔内积聚大量浆液性炎性渗出物，关节肿大，热痛，触诊有波动感；渗出液含纤维蛋白量多时，有捻发音；运动时，表现以支跛为主的混合跛。慢性滑膜炎时，关节囊高度膨大，无热无痛，触诊有波动感；运动时，随着关节液的窜动，关节外形随之改变；患病关节不灵活，但跛行不明显。化脓性滑膜炎时，患关节热痛、肿胀，关节囊高度紧张，有波动；站立时患肢屈曲，呈混合跛；全身症状明显，体温升高，精神沉郁。化脓性全关节炎时，全身及局部症状均较化脓性滑膜炎严重，关节腔内蓄脓或流出脓汁，关节周围软组织高度肿胀，形成局限性脓肿，自溃或形成窦道，或发生软骨缺损、剥脱，骨坏死，继发脓毒败血症；患肢呈重度跛行，三肢跳跃前进。

治疗方法：对于关节炎的治疗，一般可以使用 2% 醋酸铅外敷，肌内注射抗生素，或静脉注射 10% 氯化钙溶液、10% 水杨酸钠溶液。

【例题】羊，左侧腕关节肿大，有热痛反应和波动感，X 线检查未见关节骨异常。本病不宜采用的治疗方法为（C）。

A. 外敷 2% 醋酸铅　　B. 肌内注射抗生素　　C. 关节内注射碘酊

D. 静脉注射氯化钙溶液　　E. 静脉注射水杨酸钠溶液

## 考点 14：牛髌骨上方脱位的临床特征和治疗方法★★★★★

关节脱位是指关节因受机械外力、病理性作用引起骨间关节面失去正常对合的现象。关节脱位通常突然发生，也有的间歇发生或继发于某些疾病。

临床特征：关节脱位常见的共有症状主要有关节变形、异常固定、关节肿胀、肢势改变和机能障碍。

临床特征：髌骨上方脱位主要发生于牛，突然发生。在运动过程中，由于髌骨在上下滑动时被固定在滑车嵴近端，患关节不能屈曲。站立时，大腿、小腿强直，呈向后伸直肢势。膝关节、跗关节均不能屈曲，运步时蹄尖着地，拖曳前进，同时患肢高度外展，或患肢不能着地。触摸髌骨被异常固定在股骨内侧滑车嵴的顶端，内直韧带高度紧张。上方脱位在运动中，突然发出复位声，即髌骨回到滑车沟内，恢复正常肢势。

治疗方法：牛髌骨上方脱位一般采取膝内直韧带切断术。

【例题】使役公牛，运动中左后肢突然向后伸直，不能弯曲，蹄尖被迫曳地，触诊髌骨位于股骨内侧滑车嵴的顶端，内侧直韧带高度紧张。但有时运动又能自然恢复正常肢势，该跛行的动物患肢最可能脱位的关节是（B）。

A. 髋关节　　B. 膝关节　　C. 跗关节　　D. 系关节　　E. 冠关节

## 考点 15：牛髋关节脱位的种类、临床特征和治疗方法★★★★★

髋关节脱位是指股骨头部分或全部从髋臼中脱出的疾病，常见于牛。髋关节窝浅、股骨头的弯曲半径小、髋关节韧带薄弱是发病的主要原因。分娩的奶牛突然摔倒时后肢外伸，也可发生髋关节脱位。本病进一步确诊的最佳方法是 X 线检查。

根据股骨头变位的方向，髋关节脱位分为髋关节前方脱位、髋关节上外方脱位、髋关节内方脱位和髋关节后方脱位。

临床特征：前方脱位，股骨头转位固定于关节前方，大转子向前方突出，髋关节变形隆起，他动运动时可以听到捻发音；站立时患肢外旋，运步强拘，患肢拖曳而行，肢抬举困难。患病时间较长时，起立、运步均困难。

上外方脱位：股骨头被异常地固定在髋关节上方，站立时，患肢明显缩短，呈内收肢势或伸展状态。同时，患肢外旋，蹄尖向前外方，患肢飞节比对侧高数厘米。他动运动时患肢外展受限，内收容易。

后方脱位：股骨头被异常固定于坐骨外支下方。站立时，患肢外展叉开，比健肢长，患侧臀部皮肤紧张，股二头肌前方出现凹陷沟，大转子原来位置凹陷。

内方脱位：股骨头进入闭孔内，站立时患肢明显缩短。他动运动内收外展均容易。运动时，患肢不能负重，以蹄尖着地拖行。直肠检查时，可在闭孔内摸到股骨头。

治疗方法：牛、犬髋关节脱位可以实施闭合性修复或开放性整复。

【例题】成年牛滑倒后不能起立，强行站立后患后肢不能负重，比健肢缩短，抬举困难，以蹄尖拖地行走。髋关节他动运动，有时可听到捻发音。

1. 最可能的诊断是（D）。

A. 髋骨骨折　B. 股骨骨折　C. 髂骨体骨折　D. 髋关节脱位　E. 髋结节上方移位

2. 进一步确诊的最佳方法是（C）。

A. 抽屉试验　B. 患部视诊　C. X 线检查　D. 长骨叩诊　E. 测量患处长度

3. 若直肠检查在闭孔内摸到股骨头，该病牛可诊断为（C）。

A. 前方脱位　B. 后方脱位　C. 内方脱位　D. 上方脱位　E. 下方脱位

## 考点 16：牛腕前黏液囊炎的临床特征和治疗方法★★★

临床特征：腕关节前面发生局限性、带有波动性的隆起，逐渐增大，无痛无热，时日较久，患病皮肤被毛卷缩，皮下组织肥厚。牛的腕前膨大可增至排球大小，脱毛的皮肤胼胝化，上皮角化，呈鳞片状。肿胀的内容物多为浆液性，混有纤维素小块。可以采用穿刺检查的方法来判定黏液囊炎的性质。

治疗方法：实行姑息疗法，即穿刺放液后注入适量的复方碘溶液或可的松。对特大的腕前皮下黏液囊炎，实行手术切开或摘除。

【例题】某奶牛场，有多头奶牛腕关节前出现囊性肿胀，大如拳头，按压柔软、无热、有波动感，患部皮肤变硬、增厚、脱毛，无跛行。

1. 该牛最可能发生的疾病是（C）。

A. 腕关节积液　B. 腕部血肿　C. 腕前皮下黏液囊炎　D. 腕关节滑膜炎　E. 腕关节腱鞘炎

2. 确诊应进一步做的检查是（C）。

A. X 线检查　B. 血常规检查　C. 穿刺检查　D. 手术切开　E. 刮取皮屑镜检

3. 根治本病的方法是（C）。

A. 穿刺后注入可的松　B. 5% 醋酸铅溶液药浴　C. 手术摘除

D. 穿刺后注入抗生素　　E. 包扎压迫绷带

## 考点 17：牛指（趾）间皮炎的临床特征★★★

指（趾）间皮炎是指发生在指（趾）间皮肤表层的急性和慢性炎症，没有扩延到深层组织。其特征是皮肤呈湿疹性皮炎症状，有腐败气味。

临床特征：病初球部相邻的皮肤肿胀，表皮增厚和充血，指（趾）尖间隙有渗出物，并有轻度跛行，出现角质分离时跛行明显。严重的引起蹄匣脱落，病牛被迫淘汰。

【例题】奶牛，4 岁，轻度跛行，左前肢蹄球部相邻的皮肤充血肿胀，增厚，指间隙有渗出物，呈腐败臭味，压诊患部有痛感。该牛最可能患的蹄病是（D）。

A. 腐蹄病　　B. 蹄叶炎　　C. 局限性蹄皮炎

D. 指（趾）间皮炎　　E. 指（趾）间皮肤增生

## 考点 18：牛蹄叶炎的发病原因、临床特征和治疗措施★★★★★

牛蹄叶炎分为急性蹄叶炎、亚急性蹄叶炎和慢性蹄叶炎。最常发病的是前肢的内侧指和后肢的外侧趾。

发病原因：牛蹄叶炎的发病原因是多方面的，包括分娩前后到泌乳高峰期食入过多的碳水化合物精饲料、运动不足、遗传因素和季节因素等。母牛发生本病与产犊有密切关系，奶牛中以精饲料为主的饲养方式发病率较高。

临床特征：病牛运步困难，特别是在硬地上。站立时弓背，四肢收在一起，如前肢发病时，症状更加严重，后肢向前伸，达于腹下，以减轻前肢的负担。有时可见前肢交叉，以减轻两内侧患指的负重，通常内侧指疼痛更明显，一些动物常用腕关节跪地采食。病牛不愿站立，长时间躺卧，体温升高，脉搏加快，指（趾）动脉搏动明显，蹄冠皮肤发红、升温，蹄壁叩击敏感。蹄底角质脱色，变为黄色，有不同程度的出血。若蹄叶炎继续发展，形成慢性蹄叶炎，会导致蹄延长呈靴状，蹄前壁与蹄底形成锐角，蹄轮不规则，形成芜蹄，则必须进行合理修蹄治疗。

【例题 1】奶牛，5 岁，日产奶量 20kg，肥胖，喜躺卧，站立时两后肢向前伸至腹下。触诊趾动脉搏动明显，蹄壁升温。轻叩蹄壁时，病牛迅速躲闪。粪便气味酸臭，有少许未消化的精饲料。

1. 该牛最可能患的疾病是（A）。

A. 蹄叶炎　　B. 腐蹄病　　C. 消化不良

D. 急性瘤胃酸中毒　　E. 酮病

2. 本病常见的病因是（A）。

A. 碳水化合物精饲料过多　　B. 消化功能低下　　C. 蹄部发育异常

D. 蹄变形　　E. 碳水化合物精饲料不足

3. 【假设信息】若该牛在 2 个月后出现消瘦，蹄延长呈靴状，蹄前壁与蹄底形成锐角，蹄轮不规则，此时的主要治疗措施是（A）。

A. 修蹄　　B. 注射碳酸氢钠　　C. 注射苯海拉明

D. 注射替泊沙林　　E. 注射 50% 葡萄糖

【例题 2】奶牛，产后 10d，体温 39.6℃，不愿站立，两后肢蹄壁敏感温热，趾动脉搏动明显；强行站立时，两后肢伸至腹下。本病最可能的原因是（D）。

A. 缺磷　B. 缺钙　C. 缺镁　D. 过食精饲料　E. 过食干草

## 考点19：牛腐蹄病的临床特征和治疗方法★★★★★

牛腐蹄病又称传染性蹄皮炎，为牛常见的蹄病。其中以坏死杆菌引起的病变最为常见，占引起跛行的蹄病的40%~60%。

临床特征：患病动物突然跛行，精神沉郁，体温升至40~41℃。病牛四肢蹄部肿胀，触诊有热、痛。多数病牛蹄底发现小孔或大洞，用探针可测出其深度。指（趾）间皮肤常找到溃疡面，其上覆盖有恶臭的坏死物，有的出现全身性败血症症状，病程较长者在蹄冠缘、指（趾）间或蹄球处找到窦道。细菌学检查发现坏死杆菌。

治疗方法：一般可施行手术疗法。用3%~5%高锰酸钾、5%硫酸铜等局部消毒，扩创，除去坏死角质层，用5%碘酊消毒，再撒碘仿磺胺粉，外用松馏油后，包扎蹄绷带。同时全身应用抗生素治疗。一定要定期检查牛蹄，特别是奶牛，每年定期正确修蹄1~2次，可以大大降低腐蹄病的发病率。

【例题1】奶牛，5岁，精神沉郁，体温升高，左前蹄悬空离开地面，触诊悬肢的蹄部有热痛，举肢检查发现患部有多个小孔，溃疡面渗出少量恶臭液体。

1. 该牛最可能患的疾病是（B）。

A. 蹄叶炎　B. 腐蹄病　C. 蹄皮炎

D. 蹄叉腐烂　E. 指（趾）间皮炎

2. 引起本病的主要病原是（E）。

A. 链球菌　B. 大肠杆菌　C. 沙门菌　D. 绿脓杆菌　E. 坏死杆菌

3. 对病灶清扩创后，宜灌注的药物是（A）。

A. 5%碘酊　B. 3%硼酸　C. 70%酒精　D. 生理盐水　E. 0.1%新洁尔灭

【例题2】某奶牛场，近日有多头泌乳奶牛跛行，且日渐严重，体温升高，食欲减退，系部球节屈曲，以蹄尖着地，趾间隙及冠部肿胀，并有小裂口、恶臭气味。

1. 该奶牛所患的蹄病是（C）。

A. 蹄底挫伤　B. 蹄裂　C. 腐蹄病　D. 蹄叶炎　E. 趾间皮炎

2. 本病的主要病因是（D）。

A. 营养不良　B. 营养过剩　C. 运动不足　D. 细菌感染　E. 运动过多

3. 治疗本病的主要原则是（E）。

A. 改善饮食　B. 抗菌消炎　C. 装蹄绷带　D. 加强运动　E. 合理修蹄

# 第七章　牛、羊产科病

## 轻装上阵

### 如何学？

- 牛、羊产科病
  - 胎儿浸溶：阴道及子宫颈黏膜红肿　摸到胎骨　取出胎儿
  - 孕畜浮肿：妊娠末期　生理现象　自行消退　限制饮水　按摩乳房
  - 绵羊妊娠毒血症：低血糖　酮血症　酮尿症　虚弱　失明　静脉输入葡萄糖
  - 子宫弛缓：继发性子宫弛缓　子宫肌疲劳　激素分泌失调　牵引术　剖腹产
  - 子宫捻转：疼痛起卧　胎儿变位　阵发性腹痛　努责　不排胎水　翻转母体　剖腹产
  - 子宫颈开张不全：雌激素、松弛素分泌不足　注射雌二醇、钙剂和葡萄糖
  - 子宫破裂：异常强烈的子宫收缩　胎儿过大　剖腹产
  - 子宫脱出：产后强烈努责　外力牵引　整复法　前低后高姿势
  - 胎衣不下：产后子宫收缩无力　阴道排出污红色恶臭液体　含胎衣　注射催产素　抗生素
  - 奶牛生产瘫痪：高产奶牛　低血钙　四肢瘫痪　体温降低　静脉注射钙剂　乳房送风
  - 牛产后截瘫：后躯神经受阻　钙、磷不足　坐骨神经、闭孔神经压迫　后躯麻痹
  - 卵巢功能不全：卵巢功能减退　卵巢组织萎缩　卵泡交替发育　激素疗法
  - 卵巢囊肿
    - 卵泡囊肿　慕雄狂　强烈发情　囊肿直径2.5cm　单个或多个　壁薄
    - 黄体囊肿　单个　壁厚　直径3.0cm　摘除囊肿　激素制剂治疗
  - 慢性子宫内膜炎：4种类型　阴道排出混浊黏液　冲洗回流液含絮状物　子宫内给药　激素疗法
  - 子宫积液
    - 阴道排出异常液体　子宫波动感　1.5～2个月大　子宫角增粗　内有液性暗区
    - 冲洗子宫法　前列腺素疗法　雌激素疗法　卵巢子宫切除术
  - 子宫积脓
    - 乏情　子宫排出脓液　子宫壁变厚　波动感　5个月大小　卵巢上有黄体
    - 冲洗子宫法　前列腺素疗法　雌激素疗法　卵巢子宫切除术
  - 睾丸炎：睾丸肿大　精索变粗　有压痛　冷敷　热敷　鱼石脂软膏
  - 附睾炎：布鲁氏菌感染　阴囊内容物紧张　精子活力下降　金霉素　摘除患侧睾丸与附睾
  - 精囊腺炎综合征：精囊腺肿胀　精液带血　腺体坚硬、粗大　小叶消失　直肠检查
  - 奶牛乳腺炎
    - 金黄色葡萄球菌　临床型乳腺炎　乳腺与乳汁可见临床变化　白细胞增多
    - 隐性乳腺炎　体细胞超50万个/mL　抗菌消炎　特殊药物治疗
  - 乳房浮肿：高产奶牛　乳房皮肤发红光亮　按摩乳房　减少多汁饲料　不得穿刺放液
  - 血乳：乳房皮肤充血　乳汁中有血凝块　严禁按摩、热敷、涂刺激性药物　酚磺乙胺

**如何考？**

本章考点在考试中主要出现在A3/A4型题中，每年分值平均3分。下列所述考点均需掌握。子宫弛缓、奶牛生产瘫痪、子宫积脓、奶牛乳腺炎等是每年考查最为频繁的内容，希望考生予以特别关注。

## 考点冲浪

### 考点1：胎儿浸溶的临床特征和诊断方法★★★

流产是奶牛妊娠期间常见的一种产科疾病，其中胎儿浸溶较少见。胎儿浸溶主要是指由于妊娠中断后，黄体退化，子宫颈管开张，细菌侵入子宫，死亡胎儿的软组织分解，变为液体流出，骨骼则留在子宫内。胎儿浸溶时，若软组织已基本液化，必须尽力将胎骨逐块取净，分离骨骼有困难时，可先将其破坏后再取出。最后用消毒液或5%~10%盐水冲洗子宫，再应用子宫收缩药促使液体排出。

临床特征：主要表现为母牛极度消瘦，经常努责，阴门排出红褐色或棕褐色难闻的黏稠油状液体，其中可夹有小骨片，最后可能排出脓汁。阴道检查发现子宫颈口开张，在子宫颈管或阴道内可摸到胎骨；阴道及子宫颈黏膜红肿。

诊断方法：胎儿浸溶最简单直接的检查方法是阴道检查，阴道检查可以发现子宫颈开张，在子宫颈或阴道内可摸到胎骨，阴道及子宫颈黏膜红肿。直肠检查，卵巢上可能无妊娠黄体，但有卵泡发育。

【例题1】奶牛，已妊娠7个月。近期发现精神沉郁，弓背，努责，阴门流出红褐色难闻黏稠液体。阴道检查发现子宫颈口开张，阴道及子宫颈黏膜红肿，在子宫颈管内可以摸到胎骨。

1. 该牛最可能发生的疾病是（B）。

A. 胎儿干尸化 B. 胎儿浸溶 C. 子宫积脓 D. 子宫内膜炎 E. 胎盘脱落

2. 进行直肠检查，卵巢上可能（C）。

A. 既有妊娠黄体存在，又有卵泡发育 B. 有妊娠黄体存在，无卵泡发育
C. 无妊娠黄体存在，有卵泡发育 D. 无妊娠黄体存在，无卵泡发育
E. 有囊肿黄体

3. 最理想的处理方法是（C）。

A. 剖腹产 B. 注射黄体酮 C. 通过产道取出胎儿
D. 注射前列腺素 E. 注射催产素

【例题2】奶牛，6岁，努责时阴门流出红褐色难闻的黏稠液体，其中偶有小骨片。主诉，配种后已确诊妊娠，但已过预产期半个月。

1. 最可能的诊断是（C）。

A. 阴道脱出 B. 隐性流产 C. 胎儿浸溶
D. 胎儿干尸化 E. 排出不足月胎儿

2. 本病例最可能伴发的其他变化是（E）。

A. 慕雄狂 B. 子宫颈关闭 C. 卵泡交替发育
D. 卵巢上有黄体存在 E. 阴道及子宫颈黏膜红肿

3. 如要进一步确诊，最简单直接的检查方法应是（A）。

A. 阴道检查　B. 直肠检查　C. 细菌学检查　D. 心电图检查　E. 血常规检查

## 考点2：孕畜浮肿的临床特点、发病原因和防治方法★★★

孕畜浮肿即妊娠浮肿，是指妊娠末期孕畜腹下、后肢及乳房等处发生水肿。浮肿面积小、症状轻者，是妊娠末期的一种正常生理现象；相反，则是病理状态。本病多见于奶牛，特别是初产奶牛，常出现乳房水肿。

生理性浮肿一般发生于分娩前1个月左右，产前10d变得显著，分娩后2周可自行消退；病理性浮肿则持续数月或整个泌乳期。

临床特点：触诊浮肿处其质地如面团，指压留痕，皮温稍低，皮肤紧张而有光泽，无全身症状。

发病原因：妊娠末期，胎儿增大，子宫体积增大，腹内压升高；妊娠母畜蛋白质不足，血浆蛋白浓度下降；孕畜运动不足；抗利尿激素、醛固酮分泌过多。

防治方法：给予富含蛋白质、维生素和矿物质的饲料；限制饮水，减少多汁饲料和食盐；适当运动，擦拭皮肤，按摩乳房。

【例题】奶牛，距预产期10d，步态强拘，食欲减退，腹部至前胸和后肢皮下水肿，质地如面团，指压留痕，精神、体温未见异常。

1. 该牛最可能发生的是（C）。

A. 肾功能不全　B. 腹壁蜂窝织炎　C. 孕畜浮肿
D. 心力衰竭　E. 食盐中毒

2. 与本病发生无直接关系的因素是（E）。

A. 腹内压升高　B. 饲料蛋白质不足
C. 机体衰弱，运动不足　D. 雌激素、醛固酮等分泌较多
E. 钠盐、钾盐摄入不足

3. 预防本病的措施之一是（A）。

A. 给予富含蛋白质的饲料　B. 减少饲料中蛋白质的用量　C. 增加青绿饲料
D. 补充盐分　E. 限制运动

## 考点3：绵羊妊娠毒血症的临床特征和治疗方法★★★★

绵羊妊娠毒血症是指妊娠末期母羊由于碳水化合物和脂肪酸代谢障碍而发生的一种以低血糖、酮血症、酮尿症、虚弱和失明为主要特征的代谢病，可以采血进行血液生化指标检查便能确诊。本病主要发生于妊娠最后一个月，多在分娩前10~20d，有时在分娩前2~3d。母羊怀双羔、三羔或胎儿过大，而自身不能满足这种营养需要，可诱发本病。

临床特征：主要表现为精神沉郁，食欲减退，运动失调，呆滞凝视，卧地不起，甚至昏睡等。本病的主要病变特征为肝脏肿大，呈土黄色，肝细胞变性坏死；肾脏、肾上腺肿大，变脆。

治疗方法：提供糖原，保护肝功能，静脉输入10%葡萄糖、维生素C；或肌内注射醋酸泼尼松或地塞米松、复合维生素B，口服乙二醇、葡萄糖和注射钙、镁、磷制剂，存活率可以达到85%以上。治疗效果不显著时，建议施行剖腹产或人工引产。

【例题】绵羊，妊娠138d，离群呆立，视力下降，反应淡漠，2d后出现衰竭、卧地不起；后期发生昏迷，呼出气体有烂苹果味。

1. 确诊本病的方法首选（B）。

A. 鼻液检查　B. 血液生化检查　C. 阴道检查　D. 血常规检查　E. 直肠检查

2. 病羊典型的剖检病变是（B）。

A. 肾脏变小、变硬　B. 肝脏肿大、呈土黄色　C. 肾上腺变小、变硬
D. 肺肿大、出血　E. 心冠脂肪出血、心包积液

3. 本病的特征性表现不包括（D）。

A. 高血脂　B. 酮尿症　C. 酮血症　D. 高血糖　E. 低血糖

## 考点4：子宫弛缓的发病原因和处理方法★★★★

子宫弛缓是指在分娩的开口期及胎儿排出期，子宫肌层的收缩频率、持续期及强度不足，以致胎儿不能排出的现象。

子宫弛缓分为原发性子宫弛缓和继发性子宫弛缓两种。原发性子宫弛缓是指分娩一开始子宫肌层收缩力就不足；继发性子宫弛缓是指开始时子宫阵缩正常，以后由于排出胎儿受阻或子宫肌疲劳等导致的子宫收缩力变弱或弛缓。

发病原因：原发性子宫弛缓主要是由于在分娩前，孕畜体内激素分泌失调（雌激素、催产素分泌不足，孕酮分泌过多）、营养不良或体质衰弱、胎儿过大或胎水过多，使子宫肌肉过度伸张等；继发性子宫弛缓通常继发于难产，见于所有动物，尤其是大动物多发。

处理方法：子宫弛缓的处理方法包括药物催产、牵引术、截胎术或剖腹产。

大动物必须及时进行手术助产，常用药物为催产素，在应用催产素前30min，可静脉滴注葡萄糖和钙剂。

牵引术：当胎水已经排出和胎儿死亡时，立即矫正异常部位，并施行牵引术。

截胎术或剖腹产：对复杂的难产，如伴有胎位、胎势异常，矫正后不易拉出或不易矫正的病例，宜采用剖腹产。

【例题】经产奶牛，分娩时排出胎儿后停止努责，30min后仍无努责迹象。产道检查发现有一胎儿位于盆腔入口处，两蹄部和鼻端位于子宫颈处。该奶牛最可能发生的疾病是（A）。

A. 继发性子宫弛缓　B. 原发性子宫弛缓　C. 子宫颈狭窄
D. 骨盆腔狭窄　E. 胎势异常

## 考点5：子宫捻转的临床特征和治疗方法★★★★

子宫捻转是指整个子宫、一侧子宫角或子宫角的一部分围绕自己的纵轴发生的扭转。捻转处多为子宫颈及其前后，多数是在临产时发生扭转。

发病原因：使母畜围绕身体纵轴急剧转动的任何动作，都成为子宫捻转的直接原因。临产时发生的子宫捻转可能是由于母畜因疼痛起卧，或胎儿转变体位引起的。

临床特征：母畜有明显的不安和阵发性腹痛，并随着病程的延长和血液循环受阻，腹痛加剧，且间歇时间缩短。弓腰，努责，但不排胎水。阴道检查发现阴道腔深部狭窄，阴道壁的前端呈顺时针螺旋状旋转，宫颈口开张不明显等。

治疗方法：临产时发生的捻转，对捻转程度小的，可选用产道内或直肠内矫正；对捻转程度较大且产道极度狭窄、手难以伸入产道抓住胎儿或子宫颈尚未开放的产前捻转，常选用翻转母体（迅速向子宫捻转方向翻转母畜身体）、剖腹矫正或剖腹产的方法。剖腹矫正可以

对病畜仰卧保定，沿腹白线右侧切口切开进行手术。

【例题1】奶牛，6岁，妊娠285d，分娩预兆明显，持续努责未见胎儿露出；检查发现两侧阴唇不对称，产道向前逐渐狭窄，只能容纳一手臂进入子宫，其他未发现异常。

1. 对本病的诊断是（A）。

A. 子宫捻转　B. 骨盆狭窄　C. 阴门狭窄　D. 阴道狭窄　E. 子宫颈狭窄

2. 对本病最有效的处理方法是（E）。

A. 牵引术　B. 阴门切开术　C. 骨盆切开术　D. 产道扩张术　E. 翻转母体术

3. 与本病发生有关的因素是（B）。

A. 首次妊娠　B. 急剧翻滚　C. 骨盆骨骨折　D. 运动不足　E. 产道发育不良

【例题2】奶牛，已妊娠285d，表现不安，后肢踢腹，脉搏96次/min。阴道检查发现阴道腔深部狭窄，阴道壁的前端呈顺时针螺旋状旋转，宫颈口开张不明显。

1. 本病首选的治疗方案是（B）。

A. 右侧卧保定，然后迅速仰翻为左侧卧

B. 左侧卧保定，然后迅速仰翻为右侧卧

C. 仰卧保定，左右侧呈45°晃动10min

D. 仰卧保定，左右侧呈60°晃动10min

E. 仰卧保定，然后迅速翻转为右侧卧

2. 【假设信息】如果经过几次翻转处理无效，选择手术矫正，适宜的切口部位是（A）。

A. 腹白线右侧切口　B. 腹白线左侧切口　C. 右侧肋弓下斜切口

D. 左肷部中下切口　E. 右肷部中切口

## 考点6：子宫颈开张不全的发病原因和处理方法★★

子宫颈开张不全是牛、羊最常见的难产病因之一，其他动物少见。

发病原因：子宫颈的肌肉组织产前受雌激素作用变软的过程较长，若阵缩过早，产出提前，或各种原因导致雌激素及松弛素分泌不足，子宫颈不能充分软化。

治疗方法：可以注射雌二醇、钙剂和葡萄糖；同时按摩子宫颈，促进子宫颈松弛。

## 考点7：子宫破裂的发病原因和治疗方法★★

子宫破裂是指动物在妊娠后期或者分娩过程中造成的子宫壁黏膜层、肌肉层和浆膜层发生破裂的现象。子宫破裂按其程度，分为不完全破裂与完全破裂两种。不完全破裂是子宫壁黏膜层或黏膜层和肌肉层发生破裂，而浆膜层未破裂；完全破裂是子宫壁三层组织都发生破裂，子宫腔与腹腔相通，子宫完全破裂的破口很小时，又称为子宫穿孔。

发病原因：主要是难产时，子宫颈开张不全，胎儿过大并伴有异常强烈的子宫收缩，胎儿异常尚未解除时就使用子宫收缩药；难产子宫捻转严重时，捻转处有时会破裂；以及助产时动作粗鲁、操作失误导致子宫破裂。

治疗方法：如果发现子宫破裂，立即根据破裂的位置与程度，决定是经产道取出胎儿还是剖腹取出胎儿，最后缝合破口。多数子宫破裂需要施行剖腹产。

## 考点8：子宫脱出的发病原因和治疗方法★★★

子宫脱出是指子宫角的前端全部翻出于阴门之外的疾病。子宫脱出多见于产程的第三期，有时则在产后数小时之内发生。产后超过 1d 发病的病畜极为少见。

发病原因：主要与产后强烈努责、外力牵引及子宫弛缓有关。

治疗方法：子宫脱出一般采取整复法进行治疗。整复法是将脱出的子宫还纳回腹腔，首先抬高后躯，牛体位保持前低后高姿势，用温消毒液对脱出子宫、外阴和尾根区域充分清洗消毒，除去黏附的污物和坏死组织，涂以抑菌防腐药。用 3% 明矾溶液冷敷、压迫，消除肿胀，可便于还纳。同时，在子宫腔内放置抗生素，施行荐尾间硬膜外麻醉，将脱出的子宫还纳回腹腔。整复后肌内注射催产素和肾上腺素可降低死亡率。

【例题】奶牛，妊娠已 265d，食欲减退，频频努责，可见一排球大小的囊状物垂于阴门之外，表面呈暗红色、水肿严重，针对本病，整复脱出物前的处置方法是（C）。

A. 酒精消毒　B. 温热盐水冲洗　C. 3% 明矾溶液冷敷、压迫

D. 0.1% 高锰酸钾热敷　E. 3% 过氧化氢冲洗

## 考点 9：胎衣不下的发病原因、临床特征和治疗方法★★★★

胎衣不下或胎膜滞留是指母畜分娩出胎儿后，胎衣在正常的时限内不能排出的现象。

发病原因：主要和产后子宫收缩无力及胎盘未成熟或老化、胎盘充血或水肿、胎盘炎症、胎盘组织构造异常等有关。

牛、羊胎盘属于上皮绒毛膜与结缔组织绒毛膜混合型胎盘，胎儿胎盘与母体胎盘联系比较紧密，是胎衣不下多见于牛、羊的主要原因。

临床特征：牛发生胎衣不下时，常常表现弓背和努责，如努责强烈，可能发生子宫脱出。胎衣在产后 1d 内就开始变性分解，从阴道排出污红色恶臭液体，病畜卧下时排出量较多，内含胎衣碎片。

治疗方法：治疗原则是防止胎衣腐败吸收，促进子宫收缩，局部和全身抗菌消炎，在条件适合时可剥离胎衣。临床上主要采取子宫腔内投放四环素、土霉素、磺胺类等，肌内注射抗生素、苯甲酸雌二醇，或皮下注射催产素等方法进行治疗，同时徒手剥离胎衣。胎衣不下时，不能注射前列腺素，因为前列腺素会促进子宫和子宫颈、阴道同时收缩，不利于胎衣和腐败物排出。

【例题】牛，产后第 2 天，表现弓背、努责，阴门中排出污红色恶臭液体，卧地时排出量较多，排出物内含变性分解的组织碎片，体温未见明显变化。

1. 最可能发生的疾病是（D）。

A. 阴道炎　B. 产后败血症　C. 产后脓毒血症

D. 胎衣不下　E. 子宫内翻

2. 治疗本病时，须促进子宫收缩，为增强催产素效果，可先行肌内注射（A）。

A. 雌二醇　B. 孕酮　C. 前列腺素　D. 地塞米松　E. 肾上腺素

3. 如果本病未及时处理，病畜体温升高时，治疗中不宜采用的方法是（B）。

A. 皮下注射催产素　B. 注射前列腺素　C. 子宫内投放抗生素

D. 肌内注射雌激素制剂　E. 用 1% 高锰酸钾溶液冲洗子宫

## 考点 10：奶牛生产瘫痪的发病原因和临床特征★★★★★

奶牛生产瘫痪又称褥热症或奶牛低钙血症，是奶牛分娩前后突然发生的一种严重的代谢性疾病。主要特征是低血钙，全身肌肉无力，知觉丧失及四肢瘫痪。通过血液生化检查来检

测血液中的离子钙浓度，若低于正常值则可确诊。

发病原因：分娩前后血钙浓度剧烈降低是本病发生的主要原因，奶牛生产瘫痪主要发生于饲养良好的高产奶牛，大多在生产后 3d 之内发病，而且发病出现于一生中产奶量最高的时期（5~8 岁）。

临床特征：主要表现为食欲减退或废绝，轻度不安、哞叫、兴奋，不愿走动，后肢交替负重，后躯摇摆，好似站立不稳，四肢肌肉震颤。精神沉郁，头部及四肢肌肉痉挛，不能保持平衡，开始鼻镜干燥，四肢及身体末端发凉，皮温降低，脉搏则无明显变化，不久，出现意识抑制和知觉丧失的特征症状。

体温降低是生产瘫痪的特征症状之一。病畜体温可能仍在正常范围之内，但随着病情的发展，体温逐渐下降，最低可降至 35℃。

治疗方法：静脉注射钙剂或乳房送风是治疗生产瘫痪最有效的常用疗法，治疗越早，疗效越高。临床上最常用的注射用钙剂是硼葡萄糖酸钙溶液，一般的剂量为静脉注射 20%~25% 硼葡萄糖酸钙 500mL，同时肌内注射 5~10mL 维丁胶性钙，有助于钙的吸收和降低复发率。另外，乳房送风疗法、应用胰岛素和肾上腺皮质激素治疗也可达到良好的效果。

预防措施：在干奶期中，最迟从产前 2 周开始，给母牛饲喂低钙高磷日粮，减少日粮中摄取的钙量，是预防生产瘫痪的有效方法。

【例题 1】高产奶牛，已产 3 胎，此次分娩后 2d，出现精神沉郁，食欲废绝，卧地不起，体温 37℃。眼睑反射微弱，头弯向胸部一侧等。

1. 本病最可能的诊断是（B）。

A. 产后截瘫　B. 生产瘫痪　C. 胎衣不下　D. 股骨骨折　E. 产后感染

2. 治疗本病有效的方法是（D）。

A. 子宫冲洗　B. 坐骨神经封闭　C. 抗菌消炎　D. 乳房送风　E. 静脉补糖

3. 【假设信息】如进一步确诊本病，可以采用的方法是（D）。

A. 直肠检查　B. 阴道检查　C. 血常规检查

D. 血液生化检查　E. 心电图检查

【例题 2】高产奶牛，6 岁，分娩后第 2 天出现精神沉郁，站立时后肢交替负重，后躯摇摆，继而卧地，四肢屈于躯干下，头向后弯向胸一侧，肢体末端冰凉，知觉丧失，针刺无反应，瞳孔散大、反射微弱。

1. 对本病有效的治疗措施是静脉注射（A）。

A. 10% 葡萄糖酸钙　B. 碳酸钙　C. 5% 碳酸氢钠

D. 10% 氯化钠　E. 林格氏液

2. 血清生化检查显著降低的是（C）。

A. 钾　B. 钠　C. 钙　D. 氯　E. 锌

3. 对本病可以进行治疗性诊断的方法是（D）。

A. 灌肠　B. 洗胃　C. 强心提神　D. 乳房送风　E. 灌服泻药

【例题 3】经产奶牛，5 岁，顺产一牛犊，产后当天精神、食欲、泌乳未见异常；产后第 2 天突发食欲废绝，精神委顿，嗜睡，四肢不能站立，卧地时头弯向左侧胸部。检查发现体温 37℃。

1. 进一步确诊该疾病的检查方法是（C）。

A. 血常规检查 B. 尿常规检查 C. 血液生化检查 D. X 线检查 E. B 超检查

2. 与本病发生最相关的因素是（D）。

A. 分娩状态 B. 产犊数 C. 繁殖率 D. 产奶量 E. 产犊季节

3. 防止本病发生的有效方法之一是在妊娠期给予（B）。

A. 高钙高磷饲料 B. 低钙高磷饲料 C. 富含钙、铁饲料

D. 富含磷、镁饲料 E. 富含维生素 A 饲料

## 考点 11：牛产后截瘫的发病原因★★

牛产后截瘫是指牛在分娩的过程中由于后躯神经受阻，或者由于钙、磷及维生素 D 不足而导致产后后躯不能起立的严重代谢性疾病。

发病原因：常见的是难产时间过长，或强力拉出胎儿，使坐骨神经及闭孔神经受到胎儿躯体的粗大部分长时间压迫或挫伤，引起麻痹。

## 考点 12：卵巢功能不全的发病原因、临床特征和治疗方法★★★★★

卵巢功能不全是指包括卵巢功能减退、组织萎缩、卵泡萎缩及交替发育等在内的，由卵巢功能紊乱所引起的各种异常变化。

发病原因：卵巢功能减退和组织萎缩，主要是子宫疾病、全身性的严重疾病，以及饲养管理和利用不当，使家畜身体乏弱所致。此外，气候的变化或者对当地的气候不适应，也可引起卵巢功能暂时性减退。饲料中营养成分不全，特别是维生素 A 不足可能与本病有关。

临床特征：卵巢功能减退主要表现为发情周期延长或者长期不发情，发情的外表症状不明显，或者出现发情症状，但不排卵。直肠检查卵巢的形状和质地没有明显的变化，但摸不到卵泡或黄体，有时只可能在一侧的卵巢上感觉到有一个很小的黄体遗迹。

卵巢组织萎缩：母畜不发情，卵巢往往变硬，体积显著缩小，母牛的仅如豌豆一样大，母马的如鸽蛋大，卵巢中既无卵泡又无黄体。子宫的体积也会缩小。

卵泡交替发育：母畜发情时，一侧卵巢上正在发育的卵泡停止发育，开始萎缩，而在对侧卵巢上又有数目不等的新卵泡出现并发育，但发育至某种程度又开始萎缩，此起彼落，交替不已。卵泡交替发育的外表发情症状，随着卵泡发育的变化有时旺盛，有时微弱，连续或断续发情，发情期拖延很长。

治疗方法：治疗原则是改善饲料质量，增加日粮中的蛋白质、维生素和矿物质数量，增强卵巢的功能。

对于卵巢功能减退，治疗原则是增强卵巢的功能，一般采用激素疗法，可以使用促使卵巢发育及功能恢复的促性腺激素类药物，如促卵泡素、人绒毛膜促性腺激素等。

【例题】奶牛产后 65d 内，未见明显的发情表现，直肠检查卵巢上有一个小的黄体遗迹，但无卵泡发育，卵巢的质地和形状无明显变化。

1. 该牛可能患有的疾病是（D）。

A. 卵泡萎缩 B. 卵巢萎缩 C. 持久黄体

D. 卵巢功能减退 E. 卵巢发育不良

2. 治疗本病最适宜的药物是（E）。

A. 黄体酮 B. 丙酸睾酮 C. 地塞米松 D. 前列腺素 E. 促卵泡素

3. 与本病无关的病因是（B）。

A. 子宫疾病　　B. 急性乳腺炎　　C. 气候不适应
D. 饲养管理不当　　E. 维生素 A 缺乏

## 考点 13：卵巢囊肿的临床特征和治疗方法★★★★★

卵巢囊肿是指卵巢上有卵泡状结构，其直径超过 2.5cm，存在的时间在 10d 以上，同时卵巢上无正常黄体结构的一种病理状态。本病最常见于奶牛和猪，是引起牛发情异常和不育的重要原因之一。按照发生囊肿的组织结构不同，卵巢囊肿分为卵泡囊肿和黄体囊肿。

卵泡囊肿壁较薄，呈单个或多个存在于一侧或两侧卵巢上；黄体囊肿一般多为单个，存在于一侧卵巢上。

临床特征：慕雄狂是卵泡囊肿的一种症状表现，特征是持续而强烈地表现发情行为，如无规律的、长时间或连续性的发情、不安。偶尔接受其他牛爬跨或公牛交配，病牛常由于过多的运动而体重减轻。表现为乏情的牛长时间不出现发情征象，有时可长达数月。直肠检查囊肿卵巢为圆形，表面光滑，有充满液体、突出于卵巢表面的结构，其大小比排卵前的卵泡大，直径通常为 2.5cm 左右，直径超过 5cm 的囊肿不多见。

卵泡壁的厚度差别很大，卵泡囊肿的壁薄且容易破裂；而黄体囊肿的壁很厚，囊肿可能是一个，也可能为多个，由未排卵的卵泡壁上皮黄体化而引起，所以又称为黄体化囊肿。一侧卵巢比对侧正常卵巢约大一倍，其表面有一个直径为 3.0cm 的突起，触摸该突起感觉壁厚，子宫未触及妊娠变化。

治疗方法：一般采取摘除囊肿，或使用促黄体素、促性腺激素释放激素等各种激素制剂的方法治疗。

【例题】经产母牛，表现持续而强烈的发情行为，体重减轻。直肠检查发现卵巢为圆形，有突出于表面的直径约 2.5cm 的结构，触诊该突起感觉壁薄。2 周后复查，症状同前。该牛可能发生的疾病是（A）。

A. 卵泡囊肿　　B. 黄体囊肿　　C. 卵巢萎缩
D. 卵泡交替发育　　E. 卵巢功能不全

## 考点 14：慢性子宫内膜炎的发病原因、临床特征和治疗方法★★★★

慢性子宫内膜炎是指子宫黏膜慢性发炎，牛比较常见，是不育的重要原因之一。慢性子宫内膜炎根据炎症性质不同，分为隐性子宫内膜炎、慢性卡他性子宫内膜炎、慢性卡他性脓性子宫内膜炎和慢性脓性子宫内膜炎 4 种类型。

发病原因：慢性子宫内膜炎多继发于分娩异常，如流产、胎衣不下、早产、双胎、难产及子宫的其他疾病，如子宫炎、子宫积脓、产道损伤等，常引起子宫复旧延迟、子宫内膜恢复缓慢及延迟受孕。

临床特征：阴门流出少量黏性分泌物，阴道检查未见阴道壁肿胀，子宫颈稍张开，直肠检查未见子宫内有明显的内容物，子宫壁厚，收缩反应弱等。

隐性子宫内膜炎：不表现临床症状，子宫无肉眼可见的变化，直肠检查及阴道检查无异常变化，发情期正常，但屡配不育。一般通过检查冲洗回流液，将冲洗回流液静置后发现有沉淀，或偶尔见到有蛋白质样或絮状浮游物，即可做出诊断。

慢性卡他性子宫内膜炎：发情周期正常，但屡配不育，或者发生早期胚胎死亡。从子宫及阴道中常排出一些混浊的黏稠液体，卧地时排出量较多。子宫黏膜松软肥厚，有时甚至发生溃疡和结缔组织增生。

慢性卡他性脓性子宫内膜炎：表现为精神不振，食欲减退，逐渐消瘦，体温略高，发情周期不正常，阴门中经常排出灰白色或黄褐色的稀薄脓液或黏稠脓性分泌物。

治疗方法：治疗原则为抗菌消炎，促进炎性产物的排出和子宫机能的恢复。临床上一般采取子宫冲洗疗法（可使用温热的、非刺激性的消毒液冲洗子宫，如0.1%高锰酸钾等；也可用5%氯化钠溶液，以促进炎性产物的排出，防止吸收中毒）、子宫内给药、激素疗法（可以使用氯前列烯醇，或注射雌激素和催产素，以促进炎性产物的排出和子宫机能的恢复；严禁使用孕激素）和胸膜外封闭疗法等进行治疗。若产后子宫内膜炎未及时治疗，体温升高至42℃，且连续几天不退，精神极度沉郁，全身症状明显，表明致病微生物在子宫内大量繁殖，产生毒素，进入血液，会导致败血症或脓毒血症。

【例题1】奶牛，6岁，产后4d，体温38.5℃，阴门流出少量黏性分泌物，阴道检查未见阴道壁肿胀，子宫颈稍张开，直肠检查未见子宫内有明显的内容物，子宫壁厚，收缩反应弱。

1. 该牛最可能发生的疾病是（A）。

A. 产后子宫内膜炎　B. 子宫积液　C. 子宫积脓

D. 产后败血症　E. 增生性子宫肌炎

2. 治疗时最适宜的子宫冲洗液是（A）。

A. 0.1%高锰酸钾　B. 1%洗必泰　C. 1%苯扎溴铵

D. 1%利凡诺　E. 2%聚维酮碘

3. 促进子宫内容物排出不宜选择的药物是（E）。

A. 催产素　B. 前列腺素　C. 麦角新碱　D. 氨甲酰胆碱　E. 孕酮

【例题2】奶牛，3岁，发情表现正常，食欲、体温正常，但常从阴道中排出一些混浊黏液，发情时排出量较多，配种不育，冲洗子宫的回流液像淘米水。

1. 该牛最可能患的疾病是（B）。

A. 子宫积液　B. 隐性子宫内膜炎　C. 慢性脓性子宫内膜炎

D. 慢性卡他性脓性子宫内膜炎　E. 慢性卡他性子宫内膜炎

2. 对该牛冲洗子宫时，首选的冲洗液是（A）。

A. 5%氯化钠溶液　B. 3%葡萄糖溶液　C. 生理盐水

D. 0.05%苯扎溴铵溶液　E. 0.01%高锰酸钾溶液

3. 促进子宫收缩及子宫内炎性物排出，可以注射（A）。

A. 雌激素和催产素　B. 黄体酮和雌激素　C. 人绒毛膜促性腺激素

D. 马绒毛膜促性腺激素　E. 促黄体素和促卵泡素

【例题3】奶牛，4岁，产后5d，精神沉郁，食欲减退，产奶量下降，体温40℃。从阴道内排出棕红色臭味分泌物，卧地时排出量较多。

1. 本病初步的诊断是（B）。

A. 产后阴道炎　B. 产后子宫内膜炎　C. 慢性子宫内膜炎

D. 产后阴门炎　E. 胎衣不下

2. 不属于本病发生的诱因是（D）。

A. 子宫弛缓　B. 布鲁氏菌感染　C. 胎衣不下

D. 体表外伤　E. 胎儿浸溶

3.【假设信息】若未及时治疗，体温升高至42℃，且连续几天不退，精神极度沉郁，全身症状明显，本病最可能的诊断是（C）。

A. 子宫蓄脓　　B. 慢性子宫内膜炎　　C. 产后败血症
D. 产后菌血症　　E. 生产瘫痪

## 考点15：子宫积液的发病原因、临床特征和治疗方法★★★★

子宫积液是指子宫内积有大量棕黄色、红褐色或灰白色的稀薄或黏稠液体，蓄积的液体稀薄如水者，也称子宫积水。

发病原因：子宫积液一般多发于产后早期，常继发于子宫内膜炎，但长期患有卵巢囊肿、卵巢肿瘤、持久处女膜，单用子宫，假孕及受到雌激素或孕激素长期刺激的母畜也可发病。

临床特征：大多数病畜子宫壁变薄，积液可出现在一个子宫角，也可两个子宫角均有，从阴道排出异常液体，并黏附在尾根或后肢上，甚至结成干痂。阴道检查时，发现阴道内积有液体，颜色为黄色、红色、褐色、白色或灰白色。直肠检查发现，子宫壁较薄，触诊子宫有软的波动感，其体积大小与母牛妊娠1.5~2个月的相似，两个子宫角的大小可能相等，子宫角液体相互流动，经常变化不定，卵巢上可能有黄体。B超探查，可见双侧子宫角增粗，内有液性暗区。

治疗方法：临床上一般采用冲洗子宫法、前列腺素疗法、雌激素疗法和卵巢子宫切除术等进行治疗。

冲洗子宫法：治疗子宫积液和子宫积脓行之有效的常用方法。常用的冲洗液有0.02%~0.05%高锰酸钾、0.01%~0.05%苯扎溴铵。也可将抗生素溶于大量生理盐水作为冲洗液使用，效果更好。

前列腺素疗法：对子宫积液的病牛，应用前列腺素治疗，效果良好。注射后24h左右可使子宫中的液体排出，液体排空后，可用抗生素溶液灌注子宫，消除或防止感染。

雌激素疗法：雌激素能诱导黄体退化，引起发情，促使子宫颈开张，便于子宫液体排出。

卵巢子宫切除术：一般用于治疗和预防卵巢子宫疾病，如卵巢囊肿、子宫积液、子宫积脓、卵巢肿瘤等。手术术式中寻找卵巢后，如牵引卵巢困难，可以先撕断卵巢系膜上的悬韧带，结扎子宫体和子宫动脉、静脉，再切断子宫体，去除子宫和卵巢。

【例题】一头成年奶牛，乏情，直肠检查子宫大小与妊娠2个月的相似，子宫壁薄，波动极其明显，两侧子宫角容积大小可变动。

1. 本病初步诊断为（B）。

A. 子宫积脓　　B. 子宫积液　　C. 卵巢功能不全
D. 隐性子宫内膜炎　　E. 慢性子宫内膜炎

2. 与本病无关的是（B）。

A. 卵巢囊肿　　B. 卵巢静止　　C. 继发于子宫内膜炎
D. 子宫内膜囊肿性增生　　E. 子宫受雌激素长期刺激

## 考点16：子宫积脓的发病原因、临床特征和治疗方法★★★★★

子宫积脓是指子宫腔中蓄积脓性或黏脓性液体，多由脓性子宫内膜炎发展而成，特点为子宫内膜出现炎症病理变化，多数病畜卵巢上存在有持久黄体，往往不发情。

发病原因：子宫积脓一般多发于产后早期，而且常继发于分娩期疾病，如难产、胎衣不下及子宫炎等。

临床特征：特征性症状是乏情，卵巢上存在持久黄体及子宫内积有脓性和黏脓性液体，数量不等，当躺下或排尿时从子宫中排出脓液，并黏附在尾根或后肢上，甚至结成干痂。阴道检查时，发现阴道内积有脓液，颜色为黄色、白色或灰绿色。直肠检查发现，子宫壁变厚，并有波动感，子宫体积的大小与母牛妊娠6周至5个月的相似，两个子宫角的大小可能不相等，但对称者更为常见。

治疗方法：参照子宫积液的治疗方法。

【例题】奶牛，产后4个月，一直未见发情，从阴道中排出少量异常分泌物，但无全身症状。直肠检查感觉子宫体积明显增大、呈袋状，子宫壁增厚、有柔性的波动感；阴道检查见有大量灰黄色脓液。该牛最有可能发生的子宫疾病是（D）。

A. 隐性子宫内膜炎　　B. 慢性卡他性子宫内膜炎　　C. 慢性脓性子宫内膜炎

D. 子宫积脓　　E. 子宫积液

## 考点17：睾丸炎的临床特征和治疗方法★★

睾丸炎是指由损伤和/或感染引起睾丸的各种急性和慢性炎症，多见于牛、羊。

临床特征：急性睾丸炎表现为睾丸肿大，发热，疼痛，阴囊发亮。病畜站立时弓背，后肢广踏，步态强拘，拒绝爬跨；触诊发现睾丸紧张，鞘膜腔内积液，精索变粗，有压痛。慢性睾丸炎主要表现为睾丸热痛症状不明显，组织逐渐纤维变性，弹性消失，硬化、变小、产精子能力降低或消失。

治疗方法：急性睾丸炎病畜应停止使用，安静休息，早期冷敷，后期热敷。局部涂擦鱼石脂软膏，注射盐酸普鲁卡因青霉素溶液。

## 考点18：附睾炎的临床特征和治疗方法★★

附睾炎是指以附睾出现炎症并导致精液变性和精子肉芽肿为主要特征的一种疾病，多见于公羊。主要病原是流产布鲁氏菌和马耳他布鲁氏菌。

临床特征：呈现特殊的化脓性附睾炎与睾丸炎症状。公畜疼痛，不愿交配，叉腿行走，后肢拘强，阴囊内容物紧张，肿大；精子活力下降，畸形精子百分比增加。

治疗方法：使用金霉素和硫酸双氢链霉素治疗；无效者，种羊摘除患侧睾丸与附睾。

## 考点19：精囊腺炎综合征的临床特征★★

精囊腺炎常见于公牛，往往波及壶腹、附睾、前列腺、尿道球腺、尿道、膀胱、输尿管和肾脏，因此将精囊腺炎及其并发症合称为精囊腺炎综合征。

临床特征：急性炎症精液带血，可见炎性成分。慢性病例无明显临床症状。直肠检查发现急性炎症期双侧或单侧精囊腺肿胀、增大，分叶不明显。触摸有痛感，壶腹可能增大、变硬。慢性病例腺体纤维化变性、坚硬、粗大，小叶消失，触摸痛感不明显。

诊断方法：直肠检查是临床上常用的检查方法，可以发现精囊腺肿胀、增大，分叶不明显；慢性病例腺体纤维化变性，腺体坚硬。

## 考点20：奶牛乳腺炎的临床特征、诊断方法和治疗方法★★★★★

奶牛乳腺炎是指因微生物感染或理化因子刺激引起的一种奶牛乳腺炎症，其特点是乳汁中体细胞，尤其是白细胞增多，以及乳腺组织发生病理变化。

发病原因：引起奶牛乳腺炎的病因复杂，病原微生物感染是乳腺炎发生的主要原因。根据其来源和传播方式，分为传染性微生物和环境性微生物两大类，前者主要包括金黄色葡萄球菌、无乳链球菌、停乳链球菌和支原体等，后者主要有牛乳腺链球菌、大肠杆菌、克雷伯氏菌和铜绿假单胞菌等。其中以金黄色葡萄球菌、链球菌和大肠杆菌为主。

临床特征：根据乳腺和乳汁有无肉眼可见变化，乳腺炎分为非临床型（亚临床型）乳腺炎、临床型乳腺炎和慢性乳腺炎 3 类。

非临床型乳腺炎：又称为隐性乳腺炎，乳腺和乳汁通常无肉眼可见的变化，但乳汁电导率、体细胞数、pH 等理化性质已发生变化，必须采用特殊的理化方法才可检出。

临床型乳腺炎：乳腺和乳汁有肉眼可见的临床变化。轻度临床型乳腺炎主要表现为触诊乳房无明显异常，或有轻度发热、疼痛或肿胀，乳汁有絮状物或凝块，有的变稀，pH 偏碱性，体细胞数和氯化物含量增加；重度临床型乳腺炎表现为乳区急性肿胀，皮肤发红，触诊乳房发热，有硬块，疼痛敏感，常拒绝触摸，乳房肿胀，乳汁稀薄，产奶量减少，乳汁为黄白色或血清样，内有凝块。

慢性乳腺炎：通常是由于急性乳腺炎没有及时处理或由于持续感染，而使乳腺组织处于持续性发炎的状态，一般临床症状可能不明显，全身也无异常，但产奶量下降，体细胞数明显增加，达 50 万个/mL 以上。

诊断方法：临床型乳腺炎根据乳房、乳汁的病理变化，可以做出诊断；而隐性乳腺炎一般采取乳汁体细胞计数、乳汁电导率、酶学检测等方法进行诊断。其中乳汁体细胞计数发现乳汁体细胞（包括巨噬细胞、淋巴细胞、多形核中性粒细胞和少量的乳腺组织上皮细胞）数明显增加，超过 50 万个 /mL。正常乳汁中含体细胞 2 万 ~20 万个 /mL。

治疗方法：主要是针对临床型乳腺炎，可使用抗生素和抗菌消炎的化学药物进行治疗，也可以使用特殊药物进行治疗。

乳腺炎治疗的特殊药物，主要指一些激素、因子和酶类，包括地塞米松、异氟尼龙等糖皮质激素类药物；阿司匹林、安乃近、保泰松等非类固醇类药物；白细胞介素、集落刺激因子、干扰素和肿瘤坏死因子等免疫调节因子；细菌素、抗菌肽和溶菌酶等。

【例题】某奶牛，1 个月前曾发生急性乳腺炎，经治疗已无临床症状，乳汁也无肉眼可见变化，但产奶量一直未恢复，乳汁检测结果体细胞计数 55 万个 /mL。对该牛的诊断是（D）。

A. 已恢复正常　B. 有乳腺增生　C. 有乳腺肿瘤
D. 有慢性乳腺炎　E. 有急性乳腺炎

## 考点 21：乳房浮肿的临床特征和治疗方法★★★

乳房浮肿是指乳腺皮下和间质组织液体过量蓄积形成的乳房浆液性水肿，可导致乳房下垂，产奶量降低，并诱发乳房皮肤病和乳腺炎。第一胎及高产奶牛发病较多。

临床特征：一般是整个乳房的皮下间质发生水肿，以乳房下半部较为明显，也有水肿局限于两个乳区或一个乳区的，乳房皮肤发红光亮，无热无痛，指压留痕。严重的水肿可波及乳房基底前缘、下腹、胸下、四肢和阴门。

治疗方法：对于产前出现的乳房肿胀，一般在产后逐渐消肿，不需要治疗。可以适当增加运动，每天按摩乳房和冷热水交换擦洗 3 次，减少精饲料和多汁饲料，适量减少饮水等，都有助于水肿的消退。病程长和严重的病例需用药物治疗，但不得穿刺皮肤放液，口服氢氯噻嗪或氯噻嗪效果良好。

【例题】奶牛妊娠后期，体温 39.2℃，乳房下半部皮肤发红，指压留痕，热痛不明显。对该牛合理的处理措施是（C）。

A. 注射氯前列烯醇　　B. 乳头内注射抗生素　　C. 减少精饲料和多汁饲料
D. 在乳房基部注射抗生素　　E. 乳房皮下穿刺放液消肿

## 考点 22：血乳的临床特征和治疗方法★★

血乳是指挤出的乳汁中呈深浅不等的血红色，是各种原因造成腺泡周围组织血管破裂，血液流出，混入乳汁。本病主要见于奶牛和奶山羊。

乳房深部创伤也会出现红色乳汁，但通常见于一个乳区，且该乳区表面有刺伤，乳汁通过创口外渗形成“血乳”。

临床特征：发病突然，损伤乳区肿胀，乳房皮肤充血，局部温度升高，挤乳时有痛感。乳汁稀薄、红色，乳汁中可能混有血凝块。血管破裂造成血乳，一般无全身症状，但血小板减少症病牛，全身症状明显。

治疗方法：停喂精饲料和多汁饲料，减少食盐和饮水，减少挤乳次数，保持乳房安静，严禁按摩、热敷和涂刺激性药物。出血量大者，可以使用止血药酚磺乙胺（止血敏）、维生素 K。

【例题】奶牛，4 个乳区乳汁均呈红色，持续 2d 不见好转；乳房无明显血肿，无全身症状，乳汁于试管静置后，红色部分下沉，上层乳汁无异常变化。

1. 本病最可能的诊断是（B）。

A. 慢性乳腺炎　　B. 血乳　　C. 乳房坏疽
D. 漏乳　　E. 亚临床型乳腺炎

2. 适宜的处置方法是（D）。

A. 注射抗生素　　B. 增加挤乳次数　　C. 乳房按摩、热敷
D. 注射维生素 K　　E. 补充多汁饲料

3. 【假设信息】如果红色乳汁仅见于一个乳区，且该乳区表面有刺伤，可见乳汁通过创口外渗。该牛可能发生的是（D）。

A. 血乳　　B. 出血性乳腺炎　　C. 乳房轻度创伤
D. 乳房深部创伤　　E. 漏乳

# 第四篇

## 犬、猫病

# 第一章 犬、猫传染病

## 轻装上阵

### 如何学？

**犬、猫传染病**

- **犬瘟热**：双相热 急性卡他性炎症 神经症状 厚足底病 红色嗜酸性包涵体 RT-PCR
- **犬细小病毒病**：肠炎型 心肌炎型 呕吐 腹泻 白细胞减少 番茄汁样稀粪 HA HI
- **犬传染性肝炎**：腺病毒 触诊肝区疼痛 腹泻 呕吐 水肿 康复期白内障 核内包涵体
- **狂犬病**：恐水症 神经狂暴 意识障碍 细胞质内氏小体 樱桃红色 犬、猫计划免疫
- **犬冠状病毒性腹泻**：呕吐 腹泻 脱水 易复发 白细胞正常 花冠状病毒粒子
- **猫泛白细胞减少症**：猫瘟热 3～5月龄 细小病毒 双相高热 腹泻 呕吐 白细胞减少
- **猫传染性腹膜炎**：渗出型 腹水 腹部膨大 非渗出型 肝脏、肾脏、眼、神经损伤 病死率为100%
- **猫艾滋病**：免疫缺陷病毒 急性期 无症状期 慢性期 进行性消瘦 恶性肿瘤 继发感染

### 如何考？

本章考点在考试中主要出现在A3/A4型题中，每年分值平均3~6分。下列所述考点均需掌握。犬瘟热、猫泛白细胞减少症、猫传染性腹膜炎等是每年考查最为频繁的内容，希望考生予以特别关注。

## 考点冲浪

### 考点1：犬瘟热的临床特征、诊断方法和预防措施★★★★★

犬瘟热是由犬瘟热病毒引起的主要发生于犬的一种急性、接触性传染病。犬瘟热病毒属于副黏病毒科，具有血凝素活性，而无神经氨酸酶活性。临床特征为双相热、急性鼻（支气管、肺、胃肠）卡他性炎症和神经症状，鼻端干燥，鼻、眼流浆液性至脓性液体。少数患病犬可在皮肤上形成湿疹样病变，足底皮肤过度角化而增厚，所以又称厚足底病。

流行特征：犬科动物（包括狼、豺）、貂科动物、鼠科动物以及野生动物均易感，主要通过消化道、呼吸道、眼结膜和胎盘传播。

临床特征：急性型病犬体温升高，持续2d，下降到常温，而后又再次升高，并伴有严重的白细胞减少症，表现为双相热，常见呕吐，出现肺炎，严重病例发生腹泻；慢性病例表现为癫痫、转圈，或共济失调，或颈部强直，肌肉痉挛，还遗留舞蹈病。病变特征是在患病犬的组织细胞可观察到椭圆形或圆形的嗜酸性包涵体，特别是在呼吸器官、泌尿道、膀胱、肠黏膜上皮细胞细胞质内。

幼犬在7日龄内感染时出现心肌炎，双目失明。

诊断方法：刮取患病犬鼻（舌、结膜等）黏膜或者死亡犬膀胱黏膜，做成涂片，进行包涵体检查，细胞质内的红色嗜酸性包涵体有良好的诊断价值。中和试验、荧光抗体技术、

ELISA、核酸探针技术、RT-PCR（采集眼鼻分泌物等病料进行快速诊断）等可以用于犬瘟热的特异性诊断。

预防措施：免疫接种是预防犬瘟热最有效的方法。一般2月龄首免，3~4月龄加强免疫，以后每半年加强免疫一次。

【例题 1】京巴犬，雌性，5月龄，未免疫，近日精神沉郁，食欲减退，呕吐，面部抽搐，大量流涎。临床检查，体温40℃，持续2d后下降，过2d又升高，病犬扁桃体红肿，眼结膜高度潮红，眼鼻处有脓性分泌物。

1. 本病最可能的诊断是（B）。

A. 狂犬病　B. 犬瘟热　C. 犬细小病毒病

D. 犬传染性肝炎　E. 犬钩端螺旋体病

2. 本病的主要传播途径是（D）。

A. 消化道　B. 呼吸道　C. 生殖道

D. 呼吸道和消化道　E. 生殖道和消化道

3. 本病的病理变化不包括（C）。

A. 皮疹　B. 卡他性肠炎　C. 心肌炎　D. 神经炎　E. 足垫增厚

【例题 2】德国牧羊犬，雌性，7月龄，未免疫，体温40.5℃，精神沉郁，眼和鼻有脓性分泌物，鼻镜干燥，足垫硬实。

1. 引起本病的病毒属于（A）。

A. 副黏病毒科　B. 细小病毒科　C. 腺病毒科　D. 弹状病毒科　E. 冠状病毒科

2. 本病例血常规检查的特征为（B）。

A. 白细胞总数增多　B. 白细胞总数减少　C. 中性粒细胞增加

D. 血小板减少　E. 嗜酸性粒细胞增多

3. 最适宜做快速诊断的样本是（A）。

A. 眼鼻分泌物　B. 腹腔渗出液　C. 胸腔渗出液　D. 关节液　E. 尿液

## 考点 2：犬细小病毒病的临床特征、诊断方法和预防措施★★★★

犬细小病毒病又称犬传染性出血性肠炎，是由犬细小病毒引起的一种急性传染病。临床表现为肠炎型和心肌炎型。肠炎型以剧烈呕吐、血水样腹泻、脱水、白细胞显著减少、小肠出血性坏死性肠炎为特征；心肌炎型以急性非化脓性心肌炎为特征。

肠炎型：常发于青年犬，主要表现为突然呕吐，继而腹泻，粪便呈黄色或灰黄色，覆以大量黏液和假膜，接着排番茄汁样稀粪，有难闻的恶臭味。体温升高，白细胞总数显著减少，转氨酶指数上升。

心肌炎型：多发于幼犬，突然发病，很快死亡，表现为呼吸困难，脉快而弱，可视黏膜苍白，心律不齐，常因心力衰竭而死亡。特征病变为心肌呈白色条纹状，左心室壁变薄，心肌纤维内有核内包涵体。

犬细小病毒病的病变特征表现为胃和十二指肠空虚或有稀薄液体，黏膜轻度潮红、肿胀；空肠和回肠的病变最严重且具有特征性，肠壁呈不同程度的增厚，肠管增粗，肠腔狭窄，充满血粥样内容物；黏膜潮红、肿胀，散布斑点状或弥漫性出血，并形成厚的黏膜皱褶；小肠绒毛受损导致病犬脱水、贫血。

诊断方法：微量 HA 试验和 HI 试验、荧光抗体技术、ELISA 等方法可用于本病的特异性快速诊断。

预防措施：常用疫苗有犬细小病毒弱毒苗，以及二联苗、三联苗、四联苗和五联苗。一般于出生后 6~8 周龄进行首免，10~12 周龄二免，14~16 周龄三免，以后每年加强免疫 1 次。母犬则在产前 3~4 周免疫接种。

【例题】德国牧羊犬，3 月龄，雌性，5kg，未进行免疫。突然发病，体温 39.8℃，抗菌药物治疗未见好转。临床检查，病犬精神极度沉郁，眼窝凹陷，可视黏膜苍白，皮肤弹性降低，呕吐，腹部蜷缩，触诊敏感，排番茄酱样稀粪，有腥臭味。

1. 本病可初步诊断为（A）。

A. 犬细小病毒病　　B. 犬轮状病毒病　　C. 犬冠状病毒病

D. 犬大肠杆菌病　　E. 犬沙门菌病

2. 血常规检查，该病犬最常出现的指标变化是（C）。

A. 红细胞总数减少　　B. 中性粒细胞增加　　C. 白细胞总数减少

D. 血小板减少　　E. 血小板增加

3. 导致病犬脱水、贫血的主要原因是（A）。

A. 小肠绒毛受损　　B. 毒血症　　C. 肝脏损伤

D. 肾脏损伤　　E. 脑损伤

## 考点 3：犬传染性肝炎的临床特征、病变特征和预防方法★★★

犬传染性肝炎是由犬腺病毒感染引起的一种犬的急性、高度接触性、败血性传染病。病变特征为血液循环障碍，肝小叶中心坏死、肝实质和内皮细胞出现核内包涵体。目前，本病呈世界性分布。

临床特征：体温升高到 40~41℃，呈“马鞍形”曲线。触压腹部肝区，有痛感而出现呻吟。病犬黏膜苍白，扁桃体肿大，多有腹泻和呕吐症状，在腹部、头颈部、眼睑处常见水肿。病犬多在 2 周内死亡或康复，部分病犬在康复期出现角膜混浊，呈白色或蓝白色（白内障），经过 2~3d 可以自然恢复。

病变特征：肝脏肿大，肝小叶中心坏死，胆囊壁水肿和出血，有纤维蛋白沉着，全身较大的淋巴结如肠系膜淋巴结、颈淋巴结出血，脾脏肿大，胸腺出血。肝脏、脾脏、淋巴结、肾脏等切片或抹片，染色镜检，可以检查到肝实质和内皮细胞有圆形或椭圆形核内包涵体。

预防方法：免疫接种是预防犬传染性肝炎最有效的方法，一般 2 月龄首免，3 月龄加强免疫，以后每年加强免疫一次。

【例题】北京犬，已免疫，发病 2d，精神沉郁，食欲减退，粪臭、色浅。眼结膜黄染，肝浊音区扩大，触诊疼痛。腹部 X 线检查显示肝区明显超出最后肋。病犬在康复期出现角膜混浊，呈白色或蓝白色（白内障），经过 2~3d 可以自然恢复。

1. 检查首选血液（C）。

A. 血常规检查　　B. 肾功能检查　　C. 肝功能检查

D. 心肌损害指标　　E. 胰腺损害指标

2. 血液生化检查，无诊断意义的指标是（A）。

A. 肌酐 B. 总蛋白 C. 胆红素 D. 胆汁酸 E. 胆固醇

3. 血清酶检查，无诊断意义的指标是（A）。

A. 肌酸激酶 B. 碱性磷酸酶 C. γ-谷氨酰转移酶

D. 丙氨酸氨基转移酶 E. 天冬氨酸氨基转移酶

【解析】目前常用的肝功能检查指标有总蛋白、胆红素、胆汁酸、胆固醇、天冬氨酸氨基转移酶、丙氨酸氨基转移酶、γ-谷氨酰转移酶、碱性磷酸酶等血清酶；肌酐为肾功能指标，肌酸激酶为肌肉损害的检查指标。

## 考点4：狂犬病的临床特征、诊断方法和防控措施★★★★

狂犬病又称恐水症，是由狂犬病病毒引起人和动物的一种接触性传染病，特征是患病动物或人出现极度的神经兴奋、狂暴和意识障碍，最后全身麻痹而死亡。本病的传播具有明显的连锁性。在患病动物体内，以中枢神经组织、唾液腺和唾液中的含毒量最高。

临床特征：初期病犬精神沉郁，不愿和人接近，意识模糊，食欲反常，喜食异物或性情狂暴，常攻击人和动物；后期尾巴下垂，流涎，恐水，最后衰竭死亡。

诊断方法：将病犬脑组织、猫大脑海马角和小脑及延脑组织做切片，进行组织学检查，观察有无内氏小体，若在神经元细胞质内发现特殊的嗜酸性包涵体（内氏小体），即可确诊。将脑组织触片浸入 Seller 染色液进行染色，镜检发现内氏小体呈樱桃红色，细胞核呈深蓝色，细胞质呈蓝紫色，间质呈粉红色。

由于病初不容易找到内氏小体，常用发病动物脑组织肌内接种 30 日龄内的小鼠，小鼠接种后 9~11d 麻痹死亡，死前 1~2d 发生兴奋和麻痹。

防控措施：及时发现并扑杀患病动物，对犬、猫进行计划免疫。若人被咬伤，先用碱性肥皂水处理伤口，并迅速紧急接种狂犬病疫苗。

【例题】家猫，雌性，未免疫。近日喜躲阴暗处，并发出刺耳的粗粝叫声。受刺激后狂暴，曾凶猛攻击主人和其他动物。病猫大量流涎，病后期下颌、尾巴下垂。

1. 本病可初步诊断为（E）。

A. 口炎 B. 齿龈炎 C. 唾液腺炎 D. 咽炎 E. 狂犬病

2. 【假设信息】如病猫衰竭死亡，细胞质内出现内氏小体的组织是（A）。

A. 脑 B. 心脏 C. 肝脏 D. 脾脏 E. 肺

3. 该病猫感染的病原属于（A）。

A. 病毒 B. 细菌 C. 支原体 D. 衣原体 E. 原虫

4. 该病猫大量流涎的原因是（A）。

A. 神经麻痹 B. 狂躁 C. 口炎 D. 咽炎 E. 唾液腺炎

## 考点5：犬冠状病毒性腹泻的临床特征和诊断方法★★

犬冠状病毒性腹泻又称犬冠状病毒病，是由犬冠状病毒引起的一种临床上以呕吐、腹泻、脱水和易复发为特征的高度接触性传染病。幼犬危害严重，死亡率很高。

临床上感染犬表现为突然腹泻，间有呕吐，严重病例出现水样腹泻，呈深褐色或黄绿色，恶臭，血常规检查白细胞基本正常。采集新鲜粪便，电镜检查，若发现花冠状病毒粒子，即可以做出诊断。

## 考点6：猫泛白细胞减少症的临床特征和诊断方法★★★

猫泛白细胞减少症又称猫传染性肠炎、猫瘟热，是由猫细小病毒感染猫导致的一种急性、高度接触性传染病。临床特征是突发双相高热、腹泻、呕吐、白细胞显著减少和出血性肠炎。其中以1岁以内的幼猫多见，特别是3~5月龄猫最易感。

诊断方法：琼脂扩散试验、HI试验、荧光抗体技术、PCR技术等方法均可用于本病的特异性诊断。

免疫接种：免疫接种是预防猫泛白细胞减少症最为有效的方法。一般1月龄进行首免，以后每6个月加强免疫1次。

【例题】猫，5月龄。食欲减退，呕吐，体温40.5℃，24h后降至正常，经2~3d再上升，同时临床症状加剧，血常规检查白细胞数减少。最可能的诊断是（B）。

A. 猫胃炎　B. 猫瘟热　C. 猫肠炎　D. 猫胰腺炎　E. 猫免疫缺陷病

## 考点7：猫传染性腹膜炎的临床特征★★★★

猫传染性腹膜炎是由猫传染性腹膜炎病毒引起的一种慢性、致死性传染病，以发生腹膜炎和出现腹水为特征。一旦感染发病，病死率几乎为100%。

临床上主要有两种表现形式，即渗出型和非渗出型，前者多见。渗出型病猫发病1~6周后，腹部膨大，触诊无痛感，有波动，呼吸困难，贫血或黄疸，持续2周后死亡；非渗出型表现为眼、肾脏、肝脏、神经损伤，眼前房有纤维蛋白凝块，肾功能衰竭，黄疸，后躯运动障碍，背部感觉过敏等。

临床上常用干扰素、转移因子治疗，合理使用阿莫西林，防止继发感染。

## 考点8：猫艾滋病的临床特征和诊断方法★★★

猫艾滋病是由猫免疫缺陷病毒引起的危害猫的慢性传染病，临床上以严重的口腔炎、牙龈炎、鼻炎、腹泻、神经紊乱和免疫障碍为特征。自然病例主要见于中、老龄猫，公猫感染高于母猫，做过绝育手术的猫感染率较低。

临床上按主要症状不同，分为急性期、无症状期和慢性期。急性期：病猫呈现发热、淋巴结肿胀、中性粒细胞减少，出现口腔炎、牙龈红肿、流涎等，少数表现为鼻炎、腹泻、眼色素层炎、青光眼。无症状期：症状消退后，进入无症状感染状态。慢性期：大多数病猫呈现进行性消瘦，贫血加剧，淋巴结肿胀，呈现恶性肿瘤和继发感染，发生各种慢性病，治疗无效，衰竭死亡。

# 第二章 犬、猫寄生虫病

## 轻装上阵

### 如何学？

犬、猫寄生虫病

- 犬巴贝斯虫病：吉氏巴贝斯虫 红细胞 长角血蜱 黄疸 血红蛋白尿 三氮脒
- 利什曼原虫病：黑热病 网状内皮细胞 白蛉 眼周围脱毛 湿疹 淋巴结肿胀 扑杀
- 犬心丝虫病：犬恶丝虫 右心室 肺动脉 蚊 咳嗽 易疲劳 心内杂音 血管内发现微丝蚴
- 犬复孔绦虫病：浅红色 瓜子绦虫 卵袋 蚤类 排出孕节 吡喹酮
- 犬、猫钩虫病：钩口线虫 1岁以内 排黑色柏油样粪便 嗜酸性粒细胞增多 贝尔曼法分离
- 犬、猫蚤病：跳蚤 完全变态 吸血 痒感 皮肤炎症 传播病原 皮肤、毛间发现虫体
- 犬、猫蛔虫病：弓首蛔虫 生长缓慢 内脏幼虫移行症 胎盘感染 人感染
- 犬疥螨病：表皮内 后足不超过体缘 剧痒 皮肤结痂 交界处发现虫体 阿维菌素
- 蠕形螨病：毛囊虫病 毛囊 皮脂腺 眼、唇、耳红斑 毛囊化脓 细长圆柱状虫体

### 如何考？

本章考点在考试中主要出现在A3/A4型题中，每年分值平均3分。下列所述考点均需掌握。犬巴贝斯虫病、犬心丝虫病、犬复孔绦虫病、螨病等是每年考查最为频繁的内容，希望考生予以特别关注。

## 考点冲浪

### 考点1：犬巴贝斯虫病的虫体特征、流行特点和治疗药物★★★★

犬巴贝斯虫病是由巴贝斯科巴贝斯属的原虫寄生于犬红细胞内引起犬科动物的一种寄生虫病。

虫体特征：主要虫种为犬巴贝斯虫、吉氏巴贝斯虫、韦氏巴贝斯虫。我国报道的为吉氏巴贝斯虫，对良种犬，尤其是军犬、警犬和猎犬危害很大。吉氏巴贝斯虫虫体很小，多位于红细胞的边缘或偏中央，多呈环形、椭圆形、圆点形、小杆形，偶尔也可见到成对的小梨籽形虫体。一个红细胞内可寄生1~13个虫体，以1~2个为多。

流行特点：犬巴贝斯虫以二分裂或出芽方式进行繁殖，虫体发育过程中需要蜱作为传播媒介。吉氏巴贝斯虫的传播媒介为长角血蜱、镰形扇头蜱和血红扇头蜱。蜱既是巴贝斯虫的终末宿主，也是传播媒介。临床主要表现为精神沉郁、喜卧、不愿运动；体温升高至40~41℃，呈现不规则间歇；贫血、黄疸、血红蛋白尿。

根据临床特征和血液涂片染色镜检，发现特征性虫体即可确诊。可以使用咪唑苯脲、三氮脒治疗。

【例题1】德国牧羊警犬，野外训练半个月后，有多只犬发病，尿液呈深红色至酱油色，逐渐消瘦，精神沉郁，喜卧，运动后喘息，间歇性发热，体温40~41℃，可视黏膜苍白、黄染。在病犬耳郭、颈部发现多个蜱虫。

1. 本病最可能的诊断是（B）。

A. 洋葱中毒　B. 巴贝斯虫病　C. 弓形虫病　D. 膀胱炎　E. 肾炎

2. 确诊本病的检查方法是（B）。

A. B超检查　B. 血涂片镜检　C. 血液生化检查　D. 尿常规检查　E. 血常规检查

3. 本病的红尿类型属于（D）。

A. 药物性红尿　B. 肌红蛋白尿　C. 血尿　D. 血红蛋白尿　E. 卟啉尿

【例题2】比特犬，2岁，体温40.3℃，精神沉郁，食欲废绝，可视黏膜黄染，尿呈黄褐色；血常规检查红细胞 $3.56\times10^{12}$ 个/L，白细胞 $7.50\times10^{9}$ 个/L，血红蛋白72g/L；血液涂片检查，在病原寄生细胞中，可见有梨籽形虫体。

1. 治疗本病的特效药是（A）。

A. 咪唑苯脲　B. 吡喹酮　C. 伊曲康唑　D. 多拉菌素　E. 咪达唑仑

2. 本病的主要传播媒介是（A）。

A. 硬蜱　B. 苍蝇　C. 蚊　D. 鼠　E. 蟑螂

3. 该病原寄生的细胞是（A）。

A. 红细胞　B. 中性粒细胞　C. T淋巴细胞　D. B淋巴细胞　E. 单核细胞

## 考点2：利什曼原虫病的流行特点、临床特征和诊断方法★★

利什曼原虫病又称黑热病，是流行于人、犬及多种野生动物的重要的人兽共患寄生虫病。重要致病虫种主要有热带利什曼原虫、杜氏利什曼原虫、巴西利什曼原虫。

流行特点：利什曼原虫主要寄生于犬的网状内皮细胞内，由吸血昆虫——白蛉传播。犬是利什曼原虫的天然宿主，是人感染热带利什曼原虫和杜氏利什曼原虫的来源。

临床特征：内脏型利什曼原虫病常见，开始由于眼周围脱毛形成特殊的“眼镜”，然后体毛大量脱落，形成湿疹，利什曼原虫存在于皮肤中。皮肤型利什曼原虫病常在唇和眼睑部出现浅层溃疡，可以自愈。死后剖检可见脾脏和淋巴结肿胀。

诊断方法：在病变皮肤涂片或刮片中，或通过淋巴结、脊髓穿刺检出利什曼原虫的无鞭毛体，即可确诊。本病已基本消灭，因此一旦发现新病犬，以扑杀为宜。本病可以用锑制剂进行治疗。

## 考点3：犬心丝虫病的临床特征、诊断方法和治疗方法★★★★

犬心丝虫病是由恶丝虫属的犬恶丝虫寄生于犬的右心室和肺动脉所引起的一种临床或亚临床寄生虫病。猫、狐、狼等动物也能感染。

流行特点：犬恶丝虫需要蚊等作为中间宿主，中间宿主包括中华按蚊、白纹伊蚊、淡色库蚊等。

临床特征：主要表现为咳嗽，运动时加重，训练耐力下降，病犬运动时易疲劳，体重减轻。其他症状有心悸，心内有杂音，体温升高，肝脏肿大，肝脏触诊疼痛，腹腔积液，腹围增大，呼吸困难等。病犬常伴有结节性皮肤病，以瘙痒和倾向破溃的多发性结节为特征。皮肤结节中心化脓，周围的血管内常见有微丝蚴。

病犬会出现心内膜炎，心脏肥大，右心室扩张，严重时导致腹水和肝脏肿大，肾脏出现肾小球肾炎。严重感染时，微丝蚴出现在血液中，在外周血液中出现的最早时间为感染后6~7个月。

诊断方法：在外周血液中检查发现微丝蚴，即可确诊。检查微丝蚴较好的方法是改良的Knott试验和毛细血管离心法。感染的犬和猫分别有20%和80%以上呈隐性感染，可以结合胸部X线检查进行诊断，犬特征性X线片病理变化为肺动脉扩张，肺尾叶有动脉分布；猫常见的病变是肺尾叶动脉扩张。

治疗方法：可以使用伊维菌素、枸橼酸乙胺嗪进行治疗。对猫的治疗存在争议。消灭中间宿主蚊是最重要的预防措施。

【例题】大丹犬，雄性，2岁，咳嗽，呼吸困难，食欲减退，体温39℃，不愿站立，消瘦，被毛粗糙，眼结膜苍白，听诊呼吸音粗粝，有心杂音。X线检查发现，心脏轮廓增大，右心房、右心室和肺动脉扩张，肺区有几条密度大的阴影。血液检查，红细胞总数及血红蛋白降低。

1. 本病最可能的病原是（A）。

A. 犬恶丝虫　B. 犬巴贝斯虫　C. 犬绦虫　D. 犬钩虫　E. 犬蛔虫

2. 目前临床上快速诊断的方法是（A）。

A. 病原检查　B. 粪便检查　C. 尿液检查　D. 血常规检查　E. 血液生化检查

3. 本病的示病特征是（A）。

A. 肺动脉扩张及心杂音　B. 肺扩张　C. 主动脉狭窄

D. 贫血　E. 粪潜血

## 考点4：犬复孔绦虫病的虫体特征、流行特点和诊断方法★★★★

犬复孔绦虫病是由囊宫科的犬复孔绦虫寄生于犬、猫的小肠中引起的一种常见绦虫病，人偶尔可感染。

虫体特征：犬复孔绦虫新鲜时为浅红色，固定后为乳白色，成熟节片与孕卵节片均长大于宽，形似瓜子，又称为瓜子绦虫。孕卵节片内的子宫初为网状，后分化为许多卵袋，每个卵袋内约含20个虫卵，虫卵内含六钩蚴。

流行特点：犬复孔绦虫的中间宿主主要是蚤类，如犬栉首蚤、猫栉首蚤，其次是食毛目的犬毛虱。

诊断方法：检查犬、猫肛门周围被毛上是否有犬复孔绦虫孕卵节片；粪便检查发现新排出的孕卵节片、虫卵和卵袋，即可初步诊断。可以用吡喹酮进行治疗。

## 考点5：犬、猫钩虫病的流行特点、临床特征和诊断方法★★★

犬、猫钩虫病是由钩口科的钩口属、板口属和弯口科弯口属的一些线虫感染犬、猫而引起的寄生虫病。主要病原种类有犬钩口线虫、巴西钩口线虫、美洲板口线虫、狭首弯口线虫，虫体寄生于小肠内，以十二指肠为多，主要危害1岁以内的幼犬和幼猫，成年动物多由于免疫而不发病。

流行特点：虫体感染途径有3种，即经皮肤感染、经口感染和经胎盘感染。

临床特征：哺乳期幼犬感染严重，常有血性或黏液性腹泻，排黑色柏油样粪便。血液学检查白细胞总数增多，嗜酸性粒细胞比例增大，血红蛋白含量下降。

诊断方法：主要采取贝尔曼法分离犬、猫栖息地的幼虫或剖检发现成虫，即可确诊。

## 考点6：犬、猫蚤病的主要危害和防治方法★★

犬蚤、猫蚤，即通常所说的跳蚤，其无严格的宿主特异性，在犬、猫间相互流行，并可以寄生于人体。跳蚤属于完全变态发育的昆虫，经过卵、幼虫、蛹和成虫4个阶段。

主要危害：蚤在动物体上大量吸血，引起动物痒感、皮肤炎症，影响采食和休息；大量寄生时可导致动物贫血、消瘦或死亡。更为重要的是蚤能传播一些疾病，特别是作为宠物的寄生虫，可跳至人体引起瘙痒，传播病原，导致疾病。

诊断方法：病犬、病猫出现症状后，拨开动物被毛，在毛间和皮肤上发现蚤，即可确诊。

防治方法：一般使用菊酯类、有机磷类或甲萘威等杀虫药喷洒杀虫，或给犬和猫佩戴“杀蚤药项圈”等。

## 考点7：犬、猫蛔虫病的虫体特征和危害★★★

犬、猫蛔虫病是由弓首科的犬弓首蛔虫、猫弓首蛔虫寄生于犬、猫的小肠所引起的寄生虫病。犬弓首蛔虫在兽医学和公共卫生学上有重要意义，不仅可以造成幼犬生长缓慢、发育不良，严重感染时可以引起死亡，而且其幼虫可以感染人，引起人体内脏幼虫移行症及眼部幼虫移行症。地面上的虫卵和母犬体内的幼虫是主要传染源，母犬妊娠后，幼虫可以经过胎盘感染胎儿。

## 考点8：犬疥螨病的临床特征、诊断方法和治疗药物★★★★

疥螨病是由疥螨科、疥螨属的疥螨寄生在动物表皮内而引起的慢性、接触性寄生虫病。本病特征为剧痒，湿疹性皮炎，脱毛，患部逐渐向周围扩展，具有高度传染性。

虫体特征：疥螨发育呈不完全变态，有卵、幼虫、若虫、成虫4个阶段。疥螨有4对足，2对伸向前方，2对伸向后方，后足不超过体缘。疥螨症状和痒螨极其相似，疥螨寄生于表皮内，多见皮肤增厚现象；而痒螨寄生于表皮表面，主要寄生部位为肛门、眼、耳、鼻周围。

临床特征：主要表现为剧痒、皮肤损伤、脱毛、结痂、增厚乃至龟裂及消瘦等症状。

诊断方法：一般根据症状，选择在健康和病变皮肤交界处采集病料，在显微镜下检查发现虫体即可确诊。注意区分疥螨和痒螨的形态特征。

治疗药物：疥螨病属于外寄生虫病，阿维菌素为兽用杀虫、杀螨剂，对昆虫和螨类具有触杀和胃毒作用，为典型的抗外寄生虫药，所以一般选择口服或注射伊维菌素或阿维菌素类药物进行治疗。

【例题】10月龄北京犬，不断用嘴蹭地或用爪抓挠面部，检查发现该犬唇部、眼睛周围皮肤发红，脱毛，有红色和脓性疱疹，腹部有黄色痂皮，采集病健交接处病料，镜检发现多个大小不超过0.5mm、呈圆形、头部突出、有4对足、后2对足不超出体缘的虫体。

1. 该病原最可能是（E）。

A. 蠕形螨　　B. 蚤　　C. 虱　　D. 痒螨　　E. 疥螨

2. 该病原感染本病是通过（D）。

A. 垂直传播　　B. 空气传播　　C. 蚊蝇叮咬传播

D. 接触传播　　E. 吞食感染性传播

3. 本病治疗的药物是（B）。

A. 莫能菌素　　B. 伊维菌素　　C. 阿苯达唑　　D. 头孢菌素　　E. 吡喹酮

## 考点9：蠕形螨病的虫体特征、临床特征和诊断方法★★

蠕形螨病又称毛囊虫病，是由蠕形螨科的各种蠕形螨寄生于毛囊或皮脂腺而引起的外寄生虫病。各种家畜均有固定的蠕形螨寄生，犬多发。

虫体特征：蠕形螨发育呈不完全变态，有卵、幼虫、两期若虫、成虫4个阶段，均在宿主体上完成。虫体钻入毛囊、皮脂腺内，引起毛囊破坏和化脓。

临床特征：虫体寄生时，患部脱毛，形成与周围界限明显的圆形秃斑，皮肤肥厚，粗糙，龟裂或有小结节。犬多发于眼眶、口唇周围。眼、唇、耳等无毛处出现界限明显的红斑，毛囊发炎，化脓性皮脂溢出。

诊断方法：取患部皮屑镜检，可见细长圆柱状虫体，体前段有 4 对足，粗短，口器小。

# 第三章　犬、猫内科病

## 轻装上阵

### 如何学？

犬、猫内科病

| | |
|---|---|
| 食道阻塞 | 突然发病　饮水鼻孔喷涌而出　食道探诊　X线检查　压入法　挤出法 |
| 犬、猫胃炎 | 呕吐　胃压痛　脱水　呕吐物带血　镇静　止吐　不经口投药 |
| 犬胃扩张-扭转综合征 | 饱食后跳跃、打滚　腹痛　摸到球状囊袋　X线确诊　开腹整复 |
| 犬、猫胃内异物 | 干呕　食欲减退　假贪食　触诊　X线诊断　催吐　投服液体石蜡　手术 |
| 犬、猫便秘 | 老龄犬、猫　排便困难　肛门指检过敏　直肠秘结粪块　甘油灌肠　缓泻剂 |
| 猫肝炎 | 5种类型　黏膜黄染　肝区疼痛　血清酶活性升高　保肝利胆 |
| 猫脂肪肝 | 老龄猫　体态肥胖　腹围大　行动迟缓　黏膜黄染　高蛋白质低脂肪食品 |
| 犬胰腺炎 | 急剧上腹痛　恶心　呕吐　血、尿淀粉酶升高　抑肽酶治疗 |
| 支气管炎 | 咳嗽　白细胞总数升高　中性粒细胞数增多　支气管斑状阴影　镇咳　抗菌消炎 |
| 犬肺泡气肿 | 呼气性困难　叩诊过清音　叩诊界后移　喘沟　阿托品+氨茶碱 |
| 犬肥大性心肌病 | 心壁增厚　体积增大　静养　营养疗法　普萘洛尔 |
| 贫血 | 4种类型　缺铁性贫血　铁制剂　维生素$B_{12}$　叶酸　再生障碍性贫血　雄激素药 |
| 犬急性肾功能衰竭 | 肾区疼痛　少尿　无尿　尿液蛋白质阳性　高钾血症　低钠血症 |
| 肾上腺皮质功能亢进症(库兴氏综合征) | 糖皮质激素过多　多尿　对称性脱毛　淋巴细胞减少　ALT、ALP活性升高 |
| 尿道炎 | 尿频　尿痛　经常性血尿　尿液检查发现细菌和尿道上皮细胞 |
| 膀胱炎 | 疼痛性频尿　尿沉渣中含膀胱上皮细胞、血尿　尿沉渣发现细菌 |
| 尿石症 | 肾结石　膀胱结石　尿道结石　金属探针　X线检查　B超检查 |
| 犬、猫肥胖症 | 无节制高热量食物　贪吃贪睡　嗜睡怕冷　定量饲喂　加强运动 |
| 犬、猫糖尿病 | 饮水多　排尿多　尿有烂苹果味　白内障　血糖升高　降糖药　胰岛素 |
| 犬有机磷农药中毒 | 腹痛　腹泻　瞳孔线状　流涎　肌群震颤　碘解磷定　阿托品 |
| 犬有机氟化物中毒 | 灭鼠药中毒　神经症状+心血管症状　5%乙酰胺解毒 |
| 犬洋葱中毒 | 葱类植物中毒　红棕色尿液　维生素E　利尿剂 |

**如何考？**

本章考点在考试中主要出现在 A3/A4 型题中，每年分值平均 3 分。下列所述考点均需掌握。犬、猫消化系统疾病，营养代谢障碍病等是每年考查最为频繁的内容，希望考生予以特别关注。

## 考点冲浪

### 考点 1：食道阻塞的诊断方法和防治方法★★★

食道阻塞是由于吞咽物过大或咽下机能紊乱所导致的一种食道疾病。各种动物均可发生，多发生于犬。

临床特征：患病动物采食停止，突然发病，口腔大量流涎和鼻腔流大量鼻液，低头伸颈，徘徊不安，晃头缩脖，大量饮水后水从口腔和鼻孔喷涌而出。颈部食道阻塞，可见局限性膨隆，能摸到阻塞的物体。

诊断方法：可以根据采食中突然发生咽下障碍和胃管插至阻塞部不能前进进行初步诊断。确诊依据食道探诊和 X 线检查。注意区别食管狭窄、食管炎、食管痉挛和食管麻痹等。

防治方法：原则是润滑管腔，缓解痉挛，清除阻塞物。主要治疗方法有疏导法、压入法、挤出法、手术治疗（胸部阻塞）。

### 考点 2：犬、猫胃炎的临床特征和防治方法★★

胃炎是指胃黏膜的急性或慢性炎症，是犬、猫急性呕吐的最常见原因，临床上以呕吐、胃压痛及脱水为特征。

临床特征：临床上犬、猫以精神沉郁、呕吐和腹痛为主要症状。呕吐是本病的最明显症状，病初呕吐食糜、泡沫状黏液、胃液，呕吐物中常带有血液、脓汁或絮状物。持续性呕吐会导致胃液大量流失，血钾降低，电解质紊乱和碱中毒。

防治方法：内窥镜检查胃黏膜变化即可确诊，也可进行胃液检查。治疗原则是除去病因，保护胃黏膜，抑制呕吐。对持续性、顽固性呕吐的动物，应给予镇静、止吐并具有抗胆碱能的药物，如阿托品等。犬、猫胃炎，特别是急性胃炎，应尽可能不经口投药。

【例题】牧羊犬，6 岁，髋关节发育不良，长期服用阿司匹林，精神沉郁，眼球凹陷，频繁呕吐，呕吐物中带血，触诊腹壁紧张，前腹部敏感。

1. 本病最可能的诊断是（A）。

A. 胃炎　B. 肝炎　C. 食道炎　D. 胆囊炎　E. 胰腺炎

2. 确诊本病的检查项目是（C）。

A. B 超检查　B. X 线检查　C. 内镜检查
D. 血清生化检查　E. 病原分离鉴定

3. 该犬持续性呕吐可导致（B）。

A. 血钾升高　B. 血钾降低　C. 血磷升高　D. 血磷降低　E. 血钠降低

### 考点 3：犬胃扩张 - 扭转综合征的发病原因、临床特征和治疗方法★★★

犬胃扭转是指胃幽门部从右侧转向左侧，导致胃内容物不能后送的疾病，胃扭转后很快发生胃扩张，称为胃扩张 - 扭转综合征。本病主要发生于大型犬和胸部狭长品种的犬。

发病病因：主要为胃下垂、胃胀满、脾脏肿大，以及饱食后打滚、跳跃、上下楼梯时旋转等。

临床特征：病犬突然表现腹痛，躺卧于地，口吐白沫，腹部叩诊呈鼓音或金属音，腹部触诊可以摸到球状囊袋。病犬呼吸困难，脉搏频数，很快死亡。

治疗方法：一般采取胃插管来诊断和治疗，对于插入胃管不能缓解症状的犬，应进行开腹手术，固定整复和使胃排空。必要时可以利用 X 线来确诊。

【例题 1】罗威纳犬，雌性，2 岁，激烈训练后，突然出现精神沉郁，呆立，弓腰，干呕，呻吟，口吐白沫，卧地不起，呼吸急促，可视黏膜苍白，腹围迅速增大，腹部叩诊呈鼓音。

1. 本病最可能的诊断是（D）。

A. 急性胃炎　B. 急性腹膜炎　C. 肠便秘

D. 胃扩张 - 扭转综合征　E. 肠变位

2. 对病犬首先应采取的治疗措施是（E）。

A. 洗胃　B. 催吐　C. 输血　D. 镇静　E. 穿刺放气

3. 确诊本病的首选检查方法是（D）。

A. 血常规检查　B. 血液生化检查　C. 血气分析

D. X 线检查　E. B 超检查

【例题 2】罗威纳犬，雄性，3 岁，饱食后 0.5h，腹围快速增大，口吐白沫，呼吸困难，腹痛不安，触诊腹部膨胀，有振水音，听诊心率快而弱。

1. 根据临床症状，首先排除的疾病是（E）。

A. 急性胃扩张　B. 食物中毒　C. 胃扩张 - 扭转综合征

D. 肠梗阻　E. 肠痉挛

2. 右侧位 X 线检查，胃部出现大面积低密度阴影，在阴影中上部横有一中密度折痕，幽门向前背侧移位，脾脏向右移位。正确的治疗方法是（D）。

A. 灌肠、洗胃　B. 实施胃切开术　C. 注射阿托品

D. 实施胃固定术　E. 静脉注射 20% 甘露醇

3.【假设信息】若胃导管探查时顺利插入，腹胀迅速减轻，且症状得到缓解，病犬逐渐康复。本病的诊断是（B）。

A. 食道狭窄　B. 急性胃扩张　C. 肠梗阻

D. 食道阻塞　E. 胃扩张 - 扭转综合征

【解析】

1. 根据题干中描述的临床特征，可以初步判定为胃部疾病和中毒性疾病，因此首先排除的疾病是肠痉挛。

2. 根据右侧位 X 线检查，胃部出现大面积低密度阴影，在阴影中上部横有一中密度折痕，幽门向前背侧移位，脾脏向右移位等影像特征，可以初步判定为胃扩张 - 扭转综合征。因此，正确的治疗方法是实施胃固定术。

3. 根据假设信息，可以初步判定为急性胃扩张。

## 考点 4：犬、猫胃内异物的临床特征、诊断方法和防治方法★★★

犬、猫胃内长期滞留难以消化的异物，如骨骼、石块、鱼钩、毛球、破布和玩具等，不能被胃液消化，又不易通过呕吐或肠道排出体外，容易使胃黏膜遭受损伤，影响胃的功能，严重时还能引起胃穿孔，继发腹膜炎。本病多见于幼犬、小型品种犬和老龄猫。

临床特征：猫胃内毛球往往引起呕吐或干呕，食欲减退或废绝。有的猫肚子饥饿，觅食

时鸣叫，饲喂食物时，出现贪食，但只吃几口就走开了，动物逐渐消瘦，这种现象表示胃内可能存有异物。

诊断方法：小型犬和猫腹壁较柔软，胃内有较大异物时，用手触诊可以觉察到异物。使用 X 线检查可以帮助诊断，必要时投服造影剂，查明异物的大小和性质。

防治方法：一般可以应用阿扑吗啡或赛拉嗪进行催吐，或投服液体石蜡；当大异物无法排出时，应进行外科手术。

## 考点 5：犬、猫便秘的发病原因和治疗方法★★★★

犬、猫便秘是由于肠蠕动机能障碍，肠内容物不能及时后送而滞留于大肠内，内容物变干、变硬，致使排粪困难的现象。便秘是犬、猫的常见病，多发生于老龄犬、猫。

发病原因：包括饲料中混有骨头、毛发等；生活环境的改变打乱了排便习惯；患有肛门脓肿、肛瘘、直肠肿瘤，以及肠套叠、肠疝、骨盆骨折、前列腺肥大等。

临床特征：对于原发性便秘，表现为排便困难，腹围增大，腹痛，肛门指检过敏，直肠内有秘结的粪块。治疗方法：可以用温肥皂水、甘油灌肠，或服用缓泻剂；让犬适当运动，给予充足的饮水。

## 考点 6：猫肝炎的临床特征和防治方法★★★

肝炎又称急性实质性肝炎，是以肝细胞变性、坏死和肝组织炎性病变为病理特征的一组肝脏疾病。临床上根据发病的原因，分为中毒性肝炎、感染性肝炎、侵袭性肝炎、营养性肝炎和充血性肝炎 5 种。

临床特征：主要表现为消化不良，粪便臭味大而色泽浅。可视黏膜黄染（肝性黄疸），肝脏浊音区扩大，触诊疼痛。肝功能检查血清黄疸指数升高，直接胆红素和间接胆红素含量升高；尿胆红素和尿胆原试验呈阳性反应；乳酸脱氢酶（LDH）、丙氨酸转氨酶（ALT）、天冬氨酸转氨酶（AST）等反映肝损伤的血清酶活性升高。

防治方法：除去病因，治疗原发病，保肝利胆。常用的方法包括静脉注射 25% 葡萄糖溶液、5% 维生素 C 溶液和 5% 维生素 $B_1$ 溶液，服用肝泰乐（葡醛内酯）等保肝药。

【例题】猫，3 岁，饮、食欲废绝，流涎，呕吐，消瘦，抽搐，四肢无力，不愿活动，皮肤松弛，缺乏弹性，B 超检查肝脏肿大，表面有突起，腹腔内有腹水。

1. 该猫可视黏膜颜色可能是（D）。

A. 浅红色　B. 深红色　C. 浅白色　D. 浅黄色　E. 浅紫色

2. 本病的血液生化检查结果最可能会出现（D）。

A. 肌酸激酶活性升高　B. α-淀粉酶活性升高
C. 尿酸浓度升高　D. 丙氨酸氨基转移酶活性升高
E. 肌酐浓度升高

3. 有助于确诊本病的检查方法是（C）。

A. 胃导管探诊　B. 内镜检查　C. 肝脏穿刺检查
D. 心电图检查　E. 血气分析

## 考点 7：猫脂肪肝的临床特征和治疗方法★★★

猫脂肪肝是猫特有的由于脂质蓄积于肝细胞而造成肝脏肿大的一类疾病，主要发生原因与变更日粮食物、运动不足、饥饿及抗脂肪肝物质不足等应激有关。各种年龄和品种的猫均可发病，母猫的发病率高于公猫，并多见于老龄猫。

临床特征：多数脂肪肝患病动物体态肥胖，腹围较大。早期可见精神沉郁，嗜睡，全身无力，行动迟缓，食欲减退或突然废绝。后期体温略有升高，尿色变黄，常见间断性呕吐，可视黏膜、皮肤和齿龈黄染。

治疗方法：主要依靠积极的营养支持，必须提供高蛋白质低脂肪食品来扭转身体的代谢性饥饿状态。对于严重厌食的猫，可通过被动的方式提供食物，如通过鼻饲管喂食等。

## 考点 8：犬胰腺炎的临床特征和治疗方法★★★

胰腺炎是胰腺因胰蛋白酶的自身消化作用而引起的疾病。

临床特征：急性胰腺炎是临床上常见的引发急性腹痛的病症（急腹症），是胰腺中的消化酶发生自身消化的急性化脓性炎症。临床表现为突然发作的急剧上腹痛，向后背放射，恶心、呕吐、发热、血压降低，血、尿淀粉酶升高。急性胰腺炎坏死出血型病情危重，很快发生休克、腹膜炎，甚至猝死。

脂肪酶主要存在于胰腺中，通常与淀粉酶一起用于诊断急性坏死性胰腺炎，是胰腺损伤的特异性指标。

治疗方法：一般采用胰蛋白酶抑制剂（抑肽酶、加贝酯）进行治疗；可应用脂肪乳剂作为热源，快速补充能量；同时早期禁食，症状减轻后，可恢复饮食。对于胰腺炎的预防，一般不宜食用高脂肪日粮。

【例题 1】博美犬，雌性，4 岁，正常免疫。食入大量红薯后出现呕吐，第二天呕吐加剧，第 3 天就诊，体温 38℃，弓背，鼻镜干燥，精神沉郁，血常规检查，白细胞数为 $56.3\times10^9$ 个/L，红细胞数为 $4.97\times10^{12}$ 个/L，血红蛋白为 140g/L。

1. 该犬可以排除的疾病是（A）。

A. 犬细小病毒病　B. 急性胃炎　C. 肠套叠
D. 急性胰腺炎　E. 肠炎

2. 进一步诊断，血清生化检查，淀粉酶活性为 3512U/L，本病可能是（C）。

A. 犬细小病毒病　B. 急性胃炎　C. 急性胰腺炎
D. 胃扭转　E. 肠套叠

3. 治疗本病的首选药物为（E）。

A. 肾上腺素　B. 长春新碱　C. 保泰松　D. 呋塞米　E. 抑肽酶

【解析】犬细小病毒病会导致出血性肠炎和白细胞显著减少，而题干中没有出现类似症状。因此，该犬可以排除的疾病是犬细小病毒病。进一步诊断，淀粉酶活性升高，可以判定该病可能是急性胰腺炎。急性胰腺炎的治疗首选药物为抑肽酶。

【例题 2】母犬，4 岁，营养状况良好，偷食油炸鸡后，剧烈呕吐，精神沉郁，食欲废绝，腹泻，呻吟，呈祈祷姿势，腹壁触诊高度敏感，血清学检查淀粉酶活性升高。

1. 本病最可能的诊断是（A）。

A. 胰腺炎　B. 脑炎　C. 肝炎　D. 肠炎　E. 胃肠炎

2. 确诊需进一步进行（C）。

A. 超声检查　B. X 线检查　C. 脂肪酶检测　D. ALP 检测　E. 内镜检查

3. 预防本病，不宜（C）。

A. 暴饮暴食　B. 禁食　C. 高脂饮食
D. 低蛋白质饮食　E. 低盐饮食

## 考点 9：支气管炎的临床特征和诊断方法★★★

支气管炎是指各种原因引起的动物支气管黏膜表层或深层的炎症，临床上以咳嗽、流鼻液和不定热型为特征，各种动物均可发生。

临床特征：急性支气管炎的主要症状是咳嗽。病初为带痛的干咳，后转为湿咳。严重时为痉挛性咳嗽，在早晨尤为严重，表现干、短和疼痛的咳嗽。

诊断方法：血液学检查重症病例可见白细胞总数升高，伴有中性粒细胞增多及核左移。X 线检查急性支气管炎可见沿支气管有斑状阴影；慢性支气管炎可见肺纹理增粗，紊乱，呈网状或条索状、斑点状阴影，支气管周围有圆形 X 线不能透过的部分。

治疗原则：消除病因，祛痰镇咳，抗菌消炎。

## 考点 10：犬肺泡气肿的临床特征和防治方法★★★★

肺泡气肿是指肺泡腔在致病因素作用下，发生扩张并常伴有肺泡隔破裂，引起以呼吸困难为特征的疾病。根据其发生的过程和性质，分为急性肺泡气肿和慢性肺泡气肿两种。临床上以高度呼吸困难、肺泡呼吸音减弱及肺叩诊界后移为特征。

临床特征：慢性肺泡气肿主要表现呼气性困难，呈现二重式呼气，同时沿肋骨弓出现较深凹陷沟，又称“喘沟”或“喘线”。肺部叩诊呈过清音，正常叩诊界后移。黏膜发绀，体温正常。X 线检查，整个肺区异常透明，支气管影像模糊，膈穹窿后移。

防治方法：缓解呼吸困难，治疗原发病。缓解呼吸困难时可用 1% 硫酸阿托品、2% 氨茶碱或 0.5% 异丙肾上腺素雾化吸入。危险时及时吸氧。

【例题】猎犬，10 岁，常规驱虫免疫，打猎后突发呼吸困难，肺部叩诊呈广泛性过清音，叩诊界后移。

1. 本病最可能的诊断是（A）。

A. 肺泡气肿　B. 支气管肺炎　C. 大叶性肺炎　D. 支气管炎　E. 肺水肿

2. 治疗本病首选的药物是（A）。

A. 阿托品　B. 抗生素　C. 肾上腺素　D. 皮质醇　E. 安钠咖

3. 治疗本病首选药物的最佳给药途径是（A）。

A. 雾化吸入　B. 皮内注射　C. 肌内注射　D. 静脉注射　E. 腹腔注射

## 考点 11：犬肥大性心肌病的病变特征和防治方法★★★

肥大性心肌病是指心脏的血容量增多或循环阻力增大，使心脏长期负荷加重时所引起的心肌纤维变粗、体积增大，并由此而导致心壁增厚、心脏重量增加的一种疾病。

病变特征：组织学病变特征是心肌细胞显著肥大，心肌纤维排列紊乱。本病常见于德国牧羊犬、马和猪等，可以采用心脏超声检查予以诊断。

防治方法：避免急剧性运动。在保持安静休养的同时，注意营养疗法。对于患肥大性心肌病的猫，用 β- 肾上腺素能阻断剂治疗；对于犬，应用普萘洛尔等药物进行治疗。对于肥大性心肌病，可以采取低盐营养食物的饮食疗法，也可以采取强心、利尿等药物进行辅助治疗，必要时施行氧气吸入疗法。

## 考点 12：贫血的种类、临床特征和治疗方法★★★

贫血是指单位体积外周血液中的血红蛋白浓度、红细胞数和/或红细胞比容低于正常值的综合征。本病在临床上是一种最常见的病理状态，主要表现为皮肤和黏膜苍白、心率加快、心搏增强、肌肉无力，以及各器官由于组织缺氧而产生的各种症状。贫血不是特定的疾病，而是各种原因引起的不同疾病的一种症状。

按发生的原因，贫血分为溶血性贫血、营养性贫血、出血性贫血和再生障碍性贫血 4 种类型。

缺铁性贫血是指动物体内铁不足引起的一种营养缺乏病，是营养性贫血的一种。临床上以皮肤和可视黏膜苍白、精神沉郁、易疲劳和生长发育受阻为特征。补铁是治疗缺铁性贫血的关键措施，可以使用铁制剂，如右旋糖酐铁注射液。为补充钴元素，可以给予硫酸钴或氯化钴、维生素 $B_{12}$。叶酸缺乏时，补充叶酸。

再生障碍性贫血是由于放射病、骨髓肿瘤，以及长期使用抗肿瘤药物，如环磷酰胺、甲氨蝶呤、长春碱或氯霉素等，造成血液再生机能下降引起的疾病，可以使用雄激素药物和促红细胞生成素等刺激骨髓造血机能。

交叉配血试验一般是将供血动物的红细胞或血清与受血动物的血清或红细胞混匀在一起，前后震荡，置于室温 20~30min，观察结果，如果主、次侧都无红细胞凝集现象，表示配备相合，适宜输血。

【例题】犬，黏膜苍白，轻度黄染，精神沉郁，食欲减退，偶有低热，轻度消瘦，易疲劳，红细胞数减少。

1. 血常规检查，还可能出现（E）。

A. 血沉减慢，红细胞比容升高　　B. 血沉加快，红细胞比容升高
C. 血沉正常，红细胞比容正常　　D. 血沉加快，红细胞比容降低
E. 血沉减慢，红细胞比容降低

2. 如果对该犬实施输血治疗，下列配血试验结果适宜输血的是（B）。

A. 主、次两侧红细胞均凝集　　B. 主、次两侧红细胞均不凝集
C. 主侧红细胞凝集、次侧红细胞溶血　　D. 主侧红细胞凝集、次侧红细胞不凝集
E. 主侧红细胞不凝集、次侧红细胞凝集

3. 实施输血治疗前，判断配血是否适合的最佳时间是在配血后（C）。

A. 2~3min　B. 5~10min　C. 20~30min　D. 50~60min　E. 80~100min

## 考点 13：犬急性肾功能衰竭的临床特征★★★★

急性肾功能衰竭是指各种原因引起少尿或无尿，肾实质急性损害，不能排泄代谢产物，迅速出现氮质血症、水和电解质及酸碱平衡紊乱并发生一系列各系统功能变化的临床综合征。临床上犬、猫常见。

临床特征：急性肾功能衰竭的临床过程分为开始期、少尿或无尿期、多尿期和恢复期 4 期。临床上主要表现为肾区敏感、疼痛，触诊肾区有避让反应，少尿或无尿。尿液检查蛋白质阳性，比重降低；B 超检查显示双肾肿大；心电图检查可能出现 T 波基底变宽。血液检查出现高钾血症、低钠血症、氮质血症，甚至心力衰竭。

【例题 1】中华田园犬，雄性，3 岁，体重 10kg，已输液 2d，共计 1300mL，无尿，呼吸急促，呕吐，血清生化检查肌酐、尿素氮、磷酸盐升高，血钾浓度 9.0mmol/L，B 超检查

见双肾被膜光滑，体积增大，皮质与髓质结构清晰，肾盂未见明显积液，膀胱轻度充盈，腹腔内未见积液。

1. 该犬最可能的诊断是（A）。

A. 急性肾功能衰竭　B. 慢性肾功能衰竭　C. 输尿管异位症
D. 膀胱破裂　E. 糖尿病

2. 该病犬心电图特征最可能是（D）。

A. P 波消失　B. QRS 波群变窄　C. P-R 间期缩短
D. T 波基底变宽　E. T 波低

3. 治疗本病不宜采取的方法是（A）。

A. 利尿　B. 静滴 25% 葡萄糖，加胰岛素
C. 静滴 10% 葡萄糖酸钙　D. 静滴复方氯化钠
E. 腹膜透析

【例题 2】德国牧羊犬，雄性，触诊肾区有避让反应，少尿。尿液检查：蛋白质阳性，比重降低。B 超检查显示双肾肿大。

1. 该犬所患疾病可能是（C）。

A. 急性肾炎　B. 肾性骨病　C. 急性肾功能衰竭
D. 慢性肾功能衰竭　E. 泌尿道感染

2. 首选的检验项目是（E）。

A. 尿常规　B. 血常规　C. 电解质　D. 血气分析　E. 血清尿素

## 考点 14：肾上腺皮质功能亢进症（库兴氏综合征）的临床特征和防治方法★★★★★

肾上腺皮质功能亢进症又称为库兴氏综合征或库兴氏样病，是指一种或数种肾上腺皮质激素分泌过多而导致的疾病，是犬、猫常见的内分泌疾病之一。由于以盐皮质激素或性激素分泌过多为主的肾上腺皮质功能亢进很少见，所以肾上腺皮质功能亢进通常是指糖皮质激素中的皮质醇分泌过多。

临床特征：临床上以肾上腺糖皮质激素分泌过多引起的症状为主，表现为多尿、烦渴、垂腹、对称性脱毛、肝脏肿大、食欲亢进、肌肉无力、萎缩、嗜睡、睾丸萎缩、皮肤色素过度沉着、皮肤钙质沉着、不耐热、神经缺陷或抽搐等。血液学检查可以发现淋巴细胞减少，中性粒细胞增多，ALT 和 ALP 活性均升高。X 线检查可见肝脏肿大，软组织钙化，骨质疏松及肾上腺肿大。

诊断方法：腹部超声或 X 线诊断，可见肾上腺肿瘤或增生肥大。同时结合肾上腺功能试验（ACTH 刺激试验、小剂量地塞米松抑制试验）、泌尿系统阳性造影，鉴定肾上腺肿瘤和垂体肿瘤。应用肾上腺皮质肿瘤摘除术进行治疗。

防治方法：采用药物疗法和手术疗法，可单独实施，也可配合应用。首选药物为双氯苯二氯乙烷（米托坦）。猫对该药的毒性尤为敏感，不宜使用。还可选用甲吡酮（美替拉酮）、氨基苯乙哌啶酮等药物进行治疗。

【例题 1】公猫，10 岁，两侧对称性脱毛，腹部膨大，血常规检查未见明显异常，生化检查，胆固醇、ATL、ALP 等轻微升高，三碘甲腺原氨酸、甲状腺素值正常，尿检显示，尿比重为 1.040，葡萄糖 +++。

1. 本病初步诊断为（A）。

A. 库兴氏综合征　B. 阿狄森氏病　C. 甲状腺功能亢进

D. 甲状腺功能低下　E. 甲状旁腺功能低下

2. 确诊本病的首选检查项目是（A）。

A. ACTH 刺激试验　B. 尿胆素原检测　C. 血钙检测

D. γ-谷氨酰转移酶检测　E. AST 检测

3. 本病伴发糖尿病的机制是（A）。

A. 皮质激素分泌过多　B. 胰岛素生成减少　C. 糖摄入量增加

D. 蛋白质摄入增加　E. 脂肪摄入增加

【例题 2】贵宾犬，雄性，8 岁，躯干对称性脱毛，皮肤变薄、松弛且色素过度沉着，多饮，多尿，多食，腹围增大，运动不耐受，睾丸萎缩，阴囊皮肤变黑。血液生化胆固醇与 ALP 均升高，尿比重低于正常范围。

1. 本病最可能的诊断是（B）。

A. 肾上腺皮质功能减退　B. 肾上腺皮质功能亢进　C. 甲状旁腺功能减退

D. 甲状旁腺功能亢进　E. 卓 - 艾综合征

2. 本病不适宜的诊断方法是（B）。

A. 腹部超声诊断　B. 脑部核磁共振检查　C. ACTH 刺激试验

D. 地塞米松抑制试验　E. 泌尿系统阳性造影

## 考点 15：尿道炎的临床特征和诊断方法★★★

尿道炎是指尿道黏膜及其下层的炎症，是犬、猫常见的多发病。临床上以尿频、尿痛、经常性血尿等为主要特征。

诊断方法：根据临床特征，如疼痛性排尿，尿道肿胀、敏感，以及导尿管探诊和外部触诊即可确诊，尿液检查发现细菌和尿道上皮细胞，无膀胱上皮细胞。

## 考点 16：膀胱炎的临床特征★★★

膀胱炎是指膀胱黏膜表层或深层的炎症。临床上以疼痛性频尿和尿中出现较多的膀胱上皮细胞、炎性细胞、血液和磷酸铵镁结晶为特征。各种家畜均可发生，多见于犬、猫。

临床特征：主要表现为尿少而频、血尿、混浊恶臭尿、排尿困难、尿失禁。触诊膀胱有疼痛的收缩反应。尿液检查时尿沉渣中有大量的膀胱上皮细胞、白细胞、红细胞，导尿或自然排尿的中段尿沉渣发现细菌，可以判为细菌尿。

## 考点 17：尿石症的种类、临床特征和诊断方法★★★★★

临床上尿石症的种类主要有肾结石、输尿管结石、膀胱结石和尿道结石。

肾结石：结石一般在肾盂部分，临床表现为精神沉郁，步态强拘，弓背，腰部触诊敏感，常做排尿姿势，并出现轻度血尿、细菌尿、脓尿等。触摸肾区发现肾脏肿大并有疼痛感。尿检可见红细胞、白细胞、盐类结晶（碳酸盐、磷酸盐、硅酸盐、草酸盐和尿酸盐等）、肾上皮细胞等。

输尿管结石：多数是由于肾结石下移阻塞输尿管。主要表现为行走时弓背，腹部触诊有疼痛感；输尿管不全阻塞时，常见血尿、脓尿和蛋白尿。

膀胱结石：饮欲增加，结石刺激膀胱黏膜，频频排尿，努责，排尿困难，有血尿。腹部超声探查可见膀胱内有绿豆大的强回声光斑，后方伴有声影。

尿道结石：突然尿闭，频做排尿姿势，强烈努责，呻吟，起卧不安。有时有少量血尿滴出；完全阻塞时，膀胱充满，触诊有剧烈疼痛感。

诊断方法：根据尿频、排尿困难、血尿等症状做出初步诊断，确诊需要进行尿液常规检查、尿道金属探针检查、X线检查和B超检查等。尿液检查尿中有红细胞和白细胞；尿道金属探针检查可碰到结石并有碰撞声音；X线检查平片能看到不透光的结石阴影；超声检查可以探到结石。

【例题1】雄性北京犬，6岁，一直饲喂自制犬食，近日屡做排尿动作，但无尿液排出。X线检查，膀胱内有大量蚕豆大颗粒状白色阴影，右肾区有大片白色阴影，阴茎骨后部有管状白色阴影。

1. 本病可诊断为（B）。

A. 肾炎　B. 尿石症　C. 尿道炎　D. 膀胱炎　E. 肾功能衰竭

2. 治疗本病时，禁用（B）。

A. 头孢曲松钠　B. 磺胺嘧啶钠　C. 乌洛托品　D. 青霉素　E. 呋喃坦啶

3. 治疗本病的方法不包括（E）。

A. 膀胱切开术　B. 尿道切开术　C. 尿道再造术

D. 肾切除术　E. 输尿管疏通术

【解析】

1. 根据题干描述症状，可以判定本病为尿石症。

2. 由于磺胺类药物在酸性环境中容易形成结晶，促进泌尿系统结石的生成，因此治疗本病时，禁用磺胺嘧啶钠。

3. 该病犬为一侧肾结石，还有膀胱结石和尿道结石，可以采用膀胱切开术、尿道切开术、尿道再造术、肾切除术等进行治疗。因此，治疗本病的方法不包括输尿管疏通术。

【例题2】3岁母猫，近日精神沉郁，脉搏强硬，食欲减退，偶有体温升高，腰部拱起，步态拘谨，不愿行走，触压腹部可以感知肾脏肿大且疼痛明显。

1. 如做尿沉渣检查，不可能出现的异常物质是（D）。

A. 碳酸钙结晶　B. 磷酸钙结晶　C. 草酸钙结晶

D. 硫酸钙结晶　E. 尿酸钙结晶

2. 该猫如排尿异常，最可能的临床表现是（B）。

A. 尿频，尿量增多　B. 尿频，尿量减少

C. 尿频，尿量未见异常　D. 排尿次数未见异常，尿量增多

E. 排尿次数未见异常，尿量未见异常

3. 如做尿液化学检查，最可能出现异常的指标是（D）。

A. pH　B. 肌酐　C. 酮体　D. 蛋白质　E. 葡萄糖

【例题3】公犬，6岁，突然发病，频做排尿姿势，强力努责，但仅有少量尿液滴出。腹部触诊膀胱充盈、敏感。

1. 本病最可能的诊断是（C）。

A. 肾结石　B. 输尿管结石　C. 尿道结石　D. 肾炎　E. 膀胱炎

2. 病犬的排尿异常属于（E）。

A. 频尿　B. 多尿　C. 少尿　D. 尿失禁　E. 尿闭

3. 该犬尿液检查可能发现（C）。

A. 尿糖阳性　B. 尿胆素原增多　C. 尿潜血阳性

D. 尿酮体阳性　E. 尿胆红素阳性

## 考点18：犬、猫肥胖症的发病原因和防治方法★★★

犬、猫肥胖症是成年犬、猫多见的一种脂肪过多性营养疾病，机体的总能量摄入超过消耗，使脂肪过度蓄积。病犬、猫血液胆固醇和血脂升高。

发病原因：生活方式是造成宠物肥胖的主要原因，如在食物方面对宠物溺爱，给予热量极高的食物（如奶油蛋糕）和过于精细的食物，且在时间和食量上无节制；每天的活动量很少，未养成良好的遛狗、逗猫习惯，使宠物长期处于贪吃贪睡、嗜睡怕冷状态。

防治方法：定时定量饲喂，多次少量；加强运动，减食。

【例题】一只极度肥胖的斗牛犬，饮、食欲正常，近日发现呼吸频率加快，舌色暗红，白细胞总数为 $8\times10^9$ 个/L。应进一步检查的血液生化指标是（B）。

A. 肌酐 B. 胆固醇 C. 胆红素 D. 尿素氮 E. ALT

## 考点19：犬、猫糖尿病的发病原因、临床特征和治疗方法★★★★★

糖尿病是一种多病因的代谢性疾病，其特点为慢性高血糖症。动物体内由于胰岛素相对缺乏或绝对缺乏，引起碳水化合物、脂肪和蛋白质代谢紊乱。

糖尿病分为Ⅰ型糖尿病和Ⅱ型糖尿病。Ⅰ型糖尿病为胰岛功能损伤，无法分泌胰岛素。在犬、猫糖尿病中，100% 的犬和 50% 的猫都是Ⅰ型（胰岛素依赖性）糖尿病，另外 50% 的猫是Ⅱ型糖尿病（非胰岛素依赖性）。

发病原因：引起胰岛素分泌减少的疾病或病变均可诱发糖尿病，如胰腺创伤、肿瘤、炎症等。

临床特征：中龄犬，特别是 8 岁犬最易发病，萨摩耶犬和荷兰毛狮犬可遗传发病，凯恩梗犬、贵宾犬、腊肠犬等易肥胖犬的发病率高。母犬是公犬发病率的 2 倍，中老龄猫易发病，公猫比母猫多发，去势公猫最易发病。

发病动物病初食欲增加，饮水多，排尿多，体重减轻，尿有似烂苹果味，且地面尿湿处有蚂蚁聚集。血液生化检查血糖含量升高，病犬眼白内障，角膜混浊，尿相对密度过高。

治疗方法：治疗原则是降低血糖，纠正水、电解质和酸碱平衡紊乱。一般采用皮下注射或肌内注射中效胰岛素治疗；也可口服降糖药，如乙酸苯磺酰环己脲等。

【例题】京巴犬，8 岁，精神良好，不爱活动，多饮，多尿，尿有似烂苹果味，体重明显下降。诊断本病最必要的检查项目是（A）。

A. 血糖和尿糖 B. 甲状腺激素 C. 甘油三酯和胆固醇
D. 白细胞计数及分类计数 E. 红细胞计数和血红蛋白含量

## 考点20：犬有机磷农药中毒的临床特征和治疗方法★★★★

有机磷农药中毒是指畜禽接触、吸入或误食了某种有机磷农药后发生的以腹泻、流涎、肌群震颤为特征的一种中毒病，各种动物均可发生。

中毒机理：有机磷农药是一种神经毒物，对动物的毒性机理主要是抑制胆碱酯酶的活性，使其失去分解乙酰胆碱的能力，从而造成乙酰胆碱在体内大量蓄积，导致胆碱能神经功能障碍，出现中毒症状。

临床特征：中毒动物突然出现大量流涎，鼻孔和口角有白色泡沫，流泪，腹泻，腹痛，粪尿失禁，瞳孔缩小呈线状，食欲废绝，四肢肌肉发生震颤，严重者波及全身肌肉。

治疗方法：对于有机磷农药中毒，一般采用特效解毒法。常用的解毒药有两种，一种是抗 M 受体拮抗剂，另一种为胆碱酯酶复活剂。

目前使用较多的胆碱酯酶复活剂有碘解磷定和氯解磷定。碘解磷定注射液是有机磷农药中毒的特效解毒剂，起效作用快，作用时间较长，能使已经磷酸化的胆碱酯酶活性恢复，使体内积聚的乙酰胆碱迅速水解，从而缓解中毒症状。

阿托品为抗 M 受体拮抗剂，能阻断毒蕈碱型（即 M 型）受体，对抗有机磷农药中毒的毒蕈碱样毒性作用，还具有减轻中枢神经系统症状、改善呼吸中枢抑制的作用。用药原则为早期、适量、反复给药，快速达到“阿托品化”。

【例题】病犬，突然发病，体温 39.6℃，心率 127 次 /min，呼吸 42 次 /min，间歇性痉挛抽搐，眼球震颤，瞳孔缩小，呕吐，流涎，排稀粪，可视黏膜潮红。

1. 对本病具有诊断价值的血液生化检查结果是（B）。

A. 胆碱酯酶活性升高　B. 胆碱酯酶活性下降　C. 淀粉酶活性升高
D. 淀粉酶活性下降　E. 胰酶活性升高

2. 本病可以初步诊断为（B）。

A. 亚硝酸盐中毒　B. 有机磷中毒　C. 有机氟中毒
D. 有机汞中毒　E. 有机氯中毒

3. 治疗本病，首选的药物是（A）。

A. 碘解磷定　B. 二巯丙醇　C. 二巯丁二钠　D. 乙酰胺　E. 钼酸铵

## 考点 21：犬有机氟化物中毒的治疗方法★★★★

有机氟化物中毒是指动物误食了被含有有机氟农药（氟乙酰胺）或灭鼠药（氟乙酸钠、氟乙酰胺、甘氟等）污染的饲料或饮水而引起的以中枢神经系统机能障碍和心血管系统机能障碍为特征的一种中毒病。各种动物均有发生，以犬、猫、猪多见。

治疗方法：发现中毒后，立即停喂可疑饲料，尽快排出胃肠内毒物，及时使用解氟灵（5% 乙酰胺）进行治疗。

## 考点 22：犬洋葱中毒的临床特征和防治方法★★★

犬洋葱中毒是指犬采食葱类植物后引起的以排红色或红棕色尿液、贫血为特征的一种中毒病，犬发病较多，猫少见。

临床特征：犬、猫采食洋葱或大葱中毒 1~2d 后，特征性表现为排红色或红棕色尿液。

防治方法：立即停止饲喂洋葱或大葱性食物；应用抗氧化剂维生素 E 进行输液，补充营养；给予利尿剂，促进体内血红蛋白的排除。

【例题】贵宾犬，雌性，8 月龄，3.84kg，前一天偷吃了剩菜，现精神沉郁，食欲废绝，尿液呈红色，检查口腔黏膜苍白。血常规检查，白细胞数为 $14.2\times10^{9}$ 个 /L，红细胞数为 $2.9\times10^{12}$ 个 /L，血红蛋白 56g/L。

1. 本病最可能的诊断是（B）。

A. 食物过敏　B. 洋葱中毒　C. 维生素 K 缺乏
D. 尿道感染　E. 生殖道感染

2. 尿常规检查，最可能发生异常的指标是（C）。

A. 白细胞　B. 红细胞　C. 血红蛋白　D. 亚硝酸盐　E. 葡萄糖

3. 对该病犬的治疗，不宜采用的方法是（E）。

A. 抗氧化　B. 利尿　C. 输血　D. 输液　E. 催吐

# 第四章 犬、猫外科病

## 轻装上阵

### 如何学？

- 犬、猫外科病
  - 犬乳腺肿瘤：乳房肿块 大小不等 手术 放疗 化疗 区域乳腺切除 一侧乳腺切除
  - 角膜炎：畏光 角膜混浊 表层性角膜炎 深层性角膜炎 抗生素眼药水
  - 结膜炎：畏光 结膜充血 浮肿 细菌 衣原体 抗生素眼药水 乙酰磺胺钠眼膏
  - 青光眼：眼内压升高 眼球增大 指测眼压坚实感 角膜穿刺 手术治疗
  - 白内障：晶状体混浊 瞳孔变色 眼白色 晶状体摘除术 白内障摘除术
  - 耳血肿：耳郭面血肿 增厚 下垂 穿刺流血 排血 纽扣缝合 压迫绷带
  - 龋齿：酸性物质侵蚀 白齿齿冠 定期检查牙齿 硝酸银饱和溶液 固齿粉 拔牙
  - 犬、猫牙结石：齿龈上牙结石 齿龈下牙结石 口臭 进食困难 刮石器 超声波除石器
  - 犬脐疝：脐孔发育不全 脐部球形肿胀 柔软 无热、无痛 疝轮 强刺激剂 手术疗法
  - 犬腹股沟阴囊疝：局部肿胀突起 无热、无痛 阴囊增大 皮肤发亮 早期手术治疗
  - 犬会阴疝：排便不畅 肛门旁无热、痛肿胀 膀胱 肠管 直肠检查 手术治疗
  - 犬腹壁疝：腹壁局限性扁平 柔软肿胀 疼痛 肠蠕动音 封闭疗法 手术修补
  - 犬肛门囊炎：排便困难 肛门流出黑灰色恶臭物 肛门囊流出脓汁 手术切除
  - 犬前列腺肥大：腺型 雄激素 纤维型 雌激素 纤维腺型 排便困难 去势
  - 犬四肢骨骨折：肢体变形 骨摩擦音 疼痛 出血与肿胀 X线诊断 髓内针+钢丝内固定
  - 犬髌骨脱位：弓形腿 趾尖向内 小腿向内旋转 三脚跳步样 X线诊断 整复复位
  - 犬髋关节发育不良：髋臼变浅 股骨头不全脱位 控制运动 减少体重 髋关节成形术
  - 犬脊髓损伤：运动障碍 感觉障碍 排粪、排尿障碍 截瘫 镇静剂 止痛药 溴剂
  - 犬椎间盘突出：疼痛 共济失调 感觉运动麻痹 颈部、胸腰部椎间盘突出 皮质类固醇
  - 肘头黏液囊炎：肘头部肿胀 生面团样 波动感 无热、无痛 黏液囊摘除术
  - 犬脓皮症：中间型葡萄球菌 圆形脱毛 圆形红斑 黄色结痂 全身+局部抗生素
  - 真菌性皮肤病：犬小孢子菌 断毛 圆形脱毛区 Wood's灯检查 真菌培养 酮康唑
  - 马拉色菌病：马拉色菌 厚皮症 皮肤湿红 苔藓化 色素沉着 过度角质化 酮康唑
  - 雄性犬、猫性激素皮肤病：全身两侧对称性脱毛 被毛颜色变浅 黑头粉刺 去势术
  - 雌性犬、猫性激素皮肤病：背部对称性大面积脱毛 色素沉着 性欲亢进 手术摘除卵巢

**如何考？**

本章考点在考试中主要出现在A3/A4型题中，每年分值平均6~8分。下列所述考点均需掌握。犬、猫眼病，疝，关节脱位，骨损伤，皮肤病等是每年考查最为频繁的内容，希望考生予以特别关注。

## 考点冲浪

### 考点1：犬乳腺肿瘤的临床特点和治疗方法★★★★

犬乳腺肿瘤是母犬临床常见的疾病，50%的犬乳腺肿瘤和90%的猫乳腺肿瘤都是恶性的。犬乳腺肿瘤类型主要见于良性混合瘤、实体癌、管状腺癌、乳头腺癌、髓样上皮癌等。乳腺癌多通过淋巴管和血管转移到局部淋巴结和肺，有时也转移到肾上腺、肾脏、心脏、肝脏、骨、大脑和皮肤。临床主要表现为乳房部出现肿块，大小不等，最常发部位是在尾部的乳腺，多数肿块是可移动的。

治疗方法：一般采取手术切除。如果肿瘤小于3cm，单独通过手术切除治愈率可达100%。如果肿瘤很大伴有恶性表现或放射线诊断已有转移，一般需要进行手术加放疗和/或化疗一起进行治疗。临床上可以选取下列单种乳腺切除方法。

单个乳腺切除：仅切除一个乳腺分两种方法，一种是单个乳腺摘除术；另一种是单个乳腺切除术，即将乳腺及覆盖乳腺区域的皮肤一起切除。

区域乳腺切除：切除几个患病乳腺或切除同一淋巴流向的乳腺。

一侧乳腺切除：切除整个一侧乳腺链，是治疗乳腺肿瘤非常有效可行的方法。

两侧乳腺切除：切除所有乳腺，但限于宽胸、恶性病犬，常需要进行皮肤再建。

【例题】家猫，雌性，6岁，3.5kg，右侧第2乳区出现一直径4cm近圆形肿块，肿块触诊敏感，表面凹凸不平。

1. 根据解剖部位，该肿块乳区属于（B）。

A. 胸前乳区　B. 胸后乳区　C. 腹前乳区　D. 腹后乳区　E. 腹股沟乳区

2. 判断肿块是否转移的首选检查方法是（D）。

A. 血常规检查　B. 血清生化检查　C. 尿常规检查
D. X线检查　E. B超检查

3. 如检查未发现转移，首选的处置方法是（B）。

A. 单个乳腺切除　B. 区域乳腺切除　C. 一侧乳腺切除
D. 两侧乳腺切除　E. 保守治疗

### 考点2：角膜炎的临床特征、诊断方法和治疗方法★★★★

临床特征：主要表现为畏光、流泪、疼痛、眼睑闭合、角膜混浊、角膜缺损或溃疡，角膜周围形成新生血管或睫状体充血。表层性角膜炎的血管来自结膜，呈树枝状分布于角膜面上；深层性角膜炎的血管来自角膜缘的毛细血管网，呈刷状。细菌性或真菌性角膜溃疡，做微生物的培养及药物敏感试验，有助于治疗。

诊断方法：对于角膜炎的诊断，根据病因和临床症状，基本可确诊。对角膜表层损伤，利用荧光素染色法或用放大镜观察可以查出角膜病变部位和形态。

治疗方法：犬、猫角膜炎使用妥布霉素眼药水、氧氟沙星眼药水等进行治疗，也可以使用中药如拔云散、决明散、明目散治疗间质性角膜炎或慢性角膜炎。

【例题】北京犬，2周前因打斗致左眼畏光、流泪，黏液脓性分泌物增多；检查发现角膜中央有一凹陷、呈灰黄色混浊，周边有新生的树枝状血管。

1. 该犬所患眼部疾病是（C）。

A. 角膜表层损伤　B. 外伤性角膜炎　C. 浅表性角膜炎
D. 间质性角膜炎　E. 溃疡性角膜炎

2. 有助于做出诊断的检查方法是（D）。

A. 直接检眼镜检查　B. 手电筒检查　C. 间接检眼镜检查
D. 荧光素染色　E. 微生物培养

3. 本病最佳的治疗方法是（E）。

A. 眼睑皮下注射　B. 球结膜下注射　C. 角膜损伤缝合
D. 球结膜瓣覆盖　E. 抗生素眼膏点眼

## 考点3：结膜炎的发病原因和治疗方法★★★

临床特征：主要表现为畏光、流泪、结膜充血、结膜浮肿、眼睑痉挛、渗出物和白细胞浸润。

发病原因：细菌、支原体和衣原体性结膜炎通常为一只眼发病，间隔一段时间可波及另一只眼，且一般广谱抗生素治疗有效。

治疗方法：犬、猫结膜炎使用妥布霉素眼药水、氧氟沙星眼药水、红霉素眼膏、金霉素眼膏等。病毒性结膜炎用5%乙酰磺胺钠眼膏。

## 考点4：青光眼的临床特征和治疗方法★★★★

青光眼是指由于眼房角阻塞，眼房水排出受阻，导致眼内压升高所致的疾病，发生于单眼或双眼，多见于小动物（犬、猫、家兔）。

临床特征：病初可见患眼如健眼一样，但无视觉，眼内压升高，眼球增大，视力大为减弱，虹膜及晶状体向前突出，瞳孔散大，失去对光的反射能力。在昏暗环境或阳光下，可见患眼表现为绿色或浅青绿色。最初角膜是透明的，后则变为毛玻璃状。用检眼镜检查时，可见视神经乳头萎缩和凹陷，晚期视神经乳头呈苍白色，指测眼内压呈坚实感。诊断本病首选眼压计测量眼内压。

治疗方法：目前还没有特效的治疗方法，可以静脉滴注甘露醇，以降低眼内压；使用肾上腺素或毛果芸香碱点眼，以活动瞳孔；内服乙酰唑胺，以减少眼房水产生。一般使用β受体阻滞剂噻吗洛尔点眼，对青光眼治疗有一定效果。角膜穿刺排液可以作为治疗急性青光眼病例的一种临时性措施。可以采取巩膜打孔结膜覆盖滤过术、虹膜周边切除术等手术方法进行治疗。

【例题】巴哥犬，雄性，8岁，体重9.5kg，左眼球向外突出，指压有坚硬感，眼前房变深，瞳孔散大，对光反射消失，虹膜纹理清晰可见，晶状体透明。

1. 本病最可能的诊断是（D）。

A. 结膜炎　B. 白内障　C. 角膜炎　D. 青光眼　E. 眼睑炎

2. 确诊本病的检查方法首选（A）。

A. 眼压计检查　　B. 检眼镜检查　　C. 眼底照相机检查
D. 裂隙灯检查　　E. 角膜镜检查
3. 治疗本病不宜采用的药物是（B）。
A. 甘露醇　　B. 地塞米松　　C. 乙酰唑胺　　D. 肾上腺素　　E. 毛果芸香碱

## 考点5：白内障的临床特征和治疗方法★★★★

临床特征：主要表现为晶状体或晶状体及其囊混浊，瞳孔变色、视力消失或减退，混浊明显时，肉眼检查即可确诊，眼呈白色或蓝白色。

检眼镜检查：眼底反射强度是判断晶状体混浊度的良好指标，眼底反射下降得越多，晶状体越混浊，混浊部位呈黑色斑点。白内障不影响瞳孔的正常反应。

治疗方法：一般施行晶状体摘除术或晶状体乳化白内障摘除术。另外，也可实施人工晶状体植入。目前国外已经有用于犬、猫的人工晶状体。

## 考点6：耳血肿的临床特点和治疗方法★★

耳血肿是指耳部组织受到钝性或锐性暴力打击，较大血管断裂，血液流至耳软骨与皮肤之间的疾病。本病多发生于耳郭内面，各种动物均可发生，多见于犬、猫。

临床特点：若耳郭内面的耳前动脉损伤时，耳郭内面迅速形成血肿，触之有波动感和疼痛反应，因出血凝固，析出纤维蛋白，触诊有捻发音。在耳郭外面形成血肿，耳增厚数倍，下垂，耳部皮肤变成暗紫色，穿刺可见血液流出。血肿感染后可形成脓肿。

治疗方法：小血肿不经治疗也可自愈。大血肿不宜过早手术，一般在血肿形成数天后，于肿胀最明显处切开，排除积血和血凝块后，将切口做水平纽扣缝合，装置压迫绷带，耳郭保持干净，防蚊虫叮咬。

## 考点7：龋齿的发病原因、临床特征与治疗方法★★★

发病原因：主要是由于口腔内发酵碳水化合物的细菌产生酸性物质，侵蚀牙齿的表面、齿冠、釉质表面或齿根齿骨质表面，使其脱钙、分离及破坏。

临床特征：发病齿常有呈褐色的齿斑或齿石，其釉质和齿骨形成凹陷、空洞，用尖的探针探查，病变部柔软，并可出现反射性颌部打战。犬常发部位为第一上臼齿齿冠，猫则多见于露出的臼齿或犬齿。

治疗方法：定期检查牙齿。一度龋齿可用硝酸银饱和溶液涂擦龋齿面；二度龋齿应彻底除去病变组织，消毒并填充固齿粉；三度龋齿实行拔牙。

## 考点8：犬、猫牙结石的治疗方法★★★

犬、猫牙结石根据部位，分为齿龈上牙结石和齿龈下牙结石。牙结石牢固附着于牙面，质地坚硬致密，通常为黄白色。临床表现为口臭、进食困难、消化功能障碍。

除去牙结石主要采取刮治法，可以使用刮石器或超声波除石器除去牙结石。但清除齿龈下牙结石不宜使用超声波除石器，以防损伤牙周组织。

## 考点9：犬脐疝的发病原因、临床特征和治疗方法★★★

发病原因：各种家畜均可发生，但以幼畜、犬为多见。发生原因主要是脐孔发育不全、没有闭锁、脐部化脓或腹壁发育缺陷等。

临床特征：脐部呈现局限性球形肿胀，质地柔软。病初多数能在挤压疝囊或改变体位时，疝内容物还纳到腹腔，并可摸到疝轮；幼犬在饱腹或挣扎时脐疝增大，压迫肿胀可缩小；皮肤无红、热、痛等炎性反应。听诊时可听到肠蠕动音。

治疗方法：一般采取保守疗法和手术疗法两种方法。

保守疗法：适用于治疗疝轮较小、年龄小的动物。可以用疝带（皮带或复绷带）、强刺激剂（重铬酸钾软膏）等促进局部炎性增生，闭合疝口。

手术疗法：术前禁食，全身麻醉或局部浸润麻醉，仰卧保定或半仰卧保定，切口在疝囊底部，呈梭形，按常规无菌技术施行手术，还纳疝囊内的脏器。若疝轮较小，可做荷包缝合或纽扣缝合，但缝合前需将疝轮光滑面做轻微切割，形成新鲜创面，在闭合疝轮后，需要分离囊壁形成左、右两个纤维组织瓣，将一侧纤维组织瓣缝在对侧疝轮外缘上，然后将另一侧的组织瓣缝合在对侧组织瓣的表面上，修整皮肤创缘，皮肤做结节缝合。对于内层切口，可以采用单纯间断缝合的缝合方法。

【例题】母犬，脐部出现局限性肿胀近 6 个月，触诊肿胀柔软，饱食和挣扎时增大，压迫肿胀可缩小，皮肤无红、热、痛反应。

1. 本病最可能的诊断是（C）。

A. 肿瘤　B. 脓肿　C. 脐疝　D. 蜂窝织炎　E. 痈

2. 闭合内层切口可以采用的缝合方法是（E）。

A. 水平纽扣缝合　B. 十字缝合　C. 单纯连续缝合

D. 锁边缝合　E. 单纯间断缝合

3. 合理的手术切口形状是（A）。

A. 梭形　B. 直线形　C. 三角形　D. 十字形　E. “T”形

## 考点 10：犬腹股沟阴囊疝的临床特征和治疗方法★★★★

临床特征：腹股沟阴囊疝多见于公犬、公马和公猪。腹股沟疝常在内容物被嵌闭、出现腹痛时才发现，或只有当疝内容物下坠至阴囊，发生腹股沟阴囊疝时才引起畜主的注意。疝内容物可能是网膜、膀胱、小肠、子宫或大肠等。

腹股沟阴囊疝分为先天性和后天性两类。先天性腹股沟阴囊疝与遗传有关，主要是腹股沟环缺损或扩大导致。后天性腹股沟阴囊疝主要是由于腹压升高，腹股沟环扩大所致。

发生腹股沟疝时，疝内容物由单侧或双侧腹股沟裂口直接脱至腹股沟外侧的皮下，位于耻骨前缘腹白线两侧，局部膨胀突起，肿胀物大小随腹内压及疝内容物的性质和多少而定。触之柔软，无热、无痛，常可还纳于腹腔内。一侧性阴囊增大，皮肤紧张发亮，出现浮肿，不愿走动，运步时两后肢开张，步态紧张，触诊时柔软有弹性。直肠检查，腹股沟内环内有肠管脱入，可以听到肠蠕动音。

治疗方法：以早期进行手术治疗为宜。切口选在靠近腹股沟外环处，一般在阴囊颈部正外侧方纵切皮肤。

【例题】博美犬，雌性，4 岁。近日精神状态、饮食欲及排粪、排尿均无异常，偶有不明原因腹痛，触诊腹部紧张，拒绝触摸；仰卧时，左侧最后乳腺外侧见有一个 3.0cm×4.5cm 的肿物，触诊柔软，有压痛。

1. 本病最可能的诊断是（C）。

A. 乳腺炎　B. 腹壁脓肿　C. 腹股沟疝　D. 乳腺肿瘤　E. 腹壁疝

2. 本病发生的原因可能是（D）。

A. 血管破裂　B. 细菌感染　C. 组织增生　D. 腹压升高　E. 淋巴管破裂

3. 治疗本病的有效方法是（D）。

A. 抗菌消炎　B. 促进吸收　C. 制止渗出　D. 疝修补术　E. 切除肿物

## 考点 11：犬会阴疝的发病原因、临床特征和治疗方法★★★★

会阴疝是指由于盆腔组织缺陷，腹膜及腹腔脏器向骨盆腔后结缔组织凹陷内突出，以致向会阴部皮下脱出的现象。疝内容物多为膀胱、肠管或子宫等。

临床特征：排便不畅，在肛门、阴门近旁或其下方出现无热、无痛、柔软的肿胀，常为一侧性，肿胀对侧肌肉松弛。如疝内容物为膀胱时，挤压肿胀有时可见到喷尿，患病动物频频排尿，但量不多或无尿。用手由下向上挤压肿胀时会逐渐缩小，并伴随被动性排尿，松手时又可增大。直肠检查有助于会阴疝的确诊。

治疗方法：对于会阴疝的治疗，最好的方法是手术。一般是清除直肠内蓄粪，导尿，保定，使用全身麻醉药异氟醚全身麻醉后，施行手术。公犬一般同时施行去势术。

【例题 1】京巴犬，8 岁，雄性，未去势，体温 38.2℃，肛门左下方有一无热、无痛、柔软的肿胀，抬高后躯，肿胀可缩小，近 3d 未排尿，直肠检查在骨盆入口处有核桃大小的肿胀。

1. 本病最可能的诊断是（A）。

A. 会阴疝　B. 肛门囊疝　C. 肛周脓肿　D. 直肠憩室　E. 直肠闭锁

2. 造成排尿不畅的原因可能是（E）。

A. 肛膜炎　B. 肛周脓肿　C. 直肠闭锁　D. 直肠憩室　E. 前列腺增生

3. 本病的最佳治疗方案是（D）。

A. 前列腺摘除　B. 消炎镇痛　C. 手术整复会阴部肿胀

D. 手术治疗会阴部肿胀并去势　E. 灌肠通便

【例题 2】京巴犬，雄性，11 岁，6kg，近期发现排粪困难，肛门两侧出现明显肿胀。触诊柔软、无热、无痛。

1. 本病最可能的诊断是（B）。

A. 肿瘤　B. 会阴疝　C. 淋巴外渗　D. 蜂窝织炎　E. 肛门腺炎

2. 手术治疗时，首选的麻醉方法是（D）。

A. 表面麻醉　B. 局部浸润麻醉　C. 传导麻醉

D. 全身麻醉　E. 蛛网膜下腔麻醉

3. 首选的维持麻醉药是（E）。

A. 普鲁卡因　B. 利多卡因　C. 丁卡因　D. 乙酰丙嗪　E. 异氟醚

## 考点 12：犬腹壁疝的发病原因、临床特征和治疗方法★★★

发病原因：腹壁疝发生于各种家畜，由于腹肌或腱膜受到钝性外力的作用而形成腹壁疝的较为多见。

临床特征：腹壁受伤后局部突然出现一个局限性扁平、柔软的肿胀，触诊时有疼痛，常为可复性，用力推压内容物可还纳腹腔，多数可摸到疝轮。腹膜破裂的腹壁疝其疝囊总是相对较大。腹壁疝患病动物肿胀部位听诊时可听到皮下的肠蠕动音。腹壁疝内容物多为肠管（小肠），但也有网膜、皱胃、瘤胃、膀胱、妊娠子宫等各种脏器，并经常与相近的腹壁或皮肤粘连。对于腹壁疝，一般可以通过 X 线检查予以确诊。

治疗方法：对于腹壁疝的治疗，可以采用保守疗法和手术疗法两种。保守疗法，如封闭疗法、涂擦刺激剂、安置压迫绷带等，适用于初发的疝轮较小的病例；对于疝轮较大的病例，一般采用手术疗法进行修补。

【例题】博美犬，3 岁，被萨摩耶犬咬伤，第二天发现右腹壁出现局限性肿胀，触摸患处皮肤温热、柔软，按压肿物可变小。

1. 本病最可能的诊断是（E）。

A. 淋巴外渗　B. 腹壁脓肿　C. 腹部囊肿　D. 气肿　E. 腹壁疝

2. 本病最佳的治疗方法是（E）。

A. 输液疗法　B. 外固定包扎　C. 穿刺疗法　D. 激素疗法　E. 手术疗法

3. 进一步诊断，首选的方法是（C）。

A. 血常规检查　B. 血清生化检查　C. X 线检查

D. 血气检测　E. 尿常规检查

## 考点 13：犬肛门囊炎的临床特征和治疗方法★★★

肛门囊炎是指肛门囊内的腺体分泌物蓄积于囊内，刺激黏膜而引起的炎症。肛门囊分泌物是黏液状、黑灰色、有难闻气味、带小颗粒的皮脂样物。

临床特征：轻症者出现排便困难，里急后重，甩尾，擦舔或咬肛门，挤压其肛门疼痛并流出黑灰色恶臭物。重症者肛门明显肿胀、痉挛，有时肛周脓肿、出血，从肛门囊流出脓汁，肛门下方两侧破溃，流脓性分泌物，甚至形成瘘管。这种排泄瘘多在肛门两侧稍下方，相当于时钟 4 点和 8 点的位置。

治疗方法：对于肛门囊炎的治疗，一般采取冲洗疗法、缝合破溃口，同时用抗生素全身治疗；对于严重的肛门囊炎，肛门溃烂，已形成瘘管或经保守治疗复发者，宜手术切除肛门囊。

【例题】博美犬，4 岁，1 周来经常磨蹭和舔食肛部，临床发现肛门部肿大，肛门下方两侧破溃，流脓性分泌物，触诊敏感。根据上述症状，错误的疗法是（A）。

A. 烧烙疗法　B. 手术治疗　C. 冲洗疗法

D. 缝合破溃口　E. 用抗生素治疗

## 考点 14：犬前列腺肥大与前列腺炎的临床特征和治疗方法★★★

犬前列腺肥大是由性激素失调引起的老龄犬前列腺功能障碍的常见病，分为腺型、纤维型和纤维腺型（混合型）3 种。雄激素分泌过剩引起腺型肥大，雌激素分泌过剩引起纤维型肥大。临床特征主要表现为排便困难。去势是最有效的治疗方法，也可进行前列腺全摘除或部分摘除。

犬前列腺炎是由细菌感染所引起的前列腺的炎症性疾病，分为急性前列腺炎和慢性前列腺炎。治疗方法一般为口服莫酮哌酯或口服五苓散，同时配合解热镇痛、缓泻、导尿等对症治疗，必要时去势。

## 考点 15：犬四肢骨骨折的临床特点和诊断方法★★★★★

四肢骨骨折的临床特点主要包括肢体变形、异常活动、骨摩擦音、出血与肿胀、疼痛、功能障碍和全身症状。

肢体变形是指骨折两断端因外力、肌肉牵拉力和肢体重力的影响，造成骨折段移位，常见的有成角移位、侧方移位、旋转移位、纵轴移位等。骨折后患肢呈弯曲、缩短、延长等异常姿势。异常活动是指在骨折后负重或做被动运动时，出现屈曲、旋转等异常活动。骨摩擦音是指骨折两断端相互触碰，可听到骨摩擦音或有骨摩擦感。

骨折时骨膜、骨髓及周围软组织的血管破裂出血，局部明显肿胀；闭合性骨折时未见皮肤损伤，患部肿胀，肿胀的程度取决于受伤血管的大小、骨折的部位及软组织损伤的轻重。骨折时骨膜、神经受损，感到疼痛。四肢骨骨折后，一般会引起不同程度的跛行。

诊断方法：对于四肢骨和关节疾患，如骨折、骨膜炎、骨质疏松、骨坏死、关节周围炎、脱位等，可广泛地应用 X 线检查。X 线检查对于跛行诊断有着重要的科学和实践价值，而且对疾病的经过、预后，甚至对合理的治疗也有很大的帮助。

治疗方法：发生长骨骨折，一般应采取手术方法进行治疗，主要采用髓内针＋钢丝内固定等治疗措施。发生髌骨外方脱位，一般应采取手术方法进行髌骨整复复位，在内侧滑车嵴内方切开，整复髌骨固定在滑车沟内。

【例题 1】拉布拉多犬，5 岁，被轿车撞伤，右后肢悬垂，不能负重，视诊股部和膝关节肿胀，触诊敏感。

1. 本病应首先进行检查的项目是（B）。

A. B 超检查　　B. X 线检查　　C. 粪便检查
D. 尿常规检查　　E. 血常规检查

2. 【假设信息】若为股骨干长斜骨折，最佳治疗方案是（A）。

A. 髓内针＋钢丝内固定　　B. 单纯夹板外固定　　C. 卷轴绷带外固定
D. 石膏绷带外固定　　E. 髓内针内固定

3. 【假设信息】若为髌骨外方脱位，其手术切口应选在（D）。

A. 胫骨嵴外侧方　　B. 膝直韧带上方　　C. 外侧滑车嵴外方
D. 内侧滑车嵴内方　　E. 内侧滑车嵴外方

【例题 2】大丹犬，雌性，7 岁，45kg，从高处坠落后出现跛行，左前肢稍能负重，肘部外展，出现前方短步。

1. 患肢损伤部位可能发生在（E）。

A. 指部　　B. 腕部　　C. 掌部　　D. 臂部　　E. 肘部

2. 为确诊患部，需进行（A）。

A. 触诊　　B. 视诊　　C. 叩诊
D. 强行牵遛运动　　E. 跑步运动

3. 【假设信息】若 X 线检查肱骨中段有 3 个断裂的骨片，需采用（A）。

A. 接骨板＋髓内针　　B. 髓内针固定　　C. 保守疗法
D. 石膏绷带固定　　E. 夹板固定

## 考点 16：犬髌骨脱位的临床特征和治疗方法★★★★★

正常活动时，髌骨根据膝关节屈伸，可在股骨滑车内上、下滑动。当其超出正常范围时，临床上称为髌骨脱位。本病多发于犬，以内方脱位最为常见。

诊断方法：根据视诊、触诊、他动运动与双肢比较，可以做出初步诊断，X 线检查可以做出正确的诊断。

临床特征：犬伫立时，患肢呈弓形腿，膝关节屈曲，趾尖向内，后肢呈不同程度的扭曲性畸形，小腿向内旋转，股四头肌群向内移位。动物行走跛行，运动中呈三脚跳步样，触摸髌骨或伸屈膝关节时，可以发现髌骨脱位。

治疗方法：犬髌骨内方脱位一般可自行复位或容易整复复位。复发者，一般采取手术方法进行治疗，手术前需要进行全身麻醉，切开关节囊，暴露滑车，沿外侧滑车嵴开始手术，较简易的方法是在外侧关节囊做一排伦勃特缝合（间断内翻缝合），加强支持带作用，防止复发。

【例题 1】德国牧羊犬，站立时左后肢膝、跗关节高度屈曲，患肢悬垂，运动中呈三脚跳步样。X 线检查，可见患肢胫骨嵴向内侧扭曲，该跛行的动物患肢最可能脱位的关节是（B）。

A. 髋关节　B. 膝关节　C. 跗关节　D. 系关节　E. 冠关节

【例题 2】泰迪犬，雄性，3 岁，突然发病，右后肢小腿内旋，跗关节屈曲；右后肢可以拉直，恢复运步，但运动后不久再次出现上述现象。膝关节处疼痛敏感，但无明显肿胀。

1. 本病最可能的诊断是（A）。

A. 髌骨内方脱位　B. 膝关节炎

C. 膝关节前十字韧带断裂　D. 膝关节后十字韧带断裂

E. 髌骨上方脱位

2. 手术治疗本病常用的麻醉方法是（A）。

A. 全身麻醉　B. 浸润麻醉　C. 传导麻醉　D. 诱导麻醉　E. 表面麻醉

3. 治疗本病的手术通路位于（E）。

A. 内侧滑车嵴　B. 膝直韧带上方　C. 胫骨嵴内侧方

D. 胫骨嵴下方　E. 外侧滑车嵴

## 考点 17：犬髋关节发育不良的临床特征、诊断方法和治疗方法★★★

犬髋关节发育不良是指以髋臼变浅、股骨头不全脱位为特征的一种疾病。本病多见于大型、快速生长的品种犬，如牧羊犬。本病与遗传、营养、骨盆部肌肉状态、髋关节的生物力学等有关。髋关节不全脱位或完全脱位，引起关节不稳和退行性关节病。

临床症状：严重病犬，5~12 月龄时，出现活动减少，急性单侧或双后肢跛行，呈现“兔子跳”姿势和不同程度的关节疼痛。休息后起立、卧下或爬楼梯明显困难。触摸关节，疼痛明显。

诊断方法：对于犬髋关节发育不良，需要通过 X 线诊断。标准的 X 线检查方法是动物仰卧位，两后肢向后拉直、放平，并向内旋转。

治疗方法：治疗原则是控制运动，减少体重，给予镇静药。手术治疗可用髋关节成形术。切断耻骨肌，可以减轻疼痛。限制幼犬的生长速度，避免高能量食物是预防本病发生的基础。

【例题1】德国牧羊犬，8月龄，发病1周，左后肢跛行，行走后躯摇摆，跑步两后肢合拢呈“兔跳”步态，被动运动髋关节疼痛。

1. 本病最可能的诊断是（A）。

A. 髋关节发育不良　B. 圆韧带断裂　C. 股骨颈骨折

D. 股骨头坏死　E. 骨盆骨折

2. X线检查时，正确的保定方法是（D）。

A. 仰卧保定，两后肢屈曲、外展

B. 俯卧保定，两后肢屈曲、外展

C. 俯卧保定，两后肢向后拉直、外旋

D. 俯卧保定，两后肢向后拉直、内旋

E. 侧卧保定，患肢在下，健肢在上，向后拉直

3. 本病进一步发展可导致（E）。

A. 全骨炎　B. 骨肿瘤　C. 滑膜炎　D. 骨软骨炎　E. 退行性关节病

【例题2】圣伯纳犬，1岁，50kg。喜卧，卧时后肢常后伸，起立困难。运动后病情加重，后肢跛行，后躯摇摆，臀部被毛粗乱，大腿肌肉萎缩，他动运动疼痛明显。X线片显示股骨头与髋臼的间隙增大。

1. 本病最可能的诊断是（D）。

A. 髋关节挫伤　B. 髋关节扭伤　C. 髋关节脱位

D. 髋关节发育不良　E. 髋关节创伤

2. X线检查时，其重点投照方位是（D）。

A. 左侧位　B. 斜位　C. 右侧位　D. 背腹位　E. 腹背位

3. 与本病发生有关的最密切因素是（C）。

A. 骨盆软组织化学松弛作用　B. 肌肉强度缺乏

C. 遗传　D. 肥胖

E. 内收肌张力过大

## 考点18：犬脊髓损伤的种类、临床特征和治疗原则★★★★

脊髓损伤是指在外力作用下引起脊髓组织的震荡、挫伤或压迫性损伤。脊髓挫伤震荡是因脊柱骨折或脊髓组织受到外伤所引起的脊髓损伤。临床上，本病以呈现损伤脊髓节段支配运动的相应部位及感觉障碍和排粪、排尿障碍为特征。

一般把脊髓具有肉眼及病理组织变化的损伤称为脊髓挫伤，缺乏形态学改变的损伤称为脊髓震荡。临床上多见的是腰脊髓损伤，使后躯瘫痪，称为截瘫。

确切诊断损伤部位和严重程度，可进行MRI检查。

脊髓损伤的治疗原则是加强护理，防止脱位，消炎止痛，兴奋脊髓。动物疼痛明显时，可以应用镇静剂和止痛药，如水合氯醛、溴剂等。

【例题1】犬，车祸后排便失禁，两后肢不能站立，针刺前肢敏感，但两后肢无反应，肛门反射消失。

1. 进一步确诊应采用（B）。

A. 关节镜检查　B. X 线检查　C. 直肠检查　D. B 超检查　E. 肢体触诊

2. 最可能的损伤部位是（D）。

A. 头部　B. 颈部　C. 胸部　D. 腰荐部　E. 尾部

3. 导致排便失禁的原因是（C）。

A. 膀胱破裂　B. 直肠破裂　C. 脊髓损伤　D. 髌骨骨折　E. 坐骨骨折

【例题 2】北京犬，6 岁，被汽车撞伤，双后肢不能站立，感觉、痛觉反射消失，尾下垂，排便失禁。

1. 导致该犬出现上述症状的主要原因是（B）。

A. 腰部软组织损伤　B. 脊髓损伤　C. 马尾神经损伤

D. 坐骨神经损伤　E. 荐神经损伤

2. 确诊病变部位的最佳方法是（C）。

A. 血常规检查　B. 脑脊髓液检查　C. 核磁共振检查

D. B 超检查　E. 心电图检查

3. 治疗中不宜采用的方法是（B）。

A. 针灸　B. 辅助运动　C. 镇痛消炎　D. 局部封闭　E. 手术

## 考点 19：犬椎间盘突出的临床特征、诊断方法和治疗方法★★★★

椎间盘突出是指纤维环破裂，髓核突出，压迫脊椎引起的一系列症状。临床上以疼痛、共济失调、麻木、运动障碍或感觉运动的麻痹为特征，是小动物的常见病，多见于体型小、年龄大的软骨营养障碍类犬。

临床特征：颈部椎间盘突出主要表现颈部敏感、疼痛。站立时，颈部肌肉呈现疼痛性痉挛，鼻尖抵地，腰背拱起；运步小心，头颈僵直，耳竖起；触诊颈部肌肉紧张或痛叫。重病者，颈部、前肢麻木，共济失调或四肢截瘫。第 2~3 和第 3~4 椎间盘发病频率最高。胸腰部椎间盘突出，动物病初严重疼痛、呻吟，不愿挪步或行动困难，以后突然发生两后肢运动障碍和感觉消失，但两前肢往往正常，常发部位为第 11~12 胸椎和第 2~3 腰椎。病犬尿失禁，肛门反射迟钝。

诊断方法：X 线检查即可确诊，可见椎间盘间隙狭窄，并有矿物质沉积团块，椎间孔狭小或灰暗，关节突异常间隙形成。如做脊髓造影术，可见脊索明显变细，椎管内有大块矿物阴影（钙化）。

治疗方法：疼痛、肌肉痉挛、轻度伸颈缺陷，如疼痛性麻木及共济失调，适宜保守疗法。通过强制休息、消炎镇痛等，减轻脊髓及神经炎症，促使背纤维环愈合。皮质类固醇（地塞米松、泼尼松等）是治疗本病综合征的首选药。病情严重者，可以施行外科手术治疗，取出椎管内椎间盘突出物。

【例题 1】犬，由于纤维环破裂、髓核突出，压迫脊髓，临床上主要表现以疼痛、共济失调、肢体麻木、运动障碍为特征的疾病。

1. 其颈椎的易发部位为（B）。

A. 第 1~2 颈椎　B. 第 2~4 颈椎　C. 第 4~5 颈椎

D. 第 5~6 颈椎　E. 第 6~7 颈椎

2. 其胸腰部易发部位为（C）。

A. 第 3 胸椎至第 5 腰椎　B. 第 3 胸椎至第 6 腰椎　C. 第 11 胸椎至第 3 腰椎
D. 第 8 胸椎至第 6 腰椎　E. 第 9 胸椎至第 6 腰椎

3. 本病 X 线检查显示（D）。

A. 椎间隙正常　B. 椎间孔变大　C. 椎间隙变大无钙化
D. 椎间隙狭窄并钙化　E. 脊髓造影病变部脊索变粗

【例题 2】腊肠犬，雌性，8 岁，不愿挪步，行动困难，不愿让主人抱，精神委顿，食欲减退，腹围增大，尿失禁，肛门反射迟钝，触诊腰部皮肤紧张，痛叫。

1. 本病可能是（B）。

A. 脊髓损伤　B. 腰椎间盘突出　C. 肠梗阻
D. 腰部软组织损伤　E. 脊椎骨折

2. 最适宜的诊断方法是（C）。

A. 腹部 B 超检查　B. 腹部 X 线检查　C. 胸腰段 X 线检查
D. 膀胱穿刺　E. 尿液检查

3. 首先采取的治疗方法是（D）。

A. 补液、导尿　B. 利尿　C. 局部按摩
D. 消炎止痛、导尿　E. 灌肠

4. 根治本病最有效的方法是（D）。

A. 电针治疗　B. 肠梗阻手术　C. 膀胱修复术
D. 椎间盘突出物摘除　E. 脊椎骨折固定术

## 考点 20：肘头黏液囊炎的临床特征和治疗方法★★★

在动物皮肤、筋膜、韧带、腱和肌肉下面、骨和软骨突起的部位存在黏液囊，以减少摩擦。黏液囊壁由里面的内膜和外面的结缔组织构成。当黏液囊发炎时，往往黏液囊内液体增多，囊壁增厚。

临床特征：患病动物肘头部出现界限明显的肿胀，初期可感温热，似生面团样，微有痛感。由于渗出液的浸润和黏液囊周围结缔组织的增生，黏液囊变得较为坚实。有时黏液囊膨大，有波动。小的有鸡蛋大，大的有拳头大，波动性肿胀，无热无痛，未见明显跛行。破溃时流出带血的渗出液。

治疗方法：黏液囊内含物有时可被吸收，黏液囊周围的炎症也随之消失。若黏液囊肿大，影响患肢活动，可以实施黏液囊摘除术。

【例题】德国牧羊犬，2 岁，雄性，近 2 个月来在右肘头出现一鸡蛋大小的逐渐增大的波动性肿胀，无热无痛，未见明显跛行。

1. 该肿胀最可能的诊断是（E）。

A. 血肿　B. 关节炎　C. 蜂窝织炎　D. 淋巴外渗　E. 黏液囊炎

2. 确诊本病不宜采用的方法是（D）。

A. X 线检查　B. 无菌穿刺　C. 超声检查　D. 血管造影　E. 血常规检查

3. 根治本病最佳的方法是（E）。

A. 热敷　B. 引流　C. 封闭疗法

D. 涂擦刺激剂　　　　　　E. 肿胀物摘除术

## 考点 21：犬脓皮症的发病原因、临床特征和治疗方法★★★

犬脓皮症是由化脓菌感染引起的皮肤化脓性疾病，北京犬、可卡犬等品种犬易发，临床上发病率高，主要表现为幼犬脓皮症、浅层脓皮症和深部脓皮症 3 种类型。

发病原因：中间型葡萄球菌是主要致病菌。金黄色葡萄球菌、表皮葡萄球菌、链球菌、化脓性棒状杆菌、大肠杆菌和奇异变形杆菌等也可引起本病的发生。动物皮肤不洁，局部皮肤过度摩擦及引起皮脂腺机能障碍的因素均可导致脓皮症。

临床特征：浅层脓皮症是犬常见的皮肤病。病灶多为圆形脱毛、圆形红斑、黄色结痂、丘疹、脓疱、斑丘疹或结痂斑。实验室诊断可从患病皮肤直接涂片或刮取涂片，革兰氏染色可以发现阳性球菌。

治疗方法：局部配合全身使用抗生素是治疗脓皮症的基本原则。红霉素、林可霉素、阿莫西林、头孢菌素类、恩诺沙星等药物可用于治疗。

【例题】金毛猎犬，3 月龄，近日口唇部出现红疹，而后在腋下和股内侧也出现红疹，患部瘙痒感不明显，患部刮皮诊断，未见蠕形螨，真菌检查呈阴性。

1. 本病最可能的诊断是（E）。

A. 脓癣　　B. 疥螨病　　C. 湿疹　　D. 马拉色菌病　　E. 幼犬脓皮症

2. 此犬发病的主要病因是（D）。

A. 皮肤角质层薄　　B. 洗澡次数过多　　C. 缺乏维生素 B

D. 皮脂分泌不足　　E. 皮脂分泌过剩

3. 治疗时首选的口服药物是（E）。

A. 氟康唑　　B. 伊维菌素　　C. 地塞米松

D. 复合维生素　　E. 阿莫西林

## 考点 22：真菌性皮肤病的临床特征、诊断方法和治疗方法★★★★★

真菌性皮肤病又称皮肤癣病，是由嗜毛发真菌引起的毛干和角质层的感染，常发生于犬、猫，尤其是幼年的犬、猫。犬、猫真菌性皮肤病的主要致病菌是犬小孢子菌，其次是石膏样小孢子菌和须毛癣菌。

临床特征：患真菌性皮肤病的猫以小于 6 月龄的幼猫为主，以圈状掉毛为主，并不断向外扩散。断毛、少毛、无毛和掉毛是主要的临床表现。患真菌性皮肤病的犬、猫患部皮肤干燥，断毛、掉毛，四肢、躯干、腹部多处出现圆形脱毛区，并有向外扩散的趋势，局部皮屑较多。也有的不脱毛、无皮屑，但患部有丘疹、脓疱或脱毛区皮肤隆起、发红、结节化。

诊断方法：诊断真菌感染常用 Wood's 灯检查、镜检和真菌培养。Wood's 灯检查是指用该灯在暗室里照射病患部位的毛、皮屑或皮肤缺损区，出现荧光为阳性。患部拔毛，或刮取患部鳞片、断毛或痂皮置于载玻片上，加数滴 10% 氢氧化钾溶液于载玻片样本上，微加热后盖上盖玻片。显微镜下见到真菌孢子，即可确认真菌感染阳性。

治疗方法：治疗真菌感染主要根据疾病的轻重，一般采用抗真菌药物进行治疗，可敷酮康唑乳膏、制霉菌素和克霉唑乳膏或特比萘芬霜。真菌性皮肤病的治疗是一个漫长反反复复的过程，完全治愈需要很长时间，抗真菌药使用每周 1~2 次，至少持续 4~6 周。

【例题 1】大丹犬，四肢、躯干、腹部多处有铜钱大脱毛区，局部皮屑较多，并有向外扩散的趋势。

1. 根据临床表现，本病最不可能的病原是（C）。

A. 马拉色菌　B. 须毛癣菌　C. 球孢子菌
D. 犬小孢子菌　E. 石膏样小孢子菌

2. 如用 Wood's 灯检查荧光阳性，最适合的治疗药物是（A）。

A. 制霉菌素　B. 伊维菌素　C. 头孢噻呋　D. 赛拉菌素　E. 泰乐菌素

【解析】犬小孢子菌、石膏样小孢子菌、须毛癣菌、马拉色菌等均为皮肤真菌，而球孢子菌是深部组织真菌，主要感染肺，表现为肺脏、支气管或者是纵隔淋巴结发生肉芽肿。

【例题 2】波斯猫，4 月龄，从头部开始掉毛，逐渐延续到背部和四肢，呈现局部无毛的症状，涂擦红霉素软膏无效。

1. 该猫的疾病是（A）。

A. 猫癣　B. 脓癣　C. 脓皮症
D. 跳蚤叮咬性皮炎　E. 过敏性皮炎

2. 治疗本病宜口服（D）。

A. 甲硝唑片　B. 病毒唑片　C. 多黏菌素片　D. 特比萘芬片　E. 多西环素片

3. 本病的疗程一般是（D）。

A. 1~7d　B. 7~14d　C. 14~28d　D. 28~42d　E. 100d 以上

## 考点 23：马拉色菌病的临床特征和治疗方法★★★★

马拉色菌病又称厚皮症，是犬的一种真菌病。马拉色菌是一种单细胞真菌，经常少量发现于外耳道、口周、肛周和潮湿的皮褶处。犬马拉色菌比较常见，多见于美国可卡犬、西高地犬、腊肠犬。犬舔患部皮肤，是犬马拉色菌感染的主要因素。

临床特征：被毛着色和患部皮肤湿红是本病的主要表现，伴有局部或广泛性脱毛、慢性红斑和脂溢性皮炎。随病情缓慢发展，皮肤出现苔藓化，色素沉着和过度角质化，通常有难闻的体味。

治疗方法：一般使用 2% 酮康唑软膏涂擦，再用 2% 咪康唑涂擦，直至病变消退。

## 考点 24：雄性犬、猫性激素皮肤病的临床特征和治疗方法★★★

雄性犬、猫性激素皮肤病主要见于未去势的犬、猫或中老年犬、猫，多是由于雄激素分泌过多或雄激素前体生成过多所致。

临床特征：主要表现为全身两侧对称性脱毛，可能呈现泛发性脱毛，但很少波及头部和四肢。未去势公猫在尾背部出现黑头粉刺。去势犬脱毛处被毛颜色变浅。

治疗方法：未去势公猫，首选去势术，摘取两侧睾丸是根治的首选措施。

## 考点 25：雌性犬、猫性激素皮肤病的临床特征和治疗方法★★★

雌性犬、猫性激素皮肤病主要见于未绝育的母犬或早年绝育的母犬，多是由于雌激素分泌过多或外源性雌激素使用过多所致，常见于卵巢肿瘤或卵巢囊肿。

临床特征：主要表现为母犬躯干、背部慢性对称性大面积脱毛，但很少波及头部和四肢，脱毛处色素过度沉着。母犬持续发情，性欲亢进，阴门红肿，但母犬拒绝交配。

治疗方法：对于卵巢囊肿的母犬，可以肌内注射 LH 治疗；黄体囊肿的母犬可以肌内注射前列腺素治疗。若药物治疗无效，手术摘取卵巢是根治的首选措施。

# 第五章　犬、猫产科病

## 轻装上阵

### 如何学？

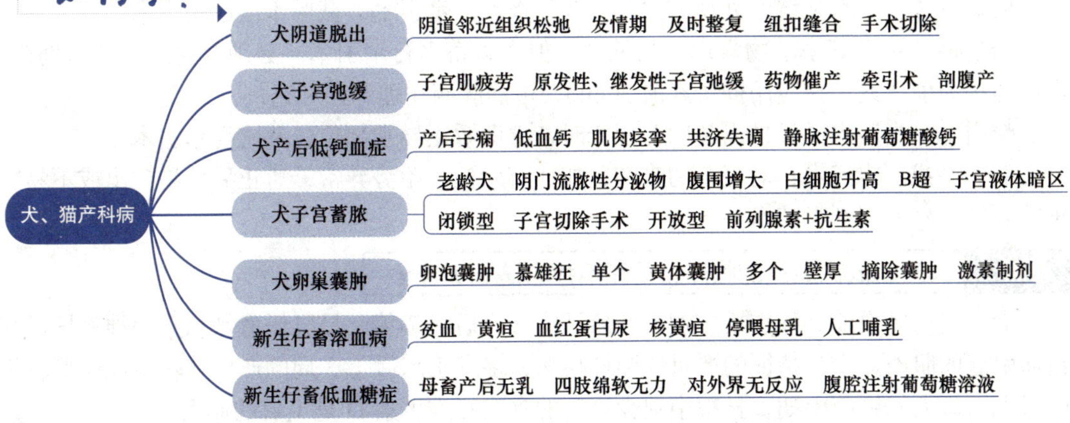


### 如何考？

本章考点在考试中主要出现在 A3/A4 型题中，每年分值平均 3 分。下列所述考点均需掌握。犬产后低钙血症、犬子宫蓄脓、新生仔畜病等是每年考查最为频繁的内容，希望考生予以特别关注。

## 考点冲浪

### 考点 1：犬阴道脱出的发生机制和治疗方法★★★

阴道脱出是指阴道底壁、侧壁和上壁的一部分组织、肌肉出现松弛扩张，子宫和子宫颈随着向后移动，松弛的阴道壁形成皱襞嵌堵于阴门内或突出于阴门外的疾病。阴道脱出可以是部分脱出，也可以是全部脱出。

发生机制：阴道脱出可能与母畜骨盆腔的局部解剖生理有关。当骨盆韧带及阴道邻近组织松弛，阴道腔扩张、阴道壁松软，又有一定的腹内压情况下，多发生本病。犬阴道增生脱出多发生在发情前期或发情期，与遗传及雌激素分泌过多有关。

治疗方法：轻度阴道脱出，易于整复，关键是防止复发；中度和重度阴道脱出，必须及时整复，并在阴道内注入消毒药液，在阴门两侧注入抗生素，在阴门上做 2 针纽扣缝合，加以固定，防止复发。

犬在发情期的轻度阴道增生脱出，可以不治疗，待发情期结束后能自愈。犬发情期阴道严重增生脱出的病例，可进行手术切除。

## 考点 2：犬子宫弛缓的发生原因和处理方法★★★★

子宫弛缓是指在分娩的开口期及胎儿排出期，子宫肌层的收缩频率、持续期及强度不足，以致胎儿不能排出的现象。

子宫弛缓分为原发性子宫弛缓和继发性子宫弛缓两种。原发性子宫弛缓是指分娩一开始子宫肌层收缩力就不足；继发性子宫弛缓是指开始时子宫阵缩正常，以后由于排出胎儿受阻或子宫肌疲劳等导致的子宫收缩力变弱或弛缓。

发生原因：原发性子宫弛缓主要是由于在分娩前，孕畜体内激素分泌失调（雌激素、催产素分泌不足，黄体酮分泌过多）、营养不良或体质衰弱、胎儿过大或胎水过多，子宫肌肉过度伸张等，均可引起子宫弛缓；继发性子宫弛缓通常继发于难产，见于所有动物，尤其是大动物多发。

处理方法：子宫弛缓的处理方法包括药物催产、牵引术、截胎术或剖腹产术。

药物催产：犬等小动物常用药物催产，但大家畜多行牵引术。必须及时进行手术助产，常用药物为催产素，在应用催产素前 30min，可静脉滴注葡萄糖和钙剂。

牵引术：当胎水已经排出和胎儿死亡时，立即矫正异常部位，并施行牵引术。

截胎术或剖腹产术：对复杂的难产，如伴有胎位、胎势异常，矫正后不易拉出或不易矫正的病例，宜采用剖腹产术。

## 考点 3：犬产后低钙血症的临床特征和治疗方法★★★★

犬产后低钙血症又称产后癫痫、产后子痫或产后痉挛等，是以低血钙和运动神经异常兴奋而引起的肌肉痉挛为特征的严重代谢性疾病，多发于产后 1~3 周的产仔数较多或体型较小的母犬。母犬妊娠前中期，日粮中缺少含钙的食物和维生素 D 是主要的原因。

临床特征：病犬产后后肢乏力，呼吸短促，大量流涎，步态蹒跚，肌肉震颤，共济失调，很快四肢僵硬，后肢尤为明显，表现不安，全身肌肉强直性痉挛，站立不稳，随后倒地，四肢呈游泳状，口角和颜面肌肉痉挛等。血液检查血清中钙含量在 7mg/100L 以下。

治疗方法：治疗原则是尽早补充钙剂，防止钙质流失，对症治疗。静脉缓慢注射 10% 葡萄糖酸钙是十分有效的疗法。一般在滴注钙剂的一半量后，大部分病犬的症状可得到缓解，输入全量钙后症状即可消除。

【例题 1】博美犬，不久前产幼犬 5 只，检查体温 40.5℃，突发呼吸急促，流涎，步态不稳，难以站立，血清钙浓度 1.5mmol/L。

1. 本病最可能的诊断是（E）。

A. 中暑　　B. 肺水肿　　C. 急性肺炎

D. 脑膜脑炎　　E. 产后低钙血症

2. 与本病发生无关的因素是（B）。

A. 日粮中钙缺乏　　B. 日粮中锌缺乏　　C. 日粮中维生素 D 缺乏

D. 多胎吸收大量母体钙　　E. 血钙随母乳大量流失

3. 治疗本病的首选药物是（D）。

A. 安乃近　　B. 硫酸镁　　C. 氨苄西林

D. 葡萄糖酸钙　　E. 肾上腺皮质激素

【例题 2】博美犬，分娩后第 4 天早晨出现震颤，瘫痪，吠叫，呼吸短促，大量流涎，体温 42℃，血糖 5.5mmol/L，血清钙 1.2mmol/L。

1. 该犬所患疾病是（E）。

A. 酮病　B. 低血糖　C. 子宫套叠　D. 胎衣不下　E. 产后子痫

2. 治疗该犬首选的药物是（B）。

A. 氯化钠　B. 氯化钙　C. 氯化钾　D. 葡萄糖　E. 碳酸氢钠

3. 本病治疗药物的首选给药途径是（D）。

A. 皮内注射　B. 皮下注射　C. 肌内注射　D. 静脉注射　E. 腹腔注射

## 考点 4：犬子宫蓄脓的发病原因、临床特征和治疗方法★★★★★

犬子宫蓄脓是指母犬子宫内感染后，蓄积有大量脓性渗出物，并不能排出的现象，是母犬生殖系统的一种常见病，多发于成年犬。本病特征是子宫内膜异常并继发细菌感染。

发病原因：主要是由于生殖道感染、长期使用类固醇药物及内分泌紊乱所致，并与年龄有密切关系，多发于 6 岁以上的老龄犬，尤其是未生育过的老龄犬。发生子宫蓄脓常与运用雌激素防止妊娠有关。

临床特征：犬子宫蓄脓分为闭锁型子宫蓄脓和开放型子宫蓄脓两种。

闭锁型子宫蓄脓：主要表现为子宫颈完全闭锁不通，阴门无脓性分泌物排出，腹围较大，呼吸、心跳加快，严重时呼吸困难，腹部皮肤紧张，腹部皮下静脉怒张，喜卧。

开放型子宫蓄脓：主要表现为子宫颈管未完全关闭，从阴门不定时流出少量脓性分泌物，呈奶酪样，乳黄色、灰色或红褐色，气味难闻，常污染外阴、尾根及飞节。病犬阴门红肿，阴道黏膜潮红，腹围略增大。

实验室检查发现病犬白细胞显著升高，核左移，幼稚型白细胞达 30% 以上；B 超检查可见子宫内有大量液体（暗区）。

治疗方法：闭锁型子宫蓄脓的犬，毒素很快被吸收，因此立即进行子宫切除手术是非常理想的治疗措施。开放型子宫蓄脓或留作种用的闭锁型子宫蓄脓的种犬，可以考虑保守治疗，治疗的原则是促进子宫内容物的排出及子宫的恢复，控制感染，增强机体抵抗力。一般使用前列腺素治疗，同时使用抗生素控制感染，对开放型子宫蓄脓的母犬效果较好。

【例题 1】犬，6 岁，发情后 7 周，未配种，近期饮水增多，体温升高，腹围大，血液白细胞数增多。

1. 本病最可能的诊断是（B）。

A. 子宫积液　B. 子宫蓄脓　C. 子宫颈炎　D. 假孕　E. 胃肠臌气

2. 本病最可能的发病诱因是（A）。

A. 类固醇药物使用不当　B. 长期补充钙制剂　C. 维生素 D 缺乏

D. 缺乏运动　E. 维生素 E 缺乏

3. 根治本病的最佳方案是（D）。

A. 注射雌激素、催产素　B. 注射前列腺素　C. 注射黄体酮

D. 实施卵巢、子宫切除术　E. 静脉补液、注射抗生素

【例题 2】母犬，6 岁，未绝育，1 个月来腹部逐渐变大，常有尿意，食欲减退，饮水增加，体温 39.1℃，腹部 B 超检查，发现膀胱不膨隆，腹部内有多个大的液性暗区，有些暗区以管腔壁样的结构分隔。

1. 本病最可能的诊断是（C）。

A. 妊娠　B. 肠套叠　C. 子宫蓄脓　D. 卵巢囊肿　E. 前列腺肥大

2. 该犬尿液可能呈（B）。

A. 粉红色　B. 浅黄色　C. 黑红色　D. 浅红色　E. 鲜红色

3. 血常规检查时，最可能的变化是（A）。

A. 白细胞增加，核左移　B. 白细胞增加，核右移　C. 白细胞减少，核左移

D. 白细胞减少，核右移　E. 中性粒细胞增加，核右移

【例题 3】北京犬，8 岁，雌性，无生育史，近期食量无异常，但饮水明显增多，尿多，腹围明显增大，阴门处未见异常分泌物。

1. 该犬病最可能是（E）。

A. 妊娠　B. 肠积液　C. 膀胱积尿　D. 腹腔积液　E. 子宫蓄脓

2. 确诊本病最可靠的检查方法是（C）。

A. 血常规检查　B. 尿液检查　C. B 超检查　D. 血清生化检查　E. X 线检查

3. 根治本病的最佳方法是（D）。

A. 抗生素疗法　B. 卵巢切除术　C. 激素疗法

D. 卵巢子宫切除术　E. 免疫疗法

## 考点 5：犬卵巢囊肿的临床特征和治疗方法★★★

卵巢囊肿是指卵巢上有卵泡状结构，其直径超过 2.5cm，存在的时间在 10d 以上，同时卵巢上无正常黄体结构的一种病理状态。本病最常见于母犬和母猪。按照发生囊肿的组织结构不同，卵巢囊肿分为卵泡囊肿和黄体囊肿。

卵泡囊肿壁较薄，呈单个或多个存在于一侧或两侧卵巢上；黄体囊肿一般多为单个，存在于一侧卵巢上。

临床特征：慕雄狂是卵泡囊肿的一种症状表现，特征是持续而强烈地表现发情行为，如无规律的、长时间或连续性的发情、不安。偶尔接受其他公犬爬跨或交配，病犬常由于过多的运动而体重减轻。

卵泡壁的厚度差别很大，卵泡囊肿的壁薄且容易破裂；而黄体囊肿的壁很厚，囊肿可能是一个，也可能为多个，由未排卵的卵泡壁上皮黄体化而引起，所以又称之为黄体化囊肿。一侧卵巢比对侧正常卵巢约大一倍，触摸该突起感觉壁厚，子宫未触及妊娠变化。

治疗方法：卵巢囊肿的治疗方法很多，一般采取摘除囊肿，或使用 LH、GnRH 等各种激素制剂的方法治疗卵巢囊肿。

【例题】金毛犬，雄性，3 岁，1 岁开始发情，每半年 1 次，但每次发情时出血时间可延长达 20 多天，外阴潮红、肿胀明显，阴户外翻，自出血 1 周后，见公犬激动，愿接受公犬爬跨，直至 15d 后，阴户肿胀逐渐消退，出血量减少。B 超检查，两侧卵巢上有多个直径 1cm 以上的液性暗区。

1. 本病最可能的诊断是（A）。

A. 卵泡囊肿　B. 卵巢功能减退　C. 持久黄体

D. 排卵延迟　E. 黄体囊肿

2. 治疗本病最常用的药物是（C）。

A. 前列腺素　　B. 马绒毛膜促性腺激素　　C. LH
D. 促卵泡素　　E. 雌二醇

3.【假设信息】如在发情出血的第 9 天进行 B 超检查，两侧卵巢上出现多个黄豆大小的液性暗区，为提高受胎率，防止本病的发生，可在配种时配合应用（D）。

A. 促黄体激素释放激素　　B. 前列腺素　　C. 雌二醇
D. 马绒毛膜促性腺激素　　E. 丙酸睾酮

## 考点 6：新生仔畜溶血病的临床特征和治疗方法★★★★

新生仔畜溶血病是指新生仔畜红细胞抗原与母体血清抗体不相容而引起的同种免疫溶血反应，又称新生仔畜溶血性黄疸、同种免疫溶血性贫血或新生仔畜同种红细胞溶血病。各种新生仔畜都可发病。

临床特征：吃食母体初乳后即发病，主要表现为贫血、黄疸、血红蛋白尿等危重症状。红细胞形状不整，多呈溶解状态；血红蛋白含量显著降低，白细胞数相对值升高。核黄疸，又称胆红素中毒脑病，是新生仔畜黄疸的严重并发症。发生原因是大量游离的间接胆红素渗透进入脑组织内，使中枢神经元核团发生黄染，并引起神经元坏死。临床特征是嗜睡，惊厥，肢体强直等。

治疗方法：及早发现，立即停止哺喂母乳。采取换乳、人工哺乳或代养等措施。同时可以应用糖皮质激素，强心补液，静脉注射 5% 碳酸氢钠，进行辅助治疗。

【例题】一新生幼犬，初生时活泼健壮，采食母乳后逐渐出现精神沉郁、反应迟钝、喜卧的现象。皮肤及可视黏膜黄染；尿量少而黏稠；血液学检查，红细胞数显著减少。

1. 导致本病发生的原因是（B）。

A. 幼犬分娩过程中呛入了大量羊水　　B. 幼犬体内发生了免疫溶血反应
C. 幼犬肝脏损伤　　D. 母犬乳汁中乳蛋白含量过低
E. 母犬乳汁中乳糖含量过低

2. 本病最可能的诊断是（A）。

A. 新生仔畜溶血病　　B. 幼犬低血糖症　　C. 幼犬出血性紫癜
D. 幼犬孱弱　　E. 幼犬低钙血症

## 考点 7：新生仔畜低血糖症的发病原因、临床特征和治疗方法★★★

新生仔畜低血糖症是以血糖水平明显低下，血液中非蛋白氮含量明显升高，临床出现衰弱乏力、运动障碍、痉挛、衰竭等症状为特征的一种代谢性疾病，主要发生于出生后 1~4d 的仔猪和幼犬。

发病原因：新生仔猪和犬在出生后几天内缺乏糖原异生能力，母畜产后少乳或无乳，仔畜生后吮乳反射弱或无，或各种原因造成消化不良，影响养分的消化和吸收。

临床特征：病畜精神委顿，食欲废绝，全身出现水肿，卧地不起，四肢绵软无力；四肢做游泳状运动，头后仰或扭向一侧，口微张，口角流出少量白沫，对外界事物毫无反应，最后在昏迷中死亡。

治疗方法：本病病程短，死亡率极高，必须早期治疗。治疗原则是尽快补糖，用 10% 葡萄糖溶液 10~20mL 静脉注射，连续使用有良好效果。

# 第五篇

## 其他动物疾病

# 第一章 马疫病

## 轻装上阵

### 如何学？

马疫病

- 马炭疽：血液凝固不良 脾脏肿大 樱桃红色 竹节样杆菌 串珠试验 Ⅱ号炭疽芽孢苗
- 马鼻疽：鼻腔鼻疽 皮肤鼻疽 星芒状瘢痕 念珠状 火山口样溃疡 鼻疽菌素点眼
- 马传染性贫血：吸血昆虫 胎盘垂直传播 黄疸 出血 共济失调 白细胞数降低 扑杀
- 马腺疫：马链球菌马亚种 下颌淋巴结化脓 典型腺疫
- 非洲马瘟：发热 肺水肿 脏器出血 库蠓 肺型 心型 肺心型 发热型 进境检疫
- 伊氏锥虫病：马属动物 血液 造血器官 吸血蝇类 黄染 共济失调 血液中有活动虫体 三氮脒
- 马巴贝斯虫病：红细胞 十字形相连 草原革蜱 稽留热 黄染 贫血 血液中有活动虫体 咪唑苯脲
- 马媾疫：马媾疫锥虫 生殖器黏膜 交配疹 水肿期 丘疹期 神经症状期 阴道虫体
- 马消化道线虫病：
  - 马副蛔虫病 腹泻 便秘
  - 马圆线虫病 盲肠 结肠 血栓性疝痛 腹膜炎
  - 马胃线虫病 大口胃虫 小口胃虫 家蝇 胃腺部肿瘤和溃疡
- 马脑脊髓丝虫病：指形丝状线虫 脊髓 微丝蚴 中华按蚊 弓腰 高度跛行 皮内反应
- 马浑睛虫病：指形丝状线虫 眼前房 蚊类 幼虫移行 角膜穿刺术取出虫体
- 马胃蝇蛆病：胃蝇幼虫 出血性胃肠炎 火山口状 伊维菌素治疗 禁止饮水
- 马痒螨病：皮肤表面 4对足均露出体缘 奇痒 结节 黄色痂皮 阿维菌素

### 如何考？

本章考点在考试中主要出现在A3/A4型题中，每年分值平均3分。下列所述考点均需掌握。马炭疽、马巴贝斯虫病、马消化道线虫病等是每年考查最为频繁的内容，希望考生予以特别关注。

## 考点冲浪

### 考点1：马炭疽的临床特征和诊断方法★★★

炭疽是由炭疽杆菌引起的多种家畜、野生动物和人的一种急性、热性、败血性传染病。发病动物以急性死亡为主，脾脏高度肿大、皮下和浆膜下有出血性胶冻样浸润、血液凝固不良呈煤焦油样、尸体极易腐败等。

临床特征：主要为败血症变化，尸僵不全，血液凝固不良，天然孔有黑色血液流出，黏膜发绀，血液呈煤焦油样。全身多发性出血，皮下、肌间、浆膜下胶冻样水肿。脾脏肿大2~5倍，软化如糊状，切面呈樱桃红色，有出血；淋巴结出血。

诊断方法：取血液制成涂片，使用瑞氏染色，发现带有荚膜、菌体两端平直的粗大杆菌，新鲜血液中呈现竹节样大杆菌，即可诊断为炭疽。必要时也可利用炭疽杆菌对青霉素敏感的特性进行串珠试验。

炭疽应每年进行预防接种，疫苗有无毒炭疽芽孢苗或Ⅱ号炭疽芽孢苗。

### 考点2：马鼻疽的临床特征和诊断方法★★★★

马鼻疽是由鼻疽伯氏菌（俗称鼻疽杆菌）引起的一种人兽共患传染病，临床特征是鼻腔、喉头和气管黏膜及皮肤上形成鼻疽结节、溃疡和瘢痕，在肺、淋巴结或其他实质脏器中形成特异性的鼻疽结节。我国已基本控制本病。

易感动物：本病主要在马、骡、驴等单蹄动物中传播蔓延，以马属动物最易感。

临床特征：急性型鼻疽分为肺鼻疽、鼻腔鼻疽和皮肤鼻疽。鼻腔鼻疽表现为鼻腔黏膜形成灰白色圆形结节，结节坏死后形成溃疡，溃疡瘢痕呈星芒状；皮肤鼻疽表现皮肤结节，沿淋巴管向周围组织蔓延，形成念珠状的索状肿，破溃后形成火山口样溃疡。

诊断方法：慢性型马鼻疽的诊断以变态反应为主。变态反应诊断方法有鼻疽菌素点眼法、鼻疽菌素皮下注射法、鼻疽菌素眼睑皮内注射法，常用鼻疽菌素点眼法。

开放性和急性型马鼻疽一般不予治疗，必要时使用磺胺和土霉素治疗。对疑似或确诊的病马应进行严格隔离，依法扑杀。

【例题】某马场同槽饲喂的两匹马精神沉郁，流浆液性或黏性鼻液，随后鼻黏膜出现小米粒大的黄白色结节，周围有红晕，下颌淋巴结肿胀。

1. 本病可能是（B）。

A. 马传染性贫血　B. 马鼻疽　C. 马腺疫
D. 炭疽　E. 马流感

2. 对病马应采取的措施是（B）。

A. 对症治疗　B. 隔离淘汰　C. 抗菌治疗
D. 抗病毒治疗　E. 紧急接种疫苗

3. 对同群隐性或慢性病例，常用的诊断方法是（C）。

A. 细菌学检查　B. 病毒学检查　C. 变态反应
D. ELISA　E. 荧光抗体试验

### 考点3：马传染性贫血的流行特征、临床特征和防控措施★★★

马传染性贫血简称马传贫，是由马传染性贫血病毒引起的马属动物的一种传染病，临床特征表现为发热、贫血、出血、黄疸、心脏衰弱、浮肿和消瘦等，并反复发作，发热期（有热期）临床症状明显。

流行特征：马属动物易感，其中马的易感性最强，血液和脏器中含大量病毒。本病主要通过吸血昆虫（虻、蚊、蠓等）叮咬而机械性传播，也可通过胎盘垂直传播。本病有明显的季节性，多发生在7~9月。

临床特征：主要表现为发热、贫血、黄疸、出血，心脏机能紊乱，运动时左右摇晃，步态不稳，共济失调。血液学变化主要表现为红细胞数减少、血红蛋白量降低；发热中后期，白细胞数降低至4000~5000个/$mm^3$，淋巴细胞比例增多。静脉血中出现吞铁细胞。

防控措施：一旦发病，立即封锁，隔离消毒，病马集中扑杀、无害化处理。

### 考点4：马腺疫的临床特征★★

马腺疫俗称喷喉，是由C群链球菌中的马链球菌马亚种引起的马属动物的一种急性、热性传染病，以发热、呼吸道黏膜发炎、下颌淋巴结肿胀化脓为特征。

临床上分为一过型腺疫、典型腺疫、恶性腺疫。一过型腺疫表现为鼻黏膜卡他性炎症；典型腺疫表现为脓性鼻液、下颌淋巴结肿大、后期化脓，流出脓汁，再渐渐愈合，病马呼吸、吞咽困难；恶性型腺疫表现为淋巴结化脓灶转移至肺、脑等器官，体温稽留不降，病马因脓毒败血症死亡。

## 考点 5：非洲马瘟的临床特征和防控措施★★

非洲马瘟是由非洲马瘟病毒引起的虫媒传播的急性传染病。传播媒介是库蠓，临床上以发热、肺和皮下组织水肿、部分脏器出血为特征。

临床特征：临床上分为肺型、心型、肺心型和发热型。肺型常流行于新疫区，表现为剧烈咳嗽、呼吸困难，流泡沫样鼻液，常窒息而死；心型为亚急性经过，常见于免疫马匹，表现为头部、颈部和皮下水肿，随后扩展，引起心脏炎症；肺心型为亚急性经过，温和发热，无死亡；发热型见于免疫马匹，表现持续发热。

防控措施：我国没有非洲马瘟发生，应严格进境检疫，防止非洲马瘟传入。

## 考点 6：伊氏锥虫病的临床特征、诊断方法和防治方法★★★

伊氏锥虫病又称苏拉病，是由伊氏锥虫寄生于马属动物、牛、水牛、骆驼的血液、淋巴液及造血器官中引起的寄生虫病。马属动物和犬的易感性最强，马属动物感染后取急性经过，死亡率高。牛与其他动物感染多取慢性经过。伊氏锥虫在寄生部位以纵分裂法进行繁殖，由虻和吸血蝇类进行机械性传播。

临床特征：病马逐渐消瘦，体温升高，稽留数天，体温恢复正常。眼结膜病初充血，后变为苍白色、黄染，可见米粒大到黄豆大的出血斑，腋下、胸前皮下水肿，最后共济失调，行走时左右摇摆，举步艰难；尿色深黄、黏稠。血液学检查红细胞数量急剧下降。骆驼主要表现为胯下、阴囊部皮下水肿。

诊断方法：在血液中检查出伊氏锥虫虫体是最可靠的诊断依据，一般采用血液压滴标本检查，发现血液中有活动的虫体即可确诊。应反复多次采血检查。

防治方法：预防本病应做好消灭病原，扑灭虻、蝇和防护畜体等措施。治疗要早，用药量要足。常用的药物有萘磺苯酰脲、喹嘧胺、三氮脒。

## 考点 7：马巴贝斯虫病的临床特征和诊断方法★★★★

马巴贝斯虫病是由马巴贝斯虫寄生于马属动物的红细胞内所引起的血液原虫病。临床上呈现高热、贫血、黄疸、出血和呼吸困难等症状。

虫体特征：马巴贝斯虫为小型虫体，虫体长度不超过红细胞半径，典型的虫体为 4 个梨籽形虫体以其尖端呈十字形相连。

流行特点：本病通过硬蜱传播，具有一定的地区性和季节性。马巴贝斯虫的传播媒介有草原革蜱、森林革蜱、银盾革蜱、镰形扇头蜱。本病于 3 月末 ~5 月多发。

临床特征：病马体温升高，呈稽留热型，眼结膜充血和黄染，溶血性贫血，红细胞急剧减少，白细胞数变化不大，黏膜、腱膜及皮下组织黄染，肺水肿，少尿和蛋白尿等。

诊断方法：血液检查发现虫体是确诊的主要依据。要注意区别驽巴贝斯虫和马巴贝斯虫。二者区别在于驽巴贝斯虫虫体长度大于红细胞半径，而马巴贝斯虫虫体长度不超过红细胞半径。

本病可以使用咪唑苯脲、三氮脒治疗。

【例题】某马场马发病，主要病变为溶血性贫血，黏膜、腱膜及皮下组织黄染，肺水肿，少尿和蛋白尿。血液涂片检查，在红细胞内发现大于红细胞半径的梨籽形虫，该虫体应是（B）。

A. 牛巴贝斯虫　　B. 驽巴贝斯虫　　C. 莫氏巴贝斯虫

D. 吉氏巴贝斯虫　　E. 双芽巴贝斯虫

## 考点8：马媾疫的临床特征和诊断方法★★★

马媾疫又称交配疹，是马匹在交配时生殖器黏膜上感染马媾疫锥虫引起的一种寄生虫病。马媾疫锥虫属于锥虫属，与伊氏锥虫相似，但主要寄生于马属动物的生殖器黏膜。

临床特征：首先为水肿期，包皮前端开始发生水肿，逐渐蔓延至阴囊、阴茎、腹下及股内侧，触诊呈面团状，无热无痛，1个月后出现皮肤丘疹期，特别在病马两侧肩部的皮肤出现扁平丘疹，圆形或椭圆形，中间凹陷，周边隆起，称为银圆疹。后期为神经症状期，以局部神经麻痹为主，腰神经与后肢神经麻痹，表现为步态强拘，后躯摇晃，跛行；面神经麻痹时嘴唇歪斜，耳及眼睑下垂；咽麻痹时吞咽困难。

诊断方法：采取尿道或阴道分泌物或丘疹组织液，发现锥虫即可确诊。我国基本消灭本病。一旦发现病畜，应淘汰处理。

## 考点9：马消化道线虫病的临床特征★★★★

马副蛔虫病是由蛔科的马副蛔虫寄生于马属动物的小肠内所引起的一种寄生虫病。发病初期呈现肠炎症状，持续3d后，呈现支气管肺炎症状——蛔虫性肺炎，表现为咳嗽，短期发热，流浆液性或黏液性鼻液，成虫寄生期呈现肠炎症状，腹泻与便秘交替出现，幼驹生长发育停滞。

马圆线虫病：马圆线虫主要寄生于马属动物的盲肠和结肠。临床上分为肠内型和肠外型。肠内型为成虫寄生于肠管引起，出现大肠炎症。肠外型为幼虫移行引起，以普通圆线虫引起的血栓性疝痛最多见。马圆线虫引起肝脏、脾脏损伤，临床表现为疝痛；无齿圆线虫引起腹膜炎、急性毒血症。

马胃线虫病：由旋尾科、柔线属的大口德拉西线虫（大口胃虫）、小口柔线虫（小口胃虫）、蝇柔线虫的成虫寄生在马属动物的胃内引起，均以蝇类为中间宿主。大口胃虫和蝇柔线虫的中间宿主为家蝇，在胃腺部形成肿瘤和溃疡。治疗方法为绝食16h后用2%碳酸氢钠溶液洗胃，皮下注射盐酸吗啡，使幽门括约肌收缩，20min后投服碘溶液。

## 考点10：马脑脊髓丝虫病的发病机理和临床特征★★

马脑脊髓丝虫病又称“腰萎病”，是由牛腹腔的指形丝状线虫的晚期幼虫（童虫）侵入马、羊脑或脊髓的硬膜下或实质中而引起的寄生虫病。

发病机理：指形丝状线虫的成虫寄生于黄牛和牦牛的腹腔，所产生的微丝蚴进入宿主的血液循环，当中间宿主（中华按蚊、雷氏按蚊等吸血性昆虫）吸食终末宿主的外周血液时，微丝蚴随血液进入中间宿主体内，带有感染性幼虫的蚊虫刺吸非固有宿主——马或羊血液时，幼虫进入马或羊体内，随淋巴液或血液进入脑脊髓，停留在童虫阶段，引起马或羊的脑脊髓丝虫病。

临床特征：分为早期症状及中晚期症状。早期症状为腰髓支配的后躯运动神经障碍，主要表现为病马意识障碍，出现痴呆样，弓腰，腰硬，突然高度跛行，或后肢出现木脚步样，后坐时臀端依靠墙柱；后期出现脑髓受损的神经症状，但并不严重。病马体温、呼吸、脉搏和食欲均无明显变化，血液学检查嗜酸性粒细胞增多。

诊断方法：对于马脑脊髓丝虫病，早期诊断尤为重要。一般用牛腹腔蛭形丝状线虫提纯抗原，通过皮内反应试验进行诊断。本病治疗困难，可以用药物驱蚊、灭蚊预防。

## 考点 11：马浑睛虫病的发病机理和诊断方法★

马浑睛虫病是由指形丝状线虫、马丝状线虫和鹿丝状线虫的童虫寄生于马、骡的眼前房中引起的一种寄生虫病。

发病机理：指形丝状线虫和马丝状线虫寄生于马属动物的腹腔，感染幼虫的蚊类吸血时，将幼虫注入马体，幼虫移行时误入眼内，常于眼前房内寄生。

诊断方法：虫体寄生引起角膜炎和白内障。诊断时，可以对光观察动物患眼，可见虫体在眼前房游动。根治方法是用角膜穿刺术取出虫体。

## 考点 12：马胃蝇蛆病的临床特征★★

马胃蝇蛆病是由双翅目、胃蝇科、胃蝇属的幼虫寄生于马属动物胃肠道内所引起的一种慢性寄生虫病。临床表现为病马高度贫血、消瘦、中毒、使役力下降，严重时衰竭死亡。马胃蝇属完全变态，主要引起出血性胃肠炎，幼虫叮咬部位呈火山口状。使用伊维菌素、多拉菌素治疗，用药后 4h 内禁止饮水。

## 考点 13：马痒螨病的临床特征和治疗方法★★★

痒螨病是由痒螨科、痒螨属的痒螨寄生于多种动物皮肤表面而引起的寄生虫病，以绵羊、牛、马最为常见，多种动物均可感染。

痒螨呈不完全变态发育，有卵、幼螨、若螨、成螨 4 个阶段。痒螨有肢 4 对，2 对伸向侧前方，2 对伸向侧后方，4 对足均露于体缘外侧。

临床特征：痒螨寄生时，首先出现皮肤奇痒，进而出现针头大到米粒大的结节，然后形成水疱和脓疱，由于擦痒导致被毛脱落，形成浅黄色痂皮。

诊断方法：一般根据症状，选择在健康和病变皮肤交界处采集病料，在显微镜下检查发现虫体即可确诊。注意疥螨和痒螨的形态特征。

治疗方法：痒螨病属于外寄生虫病，阿维菌素为兽用杀虫、杀螨剂，对昆虫和螨类具有触杀和胃毒作用，为典型的抗外寄生虫药。所以一般选择口服或注射伊维菌素或阿维菌素类药物进行治疗。

【例题】马，鬐毛部盖有浅黄色脂肪样的柔软痂皮，容易剥离。刮取皮屑，显微镜检查，见长椭圆形微小虫体，口器圆锥形，足细长，均伸出体缘之外。

1. 该病原是（A）。

A. 痒螨　　B. 蜱　　C. 虱　　D. 蚤　　E. 疥螨

2. 该病原寄生部位是（A）。

A. 体表　　B. 皮脂腺　　C. 皮下　　D. 真皮层　　E. 毛囊

3. 治疗本病的药物是（A）。

A. 伊维菌素　B. 吡喹酮　C. 硝氯酚　D. 三氮脒　E. 氯硝柳胺

# 第二章　马内科病

## 轻装上阵

### 如何学？

马内科病

- 马唾液腺炎：尖锐异物刺伤　流涎　头颈歪斜　采食、咀嚼困难　腺体局部红、肿、热、痛
- 马食道阻塞：突然发病　饮水从鼻孔喷涌而出　食道探诊　X线检查　压入法　手术治疗
- 马急性胃扩张：持续性剧烈腹痛　胃管插入排出酸臭气体或食糜　制止发酵　镇痛解痉
- 马肠变位：剧烈腹痛　腹腔穿刺液量多　粉红色　病程短急　肠扭转　肠套叠　开腹整复
- 马肺泡气肿：肺部叩诊过清音　叩诊界后移　喘线　肺区异常透明　氨茶碱
- 马大叶性肺炎：高热稽留　铁锈色鼻液　大片肺浊音区　红色肝变期　抗菌消炎　制止渗出
- 马脑膜脑炎：背部感觉过敏　皮肤疼痛反应　中性粒细胞增多　嗜酸性粒细胞消失　泻血
- 日射病和热射病：中暑　突然发生　四肢无力　倒地　皮温升高　粉红色鼻液　降温疗法
- 马纤维性骨营养不良：磷过剩　钙缺乏　骨体积增大　重量减轻　静脉注射葡萄糖酸钙
- 马疯草中毒：棘豆属植物　瞳孔散大　呆若木马　牙关紧闭　吞咽困难　硫代硫酸钠+维生素$B_1$
- 马蕨中毒：蕨类植物　硫胺素酶　共济失调　蕨蹒跚

### 如何考？

本章考点在考试中主要出现在A3/A4型题中，每年分值平均3分。下列所述考点均需掌握。马消化系统疾病等是每年考查最为频繁的内容，希望考生予以特别关注。

## 考点冲浪

### 考点1：马唾液腺炎的发病原因和临床特征★★

唾液腺炎是指腮腺、颌下腺和舌下腺炎症的统称，包括腮腺炎、颌下腺炎和舌下腺炎。

发病病因：主要是由于饲料芒刺或尖锐异物刺伤唾液腺管。继发性唾液腺炎主要见于口炎、咽炎、马传染性胸膜肺炎，以及流行性腮腺炎等。

临床特征：主要表现为流涎，头颈伸展（两侧性）或歪斜（一侧性），采食、咀嚼困难以至吞咽障碍，腺体局部红、肿、热、痛等体征。

### 考点2：马食道阻塞的临床特征、诊断方法和防治方法★★★

食道阻塞是由于吞咽物过大或咽下机能紊乱所导致的一种食道疾病。各种动物均可发

生，多发生于马和牛。

临床特征：病畜采食停止，突然发病，口腔大量流涎和鼻腔流大量鼻液，低头伸颈，徘徊不安，晃头缩脖，大量饮水后从口腔和鼻孔喷涌而出。颈部食道阻塞，可见局限性膨隆，能摸到阻塞的物体。

诊断方法：食道阻塞的诊断，可以根据采食中突然发生咽下障碍和胃管插至阻塞部即不能前进进行诊断。确诊依据食道探诊和 X 线检查。注意区别食管狭窄、食管炎、食管痉挛、食管麻痹等。

防治方法：原则是润滑管腔，缓解痉挛，清除阻塞物。主要治疗方法有疏导法、压入法、挤出法、手术治疗（胸部阻塞）。

## 考点 3：马急性胃扩张的发病原因、临床特征和防治方法★★★★

马急性胃扩张是由于马属动物采食过多和后送功能障碍所引起的胃急性扩张。按内容物性状可以分为食滞性胃扩张、气胀性胃扩张和积液性胃扩张。

发病原因：主要包括采食过量难以消化的或容易膨胀的饲料，过度疲劳，胃肠道疾病等。

临床特征：主要表现为病初呈轻度或中度间歇性腹痛，很快变为持续性剧烈腹痛，病马急起急卧，倒地翻滚，快步疾走，喜前高后低站立，或呈犬坐姿势。频频排少量粪便，粪便多松软不成形，后期排粪减少或停止。胃管插入，可排出大量酸臭气体或液状食糜，若腹痛减轻，则为气胀性胃扩张。马发生急性胃扩张，导致胃液大量流失，会出现代谢性碱中毒。若延误诊治，则会因窒息、心力衰竭或胃破裂而死亡。直肠检查，在左肾前下方可摸到膨大的胃后壁。

防治方法：对于马急性胃扩张，治疗原则为制止胃内容物腐败发酵，降低胃内压，镇痛解痉，补液强心。

【例题】马，5 岁，采食大量大麦后发病，食欲废绝，精神沉郁，眼结膜发绀，嗳气，腹痛，直肠检查在左侧最后肋骨后方可摸到脾脏后缘。

1. 本病最可能的诊断是（C）。

A. 骨盆曲阻塞　B. 盲肠臌气　C. 急性胃扩张　D. 肠痉挛　E. 盲肠变位

2. 该病马可能发生（C）。

A. 呼吸性碱中毒　B. 呼吸性酸中毒　C. 代谢性碱中毒　D. 代谢性酸中毒　E. 混合性酸中毒

## 考点 4：马肠变位的种类、临床特征和治疗方法★★★★★

肠变位是由于肠管自然位置发生改变，致使肠系膜或肠间膜受到挤压或缠绞，肠管血液循环发生障碍，肠腔陷于部分或完全阻塞的一组重剧性腹痛病。临床特征是腹痛由剧烈狂暴转为沉重稳静，全身症状逐渐增重，腹腔穿刺液量多、红色混浊，病程短急，直肠变位肠段有特征性改变。肠变位是骡、马常发的五大腹痛病之一。

肠变位分为肠扭转、肠缠结、肠嵌闭和肠套叠 4 种类型。

肠扭转：指肠管沿自身的纵轴或以肠系膜基部为轴而做不同程度扭转，使肠腔发生闭塞、肠壁血液循环发生障碍的疾病。比较常见的是左侧大结肠扭转。

肠缠结：指一段肠管以其他肠管、肠系膜基部、精索、韧带、腹腔肿瘤的根蒂等为轴心进行缠绕而形成结，使肠腔发生闭塞。比较常见的是空肠缠结，其次是小结肠缠结。

肠嵌闭：指一段肠管连同其肠系膜坠入与腹腔相通的天然孔或破裂口内，使肠腔发生闭塞。比较常见的是小肠嵌闭。

肠套叠：指一段肠管套入其邻接肠管内，使肠腔发生闭塞、肠壁血液循环发生障碍的疾病。套叠的肠管分为鞘部（被套的）和套入部（套入的）。肠套叠分为一级套叠、二级套叠和三级套叠。

临床特征：肠扭转病马食欲废绝，口腔干燥，肠音微弱或消失，排恶臭稀粪，并混有黏液和血液。腹痛由间歇性腹痛迅速转为持续性剧烈腹痛。在疾病后期，腹痛变得持续而沉重。随疾病的发展，体温升高，出汗，肌肉震颤。腹腔穿刺液检查，腹腔液呈粉红色或红色。

治疗方法：根本的治疗方法在于早期确诊后进行开腹整复。为提高整复手术的疗效，在手术前实施常规疗法，如镇痛、补液和强心，并适当纠正酸中毒。

## 考点 5：马肺泡气肿的临床特征和防治方法★★★★

肺泡气肿是指肺泡腔在致病因素作用下，发生扩张并常伴有肺泡隔破裂，引起以呼吸困难为特征的疾病。根据其发生的过程和性质，分为急性肺泡气肿和慢性肺泡气肿 2 种。临床上以高度呼吸困难、肺泡呼吸音减弱及肺叩诊界后移为特征。

临床特征：慢性肺泡气肿主要表现呼气性困难，呈现二重式呼气，同时沿肋骨弓出现较深凹陷沟，又称“喘沟”或“喘线”。肺部叩诊呈过清音，正常叩诊界后移。黏膜发绀，体温正常。X 线检查，整个肺区异常透明，支气管影像模糊，膈穹窿后移。

防治方法：缓解呼吸困难，治疗原发病。一般使用氨茶碱或地塞米松缓解呼吸困难，选用阿莫西林、沙拉沙星等抗菌药治疗感染，同时供给优质牧草和清洁饮水。危险时及时吸氧。

【例题】马，16 岁，长期劳役，发病约半年，易疲劳，出汗，可视黏膜发绀，呼气性呼吸困难，沿肋骨弓有一较深的凹陷沟，体温正常。

1. 本病最可能的诊断是（B）。

A. 急性肺泡气肿　B. 慢性肺泡气肿　C. 间质性肺气肿
D. 肺充血　E. 肺水肿

2. 肺部叩诊的变化是（A）。

A. 叩诊过清音，叩诊界后移　B. 叩诊浊音，叩诊界后移
C. 叩诊半浊音，叩诊界后移　D. 叩诊过清音，叩诊界前移
E. 叩诊浊音，叩诊界前移

3. 对本病的治疗，不应该选用（C）。

A. 氨茶碱　B. 地塞米松　C. 新斯的明　D. 阿莫西林　E. 沙拉沙星

## 考点 6：马大叶性肺炎的临床特征、病变特征和防治原则★★★★★

大叶性肺炎又称格鲁布性肺炎或纤维素性肺炎，是由病原微生物引起，以肺泡内纤维蛋白渗出为主要特征的肺部炎症。临床表现为高热稽留、流铁锈色鼻液、叩诊呈大片肺浊音区。

临床特征：食欲废绝，结膜充血、黄染，呼吸困难，呈腹式呼吸，体温升高，呈稽留热

型，脉搏增加，流铁锈色鼻液，粪便干燥或便秘。

病变特征：分为典型的4个时期。充血水肿期病变部肺组织呈褐红色，按压流出大量血样泡沫；红色肝变期肺质地实变，呈暗红色，类似肝脏，称为肝变；灰色肝变期病变部肺组织呈灰色肝变，切面呈灰色花岗岩样；溶解期病变部肺组织缩小，挤压有脓性混浊液流出，色泽渐渐恢复正常。X线检查可见病变部肺纹理增粗、增浓，肝变期比较典型，肺野中下部呈大片均匀致密的阴影，上界呈弧形隆起。

防治原则：抗菌消炎，制止渗出，促进渗出物吸收。

【例题】马，体温40.5℃，发病5d，精神沉郁，呼吸急促，脉搏数增加，流大量鼻液，肺部叩诊有大片浊音区。X线检查肺有大片均匀致密阴影。

1. 病马流出特征性鼻液的颜色是（E）。

A. 无色 B. 白色 C. 黄色 D. 红色 E. 铁锈色

2. 病马流出特征性鼻液的性质属于（E）。

A. 浆液性鼻液 B. 黏液性鼻液 C. 黏脓性鼻液 D. 腐败性鼻液 E. 血性鼻液

3. 临床可做出的初步诊断是（B）。

A. 小叶性肺炎 B. 大叶性肺炎 C. 吸入性肺炎

D. 慢性阻塞性肺炎 E. 间质性肺炎

## 考点7：马脑膜脑炎的临床特征和治疗原则★★★

脑膜脑炎是指软脑膜及脑实质发生的炎症，常伴有严重的脑机能障碍。各种动物均有发生，其中马、牛、犬和猫多见。

临床特征：表现为一般脑症状、局部脑症状、脑膜刺激症状和血液、脑脊髓液检查异常等类型。一般脑症状主要表现为兴奋与抑制交替出现；局部脑症状表现为痉挛和麻痹；脑膜刺激症状表现为背部感觉过敏，皮肤刺激出现强烈的疼痛反应；血液和脑脊髓液检查表现为中性粒细胞增多，核左移，嗜酸性粒细胞消失，淋巴细胞减少，脑脊液蛋白质和细胞含量明显升高。

治疗原则：加强护理，抗菌消炎，降低颅内压，同时进行对症治疗。选择的抗菌药有青霉素类、磺胺类、头孢呋等；降低颅内压一般先泻血1000~3000mL，再用等量的10%葡萄糖并加入40%乌洛托品，也可选用25%山梨醇液和20%甘露醇静脉注射。

## 考点8：日射病和热射病的发病原因和临床特征★★★★

日射病和热射病在临床上统称为中暑，是指阳光和高热所致的动物急性中枢神经机能的严重障碍性疾病。本病在炎热的夏季多见，病情发展急剧，甚至引起动物死亡。

日射病：指动物在炎热的季节中，头部持续受到强烈的阳光照射而引起的中枢神经系统机能严重障碍。热射病：指动物所处的外界环境气温高、湿度大，动物产热多、散热少，体内积热而引起的严重中枢神经系统机能紊乱。发病原因主要是家畜头部持续受到强烈阳光照射，阳光中紫外线穿过颅骨直接作用于脑膜和脑组织，引起头部血管扩张，脑和脑膜充血，头部温度和体温急剧升高，导致神智异常。

日射病临床特征：常突然发生，病初患病动物精神沉郁，四肢无力，步态不稳，共济失调，突然倒地，四肢做游泳样划动；呈现呼吸中枢、血管运动中枢机能紊乱，甚至出现麻痹症状。

热射病临床特征：突然发生，体温急剧上升，高达41℃以上，皮温升高，甚至皮温烫手。动物站立不动或倒地张口喘气，两鼻孔流出粉红色、带小泡沫的鼻液；后期病畜呈昏迷状态，意识丧失，四肢划动，呼吸浅而急速，节律不齐，脉不感手，常因呼吸中枢麻痹而死亡。

治疗原则：消除病因，降温疗法，缓解心肺机能障碍（皮下注射20%安钠咖），防止肺水肿（静脉注射地塞米松）。

## 考点9：马纤维性骨营养不良的临床特征和防治方法★★★

纤维性骨营养不良是由于日粮中磷过剩而继发钙缺乏或原发性钙缺乏而发生的一种以马属动物为主的骨骼疾病。

临床特征：消化紊乱，异嗜癖，跛行，弓背，面骨和四肢关节增大及尿澄清、透明。

病变特征：骨组织呈现进行性脱钙，骨基质被吸收，进而骨体积增大而重量减轻，尤以面骨和长骨骨端显著。中性粒细胞下降，淋巴细胞增多。

防治方法：保持日粮钙磷比例在（1~2）∶1范围内，注意饲料搭配，减喂精料。补充钙剂，静脉注射10%葡萄糖酸钙溶液200~500mL。

## 考点10：马疯草中毒的发病原因、临床特征和防治方法★★★

疯草中毒是指豆科植物中棘豆属和紫云英属的某些种类植物被动物采食后，引起的以神经症状为主的慢性中毒病，又称疯草病。棘豆属和紫云英属植物是我国西北、华北地区放牧动物中毒的主要疯草，各种家畜都可发生疯草中毒，其中马属动物最为敏感。

临床特征：临床上中毒动物主要表现为行动迟缓，不愿走动，不听使唤，牵之则后退，甩头不安，瞳孔散大，步态蹒跚如醉酒状，或呆若木马，牙关紧闭，吞咽困难，摔倒后不能自行起立，最后衰竭而死。同时部分母畜不发情，公畜丧失性行为，妊娠母畜容易发生流产或胎儿畸形。

防治方法：对于轻度中毒的病畜，应立即停止饲喂疯草或脱离疯草草地放牧。中毒严重者，可以使用10%硫代硫酸钠溶液静脉注射，同时肌内注射维生素$B_1$。

## 考点11：马蕨中毒的临床特征和防治方法★★★

蕨中毒又称蕨蹒跚，是指动物采食大量蕨类植物后所引起的以高热、贫血、无粒细胞血症、血小板减少、血凝不良、全身泛发性出血、共济失调等为特征的一种中毒病。蕨的主要有毒成分是硫胺素酶、原蕨苷等，能使马属动物中毒，出现共济失调。

防治方法：采用鲨肝醇-抗生素疗法进行解毒。减少动物接触蕨的机会是预防蕨中毒的重要措施。

# 第三章 马外科病

## 轻装上阵

### 如何学？

- 马外科病
  - 马风湿病：变态反应性疾病 溶血性链球菌 增殖期 阿绍夫小体 肌群和关节疼痛；血常规 水杨酸钠皮内反应试验 水杨酸制剂 青霉素
  - 马周期性眼炎：月盲症 钩端螺旋体感染 急性期 间歇期 再发期 刷状充血 球后封闭
  - 马虹膜炎：肿胀变形 纹理不清 失去固有色彩 后粘连 阿托品 温敷 结膜下注射
  - 马面神经麻痹：歪嘴风 患侧耳歪斜 眼睑下垂 饮水困难 离子透入疗法 电针疗法
  - 马鼻旁窦炎：上颌窦炎和蓄脓 牙齿疾病 脓性鼻漏 脑障碍 施行圆锯术
  - 马颈静脉炎：静脉注射刺激性药物 周边皮肤血性红斑 氯化钙漏出 局部注射硫酸钠
  - 马腹股沟阴囊疝：局部膨胀突起 无热、无痛 阴囊增大 皮肤发亮 浮肿 整复+去势
  - 马膈疝：呼吸困难 疝痛 急性腹痛 前高后低姿势 钡餐造影 X线检查 手术修补
  - 马直肠破裂：不完全破裂 全破裂 直肠检查 手指染血 4种手术治疗方法
  - 马膀胱破裂：排尿障碍 腹围增大 振水声 腹腔穿刺 尿液冲出 修补破裂口 治疗腹膜炎
  - 马四肢骨骨折：异常活动 出血与肿胀 骨摩擦音 X线检查 石膏夹板绷带固定
  - 马肘头黏液囊炎：肘头肿胀 有波动 无热、无痛 黏液囊摘除术
  - 马髌骨上方脱位：蹄尖着地 拖曳前进 内直韧带高度紧张 膝内直韧带切断术
  - 马髋关节脱位：患肢缩短 蹄尖向外 拖曳而行 直肠检查 摸到股骨头 整复
  - 马蹄钉伤：蹄部升温 指（趾）动脉亢进 患部疼痛 冲洗创腔 包扎蹄绷带
  - 马白线裂：白线部凹陷 充满粪、泥、沙 合理修蹄 涂松馏油
  - 马蹄冠蜂窝织炎：真皮化脓性炎症 蹄冠剥离 重度支跛 蹄匣脱落
  - 马蹄骨翼和矢状骨折：跛行剧烈 蹄温升高 蹄关节他动运动疼痛 溢血 肿胀 保守疗法 绷带

### 如何考？

本章考点在考试中主要出现在A3/A4型题中，每年分值平均3分。下列所述考点均需掌握。马四肢骨骨折、关节脱位、蹄病等是每年考查最为频繁的内容，希望考生予以特别关注。

## 考点冲浪

**考点1：马风湿病的性质、临床特征、诊断方法和治疗方法★★★★**

风湿病是指反复发作的急性或慢性非化脓性炎症。特点是胶原结缔组织发生纤维蛋白变

性及骨骼肌、心肌和关节囊中的结缔组织出现非化脓性局限性炎症。本病常侵害对称的肌肉或肌群和关节，有时也侵害心脏，常见于马、牛、羊、猪、家兔及鸡。

发病原因：风湿病是一种变态反应性疾病，并与溶血性链球菌感染有关。另外，风、寒、潮湿、过劳等因素在风湿病的发生上起着重要作用。

风湿病是全身结缔组织的炎症。按照发病过程分为变性渗出期、增殖期和硬化期 3 期。其中增殖期的特点是在上述病变的基础上出现风湿性肉芽肿或阿绍夫小体，也称为风湿小体。小体中心为纤维素样坏死，周围为淋巴细胞和浆细胞浸润，并有风湿细胞，这是风湿病的特征性病变，是病理上确诊风湿病的依据，而且是风湿活动的指标。硬化期是在肉芽肿部位形成瘢痕组织。

风湿病的分类方法有 2 种。根据发病的组织器官，分为肌肉风湿病、关节风湿病、心脏风湿病；根据发病部位，分为颈风湿病、肩臂风湿病、背腰风湿病等。

临床特征：主要是发病的肌群、关节及蹄的疼痛和机能障碍。疼痛表现时轻时重，部位可固定或不固定。本病具有突发性、疼痛性、游走性、对称性、复发性和活动后疼痛减轻等特点。急性期发病迅速，患部温热、肿胀、疼痛和机能障碍等症状明显，同时出现体温升高等全身症状。

诊断方法：目前尚缺乏特异性的诊断方法。临床上，主要根据病史和临床表现特征加以诊断。必要时，可以进行血常规检查、水杨酸钠皮内反应试验、C 反应蛋白检查、抗核抗体检查等辅助诊断。

血常规检查显示血红蛋白含量增多，淋巴细胞减少，嗜酸性粒细胞减少，血沉加快；水杨酸钠皮内反应试验是使用 0.1% 水杨酸钠分数点注入颈部皮内，注射前和注射后 30min、60min 分别检查白细胞总数，白细胞总数有一次比注射前减少 1/5，即判断为风湿病阳性。

治疗方法：治疗原则是消除病因、加强护理、祛风除湿、解热镇痛、消除炎症。应用大剂量的水杨酸制剂治疗风湿病，特别是治疗急性肌肉风湿病疗效较高，而对慢性风湿病疗效较低。另外，应用皮质激素类药物能明显改善风湿性关节炎的症状，但容易复发；应用抗生素可以控制链球菌感染，预防风湿病的发生。抗生素药物首选青霉素，不主张使用磺胺类抗菌药物治疗。应用针灸治疗风湿病有一定的治疗效果。

【例题】赛马，长途奔跑突然遇到雨水浇淋后，表现背腰僵硬，运步缓慢。触诊其腰背部敏感，体温升高。治疗本病首选的药物是（A）。

A. 水杨酸钠　　B. 乌洛托品　　C. 水合氯醛　　D. 碳酸氢钠　　E. 磺胺嘧啶

## 考点 2：马周期性眼炎的临床特征和治疗方法★★★★

马周期性眼炎，又称马再发性色素层炎，常发生于马、骡，是马、骡失明的主要原因。本病呈周期性发作，曾误认为与月亮的盈亏有关，所以有月盲症之称。现确认本病初发时是色素层的周期性再发性炎症，其后侵害整个眼球，引起眼球萎缩，终致失明。业界普遍认为本病的发病原因主要是钩端螺旋体感染。

临床特征：临床上人为将本病分为 3 个时期，即急性期（疾病初发期）、间歇期（慢性变化期）和再发期。

急性期：主要表现为突然发病，畏光、流泪，眼睑肿胀闭锁。指压眼球，局部升温，出现疼痛反应，从眼角流出大量黏液性泪液，结膜充血，角膜无光泽，有红褐色纤维蛋白小块覆盖。随后角膜混浊，出现新生血管，角膜周围血管呈刷状充血，以后会完全混浊。虹膜失去固有色彩，瞳孔缩小，对散瞳药的反应不明显。晶状体呈泛发性混浊，视神经乳头呈黄色，周围变暗。玻璃体可见絮状或线状的混浊。

间歇期：表现为急性炎症现象消失，眼球出现萎缩，眼内角出现炎性脓性分泌物，早晨更为明显。角膜混浊，虹膜萎缩变色，为枯叶状，玻璃体可见漂浮的色素斑点，视神经乳头萎缩，视网膜萎缩或脱离，眼球容积缩小，出现第三眼角。

再发期：表现为间隔4~6周后，再次出现急性期临床特征，但比第一次轻得多。如此反复发作，致使晶状体完全混浊或脱位，玻璃体混浊与视网膜脱离，最终使患眼失明。

治疗方法：对于急性期病马的治疗，一般采用0.5%盐酸普鲁卡因、青霉素和泼尼松球后封闭，效果显著，隔1d注射1次，经过2~3次即可康复。链霉素具有延长间歇期的作用。

## 考点3：马虹膜炎的临床特征和治疗方法★★★

虹膜炎分为原发性虹膜炎和继发性虹膜炎两种。原发性虹膜炎多是由于虹膜损伤和眼房内寄生虫的刺激；继发性虹膜炎继发于各种传染病（如流行性感冒、全身性霉菌病、幼虫迷走性移行、口蹄疫、鼻疽和牛恶性卡他热），也可能是邻近组织炎症蔓延的结果，如晶状体破裂和白内障。

临床特征：主要表现为患眼畏光、流泪、升温、疼痛剧烈。虹膜由于血管扩张和炎性渗出致使肿胀变形，纹理不清，并失去其固有的色彩和光泽。眼前房由于渗出物的积蓄而混浊。由于眼房水混浊变性和睫状前动脉扩张，角膜呈轻度弥漫性混浊。由于瞳孔缩小和调节不良，易形成后粘连。虹膜炎时眼内压常下降。

治疗方法：一般应将病畜系于暗厩内，装眼绷带。局部以用散瞳药为主，常用1%硫酸阿托品溶液滴眼，也可应用抗生素溶液点眼。疼痛显著时可行温敷。严重病例可以结膜下注射皮质类固醇，全身应用抗生素。

## 考点4：马面神经麻痹的临床特征与治疗方法★★★

中兽医称面神经麻痹为“歪嘴风”，主要见于马属动物。犬多发于6~7岁的西班牙长耳犬和拳师犬。

临床特征：面部神经控制面部肌肉的活动、感觉和唾液分泌等，临床上面神经麻痹以单侧性多见。主要表现为患侧耳歪斜或下垂，上眼睑下垂，眼睑反应消失，鼻孔下塌，通气不畅，上、下唇歪斜，出现采食、饮水困难。

治疗方法：应积极治疗原发病，消除致病因素，然后采取对症治疗。一般采用红外线疗法、感应电疗法或硝酸士的宁离子透入疗法，也可采用电针疗法。

## 考点5：马鼻旁窦炎的发病原因、临床特征与治疗方法★★★★

鼻旁窦炎是指鼻腔周围头骨内的含气空腔，包括额窦、上颌窦、蝶腭窦、筛窦等的炎症。临床上常见的是马上颌窦蓄脓。

发病原因：马的上颌窦炎和蓄脓主要是由牙齿疾病所引起。

临床特征：病初由一侧鼻孔流出少量浆液性鼻液，一般不注意，常被舌舐去而不被发现，直至额骨发生隆起，或是眶后憩室部的额骨增厚时才被发现。随病程的发展，分泌物转为黏性脓性，排出量增多，大多数呈现一侧鼻漏。额骨蓄脓形成足够压力时，出现脑障碍症状。

治疗方法：一般在患病动物的额窦和上颌窦处选择适当位置，施行圆锯术治疗。

## 考点6：马颈静脉炎的种类、临床特征和治疗方法★★★

颈静脉炎是颈静脉血管内膜增生，管腔变窄，血流缓慢的一种炎症。常见的病因是颈静脉采血、放血、注射等不按照无菌操作规程，反复地刺激或损伤颈静脉及其周围组织，更严重的是不按照药理的规定将刺激性强的药物误注入颈部肌肉中，或在颈静脉注射氯化钙、水合氯醛等，漏至颈静脉外，导致无菌性颈静脉周围炎，从而继发颈静脉炎。本病主要发生于马、牛等各种家畜，以大中家畜多见。

根据炎症发生的范围和性质，颈静脉炎分为单纯颈静脉炎、颈静脉周围炎、血栓性颈静脉炎、化脓性颈静脉炎、出血性颈静脉炎等。

临床特征：周边皮肤呈现血性红斑，有时伴有水肿，以后逐渐消退，充血被色素沉着代替，红斑转变成棕褐色。

治疗方法：静脉注射氯化钙溶液等刺激性药物漏至皮下导致的颈静脉炎，应立即停止注射，并向局部隆起处注入生理盐水，用20%硫酸钠热敷。如果氯化钙漏出，一般可在局部注射10%~20%硫酸钠溶液，以使氯化钙形成无刺激性的硫酸钙。

## 考点7：马腹股沟阴囊疝的临床特征和治疗方法★★★★

临床特征：腹股沟阴囊疝多见于公马、公犬和公猪。疝内容物可能是网膜、膀胱、小肠、子宫或大肠等。

发生腹股沟疝时，疝内容物由单侧或双侧腹股沟裂口直接脱至腹股沟外侧的皮下，位于耻骨前缘腹白线两侧，局部膨胀突起，肿胀物大小随腹内压及疝内容物的性质和多少而定。触之柔软，无热、无痛，常可还纳于腹腔内。一侧性阴囊增大，皮肤紧张发亮，出现浮肿，不愿走动，运步时两后肢开张，步态紧张，触诊时柔软有弹性。直肠检查，腹股沟内环内有肠管脱入，可以听到肠蠕动音。

治疗方法：以早期进行手术治疗为宜。马属动物整复手术常与公畜去势术同时进行，切口选在靠近腹股沟外环处，一般在阴囊颈部正外侧方纵切皮肤。

【例题】马，雄性，配种后第2天，一侧阴囊肿大、皮肤紧张发亮，出现浮肿；不愿走动，运步时两后肢开张，步态紧张，直肠检查，腹股沟内环内有肠管脱入。最可能的疾病是（E）。

A. 睾丸炎　　B. 附睾炎　　C. 阴囊积水

D. 睾丸肿瘤　　E. 腹股沟阴囊疝

## 考点8：马膈疝的临床特征和诊断方法★★★

膈疝是指腹腔内一种或几种内脏器官通过膈的破裂孔进入胸腔，多发生于马、牛、羊。膈的腱质部或肌质部遭到意外损伤的裂孔或膈先天性缺损时，可导致本病。由于有些病例不表现症状，临床上不易被发现。

临床特征：主要有呼吸困难和疝痛，但呼吸困难并非主要特征。马膈肌破裂后涌入胸腔的腹内脏器以胃、小肠和肝脏较多见。胃肠脱入可听到肠音；嵌闭后可引起急性腹痛，肝脏嵌闭后可引起急性胸腔积液和黄疸。患病动物喜站立或站在斜坡上，呈前高后低姿势。

诊断方法：先天性膈疝在出生后有明显的呼吸困难；钡餐造影、X线检查有助于确诊膈疝。病马胸腔有较多积液，站立叩诊胸部可见水平浊音区。手术修补膈疝时，注意预防心脏纤颤的主要并发症。

## 考点9：马直肠破裂的种类和治疗方法★★

直肠破裂包括2类，一类是直肠黏膜和肌层的损伤，但浆膜完整无损，称直肠不完全破裂；另一类为直肠壁各层完全破损，称直肠全破裂或直肠穿孔。直肠检查时，手指染血是直肠损伤的明显指征。病初排粪时，发现粪中混有新鲜血液是诊断的依据。

治疗方法：直肠全破裂的病例，应及早施行手术治疗，提高疗效。手术治疗方法有直肠内单手缝合法、长柄全弯针缝合法、直肠缝合器缝合法、肛门旁侧切开缝合法。

【例题】马，6岁，2d前因便秘来医院就诊，现排便不安，粪便带血，体温38.2℃，白细胞为$6.5\times10^9$个/L，直肠检查手指染血，局部黏膜破裂水肿。

1. 本病可能是（C）。

A. 结肠炎　B. 直肠炎　C. 直肠不完全破裂
D. 腹膜外直肠全破裂　E. 腹膜内直肠全破裂

2. 治疗本病的首选方法是（E）。

A. 保证肠蠕动　B. 灌肠　C. 禁止饮水
D. 抗菌消炎　E. 修补直肠

3. 治疗本病不能采用的方法是（C）。

A. 止血　B. 止痛　C. 灌肠　D. 消炎　E. 输液

## 考点10：马膀胱破裂的临床特征和治疗方法★★★

膀胱破裂发生于各种家畜，最常见于幼驹、公马、公牛。发病后病情急，变化快，若确诊和治疗稍有拖延往往造成病畜死亡。临床上根据破裂口的大小及破裂时间不同，症状表现不一，主要出现排尿障碍、腹膜炎、尿毒症和休克。

发生完全破裂的病畜，虽仍有尿意，如翘尾、体前倾、后肢伸直或稍下蹲、轻度努责、阴茎频频抽动等，却无尿排出或仅排出少量尿液。大量尿液进入腹腔，腹下部腹围迅速增大，腹部触摸紧张、敏感，有明显的振水声，有时出现起卧不安等明显的腹痛症状，并迅速死亡。腹腔穿刺，有大量已被稀释的尿液从针孔冲出。继发腹膜炎时，穿刺液呈浅红色，较混浊，常有纤维蛋白凝块将针孔堵住。

治疗方法：膀胱破裂的治疗应抓住3个环节，即对膀胱破裂口及早修补；控制感染和治疗腹膜炎、尿毒症；积极治疗导致膀胱破裂的原发病。

【例题】新生幼驹生后24h，发现无尿、腹围增大、腹壁紧张，3d后昏迷，体温36℃。本病最可能的诊断是（C）。

A. 肠变位　B. 腹壁疝　C. 膀胱破裂
D. 胎粪滞留　E. 腹股沟阴囊疝

## 考点 11：马四肢骨骨折的临床特点和诊断方法★★★★★

四肢骨骨折的临床特点主要包括肢体变形、异常活动、骨摩擦音、出血与肿胀、疼痛、功能障碍和全身症状。

肢体变形是指骨折两断端因外力、肌肉牵拉力和肢体重力的影响，造成骨折段移位。骨折后患肢呈弯曲、缩短、延长等异常姿势。骨摩擦音是指骨折两断端相互触碰，可听到骨摩擦音或有骨摩擦感。骨折时骨膜、骨髓及周围软组织的血管破裂出血，局部明显肿胀；闭合性骨折时未见皮肤损伤，患部肿胀，肿胀的程度取决于受伤血管的大小、骨折的部位及软组织损伤的轻重。

诊断方法：对于四肢骨和关节疾患，如骨折、骨膜炎、骨质疏松、骨坏死、关节周围炎、脱位等，可广泛地应用 X 线检查。X 线检查对于跛行诊断有着重要的科学和实践价值，而且对疾病的经过、预后，甚至对合理的治疗也有很大的帮助。

治疗方法：对于轻度移位的骨折，可由助手将病肢远端适当牵引后，术者对骨折部托压、挤按，使断端对齐、对正，进行整复，同时用石膏绷带进行固定。石膏具有良好的塑形性能，制成石膏管型与肢体接触面积大，不易发生压创，对大、小动物的四肢骨折均有较好的固定作用。但用于大动物的石膏管型最好夹入金属板、竹板等以期加固。

【例题】马术比赛，障碍赛时摔倒，左前肢支跛明显，前臂上部弯曲，他动运动有骨摩擦音，患部肿胀，未见皮肤损伤，全身症状不明显。

1. 本病最可能的诊断是（E）。

A. 骨裂　　B. 腕关节脱位　　C. 肘关节脱位
D. 肩关节脱位　　E. 闭合性骨折

2. 本病的确诊方法是（B）。

A. 触诊　　B. X 线检查　　C. 超声检查
D. 斜板试验　　E. 关节内镜检查

3. 本病最适宜的保守治疗方法是（D）。

A. 绷带包扎　　B. 石蜡绷带　　C. 酒精热绷带
D. 石膏夹板绷带　　E. 复方醋酸铅绷带

## 考点 12：马肘头黏液囊炎的临床特征和治疗方法★★★★

在动物皮肤、筋膜、韧带、腱和肌肉下面、骨和软骨突起的部位存在黏液囊，以减少摩擦。黏液囊壁由里面的内膜和外面的结缔组织构成。当黏液囊发炎时，往往黏液囊内液体增多，囊壁增厚。

临床特征：患病动物肘头部出现界限明显的肿胀，初期可感温热，似生面团样，微有痛感。由于渗出液的浸润和黏液囊周围结缔组织的增生，黏液囊变得较为坚实。有时黏液囊膨大，有波动。小的有鸡蛋大，大的有拳头大，波动性肿胀，无热无痛，未见明显跛行。破溃时流出带血的渗出液。

治疗方法：黏液囊内含物有时可被吸收，黏液囊周围的炎症也随之消失。可以实行姑息疗法，即穿刺放液后注入适量的普鲁卡因，以及复方碘溶液或可的松。如黏液囊肿大，影响患肢活动，可以实施黏液囊摘除术，在黏液囊肿大部后外侧，做梭形切口，将黏液囊整体剥离。

【例题】赛马，7岁，雄性，近1个多月来在右前肢肘头部逐渐形成一隆起，无热无痛，初期软，后期变硬，轻度跛行，其余未见异常。

1. 该隆起最可能的诊断是（A）。

A. 黏液囊炎　B. 肿瘤　C. 淋巴外渗　D. 脓肿　E. 血肿

2. 姑息疗法时，患部穿刺放液后宜注入（E）。

A. 氯丙嗪＋普鲁卡因　B. 利多卡因＋氯丙嗪　C. 自家血＋可的松

D. 普鲁卡因＋自家血　E. 可的松＋普鲁卡因

3. 手术治疗时，皮肤切口的最佳位置应在隆起部的（E）。

A. 正上方　B. 正下方　C. 正前方　D. 正后方　E. 后外侧

## 考点13：马髌骨上方脱位的临床特征和治疗方法★★★★★

关节脱位是指关节因受机械外力、病理性作用引起骨间关节面失去正常对合的现象。关节脱位通常突然发生，也有的间歇发生或继发于某些疾病。本病多发于马、牛的髋关节和膝关节，肩关节、肘关节、指（趾）关节也可以发生。

临床特征：关节脱位常见的共有症状主要有关节变形、异常固定、关节肿胀、肢势改变和机能障碍。髌骨上方脱位主要发生于马，突然发生。在运动过程中，由于髌骨在上下滑动时被固定在滑车嵴近端，患关节不能屈曲。站立时，大腿、小腿强直，呈向后伸直肢势。膝关节、跗关节均不能屈曲，运步时蹄尖着地，拖曳前进，同时患肢高度外展，或患肢不能着地。触摸髌骨被异常固定在股骨内侧滑车嵴的顶端，内直韧带高度紧张。上方脱位在运动中，突然发出复位声，即髌骨回到滑车沟内，恢复正常肢势。

治疗方法：马髌骨上方脱位一般采取膝内直韧带切断术。

【例题】马在运动过程中突然出现膝关节、跗关节不能屈曲，大腿和小腿强直。强迫运动时蹄尖着地，拖曳前进。触诊时髌骨位于滑车嵴的顶端，内直韧带高度紧张。手术治疗的最佳方案是（B）。

A. 跗关节切开矫形术　B. 膝内直韧带切断术

C. 膝关节外侧带加固术　D. 髋关节开放性整复固定术

E. 切开膝关节，整复固定髌骨

## 考点14：马髋关节脱位的种类、临床特征和治疗方法★★★★★

髋关节脱位是指股骨头部分或全部从髋臼中脱出的疾病，常见于马、犬。髋关节窝浅、股骨头的弯曲半径小、髋关节韧带薄弱是发病的主要原因。

根据股骨头变位的方向，髋关节脱位分为髋关节前方脱位、髋关节上外方脱位、髋关节内方脱位和髋关节后方脱位。

临床特征：前方脱位，股骨头转位固定于关节前方，大转子向前方突出，髋关节变形隆起，他动运动时可以听到捻发音；站立时患肢外旋，运步强拘，患肢拖曳而行，肢抬举困难。患病时间较长时，起立、运步均困难。

上外方脱位：股骨头被异常地固定在髋关节上方，站立时，患肢明显缩短，呈内收肢势或伸展状态。同时患肢外旋，蹄尖向前外方，患肢飞节比对侧高数厘米。他动运动时患肢外展受限，内收容易。

后方脱位：股骨头被异常固定于坐骨外支下方。站立时，患肢外展叉开，比健肢长，患侧臀部皮肤紧张，股二头肌前方出现凹陷沟，大转子原来位置凹陷。

内方脱位：股骨头进入闭孔内，站立时患肢明显短缩。他动运动内收外展均容易。运动时，患肢不能负重，以蹄尖着地拖行。直肠检查时，可在闭孔内摸到股骨头。

对于马髋关节脱位，一般采用X线可以进行准确诊断。

治疗方法：马髋关节脱位可以实施闭合性修复或开放性整复。对于髋关节前方脱位，一般可采用动物侧卧、全身麻醉、闭合性整复的方法进行治疗。

【例题】马，运动时突然滑倒，右侧股骨大转子明显突出，站立时患肢缩短，外展，蹄尖向外，飞端向内，运动时呈三肢跳跃，患肢向后拖曳前行。

1. 该马最可能发生（A）。

A. 髋关节前方脱位　B. 髋关节后方脱位　C. 髋关节内方脱位
D. 股骨近端骨折　E. 股骨干骨折

2. 本病最佳的诊断方法是（B）。

A. B超检查　B. X线检查　C. 叩诊　D. 触诊　E. 他动运动

3. 治疗时，保定和麻醉的方法是（C）。

A. 仰卧，全麻　B. 仰卧，局麻　C. 侧卧，全麻
D. 侧卧，局麻　E. 站立，局麻

## 考点15：马蹄钉伤的临床特征和治疗方法★★★

临床特征：在装蹄时，蹄钉从肉壁下缘、肉底外缘嵌入，损伤蹄真皮，即发生钉伤。直接钉伤在下钉时就会发现肢蹄有抽动表现，造钉节时再次出现抽动现象。拔出蹄钉时，钉尖有血液附着或由钉孔溢出血液。装蹄完成后，受钉伤的肢蹄即出现跛行，2~3d后跛行加重。间接钉伤是敏感的蹄真皮层受位置不正的蹄钉压挤而发病，多在装蹄后3~6d出现原因不明的跛行。临床主要表现为蹄部升温，指（趾）动脉亢进，敲打患部钉节或钳压钉头时，出现疼痛反应，表现有化脓性蹄真皮炎的症候。

治疗方法：直接钉伤可以在装蹄过程中发现，应立即取下蹄铁，向钉孔内注入碘酊，涂敷松馏油，再用蹄膏填塞蹄负面的缺损部。在拔出导致钉伤的蹄钉后，改换钉位装蹄。如有化脓性蹄真皮炎，扩大创孔，以利于排脓。用3%过氧化氢溶液或0.1%高锰酸钾溶液冲洗创腔，涂敷松馏油，包扎蹄绷带。

## 考点16：马白线裂的临床特征和治疗方法★★★★

白线裂是指白线部角质的崩坏及变性腐败，导致蹄底和蹄壁发生分离，多发生于马、骡的前蹄蹄侧壁或蹄踵壁。广蹄、平蹄等蹄壁倾斜、白线角质脆弱、白线处切削过多、蹄部不清洁、装蹄时钉伤等均可以诱发白线裂。

临床特征：跣蹄马举肢检查，易于发现病灶，白线部凹陷，充满粪、土、泥、沙。装蹄马必须取下蹄铁进行检查，多在削蹄时发现白线裂的所在部位。白线裂向深部发展，可以转变为空壁，并引起化脓性蹄真皮炎，向上方深部蔓延，引起蹄冠脓肿。

治疗方法：治疗原则是防止白线裂缝的加大和促进白线部角质的新生。合理修蹄，不能削过白线。清除蹄底污物，患部涂以松馏油。

【例题】马，前肢蹄底发生白线裂，表现轻度支跛。

1. 本病最不可能的病因是（E）。

A. 白线处切削过多　B. 白线角质脆弱　C. 钉伤
D. 蹄壁倾斜　E. 蹄壁粗糙

2. 本病最多发生于（B）。
A. 马后蹄前壁　B. 马前蹄侧壁　C. 牛后蹄前壁
D. 牛前蹄侧壁　E. 骡后蹄前壁

3. 本病向深部发展，最可能引起（A）。
A. 化脓性蹄真皮炎　B. 冠骨骨折　C. 系骨骨折
D. 系关节脱位　E. 掌骨骨折

## 考点 17：马蹄冠蜂窝织炎的发病原因和临床特征★★★★

蹄冠蜂窝织炎是指发生在蹄冠皮下、真皮和蹄缘真皮及与蹄匣上方相邻被毛皮肤的真皮化脓性或化脓坏疽性炎症。

发病原因：蹄冠长时间在粪尿中浸泡，蹄冠表皮外伤，坏死杆菌侵入，引起附近组织化脓坏死。

临床特征：病马在四肢蹄冠形成圆枕形肿胀，触诊有热、痛，蹄冠缘常常发生剥离。患肢表现为重度支跛。蹄冠蜂窝织炎可并发附近的韧带、腱、蹄软骨的坏死，蹄关节化脓性炎症，严重病例可造成蹄匣脱落。

【例题】马，4岁，精神沉郁，食欲减退，体温升高，后肢全蹄冠呈圆枕形肿胀，热痛反应明显，患肢重度支跛。

1. 本病最可能的诊断是（A）。
A. 蹄冠蜂窝织炎　B. 蹄叶炎　C. 蹄叉腐烂
D. 蹄底白线裂　E. 蹄关节脱位

2. 与本病发生无关的因素是（E）。
A. 蹄冠表皮外伤　B. 附近组织化脓坏死
C. 蹄冠长时间在粪尿中浸泡　D. 坏死杆菌侵入
E. 舍中过于干爽，软草过多

## 考点 18：马蹄骨翼和矢状骨折的临床特征和治疗方法★★★

蹄骨翼和矢状骨折是马常见的骨折方式，前肢比后肢多发，赛马的右前肢更多见。

临床特征：除蹄骨翼骨折外，都立即出现跛行，而且跛行很剧烈，出汗，颤抖，蹄温升高，指（趾）动脉亢进。检蹄器压诊时，动物表现疼痛，蹄关节他动运动时动物非常疼痛。关节内骨折时，关节内可能出现溢血，蹄冠部可能出现肿胀。

治疗方法：蹄骨翼骨折和矢状骨折，一般使用保守疗法，因为蹄匣具有自然固定的作用。若能装石膏绷带或装连尾蹄铁，有利于骨折的恢复。

# 第四章 马病病证防治

## 轻装上阵

### 如何学？

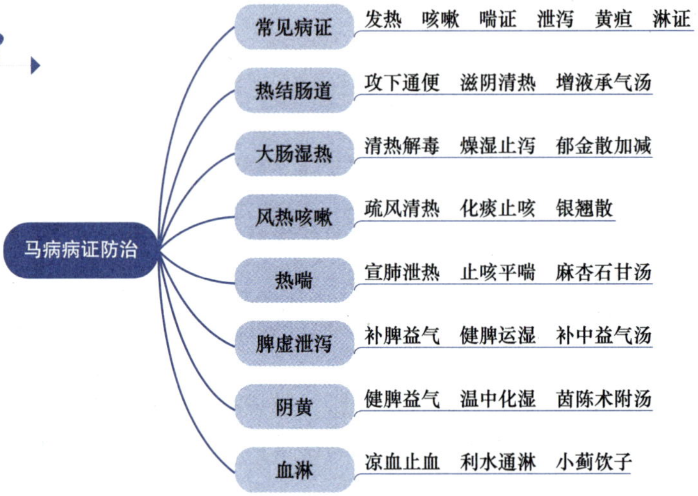


### 如何考？

本章考点在考试中主要出现在 A3/A4 型题中，每年分值平均 2~3 分。下列所述考点均需掌握。对于重点内容，希望考生予以特别关注。

## 考点冲浪

### 考点：临床上常见的病证防治★★★★★

临床上常见的病证主要有发热、咳嗽、喘证、腹痛、泄泻、黄疸、淋证、血虚、不孕和疮黄疔毒等，其中发热、咳嗽、喘证、泄泻、黄疸、淋证的病证防治如下。

发热：分为表证发热、半表半里证发热和里证发热。表证发热为外感风寒，方剂为麻黄汤加减；外感暑湿，方剂为香薷饮；热结肠道，主证为发热、粪便干、结症、腹痛、尿短赤、口津干燥、口色深红、舌苔黄厚、脉沉实有力，治法为攻下通便，滋阴清热，方剂为增液承气汤；大肠湿热治法为清热解毒，燥湿止泻，方剂为郁金散加减；膀胱湿热治法为清热利湿，方剂为八正散；肝胆湿热治法为清热燥湿，疏肝利胆，方剂为茵陈蒿汤；热动肝风治法为清热平肝熄风，方剂为羚羊钩藤汤。

咳嗽：因风热等外邪，经呼吸道或肌表侵入动物体，致使肺气不宣，宣降失常，或日久不愈转为肺火而引起咳嗽。

根据其病因和病性，咳嗽主要包括外感咳嗽（风寒咳嗽、风热咳嗽、肺火咳嗽）和内伤咳嗽，以冬、春季为多见，其中风热咳嗽常见，主证体表发热，咳嗽不爽，声音宏大，鼻流黏液，呼出气热，口渴喜饮，舌苔薄黄，口红短津，脉象浮数。治法则为疏风清热，化痰止咳。治疗方剂为银翘散或桑菊饮。

喘证：指肺气升降失常，呈现以呼吸喘促、肷肋扇动为特征的证候。按病因和主证的不同，分为寒喘和热喘。其中热喘主证发病急，呼吸喘促，呼出气热，肷肋扇动，精神沉郁，耳耷头低，食欲减退或废绝，口渴喜饮，粪便干燥，尿短赤，体温升高，口色红燥，舌苔薄黄，脉象洪数。治法为宣肺泄热，止咳平喘。治疗方剂为麻杏石甘汤加减。

泄泻：指排粪次数增多、粪便稀薄，甚至腹泻，泄粪如水样的一类证候。按病因和主证的不同，泄泻分为寒泻、热泻、伤食泻和虚泻。其中热泻常见，主证精神沉郁，食欲减退或废绝，口渴多饮，有时轻微腹痛，蜷腰卧地，泻粪稀薄腥臭黏腻，发热，尿短赤，口色赤红，舌苔黄厚，口臭，脉象沉数。治法则为清肠泄热解毒。治疗方剂为郁金散加减。脾虚泄泻主症发病缓慢，病程较长。病畜身形羸弱，毛焦肷吊，病初食欲减退，饮水增多，鼻寒耳冷，腹内肠鸣，不时作泻。粪中带水，粪渣粗大，或完谷不化，舌色浅白，舌面无苔，脉象迟缓。治法则为补脾益气，健脾运湿。治疗方剂为补中益气汤。

黄疸：以可视黏膜黄染为主要症状的一类病证，有阳黄和阴黄之分。其中阴黄主证为眼、口、鼻等可视黏膜发黄，病畜精神沉郁，四肢无力，食欲减退，耳、鼻、口、四肢末梢发凉，舌苔白腻，脉沉细无力。黄疸的辨证主要是分辨阳黄和阴黄，阳黄病程较短，黄色鲜明，属于实热证；阴黄病程较长，黄色晦暗，属于虚证。但在一定的条件下，阳黄和阴黄可互相转化。阴黄的治疗原则为健脾益气，温中化湿。治疗方剂为茵陈术附汤。对于阴黄，也可以使用针灸方法进行治疗，针灸穴位可以取肝俞、脾俞、肾俞。

淋证：指排尿困难而疼痛，排尿淋漓的一种症候。临床上分为热淋、血淋、膏淋和砂淋。其中血淋主症排尿困难，疼痛不安，尿中带血，尿色鲜红。舌色红，苔黄，脉数。治疗原则为清热利湿，凉血止血。治疗方剂为小蓟饮子，其功能凉血止血，利水通淋，主治热结下焦之血淋、尿血。

【例题1】马，突然发病，证见发热，不食，腹胀腹痛，排粪减少，粪便干硬，尿短赤，口津干燥，口色深红，舌苔黄厚，脉沉实有力。

1. 本病可辨证为（A）。

A. 热结肠道　B. 邪热入肺　C. 热伤营阴　D. 热入心包　E. 热动肝风

2. 该病证的治法为（D）。

A. 清心开窍　B. 清肺化痰，止咳平喘　C. 清营解毒，透热养阴
D. 攻下通便，滋阴清热　E. 滋阴清热，平肝熄风

【例题2】病马，证见发热，口渴贪饮，腹痛不安，泻痢腥臭，粪中混有脓血，尿液短赤，口腔干燥，口色红黄，苔厚腻，脉滑数。

1. 本病可辨证为（A）。

A. 大肠湿热　B. 膀胱湿热　C. 肝胆湿热　D. 热入阳明　E. 热结肠道

2. 本病的治法是（A）。

A. 清热解毒，燥湿止泻　B. 清热利湿，活血止痛　C. 清热燥湿，疏肝利胆
D. 清气泄热，生津止渴　E. 攻下通便，滋阴清热

3. 治疗本病首选的方剂是（A）。

A. 郁金散　B. 八正散　C. 茵陈蒿汤　D. 白虎汤　E. 增液承气汤

【例题3】马，突然发病，证见高热，气喘，呼吸喘粗，呼出热气，食欲废绝，口渴喜饮，粪便干燥，尿短赤，鼻液黄稠，口色鲜红，舌苔黄燥，脉象洪数。

1. 该病证可以辨证为（C）。

A. 痰喘　B. 寒喘　C. 热喘　D. 肺虚喘　E. 肾虚喘

2. 治疗该病证首选的方剂为（B）。

A. 二陈汤　B. 麻杏石甘汤　C. 止咳散

D. 补肺汤　E. 蛤蚧散

【例题4】马，3岁，患病6个多月，体瘦毛焦，食少，久泻不止，粪便稀溏，舌淡苔白，脉细。

1. 本病可辨证为（B）。

A. 冷肠泄泻　B. 脾虚泄泻　C. 温热泄泻　D. 温热痢疾　E. 虚寒痢疾

2. 该病证的治法为（C）。

A. 消食止泻　B. 温中散寒　C. 补脾益气　D. 行气和血　E. 清热燥湿

3. 治疗该病证宜选用的基础方剂为（E）。

A. 橘皮散　B. 保和丸　C. 郁金散　D. 猪苓散　E. 补中益气汤

【例题5】马，2岁，体表发热，咳声不爽，声音洪大，鼻流黏涕，呼出气热，口渴喜饮，舌苔薄黄，口色短津，脉象浮数。

1. 根据中兽医辨证论治，本病属于（B）。

A. 风寒咳嗽　B. 风热咳嗽　C. 肺火咳嗽

D. 肺阴虚咳嗽　E. 肺气虚咳嗽

2. 根据中兽医辨证论治，本病可采用的治疗方法是（C）。

A. 祛风散寒，止咳平嗽　B. 清肺止咳　C. 疏风散热，止咳平嗽

D. 润肺止咳　E. 健脾化痰，止咳平嗽

3. 根据中兽医辨证论治，本病治疗首选方剂为（A）。

A. 银翘散　B. 荆防败毒散　C. 清肺散

D. 止嗽散　E. 清燥救肺散

【例题6】骡，精神沉郁，食欲减退，可视黏膜发黄，黄色晦暗，耳鼻末梢发凉，舌苔白腻，脉沉细无力。

1. 该病证可以辨证为（A）。

A. 阴黄　B. 阳黄　C. 胃寒　D. 肝阴虚　E. 肾阳虚

2. 治疗该病证首选的方剂为（E）。

A. 消黄散　B. 桂心散　C. 肾气丸　D. 四逆汤　E. 茵陈术附汤

3. 针灸治疗该病证可以选用的穴位为（B）。

A. 颈脉、胸膛　B. 肝俞、脾俞　C. 阴俞、肾堂　D. 命门、百会　E. 穿黄、黄水

【例题7】马，3岁，排尿困难且疼痛不安，尿色鲜红，口色红，苔黄，脉数。

1. 该病证可以辨证为（B）。

A. 热淋　B. 血淋　C. 膏淋　D. 尿浊　E. 尿闭

2. 该病证的治法为（A）。

A. 清热利湿，凉血止血　B. 清热利湿，化石通淋

C. 清热利湿，分清化浊　D. 清热降火，利湿通淋

E. 益气升阳，化石通淋

3. 治疗该病证宜选用的基础方剂为（D）。

A. 红花散　B. 槐花散　C. 四物汤　D. 小蓟饮子　E. 六味地黄汤

# 第五章 兔和水貂疫病

## 轻装上阵

### 如何学？

- 兔和水貂疫病
  - 兔病毒性出血症
    - 兔瘟 呼吸系统出血 肝脏坏死 2月龄以上
    - 兔病毒性出血症、多杀性巴氏杆菌病二联灭活苗
  - 兔黏液瘤病
    - 面部黏液瘤样肿胀 蚊 蚤类 狮子头 嗜酸性包涵体 蓝染原生小体
  - 兔球虫病
    - 斯氏艾美耳球虫 肝球虫 肠球虫 混合感染 肝实质结节性病灶 磺胺药
  - 水貂阿留申病
    - 自身免疫损伤性疾病 病毒血症 淋巴细胞增生 碘凝集试验
  - 水貂病毒性肠炎
    - 貂肠炎病毒 急性肠炎 白细胞减少 纤维素性或出血性肠炎 HI

### 如何考？

本章考点在考试中主要出现在A3/A4型题中，每年分值平均3分。下列所述考点均需掌握。兔病毒性出血症、兔球虫病是每年考查最为频繁的内容，希望考生予以特别关注。

## 考点冲浪

### 考点1：兔病毒性出血症的流行特征、病变特征和预防措施★★★

兔病毒性出血症俗称兔瘟，是由兔病毒性出血症病毒感染兔引起的一种急性、高度接触性传染病，以呼吸系统出血、肝脏坏死、实质脏器水肿、瘀血及出血性变化为特征。

流行特征：本病自然条件下只发生于兔，其中以长毛兔最为易感，2月龄以上兔易感性最高，哺乳期的仔兔一般不发生死亡。

病变特征：气管和支气管内有泡沫状血液，鼻腔、喉头和气管黏膜瘀血和出血，肺严重充血和出血，肝脏瘀血、肿大、质脆，表面呈浅黄色或灰白色条纹，切面粗糙，流出大量暗红色血液。

预防措施：免疫接种是预防兔病毒性出血症最为有效的方法，可以使用兔病毒性出血症、多杀性巴氏杆菌病二联灭活苗。一般20日龄进行首免，2月龄加强免疫1次，以后每6个月加强免疫1次。

### 考点2：兔黏液瘤病的流行特征、临床特征和诊断方法★★★

兔黏液瘤病是由兔黏液瘤病毒引起兔的一种高度接触性传染病，以全身皮肤，尤其是面部和天然孔周围发生黏液瘤样肿胀为特征。本病为一种自然疫源性疾病，我国将其列为禁止输入的疾病。

流行特征：本病只侵害家兔和野兔，其他动物不易感。本病呈季节性发生，主要通过吸血昆虫传播，蚊大量滋生的季节是发病高峰期，冬季蚤类是主要的传播媒介。

临床特征：主要表现为皮肤肿瘤结节，全身皮肤、面部和天然孔周围肿胀明显，尤其是颜面和天然孔周围的皮下组织充血、水肿，俗称“狮子头”。切开肿胀部皮下可见组织充血，

水肿，胶冻状液体积聚，具有高度传染性，死亡率高达 100%。

诊断方法：在上皮细胞细胞质内有嗜酸性包涵体，包涵体内有蓝染的球菌样小颗粒，即原生小体。一般病变组织做切片或涂片，检查发现黏液瘤细胞和嗜酸性包涵体即可确诊。

【例题】某兔场，病兔全身皮肤、面部和天然孔周围肿胀明显，切开肿胀部皮下可见组织充血，水肿，胶冻状液体积聚，具有高度传染性，死亡率高达 100%，本病可能是（B）。

A. 链球菌病　B. 黏液瘤病　C. 恶性水肿

D. 病毒性出血症　E. 巴氏杆菌病

## 考点 3：兔球虫病的虫体特征、病变特征和防治药物★★★★

兔球虫病是家兔最常见且危害严重的一种原虫病，4~5 月龄的兔感染率达 100%，死亡率达 70%。耐过的兔生长发育受到严重影响。

虫体特征：寄生于兔的艾美耳属球虫共有 16 种，包括斯氏艾美耳球虫、穿孔艾美耳球虫、大型艾美耳球虫、中型艾美耳球虫、小型艾美耳球虫、梨形艾美耳球虫等。斯氏艾美耳球虫寄生于肝脏、胆管上皮细胞，称为肝球虫；其余均寄生于肠黏膜上皮细胞，称为肠球虫。

兔球虫病分为肝型、肠型和混合型。临床上一般为混合感染。

病变特征：肝球虫病兔肝脏高度肿大，肝脏表面和实质内有白色或浅黄色粟粒大至豌豆大的结节性病灶，多沿胆小管分布。取结节病灶压片镜检，可见不同发育阶段的球虫虫体，胆管周围和小叶间部分结缔组织增生，肝细胞萎缩，肝脏体积缩小，胆囊肿大，胆汁浓稠。肠球虫病主要表现为肠黏膜有化脓性坏死灶或许多白色小结节，压片镜检可见大量卵囊。

诊断方法：粪便检查发现大量卵囊，或肝脏和肠道病变组织内发现不同发育阶段的特征性虫体，即可确诊。

防治药物：治疗药物主要有磺胺间甲氧嘧啶、磺胺二甲嘧啶、磺胺间二甲氧嘧啶和氯苯胍。预防药物主要有地克珠利、拉沙洛西钠、盐霉素等，也可使用抗球虫药物饲料添加剂进行预防。

【例题 1】某兔场，4 月龄兔突然出现食欲减退、精神沉郁、被毛无光泽、喜卧不喜动、严重腹泻等症状，个别兔腹围增大，肝区触诊敏感，粪便检查发现大量卵囊。

1. 该兔群最可能的诊断是（C）。

A. 肝片吸虫病　B. 弓形虫病　C. 球虫病

D. 隐孢子虫病　E. 住肉孢子虫病

2. 剖检病死兔，病变可能主要见于肝脏与（A）。

A. 肠道　B. 肾脏　C. 胰腺　D. 心脏　E. 肌肉

3. 病兔肝脏的特征性病理变化是（A）。

A. 大量结节性病灶，沿胆小管分布　B. 圆形坏死性病灶，散在分布

C. 肝脏肿大出血，肝实质内有孔道　D. 肝脏瘀血、肿大，表面有灰白色条纹

E. 化脓性胆管炎或肝脏脓肿，胆囊肿大

4. 治疗本病宜选用的药物是（E）。

A. 青霉素　B. 盐霉素　C. 莫能菌素

D. 马杜霉素　E. 磺胺间二甲氧嘧啶

【例题2】兔，2~3月龄，消瘦，腹围增大，腹泻与便秘交替出现，剖检见肝脏表面及实质有浅黄色粟粒大小的结节性病灶，多沿胆管分布。

1. 本病可能是（A）。

A. 兔球虫病　B. 卡氏肺孢子虫病　C. 豆状囊尾蚴病

D. 连续多头蚴病　E. 栓尾线虫病

2. 肝脏可见的主要组织学病理变化是（E）。

A. 肝细胞脂肪变性　B. 肝脏脂肪浸润　C. 肝细胞凝固性坏死

D. 胆管上皮钙化　E. 胆管周围和小叶间结缔组织增生

3. 目前预防本病的有效措施是（E）。

A. 疫苗免疫　B. 灭蚊　C. 提前断乳　D. 加强营养　E. 饲料添加物

## 考点4：水貂阿留申病的病变特征★★★

水貂阿留申病是由阿留申病毒引起的一种慢性、消耗性、超敏感性和自身免疫损伤性疾病。特征为终生性持续性病毒血症、淋巴细胞增生、丙种球蛋白异常增加、肾小球肾炎、血管炎和肝炎。利用碘凝集试验进行诊断，简便易行。

## 考点5：水貂病毒性肠炎的临床特征和诊断方法★★★★

水貂病毒性肠炎又称貂泛白细胞减少症，是由貂肠炎病毒（MEV）引起的貂的一种急性传染病。

临床特征：主要表现为急性肠炎和白细胞减少，剖检特征为小肠急性卡他性、纤维素性或出血性肠炎。

诊断方法：琼脂扩散试验、HI试验、荧光抗体技术、核酸探针技术、PCR技术等。

防治措施：一旦发病，立即隔离患病貂，封锁疫点，严格消毒环境，对受威胁的易感貂立即进行弱毒疫苗紧急接种。

【例题】20日龄貂群发病，发病率达50%，病死率达80%，病貂食欲减退，腹泻，粪便呈水样，粉红色，病貂迅速脱水、虚弱；白细胞显著减少，部分衰竭死亡。

1. 该场水貂发生的疾病最可能是（B）。

A. 大肠杆菌病　B. 水貂病毒性肠炎　C. 水貂阿留申病

D. 狂犬病　E. 伪狂犬病

2. 本病的特征性病变部位是（D）。

A. 心脏　B. 脾脏　C. 肺　D. 小肠　E. 大肠

3. 对该场未发病貂，应采取的紧急措施是（D）。

A. 抗生素治疗　B. 补充维生素　C. 消毒

D. 注射弱毒疫苗　E. 注射灭活疫苗

# 参 考 文 献


[1] 刘建柱，刘永夏 . 特种经济动物疾病防治学 [M]. 2 版 . 北京：中国农业大学出版社，2023.
[2] 陈溥言 . 兽医传染病学 [M]. 5 版 . 北京：中国农业出版社，2006.
[3] 孔繁瑶 . 兽医寄生虫学 [M]. 2 版 . 北京：中国农业出版社，2010.
[4] 汪明 . 兽医寄生虫学 [M]. 3 版 . 北京：中国农业出版社，2003.
[5] 王建华 . 兽医内科学 [M]. 4 版 . 北京：中国农业出版社，2010.
[6] 郭定宗 . 兽医内科学 [M]. 3 版 . 北京：高等教育出版社，2016.
[7] 王洪斌 . 兽医外科学 [M]. 5 版 . 北京：中国农业出版社，2011.
[8] 李建基，刘云 . 兽医外科与外科手术学：精简版 [M]. 5 版 . 北京：中国农业出版社，2014.
[9] 赵兴绪 . 兽医产科学 [M]. 5 版 . 北京：中国农业出版社，2016.
[10] 余四九 . 兽医产科学 [M]. 2 版 . 北京：中国农业出版社，2022.
[11] 刘钟杰，许剑琴 . 中兽医学 [M]. 4 版 . 北京：中国农业出版社，2011.
[12] 许剑琴 . 中兽医学：精简版 [M]. 北京：中国农业出版社，2014.
[13] 中国兽医协会 . 2018 年执业兽医资格考试应试指南：兽医全科类 [M]. 北京：中国农业出版社，2018.
[14] 陈明勇 . 2011—2020 年全国执业兽医资格考试考试试卷汇编：兽医全科类 [M]. 北京：中国农业大学出版社，2021.